计算机基础知识学习指导

JISUANJI JICHU ZHISHI XUEXI ZHIDAO

主　编·周　欣　张宏彬

副主编·高　清　吴　越　谢华军　熊家军
徐　杨　柳　欣　唐　菊　杨稳才

参　编·熊佳祺　蒋　兰　车　李　尹红丹
胡光照　赵新学

華中科技大學出版社
http://press.hust.edu.cn
中国·武汉

内容提要

本书是根据《2025年湖北省普通高等学校招收中等职业学校毕业生技能高考 计算机类技能考试大纲》编写的计算机知识应知学习指导，编写时紧扣大纲，对接计算机专业教学标准和职业资格认证标准，聚焦计算机学科核心素养，融入信息技术领域新知识、新技术。知识点以知识图谱的形式呈现，知识框架清晰，试题有梯度有题解，教和学都很方便。

本书包括计算机概述、计算机中信息的表示、计算机软件系统、计算机软件与程序设计、计算机硬件系统、计算机网络、计算机网络安全与知识产权、多媒体技术、IT行业新技术新概念、信息技术应用创新，共10个模块1000余个知识点。本书适合中等职业学校（包括中等专业学校、职业高中、技工学校和成人中专）计算机相关专业教学参考和技能高考备考使用，也适合用作计算机等级考试、计算机培训相关用书。

图书在版编目(CIP)数据

计算机基础知识学习指导 / 周欣，张宏彬主编. -- 武汉 ：华中科技大学出版社，2024. 12.
ISBN 978-7-5772-1530-3

Ⅰ. TP3

中国国家版本馆CIP数据核字第2024QM8521号

计算机基础知识学习指导 周 欣 张宏彬 主编

Jisuanji Jichu Zhishi Xuexi Zhidao

策划编辑：程宝仪
责任编辑：程 冲 谢 源
装帧设计：赵慧萍
责任校对：王亚钦
责任监印：曾 婷
出版发行：华中科技大学出版社（中国·武汉） 电话：(027) 81321913
武汉市东湖新技术开发区华工科技园 邮编：430223
录 排：华中科技大学出版社美编室
印 刷：武汉市洪林印务有限公司
开 本：787mm×1092mm 1/16
印 张：35.5
字 数：864千字
版 次：2024年12月第1版第1次印刷
定 价：78.00元

前言

PREFACE

如今，数智技术广泛应用，数字信息和智能工具随处可见，信息技术对我们的工作和生活产生了深远的影响，特别是计算机技术已成为各领域不可或缺的工具，意识到学习计算机基础知识的必要性，具备对各种数字信息理解和分析的能力，学会使用信息为生活服务，对于处于数字时代的每一个人来说都是至关重要的。

了解计算机的基础知识和掌握各种计算机技术，也是中等职业学校计算机相关专业的要求，但计算机专业课程多，计算机基础知识分布零散，缺乏统一梳理，为方便教和学，我们组织编写了《计算机基础知识学习指导》。

《计算机基础知识学习指导》的编写基于《2025 年湖北省普通高等学校招收中等职业学校毕业生技能高考　计算机类技能考试大纲》，紧扣计算机专业教学标准，聚焦计算机学科核心素养，融入职业资格认证标准和信息技术创新知识，吸纳本专业领域新知识、新技术，知识梳理全面，教学系统性更强。

《计算机基础知识学习指导》包括计算机概述、计算机中信息的表示、计算机软件系统、计算机软件与程序设计、计算机硬件系统、计算机网络、计算机网络安全与知识产权、多媒体技术、IT 行业新技术新概念、信息技术应用创新，共 10 个模块 44 个任务，旨在帮助学生掌握计算机基础知识，增强信息意识，发展计算思维，提高数字化应用能力，树立正确的信息社会价值观和责任感，从而全面系统地提升数字素养，为升学和就业奠定基础。

《计算机基础知识学习指导》的编写结构包括四级：模块、任务、知识条目、知识点。模块按照技能高考大纲要求划分，增加信息技术创新相关内容。每个模块包括模块概述、考纲解读、模块导图、内容讲解和模块测试。每个模块又分解成几个学习任务，每个任务包括任务描述、知识图谱、内容讲解和同步训练。考虑教和学的便捷性，将每个任务又分解成若干知识条目，每个知识条目包括几个不可再分的知识点。本书基于知识点的编写结构，有助于学习者建构并形成知识体系。

《计算机基础知识学习指导》编写的特色体现在以下五个方面。

1. 紧扣大纲，考点无疏漏

编写时紧扣《2025年湖北省普通高等学校招收中等职业学校毕业生技能高考　计算机类技能考试大纲》，结合计算机相关专业教学标准和课程内容，全面梳理计算机基础知识，补充信创知识，涵盖133个知识条目、1000余个知识点。每个知识条目中梳理的知识点不可再分，是知识的最小单位，是考题的基本来源，编写时力求知识点呈现贴纲、全面、准确、精练、前沿。

2. 结构清晰，一任务一图谱

一个任务一张图，使本书的知识结构十分清晰，对没有太多时间归纳总结、知识建构能力不强的学习者友好，使学习者对本书的知识结构有一个整体的把握，能快速找到知识脉络，逐步在头脑中形成知识体系。编写时梳理了44张知识图谱，使计算机学科的知识分类更合理、结构更清晰、查询更方便。

3. 四级精题，考练有梯度

在编写本书时精选不同梯度的试题，使其在区分度上有很好的体现。

每个任务结束后可应用“同步训练”对本任务进行学习训练，每个模块结束后可应用“模块测试”对本模块进行学习检测。“同步训练”和“模块测试”中收录的均为单项选择题，题目设计体现由低到高四个层次的难度等级（1识记→2理解→3应用→4综合），突显从低阶到高阶能力发展的阶梯式考核和评价。四级试题比例依次为4∶3∶2∶1，初学阶段突出识记，可以以1级和2级题为主，复习备考阶段可融入3级、4级题以拔高。另外，四级试题还适合不同基础层次的学习者选择性学习。

4. 配套题解，疑惑有指导

本书的精选试题配套题解，在知识的深度、广度、效度上都有很好的体现。

每个知识条目都有“例题解析”，每个模块和任务的配套测试和训练也有题解（扫描封底二维码可获取全书习题的参考答案和解析），对重点题予以指导，可帮助学习者突破重点、难点、易混点、疑惑点，提升学习力和应考能力。

5. 四位一体，教学更系统

本书包括知识梳理、同步训练和模块测试，体现“教、学、训、评”四位一体。内容既全覆盖考纲，又适当扩展高于考纲，解决了知识点零散、不系统等问题。本书既方便新课教学，又适合分块学习、考核和评价。同时，学习指导也能促进区域内计算机专业的资源整合、交流协作和监测管理，对推动区域内教学质量提升具有积极作用。

《计算机基础知识学习指导》适合中等职业学校（包括中等专业学校、职业高中、技工学校和成人中专）计算机相关专业教学参考和技能高考备考使用，也适合用作计算机等级考试、计算机培训相关用书。教学时间建议安排2个学期（每学期18周，每周3学时），共108学时。各模块内容、学时安排参考“附表”。

由于时间紧，书中难免有不足之处，希望广大读者批评指正，我们的电子邮箱是：502894521@qq.com。

编　者

2024年11月

附表：

《计算机基础知识学习指导》各模块内容学时安排参考表

模块	任务	学时安排	
		理论	实践
模块1　计算机概述	任务1.1　计算机的发展 任务1.2　计算机的特点与分类 任务1.3　计算机的应用领域	6	2
模块2　计算机中信息的表示	任务2.1　信息与数据 任务2.2　计算机中的进制 任务2.3　数据的处理与存储 任务2.4　非数值型数据在计算机中的表示 任务2.5　计算机中数据存储单元与换算	10	2
模块3　计算机软件系统	任务3.1　计算机系统的组成概述 任务3.2　计算机软件系统 任务3.3　操作系统 任务3.4　常用文件及其扩展名	8	2
模块4　计算机软件与程序设计	任务4.1　计算机软件和程序的概念 任务4.2　程序设计的基础知识 任务4.3　计算机软件工程的开发	8	2
模块5　计算机硬件系统	任务5.1　计算机硬件系统与基本工作原理 任务5.2　中央处理器（CPU） 任务5.3　计算机的存储系统 任务5.4　计算机外设及其他 任务5.5　计算机组装与维护	11	2

续表

模块	任务	学时安排	
		理论	实践
模块 6　计算机网络	任务 6.1　数据通信基础 任务 6.2　计算机网络概述 任务 6.3　计算机网络体系结构 任务 6.4　计算机网络设备 任务 6.5　局域网与广域网技术 任务 6.6　Internet 服务	14	2
模块 7　计算机网络安全与知识产权	任务 7.1　计算机信息安全基础 任务 7.2　信息安全技术 任务 7.3　网络安全与防护技术 任务 7.4　计算机病毒与防治基本知识 任务 7.5　信息道德与知识产权	9	2
模块 8　多媒体技术	任务 8.1　媒体与多媒体 任务 8.2　多媒体技术及应用 任务 8.3　多媒体文件及应用 任务 8.4　流媒体技术 任务 8.5　多媒体系统	9	2
模块 9　IT 行业新技术新概念	任务 9.1　人工智能 任务 9.2　大数据 任务 9.3　泛现实技术 任务 9.4　云计算 任务 9.5　物联网 任务 9.6　区块链等其他新技术	9	2
模块 10　信息技术应用创新	任务 10.1　信息技术应用创新与发展 任务 10.2　国产芯片与软件	4	2
总计		88	20

目录

CONTENTS

模块 1　计算机概述 /001

任务1.1　计算机的发展 /002

任务 1.2　计算机的特点与分类 /015

任务 1.3　计算机的应用领域 /022

模块测试 /028

模块 2　计算机中信息的表示 /033

任务 2.1　信息与数据 /034

任务 2.2　计算机中的进制 /044

任务 2.3　数据的处理与存储 /055

任务 2.4　非数值型数据在计算机中的表示 /067

任务 2.5　计算机中数据存储单元与换算 /077

模块测试 /084

模块 3　计算机软件系统 /089

任务 3.1　计算机系统的组成概述 /090

任务 3.2　计算机软件系统 /096

任务 3.3　操作系统 /103

任务 3.4　常用文件及其扩展名 /117

模块测试 /126

模块 4　计算机软件与程序设计　/131
任务 4.1　计算机软件和程序的概念　/132
任务 4.2　程序设计的基础知识　/141
任务 4.3　计算机软件工程的开发　/153
模块测试　/162

模块 5　计算机硬件系统　/166
任务 5.1　计算机硬件系统与基本工作原理　/167
任务 5.2　中央处理器（CPU）　/181
任务 5.3　计算机的存储系统　/198
任务 5.4　计算机外设及其他　/215
任务 5.5　计算机组装与维护　/237
模块测试　/253

模块 6　计算机网络　/259
任务 6.1　数据通信基础　/260
任务 6.2　计算机网络概述　/277
任务 6.3　计算机网络体系结构　/287
任务 6.4　计算机网络设备　/307
任务 6.5　局域网与广域网技术　/317
任务 6.6　Internet 服务　/327
模块测试　/346

模块 7　计算机网络安全与知识产权　/351
任务 7.1　计算机信息安全基础　/352
任务 7.2　信息安全技术　/362
任务 7.3　网络安全与防护技术　/378
任务 7.4　计算机病毒与防治基本知识　/389
任务 7.5　信息道德与知识产权　/399
模块测试　/411

模块 8　多媒体技术 /417

任务 8.1　媒体与多媒体 /418
任务 8.2　多媒体技术及应用 /426
任务 8.3　多媒体文件及应用 /436
任务 8.4　流媒体技术 /454
任务 8.5　多媒体系统 /462
模块测试 /469

模块 9　IT 行业新技术新概念 /475

任务 9.1　人工智能 /476
任务 9.2　大数据 /485
任务 9.3　泛现实技术 /494
任务 9.4　云计算 /503
任务 9.5　物联网 /512
任务 9.6　区块链等其他新技术 /520
模块测试 /530

模块 10　信息技术应用创新 /534

任务 10.1　信息技术应用创新与发展 /535
任务 10.2　国产芯片与软件 /542
模块测试 /555

参考文献 /558

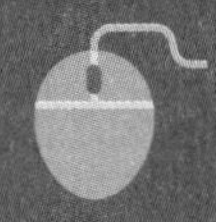

模块1　计算机概述

模块概述

从最早的齿轮传动计算机到现在的光子、量子计算机，从仅应用于军事到全面普及，计算机的发展经历了机械式、机电式、大规模集成电路式阶段，迈入了现代计算机阶段。

考纲解读

了解计算机的发展过程以及各阶段发展的主要特点与分类，了解计算机在现代工作、生活中的各类应用领域及发展趋势，了解我国计算机的发展历程。

模块导图

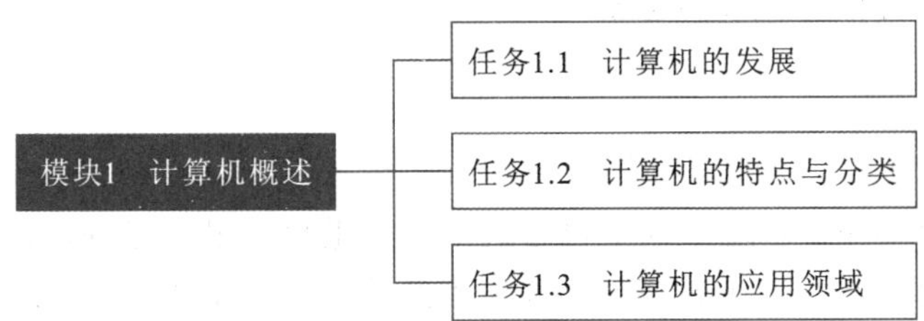

任务 1.1　计算机的发展

任务描述

了解计算机的起源和发展，以及计算机各阶段发展的主要特点。

知识图谱

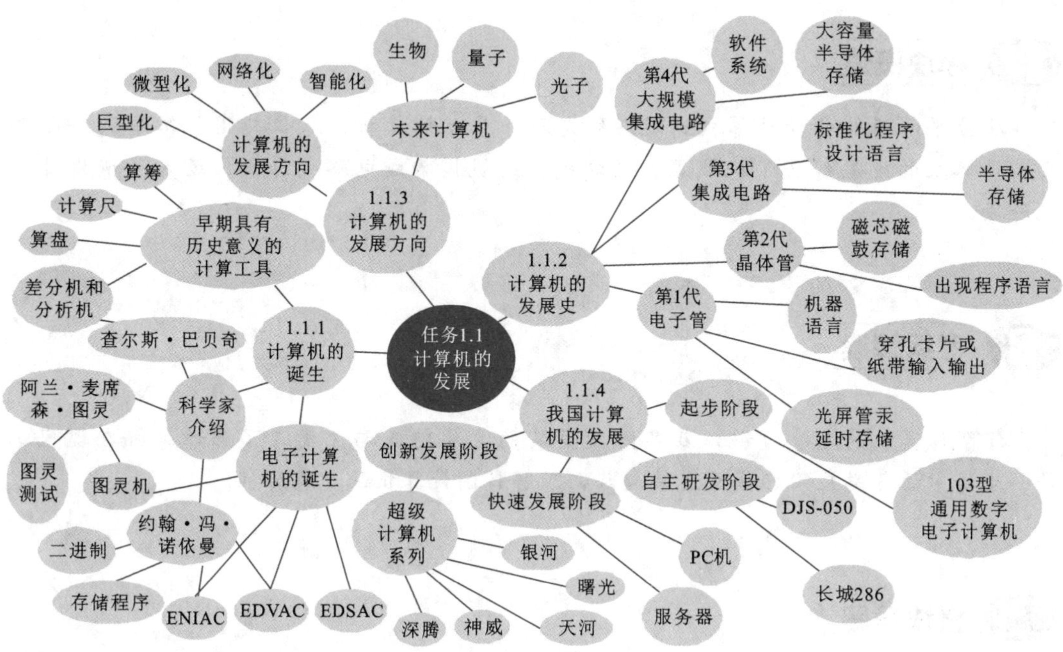

1.1.1　计算机的诞生

1. 早期具有历史意义的计算工具

（1）算筹。算筹是我国春秋时期已普遍使用的世界上最古老的计算工具。

（2）算盘。算盘是由春秋时期已普遍使用的算筹逐渐演变而来的。使用算盘进行计算的方法称为珠算。

（3）计算尺。计算尺也被称为对数计算尺，是一种模拟计算机。它是由英国数学家威廉·奥特雷德在17世纪上半叶发明的。

（4）差分机和分析机。19 世纪，英国数学家查尔斯·巴贝奇首次提出了通用数字计算机的基本设计思想。1823 年，他设计了第一台“差分机”，这台机器显著提升了乘法运算的速度，并提升了对数表等数字表的精确度。到了 1834 年，巴贝奇更进一步，设计了一种基于计算机自动化程序控制的“分析机”。分析机的重要组成部分包括存储程序、算术逻辑单元、控制单元、输入输出设备以及编程卡片。差分机和分析机的发明为现代计算机设计思想的发展奠定了坚实的基础。

2. 科学家介绍

（1）查尔斯·巴贝奇。

查尔斯·巴贝奇（Charles Babbage）是英国杰出的发明家和数学家，他最为人称道的成就是设计了差分机与分析机。差分机能自动计算多项式函数值的差分；而分析机则更为先进，它不仅融入了现代计算机的核心概念，如存储程序、算术逻辑单元和控制单元，还具备了执行多样数学运算与初步自动化的能力。这两项划时代的发明对后续计算机科学的发展产生了深远且不可估量的影响。

（2）阿兰·麦席森·图灵。

阿兰·麦席森·图灵（Alan Mathison Turing）是英国杰出的数学家、逻辑学家和计算机科学家，被誉为“计算机科学之父”。他在计算机领域的卓越贡献包括：建立图灵机模型，奠定了现代计算机的理论基础；提出图灵测试概念，用于评估机器智能；在计算机科学理论、算法设计等方面做出开创性贡献，间接影响了计算机硬件和软件的发展。

① 图灵机模型。1936 年，图灵发表了论文《论可计算数及其在判定问题上的应用》，首次提出图灵机的通用模型。这是一种抽象的计算模型，即将人们使用纸笔进行数学运算的过程进行抽象，由一个虚拟的机器替代人类进行数学运算，这一创新奠定了整个现代计算机的理论基础。

② 图灵测试。图灵在 1950 年 10 月的论文《计算机器与智能》中，不仅探讨了机器是否可能具备思维的问题，还创新性地提出了“图灵测试”的概念：一名测试者通过文本形式向另一个房间中的两个实体（一个是真人，另一个是声称具有智能的机器）提出问题，测试者的目标是根据这些回答来判断哪些回答来自真人，哪些来自机器，如果测试者在多次测试后无法以高于某个设定的准确率区分真人和机器，那么就可以认为被测试的机器展现出了足够的人工智能，至少在对话的层面上达到了与人类难以区分的程度。

（3）约翰·冯·诺依曼。

约翰·冯·诺依曼（John von Neumann）是美籍匈牙利裔数学家、物理学家和计算机科学家。他在多个领域有卓越贡献，被誉为“电子计算机之父”。在计算机领域，他的贡献尤为突出，主要包括创立了冯·诺依曼体系结构，并在计算机科学的基础理论方面奠定了重要基础。

① 二进制和存储程序。1945 年，冯·诺依曼提出了计算机设计的三大基本原则，这些原则构成了现代电子计算机的基础架构，即：计算机内部应采用二进制逻辑、计算

机应能存储并执行程序以及计算机应由运算器、控制器、存储器、输入设备和输出设备这五大基本部件组成。这套理论体系后来被广泛称为冯·诺依曼体系结构。

② ENIAC/EDVAC。冯·诺依曼不仅深度参与了世界上第一台通用电子数字计算机 ENIAC 的设计和开发工作，还进一步为后续的 EDVAC 计算机设计了存储器系统。EDVAC 的存储器系统是现代计算机内存中早期且重要的一种形式，对后续计算机技术的发展产生了深远影响。

3. 电子计算机的诞生

1642 年，法国数学家布莱瑟·帕斯卡采用与钟表类似的齿轮传动装置，制成了世界上最早的十进制加法器。

1823 年，英国数学家查尔斯·巴贝奇设计了差分机模型，并提出将多次分步运算合并为一次自动运算的设想。1834 年，他更进一步，设计了由程序控制的通用分析机，这被公认为程序控制计算机的早期雏形。

1936 年，被誉为“计算机科学之父”的阿兰·图灵提出了图灵机的通用模型。这一理论模型不仅为现代计算机科学奠定了重要基础，还隐含了现代计算机中“存储程序”这一核心思想。

1946 年 2 月，美国宾夕法尼亚大学成功研制出世界上公认的第一台通用电子数字计算机 ENIAC（electronic numerical integrator and computer）。这台巨型计算机重达 30 吨，占地约 170 平方米，内部包含 17000 多个电子管，运算速度可达每秒 5000 次加法或 400 次乘法。然而，尽管 ENIAC 在计算能力上取得了巨大突破，但它必须通过开关和插线来安排计算程序，并不具备真正的存储程序能力，只能在其寄存器中存储有限的十进制数。

1945 年，约翰·冯·诺依曼领导的设计小组发表了全新的存储程序设计式通用电子计算机方案，即电子离散变量自动计算机 EDVAC（electronic discrete variable automatic computer）。这一设计最终于 1952 年成功落地，标志着世界上第一台采用二进制和存储程序概念的电子计算机的诞生。

1949 年 5 月，英国剑桥大学的莫里斯·文森特·威尔克斯带领团队建造的电子延迟存储自动计算机 EDSAC（electronic delay storage automatic calculator）正式发行。作为第一台实际采用冯·诺依曼体系结构的计算机，EDSAC 不仅实现了程序和数据在相同介质中的存储，还创新性地使用了水银延迟线作为存储器，并通过穿孔纸带进行输入，以及电传打字机进行输出。威尔克斯因其在这一领域的杰出贡献，于 1967 年获得了计算机领域的最高荣誉——图灵奖。

例题解析

例 1 世界上首次提出存储程序计算机体系结构的是（　　）。

A. 阿兰·图灵　　B. 冯·诺依曼

C. 莫奇莱　　D. 比尔·盖茨

例2　（　　）是最早出现的较完备的计算机体系结构，其体系结构一直沿用至今。

A. ENIAC　　B. UNIVAC

C. EDVAC　　D. EDSAC

例3　幼儿园王老师教小朋友们在电脑上用画图软件画小树小草，娜娜小朋友拿着电子笔绘制图像，并根据老师教的方法设置功能，点击“神笔，神笔，快让小草开花”方框后，小草就“开出”美丽的花朵。从“神笔”到“小草开花”，最基本的工作原理是（　　）。

A. 手写板绘画和电脑显示　　B. 输入和输出

C. 光电转换　　D. 存储程序和程序控制

答案： B；C；D

知识点对接： 冯·诺依曼计算机体系结构及其应用。

解析： 例1中，冯·诺依曼于1945年提出了计算机设计的三个基本原则，这些原则奠定了现代计算机体系结构的基础，故选B。例2中，EDVAC是最早被提出并实现了存储程序概念的计算机，其体系结构一直沿用至今，故选C。例3中，虽然表面上看，娜娜小朋友的操作似乎与手写板绘画和电脑显示直接相关，但实质上，这一过程的背后仍然遵循着计算机的基本工作原理——存储程序和程序控制，故选D。

1.1.2　计算机的发展史

计算机技术发展的核心是主要元器件（逻辑元件）的发展。电子管、晶体管、集成电路等元器件标志着计算机发展的不同时代。按照计算机主要元器件的演变可将计算机的发展划分为四个阶段，如表1-1-1所示。随着计算机技术的发展，未来网络、多媒体及人工智能将深度融合纳米、量子、光子、生物芯片等前沿技术，并辅以智能操作系统，实现速度、效率与存储能力的飞跃式提升，共同推动技术创新与应用变革，开启智能时代的新篇章。

表1-1-1　计算机的发展阶段

阶段	年代	主要元器件（逻辑元件）	存储设备	主要特点	软件	应用领域
第一代	1946—1957年	电子管	主存储器采用汞延迟线、阴极射线示波管静电存储器，外存储器采用纸带、穿孔卡片	体积大，能耗高，价格昂贵，运算速度慢（一般为每秒几百次到几千次），维护困难，可靠性低	采用机器语言、汇编语言	以军事和科学计算为主

续表

阶段	年代	主要元器件（逻辑元件）	存储设备	主要特点	软件	应用领域
第二代	1958—1964 年	晶体管	主存储器采用磁芯，外存储器采用磁带	体积缩小，能耗降低，可靠性提高，运算速度提高（一般为每秒十几万次到几十万次）	使用高级语言和编译程序，出现了批处理操作系统	以科学计算和数据处理为主
第三代	1965—1971 年	中小规模集成电路（MSI、SSI）	主存储器采用半导体，外存储器采用磁带、磁盘	运算速度更快（一般为每秒几十万次至几百万次），可靠性有了显著提高，价格进一步降低，产品走向了通用化、系列化和标准化等	出现了分时操作系统以及结构化、规模化程序设计方法	开始进入文字处理、图形图像处理领域，以及自动化和过程控制领域
第四代	1972 年至今	大规模和超大规模集成电路（LSI 和 VLSI）	主存储器采用半导体，外存储器采用磁盘、光盘、半导体	运算速度更快（一般为每秒数百万次到数亿次），体积更小，能耗更低	出现了数据库管理系统、网络管理系统和面向对象的语言等	从科学计算、事务管理、过程控制逐步走入家庭、网络和多媒体领域

例题解析

例 1 早期的计算机体积大、耗电多、速度慢，其主要原因是受限于（　　）。

A. 原材料　　B. 工艺水平

C. 设计水平　　D. 元器件

例 2 下面关于计算机发展过程中的特点的叙述，错误的是（　　）。

A. 由于所用的元器件越来越先进，计算机的体积越来越小

B. 由于所用的元器件数量越来越少，耗电量越来越小

C. 由于制造工艺越来越先进，价格越来越便宜

D. 运算速度越来越快，应用领域越来越广

例 3　下列关于计算机发展阶段特征的说法中，错误的是（　　）。

A. 电子管计算机主要应用于军事和科学计算领域

B. 1958—1964 年，计算机上开始有管理硬件的软件，人们能够简单方便地使用计算机

C. VR 技术可以在以 MSI、SSI 为主要逻辑元件的计算机上见到

D. 从第一代计算机开始，电子计算机就使用了“存储程序”的工作原理

答案：D；B；C

知识点对接：计算机技术的发展核心、计算机各个发展阶段的主要特点。

解析：例 1 中，早期的计算机受限于当时的元器件，如电子管、晶体管等，这些元器件的体积较大、能耗高且运算速度较慢，从而导致整个计算机系统具有体积大、耗电多、速度慢的特点，故选 D。例 2 中，耗电量的减少更多是因为元器件能效的提升、制造工艺的进步，以及电源管理技术的优化，不能简单地归因于元器件数量的减少，故选 B。例 3 中，MSI 和 SSI 是中小规模集成电路计算机时代所使用的逻辑元器件，而 VR 技术是在计算机技术和图形处理技术高度发展之后才逐渐兴起的，它更多地与大规模集成电路和超大规模集成电路等更先进的计算机技术相关联，故选 C。

1.1.3　计算机的发展方向

1. 计算机的发展方向

如今的计算机正朝着巨型化、微型化、网络化以及智能化四个方向快速发展。

（1）巨型化。巨型化追求的是运算速度的极致提升、存储容量的极大扩展以及功能的全面增强。这类计算机在气象预测、天文观测、地质勘探、核技术研发、航天飞行模拟、卫星轨道计算等尖端科技领域和军事国防系统中发挥着不可替代的作用，能够高效处理海量数据，完成复杂系统模拟。

（2）微型化。微型化趋势得益于微电子技术和超大规模集成电路技术的飞速发展。这使得计算机体积不断缩小，便于携带和使用，价格更加亲民。计算机的微型化已成为计算机发展的重要方向之一，各种笔记本电脑、平板电脑以及便携式信息设备的大量面世，正是计算机微型化趋势的重要标志。

（3）网络化。网络技术的兴起，使得计算资源、存储资源、数据资源、信息资源、知识资源及专家资源得以全面共享。它为用户提供了灵活可控、智能协作的信息服务环境，极大地提升了信息获取和处理的效率。网络化的计算机环境使得人们可以随时随地访问所需资源，促进了全球范围内的信息交流和合作。

（4）智能化。计算机智能化旨在赋予计算机模拟人类感觉和思维过程的能力。这一领域的研究广泛涉及问题求解、机器学习、模式识别、自然语言理解、自动定理证明及

专家系统等。其中，专家系统和机器人技术尤为引人注目。以 1997 年击败国际象棋世界冠军卡斯帕罗夫的深蓝计算机为例，它展现了人工智能在复杂策略游戏领域的巨大潜力，成为计算机智能化研究的重要里程碑。

2. 未来计算机

未来计算机可能在量子计算机、生物计算机、光子计算机等方面取得突破。

（1）量子计算机。量子计算机是一类遵循量子力学规律进行高速数学和逻辑运算、存储及处理量子信息的物理装置。其主要特点是：运行速度远超传统计算机，处理信息能力强；采用量子比特（qubit）作为信息载体，实现信息的并行处理和高效利用；应用领域广泛，涵盖人工智能、材料科学、药物发现、优化问题求解、机器学习、天体物理学和气候变化研究等多个前沿领域。

（2）生物计算机。生物计算机也称仿生计算机，是一种基于生物工程技术产生的新型计算机。生物计算机的运算速度理论上比普通计算机快十万倍，其能量消耗较低，具有强大的存储能力和抗电磁干扰能力，最重要的是具有生物特性，能发挥调节机能，自动修复芯片上发生的故障，还能模仿人脑的机制等，在生物医学、生物工程和环境保护等方面得到广泛应用。

（3）光子计算机。光子计算机作为一种新型计算机，采用光信号进行数字运算、逻辑操作、信息存储和处理。得益于光子的并行处理能力和高速传输特性，光子计算机能够实现极快的运算，具有庞大的信息存储容量，远超现代电子计算机。此外，其驱动能量远低于同类电子计算机，且具备类似人脑的容错性，即使系统中某个元件出现故障，也不会影响整体计算结果。光子计算机在航空航天、军事、医疗、基础科学研究及人工智能等领域展现出巨大的应用前景。

例题解析

例 1 纵观现代计算机技术的发展，未来计算机技术发展的总趋势是（　　）。

A. 微型化　　B. 巨型化

C. 智能化　　D. 数字化

例 2 研究量子计算机是为了解决计算机中的（　　）。

A. 速度问题　　B. 存储容量问题

C. 能耗问题　　D. 计算精度问题

例 3 未来计算机与前四代计算机的本质区别是（　　）。

A. 计算机的主要功能从信息处理上升为知识处理

B. 计算机的体积越来越小

C. 计算机的主要功能从文本处理上升为多媒体数据处理

D. 计算机的功能越来越强了

答案： C；C；A

知识点对接： 计算机发展的四个方向、未来计算机的发展趋势。

解析：例 1 中，随着前沿技术的快速发展，计算机技术正逐步向智能化方向迈进，故选 C。例 2 中，传统计算机在处理复杂问题时，能耗会随着计算量的增加而急剧上升，而量子计算机则有望通过利用量子力学的特性，实现能耗的大幅降低，故选 C。例 3 中，未来计算机与前四代计算机的本质区别在于其主要功能的转变。这种转变要求计算机不仅能够处理数据，还能够理解和应用知识，从而为用户提供更加智能和个性化的服务，故选 A。

1.1.4　我国计算机的发展

我国计算机产业的发展始于 20 世纪 50 年代，历经几个关键阶段。从最初的仿制，到自主研发，再到与世界同步的科技研究，中国计算机产业已成为国内乃至全球的重要产业。

第一阶段：起步阶段（1950—1960 年）。

在这一阶段，中国主要是仿制苏联的电子管计算机和晶体管计算机。1958 年，中国成功研制出第一台电子管计算机——103 型通用数字电子计算机。该机器应用于导弹实验等领域。这个阶段的计算机技术主要掌握在苏联手中，因此中国计算机技术的发展受到了很大限制。

第二阶段：自主研发阶段（1960—1990 年）。

在这个阶段，中国开始自主研制计算机。1964 年，中国成功研制出第一台晶体管计算机，这标志着中国计算机技术开始走独立自主的发展道路。随着技术的不断进步，中国开始生产自己的计算机，并逐渐应用于科学计算、工业控制、数据处理等多个领域。1977 年，清华大学、安徽无线电厂和信息产业部电子第六研究所组成联合设计组，成功研制出 DJS-050 微型计算机。这是国内最早研制生产的 8 位微型计算机。到了 1987 年，第一台国产的 286 微机——长城 286 正式推出，进一步推动了计算机在国内的普及。

第三阶段：快速发展阶段（1990—2010 年）。

随着改革开放的深入，中国计算机产业得到了快速发展。这个阶段，我国开始生产自己的 PC 机和服务器，并逐渐应用于政府、企业、教育等领域。同时，中国也开始大量进口高性能计算机和关键部件，如 CPU、内存、硬盘等。

第四阶段：创新发展阶段（2010 年至今）。

在此阶段，中国计算机产业已经成为全球的重要力量。中国不仅生产自己的高性能计算机和关键部件，还在人工智能、云计算、大数据等领域取得重要突破。特别是中国研制的超级计算机如“天河”系列、“神威”系列等在国际上屡创佳绩，彰显了我国在计算机领域的创新实力和国际竞争力。同时，中国还积极推动计算机技术与实体经济深度融合，促进传统产业转型升级和新兴产业发展壮大。另外，中国还积极推动信息技术应用创新，发展自主可控的操作系统、数据库等关键技术。我国研制的超级计算机系列如表 1-1-2 所示。

表 1-1-2　我国研制的超级计算机系列

<table>
<tr><th colspan="2">系列名称</th><th>研发时间</th><th>研发单位</th><th>应用领域</th></tr>
<tr><td rowspan="4">银河</td><td>银河-Ⅰ</td><td>1983 年 12 月 22 日</td><td rowspan="4">国防科技大学计算机研究所</td><td>石油勘探、气象预报和工程物理研究</td></tr>
<tr><td>银河-Ⅱ</td><td>1992 年 11 月 19 日</td><td>中期数字天气预报系统、核科学研究</td></tr>
<tr><td>银河-Ⅲ</td><td>1997 年 6 月 19 日</td><td>气象、太空、能源、医药等尖端科学研究和战略武器研制</td></tr>
<tr><td>银河-Ⅳ</td><td>2000 年</td><td>气象预报、空气动力试验、工程物理、石油勘探、地震数据处理</td></tr>
<tr><td rowspan="3">天河</td><td>天河一号</td><td>2009 年 9 月</td><td>国防科技大学</td><td>航天、气象预报和海洋环境模拟</td></tr>
<tr><td>天河二号</td><td>2013 年 5 月</td><td>国防科技大学</td><td>探月工程、载人航天、石油勘探、科学模拟</td></tr>
<tr><td>天河新一代超级计算机</td><td>2023 年</td><td>国防科技大学</td><td>气象预报、气候模拟、航空航天、生物医学、工业领域</td></tr>
<tr><td>曙光</td><td>曙光一号</td><td>1993 年</td><td>中国科学院计算技术研究所（曙光信息产业股份有限公司）</td><td>各领域的大规模科学工程计算、商务计算等，并可作为各种数据中心、云计算中心的支撑平台</td></tr>
<tr><td rowspan="4">神威</td><td>神威一号</td><td>1999 年 8 月</td><td>国家并行计算机工程技术研究中心</td><td rowspan="2">气象气候、航空航天、信息安全、石油勘探、生命科学</td></tr>
<tr><td>神威Ⅰ型</td><td>2000 年</td><td rowspan="2">国家并行计算机工程技术研究中心、中国科学院等国家级科研机构，以及中国科学技术大学等高校</td></tr>
<tr><td>神威蓝光</td><td>2011 年</td><td>海洋科学、新药研制、气象预报、金融分析、工业仿真</td></tr>
<tr><td>神威·太湖之光</td><td>2016 年</td><td>国家并行计算机工程技术研究中心</td><td>气象预报、地震模拟、生物技术、新材料研究、航空航天、地球科学、海洋环境等 20 多个领域</td></tr>
</table>

续表

<table>
<tr><th colspan="2">系列名称</th><th>研发时间</th><th>研发单位</th><th>应用领域</th></tr>
<tr><td rowspan="2">深腾</td><td>深腾 6800</td><td>2003 年</td><td rowspan="2">联想集团</td><td>科学计算、商用计算、石油勘探开发、气象预报、核能与水电开发利用、航天器及飞机汽车舰船设计模拟、生物信息处理、新药设计开发筛选</td></tr>
<tr><td>深腾 7000</td><td>2008 年
12 月 4 日</td><td>科研、气象、工业制造、交通管理、汽车工程试验、地震波预测</td></tr>
</table>

例题解析

例 1　我国首次以基于超大规模集成电路的通用微处理器芯片和标准 UNIX 操作系统开发的并行计算机是（　　）。

A. 银河-Ⅰ　　B. 银河-Ⅱ

C. 曙光一号　　D. 曙光 1000

例 2　（　　）是我国第一台全部采用国产处理器构建的连续多年在全球超级计算机 500 强榜单中位列第一的超级计算机。

A. 神威蓝光　　B. 曙光星云

C. 神威·太湖之光　　D. 天河二号

例 3　下列有关超级计算机的说法，错误的是（　　）。

A. 超级计算机有 PC 无法比拟的大存储量和高速度

B. 超级计算机和 PC 在构成组件、性能和规模上有差异

C. 超级计算机就是巨型计算机，它的技术水平是衡量一个国家科技发展水平和综合国力的重要标志

D. 超级计算机可以和云计算、云存储联系在一起，为大数据技术的发展提供保障

答案：C；C；B

知识点对接：我国研制的超级计算机系列。

解析：例 1 中，曙光一号是 1993 年我国自行研制的第一台用微处理器芯片构成的全对称紧耦合共享存储多处理机系统，故选 C。例 2 中，神威·太湖之光超级计算机是我国第一台全部采用国产处理器构建的超级计算机，并且连续多年在全球超级计算机 500 强榜单中位列第一。这台超级计算机采用了我国自主研发的申威 26010 众核处理器，实现了在计算能力上的巨大突破，故选 C。例 3 中，超级计算机和 PC 在构成组件上具有一定的相似性，它们都由基本的硬件组件组成，如中央处理器（CPU）、存储器（包括内存和外存）、输入输出设备等，故选 B。

同步训练

1. 从 1946 年世界上第一台电子计算机问世以来，计算机的发展经历了四个时代，它们是（　　）。

A. 微型计算机、小型计算机、中型计算机、大型计算机

B. 低档计算机、中档计算机、高档计算机、手提计算机

C. 组装机、兼容机、品牌机、原装机

D. 电子管计算机、晶体管计算机、中小规模集成电路计算机、大规模及超大规模集成电路计算机

2. 最早提出在计算机上使用二进制形式来表示各种数据的科学家是（　　）。

A. 冯・诺依曼　　B. 图灵

C. 香农　　D. 莱布尼茨

3. 奠定了计算机的存储程序原理的是（　　）。

A. 冯・诺依曼　　B. 图灵

C. 香农　　D. 莱布尼茨

4. 世界上首次提出并实现了“存储程序”计算机体系结构的科学家是（　　）。

A. 莫奇莱　　B. 图灵

C. 乔治・布尔　　D. 冯・诺依曼

5. （　　）被称为“电子计算机之父”。

A. 冯・诺依曼　　B. 图灵

C. 香农　　D. 莱布尼茨

6. （　　）是指计算机的运算速度更快、存储容量更大、功能更强。这种计算机的运算速度可达每秒千万亿次。

A. 巨型化　　B. 智能化

C. 网络化　　D. 微型化

7. 冯・诺依曼在研制 EDVAC 计算机时，提出两个重要的改进，它们是（　　）。

A. 引入 CPU 和内存储器的概念　　B. 采用机器语言和十六进制

C. 采用二进制和存储程序控制的概念　　D. 采用 ASCII 编码系统

8. 美籍匈牙利裔科学家冯・诺依曼博士发表《电子计算机装置逻辑结构初探》论文，并设计出第一台存储程序的电子离散变量自动计算机，它的英文缩写是（　　）。

A. ENIAC　　B. EDVAC

C. EDSAC　　D. MARK-I

9. 1946 年在美国诞生的世界上公认的第一台通用电子数字计算机是（　　）。

A. ENIAC　　B. EDVAC

C. EDSAC　　D. MARK-II

10. 信息高速公路主要体现了计算机在（　　）方面的发展趋势。

A. 巨型化　　B. 网络化

C. 超微型化　　D. 智能化

11. 1983 年，我国第一台亿次巨型电子计算机诞生了，它的名称是（　　）。

A. 东方红一号　　B. 神威一号

C. 天河一号　　D. 银河-Ⅰ

12. 1983 年 12 月 22 日，中国第一台每秒钟运算一亿次以上的“银河-Ⅰ”巨型计算机，由（　　）在长沙研制成功。

A. 中国科学院计算技术研究所　　B. 国防科技大学计算机研究所

C. 国家并行计算机工程技术研究中心　　D. 联想集团

13. 下面哪一个不属于第一代计算机？（　　）

A. ENIAC　　B. 深蓝

C. UNIVAC　　D. EDVAC

14.（　　）诞生了世界上公认的第一台通用电子数字计算机。

A. 20 世纪 30 年代　　B. 20 世纪 40 年代

C. 20 世纪 80 年代　　D. 20 世纪 90 年代

15. 1977 年，我国最早研制生产的 8 位微型机（　　）推出。

A. 103　　B. DJS-050

C. 联想　　D. 长城 286

16. 关于第一台通用电子数字计算机 ENIAC 的说法，错误的是（　　）。

A. ENIAC 是为了军事研制的　　B. ENIAC 用晶体管作为主要元器件

C. 冯・诺依曼参与了研制的整个过程　　D. ENIAC 没有实现程序存储

17. EDVAC 奠定了现代计算机的（　　）。

A. 外形结构　　B. 存取结构

C. 体系结构　　D. 总线结构

18. 下面哪一台计算机器实际上没有被做出来？（　　）

A. 差分机　　B. 冯・诺依曼型机

C. 图灵机　　D. ENIAC

19. 以下关于图灵机的说法，正确的是（　　）。

A. 图灵机是一种抽象计算模型

B. 图灵机是人类历史上第一台电子计算机

C. 图灵机是由控制器、运算器和存储器组成的

D. 图灵机的理论是在冯・诺依曼的理论基础上产生的

20. 下列关于第三代计算机的特点，错误的是（　　）。

A. 软件方面出现了分时操作系统以及结构化、规模化程序设计方法

B. 硬件方面，逻辑元件采用中小规模集成电路

C. 开始进入工业生产的过程控制和人工智能领域

D. 速度更快，可靠性有了显著提高，价格进一步下降，产品走向了通用化、系列化和标准化等

21. 下面关于图灵机的说法，错误的是（　　）。

A. 图灵机的理论是在冯・诺依曼型计算机体系结构基础上产生的

B. 图灵机是一种抽象计算模型，并没有真正生产出来

C. 图灵机是一种数学自动机模型，包含了存储程序的思想

D. 在图灵机的基础上发展了可计算性理论

22. 假定某台计算机通过了图灵测验，则（　　）。

A. 表明计算机最终能取代人脑

B. 并不能确定这台计算机具备真正的智能

C. 图灵测试是判断智能的唯一标准

D. 能够确定这台计算机具备真正的智能

23. 下面关于计算机发展历史的事件中，有错误的是（　　）。

A. 阿兰·图灵设计制造出了“图灵机”，该机真正实现了“存储程序”的思想

B. 早在计算机发展第一阶段，就提出了“人工智能”的概念

C. ENIAC 并没有真正地实现程序存储

D. UNIVAC-1 被美国用于人口普查，标志着计算机应用进入了商业应用的时代

24. 被公认为是世界上第一台通用电子数字计算机的 ENIAC，具有的最大问题是（　　）。

A. 体积庞大，使用不便

B. 没有实现存储程序，不能自动运行程序

C. 硬件和软件没有明确

D. 没有采用二进制，计算精度不高

25. 下列关于计算机发展的说法，正确的是（　　）。

A. 在计算机发展的第一阶段，就有科学家提出了“人工智能”的概念

B. 自从出现了电子计算机，就开始有了软件公司

C. 电子计算机一出现就有管理它的软件在其上运行，为使用者提供方便

D. 第一代计算机没有使用存储器，不能运行程序

26. 下列关于计算机领域科学家的贡献的说法正确的是（　　）。

A. “计算机科学之父”规划了计算机硬件由五个部分组成

B. 巴贝奇的贡献在于首次提出了二进制计数法

C. “信息论之父”提出并严格证明了在噪声通道中计算最大信息传送速率 C 的公式

D. 摩尔在计算机科学上的研究成果是发明了逻辑运算

27. 下列描述错误的是（　　）。

A. 信息论的创始人是香农

B. 最早提出“人工智能”概念的是图灵

C. 存储式计算机的发明人是冯·诺依曼

D. 信息技术的核心是计算机技术、微电子技术和现代通信技术

28. 纵观整个计算机技术的发展历史，下列说法错误的是（　　）。

A. 计算机技术发展的最初动力之一就是要制造出能快速计算的机器

B. 某一时期，计算机技术的发展水平完全依赖于当时的科学技术水平，特别是微电子技术

C. 在计算机技术发展史上，图灵、冯·诺依曼等科学家起到了至关重要的作用

D. 对计算机技术发展趋势进行了定性描述的摩尔定律，在现代仍然适用

29. 图灵测试是测试者在与被测试者（一个人和一台机器）隔开的情况下，通过一

些装置（如键盘）向被测试者随意提问。问过一些问题后，如果被测试者有超过 30%的答复不能使测试者确认哪个是人、哪个是机器，那么这台机器就通过了测试，并被认为具有人类智能。据上述定义，以下选项中一定通过了图灵测试的是（　　）。

A. 对机器甲 40%的答复，所有人都确认其为机器

B. 对机器乙 60%的答复，测试者能确认其为机器或人

C. 对机器丙 30%的答复，某小区有 90%的居民确认其为机器

D. 对机器丁 30%的答复，只有 10%的某校大学生不能确认其为机器

30. 揭示信息技术进步速度的定律，内容为：当价格不变时，集成电路上可容纳的元器件的数目，约每隔 18～24 个月便会增加一倍，性能也将提升一倍。换言之，每一美元所能买到的计算机性能，约每隔 18～24 个月翻一倍。人们称这个定律为（　　）。

A. 冯·诺依曼定律　　B. 摩尔定律

C. 盖茨定律　　D. 施密特定律

任务 1.2　计算机的特点与分类

任务描述

了解计算机的特点及分类。

知识图谱

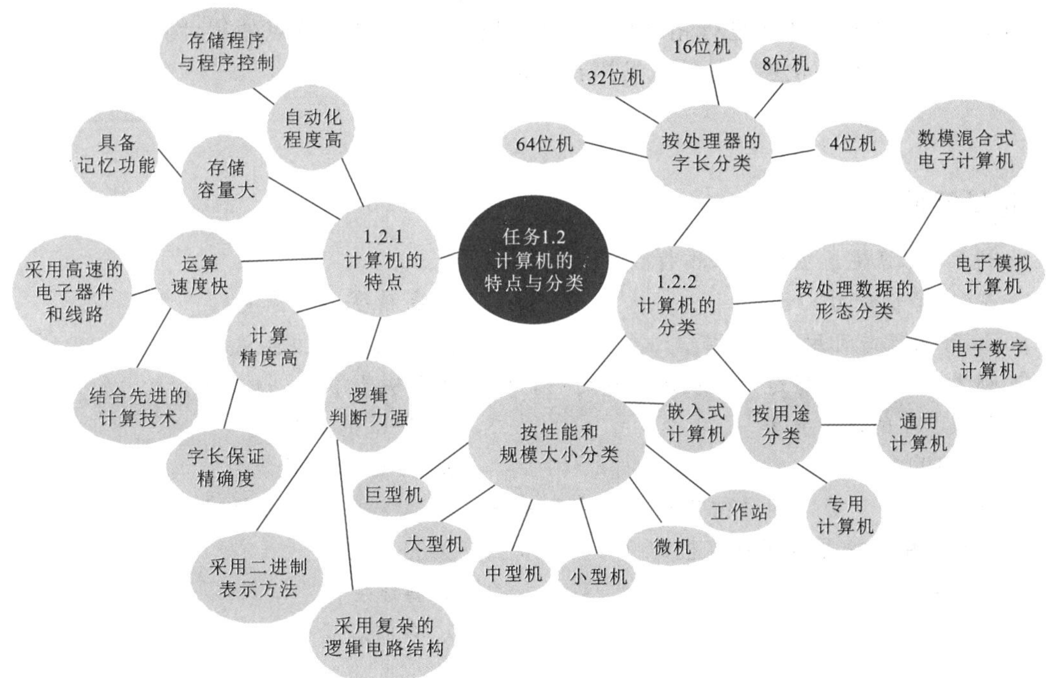

1.2.1 计算机的特点

(1) 运算速度快。

计算机采用了高速的电子器件和线路，并结合先进的计算技术，赋予了其极高的运算速度。例如，Intel i3-10105F 处理器的 CPU 主频高达 3.7 GHz，这意味着该处理器每秒钟能执行约 37 亿次运算。

(2) 计算精度高。

计算机采用二进制系统来表示数据，其精确度主要取决于计算机的字长。字长越长，有效位数越多，计算精确度越高。在科学研究和工程设计中，计算机能够满足对计算结果极高精确度的要求。

(3) 存储容量大。

计算机内部的存储器具备记忆功能，能够存储海量信息。例如，亚马逊的"Amazon S3"云存储服务提供的存储容量可轻松达到数百太字节甚至更大，这充分展示了计算机在数据存储方面的巨大潜力。

(4) 自动化程度高。

得益于"存储程序与程序控制"的原理，计算机从启动到输出计算结果的整个过程都是在预设程序的指导下自动进行的。这一特性不仅体现在传统的计算任务中，还广泛应用于智能家居领域，如智能冰箱、智能空调等设备，它们可以通过计算机远程控制和管理，为用户提供便捷和个性化的服务。

(5) 逻辑判断力强。

计算机能够执行复杂的逻辑判断与决策，这一特点源于计算机内部采用的二进制表示方法和复杂的逻辑电路结构。它能通过内置的算法和程序自动处理各种条件语句、循环结构和分支逻辑，从而进行精准的逻辑推理和决策，这一特点使得计算机在人工智能、专家系统、自动化控制等领域发挥着重要作用。

例题解析

例 1 计算机最主要的工作特点是（　　）。

A. 有记忆能力　　B. 高精度与高速度

C. 可靠性与可用性　　D. 存储程序和自动控制

例 2 计算精度高是计算机的特点之一，它主要取决于（　　）。

A. CPU 的时钟频率　　B. CPU 的 MIPS

C. CPU 的字长　　D. CPU 的寻址能力

例 3 当前"数字图书馆"正在逐步走进学校，越来越多的书籍以各种文件形式保存在计算机中，这是利用计算机的（　　）特点研发出来的。

A. 高精度　　B. 高速度

C. 可靠性高　　D. 存储容量大

答案：D；C；D

知识点对接：计算机的特点和应用。

解析：例 1 中，计算机能够高效、准确地执行各种复杂任务，主要归功于其能够“存储程序”和进行“自动控制”，故选 D。例 2 中，字长是 CPU 的一个重要性能指标，字长越长，计算机能够处理的数值范围越大，精确度就越高，故选 C。例 3 中，数字图书馆利用计算机的大存储容量来保存大量的书籍文件，使得信息的存储、检索和管理变得更加高效和便捷，故选 D。

1.2.2　计算机的分类

1. 按性能和规模分类

根据计算机的性能和规模，通常将计算机分为巨型机、大型机、中型机、小型机、微型机（常简称为“微机”）、工作站和嵌入式计算机。

（1）巨型机。

巨型机，又称超级计算机，是性能最强、速度极快、存储容量巨大、结构复杂且造价高昂的计算机机型。其运算速度可达每秒千亿次以上，广泛应用于国防、气象、航空航天、核能、医药等国家高新技术领域。我国的银河系列计算机即为典型的巨型机。

（2）大型机。

大型机采用专有技术，主要面向商业领域的大规模数据处理需求，具有高度稳定性和安全性。它常用于银行和电信等行业，满足这些行业对大规模数据处理和稳定运行的高要求。

（3）中型机。

中型机的计算能力介于小型机和大型机之间，具备较强的处理能力和较大的存储容量，适用于中等规模的企业和组织。它采用插卡式结构和模块化设计，支持灵活的配置和扩展，具有成本效益高、灵活性强、可靠稳定等优势。

（4）小型机。

小型机在容量、规模和功能上介于大型机和微型机之间，具有高效性、可靠性、兼容性和安全性等特点。它采用区别于 x86 服务器和大型主机的特有体系结构，各厂家使用自家的 UNIX 版本操作系统和专属处理器。例如，IBM 采用 Power 处理器和 AIX 操作系统，Sun、Fujitsu 采用 SPARC 处理器架构和 Solaris 操作系统，HP 采用安腾处理器和 HP-UX 操作系统等。小型机作为高性能的 64 位计算机，在金融、科研等领域发挥重要作用。

（5）微型机。

微型机是个人计算机（PC）的核心部分，是在一块芯片上集成了中央处理器（CPU）、存储器、输入输出接口、时钟发生器等电子元器件的小型计算机系统。它体积小、质量轻、功耗低，且具备可靠性高、结构简单、设计灵活、适应性强、使用便捷等特点。个人计算机（PC）是在微型机基础上，通过配置必要外部设备（如显示器、键盘、鼠标等）构成的完整电子计算机系统。

（6）工作站。

工作站是专为特定专业应用而设计的计算机系统，配备了大屏幕显示器和大容量存储器，具有强大的运算能力和卓越的网络通信能力，广泛应用于图像处理和计算机辅助设计等领域。

（7）嵌入式计算机。

嵌入式计算机是嵌入其他设备内部，用于控制或监视这些设备运行的计算机。尽管它们的尺寸小，性能相对较低，但能够高效执行特定任务。这些集成了嵌入式计算机的智能化数字系统统称为嵌入式系统，已广泛应用于工业自动化、信息家电、智能家居等多个领域。

2. 按用途分类

按用途，计算机可分为专用计算机和通用计算机。

（1）专用计算机。

专用计算机是专为解决某一特定问题或应用于特定领域而设计制造的电子计算机。它们通常拥有固定的存储程序，具备速度快、可靠性高、结构简单和成本相对较低等优势。这些计算机针对特定问题或领域进行了深度优化，因此广泛应用于工业控制、医疗设备、军事系统、航空航天等领域。

（2）通用计算机。

通用计算机是一种能够适应各种行业、各种工作环境需求的计算机。它们具有很强的适应性，应用面广泛，但运行效率、速度和经济性会因应用对象和场景不同而有差异。通用计算机通常具备较高的运算速度、较大的存储容量，并配备齐全的外部设备及丰富的软件资源。它们能够应用于科学计算、数据处理、辅助设计、过程控制和人工智能等多个领域。

3. 按处理数据的形态分类

按处理数据的形态，计算机可分为电子数字计算机、电子模拟计算机和数模混合式电子计算机。

（1）电子数字计算机。

这类计算机内部所有信息均以二进制数表示，是现代计算机中最常见、应用最广泛的一种。

（2）电子模拟计算机。

在电子模拟计算机中，所有信息以连续变化的模拟电压的形式存在。这类计算机多用于工业生产中的自动控制领域。

（3）数模混合式电子计算机。

此类计算机既能处理数字量，又能表示模拟量，但在设计上相对复杂，应用也较为特殊。

4. 按处理器的字长分类

按照计算机处理器一次可处理的字长，可以将计算机分为 4 位机、8 位机、16 位

机、32 位机和 64 位机等。例如，Intel 的 8086 和 80286 处理器是 16 位处理器的代表；Intel 的 Pentium 系列（如 Pentium Ⅱ、Pentium Ⅲ）则是 32 位处理器的代表；而 Intel 的 Core 系列（如 Core i3、i5、i7、i9）和 AMD 的 Ryzen 系列处理器则属于 64 位处理器的范畴。

例题解析

例 1　（　　）的技术水平是衡量一个国家科学技术和工业发展水平的重要标志。

A. 个人计算机　　B. 智能计算机

C. 巨型计算机　　D. 光子计算机

例 2　2016 年 11 月 3 日超级快递“胖五”发射成功。实际上，它背后隐藏着一个“功臣”，为运载火箭“长征五号”运行轨迹的高速、精确计算保驾护航。具有这样功能的计算机一般是（　　）。

A. 巨型计算机　　B. 大型计算机

C. 微型计算机　　D. 小型计算机

例 3　20 世纪 70 年代后期出现，配有大屏幕显示器和大容量存储器，有较强的网络通信能力，主要适用于 CAD/CAM 和办公自动化等领域，这种计算机被称作（　　）。

A. 工作站　　B. 大型机

C. 小型机　　D. 微机

答案：C；A；A

知识点对接：巨型计算机、工作站的特点和应用。

解析：例 1 中，巨型计算机是衡量一个国家科学技术和工业发展水平的重要标志，因为它集成了最尖端的计算技术和工业制造能力，直接反映了国家在高性能计算领域的综合实力和国际竞争力，故选 C。例 2 中，巨型计算机是计算机中性能最强、速度极快、存储容量巨大、结构复杂且价格昂贵的类型，其运算速度可达每秒千亿次，广泛应用于国防、气象、航空航天、核能、医药等国家高新技术领域，故选 A。例 3 中，工作站配备了大屏幕显示器和大容量存储器，运算速度快，网络通信能力强，主要用于图像处理和计算机辅助设计等领域，故选 A。

同步训练

1. PC 机的含义是（　　）。

A. 大型机　　B. 个人计算机

C. 巨型机　　D. 苹果机

2. 计算机按处理数据的形态分类，可以分为（　　）。

A. 电子数字计算机、电子模拟计算机和数模混合式电子计算机

B. 超级计算机、巨型机、大型机、小型机、微机

C. 通用计算机、专用计算机

D. 单片机、单板机、嵌入式计算机

3. 专门为某种用途而设计的电子计算机，称为（　　）计算机。

A. 专用　　B. 通用

C. 普通　　D. 模拟

4. 电子计算机的基本特征是（　　）。

A. 运算速度快、计算精度高　　B. 存储容量大

C. 逻辑运算能力强　　D. 上述所有

5. 对于计算机特点的描述，下列哪个选项不正确？（　　）

A. 运算速度快　　B. 计算精度高

C. 功耗高　　D. 记忆功能强

6. 个人计算机简称 PC 机，这种计算机属于（　　）。

A. 微型计算机　　B. 小型计算机

C. 超级计算机　　D. 巨型计算机

7. 个人使用的微机和笔记本电脑属于（　　）。

A. 高性能计算机　　B. 快速度计算机

C. 通用计算机　　D. 专用计算机

8. 在计算机的分类中，某种计算机的主要特点是按位运算，并且不连续地跳动计算。这样的计算机我们称为（　　）。

A. 专用机　　B. 通用机

C. 电子数字计算机　　D. 电子模拟计算机

9. 计算机的主要特点是运算速度快、精度高和（　　）。

A. 存储记忆　　B. 自动编程

C. 无须记忆　　D. 按位串行执行

10. 计算机的主要特点之一是具有（　　）。

A. 每秒几亿次的运算能力　　B. 每秒几百万次的运算能力

C. 每秒几万次的运算能力　　D. 高速运算的能力

11. 计算机在科学计算上的应用就是利用了计算机的一些特点，下列特点没用到的是（　　）。

A. 运算速度快　　B. 存储容量大

C. 性价比高　　D. 自动化程度高

12. 计算机可分为 8 位机、16 位机、32 位机和 64 位机等，这是按（　　）进行分类的。

A. CPU 的字长　　B. CPU 的数量

C. 存储器的位数　　D. CPU 的运算速度

13. 计算机能进行逻辑判断并根据判断结果选择相应的处理方式，说明计算机具有（　　）。

A. 自动控制能力　　B. 逻辑判断能力

C. 记忆能力　　D. 高速运算能力

14. 计算机能够进行自动处理的基础是（　　）。

A. 能进行逻辑判断　　B. 能快速运算

C. 能存储程序　　D. 计算进度快

15. 有一种计算机可供网络用户共享，具有大容量的存储设备和丰富的外部设备，一般运行网络操作系统，我们称这种计算机为（　　）。

A. 微型机　　B. 小型机

C. 工作站　　D. 服务器

16. 某工厂有一台计算机只能用于生产线的控制，我们称这样的计算机为（　　）。

A. 巨型机　　B. 通用机

C. 专用机　　D. 微机

17. 目前用于战略武器设计、空间技术、石油勘探、中长期天气预报以及社会模拟等领域的计算机属于（　　）。

A. 巨型机　　B. 大型机

C. 工作站　　D. 微型机

18. 具有高速运算能力和图形处理功能、通常运行 UNIX 操作系统、适合工程与产品设计等应用的计算机中，最适合一般用户使用的是（　　）。

A. 工作站　　B. 微型计算机

C. 客户机　　D. 服务器

19. 用连续量作为运算量，速度快、精度高的计算机，我们称为（　　）。

A. 通用机　　B. 专用机

C. 电子数字计算机　　D. 电子模拟计算机

20. 主要用于尖端科学研究领域，比如核爆炸模拟、火箭发射控制等，所需要的计算机类型是（　　）。

A. 巨型机　　B. 大型机

C. 小型机　　D. 微机

21. 计算机内所有信息形式为连续变化的电压，这种计算机多用于工业生产中的自动控制，这种计算机称为（　　）。

A. 数字计算机　　B. 模拟计算机

C. 小型机　　D. 微机

22. 下面哪个计算机应用领域一般使用的是巨型机？（　　）

A. 信息处理　　B. 过程控制

C. 电子商务　　D. 科学计算

23. 20 世纪 60 年代开始出现一种供部门使用的计算机，它规模较小、结构简单、成本较低、操作简便、维护容易，能满足中小企事业单位使用。全球最早的这种机器是美国 DEC 公司推出的 PDP 系列。这种计算机是（　　）。

A. 巨型机　　B. 大型机

C. 小型机　　D. 微机

24. 第四代计算机的典型代表是（　　）。

A. 巨型机　　B. 大中型机

C. 小型机　　D. 微型机

25. 计算机应用经历了三个主要阶段，这三个阶段是超、大、中、小型计算机阶段，微型计算机阶段和（　　）。

A. 智能计算机阶段　　B. 掌上电脑阶段

C. 因特网阶段　　D. 计算机网络阶段

26. 对于嵌入式计算机，正确的说法是（　　）。

A. 用户可以随意修改其程序

B. 冰箱中的微电脑是嵌入式计算机的应用

C. 嵌入式计算机属于通用计算机

D. 嵌入式计算机只能用于控制设备中

27. 下列关于嵌入式计算机的说法，错误的是（　　）。

A. 大部分嵌入式计算机把软件固化在芯片上

B. 嵌入式计算机通常应满足实时处理、最小功耗、最小存储的性能要求

C. 嵌入式计算机的工作原理与 PC 相比没什么差别

D. 嵌入式计算机是安装在其他设备中的计算机

28. 现代通用计算机的雏形是（　　）。

A. 美国于 1946 年 2 月研制成功的 ENIAC　　B. 19 世纪科学家们设计的分析机

C. 冯·诺依曼研制的 EDVAC　　D. 图灵机模型

29. 下面关于个人计算机（PC）的叙述中，错误的是（　　）。

A. 个人计算机属于个人使用，一般不能多人同时使用

B. 个人计算机价格较低，性能不高，一般不用于工作（商业）领域

C. 目前 PC 机中广泛使用的是 x86 架构的微处理器

D. Intel 公司是国际上研制和生产微处理器最有名的公司之一

30. 下面哪个系统属于嵌入式系统？（　　）

A. 天河一号计算机系统　　B. 联想 T400 笔记本系统

C. 联想 S10 上网本系统　　D. 联想 OPhone 手机系统

任务 1.3　计算机的应用领域

了解计算机的应用领域。

知识图谱

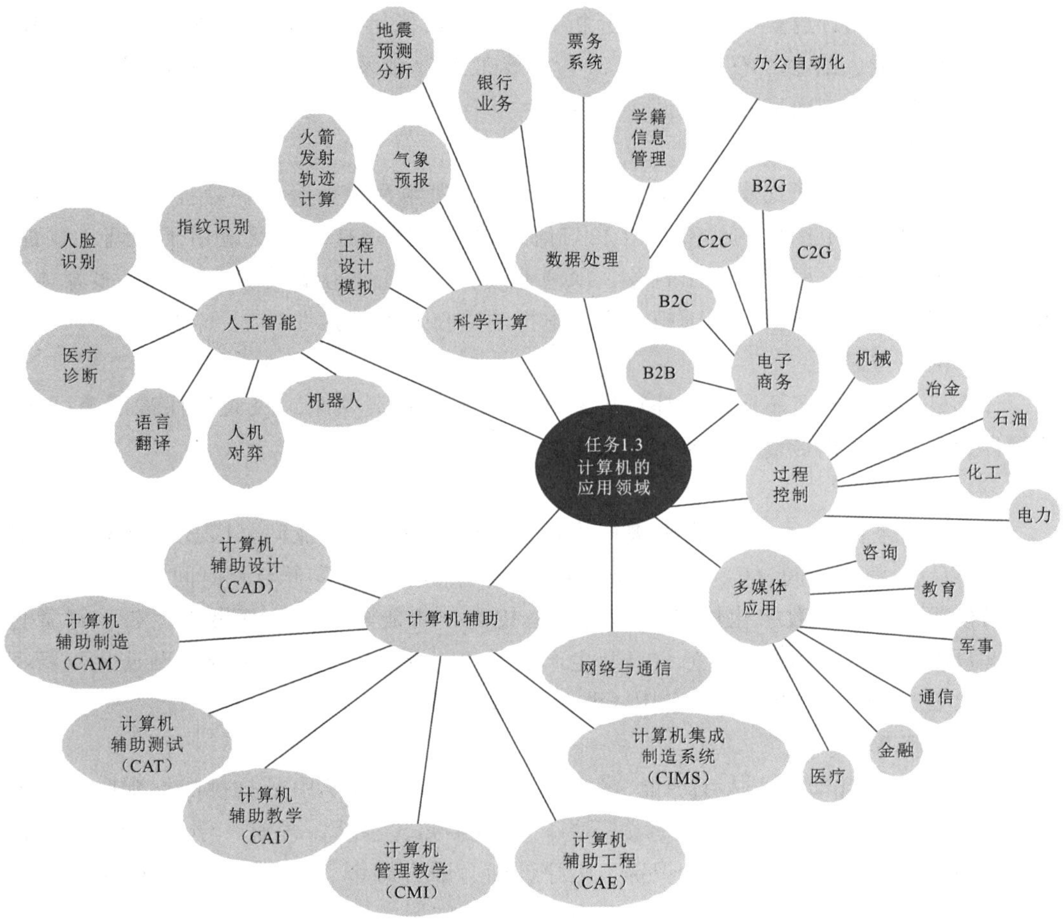

- 任务1.3 计算机的应用领域
  - 科学计算
    - 地震预测分析
    - 火箭发射轨迹计算
    - 气象预报
    - 工程设计模拟
  - 数据处理
    - 银行业务
    - 票务系统
    - 学籍信息管理
    - 办公自动化
  - 人工智能
    - 人脸识别
    - 指纹识别
    - 医疗诊断
    - 语言翻译
    - 人机对弈
    - 机器人
  - 电子商务
    - B2G
    - C2C
    - C2G
    - B2C
    - B2B
  - 过程控制
    - 机械
    - 冶金
    - 石油
    - 化工
    - 电力
  - 多媒体应用
    - 咨询
    - 教育
    - 军事
    - 通信
    - 金融
    - 医疗
  - 网络与通信
  - 计算机辅助
    - 计算机辅助设计（CAD）
    - 计算机辅助制造（CAM）
    - 计算机辅助测试（CAT）
    - 计算机辅助教学（CAI）
    - 计算机管理教学（CMI）
    - 计算机辅助工程（CAE）
    - 计算机集成制造系统（CIMS）

（1）科学计算。

科学计算是计算机最早且核心的应用领域之一，它协助人们解决科学研究与工程技术中复杂的数值计算问题，这些计算往往超出了人工处理的能力范围，如工程设计模拟、地震预测分析、气象预报、火箭发射轨迹计算等。

（2）数据处理。

数据处理，又称信息处理，是计算机应用中极为普遍且重要的方向。它依托于数据库系统，旨在提升管理决策的精准度和运营效率。数据处理涵盖了数据的采集、存储、加工、分类、排序、检索及发布等全面管理过程，广泛应用于银行业务、票务系统、学籍信息管理、办公自动化等多个领域。

（3）计算机辅助。

计算机作为强大的辅助工具，其应用领域极为广泛。这包括计算机辅助设计/制造（CAD/CAM）、计算机辅助测试（CAT）、计算机辅助教学（CAI）、计算机管理教学

(CMI)、计算机辅助工程(CAE)以及计算机集成制造系统(CIMS)等。其中,CAD 自 20 世纪 60 年代诞生以来,发展渐趋成熟,目前已成为计算机应用不可或缺的重要分支。

(4) 过程控制。

过程控制利用计算机实时采集并分析数据,以最优策略自动调整或控制生产流程,这一技术在机械、冶金、石油、化工、电力等工业领域及航空航天行业均得到广泛应用,显著提升了生产效率和安全性。

(5) 多媒体应用。

多媒体技术集成了文本、声音、图像、动画、视频及通信等多种处理功能,并通过高速网络实现全球范围内的计算机互联与信息共享。这一技术广泛应用于咨询、教育、通信、军事、金融、医疗等多个行业,深刻地改变了我们的生活方式。同时,多媒体技术与人工智能的结合还推动了虚拟现实与虚拟制造技术的迅猛发展。

(6) 网络与通信。

计算机网络实现了不同地区计算机之间的软硬件资源共享,极大地促进了跨区域、跨国界的通信与数据传输,加速了全球化进程。

(7) 电子商务。

电子商务是在 Internet 平台上进行的商务活动,涵盖了企业间(B2B)、企业与消费者间(B2C)、消费者间(C2C)、企业与政府间(B2G)、消费者与政府间(C2G)等多种交易模式。它基于数字化信息处理与传输技术,功能丰富,包括网上广告、订货付款、客户服务、市场调查、财务核算及生产安排等。此外,电子商务还不断演化出新型模式,如 O2O(线上到线下)、C2B(消费者对企业)等。

(8) 人工智能。

自 1956 年提出以来,人工智能(AI)一直是计算机科学中最具挑战性和吸引力的研究领域。它致力于模拟人类的智力行为,包括感知、判断、理解、学习、问题求解、图像识别等。在指纹识别、人脸识别、医疗诊断、语言翻译、人机对弈、机器人等多个领域,人工智能已取得了显著成果,开启了计算机应用的新纪元。

例题解析

例 1 通过指纹识别技术测量血液中的葡萄糖、胆固醇等指标,提高疾病的早期诊断率,这属于计算机的(　　)应用领域。

A. 科学计算　　B. 自动控制

C. 辅助设计　　D. 信息处理

例 2 虚拟现实技术为游戏行业带来了革命性的变化。玩家通过 VR 头盔和手柄控制器,可以身临其境地参与游戏,享受沉浸式的游戏体验。虚拟现实是计算机应用的新领域,主要是由计算机应用领域中的(　　)结合成的。

A. 科学计算与数据处理　　B. 网络与人工智能

C. 数据处理与人工智能　　D. 多媒体技术与人工智能

例 3　下列关于计算机应用领域的说法，错误的是（　　）。

A. OA 的实质是计算机辅助人类进行办公，所以属于 CAD 应用领域

B. CAD 是计算机应用的一个重要分支，它诞生于 20 世纪 60 年代

C. 多媒体技术与人工智能的结合促进了虚拟现实和虚拟制造技术的诞生

D. 电子商务的实质是在计算机网络上进行的商务活动

答案：D；D；A

知识点对接：计算机的主要应用领域和在各个领域的具体应用。

解析：例 1 中利用指纹识别技术（或其他生物识别技术）结合特定的算法，可能间接关联到个体的健康状况分析，但并非直接通过指纹测量血液中的指标，这更多是一种数据分析和处理的过程，因此归类为信息处理是合理的，故选 D。例 2 中虚拟现实是以计算机仿真技术为前提，模拟出人工创造的环境，故选 D。例 3 中，CAD 是计算机辅助设计，而 OA 是利用计算机系统办公，并不属于设计的范畴，故选 A。

同步训练

1. 下列对应关系不正确的是（　　）。

A. 计算机辅助设计——CAD

B. 计算机辅助制造——CAM

C. 计算机辅助测试——CAE

D. 计算机辅助教学——CAI

2. 下列选项中，（　　）是计算机最早且核心的应用领域之一，计算机主要用于解决科学研究与工程技术中的复杂数值计算问题。

A. 多媒体应用　　B. 数据处理

C. 电子商务　　D. 科学计算

3. 依托数据库系统，旨在提升管理决策精准度与运营效率的技术是（　　）。

A. 电子商务　　B. 多媒体应用

C. 数据处理　　D. 人工智能

4. 下列选项中，（　　）不属于计算机辅助技术的范畴。

A. 计算机辅助设计/制造（CAD/CAM）　　B. 电子商务

C. 计算机辅助测试（CAT）　　D. 计算机辅助工程（CAE）

5. 计算机辅助开始于计算机发展的第（　　）阶段。

A. 一　　B. 二

C. 三　　D. 四

6. 计算机辅助系统不适用于（　　）。

A. 产品设计　　B. 产品制造

C. 科学计算　　D. 教学

7. 人工智能致力于使用计算机模拟人类的哪类行为？（　　）

A. 电子商务交易　　B. 多媒体内容创作

C. 智力行为，如感知、判断、学习等　　D. 数据处理与分析

8. 计算机应用中最诱人也是难度最大且目前研究最为活跃的领域之一是（　　）。

A. 人工智能　　B. 信息处理

C. 过程控制　　D. 辅助设计

9. 计算机应用最广泛的领域是（　　）。

A. 数据处理　　B. 科学计算

C. 辅助设计　　D. 过程控制

10. 下列选项中最早应用计算机的领域是（　　）。

A. 科学计算　　B. 计算机辅助教学

C. 人工智能　　D. 过程控制

11. 下列哪一个实例是计算机在科学计算上的应用？（　　）

A. 地震预测　　B. 模式识别

C. 工厂生产车间的实时监控　　D. 工资的计算

12. 计算机在人类基因序列分析中的应用属于计算机应用中的（　　）。

A. 科学计算　　B. 数据处理

C. 人工智能　　D. 过程控制

13. 下列哪个实例是计算机在人工智能方面的应用？（　　）

A. 云计算　　B. 电子商务

C. 机器人足球赛　　D. CAD

14. 下列哪个实例是计算机在数据处理方面的应用？（　　）

A. 会计电算化　　B. 汽车设计

C. 冶金　　D. 人机对弈

15. 下列有关计算机应用领域的英文缩写和其中文含义对应不正确的是（　　）。

A. AI——专家系统　　B. CAD——计算机辅助设计

C. CIMS——计算机集成制造系统　　D. CAE——计算机辅助工程

16. 以下应用中不属于模式识别的是（　　）。

A. 指纹识别　　B. 人脸识别

C. 图像扫描　　D. 手写输入

17. 以下应用中不属于人工智能领域的是（　　）。

A. 机器人　　B. 自然语言处理

C. 航天器导航系统　　D. 专家系统

18. 在导弹发射的过程中使用计算机来进行全程跟踪、修正轨道，这是计算机在（　　）方面的应用。

A. 科学计算　　B. 过程控制

C. 数据处理　　D. 计算机辅助

19. 在第四代计算机阶段，计算机的应用和更新速度（　　）。

A. 停滞不前　　B. 略有提升

C. 更加迅猛　　D. 障碍重重

20. 在第四代计算机期间内，计算机的应用逐步进入（　　）。

A. 个人计算机时代　　B. 计算机网络时代

C. 部门计算机时代　　D. 行业计算机时代

21. 在电子商务中，企业与企业之间的交易称为（　　）。

A. B2B　　B. B2C

C. C2C　　D. C2B

22. 下列关于计算机应用领域和特点的说法中，错误的是（　　）。

A. 计算机最重要的特点之一是能自动化工作

B. 计算机强大的逻辑判断能力是 AI 的基础

C. 现代计算机能在短时间内将圆周率计算到小数点后上亿位，说明计算机具有计算速度快的特点

D. 云计算就是利用了计算机运行速度快、存储容量大、自动化程度高等特点

23.（　　）是以数据库管理系统为基础，帮助管理者提高决策水平，改善运营策略。

A. 科学计算　　B. 信息处理

C. 人工智能　　D. 过程控制

24. 网上购物等电子商务活动是计算机在（　　）应用领域的应用实例。

A. 过程控制　　B. 数据处理

C. 计算机辅助　　D. 科学计算

25. 以下关于计算机应用领域和发展方向的说法中，正确的是（　　）。

A. 计算机最早的应用领域和最广泛的应用领域都是信息处理

B. 现代微电子技术的发展使得计算机向着巨型化方向发展

C. 深度学习、模式识别、智能搜索都是人工智能的研究方向

D. 电影特技制作、视频会议、远程医疗诊断、虚拟现实都是多媒体技术独立研究方向

26. 通过网络与机器人对话属于人工智能中的（　　）。

A. 指纹识别技术　　B. 虚拟现实

C. 自然语言理解技术　　D. 图像识别技术

27. 利用计算机模拟产生一个三维世界，提供使用者关于视觉、听觉、触觉等感官的模拟，让使用者如同身临其境。这描述的是计算机的（　　）应用领域。

A. 模式识别　　B. 虚拟现实

C. 计算机辅助设计　　D. 流媒体

28. 在人工智能当中，图像、语音、手势等识别被认为是____的层次，而问题求解、创作、推理预测被认为是____的层次。横线上应填（　　）。

A. 认知智能；认知智能　　B. 认知智能；感知智能

C. 感知智能；认知智能　　D. 感知智能；感知智能

29. 以下四个人工智能的应用领域中，与其他三个不同的是（　　）。

A. 语音识别　　B. 人脸识别与情感计算

C. 图像识别与分类　　D. 医学影像分析

30. 网上购物过程中，经常会看到“看了此商品的会员通常还看了……”“买了此商品的会员通常还买了……”。这些信息既方便了顾客购物选择，又为商家赢得了更多的利润，这里采用的技术是（　　）。

A. 联机分析处理　　B. 智能代理

C. 智能机器人　　D. 数据挖掘

模块测试

1. 目前国际公认的第一台通用电子数字计算机是（　　）年在美国研制成功的计算机，其英文缩写名是 ENIAC。

A. 1937　　B. 1949

C. 1945　　D. 1946

2. 1983 年 12 月 22 日，中国第一台每秒钟运算一亿次以上的“银河”巨型计算机，由（　　）在长沙研制成功。

A. 中国科学院计算技术研究所

B. 国防科技大学计算机研究所

C. 国家并行计算机工程技术研究中心

D. 联想集团

3. 计算机中使用二进制形式来表示各种数据。下列选项中，提出以二进制数的形式存储程序与数据的科学家是（　　）。

A. 冯·诺依曼　　B. 图灵

C. 莱布尼茨　　D. 香农

4. 中国的超级计算机系列比较多，其中由联想集团研制成功的是（　　）。

A. 神威系列　　B. 银河系列

C. 深腾系列　　D. 曙光系列

5. 1983 年我国第一台超级计算机“银河-Ⅰ”诞生，它是一台（　　）。

A. 千万次巨型电子计算机　　B. 亿次巨型电子计算机

C. 百亿次巨型电子计算机　　D. 千亿次巨型电子计算机

6. 几十年来，几乎所有计算机的基本结构和工作原理都是相同的，其基本特点是（　　）。

A. 采用存储程序控制　　B. 采用集成电路

C. 使用高级语言编程　　D. CPU 采用微处理器

7. CAE 是指（　　）。

A. 计算机辅助设计　　B. 计算机辅助制造

C. 计算机辅助教学　　D. 计算机辅助工程

8. CAI 表示为（　　）。

A. 计算机辅助设计　　B. 计算机辅助制造

C. 计算机辅助教学　　D. 计算机辅助军事

9. CAM 的中文含义是（　　）。

A. 计算机辅助设计　　B. 计算机辅助教学

C. 计算机辅助制造　　D. 计算机辅助测试

10. CAT 的中文含义是（　　）。

A. 计算机辅助设计　　B. 计算机辅助制造

C. 计算机辅助工程　　D. 计算机辅助测试

11. ENIAC 计算机所采用的电子器件是（　　）。

A. 电子管　　B. 晶体管

C. 中小型集成电路　　D. 大规模及超大规模集成电路

12. 1958 年，中国第一台电子管计算机——（　　）通用数字电子计算机在中国科学院计算技术研究所研制成功。

A. 103 型　　B. 长城

C. 联想　　D. 银河

13. 最早设计计算机的目的是进行科学计算，其主要计算的问题面向（　　）。

A. 科研　　B. 军事

C. 商业　　D. 管理

14. 计算机的主要特点之一是（　　）。

A. 具有文字处理能力　　B. 具有游戏能力

C. 具有高速运算能力　　D. 具有表格处理的能力

15. 利用计算机模拟人类的某些思维活动，如医疗诊断、定理证明等，该应用属于（　　）。

A. 数值计算　　B. 自动控制

C. 人工智能　　D. 辅助教育

16. 世界上第一台通用电子数字计算机采用的逻辑元件是（　　）。

A. 大规模集成电路　　B. 集成电路

C. 晶体管　　D. 电子管

17.（　　）是以数据库管理系统为基础，帮助管理者提高决策水平，改善运营策略。

A. 科学计算　　B. 信息处理

C. 人工智能　　D. 过程控制

18.（　　）的特点是处理的信息数据量比较大而数值计算并不十分复杂。

A. 工程计算　　B. 数据处理

C. 自动控制　　D. 实时控制

19. “计算机能进行判断并根据结果选择相应的处理。”该描述说明计算机具有（　　）。

A. 自动控制能力　　B. 高速运算的能力

C. 记忆能力　　D. 逻辑判断能力

20. “使用计算机进行数值运算，可根据需要获得千分之一到几百万分之一甚至更高的精确度。”该描述说明计算机具有（　　）。

A. 自动控制能力　　B. 高速运算的能力

C. 记忆能力　　D. 很高的计算精度

21. “现代计算机的速度最高可达每秒千亿次运算。”该描述说明计算机具有（　　）。

A. 自动控制能力　　B. 高速运算的能力

C. 很高的计算精度　　D. 逻辑判断能力

22. 1971 年，Intel 推出的微处理器 4004 使用的电子器件是（　　）。

A. 电子管　　B. 晶体管

C. 大规模集成电路　　D. 超大规模集成电路

23. 2020 年第七次全国人口普查统计工作大量使用了计算机，属于计算机在（　　）方面的应用。

A. 科学计算　　B. 自动控制

C. 人工智能　　D. 数据处理

24. CAD 是计算机应用的一个重要分支，它诞生于 20 世纪（　　）年代。

A. 50　　B. 60

C. 70　　D. 80

25. 阿尔法围棋（AlphaGo）是一种围棋人工智能程序，由（　　）公司开发，其主要工作原理是“深度学习”。

A. IBM　　B. Google

C. 百度　　D. Facebook

26. 在情报检索中使用计算机，反映了计算机在（　　）领域的应用。

A. 科学计算　　B. 数据处理

C. 过程控制　　D. 网络

27. 下列选项中，属于科学计算应用领域的是（　　）。

A. 气象预报　　B. 文字编辑系统

C. 运输行李调度　　D. 专家系统

28. 在下面的选项中，不属于计算机的一种用途分类的是（　　）。

A. 人工智能　　B. 多媒体计算机系统

C. 计算机网络　　D. 企业管理

29. （　　）技术大大地促进了多媒体技术在网络上的应用，解决了传统多媒体手段由于数据传输量大而与现实网络传输环境发生的矛盾。

A. 人工智能　　B. 虚拟现实

C. 流媒体　　D. 计算机动画

30. 机器人能根据音乐节奏跳舞，这项技术属于人工智能中的（　　）。

A. 图像识别技术　　B. 指纹识别技术

C. 虹膜识别技术　　D. 模式识别技术

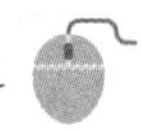

31. “双十一”已成为中国电子商务行业的年度盛事，并且逐渐影响国际电子商务行业。电子商务实际是信息技术在（　　）方面的应用。

A. 家庭生活　　B. 日常学习

C. 通信服务　　D. 金融和商业

32. 1959年，IBM公司的塞缪尔（A. M. Samuel）编制了一个具有自学能力的跳棋程序，这是计算机在（　　）方面的应用。

A. 过程控制　　B. 数据处理

C. 科学计算　　D. 人工智能

33. 在课堂教学中利用计算机软件给学生演示实验过程。计算机的这种应用属于（　　）。

A. 辅助教学领域　　B. 自动控制领域

C. 数字计算领域　　D. 辅助设计领域

34. （　　）是以个人计算机和分布式网络计算机为基础，主要面向专业应用领域，具备强大的数据运算与图形处理能力的高性能计算机。

A. 路由器　　B. 调制解调器

C. 服务器　　D. 工作站

35. 世界公认的第一台通用电子数字计算机ENIAC的主要缺点是（　　）。

A. 体积庞大，耗电，使用非常不方便

B. 没有采用二进制数形式来表示数据

C. 没有实现存储程序，不能自动运行程序

D. 硬件和软件没有明确区分开，混杂在一起

36. 下列不属于人工智能应用实例的是（　　）。

A. 指纹签到　　B. 与机器人对话

C. 在线文字翻译　　D. 浏览图书资料

37. 摩尔定律揭示了信息技术进步的速度，其内容为：当价格不变时，集成电路上可容纳的元器件的数目，约每隔（　　）个月便会增加一倍，性能也将提升一倍。

A. 18～24　　B. 12～24

C. 24～36　　D. 6～12

38. 下列关于信息技术发展的叙述中，有错误的是（　　）。

A. 1969年，ARPANET开始研究，它是现代Internet的雏形

B. 1971年，Intel公司生产出了第一块CPU

C. 1981年，IBM公司推出全球第一台个人计算机（PC），从此计算机进入了PC时代

D. 1969年，比尔·盖茨的微软公司开发出了强大的UNIX操作系统

39. 下列关于计算机应用领域的叙述，错误的是（　　）。

A. 信息管理应用的基础是数据库管理系统，其中应用得最多的是OA，它诞生于20世纪70年代，兴盛于20世纪80年代

B. 现代很多工厂里生产线上利用微机实时采集、分析数据，按最优值迅速对控制对象进行自动调节，这是计算机的人工智能应用领域

C. 计算机技术发展到现代，多媒体技术与人工智能的结合促进了虚拟现实和虚拟制造的发展

D. CAD/CAM 是计算机的重要应用分支，现代的 3D 打印技术就是这个领域的典型应用

40. 下列关于计算机发展的叙述中，不正确的是（　　）。

A. 人工智能这个概念是在计算机发展的第一阶段提出的

B. 1956 年第一次有关人工智能的会议在达特茅斯（Dartmouth）大学召开

C. 兼容机的概念最早由 IBM 提出，最早揭示信息技术进步趋势的是冯·诺依曼

D. 中国现在提出的“信息创业”是补我国在 CPU、数据库、操作系统等方面的短板

模块 2　计算机中信息的表示

模块概述

计算机中信息的表示及编码的相关知识是信息技术的基础，通过对计算机中信息的表示、信息的单位、信息的编码这三部分的学习探讨，为后续深入学习计算机原理奠定坚实基础。

考纲解读

掌握信息与数据的概念，掌握进制的概念及常用进制互相转换的基本方法，熟练掌握数据在计算机中的处理过程以及存储方法，了解计算机中字符的编码，掌握数据在计算机中的表示方法。

模块导图

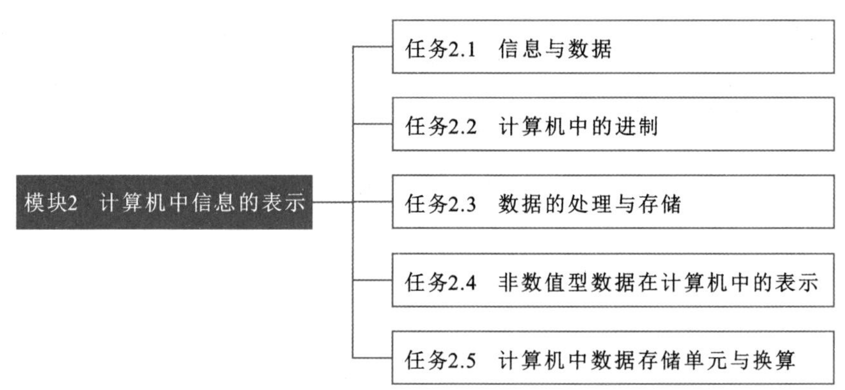

任务 2.1 信息与数据

任务描述

掌握信息与数据的基本概念，了解信息的特征、类型和信息的获取与处理方式，了解信息技术的相关概念，了解信息技术的发展、设备分类和信息社会的概念、特征。

知识图谱

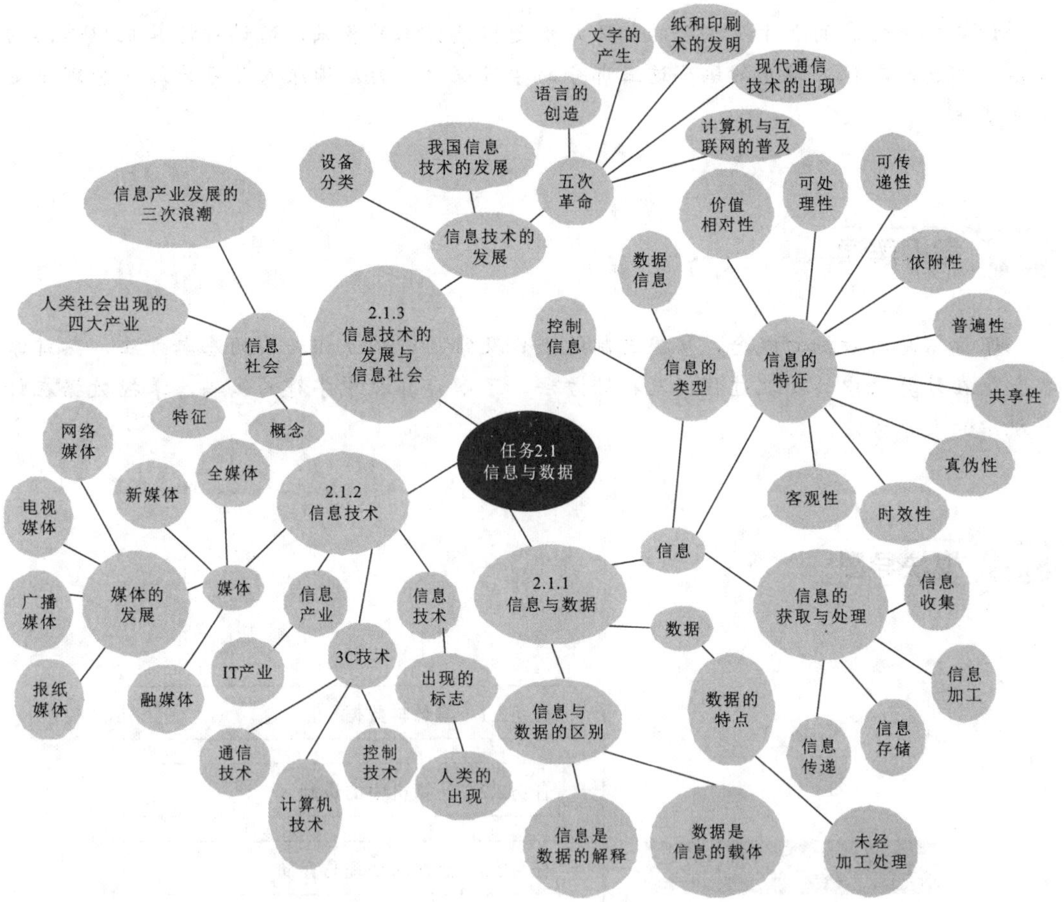

任务2.1 信息与数据
2.1.1 信息与数据
信息
信息的类型
数据信息
控制信息
信息的特征
价值相对性
可处理性
可传递性
依附性
普遍性
共享性
真伪性
时效性
客观性
信息的获取与处理
信息收集
信息加工
信息存储
信息传递
数据
数据的特点
未经加工处理
信息与数据的区别
信息是数据的解释
数据是信息的载体
2.1.2 信息技术
媒体
全媒体
新媒体
融媒体
媒体的发展
网络媒体
电视媒体
广播媒体
报纸媒体
信息产业
IT产业
3C技术
通信技术
计算机技术
控制技术
信息技术
出现的标志
人类的出现
2.1.3 信息技术的发展与信息社会
信息社会
信息产业发展的三次浪潮
人类社会出现的四大产业
特征
概念
信息技术的发展
设备分类
我国信息技术的发展
五次革命
语言的创造
文字的产生
纸和印刷术的发明
现代通信技术的出现
计算机与互联网的普及

2.1.1　信息与数据

1. 信息

信息（information）是物质和能量之间相互作用和联系的表现形式，反映了客观事物的属性和它们之间相互联系的特性。信息经过加工后，能够对客观世界产生影响，转化为数值、文字、声音、图像、图形、视频等多种形式存储在计算机中。

1948 年，信息论的奠基人、美国数学家克劳德·艾尔伍德·香农（Claude Elwood Shannon）在论文《通信的数学理论》中给出了“信息是用来消除随机不确定性的东西”这一定义，深刻揭示了信息的本质。同年，控制论的创始人诺伯特·维纳（Norbert Wiener）在《控制论》中强调：“信息就是信息，它既不是物质，也不是能量。”

（1）信息的特征。

“信息”是科学术语，其概念最早由哈特莱（Hartley）在 1928 年的论文《信息传输》中提出，主要特征如下。

客观性：信息是事物特征和变化的真实反映。

时效性：信息具有时间敏感性，过期往往失去其价值。

普遍性：信息广泛存在于客观世界的每一个角落和每一刻时间。

可传递性：信息能够跨越时间和空间的限制进行传递，存储是时间上的传递，通信是空间上的传递。

可处理性：信息可以被加工、整理和分析，如“玉不琢，不成器”所喻。

真伪性：信息存在真实与虚假之分，如“声东击西”策略中的误导信息。

共享性：同一信息可以被多个主体同时使用，这是信息最本质的特征之一。

依附性：信息需要依赖特定的媒介或载体来表达，如红绿灯传递的交通信息。

价值相对性：不同主体对同一信息的价值评价可能截然不同，如古代“天圆地方”说法的历史局限性。

此外，信息还具有可压缩性、转化性等特征。

（2）信息的类型。

在计算机系统中，信息主要分为以下两类。

数据信息：是计算机程序处理的主要对象，包括各种形式的数值、文本等。

控制信息：用于控制计算机或设备的操作，如工业自动化中的启动、停止、加速、减速等指令。

（3）信息的获取与处理。

信息获取的基本过程有定位信息需求、选择信息来源、确定信息获取方法、获取信息、评价信息。信息处理过程实际上是数据信息和控制信息相互交织、相互作用的过程。信息处理过程见表 2-1-1。

表 2-1-1　信息处理过程

序号	过程	说明
1	信息收集	原始数据采集
2	信息加工	对信息进行去伪存真、分类整理等
3	信息存储	纸质存储和电子存储
4	信息传递	包括传送和接收，传输介质分有线和无线两类

2. 数据

数据（data）是记录事物属性的原始素材，未经加工处理，是对客观事物属性的逻辑归纳。在计算机系统中，数据以二进制形式（即 0 和 1 的信息单元）存储，这是计算机内部处理信息的基石。

3. 信息与数据的区别

（1）本质与表现。

数据的符号化形式构成了信息的载体，而信息则是这些数据背后所蕴含的解释或含义。简而言之，数据是信息的具体表现形式，而信息则是数据所承载的抽象逻辑和意义。

（2）意义与价值。

数据本身并不直接具有意义，它需要通过处理和分析才能转化为有价值的信息。相比之下，信息是有意义的，能够传达特定的内容或知识，并对人类的决策和行动产生直接影响。

（3）信息论视角。

从信息论的角度来看，从信源获取的数据实际上是信息与数据冗余的混合体。这意味着，当我们从信源获取数据时，这些数据中既包含了我们所需的有用信息，也包含了冗余信息。因此，可以表述为：数据＝信息 ＋ 数据冗余。

（4）形态与载体。

信息具有形态转换的能力，不依赖于承载它的物理介质（如纸张、电子设备等）。相反，数据的表示方式则受到物理介质的影响，不同的物理介质可能会以不同的方式来表示相同的数据。此外，数据和信息之间的界限是相对的，同样的数据对于不同的人来说，可能具有不同的信息价值或意义，且同一信息也可以通过多种不同形式的数据来呈现。

例题解析

例 1　下列关于信息的说法中，正确的是（　　）。

A. 只有最新的信息才具有价值

B. 只有借助计算机才能处理信息

C. 信息在计算机内部用二进制代码来表示

D. 信息不能脱离它所反映的事物被存储

例 2　我们通过观察、实验或计算得出的结果称为（　　）。

A. 数字　　B. 数据

C. 文字　　D. 图像

例 3　信息和数据（　　）。

A. 是两个相同的概念　　B. 既有联系又有区别

C. 各自独立，毫无联系　　D. 具有单向依赖关系，即信息依赖于数据

答案：C；B；B

知识点对接：信息与数据的概念及特点。

解析：例 1 的 A 选项中，信息的价值并不是全由时间决定的。B 选项中，对于信息的处理，我们可以用计算机也可以用手工。D 选择中，信息可以脱离它所反映的事物被存储，比如一个人的面貌可以用图片存在计算机里。C 选项中，数据是信息的具体表现形式，且在计算机系统中，数据以 0、1 二进制形式表示，说法正确，故选 C。例 2 中，B 选项正确，因为数据可以是数字、文字、图像、声音等，通过观察、实验或计算得出的可以是其中的某一项或某几项。A 选项、C 选项、D 选项都是数据的形式之一，并不全面，故选 B。例 3 中，数据是信息的表现形式和载体，信息是数据的内涵，因此信息与数据既有联系又有区别，B 选项符合题目要求。A 选项将两者看成相同的概念，故错误；C 选项认为两者没有关系，故错误；D 选项认为信息单向依赖数据，没有正视两者相互依赖的关系，故错误。

2.1.2　信息技术

1. 信息技术

信息技术（information technology，IT）是有关信息的收集、识别、提取、变换、存储、处理、检索、检测、分析、利用等的技术，主要包括传感技术、计算机技术、通信技术和微电子技术（现代信息技术的基石）等。人类的出现是信息技术出现的标志。

2. 3C 技术

3C 技术是信息技术的主体，是通信技术（communication technology）、计算机技术（computer technology）和控制技术（control technology）的合称。

3. 信息产业

信息产业是指以计算机和通信设备为主体的 IT 产业。

4. 媒体

媒体（media）一词源于拉丁语“medius”，它指的是人们用于传递与获取信息的工

具、渠道、载体、中介物或技术手段。具体而言，媒体涵盖了所有用于传送文字、声音、图像及视频等信息的工具和手段。

（1）媒体的发展。

第一媒体：报纸媒体。

第二媒体：广播媒体。

第三媒体：电视媒体。

第四媒体：网络媒体。1998 年 5 月，联合国新闻委员会在每年举行一次的例会上正式提出了“网络媒体”这一概念，网络媒体主要指以互联网为主要传播平台的媒体形态。

（2）新媒体。

新媒体也被称为第五媒体，是借助数字技术、网络技术，通过互联网、宽带局域网、无线通信网及卫星等多元化渠道，以电视、计算机及手机等终端设备为载体，向广大用户（即受众）提供视频、音频、语音数据服务及远程教育等丰富的交互式信息和娱乐服务，从而获取经济利益的先进传播形式。其典型代表包括微信公众号、今日头条等基于移动端的媒介形态。

（3）全媒体。

全媒体，即“omnimedia”，代表着媒介信息传播领域的一次深刻变革。它综合运用文字、声音、影像、动画、网页等多种媒体表现手段（即多媒体），构成了当前最为新颖和全面的传播形态。

（4）融媒体。

融媒体是一种传播概念或理念，旨在实现“资源通融、内容兼容、宣传互融、利益共融”的新型媒体形态。它区别于过去单一或少量媒体的传播方式，强调多种媒体形态的有机融合和互补。

例题解析

例 1 （　　）的有效结合，使信息的处理速度、传递速度得到了惊人的提高，人类处理信息、利用信息的能力得到了空前的发展。

A. 传统信息技术和现代信息技术　　B. 计算机与媒体技术

C. 电子计算机和现代通信技术　　D. 多媒体和网络技术

例 2 下列信息传播途径中，速度最快的是（　　）。

A. “一传十，十传百”　　B. 网络

C. 打电话　　D. 电视媒介

例 3 下列各项应用中不属于信息技术范畴的是（　　）。

A. 网络技术　　B. 微电子技术

C. 通信技术　　D. 生物技术

答案： C；B；D

知识点对接： 信息、信息技术、媒体。

解析：例 1 中，通信技术的核心是电子计算机和现代通信技术，故 C 选项正确。例 2 中，网络传播信息几乎可以瞬间到达全球各个角落，A 选项、C 选项、D 选项中的信息传播方式没有网络快，故选择 B。例 3 中，D 选项主要是生物体的操作、利用和改造，其核心是基因工程，并不属于信息技术的范畴，其他三个选项都属于信息技术的范畴，故答案是 D。

2.1.3　信息技术的发展与信息社会

1. 信息技术的发展

（1）信息技术的五次革命。

第一次革命：语言的创造。这一创举标志着人类获得了独特的交流信息的手段，是人类从猿进化到人的重要里程碑。

第二次革命：文字的产生。它突破了口语的直接传递限制，使得信息的存储与传递能够打破时空的限制。

第三次革命：纸和印刷术的发明。这两项伟大的发明极大地扩展了信息交流和传递的容量及范围。

第四次革命：电话、电报、电视等现代通信技术的出现。电话、电报、电视等现代通信技术的出现，引领了信息传递方式的根本性变革，人类进入了利用电磁波传播信息的全新时代。

第五次革命：计算机与互联网的普及。以 1946 年 ENIAC 的问世为标志，人类社会被推进到了数字化信息时代，实现了信息远距离、实时、多媒体、双向交互的传输。信息技术的发展不仅极大地推动了人类社会传统产业的技术升级，还促进了文化的广泛交流，带动了经济的快速增长。

（2）信息技术设备分类。

根据功能的不同，信息技术设备可以分为数据输入设备、数据输出设备、数据传输设备、数据加工处理设备、数据存储设备以及数据保护设备等。

（3）我国信息技术的发展。

硬件制造：我国电子产业规模已居世界前列，华为、小米等手机制造业品牌在全球享有盛誉。在 5G 移动通信技术方面，我国实现了创新与应用领先，互联网基础设施完善，覆盖范围广。

软件开发：我国软件市场开放度高，吸引了全球众多软件公司和开发者的参与。腾讯、阿里巴巴、百度等知名企业更是引领了行业的发展潮流。

人工智能：我国拥有丰富的人工智能人才储备，百度、华为、思必驰、科大讯飞等智能技术公司为人工智能技术的发展提供了强大的支持。

重要科技成果：银河系列巨型计算机的研发成功以及北斗卫星导航系统的建立，标志着我国在信息技术领域已经达到了世界先进水平，并在全球范围内产生了深远的影响。

2. 信息社会

(1) 信息社会的概念。

信息社会是以电子信息技术为基础，以信息资源为基本发展资源，以信息服务性产业为基本社会产业，以数字化和网络化为基本社会交往方式的新型社会。在信息社会中，信息、物质和能源是三大要素，其中信息是最重要的资源。

(2) 信息社会的特征。

信息社会的特征主要表现在以下三个方面。

经济领域：劳动力结构经历根本性变革，信息职业从业者占据绝对优势；信息经济在国民经济总产值中占据主导地位，实现低能耗、低污染的发展模式；知识成为推动社会进步的重要资源。

社会、文化、生活：社会生活日益计算机化、自动化，远程快速通信网络系统和数据中心广泛普及，生活模式和文化模式趋向多样化和个性化，个人自由支配的时间和活动空间显著增加。

社会观念：尊重知识的价值观深入人心，人们展现出更加积极地创造未来、探索未知的意识倾向。

(3) 信息产业发展的三次浪潮。

第一次浪潮：计算机技术的兴起。

第二次浪潮：互联网的普及。

第三次浪潮：物联网的发展。

(4) 人类社会出现的四大产业。

第一产业：农业，包括种植业、林业、牧业、渔业等。

第二产业：工业，包括制造业、建筑业、医药制造等。

第三产业：服务业，包括商业、金融、教育等。

第四产业：IT 产业，以生产“公共产品”和“私人产品”为产业基础，是信息技术发展的直接产物。

例题解析

例 1 有人说，未来的时代将不是 IT 时代，而是 DT 时代。DT 的含义是（　　）。

A. 超级互联网

B. data technology，即数据科技，也就是大数据

C. 物联网

D. 云计算

例 2 计算机和现代通信技术的普及，标志着信息技术进入（　　）。

A. 第二次革命　　B. 第三次革命

C. 第四次革命　　D. 第五次革命

例 3 下列应用中，属于现代信息技术应用范畴的有（　　）。

① 远程教育；② 移动电话；③ 结绳记事；④ 全国铁路联网售票系统

A. ①③④　　B. ②③④
C. ①②③　　D. ①②④

答案：B；D；D

知识点对接：信息技术的发展与应用、人类社会的五次信息技术革命。

解析：例 1 中，DT 是 data technology 的缩写，即数据科技或大数据技术。这个概念强调了大数据在未来社会和经济中的重要性和影响力，故选 B。例 2 中，五次信息技术革命分别是：语言的创造，文字的产生，纸和印刷术的发明，电话、电报、电视等现代通信技术的出现，计算机与互联网的普及。故本题选择 D。例 3 中，结绳记事属于古代，其余三项均属于现代信息技术应用范畴，所以选 D。

同步训练

1. 下列关于信息与数据的说法中，不正确的是（　　）。
A. 数据和信息之间是相互独立的
B. 信息需要经过数字化转变成数据才能存储和传输
C. 数据经过加工处理之后，就成为信息
D. 数据是反映客观事物属性的记录，是信息的具体表现形式

2. 关于信息的认识，不正确的是（　　）。
A. 信息是一种重要资源，它能提供的是知识和智慧
B. 一则消息可能含有丰富的信息，也可能没有信息
C. 信息在时间上的传递称为通信
D. 同一种信息既可以用这种方式表示，也可以用另一种方式表示。例如演出厅内的“禁止吸烟”告示牌告诉人们“不要在此吸烟”

3. “信息无时不在，无处不有”，这句话表明了信息具有（　　）。
A. 多样性　　B. 普遍性
C. 变化性　　D. 可存储性

4. （　　）的利用，让信息的传递能力得到了空前的发展。
A. 人类信息传播和处理手段　　B. 计算机与多媒体技术
C. 电子计算机和现代通信技术　　D. 多媒体和网络技术

5. （　　），使信息的存储和传递首次打破了时空的局限。
A. 印刷术的发明　　B. 文字的产生
C. 电话、电视的发明和普及　　D. 信息技术的普及应用

6. 下列说法不正确的是（　　）。
A. 信息不能独立存在，需要依附于一定的载体
B. 信息可以转换成不同的载体形式而被存储和传播
C. 信息可以被多个信息接收者接收并且多次使用

D. 同一个信息不可以依附于不同的载体

7.（　　）是现代信息技术的基石。

A. 计算机技术　　B. 通信技术

C. 微电子技术　　D. 传感技术

8. 下列关于信息的叙述中，不正确的是（　　）。

A. 信息是可以处理的　　B. 信息的价值不会改变

C. 信息可以在不同形态间转化　　D. 信息具有时效性

9. 目前，被人们称为3C的技术是指（　　）。

A. 通信技术、计算机技术和控制技术

B. 微电子技术、通信技术和计算机技术

C. 微电子技术、光电子技术和计算机技术

D. 信息基础技术、信息系统技术和信息应用技术

10. 下列哪个选项是第一产业的主要组成部分？（　　）

A. 制造业　　B. 林业

C. 金融业　　D. 信息技术

11. 下列选项中，（　　）是人类从猿进化到人的重要里程碑。

A. 印刷术的出现　　B. 互联网的使用

C. 文字的产生　　D. 语言的创造

12. 下列哪个选项不是信息产业发展的三次浪潮之一？（　　）

A. 计算机　　B. 互联网

C. 物联网　　D. 大数据

13. 如果按照专业信息工作的基本环节对信息技术进行划分，温度计属于（　　）的应用。

A. 信息获取技术　　B. 信息传递技术

C. 信息存储技术　　D. 信息加工技术

14. 在信息加工过程中，（　　）不是常见的任务。

A. 去伪存真　　B. 加密信息

C. 分类整理　　D. 提炼关键信息

15. 下列关于信息技术发展的叙述，正确的是（　　）。

A. 随着信息技术进入现代信息技术阶段，古老的信息技术就失去了作用

B. 电子出版物的出现并不意味着纸质出版物的消失

C. 传统信函已完全被电子邮件所取代

D. 信息技术指的是计算机技术和网络技术

16. 如今信息可以通过计算机进行处理，这充分说明信息具有（　　）。

A. 共享性　　B. 普遍性

C. 依附性　　D. 可存储性

17. 关于信息存储，以下说法错误的是（　　）。

A. 纸质存储是一种传统的信息存储方式

B. 电子存储是利用计算机等设备进行信息保存

C. 纸质存储比电子存储更安全可靠

D. 电子存储便于信息的快速检索和传输

18. 网络阅卷需要将考生的答卷转化为数字图像，应使用的采集设备是（　　）。

A. 打印机　　B. 扫描仪

C. 显示器　　D. 投影仪

19. “信息是用来消除随机不确定性的东西”这一观点出自（　　）。

A. 牛顿　　B. 爱因斯坦

C. 香农　　D. 维纳

20. 交通信号灯信息能同时被许多行人接收，说明信息具有（　　）。

A. 依附性　　B. 共享性

C. 价值性　　D. 时效性

21. 关于维纳在《控制论》一书中对信息的描述，下列选项中最符合的是（　　）。

A. 信息是物质　　B. 信息是能量

C. 信息既非物质也非能量　　D. 信息是控制论的全部

22. 以下有关信息的说法，正确的是（　　）。

A. 信息是人类社会的重要资源

B. 到 20 世纪人类才学会存储信息

C. 人类发明了电话和电报后才开始传递信息

D. 每一种信息的价值随着使用人数的增加而消失

23. 在 21 世纪，（　　）的发展对全球经济产生了深远的影响。

A. 农业　　B. 工业

C. 服务业　　D. 信息技术产业

24. 所谓的信息是指（　　）。

A. 基本素材　　B. 非数值数据

C. 数值数据　　D. 处理后的数据

25. （　　）不是信息社会在社会交往方式上的主要特征。

A. 数字化　　B. 面对面交流

C. 网络化　　D. 信息化

26. 在媒体分类中，（　　）不属于传统媒体，并且其信息传播方式主要依赖于数字技术和互联网。

A. 报纸　　B. 广播

C. 电视　　D. 社交媒体

27. 下列选项中属于第三媒体的是（　　）。

A. 网络　　B. 电话

C. 电视　　D. 报纸

28. 信息传递过程中，（　　）不是传输介质。

A. 光纤　　B. 无线电波

C. 打印机　　D. 双绞线

29. 计算机存储信息的文件格式有多种，DOCX 格式的文件是用于存储（　　）信息的。

A. 文本　　B. 图片

C. 声音　　D. 视频

30. 维纳和香农在信息论领域作出的贡献的主要区别在于（　　）。

A. 维纳主要关注信息的物理属性，而香农关注信息的数学原理

B. 维纳认为信息是控制论的核心，而香农认为信息是通信的基础

C. 维纳强调信息的独立性和非物质性，而香农则强调信息在消除随机不确定性东西中的作用

D. 维纳主要研究信息的能量转换，而香农主要研究信息的编码和传输

任务 2.2　计算机中的进制

任务描述

了解进制的定义和运算规则，熟练掌握常用进制互相转换的基本方法。

知识图谱

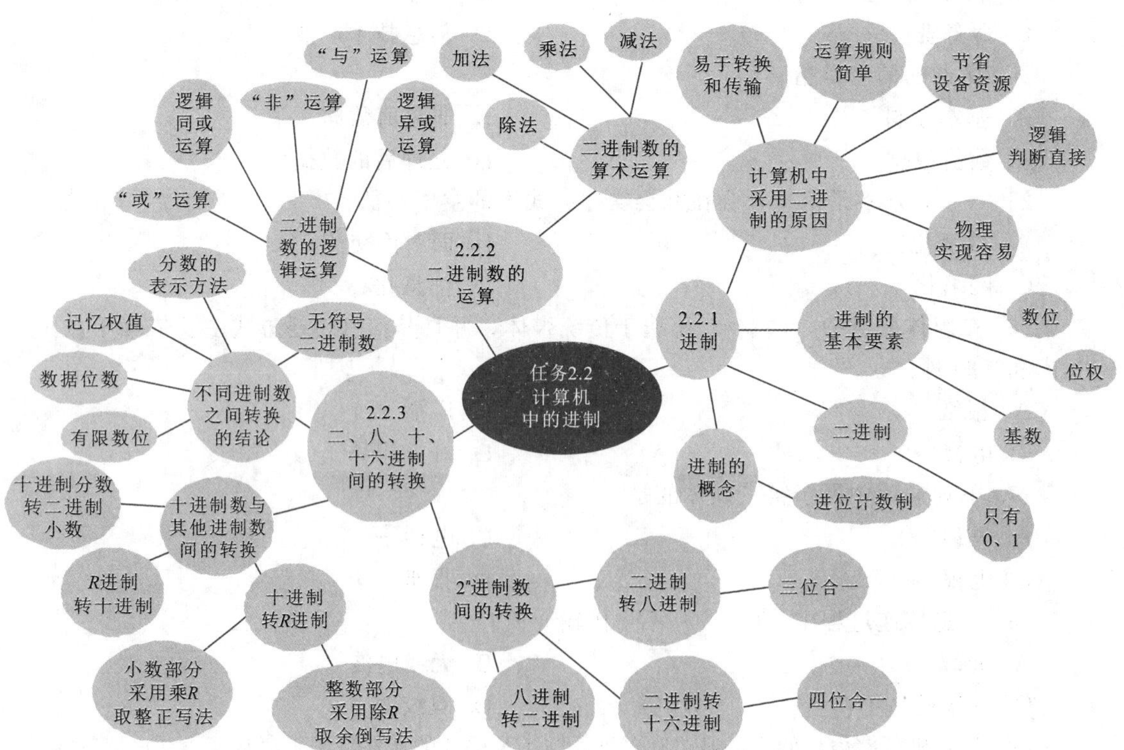

2.2.1　进制

1. 进制的概念

进制又称进位计数制，是一种采用一组固定的符号和统一的规则来表示数值的系统方法。

2. 进制的基本要素

（1）基数。

基数是指该计数制中可用以表示数值的不同符号（即数码）的总数。若表示符号的个数为 R，则该计数制被称为 R 进制。在 R 进制中，数值的增长遵循“逢 R 进一，借一当 R”的原则。例如，十进制数包含 0 到 9 这十个符号，因此其基数为 10，遵循“逢十进一，借一当十”的规则。

（2）位权。

在某一进制数中，每位数码所代表的实际数值大小被称为该位的位权。位权通常用 R^i 来表示，其中 i 代表该位在数中的位置（整数通常从右往左数，个位为 0，而小数部分则是基于小数点后的位置序号）。位权可以理解为每个数位上数值的权重，它决定了该数位上数值的实际大小。例如，在十进制中，个位的位权是 10 的 0 次方（即 1），十位的位权则是 10 的 1 次方（即 10）。

（3）数位。

数位指某位在数中的位置，每个不同的位置代表不同的值。这个值由该数位的“权”决定，一般用 R_i 来表示。

3. 二进制

计算机中所有的数据均采用二进制数形式表示，二进制数的基数为 2，仅包含 0 和 1 两个数码，遵循“逢二进一，借一当二”的计数规则。这一计数制由德国数学莱布尼茨发明。

常见进制的信息见表 2-2-1。

表 2-2-1　常见进制表

计数制	基数	有效数码	进位规则	权值	后缀字母
二进制	2	0，1	逢二进一，借一当二	2^i	B
八进制	8	0，1，2，3，4，5，6，7	逢八进一，借一当八	8^i	O
十进制	10	0，1，2，3，4，5，6，7，8，9	逢十进一，借一当十	10^i	D

续表

计数制	基数	有效数码	进位规则	权值	后缀字母
十六进制	16	0—9，A，B，C，D，E，F	逢十六进一，借一当十六	16^i	H

4. 计算机中采用二进制的原因

（1）物理实现容易。

计算机内部的所有信息，包括数据和指令，最终都是通过电子元件的开关状态来存储和处理的。二进制数恰好可以用电子元件的“开”（代表1）和“关”（代表0）两种状态来直接表示，这使得计算机的物理实现变得非常简单和直接。

（2）运算规则简单。

二进制的运算规则非常简单，只有加法和进位两种操作。

（3）逻辑判断直接。

二进制数与逻辑量（真/假、是/否）之间有着天然的对应关系，这使得计算机在进行逻辑判断时可以直接利用二进制数的特性，无须进行额外处理。

（4）节省设备资源。

二进制数的“0”和“1”两种状态可以直接与布尔代数相对应，从而简化机器中的逻辑线路设计，减少所需的电子元件数量，节省设备资源。

（5）易于转换和传输。

二进制数与其他进制数（特别是十进制数）之间的转换相对容易，且二进制数的两种状态（“0”和“1”）在传输过程中抗干扰能力强，不易出错。

常用计数制间的对应关系见表 2-2-2。

表 2-2-2　常用计数制间的对应关系表

十进制	二进制	八进制	十六制
0	0	0	0
1	1	1	1
2	10	2	2
3	11	3	3
4	100	4	4
5	101	5	5
6	110	6	6
7	111	7	7
8	1000	10	8
9	1001	11	9
10	1010	12	A

续表

十进制	二进制	八进制	十六制
11	1011	13	B
12	1100	14	C
13	1101	15	D
14	1110	16	E
15	1111	17	F
16	10000	20	10

例题解析

例 1　R 进制数整数部分第 n 位的权值是（　　）。

A. R^{n-1}　　　　B. R^n

C. R　　　　D. 2^n

例 2　R 进制数小数部分第 n 位的权值是（　　）。

A. R^{n-1}　　　　B. R^n

C. R^{-n}　　　　D. $R^{-(n-1)}$

例 3　如果采用 16 个量化级对某样值进行量化，则所需的二进制码位数至少为（　　）位。

A. 4　　　　B. 3

C. 2　　　　D. 1

答案： A；C；A

知识点对接： 进制的概念及三要素。

解析： 例 1 中，从权值概念来看，在 R 进制数中，每一位都有一个权值，这个权值是由该位的位置和基数 R 决定的。R 进制数整数部分第 n 位的权值是 R^{n-1}，故选 A。例 2 中，R 进制数小数部分第 n 位的权值是 R^{-n}，故选 C。例 3 中，$2^i=16$，则 $i=4$，故选 A。

2.2.2　二进制数的运算

1. 二进制数的算术运算

二进制数的算术运算（四则运算）类似于十进制数的四则运算。

加法：从低位到高位依次进行，遵循“满二进一”的规则。

$0+0=0$　　$0+1=1$　　$1+0=1$　　$1+1=10$（向高位进位）

减法：数位先对齐，同一数位不够减时，需从高位借位，且“借一当二”。

$0-0=0$　　$0-1=1$（向高位借位）　　$1-0=1$　　$1-1=0$

乘法：遵循基本的乘法规则。

$0\times0=0 \quad 0\times1=0 \quad 1\times0=0 \quad 1\times1=1$

除法：每一位的商数为1或0，具体取决于被除数和除数。注意，0÷0和1÷0在二进制中也是无意义的。

$0\div1=0 \quad 1\div1=1$

2. 二进制数的逻辑运算

(1) 逻辑加法运算（“或”运算）。

通常用符号“+”或“∨”表示。

$0+0=0$ 或 $0\vee0=0$

$0+1=1$ 或 $0\vee1=1$

$1+0=1$ 或 $1\vee0=1$

$1+1=1$ 或 $1\vee1=1$

从上式可见，逻辑加法有“或”的意义，即逻辑加法表示两个逻辑变量中至少有一个为1时，结果为1；两者都为0时，结果为0。

(2) 逻辑乘法运算（“与”运算）。

通常用符号“×”或“∧”或“·”表示。

$0\times0=0$ 或 $0\wedge0=0$ 或 $0\cdot0=0$

$0\times1=0$ 或 $0\wedge1=0$ 或 $0\cdot1=0$

$1\times0=0$ 或 $1\wedge0=0$ 或 $1\cdot0=0$

$1\times1=1$ 或 $1\wedge1=1$ 或 $1\cdot1=1$

不难看出，逻辑乘法运算有“与”的意义，即逻辑乘法运算表示只有当两个逻辑变量都为1时，结果才为1。

(3) 逻辑否定运算（“非”运算）。

通常用符号“¯”表示。

$\overline{0}=1$（“非”0等于1）

$\overline{1}=0$（“非”1等于0）

(4) 逻辑异或运算（“半加”运算）。

通常用符号“⊕”表示。

$0\oplus0=0$　0同0异或，结果为0

$0\oplus1=1$　0同1异或，结果为1

$1\oplus0=1$　1同0异或，结果为1

$1\oplus1=0$　1同1异或，结果为0

逻辑异或运算表示两个逻辑变量相异时，结果为1；相同时，结果为0。

(5) 逻辑同或运算。

通常用符号“⊙”表示。

$0\odot0=1$　0同0同或，结果为1

$0\odot1=0$　0同1同或，结果为0

$1\odot0=0$　1同0同或，结果为0

$$1\odot 1=1$$　1 同 1 同或，结果为 1

逻辑同或运算表示两个逻辑变量相同时，结果为 1；相异时，结果为 0。

二进制数的逻辑运算见表 2-2-3。

表 2-2-3　二进制数的逻辑运算真值表

a	b	$a \vee b$	$a \wedge b$	$a \oplus b$	$a \odot b$
0	0	0	0	0	1
1	1	1	1	0	1
0	1	1	0	1	0
1	0	1	0	1	0

例题解析

例 1　二进制算术加法 10010100+110010 的和为（　　）。

A. 11000110　　B. 10100110

C. 10110110　　D. 11100110

例 2　二进制数 1110 与 1101 算术相乘的结果是二进制数（　　）。

A. 10110101　　B. 11010110

C. 10110110　　D. 10101101

例 3　对两个二进制数 1 与 1 分别进行算术加和逻辑加运算，其结果用二进制形式表示分别为（　　）。

A. 1，10　　B. 1，1

C. 10，1　　D. 10，10

答案： A；C；C

知识点对接： 二进制数的算术运算和逻辑运算规则。

解析： 例 1 中，二进制的算术加法运算从低位到高位依次运算，并遵循“满二进一”的原则。根据此运算法则，10010100+110010=11000110，故选 A。例 2 中，0×0=0，0×1=0，1×0=0，1×1=1，按此运算法则，答案为 C。例 3 中，根据算术加运算“满二进一”的原则，1+1 结果为 10。逻辑加运算规则是：两个逻辑变量至少有一个为 1，结果才为 1；两者都为 0 时，结果为 0。故选 C。

2.2.3　二、八、十、十六进制间的转换

1. 十进制数与其他进制数间的转换

（1）R 进制数转换成十进制数，先按权展开，然后求和，即可得到相对应的十进制数。

例如：$(1101)_2 = (13)_{10}$

解析：$(1101)_2 = 1\times2^3+1\times2^2+1\times2^0$

$= 8+4+1$

$= (13)_{10}$

例如：$(0.101)_2 = (0.625)_{10}$

解析：$(0.101)_2 = 1\times2^{-1}+0\times2^{-2}+1\times2^{-3}$

$= 0.5+0+0.125$

$= (0.625)_{10}$

（2）十进制数转 R 进制数，需要将整数部分和小数部分分别转换。整数部分采用“除 R 取余倒写法”，小数部分采用“乘 R 取整正写法”。

例如：将 $(173)_{10}$ 转换成二进制数；将 $(0.8125)_{10}$ 转换成二进制小数

解析：

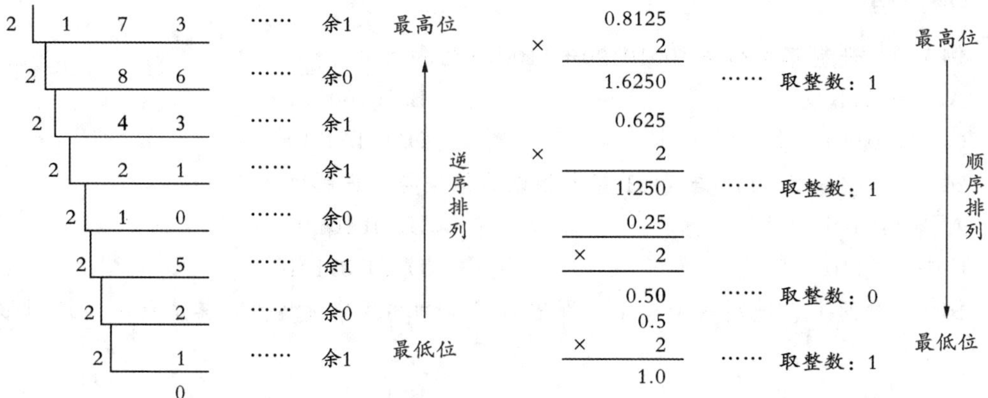

所以 $(173)_{10} = (10101101)_2$，$(0.8125)_{10} = (0.1101)_2$。

（3）十进制分数转换为二进制小数时，使用除法。将分子分母分别转换成二进制数，使用除法，借位时是借 2，商只能是 0 或 1。

例如：将 $\frac{11}{28}$ 转换成二进制数

解析：$(11)_{10} = (1011)_2$

$(28)_{10} = (11100)_2$

```
                 0 . 0 1 1   0 0   1
          ___________________________
1 1 1 0 0 ) 1 0 1 1 . 0 0
              1 1 1 . 0 0
            ---------------
              1 0 0   0 0 0
                1 1   1 0 0
            -----------------------
                      1 0 0   0 0   0
                        1 1   1 0   0
                      ---------------
                              1 0   0
                                 …
```

所以 $\left(\frac{11}{28}\right)_{10}=\left(\frac{1011}{11100}\right)_{2}=(0.011001\cdots)_{2}$。

也可以先将十进制分数转换成十进制小数，再转换成二进制小数。例如十进制分数 $\frac{11}{28}$ 转换成十进制小数是 0.392857…，再采用“乘 R 取整正写法”，转换成二进制数是 0.011001…。

2. 2^n 进制数间的转换

二进制数转换为八进制数时，按“三位并一位”的方法进行（按照权值 4、2、1 计算成一位）。以小数点为界，整数部分从右向左每三位一组，最高位不足三位时，添 0 补足三位；小数部分则从左向右，也是每三位一组，不足三位添 0 补足。

八进制数转换为二进制数时，反之采用“一位拆三位”的方法进行，即八进制数每位上的数用相应的三位二进制数表示。

同理，二进制数转换为十六进制数时，按“四位并一位”的方法；十六进制数转换为二进制数时，采用“一位拆四位”的方法进行。

八进制数与十六进制数之间的转换，可借助二进制数进行。

例如：$(100101100)_2=(454)_8=(12C)_{16}$。

解析：100　101　100　　转换成八进制数为 454

　　　0001　0010　1100　　转换成十六进制数为 12C

例如：$(0.1011011)_2=(0.554)_8=(0.B6)_{16}$。

解析：0.101　101　100　　转换成八进制数为 0.554

　　　0.1011　0110　　转换成十六进制数为 0.B6

例如：$(274)_8=(BC)_{16}$。

解析：　2　7　4

　　　010　111　100　转换成二进制数为 10111100

　　　1011　1100　　转换成十六进制数为 BC

3. 不同进制数之间转换的结论

（1）记忆权值的变化规律：R 进制数，整数部分第 n 位的权值是 R^{n-1}，小数部分第 n 位的权值是 R^{-n}。

（2）不同进制数之间转换后，数据位数的变化情况：十进制数转换成 R 进制数（$R>2$）后，数位会随着 R 的变大而减少。

（3）有限数位的问题：十进制中的有限小数转换成二进制小数时，结果可能不是有限数位的，而可能是循环的或无限非循环的。反之，二进制（包括所有 2 的幂次进制，如八进制、十六进制）的有限小数转换成十进制小数时，结果一定是有限数位的。

（4）分数的表示方法：在计算机中，分数通常不直接以分数形式表示，而是先转换成小数（特别是二进制小数）形式，然后存储或处理。这是因为计算机内部的数值表示基于二进制系统。

（5）一个 n 位无符号二进制数，各位上都是 1，转换成十进制数就是 2^n-1。

例题解析

例 1 下列有关二进制数转换的说法，错误的是（　　）。

A. 任何十进制数都可以转换成相应准确的二进制数

B. 任何十进制整数都可以转换成相应的二进制数

C. 任何二进制数都可以转换成相应的十进制数

D. 任何二进制整数都可以转换成相应的十进制数

例 2 如果在一个八进制数的右边加一个 0，那么这个数将（　　）。

A. 缩小$\frac{1}{8}$　　B. 扩大 8 倍

C. 扩大 2 倍　　D. 缩小$\frac{1}{2}$

例 3 在十六进制中，表示十进制数 255 的是（　　）。

A. FF　　B. 1FF

C. 255　　D. 0FF

答案：A；B；A

知识点对接：常见进制的概念以及相互间的转换。

解析：例 1 中，因为十进制分数转换为二进制小数时可能产生无限循环小数，无法用有限位数的二进制数“准确”表示，而 B、C、D 选项都能根据转换原则进行相应的转换，故本题选 A。例 2 中，八进制是“逢八进一”，所以在八进制数的右边加一个 0 就相当于整体向左移动了一位。例如八进制 34，右边加零后是 340。$(340)_8=3\times8^2+4\times8^1+0\times8^0=(224)_{10}$。原数 $(34)_8=3\times8^1+4\times8^0=(28)_{10}$。显然，$(224)_{10}$ 是 $(28)_{10}$ 的 8 倍，故选择 B。例 3 中，$(255)_{10}=15\times16^1+15\times16^0=(FF)_{16}$，故选 A。

同步训练

1. 二进制加法 10010110+110011 的和为（　　）。

A. 11000110　　B. 10100110

C. 11001001　　D. 11100110

2. 计算机使用二进制最直接的优点不包括（　　）。

A. 易于物理实现　　B. 计算简单准确，精确度高

C. 节省设备资源　　D. 逻辑判断直接

3. 计算机存储器中，一个字节由（　　）个二进制位组成。

A. 4　　B. 8

C. 16　　D. 32

4. 根据进制的转换规则，八进制不能与（　　）直接转换。

A. 十进制　　B. 二进制

C. 十六进制　　D. 以上都不能

5. 二进制数 111001－100111 的结果是（　　）。

A. 11001　　B. 10010

C. 1010　　D. 10110

6. 7 位二进制编码的 ASCII 码可表示的字符个数为（　　）。

A. 127　　B. 255

C. 256　　D. 128

7. 若一个 R 进制的数，使它的小数点向左移一位，那么它的数值会（　　）。

A. 缩小到原来的 $1/R$　　B. 缩小到原来的 1/2

C. 扩大 R 倍　　D. 扩大 2 倍

8. 按照进制换算方法，十进制数 77 对应的二进制数为（　　）。

A. 1011011　　B. 1010011

C. 1001001　　D. 1001101

9. 计算机中采用二进制主要是因为（　　）。

A. 可以降低硬件成本

B. 两个状态的系统具有稳定性

C. 二进制的运算规则简单

D. 技术实现简单、运算规则简单、适合逻辑运算

10. 十六进制数 2A 转换为二进制数是（　　）。

A. 00101010　　B. 101011

C. 1010　　D. 1101010

11. 二进制数 10011001 与 00101010 之和是（　　）。

A. 10111011　　B. 11000011

C. 1000　　D. 10110011

12. 在十六进制中，表示十进制数 232 的是（　　）。

A. FF　　B. 1FF

C. 255　　D. E8

13. 计算机中 8 KB 表示的二进制位数是（　　）。

A. 8×1000　　B. 8×1000×8

C. 1024×8　　D. 8×1024×8

14. 在汉字编码中，一个半角的逗号和一个全角的逗号所占用的存储二进制位数分别为（　　）。

A. 1，2　　B. 1，1

C. 8，16　　D. 8，8

15. 在 ASCII 编码中，字符“A”的二进制表示是（　　）。

A. 01000001　　B. 1000001

C. 10000001　　D. 0100001

16. 在计算机中，8 位二进制数可以表示的最大十进制数是（　　）。

A. 255　　B. 256

C. 127　　D. 128

17. 与二进制数 101101 等值的十六进制数是（　　）。

A. 1D　　B. 2C

C. 2D　　D. 2E

18. $(2008)_{10}$＋$(5B)_{16}$ 的结果是（　　）。

A. $(833)_{16}$　　B. $(2089)_{10}$

C. $(4163)_{8}$　　D. $(100001100011)_{2}$

19. 两个条件同时满足时结论才能成立，对应的逻辑运算是（　　）。

A. 加法　　B. 逻辑加

C. 逻辑乘　　D. 取反

20. 八进制数 567 转换成十六进制数是（　　）。

A. 175　　B. 176

C. 177　　D. 178

21. 十六进制数 35.54 转换成十进制数是（　　）。

A. 35.32815　　B. 53.328125

C. 54.328175　　D. 52.62125

22. 二进制数 110101 转换为八进制数是（　　）。

A. 65　　B. 53

C. 35　　D. 71

23. 二进制数 11.11 转换成八进制数是（　　）。

A. 3.5　　B. 2.6

C. 3.6　　D. 2.5

24. 在某种进位计数制中，某个数位所具有的实际数值大小，叫作（　　）。

A. 阶码　　B. 尾数

C. 位权　　D. 基数

25. 某电子设备的电路板上有一个 6 位的“跳板开关”，此开关每一位都只有“打开”和“闭合”两种状态，则这个“跳板开关”最多能表示的状态数是（　　）。

A. 120　　B. 64

C. 60　　D. 6

26. 如果 56＋7＝5D，这说明使用的是（　　）。

A. 十六进制数　　B. 十进制数

C. 八进制数　　D. 二进制数

27. 十进制小数 0.25 转换为二进制小数时，最多需要（　　）二进制小数位来表示。

A. 1 个　　B. 2 个

C. 3 个　　D. 4 个

28. 计算机高级语言支持下列选项中的（　　）。

A. 二进制　　B. 八进制

C. 十进制　　D. 以上都是

29. 若 52－19＝33 成立，等式中三个数可能是用八、十、十六不同进制表示的，请

认真推理，等式中三个数分别是用（　　）表示的才能成立。

A. 八进制，十进制，十六进制　　　B. 十进制，十六进制，八进制

C. 八进制，十六进制，十进制　　　D. 十进制，八进制，十六进制

30. 下列选项中，说法错误的是（　　）。

A. 八进制与十六进制之间有直接的转换方法

B. 八进制与十六进制可以借助二进制或十进制进行转换

C. 八进制与十进制可以借助二进制进行转换

D. 八进制与二进制可以直接转换

任务 2.3　数据的处理与存储

任务描述

了解整数、实数在计算机中的表现形式，掌握真值与机器码的概念，熟悉原码、反码、补码、移码的原理及它们之间的转换算法，了解溢出的原因与后果。

知识图谱

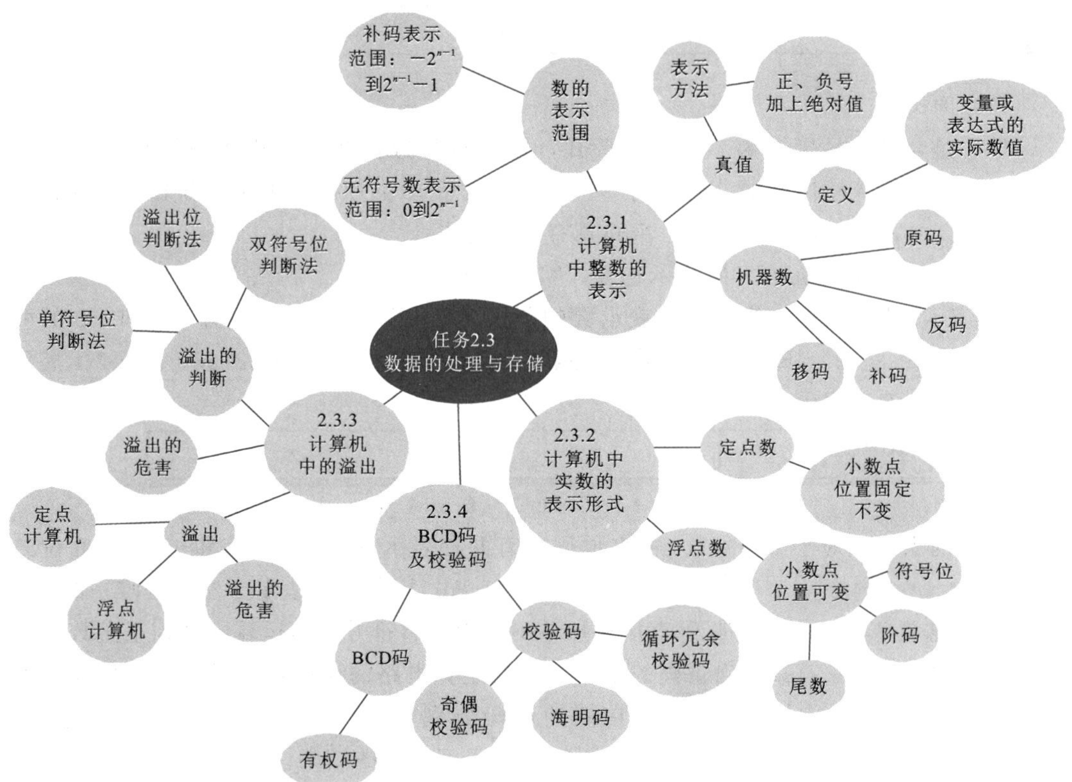

2.3.1 计算机中整数的表示

整数型数据在计算机中是用二进制数的补码形式来存储的。

1. 真值

在计算机科学中，真值指的是变量或表达式的实际数值，它用正号或负号加上绝对值来表示。例如，+3 和−3 就是两个真值，正负号用于明确地区分数的正负。

2. 机器数

机器数是一种将真值的正负号数字化的表示方法。在二进制表示中，通常用“0”来表示正数，而用“1”来表示负数。这个符号位被放置在数值的最高位之前。机器数的表示范围受到字长和数据类型的限制。

原码、反码、补码、移码都是机器数的表示方法。原码、反码、补码与真值的关系见表 2-3-1。

表 2-3-1 真值与机器数的对比

真值	+10011111	−10011111	+0.10011111	−0.10011111
原码	010011111	110011111	0.10011111	1.10011111
反码	010011111	101100000	0.10011111	1.01100000
补码	010011111	101100001	0.10011111	1.01100001

（1）原码。

原码是与真值最接近的一种表示形式，是有符号数据在计算机中最简单的编码方式，主要用于输入输出数据，通常用“$[X]_{原}$”表示 X 的原码。由于其与真值之间存在误差，因此并不能直接参与运算。原码具有以下特点。

① 最高位为符号位，“0”表示正数，“1”表示负数。

② 表示范围：8 位二进制原码表示数的范围是−127～+127（包含−0 和+0 的两种表示方法）；同理，16 位二进制原码表示数的范围是−32767～+32767。图 2-3-1 展示了 8 位二进制原码表示数的范围。

符号位	2^6	2^5	2^4	2^3	2^2	2^1	2^0

图 2-3-1 8 位二进制原码

③ 0 的表示：对于有符号数，0 在原码中有两种表示方法，即+0 和−0。在 8 位二进制中，$[+0]_{原}$=00000000B，$[-0]_{原}$=10000000B，因此 0 的表示方法不是唯一的。

④ 加法运算的复杂性：原码直接相加并不适用于有符号数的运算，因为正负数的加法在原码表示下无法直接得出正确的结果，这给运算电路的设计带来了困难。例如，若 $x=+0101101$，$y=-1011000$，则它们的原码分别为 $[x]_{原}=00101101$ 和 $[y]_{原}=11011000$，直接对这两个原码进行加法运算不会得到正确的结果。

原码的符号关系见表 2-3-2。

表 2-3-2　原码的有符号数与无符号数对应表

二进制编码	有符号数	无符号数	二进制编码	有符号数	无符号数
0000	0	0	1000	−0	8
0001	1	1	1001	−1	9
0010	2	2	1010	−2	10
0011	3	3	1011	−3	11
0100	4	4	1100	−4	12
0101	5	5	1101	−5	13

（2）反码。

正数的反码和原码相同，但负数的反码则是符号位不变，数值位逐位取反。反码有以下特点。

① 可以将减法运算转化为加法运算。

② 0 的反码有“+0”和“−0”两种表示方法。如字长若为 8 位：$[+0]_{反}=00000000B$，$[-0]_{反}=11111111B$。

③ 反码通常作为原码求补码或者补码求原码的过渡码。

④ 减法运算时，需要对减数取反，这要耗费一些时间和计算资源，且反码中的 +0、−0 也会浪费存储空间。

⑤ 反码的求法：正数的反码等于它的原码；负数的反码是对其原码逐位取反，符号位保持为 1。

例如：$x=-0.1010$，$y=+10101$。

$[x]_{反}=1.0101$（由于 x 为负数，因此符号位为 1，数值位为真值的数值位按位取反）；

$[y]_{反}=010101$（由于 y 为正数，因此符号位为 0，数值位与真值相同）。

（3）补码。

补码是现代计算机中广泛采用的一种二进制数表示方法。补码的特点如下。

① 最高位仍为符号位，“0”表示正数，“1”表示负数。

② 补码将加法和减法统一起来，其中 0 仅有一种表示方法，即 $[+0]_{补}=[-0]_{补}$，这样简化了运算单元的设计。它是把减法运算转化为加法运算的关键编码。

③ 补码可以将符号位和数值域统一处理。

④ 正数的补码等于正数的原码，即 $[X]_{补}=[X]_{原}$；负数的补码等于该数的反码加 1。

例如：$x=-1001011$，$y=+0.1010011$

$[x]_{补}=10110101$（由于 x 为负数，因此符号位为 1，数值位为真值的数值位按位取反，末位加 1）；

$[y]_{补}=0.1010011$（由于 y 为正数，因此符号位为 0，数值位与真值相同）。

（4）移码。

移码也叫增码或偏置码，由补码的符号位取反得到，可通过对有符号数加一个偏置常数得到。

移码有以下特点。

① 移码与补码的关系：$[X]_{移}$ 与 $[X]_{补}$ 的符号位互为相反数（仅符号位不同）。

② 移码比较大小容易实现，通常用于表示浮点数的阶码，目的是保证浮点数的机器零为全 0。

③ 移码简化了硬件设计，所以节省了计算机硬件成本。

④ 移码操作可用于数据压缩和编码，能减少数据传输所需的存储空间和带宽。

(5) 原码、反码、补码和移码的关系。

① 正数的原码、反码、补码相同。

② 负数的反码：原码的数值位逐位取反。

③ 负数的补码：原码转换为反码，再将反码末位加 1。

④ 负数的移码：将补码的符号位取反。

真值、原码、反码、补码之间的转换如图 2-3-2 所示。

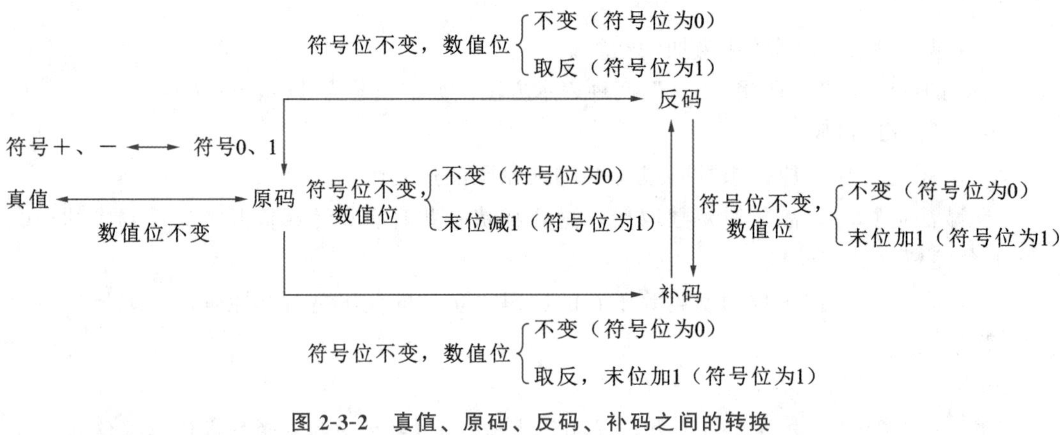

图 2-3-2　真值、原码、反码、补码之间的转换

3. 数的表示范围

计算机中用 n 位二进制数补码表示一个带符号的整数时，最高位为符号位，后面 $n-1$ 位为数值部分。n 位二进制数补码表示的范围为 $-2^{n-1} \sim 2^{n-1}-1$；n 位二进制数表示一个无符号数时，表示数的范围为 $0 \sim 2^n-1$，可表示 2^n 个数。计算机中数的表示范围可参考表 2-3-3。

表 2-3-3　计算机中数的表示范围

位数	无符号位时数的范围	机器数		
		原码表示的范围	反码表示的范围	补码表示的范围
1 个字节	0～255	−127～+127	−127～+127	−128～+127
2 个字节	0～65535	−32767～+32767	−32767～+32767	−32768～+32767
4 个字节	$0 \sim 2^{32}-1$	$-(2^{31}-1) \sim +(2^{31}-1)$	$-(2^{31}-1) \sim +(2^{31}-1)$	$-2^{31} \sim +(2^{31}-1)$
n 位	$0 \sim 2^n-1$	$-(2^{n-1}-1) \sim +(2^{n-1}-1)$	$-(2^{n-1}-1) \sim +(2^{n-1}-1)$	$-2^{n-1} \sim +(2^{n-1}-1)$

例题解析

例 1　已知某微机字长是 8 位，二进制真值+1010111 的补码是（　　）。

A. 1101001　　B. 10101110

C. 0101001　　D. 01010111

例 2　在 8 位二进制整数的条件下，（　　）的表示范围最大。

A. 原码　　B. 反码

C. 补码　　D. BCD 码

例 3　在机器数的三种表示形式中，符号位可以和数值位一起参加运算的是（　　）。

A. 原码　　B. 反码

C. 补码　　D. 反码和补码

答案：D；C；C

知识点对接：原码、反码、补码的概念及相互之间的转换。

解析：例 1 中，正数的补码等于其原码本身，在 8 位二进制表示中，我们需要在这个真值前面加上符号位 0，即可得到补码 01010111，故选 D。例 2 中，原码表示的范围为－127～＋127，反码表示的范围为－127～＋127，补码表示的范围为－128～＋127，故选 C。例 3 中，补码表示法之所以能够将符号位和数值域统一处理，是因为它通过特定的编码方式和运算规则，使得正数和负数在二进制层面有了统一的表示形式，简化了加法和减法运算的过程，故选 C。

2.3.2　计算机中实数的表示形式

计算机中是没有小数点的，因此整数用定点数来表示，实数用浮点数来表示。

1. 定点数

定点数是指计算机中采用的一种数的表示方法，参与运算的数的小数点位置固定不变，可表示整数、小数。一般小数点的位置固定在数据的最高位之前，为定点小数；如果是固定在最低位之后，则为定点整数。定点整数与定点小数的取值范围见表 2-3-4。

表 2-3-4　定点整数与定点小数的取值范围

码制	定点整数	定点小数
原码	$-(2^{n-1}-1)\sim+(2^{n-1}-1)$	$-[1-2^{-(n-1)}]\sim+[1-2^{-(n-1)}]$
反码	$-(2^{n-1}-1)\sim+(2^{n-1}-1)$	$-[1-2^{-(n-1)}]\sim+[1-2^{-(n-1)}]$
补码	$-2^{n-1}\sim+(2^{n-1}-1)$	$-1\sim+[1-2^{-(n-1)}]$

定点数的运算以 3－5 为例，只需要将其补码进行运算，再转换成原码即可。

运算过程如下：$3-5=3+(-5)$

$=(00000011)_{补}+(11111011)_{补}$

$=(11111110)_{补}$

$=(11111101)_{反}$

$=(10000010)_{原}$

$=(-2)_{10}$

2. 浮点数

浮点数是指参与运算的数的小数点位置可变，可以表示数据的范围较广。浮点数使用科学记数法。IEEE 754 标准规定浮点数的格式为：

$$V=(-1)^{S}\times M\times 2^{E}$$

其中 S 表示符号位，当 $S=0$ 时，V 为正数；当 $S=1$ 时，V 为负数。M 用纯小数形式表示，称为尾数，且 $1\leqslant M<2$。E 用整数形式表示，称为阶码。例如 123.45 用十进制科学记数法可以表示为 1.2345×10^{2}，其中 1.2345 为尾数，10 为基数，2 为阶码。可以看出，阶码长度决定数据范围，尾数长度决定数据精度。

以 32 位单精度浮点数为例，其格式为：S，1 位；E，8 位；M，23 位。

根据 IEEE 754 标准定义，浮点数的数据格式可分为最常见的单精度(32 位)和双精度(64 位)格式等。其中，单精度浮点数与双精度浮点数的差别见表 2-3-5。

表 2-3-5　IEEE 754 标准中单精度浮点数与双精度浮点数的差别

类型	数符位数	阶码位数	尾数位数	总位数	数值范围	偏置值	
						十六进制	十进制
单精度浮点数	1	8	23	32	-3.4×10^{38} $+3.4\times 10^{38}$	7FH	127
双精度浮点数	1	11	52	64	-1.79×10^{308} $+1.79\times 10^{308}$	3FFH	1023

浮点数的加减运算一般由以下五个步骤组成：对阶、尾数运算、规格化、舍入处理、溢出判断。

例题解析

例 1　长度相同但格式不同的两种浮点数，假定前者阶码长、尾数短，后者阶码短、尾数长，其他规定均相同，则关于它们可表示数的范围和精度的说法，正确的是(　　)。

A. 两者可表示的数的范围和精度相同　　B. 前者可表示的数的范围大但精度低

C. 后者可表示的数的范围大且精度高　　D. 前者可表示的数的范围大且精度高

例 2　定点小数与定点整数的关键区别是(　　)。

A. 数据的位数　　　　B. 小数点的位置

C. 是否能表示负数　　　　D. 是否能进行浮点运算

答案:B;B

知识点对接:浮点数中阶码和尾数的特点以及定点数的概念。

解析:例 1 中,阶码的位数决定了数值的范围,其位数越多,表示数的范围越大;尾数决定了数的精度,其位数越多,表示数的精度越高。故选 B。例 2 中,定点小数的小数点固定在数据的最高位之前,而定点整数的小数点则固定在最低位之后(实际上,定点整数中并没有显示小数点,因为所有位都用来表示整数),故选 B。

2.3.3　计算机中的溢出

1. 溢出

溢出是计算机中常用的术语,指计算机进行算术运算时产生的结果超出了字长或机器所能表示的范围,有上溢和下溢之分。

(1)定点计算机。

从正方向超出了数的表示范围就是上溢,从负方向超出了数的表示范围就是下溢。

(2)浮点计算机。

若阶码从正方向超出了表示范围(即达到了其能表示的最大值并试图继续增加),则发生上溢。若从负方向接近或达到了阶码能表示的最小值,且尾数也非常小(接近但不完全为 0),则可能会发生下溢。

2. 溢出的判断

(1)单符号位判断法。

根据计算结果进行判断:对于加法,只有在正数加正数和负数加负数两种情况下才可能出现溢出,符号不同的两个数相加是不会溢出的;对于减法,只有在正数减负数和负数减正数两种情况下才可能出现溢出,符号相同的两个数相减是不会溢出的。

总结:两个异号数相加或两个同号数相减不会溢出;计算出现正+正=负、负+负=正、正-负=负、负-正=正这四种情况,就是溢出的现象。

(2)双符号位判断法。

最高位与次高位的进位不相同就表示溢出;否则,无溢出。不论是否发生溢出,高位符号位永远代表真正的符号。

(3)溢出位判断法。

OV 是溢出位,是最高位进位和次高位进位求异或的结果。当 OV 设置为 1 时,即产生了溢出。图 2-3-3 所示为溢出位。

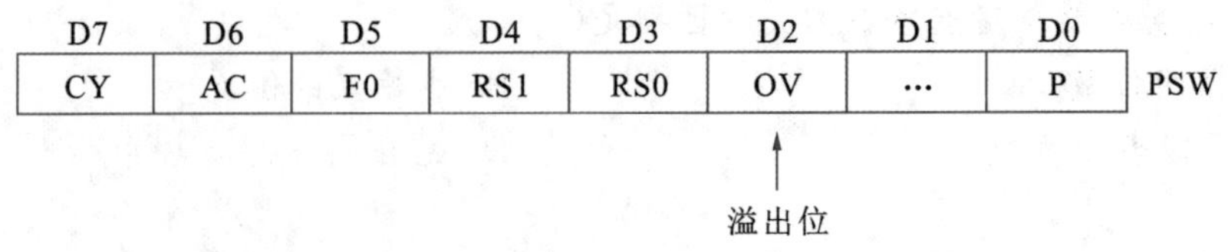

图 2-3-3　溢出位

3. 溢出的危害

在计算机中，溢出问题会产生多方面的危害，包括数据错误、安全漏洞、系统不稳定、性能和效率出现问题以及编程和维护难度增加等。

例题解析

例 1　在使用 8 位字长的计算机进行计算时，已知两个无符号位数 x＝10110101(二进制)，y＝11001100(二进制)，那么计算 $x+y$ 会产生(　　)。

A. 正溢出　　　　B. 负溢出

C. 半进位　　　　D. 借位

例 2　在使用 8 位补码表示有符号位整数的计算机中，已知两个数 x 和 y，其中 x＝10000010(二进制)，y＝11001110(二进制)，那么计算 $x+y$ 会产生(　　)。

A. 正溢出　　　　B. 负溢出

C. 无溢出　　　　D. 结果为零

答案：A；B

知识点对接：溢出的判断方法。

解析：例 1 中，在 8 位无符号位整数中，最大值是 $2^8-1=255$(二进制表示为 11111111)，而 $x+y=385$，超过了 255，产生正溢出，故选 A。例 2 中，$x+y=-126+(-50)=-176$，8 位补码表示的有符号位整数能表示的最小负数是－128，而－176 超出了这个范围，产生负溢出，故选 B。

2. 3. 4　BCD 码及校验码

1. BCD 码

BCD 码也称二进码十进数，常见的是 8421BCD 码。BCD 码是一种有权码，只选用了四位二进制码中的前 10 组代码，如表 2-3-6 所示，即用 0000～1001 分别代表它们所对应的十进制数。例如 $(1001\ 1000\ 0110.0011)_{BCD}=(986.3)_{10}$。BCD 码属于非字符集编码。

表 2-3-6　BCD 码

十进制数	8421 码
0	0000
1	0001
2	0010
3	0011
4	0100
5	0101
6	0110
7	0111
8	1000
9	1001

BCD 码转换成二进制码，可逐位解析 BCD 码中的每个 4 位二进制数，从最低位开始，不足 4 位在高位填充 0，再拼接。若将二进制转换成 BCD 码，则同样从最低位开始，4 位一组转换成对应的十进制数，再拼接。

2. 校验码

校验码传送检查过程中的数据是否正确，用以检验该组数字的正确性。常见的校验码有奇偶校验码、海明码、循环冗余校验码等。

(1)奇偶校验码是奇校验码和偶校验码的统称，根据被传输的一组二进制代码的数据位中"1"的个数是奇数还是偶数来进行校验。偶校验位：如果一组数据位中"1"的个数是奇数，那么偶校验位就置为"1"，从而使得"1"的总个数是偶数。奇校验位：如果一组数据位中"1"的个数是偶数，那么奇校验位就置为"1"，使得"1"的总个数是奇数。奇偶校验码的特点是校验位只有一位，可以检测出每列中所有奇数个错，但检测不出偶数个错，并且不能纠错。一旦发现错误，只能要求重发。

(2)海明码是一种多重(复式)奇偶检错系统，它是一种有多个校验位，可以检测并纠正一位错误的纠错码。其原理是海明码将有效信息按某种规律分成若干组，每个组安排一个校验位进行测试，利用多位检测信息，得出具体的出错位置，再通过对错误位取反进行纠正。

(3)循环冗余校验码是在 K 位信息码后再拼接 R 位的校验码，整个编码长度为 N 位，因此，这种编码又叫(N,K)码。其特点是可以检测出所有奇数位错和双比特的错，也可以检测出所有小于或等于校验位长度的突发错。循环冗余校验码广泛应用于数据通信领域和磁介质的存储系统中。

例题解析

例 1 BCD码是用(　　)位二进制数来表示1位十进制数中的0～9这10个数码的一种编码方法。

A. 1　　B. 2

C. 4　　D. 8

例 2 下列关于奇偶校验码的描述,错误的是(　　)。

A. 只能发现奇数个错　　B. 无纠错能力

C. 只能发现偶数个错　　D. 简单实用

例 3 如果采用奇校验,那么01001011和10100100的校验位分别是(　　)。

A. 0和0　　B. 0和1

C. 1和1　　D. 1和0

答案:C;C;D

知识点对接:BCD码的基本概念及对奇偶校验码的理解。

解析:例1中,BCD码是用4位二进制数表示1位十进制数,故选C。例2中,奇偶校验码的基本原理是通过增加一位校验位(冗余位),使得整个码字(包括原始数据和校验位)中"1"的个数恒为奇数或偶数。奇偶校验码只能检测出错误,不具备纠错能力。其优点是简单实用。故选C。例3中,奇校验是指包括校验位在内的所有位中,"1"的个数为奇数。01001011中有4个"1",需要添加一个"1"作为校验位。10100100中有3个"1",所以校验位是0,故选D。

同步训练

1. 在定点数运算中产生溢出的原因可能是(　　)。

A. 运算过程中最高位产生了进位或借位

B. 参加运算的操作数超出了机器的表示范围

C. 运算结果的操作数超出了机器的表示范围

D. 寄存器的位数太少,不得不舍弃最低有效位

2. 机器数80H所表示的真值是-128,则该机器数为(　　)形式的表示。

A. 原码　　B. 反码

C. 补码　　D. 移码

3. 若$[x]_{补}=0.1011$,则真值$x=$(　　)。

A. 0.1011　　B. 0.0101

C. 1.1011　　D. 1.0101

4. 十进制数-123的原码表示为(　　)。

A. 11111011　　B. 10000100

C. 1000010　　D. 01111011

5. 下列不能判断运算结果是否溢出的是(　　)。

A. 正+正=负　　B. 负+负=正

C. 正-负=负　　D. 正+正=正

6. 某数在计算机中用8421 BCD码表示为001110011000,其真值为(　　)。

A. 398　　B. 398H

C. 16300　　D. 1110011000B

7. 在科学计算中,经常会遇到"溢出",这是指(　　)。

A. 数值超出了内存容量

B. 数值超出了机器的位所表示的范围

C. 数值超出了变量的表示范围

D. 计算机出现故障

8. 补码的设计目的是(　　)。

A. 使符号位能参与运算,简化运算规则

B. 使减法转换为加法,简化运算器的线路设计

C. 增加相同位的二进制数所能表示的数的范围

D. 可以实现运算过程中的库加密

9. 假定下列字符码中有奇偶校验码,但没有数据错误,采用偶校验的字符码是(　　)。

A. 11001011　　B. 11010110

C. 11000001　　D. 11001001

10. 在计算机中,对于实数采用浮点数的表示形式,其表示范围取决于(　　)。

A. 阶码的位数　　B. 阶码的机器数形式

C. 尾数的位数　　D. 尾数的机器数形式

11. BCD码共有(　　)个编码。

A. 255　　B. 121

C. 10　　D. 16

12. 二进制正数的补码(　　)。

A. 等于其原码加1　　B. 与其原码相同

C. 等于其原码减1　　D. 等于其反码加1

13. 在计算机中实数也叫作(　　)。

A. 尾数　　B. 浮点数

C. 指数　　D. 定点数

14. 奇偶校验码的主要作用是(　　)。

A. 纠错　　B. 前向纠错

C. 后向纠错　　D. 以上说法都不对

15. 在个人计算机中,带符号整数是采用(　　)表示的。

A. 原码　　B. 补码

C. 反码　　D. 移码

16. 设有二进制数 $x=-1101110$，若采用 8 位二进制数表示，则$[x]_{补}$的结果是(　　)。

A. 11101101　　B. 10010011

C. 10011　　D. 10010010

17. 十进制数−61 在计算机中用二进制原码表示是(　　)。

A. 10101111　　B. 10110001

C. 10101100　　D. 10111101

18. 在字长为 16 位的系统环境下，一个 16 位带符号整数的二进制补码为 1111111111101101，其对应的十进制整数应该是(　　)。

A. 19　　B. −19

C. 18　　D. −18

19. 下列叙述中正确的是(　　)。

A. 二进制正数的补码等于原码本身

B. 二进制负数的补码等于原码本身

C. 二进制负数的反码等于原码本身

D. 以上叙述均不正确

20. 定点 16 位字长的字，采用 2 的补码形式表示，一个字所能表示的整数范围是(　　)。

A. $-2^{15}\sim+(2^{15}-1)$　　B. $-(2^{15}-1)\sim+(2^{15}-1)$

C. $-(2^{15}+1)\sim+2^{15}$　　D. $-2^{15}\sim+2^{15}$

21. 在定点二进制运算中，减法运算一般通过（　　）来实现。

A. 原码运算的二进制减法器　　B. 补码运算的二进制减法器

C. 补码运算的十进制加法器　　D. 补码运算的二进制加法器

22. 下面关于定点数和浮点数的特点的叙述，错误的是（　　）。

A. 浮点数是指在计算机中，一个数的小数点的位置是浮动的

B. 一般来说，浮点格式可以表示的数值范围很大，但要求的处理硬件比较复杂

C. 一般来说，定点格式可表示的数值范围很小，但要求的处理硬件比较简单

D. 浮点数中的尾数，可以不用纯小数形式表示

23. 某数在计算机中用 8421 BCD 码表示为 011110001001，则其真值为（　　）。

A. 789　　B. 789H

C. 1929　　D. 11110001001B

24. 十进制数 407 用 BCD 码表示为（　　）。

A. 0100 0000 0111　　B. 100000111

C. 110010111　　D. 0100 0000 1110

25. 若某负数的补码是 11010101，则该数的原码和反码分别是（　　）。

A. 10101011，11010100　　B. 10101001，11010100

C. 10101010，10101011　　D. 10100011，10101110

26. 海明码是一种______的纠错码，可以检测并纠正______错误。横线上应填（　　）。

A. 单重奇偶检错系统；多位　　B. 多重（复式）奇偶检错系统；一位
C. 单一校验位；两位　　D. 双重校验位；四位

27. 在一个 8 位二进制补码系统中，十进制数 −6 的机器数（即用补码表示）是（　　）。

A. 11111010　　B. 1010
C. 1110　　D. 11111011

任务 2.4　非数值型数据在计算机中的表示

任务描述

了解各种编码的原理，掌握 ASCII 码的相关知识，掌握汉字编码中的国标码、区位码、机内码的概念及转换。

知识图谱

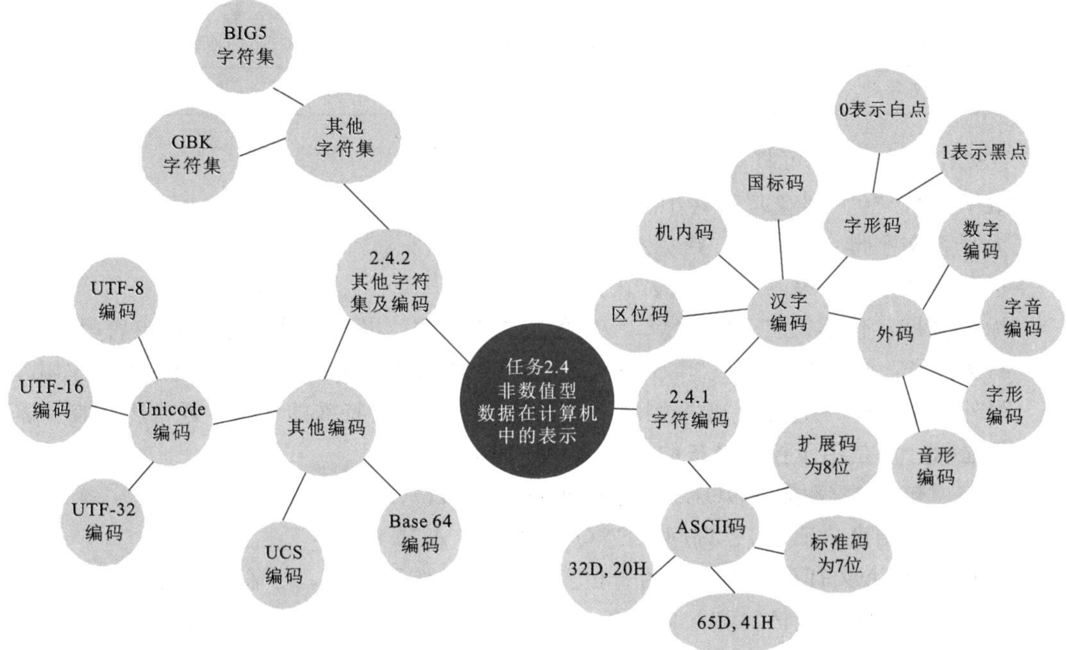

2.4.1 字符编码

非数值型数据，主要包括西方字符、汉字字符等，统称为字符数据。这类数据涵盖了字符、字符串、图形符号以及汉字等。为了在计算机中表示这些文字和符号，我们需要使用字符编码系统。主要的字符编码有 ASCII 码、汉字编码（如 GB 2312、GBK、GB 18030、UTF-8 等用于表示汉字的编码）以及 BCD 码（主要用于表示数字，但通常不直接归类为字符编码）。字符编码的核心目的是规定用何种二进制编码来表示特定的文字和符号。

1. ASCII 码

ASCII 码，全称是“美国信息交换标准代码”（American standard code for information interchange），是目前计算机中使用最广泛的字符编码标准。标准 ASCII 码采用 7 位二进制数表示，而扩展 ASCII 码则使用 8 位二进制数表示。记住 ASCII 码中几个关键字符的编码值，有助于我们推算出其他字符的编码。例如，空格的编码是 32D 或 20H，大写字母 A 的编码是 65D 或 41H，小写字母 a 的编码是 97D 或 61H，数字 0 的编码是 48D 或 30H，具体见表 2-4-1。

表 2-4-1　ASCII 码筛选信息

信息	代码范围	数值判据（十进制）
数字（0～9）	[0110000，0111001]	[48，57]
大写英文字母（A～Z）	[1000001，1011010]	[65，90]
小写英文字母（a～z）	[1100001，1111010]	[97，122]

ASCII 码有 95 个可打印字符，具体如下。

数字：从“0”到“9”，共 10 个字符。

大写英文字母：从“A”到“Z”，共 26 个字符。

小写英文字母：从“a”到“z”，共 26 个字符。

标点符号：包括“.”“,”“!”“?”“;”“:”“/”，以及其他常用的标点符号。

特殊符号：如“～”“@”“#”“$”，这些符号在文本编辑和显示中起到特定的作用。

另外，ASCII 码还包含 33 个控制字符，这些字符具有特殊的含义，通常不会在屏幕上直接显示，而是用于控制设备的操作，举例如下。

0～6：包括空字符（NUL）、起始头部（SOH）、文本起始（STX）、文本结束（ETX）、传输结束（EOT）、询问（ENQ）、确认（ACK）。

7 和 8：在 ASCII 码表中，这两个位置也被视为控制字符，尽管它们可能不直接对应到传统意义上的“退格”和“响铃”，因为扩展 ASCII 码使用第 8 位作为区分标志，但我们可以理解为 7 和 8 位置上的字符是保留给控制功能的。

127：删除字符（DEL），用于表示删除操作。

表 2-4-2 为 ASCII 码与对应的字符。由表可知，数字及字母的 ASCII 码值由小到大依次为数字＜大写英文字母＜小写英文字母。

表 2-4-2　ASCII 码与对应的字符

ASCII 值	字符	ASCII 值	字符	ASCII 值	字符	ASCII 值	字符
000	NUL	032	SP	064	@	096	`
001	SOH	033	!	065	A	097	a
002	STX	034	"	066	B	098	b
003	ETX	035	#	067	C	099	c
004	EOT	036	$	068	D	100	d
005	ENQ	037	%	069	E	101	e
006	ACK	038	&	070	F	102	f
007	BEL	039	'	071	G	103	g
008	BS	040	(	072	H	104	h
009	HT	041	)	073	I	105	i
010	LF	042	*	074	J	106	j
011	VT	043	+	075	K	107	k
012	FF	044	,	076	L	108	l
013	CR	045	—	077	M	109	m
014	SO	046	.	078	N	110	n
015	SI	047	/	079	O	111	o
016	DLE	048	0	080	P	112	p
017	DC1	049	1	081	Q	113	q
018	DC2	050	2	082	R	114	r
019	DC3	051	3	083	S	115	s
020	DC4	052	4	084	T	116	t
021	NAK	053	5	085	U	117	u
022	SYN	054	6	086	V	118	v
023	ETB	055	7	087	W	119	w
024	CAN	056	8	088	X	120	x
025	EM	057	9	089	Y	121	y
026	SUB	058	:	090	Z	122	z
027	ESC	059	;	091	[	123	{
028	FS	060	<	092	\	124	|
029	GS	061	=	093	]	125	}
030	RS	062	>	094	^	126	~
031	US	063	?	095	_	127	DEL

2. 汉字编码

汉字编码是为汉字设计的一种便于输入计算机的代码系统。

(1) 外码（汉字输入码）。

外码是用来将汉字输入计算机的一组键盘符号。根据编码方式的不同，外码可以分为多种类型，如数字编码、字音编码、字形编码和音形编码等。常见输入法对比见表 2-4-3。

表 2-4-3 常见输入法对比

输入法类型	名称	特点
数字编码	电报码、区位码等	难于记忆，推广难
字音编码	拼音码等	简单易学，重码多
字形编码	五笔字型、表形码等	重码少，输入快，不易掌握
音形编码	自然码、快速码等	重码少，规则简单，不易掌握

(2) 国标码（汉字交换码）。

由于直接使用二进制代码操作不便，需要一种统一的信息交换码，因此我国制定并公布了国家标准 GB/T 2312—1980《信息交换用汉字编码字符集—基本集》，即国标码。其使用频度分为一级汉字 3755 个和二级汉字 3008 个。一级汉字按拼音排序，二级汉字按部首排序。此外，该标准还包括标点符号、数种西文字母、图形、数码等符号 682 个。为避免与 ASCII 字符中的控制码和空格字符冲突，国标码将表示汉字的范围规定为两个字节的二进制代码，每个字节的范围从 0010 0001（十六进制为 21H）到 0111 1110（十六进制为 7EH），因此整个汉字编码范围是 2121H 到 7E7EH。

(3) 区位码。

区位码是没有重码的输入码。区位码将整个 GB/T 2312—1980 字符集划分成了 94 个区，每区 94 位，如图 2-4-1 所示。用所在的区和位来对字符进行编码，称为区位码。区位码可能会与通信使用的控制码发生冲突，于是每个汉字的区号和位号分别加上 32D（即 20H），得到相应的国标交换码。由此可知，国标码是一个四位的十六进制数，区位码是一个四位的十进制数。

(4) 机内码（内部码）。

机内码是在设备和信息处理系统内部存储、处理、传输汉字用的代码。它是计算机内部实际使用的汉字编码。汉字和西方字符通常混合出现在文本中，为了避免冲突，将汉字看成是两个扩展的 ASCII 码，并且每个字节的最高位设置为 1，即每个字节加上 128（十六进制为 80），叫机内码。

国标码、区位码、机内码的转换关系如下：

国标码＝区位码＋2020H；

机内码＝国标码＋8080H；

机内码＝区位码＋A0A0H。

国标码、区位码、机内码的转换关系可用图 2-4-2 表示。

高字节	区号＼位号	1　2　…　93　94（低字节 21　22　…　7D　7E）
21～29	1～9	非汉字图符(682个)
2A～2F	10～15	空白区
30～57	16～55	一级汉字(3755)
58～77	56～87	二级汉字(3008)
78～7E	88～94	空白区

图 2-4-1　区位码的组成

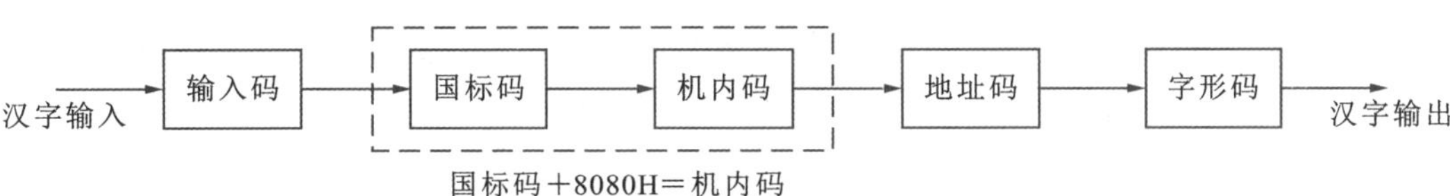

图 2-4-2　国标码、区位码、机内码的转换

例如：汉字“大”的区位码是 2083，请求出对应的国标码和机内码。

解析：20D＝14H，83D＝53H

国标码：1453H＋2020H＝3473H

机内码：1453H＋A0A0H＝B4F3H

(5) 字形码。

字形码也称字模码或输出码，是为了显示和打印汉字而形成的汉字编码。通常汉字字形编码集中放在字库，而字库分一级字库和二级字库。字形码最常用的是点阵形式和矢量形式，它们的区别主要是点阵形式不用转换，而矢量形式需要转换。虽然点阵可以直接输出，但放大后字形会失真。点阵中用 0 表示白点，用 1 表示黑点，最后进行扫描时 0 是空扫，而 1 是扫出亮点。矢量是基于数学描述，输出后能保持字形的一致性。图 2-4-3 为汉字“你”点阵字形图。

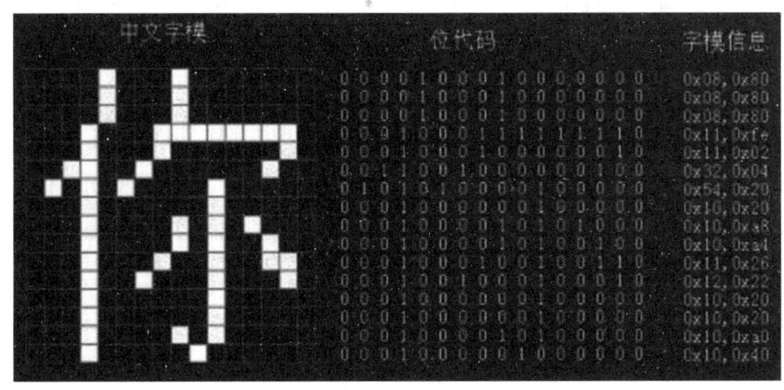

图 2-4-3　汉字“你”点阵字形图

通常用16×16、24×24、48×48点阵显示汉字。汉字存储容量的计算公式为：字节数=点阵行数×点阵列数÷8。

例如：已知一个24×24的汉字点阵，求这个汉字的存储空间是多少。

解析：24×24÷8=72 B（字节）

例题解析

例1 下列叙述中，正确的是（　　）。

A. 一个字符的标准ASCII码占一个字节的存储量，其最高位二进制总为0

B. 大写英文字母的ASCII码值大于小写英文字母的ASCII码值

C. 同一个英文字母（如字母A）的ASCII码和它在汉字系统下的全角内码是相同的

D. 标准ASCII码表的每一个ASCII码都能在屏幕上显示成一个相应的字符

例2 在区位码中，从（　　）区开始安排汉字。

A. 01　　B. 10

C. 16　　D. 56

例3 已知一汉字的国标码是5E38H，则其机内码是（　　）。

A. DEB8H　　B. DE38H

C. 5EB8H　　D. 7E58H

答案：A；C；A

知识点对接：ASCII码和区位码的相关知识以及国标码与机内码的转换。

解析：例1中，大写英文字母的ASCII码值是小于小写英文字母的ASCII码值的，故B是错误的。同一个英文字母（如字母A）的ASCII码和它在汉字系统下的全角内码是不相同的，所以C错误。标准ASCII码表有可打印字符和不可打印字符，故D错误。正确答案是A选项。例2中，区位码中，01～09区为特殊符号；10～15区为用户自定义符号区（未编码）；16～55区为一级汉字，按拼音排序；56～87区为二级汉字，按部首排序；88～94区为用户自定义汉字区（未编码）。故选项C符合题目要求。例3中，机内码=国标码+8080H，所以5E38H+8080H=DEB8H，A选项正确。

2.4.2 其他字符集及编码

1. 其他字符集

(1) BIG5字符集。

BIG5字符集，中文名称为大五码，是繁体中文（正体中文）环境下最常用的字符

集。该字符集收入了 13060 个繁体汉字和 808 个符号，总计 13868 个字符，普遍使用于台湾、香港等地区。

（2）GBK 字符集。

GBK 字符集兼容 GB/T 2312—1980 标准，并包含了 BIG5 的繁体字（但请注意，GBK 并不直接兼容 BIG5 的编码方式）。它总共收入了 21003 个汉字和 883 个符号，共计 21886 个字符，其中包括了中日韩（CJK）统一汉字 20902 个以及扩展 A 集（CJK Ext-A）中的汉字 52 个。Windows 95/98 简体中文版就支持 GBK。多种字体如宋体、隶书、黑体、幼圆、华文中宋、华文细黑、华文楷体、标楷体（DFKai-SB）、Arial Unicode MS、MingLiU、PMingLiU 等支持显示这个字符集。

2. 其他编码

（1）UCS 编码。

UCS 编码是由国际标准化组织制定的 ISO/IEC 10646 标准所定义的字符编码方案。它包含了已知语言的所有字符，保证了与其他字符集的双向兼容，即文本字符串在转换成 UCS 格式后再转换回原编码时，不会丢失任何信息。

（2）Unicode 编码。

Unicode 编码于 1994 年正式公布，也称为统一码、万国码、单一码。它满足了互联网时代对全球通用字符编码标准的需求。Unicode 为每种语言中的每个字符设定了统一且唯一的二进制编码，以满足跨语言、跨平台进行文本转换、处理的要求。Unicode 编码逐渐成为电子邮件、网页及其他存储或发送文字的首选编码。

Unicode 编码有多种格式。

UTF-8 编码：一种可变长字符编码，使用 1 到 4 个字节表示一个字符。它与 ASCII 编码兼容并支持国际字符集，特点是对不同范围的字符使用不同长度的编码。UTF-8 是目前互联网上广泛使用的 Unicode 编码之一，特别适用于在网页上统一显示中文简体、繁体及其他语言字符，如英文、日文、韩文等。它收录了包括 20902 个中文字符在内的广泛字符。

UTF-16 编码：使用固定或变长的 16 位（2 字节）来表示字符，适用于需要高效存储和快速处理文本的应用场景。但它在网络传输方面存在局限性，且不兼容 ASCII 编码。

UTF-32 编码：以 32 位无符号整数为单位表示字符。

与 UTF-16 和 UTF-32 相比，UTF-8 在表示纯 ASCII 文件时更加高效，因为它不需要额外的 00 字节填充，从而减少了空间浪费。它们之间的区别见表 2-4-4。

表 2-4-4　UTF-8、UTF-16、UTF-32 对比表

编码方式	码元类别	扩展性与支持的字节数
UTF-8	1 字节码元	扩展性好，理论上支持的字节数无上限
UTF-16	2 字节码元	扩展性差，目前最多支持 4 个字节
UTF-32	4 字节码元	扩展性差，目前最多支持 4 个字节

(3) Base64 编码。

Base64 编码实际上是一种“二进制到文本”的编码方法，它能够将任意二进制数据转换为 ASCII 字符串的形式，以便在仅支持文本的环境中传输二进制数据。

例题解析

例 1 被称为万国码的是（　　）。

A. Unicode 编码　　B. UCS 通用字符集

C. GBK 字符集　　D. GB/T 2312—1980 字符集

例 2 （　　）属于可变长字符编码。

A. BIG5 字符集　　B. UTF-8 编码

C. UTF-32 编码　　D. ASCII 码

答案：A；B

知识点对接：各种编码的特点。

解析：例 1 中，Unicode 编码也叫万国码，于 1994 年正式公布，A 选项正确。例 2 中，A 选项是繁体中文环境下常用的字符编码，使用固定长度的字节（通常是两个字节）来表示。C 选项中的 UTF-32 编码，每个 Unicode 字符都用 4 个字节表示，它不是可变长编码。D 选项中的 ASCII 码每个字符的长度是固定的（对于 7 位 ASCII 码，最高位通常为 0，以兼容 8 位系统）。故选 B。

同步训练

1. 在微型计算机中，应用最普遍的字符编码是（　　）。

A. BCD 码　　B. ASCII 码

C. 汉字编码　　D. 补码

2. 下列字符中 ASCII 码值最小的是（　　）。

A. a　　B. A

C. f　　D. Z

3. 已知小写英文字母 d 的 ASCII 码为十进制数 100，则小写英文字母 h 的 ASCII 码为十进制数（　　）。

A. 103　　B. 104

C. 105　　D. 106

4. 关于基本 ASCII 码在计算机中的表示方法，描述正确的是（　　）。

A. 使用 8 位二进制数，最右边一位为 1

B. 使用 8 位二进制数，最左边一位为 1

C. 使用 8 位二进制数，最右边一位为 0

D. 使用 8 位二进制数，最左边一位为 0

5. 字母“Q”的 ASCII 码值是十进制数（　　）。

A. 75　　　　B. 81

C. 97　　　　D. 134

6. 已知字符 A 的 ASCII 码是 01000001B，则字符 D 的 ASCII 码是（　　）。

A. 01000011B　　　　B. 01000100B

C. 01000010B　　　　D. 01000111B

7. 关于区位码的分区，下列说法正确的是（　　）。

A. 区位码将整个 GB/T 2312—1980 字符集划分成 94 区

B. 区位码将整个 GB/T 2312—1980 字符集划分成 95 区

C. 区位码将整个 GB/T 2312—1980 字符集划分成 96 区

D. 区位码将整个 GB/T 2312—1980 字符集划分成 97 区

8. 下列关于 GB/T 2312—1980 汉字编码字符集的叙述中，错误的是（　　）。

A. 字符集包含图形符号、一级汉字和二级汉字等

B. 字符集中不包括繁体字

C. 一个汉字的区位码由该汉字所在的区号和位号组成

D. 汉字的国标码和区位码相同

9. 国标码（GB/T 2312—1980）是（　　）。

A. 汉字输入码　　　　B. 汉字字形码

C. 汉字机内码　　　　D. 汉字交换码

10. GB/T 2312—1980 中一级汉字位于 16 区至 55 区，二级汉字位于 56 区至 87 区。若某汉字的机内码（十六进制）为 DBA1，则该汉字是（　　）。

A. 图形字符　　　　B. 一级汉字

C. 二级汉字　　　　D. 非法码

11. 下列关于汉字信息处理的叙述中，不正确的是（　　）。

A. 在 ASCII 键盘上输入一个汉字一般需击键多次

B. 计算机内表示和存储汉字信息所使用的是 GB/T 2312—1980 编码

C. 西文打印机也能打印汉字

D. 计算机中必须安装汉字字库才能显示输出汉字

12. 中国国家标准汉字信息交换编码是（　　）。

A. GB/T 2312—1980　　　　B. GBK

C. UCS　　　　D. BIG5

13. 下列各点阵的汉字字库中，汉字字形比较清晰美观的是（　　）。

A. 16×16 点阵　　　　B. 24×24 点阵

C. 32×32 点阵　　　　D. 48×48 点阵

14. 800 个 24×24 点阵汉字字形码占存储单元的字节数为（　　）。

A. 72 KB　　　　B. 256 KB

C. 55 KB　　　　D. 56 KB

15. 下列说法正确的是（　　）。

A. 区位码是一个四位的十进制数，前两位称为区码，后两位称为位码

B. 区位码是一个四位的十进制数，前两位称为位码，后两位称为区码

C. 区位码是一个四位的八进制数，前两位称为区码，后两位称为位码

D. 区位码是一个四位的八进制数，前两位称为位码，后两位称为区码

16. 在计算机中 2 个字节可以存放（　　）个汉字。

A. 1　　B. 2

C. 3　　D. 4

17. 以下描述不正确的是（　　）。

A. 2 个字节可以存放 1 个汉字

B. 1 个字节可存放 1 个 0～255 之间的整数

C. 1 个字节可以存放 1～2 个英文字母

D. 1 个字节可以存放 1 个标点符号

18. 1 个字节可以存放（　　）个标点符号。

A. 1　　B. 2

C. 3　　D. 4

19. 国标码（GB/T 2312—1980）依据（　　）把汉字分成两级。

A. 偏旁部首　　B. 使用频度

C. 拼音字母的顺序　　D. 笔画数

20. 按照汉字的“输入→处理→输出打印”的处理流程，不同阶段使用的汉字编码分别是（　　）。

A. 国际码→交换码→字形码

B. 输入码→国际码→机内码

C. 输入码→机内码→字形码

D. 拼音码→交换码→字形码

21. 已知小写英文字母 a 的 ASCII 码为 61H，则小写英文字母 d 的 ASCII 码为（　　）。

A. 34H　　B. 54H

C. 64H　　D. 24H

22. 在标准 ASCII 码表中，已知英文字母 A 的十进制码值是 65，则英文字母 a 的十进制码值是（　　）。

A. 95　　B. 96

C. 97　　D. 91

23. 若一汉字的机内码是 DE38H，则其国标码是（　　）。

A. 5E58H　　B. DE31H

C. 5EC8H　　D. 7E58H

24. 在半角英文标点状态下，输入的标点需要占用（　　）个字节空间。

A. 2　　B. 1

C. 8　　D. 7

25. 利用 ASCII 码表示一个英文字母和利用国标 GB/T 2312—1980 码表示一个汉字，分别需要（　　）个二进制位。

A. 7 和 8　　B. 7 和 16

C. 8 和 8　　D. 8 和 16

26. 在众多的汉字键盘输入编码中，（　　）没有重码。

A. 表形　　B. 五笔字型

C. 智能拼音　　D. 区位码

27. 关于国标码、机内码、区位码的转换，下列选项中正确的是（　　）。

A. 国标码＝区位码 ＋ 8080H

B. 机内码＝国标码 ＋ 8080H

C. 机内码＝国标码 ＋ 2020H

D. 国标码＝区位码 ＋ A0A0H

28. 2 KB 的存储空间能存储（　　）个汉字国标码（GB/T 2312—1980）。

A. 1024　　B. 512

C. 256　　D. 128

29. 汉字国标码（GB/T 2312—1980）将汉字分为常用汉字（一级）和非常用汉字（二级）。二级汉字按（　　）排列。

A. 偏旁部首

B. 汉语拼音字母

C. 每个字的笔画多少

D. 使用频率多少

30. 下列关于我国汉字编码的叙述中，正确的是（　　）。

A. GB/T 2312—1980 国标字符集所包括的汉字许多情况下已不够使用

B. GB/T 2312—1980 国标字符集既包括简体汉字又包括繁体汉字

C. GB/T 2312—1980 国标码就是区位码

D. 计算机中汉字内码的表示是唯一的

任务 2.5　计算机中数据存储单元与换算

任务描述

了解存储容量单位的概念，熟练掌握存储容量的转换，了解常用的存储设备的容量。

知识图谱

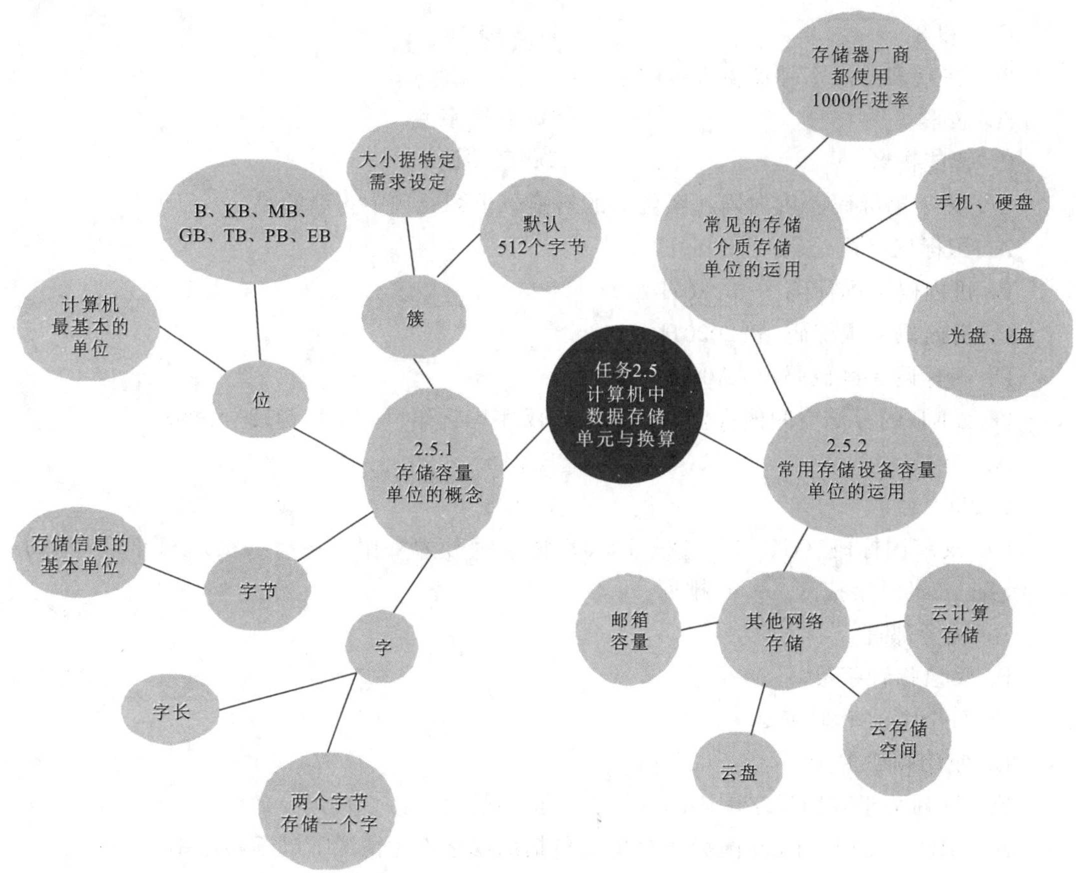

2.5.1 存储容量单位的概念

位（bit）：简称 b，也称为比特，是数据的最小单位，同时也是计算机中处理信息的最基本单元。

字节（byte）：简称 B，是一个包含八个二进制位的存储单元。其取值范围从 0 到 255（用 00000000 到 11111111 的二进制表示），是信息技术中用于存储信息的基本单位。字节与位的关系是：1 byte=8 bit。

字（word）：在计算机中，字是计算机能够一次性处理或存储的指令或数据的二进制位数集合，即它是计算机进行基本运算和数据处理的单位。通常一个字的长度被定义为两个字节（即 16 位），但这并不绝对，不同体系结构的计算机可能有不同的字长。例如，某些处理器可能使用 32 位（4 字节）或 64 位（8 字节）作为一个字。因此，字的长度（即字长）是衡量计算机性能的一个重要指标。

除此之外，还有其他的存储单位，见表 2-5-1。

表 2-5-1　扩展的存储单位

中文单位	中文简称	英文单位	英文简称	进率（byte=1）
位	比特	bit	b	0.125
字节	字节	byte	B	1
千字节	千字节	kilo byte	KB	2^{10}
兆字节	兆	mega byte	MB	2^{20}
吉字节	吉	giga byte	GB	2^{30}
太字节	太	tera byte	TB	2^{40}

计算机内部数据均采用二进制表示，但在描述存储容量时，除了常用的 KB、MB、GB、TB 外，还有更大的单位如 PB、EB、ZB、YB、BB 等。这些单位用于表示超出 TB 级别的海量存储能力。

存储容量单位的换算基于二进制体系，具体为：

$$1\ \text{KB}=1024\ \text{B}=2^{10}\ \text{B}$$
$$1\ \text{MB}=1024\ \text{KB}=2^{20}\ \text{B}$$
$$1\ \text{GB}=1024\ \text{MB}=2^{30}\ \text{B}$$
$$1\ \text{TB}=1024\ \text{GB}=2^{40}\ \text{B}$$

然而，由于人们习惯于十进制系统，存储器厂商在标注存储容量时往往采用 1000（即 1 K=1000）作为进率，而非二进制中的 1024，这导致了实际可用的存储容量会略小于产品标称的容量。例如，一个标称为 50 GB 的硬盘，在采用十进制进率计算时，其实际存储容量会小于 50 GB，因为按照二进制换算，50 GB 实际上应该对应的是约 46.6 GB。

此外，关于数据存储，另一个不可忽视的重要概念是“簇”（cluster）。在硬盘上，数据并非以单独的字节或以字节为单位进行存储，而是以簇为单位进行组织的。簇的大小并非固定不变，而是由操作系统在硬盘的高级格式化过程中根据特定需求进行设定的，这样的设计使得数据管理更加灵活且高效。一个文件在硬盘上通常会占用一个或多个簇的空间，且文件占用空间的大小总是簇大小的整数倍。这种存储机制有助于简化硬盘的读写操作，因为它减少了需要处理的数据块的数量。

例题解析

例 1　计算机存储容量的基本单位是（　　）。

A. 字　　　　B. 页

C. 字节　　　　D. 位

例 2　计算机的计算精度取决于它的（　　）。

A. 字长位数　　　　B. 字节位数

C. 工作频率　　　　D. 总线宽度

例 3 假设某台计算机的内存容量为 256 MB，硬盘容量为 40 GB，则硬盘容量是内存容量的（　　）。

A. 80 倍　　B. 100 倍
C. 120 倍　　D. 160 倍

答案： C；A；D

知识点对接： 计算机存储容量的单位及转换。

解析： 例 1 中，A 选项通常指的是计算机一次能处理或存储的单位，而不是存储容量的基本单位。B 选项是虚拟内存管理中的一个概念，与存储容量的基本单位无关。C 选项是计算机存储容量的基本单位。D 选项是计算机中数据的最小单位。因此，正确答案是 C。例 2 中的 A 选项，字长是 CPU 的主要技术指标之一，指的是 CPU 一次能并行处理的二进制位数，它通常与 CPU 的寄存器和内部总线的宽度一致，字长越长，CPU 的运算精度就越高。B 选项是存储容量的基本单位。C 选项是 CPU 的时钟频率，决定 CPU 的运算速度。D 选项是指总线可同时传输的数据位数。故选 A。例 3 中，硬盘容量＝40 GB＝40×1024 MB＝40960 MB，倍数＝硬盘容量÷内存容量＝40960 MB÷256 MB＝160，故选 D。

2.5.2 常用存储设备容量单位的运用

1. 常见的存储介质存储单位的运用

以手机作为拍照设备为例，假设其存储空间为 100 GB，若每张原图的平均大小为 3 MB，则理论上可以存储大约 34133（100×1024÷3≈34133）张照片。但是存储器厂商使用 1000 作进率，100 GB 实际为 100×1000×1000×1000÷1024÷1024÷1024 GB≈93.1 GB，所以实际上存储的照片数为 93.1×1024÷3≈31778（张）。

同样地，一个 300 GB 的硬盘，存储平均大小为 800 MB 的高清电影，实际可以存储 357 部左右的电影；一个 16 GB 的 U 盘，可以存储近 80 亿个汉字。另外，一张 700 MB 的光盘，若用于存储平均大小为 3 MB 的 MP3 歌曲，则能刻录 230 首左右的歌曲。

2. 其他网络存储

（1）邮箱容量。

一般邮箱对于邮件的限制因服务提供商和用户类型的不同而有所差异。例如网易邮箱，普通用户每天发送邮件限额为 50 封，每封最多发送给 40 位收件人，而企业邮箱每天可以发送 1000 封邮件，每封邮件可以发送给 500 位收件人。QQ 邮箱普通用户每天最大发信量是 100 封，而会员用户则可以发 500 封，其文件中转站可保存文件长达 30 天，并支持上传最大 2 GB 的文件。此外，单个相册的容量也限制为 2 GB。

大多数免费邮箱的存储容量通常在几百兆节字到几吉字节之间，基本能满足普通用

户的日常需求。企业用户有更高的存储需求，可以选择不同的服务套餐（从几吉字节到无限存储不等）。对于一些有特殊需求的企业用户，一些服务提供商还提供了定制化的服务。

（2）云盘。

云盘作为网络存储的一种形式，提供免费和付费两种服务。例如，有的云盘免费提供 20 GB 的存储空间，有的云盘则提供 15 GB，还有的只提供 10 GB 或 5 GB。

（3）云存储空间。

云存储空间在免费模式下通常提供的容量不大，一般在 5 GB 至 10 GB。但用户可选择付费以获取更大容量，付费套餐通常从几十吉字节到几太字节不等，可根据个人需求购买。

（4）云计算存储。

对于个人用户而言，云计算存储的免费容量针对普通用户一般较小，可能从几百兆字节到几十吉字节不等。有些服务提供商可能会为大型企业或机构提供一定规模的免费试用或体验容量，而大型企业或机构则可以根据实际需求选择更高容量的云计算存储服务（从几十吉字节到几太字节甚至更高）。

例题解析

例 1　一张分辨率为 640×480 像素，32 位色彩的图像，其文件大小约为（　　）。

A. 30 MB　　　　B. 122 MB

C. 1.2 MB　　　　D. 2 MB

例 2　某企业创建一个相册，存放员工工作照片（3 MB 高清图片），QQ 邮箱中的相册可以存放大约（　　）张。

A. 600　　　　B. 680

C. 700　　　　D. 710

例 3　某家小型企业，如果选择付费服务，（　　）的存储容量比较合适。

A. 几十兆字节　　　　B. 几十吉字节

C. 几百吉字节　　　　D. 几十太字节甚至更高

答案：C；B；B

知识点对接：存储容量单位的应用。

解析：例 1 的计算方法为 640×480×32÷8÷1024÷1024 MB≈1.2 MB，故选 C。例 2 的计算方法为 2×1024÷3 张≈683 张，故选 B。例 3 中，几十吉字节这个存储容量对于小型企业来说通常是合适的，可以存储大量的文档、图片、视频、数据等文件，同时也不会造成过高的成本负担。它提供了足够的空间来满足企业当前的需求，并有一定的扩展空间以应对未来的增长。故选择 B。

同步训练

1. 关于计算机的存储容量，下列描述中正确的是（　　）。

A. 1 KB=1024 MB　　B. 1 KB=1000 B

C. 1 MB=1024 KB　　D. 1 MB=1024 GB

2. 在计算机领域中，通常用英文单词“byte”来表示（　　）。

A. 字　　B. 字长

C. 字节　　D. 二进制位

3. 计算机配置的内存的容量为 128 MB 或 128 MB 以上，其中的 128 MB 是指（　　）。

A. 128×1000×1000×8 个字节　　B. 128×1000×1000 个字节

C. 128×1024×1024×8 个字节　　D. 128×1024×1024 个字节

4. 8 个字节含二进制位（　　）。

A. 8 个　　B. 16 个

C. 32 个　　D. 64 个

5. 下列选项中，单位最大的是（　　）。

A. KB（千字节）　　B. MB（兆字节）

C. GB（吉字节）　　D. TB（太字节）

6. 一张存储容量为 1.44 MB 的软盘，不考虑其他因素的影响，最多可存储（　　）个 ASCII 码字符。

A. 1.44×1000×1000　　B. 1.44×1024×1024

C. 1.44×1024　　D. 1.44×1024×1024÷8

7. 计算机中用来表示内存储器容量大小的基本单位是（　　）。

A. 位（bit）　　B. 字节（byte）

C. 字（word）　　D. 双字（double word）

8. 计算机有多种技术指标，其中决定计算机的计算精度的是（　　）。

A. 运算速度　　B. 进制

C. 存储容量　　D. 字长

9. 某文件压缩后数据量是 512 KB，已知其压缩比是 200∶1，则原文件数据量是（　　）。

A. 102.4 MB　　B. 100 MB

C. 2.56 KB　　D. 2560 KB

10. 对于大型企业来说，如果需要高容量的云计算存储服务，通常会（　　）。

A. 依赖免费提供的几百兆字节容量

B. 购买付费套餐以获得几十吉字节到几太字节的容量

C. 使用个人用户的存储服务

D. 自行搭建存储服务器

11. 若数码相机用 1024×768 模式可拍 50 张照片，为了拍摄多于 50 张照片，可把相机分辨率调为（　　）。

A. 800×600 像素　　B. 1152×864 像素

C. 1280×768 像素　　D. 1600×1200 像素

12. 以下电子邮箱地址格式正确的是（　　）。

A. example@email　　B. email. com@example

C. example. email@com　　D. mailto：example@email. com

13. QQ 邮箱的单个相册容量是（　　）。

A. 500 MB　　B. 1 GB

C. 2 GB　　D. 5 GB

14. 手机的存储容量常用（　　）来表示。

A. 毫安·时（mA·h）　　B. 像素（px）

C. 吉字节（GB）　　D. 赫兹（Hz）

15. 下列选项中，容量最大的是（　　）。

A. 1 KB　　B. 1 MB

C. 1 GB　　D. 1 TB

16. 关于存储介质和邮箱容量的描述，以下说法中正确的是（　　）。

A. 假设一部手机的存储空间为 100 GB，拍的照片按每张原图 3 MB 计算，实际可以存储约 31778 张照片

B. 如果每首 MP3 歌曲按 3 MB 计算，则一张 700 MB 的光盘可以存储约 130 首歌曲

C. 一个 300 GB 的硬盘，若用于存储平均大小为 800 MB 的高清电影，实际可以存储 200 部左右的电影

D. QQ 邮箱支持上传最大 50 GB 的邮件附件，并且文件中转站可以保存文件 60 天

17. QQ 邮箱中的文件中转站可以保存文件（　　）。

A. 7 天　　B. 15 天

C. 30 天　　D. 60 天

18. 数据在硬盘上存储的基本单位是（　　）。

A. 字节　　B. 扇区

C. 簇　　D. 磁道

19. 在计算机中，最基本的数据单位是（　　）。

A. 字节（byte）　　B. 位（bit）

C. 字（word）　　D. 千字节（KB）

20. 一张分辨率为 1920×1080 像素的 JPEG 图片，假设其平均位深度为 24 位［即每个像素由 3 个 8 位的颜色通道（红、绿、蓝）组成］，那么这张图片需要的存储空间大约是（　　）。

A. 6 MB　　B. 1 MB

C. 2 MB　　D. 4 MB

21. 1024×768 像素的图像，每个像素占用 2 个字节的存储空间，则存储这幅图像所需的字节数大约是（　　）。

A. 1.5 KB　　　　B. 192 KB
C. 1.5 MB　　　　D. 3 MB

22. 在发送电子邮件时，附件的大小是有限的。假设某网站规定附件最大为 10 MB，现有一位同学需发送总容量为 20480 KB 的多个文件，则他在该网站中至少发送的次数是（　　）。

A. 1　　　　B. 2
C. 3　　　　D. 4

23. 某手机标注存储容量为 64 GB，实际可用容量可能（　　）。

A. 总是大于 64 GB　　　　B. 总是小于 64 GB
C. 与手机型号和品牌有关　　　　D. 总是等于 64 GB

24. 在 64 位计算机中，一个字（word）的长度是（　　）字节。

A. 2　　　　B. 4
C. 8　　　　D. 16

25. 640×480 像素的 256 色位图像，需占用的字节数为（　　）。

A. 300000 B　　　　B. 307200 B
C. 320000 B　　　　D. 307000 B

26. 下列选项中，用户最需要升级到云盘的付费版本的是（　　）。

A. 用户仅偶尔上传和下载小文件
B. 用户需要频繁访问存储在云盘中的大量高清视频文件
C. 用户希望云盘提供额外的加密服务，但当前版本已满足其存储需求
D. 用户希望云盘界面更加美观，但现有版本已足够使用

27. 云盘服务商提供的付费版本中，通常免费版本不会包含的是（　　）。

A. 基本的文件上传和下载功能　　　　B. 无限量存储空间
C. 多设备同步功能　　　　D. 简单的文件分享链接

28. 一个容量为 32 GB 的 USB 闪存盘，如果用于存储每张大小为 5 MB 的照片，实际上大约可以存储的数量为（　　）。

A. 6144 张　　　　B. 6103 张
C. 6553 张　　　　D. 7000 张

模块测试

1. 人们形容“信息就在指尖上”，这说明（　　）。

A. 网络中的信息资源分散、数量庞大
B. 获取信息的方式多种多样
C. 互联网的本质是一个连接全球的无穷无尽的信息资源库，要获取信息，只要按下手中的鼠标就可以了
D. 我们对信息进行思维加工后，新的信息就可以在指尖上流出来

2. 硬盘容量的基本单位是（　　）。

A. B　　B. KB

C. MB　　D. GB

3. 信息的载体依附性使信息具有（　　）的特点。

A. 可存储、可传递和可转换　　B. 可存储、客观性和价值性

C. 可传递、可存储和价值性　　D. 可传递、可转换和客观性

4. 在信息科学中，信息一般是指（　　）。

A. 音讯、消息、通信系统传输和处理的对象，泛指人类社会传播的一切内容

B. 人类社会中的有用的事物实体

C. 人类大脑中的不可捉摸的思想

D. 计算机所能够处理的对象

5. 将下列两个二进制数进行算术加运算：10100＋111＝（　　）。

A. 11111　　B. 110011

C. 11011　　D. 10011

6. “老皇历看不得”，这句话体现了信息的（　　）。

A. 共享性　　B. 价值相对性

C. 真伪性　　D. 时效性

7. 对于计算机来说，信息处理的本质就是（　　）。

A. 数据处理　　B. 事件处理

C. 控制处理　　D. 资源应用

8. 下列关于信息与数据关系的说法，不正确的是（　　）。

A. 数据和信息是有区别的

B. 数据和信息之间是相互联系的

C. 数据是数据采集时提供的，信息是从采集的数据中获取的

D. 数据量越大，其中包含的信息就越多

9. 下列对信息的概念理解错误的是（　　）。

A. 信息是指音讯、消息、通信系统传输和处理的对象，泛指人类社会传播的一切内容

B. 创建宇宙万物的最基本单位是信息

C. 信息就是新鲜事

D. 信息是用来消除随机不确定性的东西

10. 香农在 1948 年发表的论文《通信的数学理论》中，对信息下的定义是（　　）。

A. 信息是物质的一种表现形式

B. 信息是能量的一种传递方式

C. 信息是用来消除随机不确定性的东西

D. 信息是控制论的核心概念

11. 制造业属于下列选项中的（　　）。

A. 第一产业　　B. 第二产业

C. 第三产业　　D. 第四产业

12. 信息社会劳动力结构的变化主要体现在（　　）。

A. 农业劳动力增加　　B. 工业劳动力保持稳定

C. 从事信息职业的人数占绝对优势　　D. 服务业劳动力略有增长

13. 算式 1010B×4D 的结果是（　　）。

A. 100100B　　B. 44D

C. 101001B　　D. 28H

14. 与二进制数 101110 等值的十进制数是（　　）。

A. 46　　B. 47

C. 48　　D. 50

15. 在计算机内，数据最终是以（　　）形式存在的。

A. 二进制代码　　B. 特殊的压缩码

C. 模拟数据　　D. 图形

16. 下列选项中，（　　）被归类为第四产业。

A. 农业　　B. 制造业

C. IT 产业　　D. 服务业

17. 将十进制小数 0.875 转换为二进制小数的结果是（　　）。

A. 0.101　　B. 0.111

C. 0.1101　　D. 0.1111

18. 二进制数 110101 转换为十进制数是（　　）。

A. 51　　B. 52

C. 53　　D. 54

19. 十进制数 73 转换为八进制数是（　　）。

A. 101　　B. 111

C. 1001　　D. 1101

20. 循环冗余校验码是一种____编码方式，其编码长度由____决定。横线上应填（　　）。

A. 检错码；信息码长度　　B. 纠错码；校验码长度

C. 检错码；信息码和校验码长度　　D. 纠错码；信息码和校验码长度

21. 下列选项中，（　　）不是海明码的优点。

A. 能够检测并纠正一位错误

B. 适用于信道特性较差的环境

C. 可以通过添加冗余位来提高数据传输的可靠性

D. 能够在较少的冗余位数量下实现高效的错误检测和纠正

22. 循环冗余校验码的特点不包括（　　）。

A. 可以检测出所有奇数位错和双比特的错

B. 可以检测出所有小于或等于校验位长度的突发错

C. 可以直接纠正数据中的错误

D. 广泛应用于数据通信领域和磁介质的存储系统中

23. 1024×768 像素、16 位色彩的图像需要的内存为（　　）。

A. 1.5 MB　　B. 2 MB

C. 2.5 MB　　D. 1.5 KB

24. 在 RGB 颜色模式下，表示白色的是（　　）。

A. RGB（0，0，0）　　B. RGB（255，255，0）

C. RGB（255，255，255）　　D. RGB（255，0，255）

25. 某汉字的机内码是 B0A1H，那么它的国际码是（　　）。

A. 3021H　　B. 2132H

C. 40B1H　　D. C081H

26. Windows 中文版中包含的汉字库文件用来解决的问题是（　　）。

A. 使用者输入的汉字在计算机内的存储问题

B. 输入时的键盘编码问题

C. 汉字识别问题

D. 输出时转换为显示或打印字模

27. 已知“装”字的拼音输入码是“zhuang”，而“大”字的拼音输入码是“da”，它们的国标码长度的字节数分别是（　　）。

A. 6，2　　B. 3，1

C. 2，2　　D. 4，2

28. 下列字符按照 ASCII 码值从小到大排序，正确的是（　　）。

A. “a”＜“A”＜“9”　　B. “9”＜“A”＜“a”

C. “A”＜“9”＜“a”　　D. “a”＜“9”＜“A”

29. 存储为 24×24 点阵的一个汉字所占的存储空间为（　　）。

A. 192 字节　　B. 72 字节

C. 144 字节　　D. 576 字节

30. 微型计算机的内存储器是（　　）。

A. 按二进制位编址　　B. 按字节编址

C. 按字长编址　　D. 按十进制位编址

31. 在 Windows 显示属性中设置颜色为 16 位，表明计算机可分辨的颜色数为（　　）。

A. 16 种　　B. 256 种

C. 65536 种　　D. 无数种

32. 下面关于比特的叙述中，错误的是（　　）。

A. 比特是计算机中表示数据的最小单位

B. 1 个比特只能表示两种信息

C. 计算机存储器中的数据都是用比特来进行计量的

D. 规定 1 个字节为 8 个比特

33. 一个文件在硬盘上通常（　　）。

A. 完整地存放在一个簇里

B. 随意分布在多个簇里

C. 存放在一个或多个簇里，且占用空间的大小是簇大小的整数倍

D. 存放在连续的扇区中

34. 按 16×16 点阵存放国标 GB/T 2312—1980 中一级汉字（共 3755 个）的字库，大约需占存储空间（　　）。

A. 1 MB　　B. 512 KB

C. 256 KB　　D. 128 KB

35. 簇的大小通常是（　　）在“（高级）格式化”时规定的。

A. 硬盘制造商　　B. 操作系统

C. 用户自定义　　D. 硬件驱动

36. 一个存储单元能存放一个字节，容量为 32 KB 的存储区域中能存储的单元个数为（　　）。

A. 32000 个　　B. 32767 个

C. 32768 个　　D. 65536 个

37. 在 Windows 系统中，若 2 个纯文本文件分别包含 100 个和 200 个英文字母，下面关于它们占用磁盘大小的说法中，正确的是（　　）。

A. 前者大于后者　　B. 后者大于前者

C. 两者相同　　D. 不确定

模块3　计算机软件系统

模块概述

计算机软件系统是计算机运行的核心，系统软件提供硬件基础服务，应用软件则面向用户需求，服务于社会生活的各领域。软件系统为人机交互搭建桥梁，随着时代的发展不断演进，使人们的生产、生活更加方便、智能。

考纲解读

理解计算机系统的组成，理解计算机软件系统的组成，掌握操作系统的基本概念和分类，掌握各种常用文件及其扩展名的意义。

模块导图

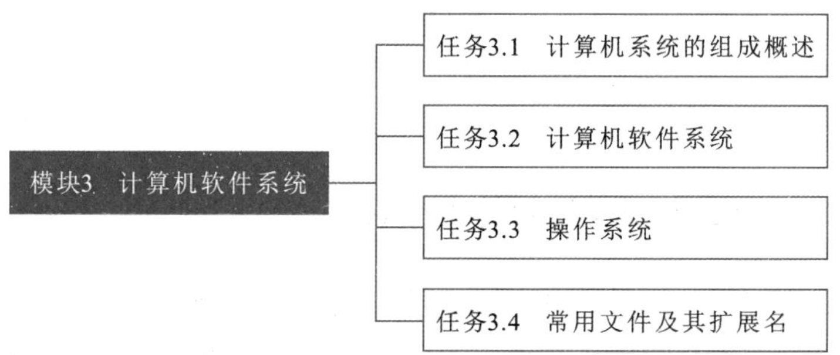

任务 3.1　计算机系统的组成概述

任务描述

了解计算机系统的组成及层次结构。

知识图谱

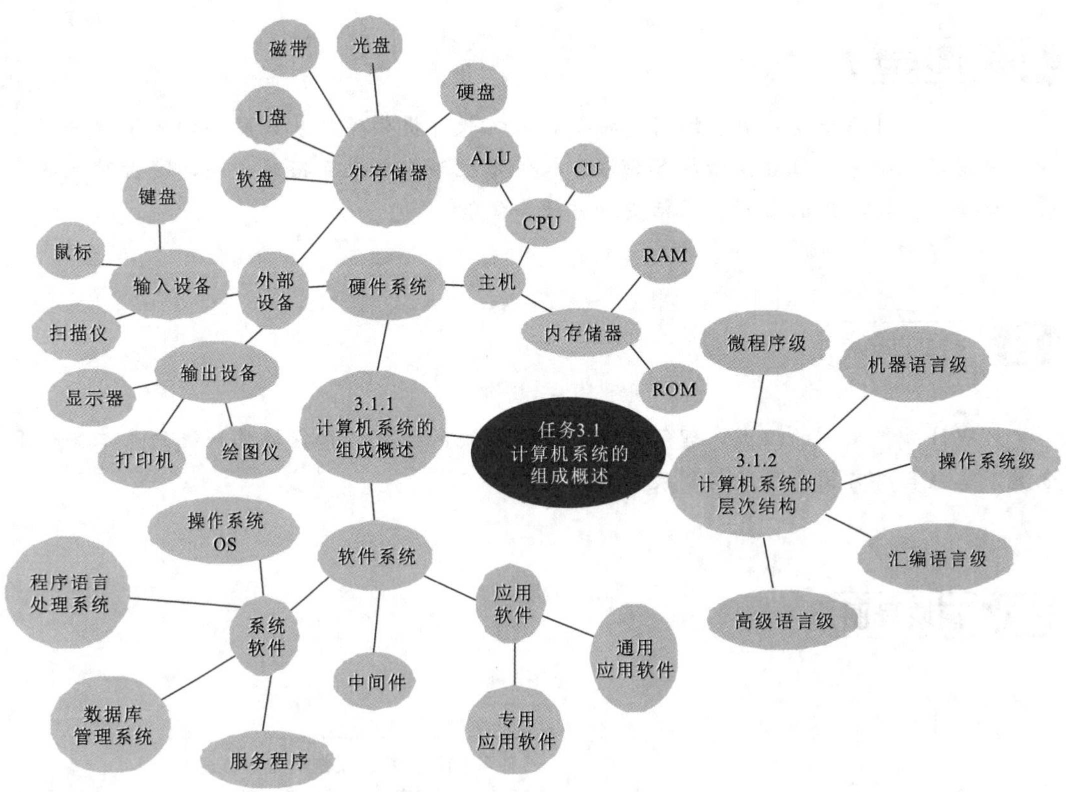

3.1.1　计算机系统的组成概述

计算机系统由硬件系统和软件系统两大部分构成。硬件系统包括主机和外部设备，而软件系统则主要分为系统软件、中间件和应用软件。图 3-1-1 展示了计算机系统的基本组成。未安装任何软件的计算机被称为“裸机”，这样的计算机无法提供任何服务。

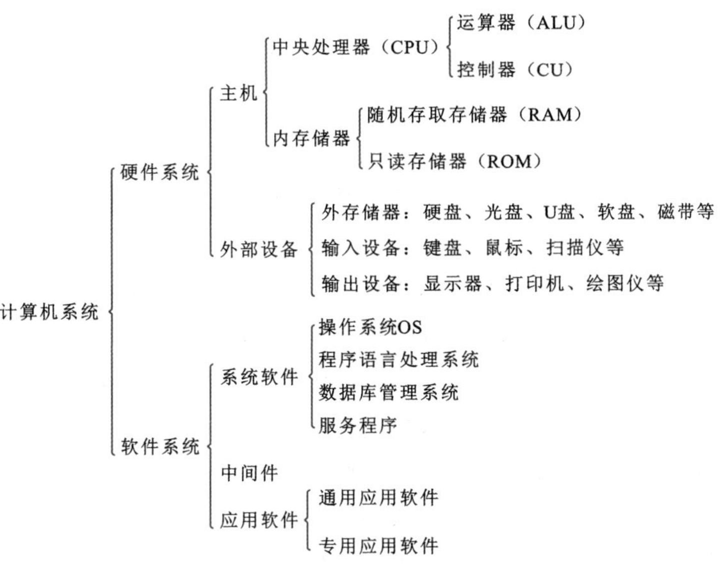

图 3-1-1　计算机系统的结构

硬件是指构成计算机系统所有功能部件的集合，由各种可触摸的电子元器件、光电设备、电子机械装置等实物组成，涵盖了主机及其外部设备。

软件则是与计算机系统操作紧密相关的程序、文档和数据的集合，分为系统软件、中间件和应用软件三大类。系统软件是计算机运行所必需的，中间件位于系统软件与应用软件之间，而应用软件则用于帮助用户完成特定任务。

硬件是软件运行的物质基础，而软件则是计算机系统不可或缺的一部分。两者相互依存，共同构成了一个完整的计算机系统。这样的系统能够高效地执行各种任务，满足用户的多样化需求。

例题解析

例 1　关于鼠标和显示器的描述，正确的是（　　）。

A. 鼠标与显示器一样，都是输入设备

B. 鼠标与显示器一样，都是输出设备

C. 鼠标是输入设备，显示器是输出设备

D. 鼠标是输出设备，显示器是输入设备

例 2　关于硬件系统和软件系统的说法中，不正确的是（　　）。

A. 计算机硬件系统的基本任务是接收计算机程序，并在程序控制下完成各种任务

B. 软件系统建立在硬件系统基础上

C. 没有装配软件系统的计算机没有使用价值

D. 一台计算机只要装入系统软件后，即可完成文字处理和数据处理等全部工作

例 3　下列关于软件的说法，错误的是（　　）。

A. 软件包含指挥计算机工作的程序和程序运行时产生的数据

B. 软件还应该包含开发、使用、维护软件所需要的文档

C. 不具备任何软件的计算机称为裸机

D. 软件会影响计算机硬件的功能，降低机器的效率

答案： C；D；D

知识点对接： 输入、输出设备的区别，硬件系统与软件系统的联系，计算机软件、裸机的概念。

解析： 例 1 中，鼠标作为计算机的外设，用于接收用户的操作指令，并将其转换为计算机能够识别的信号，因此属于输入设备。而显示器则用于显示计算机处理后的结果或信息，属于输出设备，故选 C。例 2 中，没有软件系统的支持，硬件系统无法充分发挥其功能，计算机也无法完成具体的任务。然而，仅有系统软件不足以完成文字处理和数据处理等全部工作，还需要相应的应用软件来支撑，故选 D。例 3 中，软件确实会对计算机硬件的功能和效率产生影响，但这种影响并不总是负面的，它还可以是正面的，具体取决于软件的类型、质量以及它与硬件的兼容性，故选 D。

3.1.2 计算机系统的层次结构

计算机系统通常被划分为五大层次结构。

(1) 微程序级。这是计算机硬件直接执行微指令的层级。微指令是硬件级别的指令，用于控制计算机内部的微操作。

(2) 机器语言级。在这一层级，机器指令系统由微程序进行解释和执行。机器语言是计算机能够直接理解和执行的指令集合，由二进制代码表示。

(3) 操作系统级。这一层级由操作系统程序实现。操作系统是由机器指令和广义指令（也称为宏指令或系统调用）组成的复杂软件，它负责管理计算机的硬件资源，提供用户接口，以及执行控制程序。

(4) 汇编语言级。为了降低程序编写的复杂性，汇编语言为程序员提供了一种符号形式的语言。汇编语言与机器语言紧密相关，但它使用助记符代替二进制代码，使得程序更易于编写和理解。这一层级的程序由汇编程序（汇编器）转换成机器语言指令并执行。

(5) 高级语言级。为了方便用户编写应用程序，计算机系统提供了高级语言级。高级语言更接近自然语言，具有更强的表达能力和更简便的语法规则。这一层级的程序需要由各种高级语言编译程序（编译器）或解释程序（解释器）转换成机器语言或中间代码才能执行。

这样的层次结构使得计算机系统既能够高效地执行底层硬件操作，又能够支持复杂的应用程序开发，满足了不同层次的需求。

例题解析

例 下列关于计算机系统层次结构的描述中，正确的是（ ）。

A. 微程序级是用户直接编写程序的级别，提供了最接近于硬件的操作指令

B. 操作系统级直接由硬件执行，不依赖于任何软件或指令系统

C. 汇编语言级提供了比机器语言级更为高级和直观的编程方式，降低了程序编写的复杂性

D. 高级语言级是计算机硬件直接理解和执行的级别

答案：C

知识点对接：计算机系统的层次结构。

解析：A 选项中，微程序级并非用户直接编写程序的级别，而是由硬件直接执行的微指令级别，用户通常不直接与这一层级交互；B 选项中，操作系统依赖于机器指令系统来管理计算机的硬件资源；D 选项中，高级语言级并不是计算机硬件直接理解和执行的级别，用高级语言编写的程序需要由相应的编译器或解释器转换成机器语言或中间代码后，才能被计算机硬件理解和执行。而 C 选项中，汇编语言级使用助记符代替二进制代码，使得程序编写更为简便和直观。故选 C。

同步训练

1. 一个完整的计算机系统应该包括（ ）。

A. 硬件系统和软件系统　　B. 主机和外部设备

C. 裸机和操作系统　　D. 主机和软件

2. 所谓计算机系统全部资源，指的是（ ）。

A. CPU、内存储器和 I/O 设备　　B. 主机和程序

C. 硬件资源和软件资源　　D. 硬件系统和软件系统

3. 构成计算机物理实体的部分称为（ ）。

A. 计算机系统　　B. 计算机硬件

C. 计算机软件　　D. 计算机程序

4. 计算机专业名词“计算机系统”，通常指的是（ ）。

A. 主机及显示器、键盘等外部设备

B. 包括主机及所有外围设备在内的计算机硬件系统

C. 主机及操作系统

D. 计算机硬件系统和软件系统

5. 计算机软件系统主要包含（ ）。

A. 系统软件和应用软件　　B. 编辑软件和应用软件

C. 数据库软件和工具软件　　D. 程序和相应数据

6. 计算机软件与硬件的关系是（　　）。

A. 相互依存，形成统一的整体　　B. 相互独立

C. 相互对立　　D. 没有正确的选项

7. 计算机硬件的五大基本构件包括控制器、存储器、输入设备、输出设备和（　　）。

A. 显示器　　B. 运算器

C. 硬盘存储器　　D. 鼠标器

8. 下列选项中，属于计算机硬件系统组成部分的是（　　）。

A. 输入设备、运算器、控制器、存储器和输出设备

B. 输入设备、中央处理器和输出设备

C. 处理器芯片、母板、机箱、键盘、鼠标和显示器

D. 操作系统、服务软件、键盘、主机、鼠标和打印机

9. 下列设备属于输入设备的是（　　）。

A. 打印机　　B. 音响

C. 显示器　　D. 鼠标

10. 下列设备属于外部设备的是（　　）。

A. CPU　　B. 主板

C. 显示器　　D. 内存条

11. 下列设备中，不属于输出设备的是（　　）。

A. 显示器　　B. 扫描仪

C. 打印机　　D. 绘图仪

12. 下列选项中，可以作为计算机输入设备的是（　　）。

A. 打印机　　B. 显示器

C. 鼠标　　D. 绘图仪

13. 计算机硬件系统通常由五大件构成，其中，（　　）用来从存储器中取出指令并进行分析，然后发出控制信号，从而执行用户所发出的指令。

A. 控制器　　B. 存储器

C. 输出设备　　D. 输入设备

14. 下列设备组中，完全属于输入设备的一组是（　　）。

A. CD-ROM 驱动器、键盘、显示器　　B. 绘图仪、键盘、鼠标

C. 键盘、鼠标、扫描仪　　D. 打印机、硬盘、条码阅读器

15. 下列设备组中，完全属于外部设备的一组是（　　）。

A. CD-ROM 驱动器、CPU、键盘、显示器

B. 激光打印机、键盘、软盘驱动器、鼠标

C. 内存储器、软盘驱动器、扫描仪、显示器

D. 打印机、CPU、内存储器、硬盘

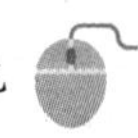

16. 以存储程序原理为基础的冯·诺依曼结构计算机，由五大功能部件组成，分别是（　　）。

A. 运算器、控制器、存储器、输入设备和输出设备

B. 运算器、累加器、寄存器、外部设备和主机

C. 加法器、控制器、总线、寄存器和外部设备

D. 运算器、存储器、控制器、总线和外部设备

17. 在计算机系统的层次结构中，（　　）直接由计算机硬件执行，而不需要经过软件层的翻译或解释。

A. 机器语言级　　B. 微程序级

C. 操作系统级　　D. 高级语言级

18. 在冯·诺依曼体系结构中，计算机硬件系统应该由（　　）个部分组成。

A. 3　　B. 4

C. 5　　D. 2

19. ____是构成计算机系统的物质基础，而____是计算机系统的灵魂。横线上应填入的是（　　）。

A. 硬件；软件　　B. 软件；硬件

C. 主机；外设　　D. 系统软件；应用软件

20. 通常所说的“裸机”是指仅有（　　）的计算机。

A. 硬件系统　　B. 软件系统

C. 指令系统　　D. 主机

21. 下列关于计算机硬件组成部件的叙述中，正确的是（　　）。

A. 运算器是执行各种算术运算的部件

B. 控制器是执行指令、发出各种命令的部件

C. 输入/输出设备主要用来协调各部件的工作

D. 存储器只能用来存放程序

22. 计算机硬件系统由五大部件组成，其中控制器的功能是（　　）。

A. 完成算术和逻辑运算

B. 完成指令的翻译和执行，并产生各种控制信号，执行相应的操作

C. 将要计算的数据和处理这些数据的程序转换为计算机能够识别的二进制代码

D. 保存计算中所需要的程序和数据

23. 在编译一个用C语言编写的程序时，（　　）层次的软件会被直接涉及。

A. 微程序级　　B. 机器语言级

C. 汇编语言级　　D. 高级语言级

24. 任何程序都必须加载到（　　）中才能被CPU执行。

A. 硬盘　　B. 内存

C. 外存　　D. CPU的寄存器

25. 根据冯·诺依曼原理，计算机中执行指令的部件是（　　）。

A. 控制器　　B. 运算器

C. 存储器　　D. 输入/输出设备

26. 构成计算机主机的三个主要部分是（　　）。

A. CPU、内存和硬盘　　B. 控制器、运算器和内存储器

C. CPU、内存储器和外存　　D. CPU、显示器和键盘

27. 下列关于“裸机”的说法中，正确的是（　　）。

A. “裸机”指的是没有安装任何硬件的计算机

B. “裸机”指的是只安装了操作系统而未安装其他软件的计算机

C. “裸机”指的是未安装任何软件的计算机，仅包含硬件部分

D. “裸机”指的是外观上没有外壳的计算机

28. 下列关于计算机系统组成的叙述中，正确的是（　　）。

A. 计算机硬件系统和软件系统二者同等重要，相互依存

B. 计算机硬件系统是物质基础，所以比软件系统重要一些

C. 计算机软件系统是计算机的灵魂，所以计算机软件系统比硬件系统要重要一些

D. 计算机硬件和软件是可以相互转换的，所以可以相互替代

29. 以下关于计算机系统组成的描述中，最准确地概括了硬件与软件的关系及其在计算机系统中的作用的是（　　）。

A. 计算机系统仅由硬件构成，硬件是计算机系统的全部

B. 软件是计算机系统的核心，可以独立于硬件存在和运行

C. 硬件是计算机系统的物质基础，软件是计算机系统的灵魂，二者相互依存，缺一不可

D. 外部设备是计算机系统的关键，而软件和主机只是辅助设备

30. 计算机系统中的软件系统主要包括系统软件和应用软件。下列关于二者关系的说法中，正确的是（　　）。

A. 系统软件和应用软件都很重要

B. 系统软件不一定要有，而应用软件是必不可少的

C. 系统软件不一定要有，应用软件则可多可少

D. 系统软件必不可少，应用软件完全没有必要

任务 3.2　计算机软件系统

任务描述

了解计算机软件系统的概念及分类。

知识图谱

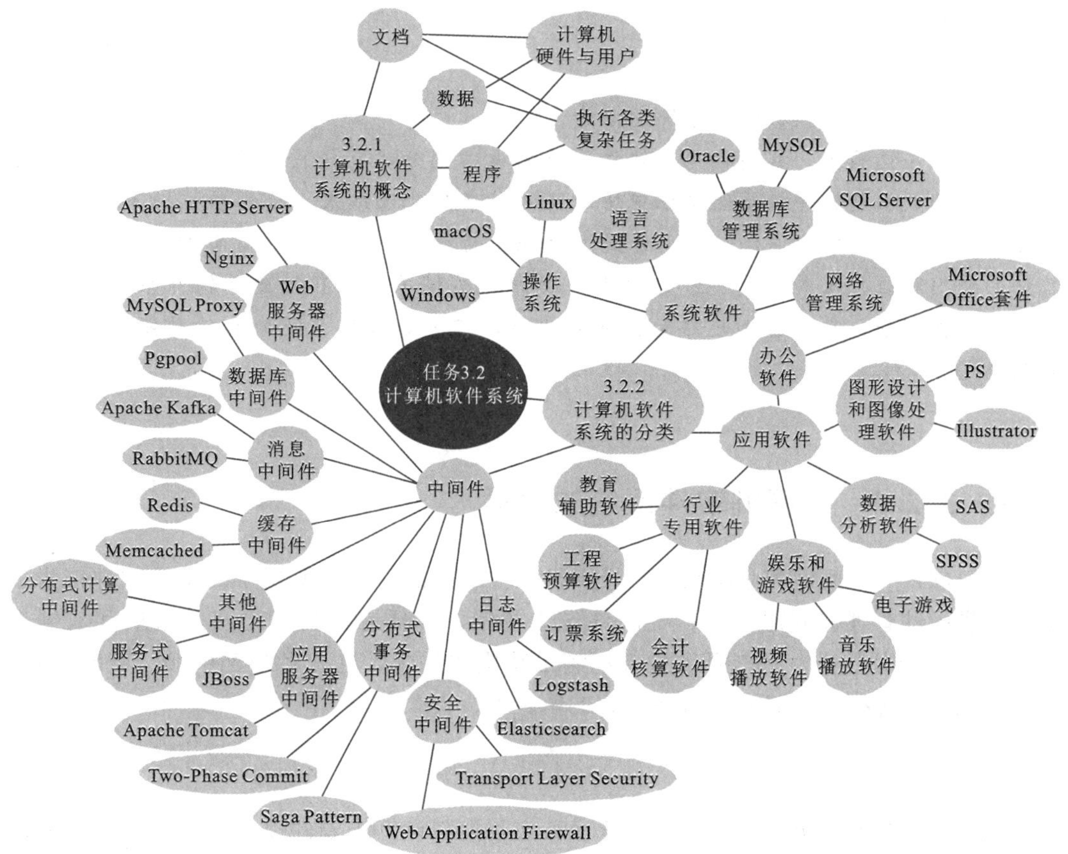

3.2.1　计算机软件系统的概念

计算机软件系统是指为了运行、管理和维护计算机而精心设计和编制的一系列程序、数据以及相关文档的集合。这些程序中，每一组都是采用特定的程序设计语言编写的，旨在生成计算机能够直接理解并执行的指令序列。数据则是这些程序在处理过程中需要操作的对象以及这些操作所产生的结果。而文档，则作为不可或缺的辅助材料，详尽地描述了程序的使用方法、操作指南以及维护方式。软件系统是计算机实现具体功能的直接载体，它不仅有效地连接了计算机硬件与用户，还赋予了计算机按照人们意愿执行各类复杂任务的能力。

例题解析

例　在计算机软件系统中，以下哪一项不是直接用于支持软件程序执行的功能组成部分？（　　）

A. 使用特定程序设计语言编写的程序代码

B. 程序运行时处理和生成的内部数据

C. 详细描述程序操作和维护的文档

D. 计算机的硬件驱动程序

答案：D

知识点对接：计算机软件系统的概念。

解析：A选项中，程序代码是软件系统的核心部分，直接用于执行特定任务。B选项中，内部数据是程序在处理过程中所涉及的对象及处理结果，是程序执行不可或缺的部分。C选项中，文档作为辅助资料提供了程序的使用方法、维护指南等重要信息，对软件的使用和维护至关重要。D选项中，硬件驱动程序并不直接属于软件系统的程序、数据或文档部分，它是连接硬件和软件的桥梁，但并非软件系统的直接功能组成部分。因此选D。

3.2.2 计算机软件系统的分类

系统软件、中间件和应用软件是计算机软件结构的三个重要层次。系统软件作为基础，提供硬件管理和底层支撑；中间件作为桥梁，实现应用程序之间的通信和数据交换；应用软件则直接为用户提供服务，满足特定的需求。这三者相互依赖、共同协作，构成了现代计算机系统的复杂而高效的工作流程。

1. 系统软件

系统软件是计算机系统的核心，负责管理和控制计算机硬件以及支持应用软件的运行。它包括以下几个部分。

（1）操作系统。

操作系统（operating system，OS）是计算机软件系统的基石，负责控制和管理计算机的硬件和软件资源，如内存、处理器、磁盘和网络等。常见的操作系统有Windows、macOS和Linux等。操作系统提供了用户界面，使用户能够与计算机进行交互并执行各种任务。

（2）语言处理系统。

语言处理系统（language processing system，LPS）包括编译程序、汇编程序、解释程序和链接程序等，它们的作用是将源代码转换为计算机可以直接执行的机器代码。

（3）数据库管理系统。

数据库管理系统（database management system，DBMS）用于管理和访问大量结构化数据，支持数据的组织、存储、检索和分析操作。常见的数据库管理系统有Oracle、MySQL和Microsoft SQL Server等。

（4）网络管理系统。

网络管理系统（network management system，NMS）用于建立和维护计算机网络，包括网络协议、路由器配置和防火墙管理等，确保计算机能够相互通信和共享资源。

2. 应用软件

应用软件是用户为解决特定问题或完成特定任务而开发的软件。它直接面向用户，帮助用户提高工作效率和质量。应用软件可以分为以下几类。

（1）办公软件。

办公软件包括 Microsoft Office 套件［包含 Word（文字处理）、Excel（电子表格）、PowerPoint（演示文稿）］等。

（2）图形设计和图像处理软件。

图形设计和图像处理软件包括 Adobe Photoshop、Illustrator 等，用于图形设计、图像编辑和创作。

（3）数据分析软件。

数据分析软件包括 SPSS、SAS 等，用于统计分析、数据挖掘和预测分析。

（4）娱乐和游戏软件。

娱乐和游戏软件包括各种电子游戏、音乐和视频播放软件，用于提供娱乐休闲功能。

（5）行业专用软件。

行业专用软件包括会计核算软件、订票系统、工程预算软件和教育辅助软件等，是针对特定行业或领域的需求而开发的。

3. 中间件

中间件是位于操作系统和应用程序之间的软件层，主要作用在于连接和协调不同的软件组件，提供通信、交互和管理等功能，以简化软件开发过程，提高系统的可扩展性、可靠性和安全性。中间件种类繁多，根据功能和用途的不同，可以分为以下几大类。

（1）Web 服务器中间件。

Web 服务器中间件包括 Apache HTTP Server、Nginx 等，用于接收和处理 HTTP 请求，提供 Web 服务。

（2）数据库中间件。

数据库中间件包括 MySQL Proxy、Pgpool 等，用于管理数据库连接、负载均衡和缓存等，提高数据库性能和可扩展性。

（3）消息中间件。

消息中间件包括 Apache Kafka、RabbitMQ 等，是用于异步通信和解耦分布式系统中的应用程序组件。

（4）缓存中间件。

缓存中间件包括 Redis、Memcached 等，用于缓存常用数据和对象，提高应用程序的响应时间和吞吐量。

（5）应用服务器中间件。

应用服务器中间件包括 Apache Tomcat、JBoss 等，用于处理应用程序的业务逻辑，托管 Java Web 应用程序。

(6) 分布式事务中间件。

分布式事务中间件包括 Two-Phase Commit、Saga Pattern 等，用于处理分布式事务，确保数据的一致性和系统的可靠性。

(7) 安全中间件。

安全中间件包括 Web Application Firewall、Transport Layer Security 等，用于保护应用程序和网络安全，防止攻击和非法访问。

(8) 日志中间件。

日志中间件包括 Elasticsearch、Logstash 等，用于记录和管理日志信息，便于故障排查和性能优化。

(9) 其他中间件。

其他中间件包括分布式计算中间件、服务中间件等。这些中间件根据具体需求提供不同的功能和服务。

例题解析

例 1 中间件连接操作系统和应用程序层，其提供的功能不包括（　　）。

A. 通信支持　　B. 应用支持

C. 存储管理　　D. 公共服务

例 2 计算机软件分为系统软件、应用软件和中间件三大类，系统软件的核心是（　　）。

A. 数据库管理系统　　B. 操作系统

C. 程序语言系统　　D. 财务管理系统

例 3 系统软件和应用软件的关系是（　　）。

A. 前者以后者为基础　　B. 后者以前者为基础

C. 每一类都不以另一类为基础　　D. 每一类都以另一类为基础

答案： C；B；B

知识点对接： 中间件的功能、系统软件的组成、系统软件和应用软件的关系。

解析： 例 1 中，中间件的功能主要包括通信支持、应用支持、提供公共服务、性能优化、提高系统的可扩展性等，故选 C。例 2 中，操作系统是计算机系统的核心软件，它负责管理和控制计算机硬件与软件资源，为上层应用软件提供一个稳定的运行环境，故选 B。例 3 中，系统软件作为基础，提供硬件管理和底层支撑，因此应用软件以系统软件为基础，故选 B。

同步训练

1. 计算机软件系统主要包括（　　）。

A. 程序和数据　　B. 系统软件和应用软件

C. 数据库管理系统和数据库　　D. 编译系统和办公软件

2. 下列关于计算机软件系统的描述，不正确的是（　　）。

A. 计算机软件系统是一系列程序、数据和文档的集合，用于计算机的运行、管理和维护

B. 计算机软件系统中的程序是用自然语言编写的，以便计算机能够直接执行

C. 数据在计算机软件系统中是程序处理过程中的对象和处理结果

D. 文档是计算机软件系统的重要组成部分，提供了程序的操作方法、使用说明和维护指南

3. 系统软件中最基本的是（　　）。

A. 文件管理系统　　B. 操作系统

C. 文字处理系统　　D. 数据库管理系统

4. 下列软件中，属于系统软件的是（　　）。

A. 用 C 语言编写的一个程序，功能是求解一个一元二次方程

B. Windows 操作系统

C. 用汇编语言编写的一个练习程序

D. 存储有计算机基本输入/输出系统的 ROM 芯片

5. 下列软件中，属于系统软件的是（　　）。

A. 航天信息系统　　B. Office 2003

C. Windows Vista　　D. 决策支持系统

6. 下列关于计算机软件系统分类的描述，正确的是（　　）。

A. 系统软件直接为用户提供服务，满足特定的需求

B. 中间件是位于硬件和操作系统之间的软件层，提供通信和交互功能

C. 数据库管理系统是用来管理大量非结构化数据的软件

D. 网络管理系统包括网络协议、路由器配置和防火墙管理等，用于建立和维护计算机网络

7. 下列软件中，属于应用软件的是（　　）。

A. 财务管理系统　　B. DOS

C. Windows 7　　D. 数据库管理系统

8. 下列选项中，不属于系统软件的是（　　）。

A. 编译程序　　B. 操作系统

C. 数据库管理系统　　D. FORTRAN 语言源程序

9. 系统软件包括各种语言及其处理程序、系统支持和服务程序、数据库管理系统和（　　）。

A. 表格处理软件　　B. 文字处理软件

C. 操作系统　　D. 信息资料检索系统

10. 系统软件包括操作系统、各种语言及其处理程序、数据库管理系统和（　　）。

A. 实时监控系统　　B. 系统支持和服务程序

C. 办公自动化系统　　D. 文字处理软件

11. 微机中的“DOS”，从软件归类来看，应属于（　　）。

A. 应用软件　　B. 工具软件

C. 系统软件　　D. 绿色软件

12. 下列软件中，不属于系统软件的是（　　）。

A. 操作系统　　B. 诊断程序

C. 编译程序　　D. 用PASCAL语言编写的学籍管理程序

13. Access是一种（　　）数据库管理系统。

A. 智能型　　B. 集中型

C. 关系型　　D. 逻辑型

14. 程序设计语言的编译器属于（　　）。

A. 系统软件　　B. 应用软件

C. 工具系统　　D. 指令系统

15. 在软件开发中，中间件的主要作用是（　　）。

A. 直接提供用户服务　　B. 管理和控制计算机硬件

C. 连接和协调不同的软件组件　　D. 编译源代码为机器代码

16. 在计算机软件中，数据库管理系统（DBMS）属于（　　）。

A. 系统软件　　B. 应用软件

C. 工具系统　　D. 编译系统

17. 在计算机软件中，Oracle是（　　）。

A. 有关数据库处理的程序开发语言　　B. 实时控制类软件的程序开发语言

C. 图形处理类软件开发的程序语言　　D. 表格处理软件开发的程序语言

18. 下列属于通用应用软件的是（　　）。

A. Windows XP　　B. Word

C. 教务管理系统　　D. C语言

19. 针对不同具体应用问题而专门开发的软件属于（　　）。

A. 系统软件　　B. 应用软件

C. 工具软件　　D. 管理软件

20. WinRAR软件是一个（　　）软件。

A. 操作系统　　B. 杀毒

C. 压缩　　D. 媒体播放

21.（　　）属于一种系统软件，缺少它，计算机就无法工作。

A. 汉字系统　　B. 操作系统

C. 编译程序　　D. 文字处理系统

22. 下列选项中，正确地描述了系统软件、中间件和应用软件之间的关系的是（　　）。

A. 系统软件是中间件的基础，中间件是应用软件的基础

B. 应用软件是系统软件的扩展，中间件是可选的

C. 中间件直接面向用户，提供具体服务

D. 系统软件、中间件和应用软件相互独立，互不影响

23. 内层软件向外层软件提供服务，外层软件在内层软件的支持下才能运行，体现了软件系统的（　　）。

A. 层次关系　　B. 基础性

C. 模块性　　D. 通用性

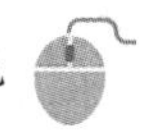

24.（　　）最直接地体现了计算机硬件和用户之间的桥梁作用。

A. 数据库管理系统　　B. 操作系统

C. 图形设计软件　　D. 娱乐游戏软件

25. 在计算机软件系统中，（　　）不是直接为应用程序提供运行环境的。

A. 操作系统　　B. 数据库管理系统

C. 编程语言　　D. 网络管理系统

26. 下列选项中，（　　）通常不包括在操作系统的核心功能中。

A. 进程管理　　B. 网络通信

C. 编程语言解释　　D. 内存管理

27. 下列关于计算机软件系统的叙述，错误的是（　　）。

A. 计算机软件系统的主要任务是提高机器的运行效率

B. 计算机软件系统的主要任务是为计算机系统提供物质基础

C. 计算机软件系统的主要任务是发挥和扩大机器的功能和用途

D. 计算机软件系统的主要任务是为用户使用计算机系统提供方便

28. 中间件是我国信创产业中基础软件的一大类，下列关于中间件的叙述，错误的是（　　）。

A. 中间件是介于应用软件和系统软件之间的一类软件，主要提供服务和连接功能

B. 中间件是一类连接软件组件和应用的计算机软件，但它本身不是完整的应用软件

C. 中间件位于用户直接交互的应用软件之下，但它并非操作系统的一部分

D. 中间件是一个独立的系统级软件，它主要连接操作系统层和应用程序层

29. 在一个复杂的计算机系统中，（　　）负责在系统软件和应用软件之间提供桥梁，实现不同软件之间的通信和数据交换。

A. 驱动程序　　B. 中间件

C. 网络协议　　D. 应用程序编程接口（API）

30. 在软件的三层架构中，（　　）位于硬件、操作系统等平台和应用软件之间，用于解决分布系统的异构问题，实现应用与平台的无关性。

A. 服务器　　B. 中间件

C. 数据库　　D. 过滤器

任务 3.3　操作系统

任务描述

了解操作系统的概念及功能、操作系统的发展；掌握操作系统的类型及特点。

知识图谱

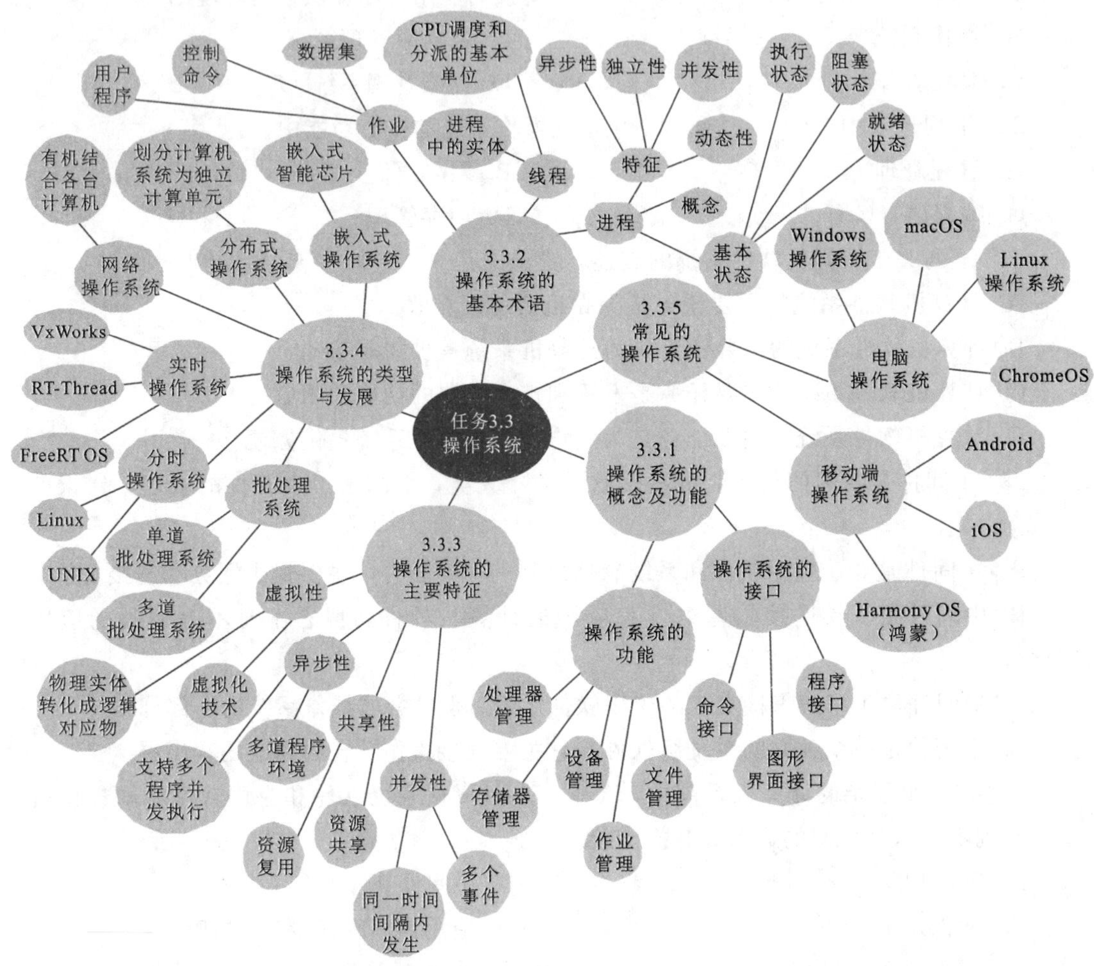

3.3.1 操作系统的概念及功能

操作系统是控制和管理计算机硬件与软件资源的核心系统软件，它直接运行在“裸机”之上，是最基本的系统软件层。

1. 操作系统的功能

为了给多道程序提供良好的运行环境，操作系统应具有以下几方面的功能：处理器管理、存储器管理、设备管理、作业管理和文件管理。

（1）处理器管理。

在多任务环境下，处理器的分配和运行以进程（或线程）为基本单位。处理器管理实质上是对进程的管理，确保每个进程都能有效使用 CPU 资源。

（2）存储器管理。

操作系统管理计算机的内存资源，包括内存的分配、回收、保护以及可能的扩充（如虚拟内存技术），以支持多道程序安全、高效地共享内存空间。

（3）设备管理。

操作系统对计算机硬件设备进行综合管理，包括缓冲管理、设备分配、设备驱动以及虚拟设备管理等，旨在提高设备的利用率和系统的响应速度。

（4）作业管理。

作业是用户提交给计算机的一系列任务的集合。操作系统负责作业的接收、调度、执行和完成，通过采用合理的作业调度策略，提高计算机的整体运行效率和吞吐率。

（5）文件管理。

操作系统负责文件存储器的空间组织、分配和回收，以及文件的创建、读取、写入、检索、共享和保存。用户通过操作系统访问文件时，操作系统在背后执行复杂的文件管理操作。

2. 操作系统的接口

为了方便用户与操作系统交互，操作系统提供了多种接口。操作系统提供的接口主要分为命令接口和程序接口，另外还提供图形界面接口。

（1）命令接口。

命令接口允许用户通过键盘输入指令来与操作系统进行交互。命令接口进一步分为联机命令接口（又称交互式命令接口，适用于分时或实时系统）和脱机命令接口（又称批处理接口，适用于批处理系统）。

（2）程序接口。

程序接口为开发者提供一套约定或规范，用于实现软件内部或软件之间的通信和交互。程序接口通常通过定义方法、函数、属性等，使得不同软件组件能够按照统一的标准进行数据传输和功能调用。

（3）图形界面接口。

图形界面接口是采用图形方式显示的用户界面，允许用户使用鼠标、键盘等输入设备来操纵屏幕上的图标、菜单选项等图形对象，从而选择命令、调用文件、启动程序或执行其他任务。图形用户界面极大地方便了用户的操作，提高了系统的易用性。

例题解析

例 1　操作系统是（　　）的接口。

A. 用户与软件　　B. 系统软件与应用软件

C. 主机与外设　　D. 用户与计算机

例 2　下列关于操作系统设备管理的叙述，不正确的是（　　）。

A. 设备管理程序负责对系统中的各种输入、输出设备进行管理

B. 设备管理程序负责处理用户和应用程序的输入、输出请求

C. 每个设备都有自己的驱动程序

D. 设备管理程序驻留在 BIOS 中

例 3 下列关于操作系统任务管理的说法，错误的是（ ）。

A. Windows 操作系统支持多任务处理技术

B. 并行处理技术可以让多个 CPU 同时工作，以提高计算机效率

C. 多任务处理技术通常是将 CPU 时间划分成时间片，轮流为多个任务服务

D. 多任务处理技术要求计算机必须配有多个 CPU，或者是配有多核的 CPU

答案：D；D；D

知识点对接：操作系统的概念、功能，设备管理和任务管理的基本概念。

解析：例 1 中，操作系统作为用户与计算机的接口，通过资源管理、程序执行等功能，为用户提供了一个高效、可靠、易于使用的计算机环境，故选 D。例 2 中，设备管理程序并不直接驻留在 BIOS 中，而是在操作系统内核中或者作为操作系统的一部分来运行，故选 D。例 3 中，多任务处理是现代操作系统普遍支持的一种技术，它允许计算机同时运行多个任务。这种技术通常是通过将 CPU 时间划分成时间片，轮流为多个任务服务来实现的。多任务处理技术本身并不要求计算机必须配备多个 CPU 或多核 CPU。对于大多数日常使用和轻量级的多任务处理，单个 CPU 已经足够，故选 D。

3.3.2 操作系统的基本术语

1. 进程

（1）进程的概念。

进程是计算机中程序针对某数据集合进行的一次动态执行过程，是操作系统进行资源分配和调度的基本单位。进程实体由进程控制块（PCB）、程序段以及数据段三部分组成。对于操作系统而言，一个任务即为一个进程，例如打开一个 Word 文档即启动了一个 Word 进程。

（2）进程的三个基本状态。

就绪状态：进程已获取除 CPU 外的所有必要资源，处于随时可以执行的状态，一旦获得 CPU 资源即转为执行状态。

阻塞状态（或等待/睡眠状态）：进程因等待某个事件（如 I/O 操作完成）而暂停执行的状态。

执行状态：进程已获得 CPU 资源，其程序代码正在 CPU 上执行。在单 CPU 系统中，任一时刻仅有一个进程处于执行状态。

这三个状态之间可相互转换，转换过程由操作系统中的进程调度器控制，依据特定的调度算法（如先来先服务、短作业优先、时间片轮转等）决定哪个进程获得 CPU 资源。

（3）进程的特征。

动态性：进程是程序在系统中的一次执行过程，具有动态产生和消亡的特性。

并发性：任何进程均可与其他进程并发执行。

独立性：进程是独立运行的基本单位，也是系统分配资源和调度的独立单位。

异步性：由于进程间的相互制约，进程的执行具有间断性，即进程以各自独立且不可预知的速度推进。

2. 线程

线程是进程中的一个实体，是 CPU 调度和分派的基本单位，它是比进程更小的独立运行的单位。一个进程可以拥有多个线程，这些线程共享该进程的所有资源，但每个线程拥有自己运行所必需的资源，如程序计数器、一组寄存器和栈。线程是程序执行的最小单位，是进程的一个执行流。

3. 进程与线程的联系与区别

（1）进程和线程的联系。

① 一个线程只能属于一个进程，而一个进程可以包含多个线程（至少一个）。

② 资源分配给进程，同一进程的所有线程共享这些资源。

③ 处理器（CPU）分配给线程，即真正在 CPU 上运行的是线程。

④ 线程在执行过程中需要协作同步，不同进程的线程间通过消息通信等方式实现同步。

（2）进程与线程的区别。

① 调度：线程是 CPU 调度和分派的基本单位，而进程是资源分配的基本单位。

② 并发性：不仅进程间可以并发执行，同一进程的多个线程间也可以并发执行。

③ 拥有资源：进程是拥有资源的独立单位，线程不直接拥有系统资源，但可以访问隶属于进程的资源。

④ 系统开销：创建和撤销进程时，系统需要分配和回收资源，开销较大，而创建和撤销线程时，系统开销较小，因此线程更“轻量级”。

4. 作业

作业是用户在一次解决或事务处理过程中要求计算机系统完成的一系列工作的集合，包括用户程序、所需数据集及控制命令等。作业由一系列有序的步骤组成，其完成需经过作业提交、作业收容、作业执行和作业完成四个阶段。在执行一项作业时，可能会运行多个不同的进程。

例题解析

例 1　在现在流行的操作系统中，独立运行和独立调度的基本单位是（　　）。

A. 程序　　B. 线程

C. 进程　　D. 任务

例 2　（　　）是作业存在的唯一标志。

A. 作业控制块　　B. 作业名

C. 进程控制块　　　　D. 程序名

例 3　进程与程序的根本区别是（　　）。

A. 静态与动态特点　　　　B. 是不是调入内存中

C. 是不是具有就绪、运行和等待三种状态　　　　D. 是不是占有处理器

答案： B；A；A

知识点对接： 线程、作业的概念，进程和程序的区别。

解析： 例 1 中，线程是进程中的一个实体，负责 CPU 的调度和分派，具有“独立运行和独立调度”的特点，故选 B。例 2 中，作业控制块是作业在系统中存在的唯一标志，它包含了作业的各种信息，如作业名、作业类型、作业状态等，为操作系统的作业调度和管理提供了重要依据，故选 A。例 3 中，程序是静态的，是存储在硬盘上的指令集合；而进程则是程序在执行时创建的动态实例，具有动态性、并发性和独立性等特点。这些特点使得进程成为操作系统中实现多任务处理和提高系统资源利用率的关键，故选 A。

3.3.3　操作系统的主要特征

1. 并发性

并发性是指两个或多个事件能够在同一时间间隔内发生，互不干扰。在操作系统中，并发性体现为它能够同时调度并处理多个程序。从宏观视角看，这些程序似乎是在并行运行，但实际上，在微观层面上，它们是通过分时技术交替占用 CPU 的时间片来执行的。

2. 共享性

共享性是操作系统的一个核心特性。它允许系统中的资源（如 CPU、内存、磁盘等）被多个并发执行的进程共同使用。这种共享机制极大地提高了资源的利用率和系统的整体效率。

3. 异步性

在多道程序环境下，操作系统支持多个程序并发执行。然而，由于系统资源的有限性，各个进程的执行并不会一帆风顺，而是会以一种不可预知的速度进行（时而运行，时而等待）。这种进程执行的间断性和不可预知性，正是操作系统的异步性特征。

4. 虚拟性

虚拟性是操作系统中一种强大的管理技术。它运用虚拟化技术，将物理上的实体（如处理器、内存、外部设备等）转换成逻辑上的多个对应物，或者将多个物理实体合并为一个逻辑上的对应物。通过这种方式，操作系统能够为用户提供更加灵活、高效的资源管理和利用方案。例如，利用虚拟处理器技术实现多任务处理，通过虚拟内存技术扩展有限的物理内存空间，以及通过虚拟外部设备技术简化复杂的设备管理；等等。

例题解析

例 1　现代操作系统最基本的两个特征是（　　）。

A. 并发性和不确定性　　B. 并发性和共享性

C. 共享性和虚拟性　　D. 虚拟性和不确定性

例 2　以下哪一项描述最准确地反映了操作系统中“并发性”与“异步性”的综合特征？（　　）

A. 操作系统能够确保所有进程以相同的速度向前推进，从而实现资源的最大化利用

B. 并发执行的多个进程从宏观上看起来是同时运行的，但实际上它们是在微观上交替执行的，且每个进程的执行速度是不确定的

C. 虚拟性使得物理资源能够同时被多个进程访问，从而提高了系统的响应速度

D. 资源共享指操作系统中的处理器资源可以同时被多个用户程序使用，不会产生冲突

答案：B；B

知识点对接：操作系统的主要特征。

解析：例 1 中，现代操作系统最基本的两个特征是并发性和共享性。这两个特征相互依存、相互促进，共同构成了操作系统的基础框架，故选 B。例 2 中的 A 选项，在多道程序环境下，由于资源的限制，不同进程的推进速度往往是不一致的，无法确保所有进程都以相同的速度执行，故 A 错误。C 选项提到了虚拟性，但它并没有直接关联到并发性和异步性，故 C 错误。D 选项描述了处理器资源的共享，但它并没有涵盖并发性和异步性的特征，故 D 错误。所以本题选 B。

3.3.4　操作系统的类型与发展

第一代计算机没有操作系统，称为手工操作阶段。20 世纪 50 年代后期，用户需独占全机进行操作，手工操作的低效率与计算机的高速处理能力之间产生了尖锐矛盾，导致资源利用率低下。为了解决这一问题，人们开始探索用高速机器代替慢速的手工操作，从而推动了操作系统的发展。操作系统的发展主要经历了单道批处理系统、多道批处理系统、分时操作系统、实时操作系统、网络操作系统、分布式操作系统以及嵌入式操作系统等多个阶段。

（1）批处理系统。

20 世纪 60 年代，批处理系统得到广泛应用。它分为单道批处理系统和多道批处理系统。单道批处理系统通过引入脱机输入和输出技术，在一定程度上缓解了人机矛盾，提升了资源利用率，但内存中仅能运行一道程序，导致 CPU 在等待 I/O 操作时大量空闲。随后，多道批处理系统应运而生，实现了多道程序并发执行，共享计算机资源，显著提升了资源利用率，但用户响应时间较长，且缺乏人机交互功能。

（2）分时操作系统。

20 世纪 60 年代中期，分时操作系统应运而生。它允许多个用户通过各自的终端同时共享一台主机，用户可与主机进行交互操作而不受干扰。分时操作系统的典型代表包括 UNIX 和 Linux 等，它们支持多用户同时操作，并提供了丰富的系统调用和库函数，极大地方便了用户进行程序开发和系统管理。

（3）实时操作系统。

实时操作系统要求计算机系统在接收到外部信号后，能立即进行处理，并在严格的时限内完成。这类系统对处理速度有极高的要求，如 FreeRTOS、RT-Thread、VxWorks 等均属于实时操作系统范畴。

（4）网络操作系统。

网络操作系统旨在将计算机网络中的各台计算机有机地结合起来，提供一种统一、经济且有效的使用方式，实现各计算机之间数据的互传。

（5）分布式操作系统。

分布式操作系统将一个计算机系统划分为多个独立的计算单元（节点），这些节点被部署到不同的计算机上，并通过网络连接保持持续的通信状态，以实现协同工作。

（6）嵌入式操作系统。

嵌入式操作系统是专为嵌入式智能芯片环境设计的系统软件，负责对整个智能芯片及其所操作、控制的各种部件装置进行统一协调、处理、指挥和控制。

例题解析

例 1　在操作系统的发展历程中，哪种系统首次实现了多道程序并发执行，显著提高了计算机资源的利用率，但可能导致用户响应时间较长且缺乏人机交互？（　　）

A. 手工操作阶段　　B. 单道批处理系统

C. 多道批处理系统　　D. 分时操作系统

例 2　在日常生活中，当我们使用智能手机进行多任务处理（如同时浏览网页、播放音乐、接收即时消息）时，智能手机操作系统最接近于以下哪种操作系统类型的设计理念？（　　）

A. 手工操作阶段　　B. 实时操作系统

C. 分时操作系统　　D. 嵌入式操作系统

例 3　在操作系统的发展历程中，最准确地反映了从提高资源利用率到增强人机交互体验技术进步的是（　　）。

A. 从需要用户独占全机操作到支持多用户同时在线，但每个用户仍需等待程序执行完毕

B. 从单道程序顺序执行到多道程序并发执行，但用户交互仍然受限

C. 从批处理系统到网络操作系统，实现了数据在不同计算机之间的实时共享

D. 从嵌入式操作系统到分布式操作系统，实现了计算机资源的地理分散和协同工作

答案：C；C；B

知识点对接：操作系统各类型的特点，操作系统发展历程中的关键技术。

解析：例 1 中，多道批处理系统实现了多个程序并发执行，共享计算机资源，显著提高了资源利用率。然而，多个程序同时运行，且 CPU 需要处理多个程序的请求，可能导致用户响应时间较长，并且由于缺少人机交互机制，用户无法实时干预程序的执行，故选 C。例 2 中，分时操作系统允许多个用户或程序同时使用系统资源，通过时间片轮转等技术实现多任务并发执行。智能手机操作系统正是基于这种设计理念，允许用户同时进行多项任务，如同时浏览网页、播放音乐、接收即时消息等，故选 C。例 3 中，A 选项体现了从独占资源到共享资源的变化，但用户仍需等待程序执行完毕，交互体验并未得到显著提升。C 选项强调了数据共享，D 选项描述了系统架构的变化，都没有直接反映出人机交互体验的改善。B 选项中多道程序并发执行能更有效地利用 CPU 时间，体现了资源利用率的显著提高，尽管人机交互仍然受限，但这一变化为后续的交互体验提升奠定了基础。多道程序并发执行技术的成熟，为后续开发更加友好的人机交互界面提供了可能。

3.3.5　常见的操作系统

1. 计算机操作系统

计算机操作系统是计算机的核心软件，负责管理和控制计算机的硬件和软件资源。表 3-3-1 是几种常见的计算机操作系统及其特点。

表 3-3-1　常见的计算机操作系统及其特点

操作系统名称	开发商	版本	特点
Windows 操作系统	微软公司（Microsoft）	Windows 7、Windows 8、Windows 10、Windows 11 等	应用广泛（Windows 操作系统是全球使用最广泛的操作系统之一）、界面友好（拥有直观、易用的图形用户界面 GUI）、兼容性强、功能丰富、持续更新
macOS	苹果公司（Apple）	macOS Catalina、macOS Big Sur、macOS Monterey 等	专有系统（仅适用于苹果电脑 Mac）、界面美观、专业支持、安全性高、稳定性好
Linux 操作系统	由林纳斯·托瓦兹（Linus Torvalds）首次发布，全球各地的开发者共同维护	有 Ubuntu、Fedora、Debian 等多个发行版	开源免费、可定制性强、安全稳定、社区支持广泛、兼容性好

续表

操作系统名称	开发商	版本	特点
ChromeOS	谷歌公司（Google）	随着 Chrome 浏览器的更新而更新	轻量级、基于 Web、快速启动、与谷歌服务深度整合、界面简洁易用

2. 移动端操作系统

移动端操作系统，或称移动平台、移动 OS，是安装在智能手机、平板电脑等移动设备上的系统软件，它为用户提供了操作界面和应用程序的运行环境。表 3-3-2 是几种常见的移动端操作系统及其特点。

表 3-3-2　常见的移动端操作系统及其特点

操作系统名称	开发商	特点
Android	谷歌公司	市场份额高：目前全球市场份额最高的手机操作系统。开源免费：基于 Linux 内核，支持广泛的设备和应用程序，具有高度的可自定义性和开放性。 应用丰富：用户可以从 Google Play 商店下载数百万款应用程序。 版本更新：持续不断推出新版本，带来更多功能和性能优化
iOS	苹果公司	封闭生态：专为 iPhone、iPad 等苹果设备开发，提供封闭的生态系统。 用户体验：具有独特的用户界面和设计风格，体验流畅稳定。 数据安全：注重数据安全性和用户隐私保护。 应用丰富：用户可以从 App Store 下载高质量应用软件
HarmonyOS（鸿蒙）	华为公司	自主研发：华为自主研发的操作系统，旨在提供统一的跨设备操作系统解决方案。 跨设备协同：支持不同设备之间的无缝连接和协同工作。 市场份额增长：在中国市场份额快速增长，已超越 iOS 成为中国第二大操作系统

除了以上操作系统之外，还有 Windows Phone（已逐渐退出市场）、BlackBerryOS（强调数据安全性和商务功能）、Tizen（由三星、英特尔和 Linux 基金会联合开发）、FirefoxOS（已停止开发）等。这些操作系统在不同时期和不同领域内具有一定的市场份额和特色。

例题解析

例 1　苹果公司的平板电脑 iPad 产品使用的操作系统是（　　）。

A. Windows Phone　　B. Android

C. iOS　　D. UNIX

例 2　（　　）是目前装机数量最大的手机操作系统。

A. iOS　　B. Android

C. SymbianOS　　D. BlackBerryOS

例 3　下列关于操作系统的说法，错误的是（　　）。

A. 一个用户若想要同时操作多个任务，必须使用多任务操作系统

B. 操作系统是系统软件之一

C. 分时处理要求计算机必须同时配有多个 CPU

D. 在同一 Windows 平台上的两个应用程序之间交换数据时，使用较为方便的工具是剪贴板

答案： C；B；C

知识点对接： 常用的移动端操作系统，操作系统的分类。

解析： 例 1 中，苹果公司对应的操作系统是 iOS，故选 C。例 2 中，Android 之所以成为目前装机数量最大的手机操作系统，主要得益于其早期的发展优势、生态系统的广泛支持、用户体验与功能优势以及全球市场的普及，故选 B。例 3 的 C 选项，分时处理实际上是通过软件的手段来实现 CPU 资源的共享和并发处理，而不需要多个 CPU，故说法错误。

同步训练

1. 下列各项中，属于操作系统功能的是（　　）。

A. 具有故障诊断功能

B. 能编译源程序

C. 能协调、控制和管理计算机系统的软、硬件资源

D. 具有文件编辑功能

2. 操作系统的“多任务”功能是指（　　）。

A. 可以同时由多个人使用　　B. 可以同时运行多个程序

C. 可以连接多个设备运行　　D. 可以装入多个文件

3. 设备管理是管理和驱动各种硬件设备，以下不属于设备管理的是（　　）。

A. 设备的驱动　　B. 设备的分配

C. 设备的独立性和虚拟设备　　D. 设备型号

4. 操作系统中的文件管理系统为用户提供的功能是（　　）。

A. 按文件作者存取文件　　B. 按文件名管理文件

C. 按文件创建日期存取文件　　D. 按文件大小存取文件

5. 现代操作系统进行资源分配和调度的基本单位是（　　）。

A. 任务　　B. 程序

C. 进程　　D. 超线程

6. 计算机操作系统通常具有的五大功能是（　　）。

A. CPU 管理、显示器管理、键盘管理、打印机管理和鼠标管理

B. 硬盘管理、软盘驱动器管理、CPU 管理、显示器管理和键盘管理

C. CPU 管理、存储器管理、文件管理、设备管理和作业管理

D. 启动、打印、显示、文件存取和关机

7. 为了方便用户直接或间接地控制自己的作业，操作系统向用户提供了命令接口，该接口又进一步分为（　　）。

A. 联机用户接口和脱机用户接口　　B. 程序接口与图形界面接口

C. 联机用户接口与程序接口　　D. 脱机用户接口与图形界面接口

8. 操作系统中，共享性主要体现在资源的（　　）上。

A. 独占使用　　B. 并发访问

C. 顺序访问　　D. 永久锁定

9. 世界上第一阶段的操作系统是（　　）。

A. 分时操作系统　　B. 单道批处理系统

C. 多道批处理系统　　D. 实时操作系统

10. 操作系统的出现是在第（　　）代计算机时期。

A. 一　　B. 二

C. 三　　D. 四

11. 操作系统的主要功能是对计算机系统的几类资源进行有效管理，即处理器管理、存储器管理、设备管理、作业管理和（　　）。

A. 软盘读写管理　　B. 硬盘读写管理

C. 硬件系统管理　　D. 文件管理

12. 操作系统将 CPU 的时间资源划分成极短的时间片，轮流分配给各终端用户，使终端用户单独分享 CPU 的时间片，有独占计算机的感觉，这种操作系统称为（　　）。

A. 实时操作系统　　B. 批处理系统

C. 分时操作系统　　D. 分布式操作系统

13. 下列关于线程的叙述，正确的是（　　）。

A. 线程包含 CPU 现场，可以独立执行程序

B. 每个线程有自己独立的地址空间

C. 进程只能包含一个线程

D. 线程之间的通信必须使用系统调用函数

14. 下列关于进程和线程的说法，错误的是（　　）。

A. 线程是比进程更小的能独立运行的基本单位

B. 一个线程只能属于一个进程

C. 一个进程可以有多个线程

D. 一个线程可以属于多个进程

15. 下列关于进程和线程的叙述，正确的是（　　）。

A. 一个进程只可拥有一个线程　　B. 一个线程只可拥有一个进程

C. 一个进程可拥有若干个线程　　D. 一个线程可拥有若干个进程

16. 以下关于进程的描述中，（　　）最不符合操作系统对进程的理解。

A. 进程是在多个程序并行环境中的完整程序

B. 进程可以由程序、数据和进程控制块描述

C. 线程是一种特殊的进程

D. 进程是程序在一个数据集合上运行的过程，是系统进行资源分配和调度的独立单位

17. 操作系统的功能包括处理器管理、存储器管理、设备管理、文件管理和作业管理。其中的“存储器管理”主要是对（　　）。

A. 硬盘的管理　　B. 软盘的管理

C. 内存的管理　　D. 内存和外存统一管理

18. 在操作系统中，并发性主要体现为（　　）。

A. 单个 CPU 上同一时刻执行多个程序

B. 多个 CPU 上各自独立执行一个程序

C. 单个 CPU 上通过时间片轮转方式让多个程序交替执行

D. 内存中同时存储多个程序但仅有一个在执行

19. 分布式操作系统与网络操作系统本质上的不同之处在于（　　）。

A. 实现各台计算机之间的通信

B. 共享网络资源

C. 满足较大规模的应用

D. 系统中若干台计算机相互协作完成同一任务

20. 操作系统的处理调度程序使用（　　）技术把 CPU 分配给各个任务，使多个任务宏观上可以“同时”执行。

A. 时间片轮转　　B. 虚拟

C. 批处理　　D. 授权

21. 引入进程概念的关键在于（　　）。

A. 共享资源　　B. 独享资源

C. 支持程序的顺序执行　　D. 支持多任务处理

22. 下面的叙述中，正确的是（　　）。

A. 同一进程内的线程可并发执行，不同进程的线程只能串行执行

B. 同一进程内的线程只能串行执行，不同进程的线程可并发执行

C. 同一进程或不同进程内的线程都只能串行执行

D. 同一进程或不同进程内的线程都可以并发执行

23. 在多线程编程中，线程的执行方式通常是（　　）。

A. 回调函数　　B. 事件循环

C. 并发执行　　D. 串行执行

24. 进程和程序的一个本质区别是（　　）。

A. 前者为动态的，后者为静态的

B. 前者存储在内存中，后者存储在外存中

C. 前者在一个文件中，后者在多个文件中

D. 前者分时使用 CPU，后者独占 CPU

25. Windows 操作系统与 macOS 的比较，下列描述不准确的是（　　）。

A. Windows 操作系统是全球使用最广泛的操作系统之一

B. macOS 是专有系统，仅适用于苹果电脑 Mac

C. Windows 操作系统和 macOS 都支持广泛的硬件设备，具有高度的可定制性

D. macOS 注重用户体验和安全性，而 Windows 操作系统则通过持续更新来增强功能和安全性

26. 在分布式操作系统中，各个计算节点之间保持持续通信是（　　）。

A. 为了共享 CPU 资源　　B. 为了实现负载均衡

C. 为了协同完成共同的任务　　D. 为了提升单个节点的性能

27. 以下哪个操作系统通常被设计为具有实时响应能力，并能保证在严格的时间限制内完成任务？（　　）

A. Windows 10　　B. macOS Monterey

C. VxWorks　　D. Ubuntu

28. 关于 Linux 操作系统的特点，下列描述不正确的是（　　）。

A. Linux 操作系统是开源免费的，其源代码对所有用户开放

B. Linux 操作系统的安全性较差，容易受到各种网络攻击

C. Linux 操作系统具有强大的社区支持，用户可以通过社区获取帮助和解决方案

D. Linux 操作系统的兼容性好，可以运行在多种硬件平台上

29. 在操作系统中，并发性和共享性的关系是（　　）。

A. 并发性是共享性的前提，共享性是并发性的结果

B. 两者没有直接关系，是操作系统独立的两大特征

C. 共享性是并发性的前提，并发性是共享性的必要条件

D. 并发性和共享性在单用户操作系统中同样重要

30. 以下关于线程的叙述，正确的是（　　）。

A. 内核支持线程的切换都需要内核的支持

B. 线程是资源的分配单位，进程是调度和分配的单位

C. 不管系统中是否有线程，线程都是拥有资源的独立单位

D. 在引入线程的系统中，进程仍是资源分配和调度的基本单位

任务 3.4　常用文件及其扩展名

任务描述

了解文件和文件名的概念以及常用文件类型及扩展名的意义。

知识图谱

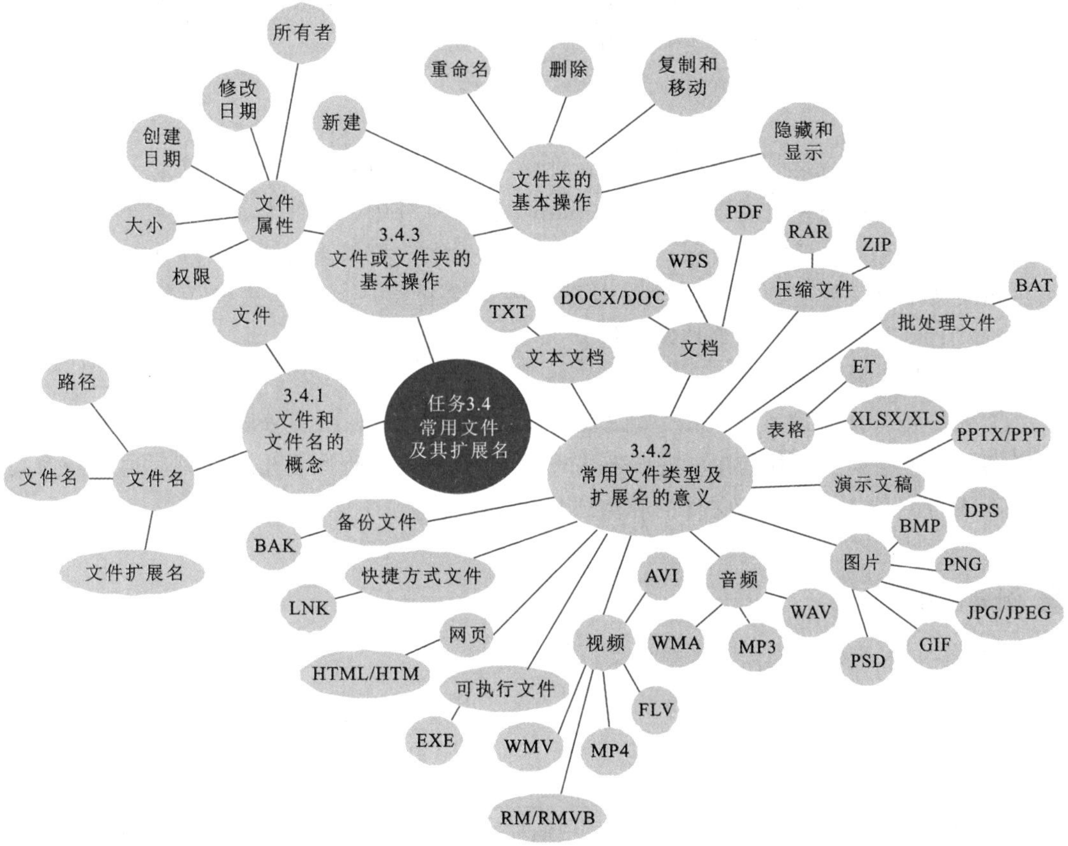

3.4.1　文件和文件名的概念

1. 文件

文件是计算机系统中用于存储信息的基本单位，涵盖了文本、图片、音频、视频、程序等多种类型。用户可以创建、修改、删除和复制文件，以满足不同的需求。每个文件都由文件名和文件内容两部分组成，其中文件名用于唯一标识文件，而文件内容则包含了文件的实际数据。

2. 文件名

文件名是计算机系统中用于标识和区分不同文件的一组字符。它通常由主文件名和扩展名两部分构成。主文件名是用户自定义的，用于描述文件的内容或用途；而扩展名则位于文件名末尾，通过点（.）与主文件名分隔，如“计算机基础.docx”。在操作系统中，文件通过按名存取的方式被访问，即用户可以通过文件名来访问存储在磁盘上的文件。因此，为了避免混淆，同一目录下不能存在文件名相同的文件。

从更全面的角度来看，文件在文件系统中的引用包含以下几个部分。

（1）路径。

路径（path）指明了文件或目录在文件系统中的位置，从根目录或当前工作目录出发，通过特定的分隔符（Windows 操作系统中使用反斜杠“\”）连接各级目录和文件名，如“C:\Users\Username\Documents\file.txt”。

（2）文件名。

文件名（filename）是文件在目录中的唯一标识符，用于区分同一目录下的不同文件。文件命名需遵循一定规则，如在 Windows 操作系统中，文件名不区分大小写，最长可达 255 个字符（包括路径信息），如果使用汉字命名，则最多可以有 127 个汉字。文件名可由英文字母、数字、汉字、空格及下划线等字符组成，但禁止使用如“/”“\”“*”“?”“<”“>”“|”等特殊字符。

（3）文件扩展名。

文件扩展名（file extension）紧跟在文件名之后，用点（.）分隔，它提供了关于文件类型或内容格式的额外信息。在 Windows 操作系统中，程序在生成文件时通常会为其添加默认的扩展名，以指示文件的类型或格式。

例题解析

例 1 一个文件的扩展名通常表示（　　）。

A. 文件版本　　B. 文件类型

C. 文件大小　　D. 由用户自己决定

例 2 在 Windows 操作系统中，关于文件夹的说法，不正确的是（　　）。

A. 各级目录称为文件夹

B. 不同文件夹中的文件不能有相同的文件名

C. 文件夹中可以存放文件和其他文件夹

D. 对文件夹的复制操作和文件是相同的

例 3 在 Windows 7 操作系统中，关于文件和文件夹的说法，错误的是（　　）。

A. Windows 7 操作系统中有可直接由用户执行的支持应用程序运行的特殊文件，如“SYS”“DRV”和“DLL”等

B. 文件就是具有某种相关信息的集合，是操作系统最基本的存储单位

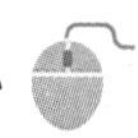

C. 操作系统中用于存放程序和文件的“容器”就是文件夹，同一文件夹中不能存放同名称的文件或文件夹

D. 文件的格式是“主文件名 . 扩展名”，操作系统可通过扩展名来识别文件的类型

答案：B；B；A

知识点对接：文件名的组成，对文件和文件夹的理解。

解析：例 1 中，一个文件的扩展名通常表示文件类型，故选 B。例 2 中，同一文件夹（目录）中的文件名不能相同，但允许在不同的文件夹（目录）中存储相同名称的文件，因为每个文件在文件系统中的唯一标识是由其所在的路径（即目录的层级结构）和文件名共同确定的，故选 B。例 3 中，SYS、DRV 和 DLL 文件在 Windows 7 操作系统中支持应用程序的运行，但它们本身并不是直接由用户执行的程序。SYS 和 DRV 文件主要是作为驱动程序存在，由操作系统管理，而 DLL 文件则是作为动态链接库，被其他程序调用，故选 A。

3. 4. 2 常用文件类型及扩展名的意义

常用文件类型、扩展名及其描述见表 3-4-1。

表 3-4-1 常用文件类型、扩展名及其描述

扩展名	文件格式	描述
TXT	文本文档	纯文本文件，仅包含文本信息，不包含任何格式设置。它是最简单的文本文件格式，几乎所有文本编辑器都可以打开和编辑它
DOCX/DOC	文档	Word 文档文件，由 Microsoft Word 创建。DOC 是旧版 Word 的文件格式，而 DOCX 是 Word 2007 及以后版本的新格式，支持更丰富的功能，有更好的兼容性
WPS		WPS Office 中文字处理软件的默认扩展名，它专门用于 WPS 文字处理软件编辑的文档。这种扩展名的文件包含了文字、段落、格式等所有文本信息，可以被 WPS 文字处理软件直接打开和编辑
PDF		可携带文件格式，是一种跨操作系统平台的文件格式
XLSX/XLS	表格	Excel 工作表文件，由 Microsoft Excel 创建。XLS 是旧版 Excel 的文件格式，而 XLSX 是 Excel 2007 及以后版本的新格式
ET		文件包含了表格数据、公式、图表等所有与表格相关的信息，可以被 WPS 表格软件直接打开和编辑

续表

扩展名	文件格式	描述
PPTX/PPT	演示文稿	PowerPoint 演示文稿文件，由 Microsoft PowerPoint 创建。PPT 是旧版 PowerPoint 的文件格式，而 PPTX 是 PowerPoint 2007 及以后版本的新格式
DPS	演示文稿	文件包含了幻灯片、动画、声音等所有与演示相关的信息，可以被 WPS 演示软件直接打开和编辑
BMP	图片	Windows 操作系统中的标准图像文件格式
PNG	图片	支持无损压缩，适用于需要高质量图像的场景。它支持背景透明，但不支持动画
JPG/JPEG	图片	一种被广泛使用的图像压缩格式。它支持有损压缩，能够在保持较高图像质量的同时减小文件大小
GIF	图片	支持动画和背景透明。它通常用于网络上的小图标和简单动画
PSD	图片	图形设计软件 Photoshop 的专用格式
WAV	音频	一种未压缩的音频格式。它保持了音频的原始质量，但文件较大
MP3	音频	一种被广泛使用的音频压缩格式。它能够在保持较高音质的同时减小文件大小
WMA	音频	一种在压缩比和音质方面都超过了 MP3 的音频格式
WMV	视频	动画音乐录像，是由一个或几个动画组成并搭配一首歌曲的短片
AVI	视频	一种较老的视频格式。它支持多种编解码器，但相对于 MP4 等格式，其压缩效率和兼容性较差
MP4	视频	一种被广泛使用的视频压缩格式。它支持多种编码方式，能够在保持较高视频质量的同时减小文件大小
RM/RMVB	视频	一种视频文件格式
FLV	视频	流媒体格式，是随着 Flash MX 的推出发展而来的视频格式
EXE	可执行文件	用于 Windows 操作系统。它是程序安装后生成的可执行文件，双击即可运行程序
HTML/HTM	网页	超文本文档文件，用于创建网页。它们包含了网页的结构、内容和样式信息，可以通过浏览器查看
LNK	快捷方式文件	Windows 操作系统中用于指向其他文件（如程序、文档、文件夹等）的快捷方式文件的扩展名

续表

扩展名	文件格式	描述
ZIP	压缩文件	由 WinZip 等压缩软件创建。它支持多种文件格式的压缩，可以将多个文件或文件夹压缩成一个文件，便于存储和传输
RAR	压缩文件	由 WinRAR 等压缩软件创建。rar 格式在压缩率和恢复记录方面比 ZIP 格式更优越，但普及程度略低于 ZIP
BAT	批处理文件	用于 Windows 操作系统。它包含了一系列可自动执行的命令，可以简化重复性操作
BAK	备份文件	原始文件的一个副本，它包含了在某个时间点或操作之前的文件内容。这些文件通常是由软件自动创建的，或者由用户手动创建作为预防措施，以防止数据丢失或损坏

例题解析

例 1 小洪要进行一个多媒体作品的发布，为了使用户能够在只安装了 Windows 操作系统而没有安装任何工具软件的计算机上运行该多媒体作品，其文件格式应为（ ）。

A. PSD　　B. FLA
C. EXE　　D. PPT

例 2 在 Windows 操作系统中，有一个文件名为 REAME. NEXT. txt，下列说法正确的是（ ）。

A. 这是一个文本文件　　B. 这个文件名不符合命名规则
C. 这是一个只读文件　　D. 这是一个写字板文件

例 3 下面的文件类型表述完全正确的一组是（ ）。

A. REG 注册表文件　ISO 光盘镜像文件　DLL 动态链接库文件
B. GHO 压缩文件　AVI 可执行文件　RM 流媒体视频文件
C. INI 初始化文件　WMF 32 位位图文件　MP3 压缩声音文件
D. HTML 动态网页文件　BAT 备份文件　SWF 动画文件

答案：C；A；A

知识点对接：常用文件类型和扩展名的意义。

解析：例 1 中，EXE 是 Windows 操作系统中可执行程序的标准文件类型，故选 C。例 2 中，文本文件的扩展名为 TXT，故选 A。例 3 中，GHO 是 Ghost 软件创建的镜像文件的格式，WMF 是一种图形文件的格式，这种图形是由简单的线条和封闭线条（图形）组成的矢量图，BAT 为批处理文件的格式，故选 A。

3.4.3 文件或文件夹的基本操作

1. 文件属性

文件属性是描述文件特征的重要信息，包括权限、大小、创建和修改日期、所有者等。这些属性对于文件的操作、管理和保护至关重要，确保了文件的安全性、完整性和可访问性。

2. 文件夹的基本操作

文件夹的基本操作主要包括新建、重命名、删除、复制、移动以及隐藏与显示等几个方面。

(1) 新建文件夹。

右键新建：在桌面或文件资源管理器中右键点击空白处，选择“新建”→“文件夹”。

文件菜单新建（可选）：通过菜单栏操作。

快捷键新建（可选）：视具体系统或软件而定。

(2) 重命名文件夹。

右键重命名：选中文件夹后右键点击选择“重命名”。

菜单重命名：从菜单栏中选择“文件”→“重命名”。

两次点击重命名（可选）：部分系统支持。

(3) 删除文件夹。

右键删除：选中文件夹后右键点击“删除”。

键盘删除：选中文件夹后按 Delete 键。

拖放到回收站：将文件夹拖放到回收站图标上。

(4) 复制与移动文件夹。

鼠标拖放：在相同磁盘中拖放为移动，按住 Ctrl 键拖放为复制；在不同磁盘中拖放为复制，按住 Shift 键拖放为移动。

剪贴板操作：使用“复制”和“粘贴”或“移动”命令。

(5) 隐藏与显示文件夹。

隐藏文件夹：右键单击文件夹，选择“属性”，然后勾选“隐藏”选项。

显示隐藏文件夹：在文件资源管理器中，点击“查看”选项卡，勾选“隐藏的项目”。

例题解析

例 1 在 Windows 11 文件属性中，“仅应用于文件夹中的文件”的一种是（　　）。

A. 系统操作员的人身安全　　　　B. 只读

C. 存档　　　　D. 隐藏

例 2　下列选项中，不属于 Windows 11 文件属性的是（　　）。

A. 系统　　B. 隐藏

C. 文档　　D. 只读

例 3　一个文件能否被访问，常由（　　）共同决定。

A. 用户访问权限和文件属性　　B. 用户访问权限和文件优先级

C. 优先级和文件属性　　D. 文件属性和口令

答案： B；C；A

知识点对接： 文件的属性。

解析： 例 1 中，A 选项与文件属性无关，立即排除；C 选项中存档属性用于标记文件是否已备份，并不特定应用于文件夹内的文件，不符合题目描述；D 选项中隐藏属性会影响文件夹及其内部所有内容的可见性，而不仅仅是文件夹中的文件；B 选项中，当设置文件夹的只读属性时，这通常意味着文件夹内的文件将变为只读，即不能被修改或删除，这是唯一直接“仅应用于文件夹中的文件”的属性，符合题目要求。故选 B。例 2 中，文档不属于文件属性，故选 C。例 3 中，在 Windows、Linux 等操作系统中，文件和文件夹能否被访问都是由用户访问权限和文件属性来共同决定的，故选 A。

同步训练

1. 在 Windows 操作系统中，关于文件名的描述，不正确的是（　　）。

A. 文件名可以包含英文字母、数字、下划线、空格和汉字

B. 文件名最长可达 255 个字符，包括路径信息

C. 文件名可以使用“/”作为有效字符

D. 文件名在 Windows 操作系统中通常不区分大小写

2. 文件扩展名（　　）代表的文件类型，既支持音频又支持视频。

A. WAV　　B. MP3

C. WMA　　D. WMV

3. （　　）是 Microsoft PowerPoint 2007 及以后版本的新格式。

A. DOC　　B. XLSX

C. PPTX　　D. PDF

4. 下列常用文件与扩展名的对应情况，错误的是（　　）。

A. HTML：网页　　B. RAR：压缩包

C. RM：视频文件　　D. TXT：Word

5. 文件扩展名（　　）不属于图形设计范畴。

A. PSD　　B. BMP

C. PNG　　D. GIF

6. 下列选项中，不属于图像文件格式的是（　　）。

A. EXE 格式　　B. JPG 格式

C. GIF 格式　　D. BMP 格式

7. 下列选项中，属于视频文件格式的是（　　）。

A. MOV 格式　　B. MP3 格式

C. MID 格式　　D. JPG 格式

8. 下列选项中，属于音频文件格式的是（　　）。

A. EXE 格式　　B. JPG 格式

C. MP3 格式　　D. BMP 格式

9. 下列选项中，（　　）是正确的 PowerPoint 演示文稿文件名。

A. 作业 . tpp　　B. zuoye. ptt

C. * 作业 * . ppt　　D. zuoye. ppt

10. 下列选项中，Windows 文件名不正确的是（　　）。

A. X＋Y　　B. X * Y

C. X÷Y　　D. X－Y

11. 操作系统中的文件管理系统为用户提供的功能是（　　）。

A. 按文件作者存取文件　　B. 按文件名管理文件

C. 按文件创建日期存取文件　　D. 按文件大小存取文件

12. 一般情况下，我们共享一个文件夹的时候，赋予其（　　）权限。

A. 更改　　B. 读写

C. 完全控制　　D. 只读

13. 为了表示某个文件的存放位置，经常将盘符、各级文件夹名称、文件名和扩展名之间用（　　）隔开。

A. 、　　B. /

C. \　　D. ：

14. 在 Windows 系统中，下列文件名正确的是（　　）。

A. My * Music * . wav　　B. question?. doc

C. :B:txt　　D. A_B. ppt

15. 一个文件路径名为“C:\groupa\text1\293. txt”，其中“text1”是一个（　　）。

A. 文件夹　　B. 根文件夹

C. 文件　　D. 文本文件

16. 如果允许不同用户的文件具有相同的文件名，则可采用（　　）来保证按名存取的安全。

A. 重名翻译机构　　B. 建立索引表

C. 建立指针　　D. 多级目录结构

17. 在 Windows 资源管理器中，如果使用拖放操作将一个文件移到同一磁盘的其他文件夹中，这时（　　）。

A. 要按住 Shift 键一起操作　　B. 要按住 Alt 键一起操作

C. 要按住 Ctrl 键一起操作　　D. 无须按住任何键进行操作

18. 设置文件夹共享属性时，可以选择的三种访问类型为完全控制、更改和（　　）。

A. 共享　　B. 读取

C. 不完全　　D. 删除

19. 下列选项中，以（　　）为扩展名的文件在内存中以 ASCII 码和汉字机内码出现。

A. EXE　　B. TXT

C. COM　　D. DOC

20. 下列有关 Windows 操作系统文件的说法，错误的是（　　）。

A. 同一文件夹中允许有不同名但内容相同的文件

B. 同一文件夹中允许有不同名且不同内容的文件

C. 同一文件夹中允许有同名的文件

D. 不同文件夹中允许出现同名的文件

21. 选中文件后，打开文件属性对话框的组合键是（　　）。

A. Ctrl＋O　　B. Shift＋O

C. Alt＋Enter　　D. Ctrl＋F6

22. 确定一个文件的存放位置的是（　　）。

A. 文件名称　　B. 文件属性

C. 文件扩展名　　D. 文件路径

23. 下列关于文件夹和文件的叙述，正确的是（　　）。

A. 文件的扩展名代表了文件类型，是无法修改的

B. 文件夹命名区分字母大小写

C. 文件的扩展名不可以省略

D. 文件扩展名主要是用于体现文件权限

24. 下列选项中，在 Windows 系统中可能导致文件访问错误的是（　　）。

A. 尝试在 C 盘根目录下创建两个名为“Document. txt”的文件（不同大小写）

B. 在一个文件夹中创建名为“CON. TXT”的文件

C. 使用绝对路径“C:\Users\Username\Documents\file. txt”访问文件

D. 尝试在文件名中使用符号“#”

25. 关于 Windows 7 操作系统中的文件组织结构，下列说法错误的是（　　）。

A. 每个“子文件夹”都有一个“父文件夹”

B. 每个文件夹都可包含若干个“子文件夹”和文件

C. 每个文件夹都有唯一的名字

D. 文件夹一定不能重名

26. 如果允许其他用户通过“网上邻居”来读取某一共享文件夹中的信息，但不能对该文件夹中的文件做任何修改，则应将该文件夹的共享属性设置为（　　）。

A. 隐藏　　B. 完全

C. 只读　　D. 系统

27. 下列对文件（文件夹）的操作，正确的是（　　）。

A. 可以使用右键拖动对象至目标位置，然后在弹出的快捷菜单中选择“复制到当前位置”

B. 用左键拖动文件至目标位置，可以复制文件

C. 可以执行“发送到 U 盘”，将文件移动到 U 盘

D. 按住 Shift 键拖动文件至目标位置，可进行复制

28. 加密完成后，会发现加密的文件或文件夹名以（　　）显示。

A. 黄色　　B. 蓝色

C. 绿色　　D. 红色

29. 在局域网中，用户共享文件夹时，以下说法不正确的是（　　）。

A. 能读取文件夹中的文件　　B. 可以复制文件夹中的文件

C. 在某些情况下可以更改文件夹中的文件　　D. 不能读取文件夹中的文件

30. 在 Windows 操作系统中，一个文件的属性显示为“只读”和“隐藏”。关于这个文件，下列说法正确的是（　　）。

A. 用户可以修改该文件的内容，但文件不会在资源管理器中显示，除非用户在资源管理器中勾选了“隐藏的项目”

B. 用户不能修改该文件的内容，但文件可以在资源管理器中正常显示，无须特殊设置

C. 用户不能修改该文件的内容，且文件不会在资源管理器中显示，除非用户更改这两个属性

D. 用户可以修改该文件的内容，但文件需要管理员权限才能在资源管理器中显示

模块测试

1. 组成计算机硬件的五大基本部分中不包括（　　）。

A. 运算器　　B. 存储器

C. 输入与输出设备　　D. 并行控制器

2. 组成计算机系统的两大部分是（　　）。

A. 系统软件和应用软件　　B. 主机和外部设备

C. 硬件系统和软件系统　　D. 输入设备和输出设备

3. 组成计算机硬件系统的基本部分是（　　）。

A. CPU、键盘和显示器　　B. 主机和输入/输出设备

C. CPU 和输入/输出设备　　D. CPU、硬盘、键盘和显示器

4. 组成计算机主机的主要是（　　）。

A. 运算器和控制器　　B. 运算器和外设

C. 中央处理器和主存储器　　D. 运算器和存储器

5. 不属于数字音频格式的是（　　）。

A. MID 格式　　B. CD 格式

C. WAV 格式　　D. AVI 格式

6. 操作系统进行资源分配的基本单位是（　　）。

A. 任务　　B. 程序

C. 进程　　D. 线程

7. 操作系统是一种（　　）。

A. 系统软件　　B. 应用软件

C. 工具软件　　D. 调试软件

8. 下列选项中，（　　）是对操作系统功能的正确描述。

A. 操作系统主要负责管理硬盘的读写速度

B. 操作系统中的设备管理只包括设备分配

C. 操作系统通过文件管理来组织、存储和保护用户数据

D. 图形界面接口是操作系统与硬件之间的直接通信方式

9. 常见的音频文件格式有（　　）。

A. RM　　B. MP3

C. AVI　　D. DOC

10. 现在手机上使用的主流操作系统不包括（　　）。

A. iOS　　B. 安卓

C. HarmonyOS　　D. Red Hat

11. 冯·诺依曼计算机的基本原理是存储（　　）。

A. 信息　　B. 程序

C. 二进制代码　　D. 图形

12. 构成计算机物理实体的部件被称为（　　）。

A. 计算机系统　　B. 计算机硬件

C. 计算机软件　　D. 计算机程序

13. 下列关于使用触摸屏的说法，不正确的是（　　）。

A. 可以进行所有输入操作　　B. 操作简单

C. 交互性好　　D. 用手指操作直观

14. 扩展名为 ASF 的文件的类型是（　　）。

A. 流媒体文件　　B. 文本文档

C. Word 文档　　D. 程序文件

15. 下列选项中，（　　）组件不属于系统软件。

A. 操作系统　　B. 办公软件

C. 数据库管理系统　　D. 语言处理系统

16. 下列选项中，（　　）直接负责操作系统中进程的创建、调度和终止，以确保每个进程都能有效使用 CPU 资源。

A. 存储器管理　　B. 设备管理

C. 处理器管理　　D. 文件管理

17. （　　）属于一种系统软件，缺少它，计算机就无法工作。

A. 汉字系统　　B. 操作系统

C. 编译程序　　D. 文字处理系统

18. 下列选项中，（ ）不属于移动端操作系统，而是主要应用于个人计算机（PC）领域。

A. Android　　B. iOS

C. Windows 操作系统　　D. HarmonyOS（鸿蒙）

19. 不同的图像文件格式往往具有不同的特性。有一种格式的图像颜色丰富，数据量不大，可以实现有损压缩和无损压缩，一般对图像质量要求高的静态图片都使用这种格式。这种图像文件格式是（ ）。

A. TIF　　B. GIF

C. BMP　　D. JPEG

20. 不同的图像文件格式往往具有不同的特性。有一种图像文件的格式具有颜色数目不多、数据量不大、支持透明背景和动画效果、适合在网页上使用等特性。这种图像文件格式是（ ）。

A. TIF　　B. GIF

C. BMP　　D. JPEG

21. 操作系统将 CPU 的时间资源划分成极短的时间片，轮流分配给各终端用户，使终端用户有独占计算机的感觉，这种操作系统称为（ ）。

A. 实时操作系统　　B. 批处理系统

C. 分时操作系统　　D. 分布式操作系统

22. 操作系统是（ ）。

A. 系统软件与应用软件的接口　　B. 主机与外设的接口

C. 高级语言与低级语言的接口　　D. 计算机与用户的接口

23. 操作系统是对（ ）进行管理的软件。

A. 硬件　　B. 软件

C. 计算机资源　　D. 应用程序

24. 操作系统管理用户数据的单位是（ ）。

A. 扇区　　B. 文件

C. 磁道　　D. 文件夹

25. 操作系统通过（ ）来组织和管理外存中的信息。

A. 语言翻译程序　　B. 文件目录和目录项

C. 设备驱动程序　　D. 文字处理程序

26. 以下关于进程、线程和作业的描述中，不正确的是（ ）。

A. 进程是系统进行资源分配和调度的基本单位

B. 线程是进程中的一个执行单位，拥有自己的栈和程序计数器

C. 作业是用户要求计算机系统完成的一次性任务，一个作业只能运行一个进程

D. 进程的状态包括就绪状态、阻塞状态和执行状态，这些状态之间可以相互转换

27. 下列哪一个选项不是微软公司开发的操作系统？（ ）

A. Windows Server 2003　　B. Windows 7

C. Linux　　D. Windows Vista

28. 下列哪一个操作系统不能用于笔记本电脑？（ ）

A. Linux　　B. Windows 8

C. Windows 10　　D. Android

29. 操作系统核心部分的主要特点是（　　）。

A. 一个程序模块　　B. 常驻内存

C. 有头有尾的程序　　D. 串行执行

30. 操作系统具有存储器管理功能，当内存不够用时，其存储管理程序可以自动"扩充"内存，为用户提供一个容量比实际内存大得多的（　　）。

A. 高速缓冲存储器　　B. 脱机缓冲存储器

C. 虚拟存储器　　D. 三级存储器

31. 下面的图形图像文件格式中，（　　）可实现动画。

A. WMF 格式　　B. GIF 格式

C. BMP 格式　　D. JPG 格式

32. 在 Windows 系统中，下面关于文件夹的描述，不正确的是（　　）。

A. 文件夹是用来组织和管理文件的　　B. "我的电脑"是一个文件夹

C. 文件夹中可以存放子文件夹　　D. 文件夹中不可以存放设备驱动程序

33. 现代操作系统的两个基本特征是（　　）和资源共享。

A. 多道程序设计　　B. 中断处理

C. 程序的并发执行　　D. 实现分时与实时处理

34. 在 Windows 7 资源管理器中选定了文件或文件夹后，若要将它们移动到不同驱动器的文件夹中，操作为（　　）。

A. 按下 Ctrl 键拖动鼠标　　B. 按下 Shift 键拖动鼠标

C. 直接拖动鼠标　　D. 按下 Alt 键拖动鼠标

35. 在 Windows 系统中，要查找文件名以"A"字母打头的所有文件，应在查找名称框输入（　　）。

A. A　　B. A*

C. A?　　D. A#

36. 下列关于操作系统任务管理的说法，错误的是（　　）。

A. Windows 操作系统支持多任务处理

B. 分时是指将 CPU 时间划分成时间片，轮流为多个程序服务

C. 并行处理可以让多个处理器同时工作，提高计算机系统的效率

D. 分时处理要求计算机必须配有多个 CPU

37. 下面关于操作系统的叙述，正确的是（　　）。

A. 现代操作系统都支持多个任务同时运行，是因为使用了多核 CPU

B. 操作系统对信息的组织与管理是以文件为单位的，所以为了保持文件的独立性，外存上所有的文件名都不能重复

C. 现代操作系统中，进程是分配资源的基本单位，线程是独立运行和独立调度的基本单位

D. 操作系统的存储管理功能是对存储空间的管理，指对主存、虚拟内存以及外存的管理

38. 下面关于操作系统的叙述，不正确的一项是（　　）。

A. 操作系统是管理和控制计算机所有资源（硬件与软件）的计算机程序，是直接运行在“裸机”上的最基本的系统软件

B. 操作系统的存储管理模块，主要负责管理内存资源，包括主存（物理内存）和通过虚拟内存技术管理的部分存储空间，但不直接管理外存（如硬盘）的文件系统结构

C. 操作系统的进程管理模块主要是对处理器执行“时间”的管理，即将 CPU 时间合理分配给每个进程

D. 文件管理是操作系统的一个重要组成部分，它主要负责文件的逻辑组织和物理存储，以及目录结构的组织和管理，通常直接称为“信息管理”

39. 以下关于操作系统中多任务处理的叙述，错误的是（　　）。

A. 将 CPU 时间划分成许多小片，轮流为多个程序服务，这些小片称为时间片

B. 由于 CPU 是计算机系统中最宝贵的硬件资源，为提高 CPU 的利用率，一般采用多任务处理

C. 正在 CPU 中运行的程序称为前台任务，处于等待状态的任务称为后台任务

D. 在单 CPU 环境下，多个程序在计算机中同时运行时，意味着它们宏观上同时运行，微观上由 CPU 轮流执行

40. 在一个假设的文件管理系统中，文件 budget. xlsx 具有一系列属性，其中包括对三个不同用户群体的访问权限：文件所有者（O）、工作组成员（G）和公众（P）。当前，该文件的权限设置为允许文件所有者进行读写操作，工作组成员只能读取文件，而公众则没有任何访问权限。如果希望修改这些权限，使得工作组成员也能编辑文件，但保持其他用户群体的权限不变，应该如何进行权限设置？（　　）

A. 移除所有者的写权限，给工作组成员添加写权限

B. 给工作组成员添加写权限，同时保留所有者的读写权限

C. 移除公众的所有权限，然后给工作组成员添加写权限

D. 移除所有者和工作组成员的权限，然后重新设置所有者的读写权限和工作组成员的写权限

模块 4　计算机软件与程序设计

模块概述

计算机软件技术持续革新，逐渐融入日常生活各领域。掌握编程精髓与工程思维，不仅能筑牢计算机科学学习之基，更能解锁探索未来的无限潜力。

考纲解读

了解当代计算机软件和程序设计的概念，掌握程序设计方法及程序设计语言，了解软件开发过程，掌握常用软件的使用方法。

模块导图

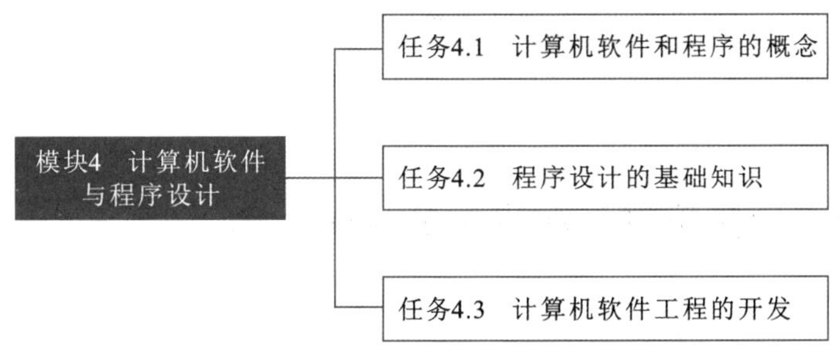

任务 4.1　计算机软件和程序的概念

任务描述

了解计算机软件的基本概念、发展以及常用的应用软件。

知识图谱

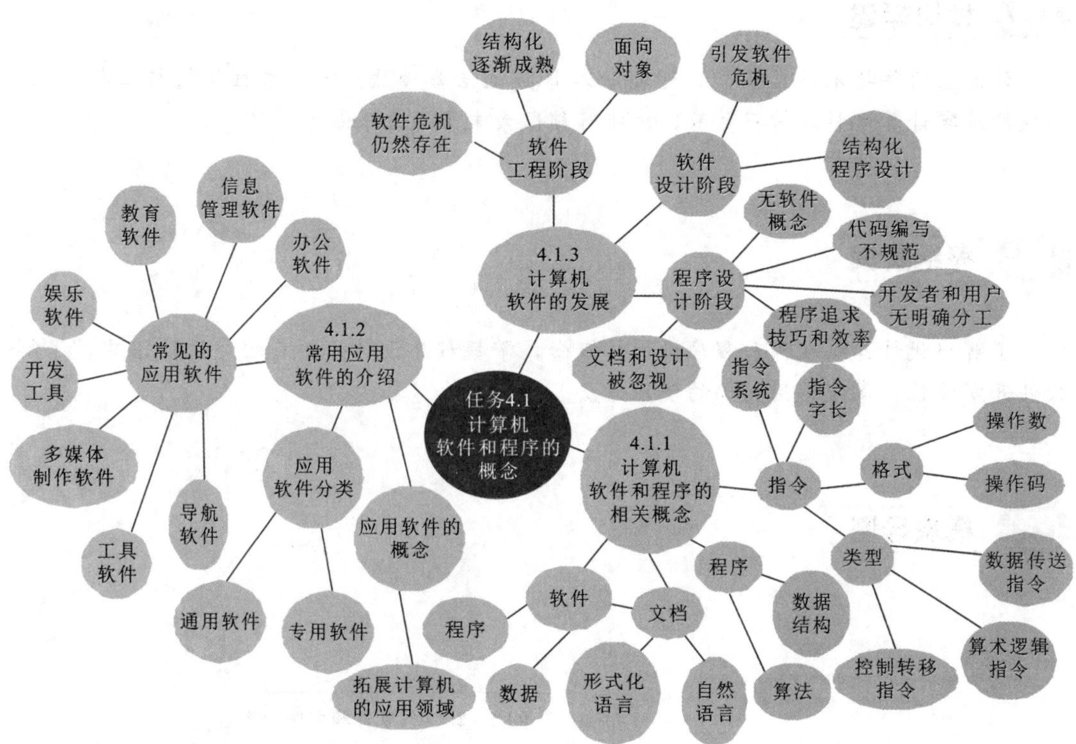

4.1.1　计算机软件和程序的相关概念

1. 软件

软件是计算机系统中程序、数据及相关文档的集合，由一系列有序组织的计算机指令和数据构成。

2. 程序

程序是对计算机任务处理对象和规则的描述，是为了得到某种结果而可以由计算机等具有信息处理能力的装置执行的代码化指令序列。程序是计算机最基本的概念，由计算机最基本的指令组成。程序可以看作是数据结构和算法的结合，即“程序＝数据结构＋算法”。同一计算机的源程序和目标程序虽然形式不同，但本质上是同一作品的两种表示形式。程序是软件的本体，软件的质量主要通过程序的质量来体现。

3. 文档

文档是了解程序所需要的说明性资料，如用户指南、设计文档、开发手册等。这些文档使用自然语言或形式化语言编写，用于描述程序的内容、组成、功能、规格、开发情况、测试结构和使用方法。

4. 指令

指令是计算机执行特定操作的命令，是程序执行的最小语言单位，是计算机所能直接识别执行的二进制代码系列。一条指令就是机器语言的一个语句。

（1）指令的类型：计算机指令的类型通常是按功能划分的，如数据传送指令、算术逻辑指令、控制转移指令等。

（2）指令的格式：通常由操作码（operation code）和操作数（operand）两部分组成。

操作码：说明该指令操作的性质及功能，即告诉计算机执行何种操作，如加法、减法、数据传送等。其长度主要取决于指令系统中的指令条数。

操作数（也称地址码）：操作码指令所作用的对象，指明操作对象的内容或所在的存储单元地址。

（3）指令字长：一条指令中包含二进制代码的位数，取决于操作码的长度、操作数的地址的长度和操作数地址的个数。指令的长度通常为存储器字长的整数倍。操作码与操作数的格式如图 4-1-1 所示。

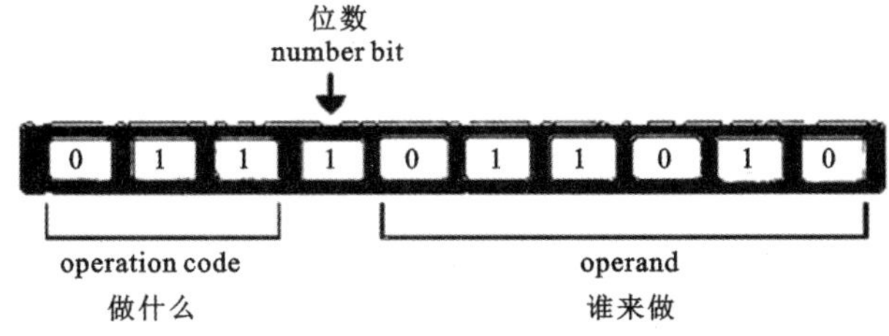

图 4-1-1 指令的格式

（4）指令系统：机器所能执行的全部指令的集合。指令系统没有通用性，不同型号的计算机有不同的指令系统。一个完善的指令系统应当具有完备性、有效性、规整性和兼容性。

例题解析

例 1 下列关于计算机指令、程序、软件等概念的叙述，有错误的是（　　）。

A. 计算机指令就是指挥机器工作的指示和命令

B. 计算机程序是若干指令或语句的序列

C. CPU 类型不同的计算机指令是不同的

D. 计算机软件就是程序

例 2 操作码的长度主要取决于（　　）。

A. 指令系统中的指令条数　　B. 指令的执行时间

C. 操作数的数据类型　　D. 存储器的容量

例 3 为解决某一特定的问题而设计的指令序列称为（　　）。

A. 文档　　B. 语言

C. 系统　　D. 程序

答案：D；A；D

知识点对接：软件、程序、指令、指令系统的基本概念。

解析：例 1 中，指令是计算机进行操作的依据，是编写程序的“词汇”，A 正确；计算机程序是一组计算机能识别和执行的指令，按一定的逻辑顺序排列，B 正确；不同的 CPU 架构有不同的指令集，C 正确；计算机软件不仅仅包括程序，还包括数据和相关的文档，程序只是软件的一部分，D 错误。故本题选 D。例 2 中，操作码是指令中用于指明要执行的操作的那部分代码，其长度主要取决于指令系统中的指令条数。指令的执行时间主要由 CPU 的硬件性能决定，与操作码的长度无直接关系。操作码的长度与操作数的数据类型无关，与存储器的容量也无关，故本题选 A。例 3 中，程序其实就是指令和数据的集合，是解决相关问题的指令及相关数据的集合，所以本题选 D。

4.1.2　常用应用软件的介绍

1. 应用软件的概念

应用软件是指为了解决特定领域的问题而开发的软件，通常以单一可执行文件或程序的形式存在。

2. 常见的应用软件

(1) 办公软件：如 Word、WPS、Excel、PowerPoint 等，用于文档编辑、数据处理等。

（2）信息管理软件：用于输入、存储、修改、检索各种信息，如人事管理软件、仓库管理软件等。

（3）教育软件：如计算机模拟软件、试题库软件等，用于辅助教育教学。

（4）娱乐软件：包括游戏软件、社交软件、音乐软件（如酷狗音乐）等，用于提供休闲娱乐功能。

（5）多媒体制作软件：如 Photoshop（图像处理）、Audition（音频处理）、Flash（二维动画制作）、Director（多媒体项目的集成开发）、Acrobat（阅读和编辑 pdf 格式文档）等。

（6）工具软件：主要有压缩工具软件（如 WinZip、WinRAR）等，提供文件压缩、解压等功能。

（7）开发工具：如 Python、C＋＋等编程语言及其开发环境，用于软件开发。

（8）导航软件：如高德地图等，提供地理位置导航服务。

3. 应用软件分类

此外，软件还可以根据功能或用途进一步细分为财会软件、浏览器软件等；根据服务方式，软件可分为在线软件、离线软件、嵌入式软件；而根据服务对象，软件则可分为通用软件和专用软件。

（1）通用软件：具有广泛适用性，如文字处理软件、绘图软件、个人信息管理软件等，通常易于学习和使用。

（2）专用软件：针对特定行业或领域而设计，如酒店客户管理系统、医院挂号计费系统等，用于满足特定需求。

以上分类方式有助于我们更清晰地理解和使用各类应用软件。

例题解析

例 1　计算机安装软件之前，要确保（　　）。

A. 应用软件与操作系统兼容　　B. 应用软件包含制造商的保修承诺

C. 安装了最新版本的操作系统　　D. 操作系统已自动扫描了磁盘上的错误

例 2　下列软件中，属于应用软件的是（　　）。

A. 财务管理系统　　B. DOS

C. Windows 7　　D. 数据库管理系统

例 3　下列不属于文字处理软件的是（　　）。

A. Word　　B. WPS

C. AutoCAD　　D. Acrobat

答案： A；A；C

知识点对接： 软件与应用软件的认识。

解析：例 1 中，安装软件前先安装操作系统，且两者要兼容。制造商的保修承诺与软件的安装过程无直接关系。最新版本的操作系统并不是安装软件的必要条件，用户不升级到最新版本也可以安装和运行软件。扫描磁盘是维护系统的步骤，与软件安装无直接关系。故选 A。例 2 中，DOS 是一种早期的操作系统，是单用户、单任务的操作系统；Windows 7 是微软公司开发的一款操作系统，支持多用户、多任务操作；数据库管理系统是一种用于存储、检索、定义和管理大量数据的软件系统，它是系统软件的重要组成部分。故选 A。例 3 中，Word 是微软公司推出的一个文字处理器应用程序。WPS 是北京金山办公软件股份有限公司研发的一款办公软件，包含文字处理软件。AutoCAD 是 Autodesk 公司开发的一款自动计算机辅助设计软件，而非文字处理软件，主要用于工程设计领域。Acrobat 是 Adobe 公司开发的一款 pdf 文档阅读和编辑软件，它提供了一些基本的文本编辑功能，在某种程度上也被视为与文字处理相关的软件。故选 C。

4.1.3 计算机软件的发展

计算机软件的发展离不开先驱者们的贡献，其中格蕾丝·赫柏（Grace Hopper）以其对关键软件技术的发明和对 COBOL 等通用商业编程语言的重要推动，被誉为“计算机软件工程第一夫人”。她的研究成果至今仍在日常生活中被广泛应用。

计算机软件是由计算机程序和程序设计的概念演化而来的，经历了程序设计阶段、软件设计阶段和软件工程阶段这三个阶段。

1. 程序设计阶段（1946—1955 年）

这个阶段的特点：尚未形成明确的“软件”概念；代码编写不规范，导致程序难以理解和维护；开发者和用户之间没有明确分工；程序设计主要追求编程技巧和程序运行效率；程序设计主要用于科学计算，文档和设计的重要性被忽视。

2. 软件设计阶段（也称程序系统时代，1956—1970 年）

这个阶段的特点：高级编程语言的出现促进了软件开发；出现了作坊式小团队（软件作坊）的开发组织形式，开发者和应用者分工明确；提出了结构化程序设计方法，但软件复杂性增加，需求不断变化；软件开发方法和项目管理技术未能跟上需求，导致软件产品质量不高，可维护性差，维护成本急剧增加，从而引发了“软件危机”。

3. 软件工程阶段（1971 年至今）

软件工程学科的诞生标志着软件开发进入了一个新阶段：结构化和面向对象的方法逐渐成熟，软件开发技术取得显著进步，数据库、开发工具、开发环境、网络、分布式等技术的运用丰富了软件开发手段。尽管技术进步了，但软件价格不断上升，软件危机问题仍未完全解决。此阶段，数据库技术成熟并广泛应用，第三代、第四代编程语言相

继出现，结构化程序设计方法在数值计算领域取得优异成绩，同时软件测试技术、需求定义技术等也应用于软件生产过程，硬件方面则向巨型化、微型化、网络化、智能化四个方向发展。

例题解析

例 1　在第三代计算机期间出现了（　　）。

A. 面向对象的程序设计方法　　B. 可视化程序设计方法

C. 结构化程序设计方法　　D. 非结构化程序设计方法

例 2　计算机软件发展过程中，第一代软件诞生于（　　）年。

A. 1946—1953　　B. 1954—1964

C. 1965—1970　　D. 1971—1989

例 3　在软件方面，第一代计算机主要使用（　　）。

A. 数据库管理系统　　B. BASIC 和 FORTRAN

C. 机器语言和汇编语言　　D. 高级程序设计语言

答案： C；A；C

知识点对接： 计算机软件发展的三个阶段及每个阶段的特点。

解析： 例 1 中，选项 A 是更晚的计算机和软件技术发展的产物，选项 B 在较后的软件开发阶段出现。在第三代计算机期间，随着软件工程的发展，结构化程序设计方法逐渐成为主流，它强调程序的模块化、结构化和可维护性，故选项 C 正确。选项 D 中的非结构化程序设计方法在现代软件工程中并不被推荐。例 2 中，第一代软件诞生于计算机发展的初期，即 1946 年至 1953 年，故选项 A 正确。选项 B 中的时间段更接近第二代计算机，选项 C 中的时间段接近第三代计算机，选项 D 中的时间段则涵盖了第四代及后续计算机的发展阶段。例 3 中，第一代计算机由于受硬件性能的限制和成本高昂，主要使用机器语言和汇编语言进行编程。这两种语言直接与计算机的硬件交互，执行效率高但编程难度大，故 C 选项是正确的。A 选项中，数据库管理系统并不是第一代计算机的主要软件；B 选项中的 BASIC 和 FORTRAN 都是高级程序设计语言，它们出现在计算机发展的较后阶段；D 选项中的高级程序设计语言虽然在现代软件开发中占据主导地位，但并非第一代计算机的主要使用语言。

同步训练

1. 下列关于指令系统的叙述，正确的是（　　）。

A. CPU 所能执行的全部指令称为该 CPU 的指令系统

B. 用于解决某一问题的指令序列称为指令系统

C. 不同公司生产的 CPU 的指令系统完全不兼容

D. 同一公司生产的 CPU 的指令系统向上兼容

2. 计算机存储单元中存储的内容（　　）。

A. 只能是程序　　B. 只能是数据

C. 可以是数据和指令　　D. 只能是指令

3. 软件是由（　　）构成的。

A. 文档和文字　　B. 指令和数据

C. 系统和程序　　D. 程序、数据和文档

4. 一条计算机指令中规定其执行功能的部分称为（　　）。

A. 操作码　　B. 操作数

C. 地址码　　D. 命令

5. 下列选项中，属于应用软件的是（　　）。

A. 操作系统　　B. DOS

C. WPS　　D. Windows

6. 高级语言（　　）。

A. 出现在程序设计阶段　　B. 出现在软件设计阶段

C. 出现在软件工程阶段　　D. 从一开始就有

7. 开发软件所需的高成本和产品的低质量之间有着尖锐的矛盾，这种现象称为（　　）。

A. 软件工程　　B. 软件周期

C. 软件危机　　D. 软件产生

8. 以下选项中，（　　）属于软件开发中常用的版本控制工具，用来跟踪和管理代码更改。

A. Photoshop　　B. Git

C. Excel　　D. Microsoft PowerPoint

9. 程序设计阶段（1946—1955 年）的特点是（　　）。

A. 没有软件的概念　　B. 代码不规范

C. 不易维护，也不易读　　D. 以上都是

10. （　　）是导致“软件危机”的主要原因。

A. 软件价格不断上升　　B. 软件质量不高

C. 软件维护成本高昂　　D. 以上都是

11. 下列关于计算机指令系统的描述，正确的是（　　）。

A. 指令必须由操作码和操作数组成

B. 指令的操作数部分可能是操作数，也可能是存放操作数的内存单元地址

C. 指令的操作数部分是不可缺少的

D. 指令的操作码部分描述了完成指令所需要的操作数类型

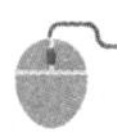

12. 下列关于计算机指令的说法，正确的是（　　）。

A. 计算机系统中指令的长度与计算机的机器字长是一致的

B. 计算机系统中所有的指令都具有操作数和操作码

C. 计算机系统中指令是由地址码、操作码、校验码三部分组成的

D. 计算机指令可以直接出现在程序中

13. 下列选项中，与计算机指令的长度无关的是（　　）。

A. 操作码　　B. 操作数地址的个数

C. CPU 的字长　　D. 操作数的有无

14. 下列选项中，属于图像软件的是（　　）。

A. Word　　B. WPS

C. AutoCAD　　D. Acrobat

15. 下列关于计算机软件的叙述，错误的是（　　）。

A. 为了解决软件危机，人们提出了用工程方法开发软件的思想

B. 操作系统产生于计算机硬件之前

C. 数据库软件技术、软件工具环境技术都属于计算机软件技术

D. 设计和编制程序的工作方式由个体发展到合作方式，再发展到现在的工程方式

16. CPU 的指令系统又称为（　　）。

A. 汇编语言　　B. 机器语言

C. 符号语言　　D. 面向过程的程序设计语言

17. 下列关于计算机软件发展的说法，正确的是（　　）。

A. 高级语言出现在计算机软件发展的中期

B. 软件危机出现是因为计算机硬件发展严重滞后

C. 利用软件工程理念与方法可以制作出高效高质的软件

D. 软件发展可分成机器语言阶段和高级语言阶段

18. 下列关于计算机指令中的操作码和操作数的描述，正确的是（　　）。

A. 操作码指明了要执行的操作类型，而操作数是该操作所针对的数据或数据的地址

B. 操作数总是位于指令的第一个字节，用于指明要执行的操作类型

C. 操作码和操作数都是可变的，可以根据需要进行修改

D. 操作码是指令中可以缺少的部分

19. 计算机软件发展的第一个阶段是（　　）。

A. 软件工程阶段　　B. 程序设计阶段

C. 软件设计阶段　　D. 人工智能阶段

20. 下列说法错误的是（　　）。

A. 简单来说，指令就是给计算机下达的一道命令

B. 指令系统有一个统一的标准，所有的计算机指令系统都相同

C. 指令是一组二进制代码，规定计算机执行程序的操作

D. 为解决某一问题而设计的一系列指令就是程序

21. 下列选项中，属于开发工具的是（　　）。

A. Word　　B. Photoshop

C. Python　　D. Excel

22. 下列选项中，不是指令系统的特点的是（　　）。

A. 指令系统具有通用性

B. 指令系统包含机器所能执行的全部指令

C. CPU 类型不同的计算机有不同的指令系统

D. 指令系统决定了计算机的基本功能

23. 结构化程序设计方法的核心思想是（　　）。

A. 使用高级语言编程　　B. 自顶向下、逐步求精

C. 重视编程技巧　　D. 追求程序运行效率

24. 下列选项中，主要用于文档的编辑和处理的是（　　）。

A. Photoshop　　B. PowerPoint

C. Excel　　D. Flash

25. 下列选项中，不属于多媒体制作类软件的是（　　）。

A. Audition　　B. Flash

C. Director　　D. Word

26. 指令寄存器的位数取决于（　　）。

A. 存储器的容量　　B. 指令字长

C. 数据总线的宽度　　D. 地址总线的宽度

27. 下列选项中，属于信息管理软件的是（　　）。

A. 酷狗音乐　　B. PowerPoint

C. Excel　　D. 人事管理软件

28. 下列关于计算机程序的描述，错误的是（　　）。

A. 程序是按照顺序组织的计算机指令和数据的集合

B. 程序是为了得到某种结果而设计的

C. 程序可以直接在硬件上运行

D. 程序需要被编译或解释后才能执行

29. 下列选项中，（　　）不属于计算机软件系统的组成部分。

A. 系统软件　　B. 应用软件

C. 支撑软件　　D. 固件

30. 下列不是软件本质的是（　　）。

A. 程序集　　B. 数字化资源

C. 标准化资源　　D. 功能实现

任务 4.2　程序设计的基础知识

任务描述

了解程序设计的基本概念和分类，了解程序设计语言的发展。

知识图谱

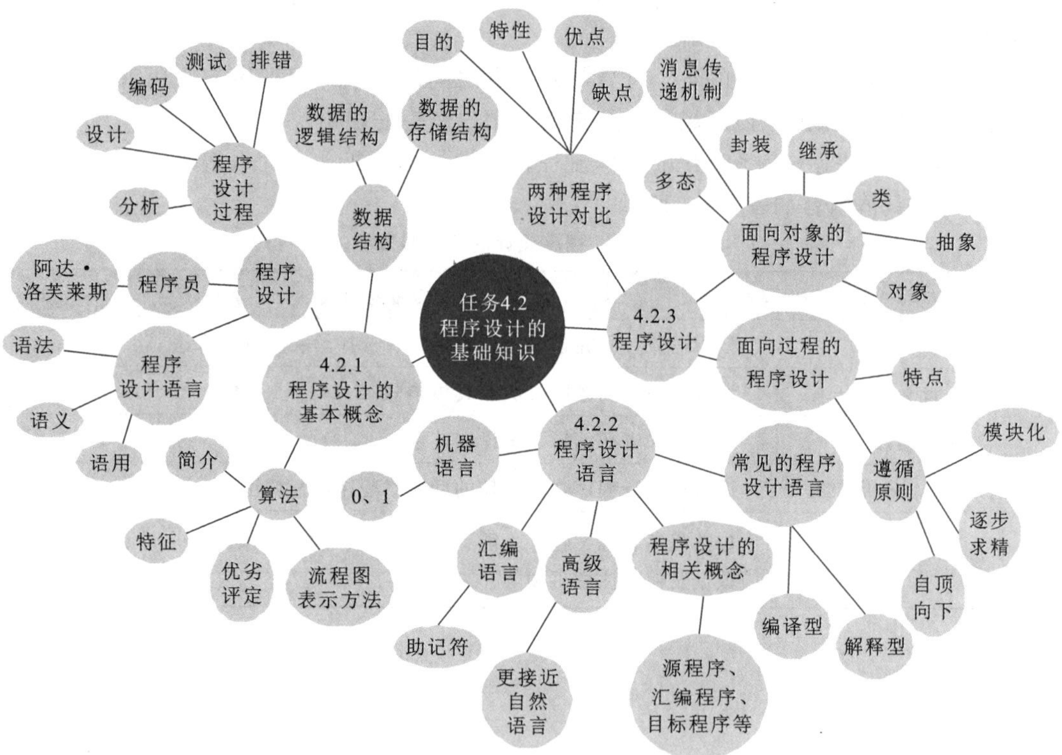

4.2.1　程序设计的基本概念

1. 程序设计

程序设计是制定解决方案以解决特定问题的过程，这一过程通常以某种程序设计语言为工具。

（1）程序员。

专业的程序设计人员被称为程序员。世界上公认的第一位程序员是阿达·洛芙莱斯（Ada Lovelace），她不仅是英国著名的数学家，还是计算机程序的先驱。为了纪念她对现代计算机科学与软件工程的杰出贡献，国际计算机界将一种重要的程序设计语言命名为“Ada”。

（2）程序设计语言。

书写计算机程序的语言是程序设计语言，了解程序设计语言的特性，对提高软件开发效率有很大帮助。

程序设计语言包含语法、语义、语用三个方面。

语法：由程序语言的基本符号组成程序中的各个语法成分（包括程序）的一组规则。

语义：涉及程序语言中按语法规则构成的各个语法成分的含义。它可分为静态语义和动态语义。

语用：描述了构成语言的各个符号与使用者之间的关系，即程序与使用者的交互方式。它涉及符号的来源、使用场景以及它们对用户产生的影响。

程序设计过程是一个系统化的工作流程，通常包括分析、设计、编码、测试和排错（调试）等。具体内容如表 4-2-1 所示。

表 4-2-1　程序设计的基本步骤

步骤	具体内容
分析问题	分析任务，研究条件，找出规律，选择解决问题的方法
设计算法	设计出解决问题的方法及具体步骤
编写程序	对源程序进行编辑、编译和连接
运行程序，分析结果	运行可执行程序，不合理的话要对程序进行调试
编写程序文档	包括程序名称、程序功能、运行环境、程序的装入和启动、需要输入的数据及使用注意事项等

2. 算法

（1）算法简介。

在编程界，尼古拉斯·沃斯（Niklaus Wirth，被称为“Pascal 之父”）的名言“算法+数据结构=程序”广为流传。这句话深刻地揭示了算法在程序设计中的核心地位。算法与数据结构紧密相连，互为支撑。数据结构为算法提供了必要的数据表示和组织方式，而算法则定义了如何有效地操作这些数据以解决问题。逻辑数据结构关注的是数据元素之间的逻辑关系，如集合、列表、树、图等，它们不依赖于具体的存储方式；而存储数据结构则关注数据如何在计算机的物理内存中有效地存储和访问，如数组、链表、栈、队列等。

（2）算法的特征。

一个算法应该具有以下五个重要的特征。

有穷性：确保算法在执行有限步骤后能够停止，这是算法能够实际应用于计算机系统的基本要求。

确定性：算法的每一步都必须有明确的含义。

输入项：算法可以没有输入（如计算常数），也可以有多个输入，以提供算法处理的数据或初始条件。

输出项：算法必须至少有一个输出，以反映算法对输入数据的处理结果。

可行性：算法中的每个步骤都必须是可执行的，且能在有限时间内完成，这要求算法的设计考虑到实际计算环境的限制。

同一问题可用不同的算法解决，复杂性是评价算法的一个重要依据。

(3) 算法优劣的评定。

算法优劣的评定指标如下。

时间复杂度：指执行算法所需要的计算工作量。

空间复杂度：指算法需要消耗的内存空间。

正确性：这是评价一个算法优劣的最重要的标准。

可读性：指一个算法可供人们阅读的容易程度。

健壮性：指一个算法对不合理数据输入的反应能力和处理能力，也称为容错性。

(4) 算法的流程图表示方法。

流程图通过图形符号来表示算法中的操作、数据流向等，是一种直观易懂的表示方法。它的优点是形象直观，各种操作一目了然，不会产生歧义，算法出错时容易发现，并可以直接转化为程序。流程图的部分符号见表 4-2-2。

表 4-2-2 流程图的部分符号

符号	名称	作用
（圆角矩形）	开始或结束框	表示流程的开始或结束
（平行四边形）	输入或输出框	表示输入或输出数据
（矩形）	处理框	表示具体某一个步骤或操作
（菱形）	判断框	表示条件判断及产生分支的情况
（箭头）	流程线	有向线段，用于表示流程方向
（圆形）	连接框	用于连接因页面写不下而断开的流程线

3. 数据结构

数据结构是一种数据组织、管理和存储的格式。数据结构研究的是数据的逻辑结构、物理结构以及它们之间的关系。常见的数据结构有数组、堆栈、队列、链表、树、图、散列表等。

（1）数据的逻辑结构。

数据的逻辑结构分为线性结构与非线性结构两大类型。

线性结构（一个非空数据结构）有且只有一个根节点，每一个节点最多只有一个前件，也最多只有一个后件。常见的线性结构有栈、队列、串、线性表等。例如：栈又称为后进先出（LIFO）的线性表，是线性表的特例，添加和删除都在栈顶实现；队列是先进先出（FIFO），删除在队首，添加在队尾。

非线性结构的特点是一个数据成员可能有零个、一个或多个直接前驱和直接后继。常见的非线性结构有树、图等类型。

（2）数据的存储结构。

数据的存储结构分为顺序存储结构（连续存储）和随机存储结构（即数据的物理结构所占的存储空间不一定是连续的）。

例题解析

例 1　以下叙述中错误的是（　　）。

A. 算法正确的程序最终一定会结束

B. 算法正确的程序可以有零个输入

C. 算法正确的程序可以有零个输出

D. 算法正确的程序对于相同的输入一定有相同的结果

例 2　下列结构中属于非线性结构的是（　　）。

A. 循环队列　　　　B. 双向链表

C. 二叉链表　　　　D. 栈

例 3　以下关于程序设计基本步骤的说法中，正确的是（　　）。

A. 确定算法后，整理并写出文档，然后进行编码和上机调试

B. 首先确定数据结构，然后确定算法，再编码并上机调试，最后整理文档

C. 先编码和上机调试，在编码过程中确定算法和数据结构，最后整理文档

D. 先写好文档，再根据文档进行编码和上机调试，最后确定算法和数据结构

答案：C；C；B

知识点对接：算法的特征、数据结构的分类、程序设计的基本步骤。

解析：例 1 中，算法有一个基本特性是有穷性。算法可以有零个或多个输入，这取决于算法设计的需要。算法具有确定性，不允许有模棱两可的解释，也不允许有多义性，A、B、D 选项说法均正确。算法的基本特性之一是输出性，即算法至少应有一个输出，C 选项与算法的基本特性相违背，所以本题答案为 C。例 2 中，循环队列在逻辑上

仍然是线性结构，只是物理上通过首尾相连来减少空间浪费；双向链表逻辑上也依然是线性结构，因为节点之间是一对一的关系；二叉链表是树形结构的一种，属于非线性数据结构；栈是线性结构。所以本题答案为 C。例 3 中，程序设计的一般过程：首先根据问题需求确定数据结构，然后设计算法，接着进行编码和调试，最后整理成文档。A、C、D 选项关于程序设计的步骤均有错误的描述，故选 B。

4. 2. 2　程序设计语言

程序设计语言的发展历程分为三个阶段：机器语言、汇编语言、高级语言。图 4-2-1 为机器语言、汇编语言和高级语言的对比。

```
0101000101001001010010 1
101101110101010101101
0101010101111010010101 0
0101001110001100110101 0
1101001010101100100101 0
1001000101010011010010 0
1111000110000010010010 0
0100101001010001010001 0
1010010101000101001001 0
1010100101001110001100 1
1010101101001010101100 1
0010101001000101010011 0
```

(a)机器语言编写的程序

```
MOV BX,2362
MOV AH,31H
MOV AL,23H
ADD AX,CX
SUB AX,BX
...
JMP...
...
```

(b)汇编语言编写的程序

```
int main()
{
    int a,b,max;
    scanf("%d%d",&a,&b);
    if(a>b)
        max=a;
    else
        max=b;
    printf("%d\n",max);
    return 0;
}
```

(c)C语言(高级语言)编写的程序

图 4-2-1　机器语言、汇编语言、高级语言对比

1. 机器语言

机器语言是用二进制代码表示的计算机能直接识别和执行的一种机器指令系统。其特点如下。

（1）可被计算机直接识别、执行，因此程序效率最高。

（2）编程难度大，直观性差，易错难改，调试也不方便。

（3）由于不同型号的计算机指令编码不同，因此机器语言的通用性和移植性较差。

2. 汇编语言

汇编语言是二进制指令的文本表示形式，使用助记符（如 ADD 表示加法，SUB 表示减法）来代替指令进行编程。然而，计算机无法直接识别助记符，因此需要通过汇编程序将用汇编语言编写的源程序翻译成机器代码。汇编语言的特点如下。

（1）解决了机器语言难读、难改的问题，但是移植性依然很差。

（2）汇编语言的执行效率比机器语言低，也属于面向机器的语言。

3. 高级语言

高级语言的表示方法更接近人类解决问题的自然语言，如 C、C++、C#、Python、Java、LabVIEW 等。其特点如下。

（1）在一定程度上与具体机器无关，易学、易用、易维护。

（2）阅读性强，适合初学者学习掌握。

（3）程序代码相对冗长，执行速度可能稍慢于低级语言。

（4）高级语言必须通过翻译才能被执行，翻译方法包括解释和编译。解释是逐句翻译并执行，而编译则是将源程序整体翻译成机器指令形式的目标程序，再通过连接程序生成可执行程序。

4. 程序设计的相关概念

（1）源程序：用程序设计语言编写的，用于完成特定任务的一系列有序指令的集合。

（2）汇编程序：将用汇编语言编写的源程序翻译成与之等价的机器语言程序的翻译程序。

（3）编译程序：将用高级程序设计语言编写的源程序翻译成等价的机器语言格式的目标程序的翻译程序。编译后的程序以二进制文件形式保存，可直接在计算机上运行，执行速度快。

（4）目标程序（目的程序）：源程序经过编译程序处理后，生成的可被计算机直接执行的机器码集合，通常以 obj 作为文件扩展名。

（5）解释程序：一种语言处理程序，它逐句翻译并执行源程序，不生成目标程序。虽然这种程序运行速度较慢且占用空间大，但它具有良好的动态性和可移植性。

（6）连接程序：将目标程序与库函数等连接起来，生成可执行程序的工具。

（7）可执行程序：在操作系统中可直接运行的二进制程序，可在存储空间中浮动定位。

5. 常见的程序设计语言

常见的程序设计语言如表 4-2-3 所示。

表 4-2-3　常见的程序设计语言及其创作者

名称	类型	创作者
C	编译型语言	丹尼斯·里奇（Dennis Ritchie）
C++	编译型语言	本贾尼·斯特劳斯特卢普（Bjarne Stroustrup）
Delphi	编译型语言	安德斯·海尔斯伯格（Anders Hejlsberg）
Pascal	编译型语言	尼古拉斯·沃斯（Niklaus Wirth）
FORTRAN	编译型语言	约翰·巴克斯（John Warner Backus）
Java	编译型语言 解释型语言	詹姆斯·高斯林（James Gosling）

续表

名称	类型	创作者
Basic	解释型语言	约翰·科姆尼（John Kemeny）， 托马斯·库尔茨（Thomas Kurtz）
JavaScript	解释型语言	布兰登·艾克（Brendan Eich）
Python	解释型语言	吉多·范罗苏姆（Guido van Rossum）

程序设计语言是软件的重要方面，其发展趋势是模块化、简明化、形式化、并行化和可视化。

例题解析

例 1　高级程序设计语言的编译程序和解释程序属于（　　）。

A. 通用软件　　B. 定制应用软件

C. 中间软件　　D. 系统软件

例 2　在各类程序设计语言中，相比较而言，（　　）的执行效率最高。

A. 汇编语言　　B. 面向过程的程序设计语言

C. 机器语言　　D. 面向对象的程序设计语言

例 3　解释程序和编译程序是两种不同的语言处理程序，下列关于这两者的叙述，正确的是（　　）。

A. 只有编译程序产生并保存目标程序

B. 只有解释程序产生并保存目标程序

C. 两者均产生并保存目标程序

D. 两者均不产生目标程序

答案：D；C；A

知识点对接：程序设计语言的相关概念。

解析：例 1 中，通用软件是指为了解决某类问题而设计的软件；定制应用软件是根据特定需求开发的软件；中间软件也称为中间件，是位于操作系统和应用软件之间的软件。A、B、C 选项错误。编译程序和解释程序用于将高级语言转化为机器语言供计算机识别，属于系统软件，故选 D。例 2 中，A 选项中的汇编语言需要转化成机器语言才能执行，故执行效率不会最高。B 选项中的面向过程的程序设计语言也需要编译或解释成机器语言才能执行。C 选项中的机器语言可以被计算机直接识别、执行，执行效率最高。D 选项和 B 选项一样，也需要编译或解释成机器语言才能执行。故选 C。例 3 中，A 选项正确，因为高级语言需要解释程序或编译程序才能执行，而编译程序会产生并保存目标程序，解释程序并不产生并保存目标程序。

4.2.3 程序设计

1. 面向过程的程序设计

面向过程的程序设计是以过程为核心，强调事件的流程、顺序，以及问题解决的过程。它以功能（行为）为导向，采用模块化的设计方式。常用的面向过程的语言包括 C、FORTRAN、Basic、Pascal 等，它们支持顺序结构、选择结构和循环结构三种基本控制结构。

（1）面向过程的程序设计要遵循的原则。

自顶向下：从全局视角出发，将复杂的任务分解为一系列易于控制和处理的子任务。这些子任务可以进一步细分，直至每个子任务都变得易于处理。

逐步求精：对于复杂问题，设计一系列中间目标作为过渡，通过逐步细化来逼近最终解决方案。

模块化：将软件系统划分为一系列较小、相对独立但又相互关联的模块。这有助于降低系统的复杂性，提高系统的可维护性和可扩展性。

（2）面向过程的程序设计的特点。

易于理解和掌握，对于简单问题，面向过程的程序设计方法直观且易于上手，程序性能较强，但不易维护，不易利用，不易扩展，不易修改。

2. 面向对象的程序设计

面向对象的程序设计以对象为核心，强调事件中的角色和主体，专注于问题的解决方案。它采用 C＋＋、Java 等语言实现，旨在尽可能模拟人类的思维方式，使软件的开发方法与过程更加贴近人类认识世界、解决现实问题的模式。面向对象的程序设计通过将客观世界中的实体抽象为问题域中的对象，使得描述问题的问题空间与问题的解决方案空间在结构上尽可能一致。

（1）面向对象的程序设计的基本术语。

对象（object）：在面向对象的程序设计方法中，各种事物被抽象为“对象”。对象具有三种基本属性：状态、行为和标识。静态特征（状态）指的是对象的属性（或数据描述），如员工的姓名、职位、薪水，这些通常通过变量来表示；动态特征（行为）指的是对象的方法（或数据操作），如员工的请假、加班等行为。方法可以对对象的属性进行操作，例如“提拔”的方法会修改“职位”属性。

抽象（abstraction）：抽象是简化复杂现实问题的关键途径。在面向对象的程序设计中，抽象可以为具体问题找到最恰当的类定义，并在最恰当的继承级别上解释问题。抽象不仅包含对数据的简化表示，还包含对行为的概括。

类（class）：类是一组具有相同属性及行为（或称为方法）的对象的抽象表示。它定义了一个事物的抽象特点，即将数据（属性）和用以操作这些数据的方法捆绑在一起，形成一个独立的单元。类是对象的模板或蓝图，而对象是类的具体实例，占用内存空间，是类属性的具体化和方法的执行者。

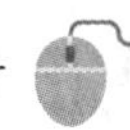

对象、抽象、类的关系如图 4-2-2 所示。

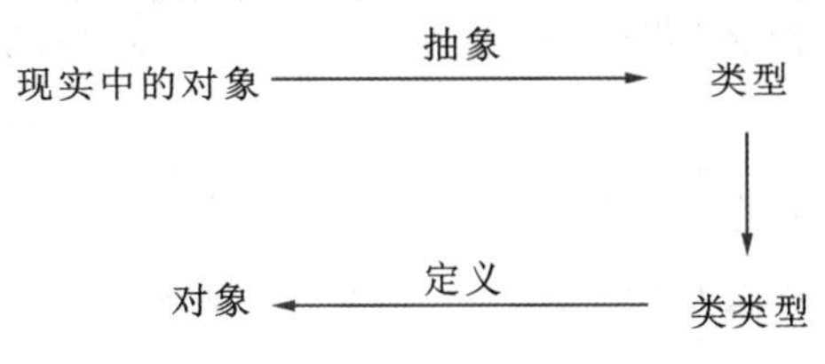

图 4-2-2　对象、抽象、类的关系

封装（encapsulation）：把数据和实现操作的代码集中起来放在对象内部，并尽可能隐藏对象的内部细节，这个过程称为封装。封装最基本的单位是对象，面向对象技术的封装性所需要实现的最基本的目标就是"高内聚、低耦合"，从而提高代码的可扩充性、可修改性和可重用性。封装有两个含义：一个是将对象的属性和行为视为一个不可分割的整体，封装在一个独立的单位（即对象）中；另一个是"信息隐藏"，即将不需要让外界访问的信息隐藏起来。封装的目的在于将对象的设计者和使用者分开，使用者无须了解实现的细节，只需通过设计者提供的接口来访问对象。

继承（inheritance）：在已有类的基础上增加新特性而派生出新的类，原有的类称为基类（或父类、超类），新建的类称为派生类（或子类）。某种情况下，若一个子类只允许有一个父类，则称为单继承；若允许继承多个父类，则称为多继承。继承机制极大地增强了程序代码的可复用性，不仅提高了软件的开发效率，降低了程序产生错误的可能性，更为程序的修改扩充提供了便利。

多态（polymorphism）：多态允许一个名称代表多个不同类型的对象，即允许在程序中出现重名现象，不同的对象在接收到相同的消息时可以产生多种不同的行为方式。多态提高了程序的抽象程度和简洁性，有助于程序设计人员进行分组协同的开发。

消息传递（message passing）机制：在面向对象的程序设计中，一个对象通过接收消息、处理消息、返回结果或调用其他类的方法来实现其功能，这就是消息传递机制。

（2）面向对象的程序设计的特点。

面向对象的程序设计具有抽象性、封装性、继承性和多态性等特点。它以类的方式组织代码，以对象的方式封装数据。使用数据抽象，可以将类的接口与实现分离；使用继承，可以定义相似的类型并对其相似关系进行建模。

3. 两种程序设计的对比

面向过程的程序设计更简单，易于编写和维护程序，可以更好地控制程序的流程和执行顺序，减少程序出错的可能性。面向对象的程序设计更符合人们认识事物的规律，改善了程序的可读性，使人机交互更加贴近自然语言，使程序易维护、易复用、易扩展，效率高。实际上，面向对象和面向过程并不是绝对的对立关系，可以结合使用，即可根据具体的需求和场景选择更合适的编程范式。两种程序设计的对比如表 4-2-4 所示。

表 4-2-4 面向过程的程序设计和面向对象的程序设计对比

	面向过程的程序设计	面向对象的程序设计
目的	关注实现的过程	关注对象是“谁”
特性	功能模块化，代码流程化	抽象性、封装性、继承性、多态性等
优点	程序性能强，侧重于小型项目	侧重于大型项目，程序易复用、易维护、易扩展
缺点	程序不方便复用，维护性差，扩展性差	程序性能比面向过程的差

例题解析

例 1 在面向对象的程序设计语言中，（　　）是利用可重用成分构造软件系统的最有效的特性，它不仅支持系统的可重用性，还有利于提高系统的可扩充性。

A. 封装　　B. 继承

C. 引用　　D. 消息传递

例 2 下面关于“类”的描述，错误的是（　　）。

A. 一个类包含了相似的有关对象的特征和行为方法

B. 类只是实例对象的抽象

C. 类并不执行任何行为操作，它仅仅表明该怎样做

D. 类可以按所定义的属性、事件和方法进行实际的行为操作

答案： B；D

知识点对接： 面向对象的程序设计基本理念及相关概念。

解析： 例 1 A 选项中的封装主要是隐藏了对象的内部细节，只对外提供有限的接口。B 选项中的继承作为面向对象编程的核心特性之一，允许创建基于现有类的新类，从而重用和扩展现有类的代码。这一特性显著提高了软件开发的效率和可维护性，符合题目要求。C 选项中的引用并不用于构造软件系统，也不直接支持系统的可重用性和可扩充性。D 选项中的消息传递是对象间通信的一种方式，也不符合题目要求。例 2 选项 A 中的描述属于类的定义，故正确。B 选项正确，因为类是对象的抽象表示，本身不是具体的实例对象。类是一种抽象的数据类型，并不直接执行任何行为操作，而是通过创建类的实例（即对象）来执行定义好的方法，故 C 选项正确，D 选项错误。

同步训练

1. 下列关于程序员和程序设计语言的描述，正确的是（　　）。

A. 世界上第一位程序员是图灵

B. Ada Lovelace 是计算机程序的先驱

C. 程序设计语言只包含语法和语义两个方面

D. 程序设计语言中的语用与程序的功能无关

2. 算法的特征不包括（　　）。

A. 有穷性　　B. 确定性

C. 无限性　　D. 可行性

3. 下列选项中，（　　）是评价算法优劣的重要依据。

A. 算法的长度　　B. 算法的名称

C. 算法的时间复杂度和空间复杂度　　D. 算法的实现平台

4. 下列选项中，（　　）属于非线性结构。

A. 串　　B. 栈

C. 队列　　D. 树

5. 算法的流程图主要用于（　　）。

A. 描述程序的具体实现细节　　B. 展示程序的语法结构

C. 对算法进行可视化表示　　D. 评估算法的性能

6. 下列关于算法的描述，错误的是（　　）。

A. 算法是解决问题方案的准确而完整的描述

B. 算法必须包含输入项和输出项

C. 算法必须有明确的终止条件

D. 算法可以无限循环执行下去

7. 下列选项中，（　　）要求数据元素在物理上连续存放。

A. 顺序存储结构　　B. 链式存储结构

C. 索引存储结构　　D. 散列存储结构

8. 下列选项中，（　　）常用于实现优先队列。

A. 栈　　B. 队列

C. 链表　　D. 堆

9. 下列关于算法和程序的说法，正确的是（　　）。

A. 算法就是程序

B. 程序就是算法

C. 算法是程序设计的核心，程序是算法的具体实现

D. 算法和程序没有区别

10. 下列关于数据结构的描述，错误的是（　　）。

A. 数据结构研究的是数据的逻辑结构和物理结构

B. 数据的逻辑结构只与数据元素之间的逻辑关系有关

C. 数据的物理结构只与数据元素在计算机中的存储位置有关

D. 数据的逻辑结构和物理结构是完全独立的，互不影响

11. 关于算法和程序的区别，程序不一定能满足的特征是（　　）。

A. 每一个运算都有确切的定义

B. 具有零个或多个输入量

C. 至少产生一个输出量（包括状态的改变）

D. 在执行了有穷步的运算后自行终止（有穷性）

12.（　　）是面向过程的程序设计的主要关注点。

A. 对象的交互
B. 数据的封装
C. 问题的解决过程
D. 类的继承

13.（　　）是典型的面向过程的语言。

A. Java
B. Python
C. C
D. Ruby

14. 面向过程的程序设计原则中，（　　）指从全局入手，逐步分解复杂任务。

A. 逐步求精
B. 模块化
C. 自顶向下
D. 面向对象

15. 下列选项中，（　　）是面向过程的程序设计的缺点。

A. 自顶向下
B. 不易于扩展和修改
C. 模块化
D. 高效执行

16. 下列叙述中正确的是（　　）。

A. 用高级程序设计语言编写的程序称为源程序

B. 计算机能直接识别并执行用汇编语言编写的程序

C. 用机器语言编写的程序执行效率最低

D. 汇编语言是一种计算机高级语言

17. 下列叙述中正确的是（　　）。

A. 在面向对象的程序设计中，各个对象之间应相对独立，相互依赖性小

B. 在面向对象的程序设计中，各个对象之间应具有密切的联系

C. 在面向对象的程序设计中，各个对象应是公用的

D. 上述三种说法都不对

18. 在软件设计过程中，模块内部及模块之间应遵循的原则是（　　）。

A. 高内聚、高耦合
B. 低内聚、低耦合
C. 高内聚、低耦合
D. 低内聚、高耦合

19. 下列关于机器语言的叙述，正确的是（　　）。

A. 用机器语言编写的程序可直接执行

B. 用机器语言编写的程序虽执行速度快但占用内存大

C. 用机器语言编写的程序可在所有计算机上通用

D. 用机器语言编写程序十分简单

20. 能够将高级语言编写的源程序加工为目标程序的系统软件是（　　）。

A. 解释程序
B. 汇编程序
C. 编译程序
D. 编辑程序

21. 将汇编语言源程序翻译成计算机可执行代码的软件称为（　　）。

A. 编译程序
B. 汇编程序
C. 管理程序
D. 服务程序

22. 树和（　　）被称为非线性结构。

A. 队列　　B. 栈

C. 图　　D. 线性表

23. 将编程语言从高级到低级排列顺序，下列选项中正确的是（　　）。

A. 高级语言＞汇编语言＞机器语言

B. 机器语言＞汇编语言＞高级语言

C. 汇编语言＞高级语言＞机器语言

D. 高级语言、汇编语言、机器语言三者无固定顺序

24. 把 C 语言源程序翻译成目标程序的方法通常是（　　）。

A. 汇编　　B. 解释

C. 抽象　　D. 编译

25.（　　）语言是用助记符代替操作码、用地址符号代替操作数的面向机器的语言。

A. 汇编　　B. FORTRAN

C. 机器　　D. 高级

26. 如果计算机程序设计语言的写法和语句都非常接近人类的语言，例如 Basic，这种语言就属于（　　）。

A. 低级语言　　B. 机器语言

C. 高级语言　　D. 自然语言

27. 程序的三种基本控制结构的共同特点是（　　）。

A. 不能嵌套使用　　B. 只能用来写简单程序

C. 已经用硬件实现　　D. 只有一个入口和出口

28. C 语言编译器是一种（　　）。

A. 系统软件　　B. 微机操作系统

C. 文字处理系统　　D. 源程序

29. 下列叙述中错误的是（　　）。

A. 具有两个根节点的数据结构一定属于非线性结构

B. 具有两个以上节点的数据结构不一定属于非线性结构

C. 具有两个指针域的链式结构一定属于非线性结构

D. 具有一个根节点且只有一个叶子节点的数据结构也可能是非线性结构

任务 4.3　计算机软件工程的开发

了解软件危机，软件开发过程，软件工程的概念、特点和过程；了解软件测试和软件维护。

知识图谱

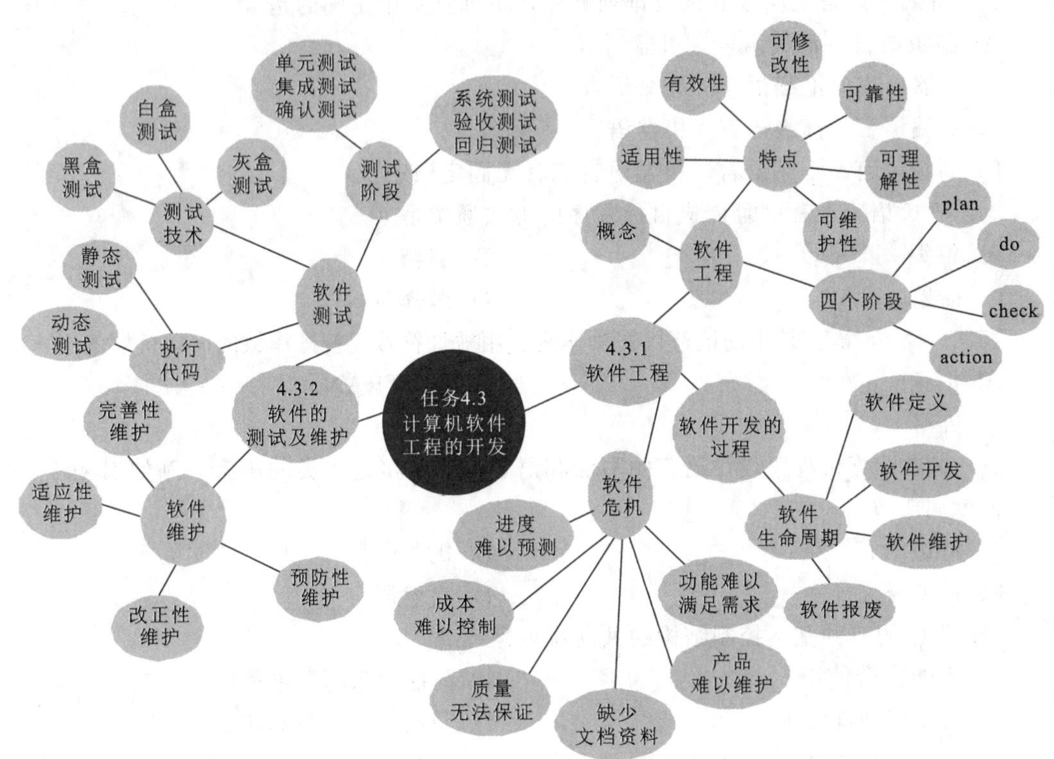

4.3.1 软件工程

1. 软件危机

软件危机是指落后的软件生产方式无法满足迅速增长的计算机软件需求，从而导致软件开发与维护过程中出现一系列严重问题的现象。

自软件诞生软件危机就一直存在，主要表现为：① 软件开发进度难以预测；② 软件开发成本难以控制；③ 软件产品质量无法保证；④ 产品功能难以满足用户需求；⑤ 软件产品难以维护；⑥ 软件缺少适当的文档资料。

软件危机主要包含两方面问题：如何开发软件以及如何维护数量不断膨胀的已有的软件。

2. 软件工程

（1）软件工程的概念。

为解决软件危机，1968 年北大西洋公约组织（NATO）在德国召开的一次学术会议上首次提出了“软件工程”的概念。软件工程是一套系统化的、规范化的、可量化的过

程化方法，旨在将经过验证的管理技术和当前最佳技术方法相结合，以经济地开发出高质量的软件并进行有效维护。软件工程不是单一技术，而是多学科知识体系的综合体，包含方法、工具和过程的研究与应用。其中方法是完成软件工程项目的技术手段，工具是人们在开发软件的活动中智力和体力的扩展与延伸，过程包括软件开发的质量、进度、成本评估、管理和控制、人员组织、计划跟踪与控制、成本估算、质量保证和配置管理等。软件工程可以大大降低软件开发成本并提高软件质量，但不能从根本上消除软件危机。

（2）软件工程的特点。

软件工程的目标是提高软件生产率和软件质量，同时降低软件成本。开发的软件产品具有以下特点。

适用性：满足不同系统约束条件下的用户需求。

有效性：软件系统能最有效地利用计算机的时间和空间资源。开发者需要努力优化软件算法和数据结构，以缩短计算时间、减少存储空间，从而提高软件系统的整体效率。

可修改性：允许对系统进行修改而不增加原系统的复杂性。

可靠性：能防止因概念、设计和结构等方面的不完善而造成软件系统失效，具有挽回因操作不当造成软件系统失效的能力。

可理解性：系统具有清晰的结构，能直接反映需求。可理解性有助于控制软件的复杂性，并支持软件的维护、移植或重用。

可维护性：软件交付使用后，能够对它进行修改，以改正潜在的错误，及改进性能和其他属性，使软件产品适应环境的变化。软件维护费用在软件开发费用中占有很大的比重。可维护性是软件工程中一个十分重要的目标。

可重用性：把概念或功能相对独立的一个或一组相关模块定义为一个软部件，可组装在系统的任何位置，以减少工作量。

可移植性：易于在不同系统间迁移。

可追踪性：实现从需求到设计、程序的双向追踪。

可互操作性：支持多软件元素协同工作。

（3）软件工程过程。

软件工程过程通常包括以下四个主要阶段。

P（plan）——软件规格说明：描述软件的功能及其运行时的限制。

D（do）——软件开发：生成满足规格说明的软件。

C（check）——软件确认：确认软件能够满足客户提出的要求。

A（action）——软件演进：根据客户需求进行必要的更新和改进。

3. 软件开发的过程

软件开发过程始于需求提出，经过可行性分析，逐步推进至软件开发的各个阶段，直至最终开发出软件产品。这一过程涵盖了需求分析、设计、编码、测试、部署及维护等多个环节。软件产品从构思到停止使用或报废，最终被淘汰，这一过程称为软件生命周期。软件生命周期的划分如表 4-3-1 所示。

表 4-3-1 软件生命周期的划分

软件生命周期	阶段	具体内容
软件定义	问题定义	要解决什么样的问题
	可行性研究	问题是否值得去解决及是否有可行的解决方案
	需求分析	能否满足用户需求（这是项目成败的关键要素）
软件开发	软件设计	概要设计（也称总体设计、高层设计）
		详细设计（也称低层设计），细化为可实现的设计方案
	编码	编写程序源代码
	测试	单元测试、集成测试、确认测试、系统测试、验收测试等
软件维护	运行与维护	生命周期中最长的阶段
软件报废	停止使用	包括终止使用、数据迁移与备份、清理归档等

例题解析

例 1 下列说法中，正确的是（ ）。

A. 用计算机高级语言编写的程序都可直接在计算机上执行

B. “软件危机”的出现是因为计算机硬件发展严重滞后

C. 利用“软件工程”的理念与方法，可以编制高效高质的软件

D. 操作系统是 20 世纪 80 年代产生的

例 2 我们所说的软件工程，它研究的对象不包括（ ）。

A. 质量　　B. 过程

C. 技术本身　　D. 工具

例 3 软件危机是由（ ）提出的。

A. NATO　　B. WTO

C. ISO　　D. ANSI

答案： C；C；A

知识点对接： 软件工程的基本概念，软件危机出现的原因。

解析： 例 1 中，A 选项错误，因为用高级语言编写的程序需要经过编译或解释才能转换为计算机能直接执行的程序。B 选项错误，软件危机的出现是由于落后的软件生产方式无法满足迅速增长的计算机软件需求，导致在软件开发与维护过程中出现一系列严重问题。D 选项错误，操作系统的起源远早于 20 世纪 80 年代。故选 C。例 2 中，对于 C 选项，虽然技术在软件工程实践中不可或缺，但软件工程研究的直接对象不是技术本身，而是如何利用技术来提升软件开发的效率和质量。例 3 中，A 选项正确。1968 年，NATO（北大西洋公约组织）在德国召开的一次学术会议上，首次提出了“软件工程”的概念，以应对当时日益严重的软件危机问题。B 选项错误。WTO（世界贸易组织）主要关注国际贸易的规范和争端解决，与软件危机的提出无关。C 选项错误。ISO（国际

标准化组织）负责制定各种国际标准，虽然与软件工程有一定联系，但不是提出软件危机的组织。D选项错误。ANSI（美国国家标准学会）是美国的一个标准化组织，同样与软件危机的提出无直接关联。

4.3.2　软件的测试及维护

1. 软件测试

软件测试是软件质量保证的主要手段之一，是发现软件错误和缺陷的重要环节。软件测试有以下方法。

（1）按执行代码划分。

动态测试：通过运行程序发现错误。运行被测程序，输入相应的测试实例，检查运行结果，从而检验程序的正确性、可靠性和有效性。

静态测试：不运行程序，而是通过人工检查或计算机辅助工具来评估程序代码，寻找潜在的错误或设计缺陷。常见方法包括桌面检查、代码审查、代码走查等。

（2）按测试技术划分。

黑盒测试：专注于软件的接口和功能实现，不考虑内部结构和处理过程。测试方法包括等价类划分法、边界值分析法、错误推测法、因果图法、判定表驱动法、正交试验设计法等。

白盒测试：即结构测试，主要针对源程序进行测试。测试人员通过阅读代码或利用开发工具中的调试功能来评估软件质量。测试方法涵盖代码检查法、静态结构分析法、静态质量度量法、逻辑覆盖法、基本路径测试法、符号测试法等。

灰盒测试：结合黑盒测试和白盒测试的特点，既考虑程序的外部表现，也结合内部的逻辑结构来设计测试用例。这种方法要求测试人员具有较高的技术水平，能够综合运用多种测试技术和工具。

以上几种测试方法的对比如表4-3-2所示。

表4-3-2　执行代码和测试技术所用测试方法的对比

分类	测试方法	特点	具体方法
执行代码	动态测试	运行程序	黑盒测试、白盒测试等
	静态测试	不运行程序	桌面检查、代码审查、代码走查等
测试技术	黑盒测试	测试软件的接口	等价类划分法、边界值分析法、错误推测法、因果图法、功能图法、判定表驱动法等
	白盒测试	结构测试，测试对象是源程序	代码检查法、静态结构分析法、静态质量度量法、逻辑覆盖法、基本路径测试法、域测试法、符号测试法等
	灰盒测试	综合测试	综合运用多种测试技术和工具

（3）按不同的测试阶段划分。

单元测试：对每个模块进行测试，确保模块功能正常，通常采用白盒测试。

集成测试：也称组装测试，将多个模块集成在一起进行测试，确保模块之间工作协调。

确认测试：也称有效性测试，验证软件的功能是否与用户的要求一致。

系统测试：对整个系统进行测试，确保系统功能正常，验证系统是否满足了需求规格定义中的所有要求。

验收测试：由用户测试，主要对核心业务进行测试。

回归测试：指修改了旧代码后重新进行测试，以确保修改没有引入新的错误或导致其他代码产生错误。

软件测试并不等于程序测试，软件测试应该贯穿软件定义与开发整个期间。

2. 软件维护

软件维护主要有以下几种方式：

（1）改正性维护：为了识别和纠正软件错误、修复软件性能上的缺陷、排除实施中的误码使用而进行的诊断和改正错误的过程。

（2）适应性维护：为了适应外部环境或硬件设备的变化，对软件进行必要的修改。

（3）完善性维护：软件使用过程中，用户往往会提出新的功能要求。为了满足这些要求，需要修改或再开发软件，在这种情况下进行的维护活动叫完善性维护。

（4）预防性维护：采用先进的软件工程方法对需要维护的软件或软件中的某一部分重新进行设计、编制和测试。

例题解析

例 1 下列叙述中正确的是（　　）。

A. 软件交付使用后还需要进行维护

B. 软件一旦交付使用就不需要再进行维护

C. 软件交付使用后其生命周期就结束

D. 软件维护是指修复程序中被破坏的指令

例 2 （　　）适用于检查程序输入条件的各种组合情况。

A. 边界值分析法　　　　B. 错误推测法

C. 因果图法　　　　D. 等价类划分法

例 3 下列关于软件测试目的的说法中，错误的是（　　）。

A. 软件测试是为了发现错误而运行程序的过程

B. 测试是为了证明程序无错，而不是证明程序有错

C. 一个好的测试在于它能发现至今未发现的错误

D. 一个成功的测试在于发现了至今未发现的错误

答案：A；C；B

知识点对接：软件生命周期的过程，软件测试的目的。

解析：例 1 中，软件生命周期包括需求分析、设计、编码、测试、部署、维护等多个阶段，其中软件维护是软件生命周期中不可或缺的一部分。即使软件已经交付使用，由于用户需求的变化、技术环境的更新以及软件自身可能存在的问题，软件仍然需要进行持续的维护，A 选项正确。B、C 选项没有正确理解生命周期中维护阶段的重要意义，描述错误。软件维护的范围包括修复错误、改进性能、增加新功能、优化代码等，并不是只修复程序中被破坏的指令，D 选项错误。故本题答案为 A。例 2 中，A 选项主要用于测试输入变量的边界值。B 选项中错误推测法并不系统地检查输入条件的所有组合。D 选项中等价类划分法是将输入数据划分为若干等价类，从每个等价类中选取代表性数据进行测试，也不符合题目要求。C 选项中的因果图法是一种利用图解法分析输入的各种组合情况，从而设计测试用例的方法，故正确。例 3 中，软件测试的主要目的就是通过执行程序来发现其中可能存在的错误或缺陷。一个好的测试案例应该能够发现之前未被发现的错误，从而提高软件的质量和可靠性。一个成功的测试案例确实应该能够揭示出之前未被识别的错误，这对于提升软件的稳定性和可靠性至关重要。故 A、C、D 选项说法正确，B 选项说法错误，答案为 B。

同步训练

1. 软件测试的主要目的是（　　）。

A. 编写代码　　B. 发现软件错误和缺陷

C. 设计软件界面　　D. 部署软件

2. 静态测试主要关注（　　）。

A. 程序运行时的性能　　B. 程序中的逻辑错误

C. 程序的输入和输出　　D. 程序的界面设计

3. 下列选项中，（　　）不需要考虑程序的内部结构。

A. 白盒测试　　B. 黑盒测试

C. 灰盒测试　　D. 单元测试

4. 白盒测试主要关注（　　）。

A. 程序的输入和输出　　B. 程序的界面设计

C. 程序的内部结构　　D. 程序的文档

5. 灰盒测试结合了（　　）的特点。

A. 单元测试与集成测试　　B. 黑盒测试与白盒测试

C. 静态测试与动态测试　　D. 适应性维护与完善性维护

6. 下列选项中，（　　）主要测试单个模块的功能。

A. 单元测试　　B. 集成测试

C. 系统测试　　D. 验收测试

7. 软件维护中，为了识别和纠正软件错误而进行的维护是（　　）。

A. 改正性维护　　B. 适应性维护

C. 完善性维护　　D. 预防性维护

8. （　　）是为了使软件适应环境变化而进行的维护。

A. 改正性维护　　B. 适应性维护

C. 完善性维护　　D. 预防性维护

9. 为满足用户提出的新的功能要求而进行的维护是（　　）。

A. 改正性维护　　B. 适应性维护

C. 完善性维护　　D. 预防性维护

10. 下列选项中，（　　）常用于白盒测试。

A. 等价类划分法　　B. 逻辑覆盖法

C. 边界值分析法　　D. 错误推测法

11. 软件测试应贯穿（　　）。

A. 需求分析阶段　　B. 软件定义与开发整个期间

C. 编码阶段　　D. 测试阶段

12. 软件危机的主要表现不包括（　　）。

A. 软件开发进度难以预测　　B. 软件开发成本过高且难以控制

C. 软件产品易于维护　　D. 软件产品缺少适当的文档资料

13. 需求分析的最终结果是产生（　　）。

A. 需求规格说明书　　B. 可行性分析报告

C. 项目开发计划　　D. 设计说明书

14. 下列选项中，（　　）属于动态测试。

A. 静态代码审查　　B. 桌面检查

C. 边界值分析　　D. 代码走查

15. 软件工程的主要目标是（　　）。

A. 消除软件危机　　B. 提高软件生产率和质量，降低成本

C. 仅仅关注软件的开发过程　　D. 仅仅关注软件的维护过程

16. 下列选项中，（　　）不是软件工程的特点。

A. 适用性　　B. 高效性（仅指运行速度）

C. 可修改性　　D. 可靠性

17. 软件工程过程中的“PDCA”循环不包括（　　）。

A. plan（规格说明）　　B. do（开发）

C. check（确认）　　D. adjust（调整）

18. 下列选项中，（　　）不是软件生命周期的阶段。

A. 需求分析　　B. 编码

C. 验收测试　　D. 硬件安装

19. 软件的可重用性是指（　　）。

A. 软件能够很容易地被重新安装

B. 软件的一部分可以在其他软件中重复使用

C. 软件的用户界面可以定制
D. 软件可以快速启动

20. 下列选项中，（　　）关注软件的质量、进度、成本评估和管理。
A. 软件方法　　B. 软件工具
C. 软件过程　　D. 软件需求

21. 下列选项中，（　　）不是软件可维护性的优点。
A. 降低软件维护成本　　B. 提高软件可靠性
C. 简化软件升级过程　　D. 消除所有软件错误

22. 在软件确认（check）阶段，主要关注的是（　　）。
A. 软件的性能能否优化　　B. 软件的功能是否完整
C. 软件的错误是否修复　　D. 软件的用户界面设计是否美观

23. 在软件工程的 PDCA 循环中，（　　）负责描述软件的功能和限制。
A. do（开发）　　B. check（确认）
C. action（演进）　　D. plan（规格说明）

24. 软件开发阶段（do）的主要任务是（　　）。
A. 编写软件规格说明书　　B. 验证软件是否满足需求
C. 根据规格说明开发软件　　D. 对软件进行维护和升级

25. 软件演进（action）阶段的主要目的是（　　）。
A. 确保软件按时交付　　B. 修正软件中的错误
C. 满足客户对软件的变更需求　　D. 提高软件的性能

26. 开发软件所需的高成本和产品的低质量之间有着尖锐的矛盾，这种现象称为（　　）。
A. 软件工程　　B. 软件周期
C. 软件危机　　D. 软件产生

27. 在软件测试过程中，（　　）是首先进行的测试阶段。
A. 验收测试　　B. 单元测试
C. 集成测试　　D. 系统测试

28. 系统交付用户使用以后直到其被判定为报废为止，所有软件活动主要属于（　　）。
A. 开发阶段　　B. 测试阶段
C. 运行阶段　　D. 维护阶段

29. 下列选项中，（　　）不是软件测试阶段的一部分。
A. 单元测试　　B. 需求分析
C. 集成测试　　D. 系统测试

30. 下列选项中，（　　）不是软件工程 PDCA 循环的直接组成部分。
A. 需求分析　　B. 单元测试
C. 软件维护　　D. 软件设计

模块测试

1. 关于计算机程序，以下描述错误的是（　　）。

A. 程序是一系列指令的集合，用于指导计算机完成特定任务

B. 程序是静态的，不会随着计算机的运行而改变

C. 程序的执行结果是可预测的，前提是输入数据和程序逻辑正确

D. 程序的编写需要遵循特定的语法规则

2. （　　）更接近计算机的硬件。

A. 高级语言　　B. 汇编语言

C. 脚本语言　　D. 标记语言

3. （　　）不属于系统软件。

A. 操作系统　　B. 编译器

C. 办公软件　　D. 数据库管理系统

4. 关于计算机指令的操作码，下列说法正确的是（　　）。

A. 操作码用于指定操作数的地址

B. 操作码是计算机指令中用于描述具体操作的部分

C. 操作码的长度决定了指令的执行时间

D. 操作码与操作数之间通过分号分隔

5. 在计算机中，用于存储正在执行的指令的内存位置是（　　）。

A. 寄存器　　B. 内存

C. 指令寄存器　　D. 控制器

6. （　　）不是计算机程序设计语言的发展阶段。

A. 机器语言阶段　　B. 汇编语言阶段

C. 高级语言阶段　　D. 自然语言阶段

7. 在软件开发过程中，为了提高软件质量并降低开发成本，人们提出了（　　）概念。

A. 软件工程　　B. 软件测试

C. 软件维护　　D. 软件复用

8. 下列选项中，（　　）不是计算机程序的基本结构。

A. 顺序结构　　B. 选择结构

C. 循环结构　　D. 并发结构

9. 在软件工程中，（　　）的主要任务是确定软件系统的需求。

A. 需求分析　　B. 总体设计

C. 详细设计　　D. 编码

10. 下列选项中，（　　）不属于面向对象编程的基本特性。

A. 封装　　B. 继承

C. 多态　　D. 静态

11. 下列选项中，（　　）最适合用于表示具有层次关系的数据。

A. 数组　　B. 链表

C. 树　　D. 栈

12. 下列选项中，（　　）是面向对象编程的核心之一。

A. 封装　　B. 数组

C. 指针　　D. 递归

13. 在面向对象的程序设计中，（　　）用于表示对象的属性和行为。

A. 类　　B. 方法

C. 变量　　D. 接口

14. 下列选项中，（　　）是计算机可以直接理解和执行的。

A. MySQL　　B. 机器语言

C. Python　　D. Java

15. 算法设计的基本原则不包括（　　）。

A. 正确性　　B. 可读性

C. 美观性　　D. 健壮性

16. 下列选项中，（　　）不是软件的质量特性。

A. 可用性　　B. 可靠性

C. 可移植性　　D. 可运行性

17. 下列选项中，（　　）不是程序设计语言的基本组成部分。

A. 语法　　B. 语义

C. 语用　　D. 图形界面

18. 下列选项中，（　　）常用于实现哈希表。

A. 链表　　B. 栈

C. 队列　　D. 数组

19. 下列关于软件工程的说法，错误的是（　　）。

A. 软件工程旨在提高软件质量

B. 软件工程关注软件开发的全生命周期

C. 软件工程不考虑软件的成本

D. 软件工程强调文档的重要性

20. 下列选项中，（　　）不是面向对象编程的优点。

A. 代码复用性好　　B. 易于理解和维护

C. 运行效率高　　D. 提高了软件的可扩展性

21. 下列选项中，（　　）不是面向对象编程中的多态性的表现形式。

A. 接口实现　　B. 方法重载

C. 方法覆盖　　D. 变量覆盖

22. 下列选项中，（　　）是软件测试中的一个重要原则。

A. 尽早开始测试　　B. 只在编码完成后进行测试

C. 依赖开发人员自行测试　　D. 只在软件交付前进行测试

23. 下列选项中，（　　）关注程序的内部结构，而不是外部行为。

A. 黑盒测试　　B. 白盒测试

C. 灰盒测试　　D. 单元测试

24. 下列选项中，（　　）算法的时间复杂度在平均情况下为 $O(n\log_2 n)$。

A. 冒泡排序　　B. 快速排序

C. 插入排序　　D. 选择排序

25. 软件的生命周期不包括下列选项中的（　　）。

A. 需求分析　　B. 编码

C. 部署　　D. 程序设计

26. 下列选项中，（　　）主要用于验证软件是否满足用户需求。

A. 单元测试　　B. 集成测试

C. 系统测试　　D. 验收测试

27. 下列选项中，（　　）不是软件工程的目标。

A. 提高软件生产率　　B. 降低软件成本

C. 消除所有软件错误　　D. 提高软件质量

28. 下列选项中，（　　）允许在任意位置插入和删除元素。

A. 栈　　B. 队列

C. 链表　　D. 数组

29. 下列选项中，（　　）不是软件维护的类型。

A. 改正性维护　　B. 适应性维护

C. 预防性维护　　D. 重建性维护

30. 在软件工程中，（　　）主要关注软件是否符合其设计规格和需求。

A. 计划阶段　　B. 开发阶段

C. 测试阶段　　D. 部署阶段

31. 下列选项中，（　　）不是软件工程 PDCA 循环中 check（确认）阶段的主要任务。

A. 验证软件是否满足需求　　B. 评估软件性能

C. 编写软件规格说明书　　D. 识别并报告软件缺陷

32. 下列选项中，（　　）不是高级编程语言。

A. C++　　B. Java

C. 机器语言　　D. Python

33. 下列关于软件维护的说法中，正确的是（　　）。

A. 软件维护仅包括修正软件中的错误

B. 软件维护不包括添加新功能

C. 软件维护是软件生命周期中的一个重要阶段

D. 软件维护通常发生在软件交付之前

34. 下列选项中，（　　）不是软件工程中 action（演进）阶段的主要目标。

A. 修正软件中的错误　　B. 响应客户对软件的更新需求

C. 改进软件性能　　D. 制订软件开发计划

35. 下列选项中，（　　）不是软件测试的目的。

A. 发现软件中的错误　　B. 验证软件是否满足需求

C. 编写详细的用户手册　　D. 评估软件的可靠性

36. 下列选项中，（　　）关注程序在极端条件下的行为。

A. 边界值分析　　B. 逻辑覆盖

C. 静态代码审查　　D. 场景测试

37. 下列选项中，（　　）不是软件设计阶段的产物。

A. 设计规格说明书　　B. 伪代码

C. 用户手册　　D. 流程图

38. 下列选项中，（　　）不是软件工程中常用的建模技术。

A. 数据流图　　B. 用例图

C. 甘特图　　D. 类图

39. 下列选项中，（　　）不适合使用递归算法。

A. 问题可以分解为规模更小的相同问题　　B. 递归调用的深度非常大

C. 问题的解可以直接由递归调用返回　　D. 递归调用之间存在清晰的边界条件

模块5　计算机硬件系统

模块概述

本模块将深入探讨计算机硬件系统，包括硬件组成、工作原理及选购注意事项。通过本模块的学习，学生能了解到硬件基本知识、如何选择满足需求的计算机硬件，以及如何维护计算机硬件系统。

考纲解读

理解计算机硬件系统，掌握计算机工作原理，掌握计算机硬件组成与硬件功能，以及常用的输入、输出设备的基本功能，具备计算机硬件选购、组装、保养维护、故障诊断与维修的能力。

模块导图

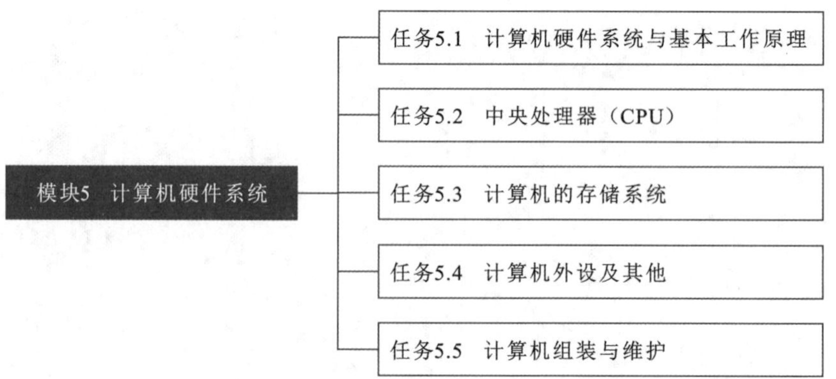

任务 5.1　计算机硬件系统与基本工作原理

任务描述

理解计算机硬件系统的构成，掌握计算机工作原理，了解计算机系统总线及类型，了解衡量计算机性能的主要参数。

知识图谱

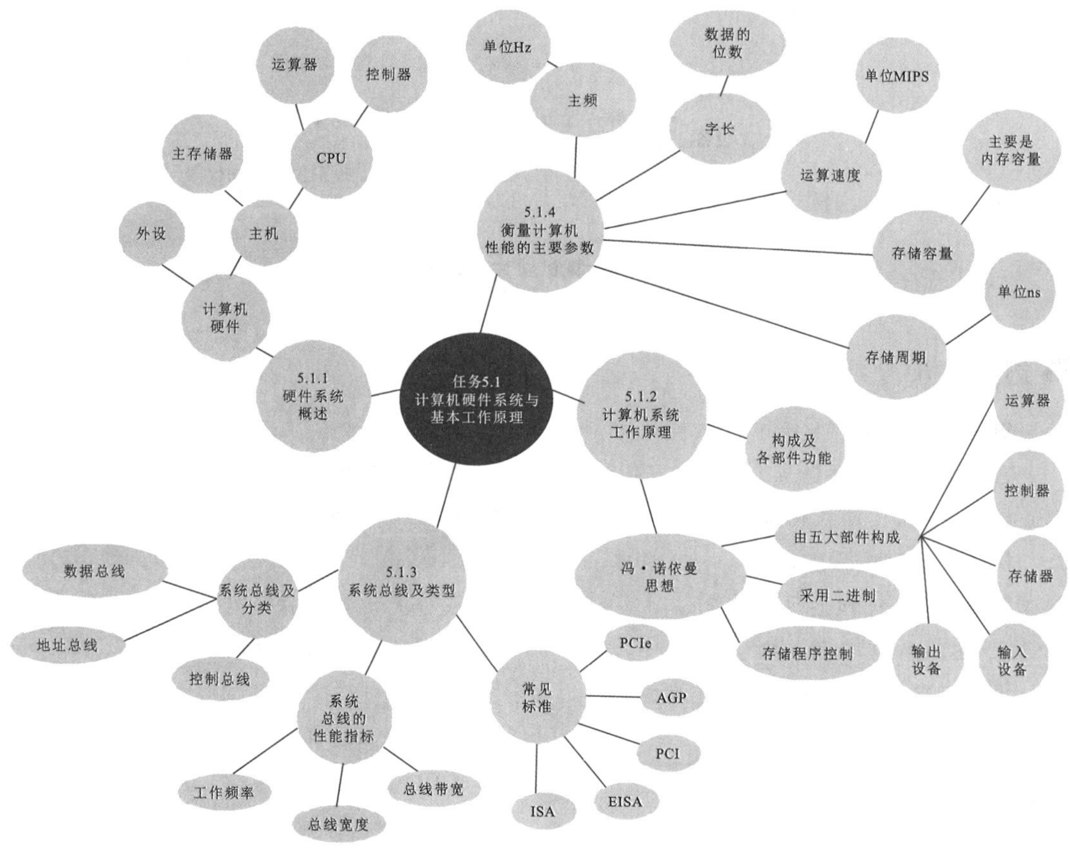

5.1.1　硬件系统概述

硬件是指计算机的物理设备，包括计算机主机及外设。它是计算机系统中由电子、机械和光电元件等组成的各种物理装置的总称。这些物理装置按系统结构的要求构成一个有机整体，为计算机软件运行提供物质基础。计算机硬件是构成计算机系统的实体部件，它们执行计算机程序所需的物理操作。

计算机硬件系统主要由五部分组成，即运算器、控制器、存储器、输入设备和输出设备。硬件系统可分为主机和外部设备两类，如图 5-1-1 所示。主机由 CPU 和主存储器（内存）组成。没有安装任何软件的计算机被称为“裸机”，它是无法工作的。

硬件系统和软件系统相互依赖，两者之间的关系详见模块 3，此处不再赘述。

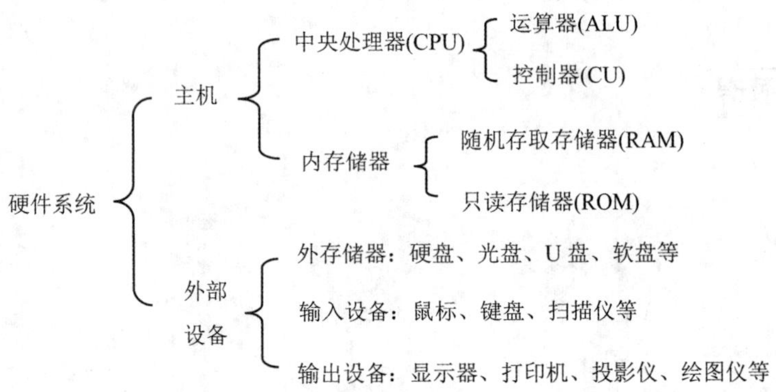

图 5-1-1　计算机硬件系统的组成

例题解析

例 1　在计算机系统中，主机是由（　　）组成的。

A. CPU 和内存储器　　B. 控制器和输入设备

C. 存储器、输入设备和输出设备　　D. CPU、内存储器和外围设备

例 2　计算机系统由（　　）组成。

A. 主机系统和显示器系统　　B. 硬件系统和软件系统

C. 主机和打印机系统　　D. 主机系统和 Windows 10 系统

例 3　硬件系统由（　　）组成。

A. CPU 和内存　　B. 控制器和运算器

C. 主机和外设　　D. CPU、内存和外存

答案： A；B；C

知识点对接： 计算机系统的构成。

解析： 例 1 中，主机由 CPU 和内存储器组成，故选 A。例 2 中，计算机系统是由硬件系统和软件系统共同组成的，硬件系统包括所有物理设备，而软件系统则包括操作系统、应用软件等，故选 B。例 3 中，硬件系统分为主机和外设两部分，故选 C。

5.1.2 计算机系统工作原理

1. 冯·诺依曼思想

冯·诺依曼简化了计算机的结构，提出了“存储程序”的概念。1945年冯·诺依曼提出了计算机设计的三大基本原则。

(1) 计算机基本结构由五大部件构成，即运算器、控制器、存储器、输入设备和输出设备。

(2) 计算机内部信息的表示采用二进制。

(3) 采用“存储程序”的思想，即将编好的程序和要处理的数据通过输入设备输入计算机的存储器中，计算机在不需要人工干预的情况下，根据程序中的指令运行。

冯·诺依曼计算机体系结构是现代计算机设计的基础。以此结构为基础的各类计算机统称为冯·诺依曼机。典型的冯·诺依曼计算机以运算器为中心，结构框图如图5-1-2所示。

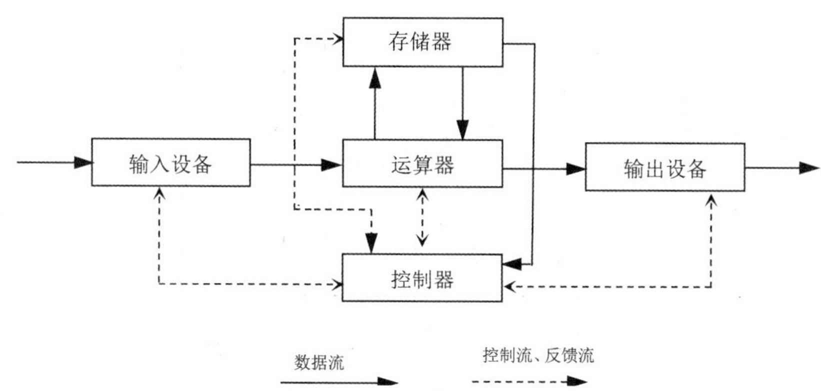

图5-1-2 典型的冯·诺依曼计算机结构框图（以运算器为中心）

2. 现代计算机的构成及各部件功能

现代计算机已经转化为以存储器为中心，其结构框图如图5-1-3所示。

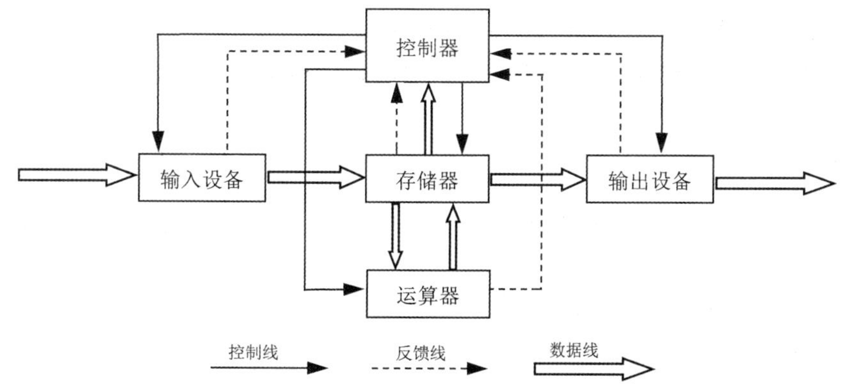

图5-1-3 以存储器为中心的计算机结构框图

图中各部件的功能如下。运算器用来完成算术运算和逻辑运算，并将运算的中间结果暂存在运算器内。存储器用来存放数据和程序。控制器用来控制、指挥数据的输入和程序的运行，以及处理运算结果。输入设备用来将人们熟悉的信息转换为机器能够识别的信息形式。常见的输入设备有鼠标、键盘等。输出设备可将运算结果转换为人们熟悉的信息形式，如打印机输出、显示器输出等。计算机的五大部件在控制器的统一指挥下，有条不紊地自动工作。

现代计算机经过几十年的发展，虽然系统结构有了很大的变化，但是工作原理一直没有改变。运算器和控制器在逻辑关系和电路结构上联系十分紧密，尤其是在大规模集成电路制作工艺出现后，这两大部件往往集成在同一芯片上，合起来称为中央处理器（central processing unit，CPU）。输入设备和输出设备简称为 I/O 设备（input/output equipment）。因此，现代计算机可认为主要由三大部分组成：CPU、I/O 设备及主存储器（main memory）。CPU 与主存储器合起来称为主机。现代计算机组成框图见图 5-1-4。

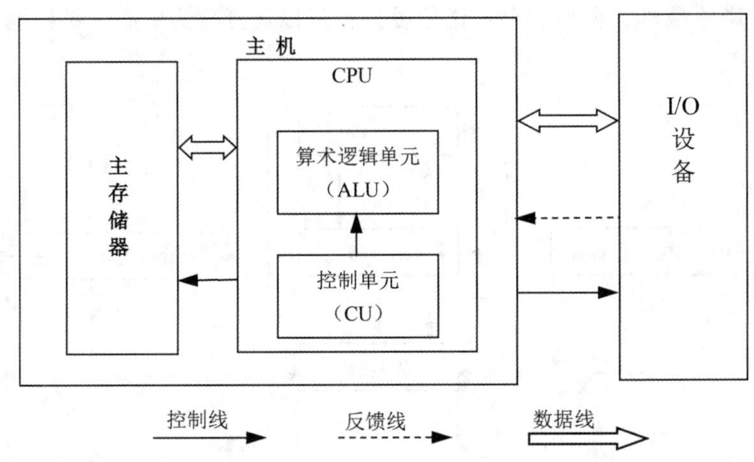

图 5-1-4　现代计算机组成框图

主存储器是存储器子系统中的一类，用来存放程序和数据，可以直接与 CPU 交换信息；另一类称为辅助存储器，简称辅存，又称外存，后面我们将进行学习。

算术逻辑单元（arithmetic logic unit，ALU），即运算器，用来完成算术运算和逻辑运算。控制单元（control unit，CU），即控制器，用来解释存储器中的指令，并发出各种操作命令来执行指令。ALU 和 CU 是 CPU 的核心部件。

I/O 设备也受 CU 控制，用来完成相应的输入/输出操作。

例题解析

例 1　尽管计算机系统结构已经发生了很大变化，但其工作原理未变，以下最能体现这一点的是（　　）。

A. 计算机的存储容量不断增加

B. 计算机的主频不断提高

C. 计算机依然遵循冯・诺依曼体系结构，程序和数据存储在统一的存储器中
D. 计算机的输入/输出设备逐渐多样化

例 2　典型的冯・诺依曼计算机以（　　）为中心。

A. 存储器　　B. 控制器
C. 运算器　　D. 主机

例 3　计算机的主要部件包括（　　）。

A. 电源、打印机、主机　　B. 硬件、软件、固件
C. CPU、中央处理器、存储器　　D. CPU、存储器、I/O 设备

答案：C；C；D

知识点对接：冯・诺依曼思想、现代计算机的构成。

解析：例 1 中，选项 C 最能体现“尽管计算机系统结构已经发生了很大变化，但其工作原理未变”这一观点，因为冯・诺依曼体系结构是现代计算机的基础，强调程序和数据存储在统一的存储器中，属于计算机工作原理的一部分。其他选项提到的存储容量、主频、输入/输出设备的变化都属于计算机的性能提升或外围设备的多样化，不能直接反映工作原理不变。例 2 中，冯・诺依曼结构的核心思想是将运算器和控制器结合起来，执行存储在内存中的程序。因此，选项 C 是正确的。例 3 中，选项 A 中的“电源”和“打印机”并不是计算机的主要部件；选项 B 中“硬件、软件、固件”涉及计算机的分类而非主要物理部件；选项 C 中“CPU”和“中央处理器”重复；选项 D 正确地指出了计算机的主要部件，包括中央处理器（CPU）、存储器和输入/输出设备（I/O 设备）。

5.1.3　系统总线及类型

1. 系统总线及分类

现代计算机采用总线（bus）结构连接各部件。总线是一种内部结构，它是 CPU、内存储器、输入/输出设备之间传递信息的公共通道。主机各部件通过总线相连接，外部设备通过相应的接口电路与总线相连接，从而生成了计算机的硬件系统。

按传输信息的不同，总线分为数据总线（data bus，DB）、地址总线（address bus，AB）和控制总线（control bus，CB），分别用来传输数据信号、地址信号和控制信号。总线连接示意图见图 5-1-5。

数据总线：用来传输各功能部件之间的数据信息，是双向传输总线，其位数与机器字长、存储字长有关，一般为 8 位、16 位或 32 位。数据总线位数称为数据总线宽度，它是衡量系统性能的一个重要参数。

地址总线：用来传输数据在主存单元或 I/O 设备的地址，一般由 CPU 输出。地址总线是单向传输。地址总线的位数与存储单元的个数有关，如地址总线为 20 根，则可访问的存储单元为 2^{20} 个。

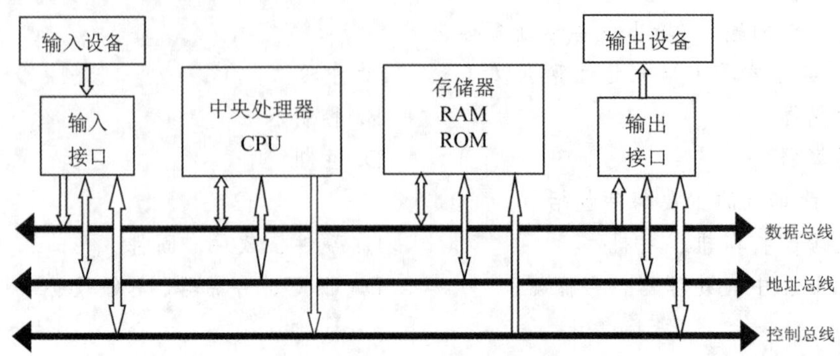

图 5-1-5　总线连接示意图

控制总线：用来传输各种控制信号，协调各部件在不同时刻对总线的使用权。通常对任一控制线而言，它的传输是单向的；但对于控制总线总体来说，它的传输又是双向的。

根据位置和作用的不同，总线可划分为内部总线、系统总线和外部总线。

内部总线即芯片内部的总线，用于 CPU 芯片内部、寄存器与寄存器之间、寄存器与 ALU 之间的连接，它的运行速度比外部总线和系统总线都要快。

系统总线是指 CPU、主存、I/O 设备各大部件之间的信息传输线。该总线因为用来连接计算机各功能部件，从而构成一个完整的计算机系统，所以称为系统总线，如 ISA 总线、PCI 总线、AGP 总线、PCIe 总线等。

外部总线是计算机和外部设备之间的总线。不同标准的外部总线适用于连接不同类型的设备，用户可以根据自己的需求选择合适的外部总线。

2. 系统总线的性能指标

（1）总线的工作频率：总线的工作频率以 MHz（兆赫）为单位，工作频率越高，总线传输数据越快，系统的响应速度越快，处理能力越强。

（2）总线宽度：又称总线位宽，通常是指数据总线的根数，用 bit（位）来表示，如 8 位、16 位、32 位、64 位（即 8 根、16 根、32 根、64 根）。

（3）总线带宽：可理解为总线的数据传输速率，即单位时间内总线上传输数据的位数，通常用每秒传输信息的字节数来衡量，单位可用 MBps 或 MB/s（兆字节每秒）表示。例如：总线工作频率为 33 MHz，总线宽度为 32 位（4 B），则总线带宽为 33×32÷8 MBps＝132 MBps。所以有：

$$总线的带宽＝总线的工作频率×总线位宽÷8$$

3. 常见的系统总线标准

（1）工业标准结构（ISA）。

ISA（industry standard architecture）总线标准是一种早期的计算机总线标准，最初由 IBM 在 1981 年推出，用于 PC（个人计算机）中的扩展卡插槽。起初，ISA 总线是 8 位宽的（如 IBM PC XT，1983 年发布），1984 年随着 IBM PC AT 的推出扩展为 16 位

宽，这意味着 ISA 总线可以一次传输 8 位或 16 位的数据。然而，随着计算机技术的飞速发展，ISA 总线逐渐被性能更优的总线技术（如 PCI 和 AGP）所取代。值得注意的是，16 位 ISA 总线具备 98 个引脚。

（2）扩充的工业标准结构（EISA）。

EISA（extended industry standard architecture）总线标准，作为 ISA 总线标准的扩展版本，于 1989 年由 Compaq 等几家公司联合推出，成为一项重要的总线标准。EISA 总线在 ISA 总线的基础上进行了显著改进，它采用了双层插座设计，不仅在原有 ISA 总线的 98 条信号线上增加了 98 条新的信号线（即在两条 ISA 信号线之间插入一条 EISA 信号线），而且在使用中完全兼容 ISA 总线信号。这一设计使得 EISA 总线支持 32 位数据传输，相较于 16 位的 ISA 总线，它不仅提供了更高的数据传输速率，还拥有更大的内存地址空间，从而满足了当时计算机系统对更高性能总线标准的需求。

（3）周边元件扩展接口（PCI）。

PCI（peripheral component interconnect）总线是一种用于连接扩展卡的标准总线，由 Intel 公司推出。它定义了 32 位数据总线，且可扩展为 64 位。时钟频率为 33 MHz，支持突发读写操作，最大传输速率可达 133 MB/s，能够同时支持多组外围设备。然而，PCI 总线并不兼容 ISA、EISA、MCA（micro channel architecture，微通道体系结构）等早期总线标准。同时，PCI 总线的设计并不受限于特定处理器，它是随着奔腾等微处理器的出现而逐渐发展起来的。在外观上，PCI 总线的接口通常为白色。随着 PCIe 等更先进总线标准的普及，PCI 总线已逐渐被淘汰，但它在一些旧有的计算机系统中仍广泛存在。

（4）加速图形接口（AGP）。

AGP（accelerated graphics port）是由英特尔于 1996 年 7 月推出的，它是一种专门用于连接显卡的高性能总线接口。作为显卡专用的高性能总线，AGP 总线不仅基于 PCI 2.1 版规范，还进行了进一步的扩展和优化，采用的是点对点的连接方式。它以 66 MHz 的频率直接与主存相连，将主存用作帧缓冲器，从而实现了高速的数据缓存。

AGP 的初始版本拥有 32 位的数据宽度，最大数据传输速率为 266 MB/s，这是传统 PCI 总线带宽的两倍。此外，AGP 还引入了“双边沿传输技术”，允许在一个时钟周期内的上升沿和下降沿都传输数据，使实际传输频率相当于 133 MHz，最大数据传输速率因此提升至 533 MB/s。

随着技术的不断发展，AGP 进一步推出了多个版本，包括 AGP 4X 和 AGP 8X。这些新版本在数据传输速率上实现了显著提升，分别达到了 1.07 GB/s 和 2.1 GB/s。这些性能上的飞跃，使得 AGP 能够更有效地支持更高要求的图形处理任务，满足了日益增长的图形计算需求。

（5）高速串行计算机扩展（PCIe）总线标准。

PCIe（peripheral component interconnect express）总线是一种高速串行总线，主要用于连接计算机的各种扩展卡和设备。它采用点对点的串行传输技术，相比传统的并行总线接口，能够提供更大的数据传输速率和带宽，满足高性能设备的传输需求。

PCIe 总线标准已经推出了多个版本，其中最常用的版本如下。

PCIe 1.0：每通道的理论最大传输速率为 250 MB/s。

PCIe 2.0：每通道的理论最大传输速率提升至500 MB/s。

PCIe 3.0：每通道的理论最大传输速率接近1 GB/s。

PCIe通道是影响总线带宽的重要因素。常见的通道配置包括X1、X4、X8、X16等，通道数量越多，数据传输的带宽越大，性能越好。PCIe总线还具有良好的可扩展性，支持多种不同的插槽配置。例如：PCIe X1插槽在PCIe 1.0版本下的理论最大传输速率为250 MB/s，PCIe X16插槽在PCIe 3.0版本下传输速率可达到约16 GB/s。这种灵活性使得PCIe可以根据不同设备的需求选择合适的通道配置，以满足从低带宽到高带宽的各种需求。因此，PCIe广泛应用于现代计算机系统中，尤其是在图形处理、高速存储、网络设备等对带宽要求较高的场景中。

例题解析

例1 决定计算机系统可访问的物理内存范围的是（　　）。

A. CPU的工作频率　　B. 数据总线的位数

C. 地址总线的位数　　D. 指令的长度

例2 地址总线有20根，则可寻址的最大范围是（　　）。

A. 512 KB　　B. 640 KB

C. 1024 KB　　D. 4096 KB

例3 I/O接口位于（　　）之间。

A. 主机和I/O设备　　B. 主机和主存

C. CPU和主存　　D. 总线和I/O设备

答案：C；C；A

知识点对接：系统总线及分类、系统总线的性能指标。

解析：例1中，地址总线的位数决定了计算机系统能够访问的物理内存范围，地址总线越宽，能够寻址的内存空间就越大，所以选C。例2中，寻址空间的计算公式为2^n，其中n是地址总线的位数，20位地址总线可以寻址的范围是2^{20}字节，即1024 KB，故选C。例3中，I/O接口用于主机和外部设备之间的通信，主机通过I/O接口与外部设备（如键盘、显示器等）进行数据交换，B、C选项是错的。D选项“总线和I/O设备”中总线负责数据传输，但I/O接口的主要功能是连接主机和I/O设备，故不能选D。

5.1.4　衡量计算机性能的主要参数

1. 主频

主频是指CPU的时钟频率，即CPU在单位时间内发出的脉冲数，它在很大程度上决定了计算机的运算速度。主频的单位是赫兹（Hz），常见的单位为GHz或MHz。主频越高，CPU在单位时间内执行的指令数越多，运算速度也越快。

2. 字长

字（word）通常指处理器一次能够处理的二进制数据，字长（word length）则是这组数据的位数。字长是 CPU 的重要参数，字长越长，处理的数据位数越多，计算精度就越高。字长取决于数据总线的宽度，并影响指令的直接寻址能力。常见的字长是字节的整数倍，如 16 位、32 位、64 位等。

3. 运算速度

运算速度是指计算机每秒执行的指令数，单位为 MIPS（百万条指令每秒），主要衡量整数运算性能，适用于描述计算机执行常规指令（如加、减、乘、除和逻辑运算）的能力。由于不同指令的执行时间不同，因此衡量运算速度有多种方法。比如，MFLOPS（百万次浮点运算每秒）用于评估计算机的浮点运算性能，表示每秒执行的浮点运算次数。浮点运算常用于科学计算、工程模拟、图像处理等需要高精度数学计算的场合。

4. 存储容量

存储容量包括内存容量和外部存储（辅存）容量，通常指系统能够存储信息的字节数。一般来说，内存容量越大，系统在处理多任务或大型应用时的效率越高。不过，处理速度不仅取决于内存容量，还受制于其他因素，如处理器性能和存储设备的读写速度。

5. 存储周期

计算机的存储周期是指存储器完成一次读取或写入操作所需的时间。存储周期的长短直接影响存储器的响应速度和性能。较短的存储周期意味着存储器能更快完成数据的读写操作，从而提升系统的整体性能和效率。内存的存储周期通常以纳秒（ns，$1\ \text{ns}=10^{-9}\ \text{s}$）为单位，外存储器的存储周期一般以毫秒（ms，$1\ \text{ms}=10^{-3}\ \text{s}$）为单位。

此外，还有其他相关概念。

时钟周期：时钟是 CPU 的动力源，驱动 CPU 不断工作。时钟周期是 CPU 内部用于衡量时间的最基本单位。

机器周期（也叫 CPU 周期）：是 CPU 访问一次内存所需的最短时间。例如，取一条指令就需要一个机器周期。一个机器周期通常由多个时钟周期组成。

指令周期：是指完成一条指令所需的时间，可能由多个机器周期组成。

因此，从时间长度来说，指令周期＞机器周期＞时钟周期，三者的关系如图 5-1-6 所示。

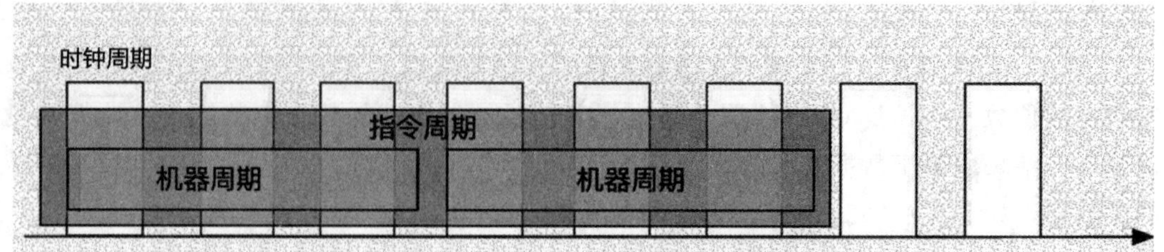

图 5-1-6　指令周期、机器周期、时钟周期关系图

例题解析

例 1　衡量计算机性能的主要技术指标包括（　　）。

A. 外设、内存容量、体积　　B. 语言、外设、速度

C. 软件、速度、重量　　D. 主频、字长、内存容量

例 2　关于计算机性能指标“字长”的描述，正确的是（　　）。

A. 字长越长，计算机执行每条指令所需的时间就越长

B. 字长决定了 CPU 能够直接处理的数据的最大位数

C. 字长与计算机存储容量直接相关，字长越长，存储容量越大

D. 字长是衡量计算机存储周期长短的标准

例 3　衡量存储器性能时，存储周期指的是（　　）。

A. 存储器的总容量　　B. 存储器的读写速度

C. 存储器的访问时间　　D. 存储器的刷新率

答案： D；B；C

知识点对接： 衡量计算机性能的主要参数。

解析： 例 1 中，衡量计算机性能的主要指标包括处理器的主频、字长和内存容量等。主频决定了处理器的速度，字长影响数据处理能力，内存容量则决定了计算机可以同时处理和存储的数据量。而选项 A、B、C 中的外设、体积、语言、软件等不属于衡量计算机性能的核心技术指标，所以选 D。例 2 中，字长是 CPU 一次能够处理的二进制数据的位数。字长越长，CPU 能直接处理的数据位数越多，因此 B 是正确的。A 选项错误，因为字长越长不代表执行指令所需的时间越长；C 选项错误，字长与存储容量没有直接关系；D 选项错误，字长不衡量存储周期，它体现的是处理数据的能力。例 3 中，存储周期指存储器完成一次读取或写入操作所需的时间，因此存储周期反映的是存储器的访问时间。A 选项指的是存储容量，B 选项与存储周期密切相关，但存储周期更精确的说法是访问时间，D 选项是指与刷新有关的操作，而与存储周期无关，所以选 C。

同步训练

1. 计算机硬件系统主要由（　　）这五部分组成。

A. 运算器、输入设备、存储器、控制器、输出设备

B. 运算器、控制器、存储器、主机、外部设备

C. CPU、主存储器、控制器、输入设备、输出设备

D. 运算器、控制器、存储器、输入设备、显示器

2. 计算机的“五大部件”中，不包括（　　）。

A. 运算器　　B. 控制器

C. 存储器　　D. 显示器

3. 在计算机系统中，地址总线的宽度主要影响（　　）。

A. CPU 的运算速度　　B. 内存的存储容量

C. CPU 可以直接访问的内存地址空间的大小　　D. 数据传输的速率

4. 计算机内部信息的表示采用的是（　　）进制。

A. 十　　B. 八

C. 二　　D. 十六

5. 下列选项中，不属于冯・诺依曼计算机的特点的是（　　）。

A. 存储程序控制　　B. 二进制数系统

C. 包含运算器和控制器　　D. 使用单根总线连接各部件

6. 在现代计算机中，CPU 与主存储器合称（　　）。

A. 主机　　B. 外部设备

C. 存储子系统　　D. 控制器

7. 计算机系统中，CPU 的核心部件包括（　　）。

A. 运算器和存储器　　B. 运算器和控制器

C. 运算器和输入设备　　D. 运算器和输出设备

8. 计算机总线中，控制总线的主要作用是（　　）。

A. 传输数据　　B. 传输地址

C. 传输控制信号　　D. 传输电源

9. 冯・诺依曼计算机体系结构中，运算器的主要功能是（　　）。

A. 执行算术和逻辑运算　　B. 控制程序执行流程

C. 读取存储器中的指令　　D. 输出处理结果

10. 冯・诺依曼思想可以简略概括为（　　）。

A. 算术运算、逻辑运算、控制程序

B. 运算器、控制器、存储器

C. 五大部件、存储程序控制、二进制系统

D. 运算器、控制器、存储器、输入设备、输出设备

11. 数据总线、地址总线和控制总线分别用来传输（　　）。

A. 数据信号、控制信号、地址信号　　B. 地址信号、数据信号、控制信号

C. 控制信号、数据信号、地址信号　　D. 数据信号、地址信号、控制信号

12. 计算机硬件系统中，负责执行算术运算和逻辑运算的是（　　）。

A. 存储器　　B. 控制器

C. 运算器　　D. 输入设备

13. PCIe 总线的一个显著特点是（　　）。

A. 使用串行传输技术　　B. 最大支持带宽为 133 MB/s

C. 支持 32 位和 64 位数据总线　　D. 是计算机的内部总线

14. 系统总线的主要功能是（　　）。

A. 连接 CPU、主存储器和 I/O 设备　　B. 连接硬盘、键盘和鼠标

C. 用来传输地址和数据信号　　D. 控制 CPU 和内存的通信速度

15. PCIe X16 中的“X16”表示（　　）。

A. 总线的位宽为 16 位　　B. 总线支持 16 个设备连接

C. 总线支持 16 通道传输　　D. 总线支持 16 倍频率

16. 在冯·诺依曼计算机体系结构中，以下选项不是它的特点的是（　　）。

A. 存储程序控制　　B. 二进制数表示

C. 多任务并行处理　　D. 五大基本部件

17. 衡量计算机系统处理速度的主要指标是（　　）。

A. 内存容量　　B. 硬盘容量

C. CPU 主频　　D. 显示器分辨率

18. 现代计算机的主要性能指标不包括（　　）。

A. 主频　　B. 字长

C. 运算速度　　D. I/O 设备种类

19. 在计算机总线性能指标中，“总线带宽”是指（　　）。

A. 总线的物理宽度　　B. 总线的数据传输速率

C. 总线的工作频率　　D. 总线的位宽

20. 下列选项中，（　　）不是衡量计算机系统性能的重要指标。

A. 吞吐量　　B. 响应时间

C. 可靠性　　D. 显示器尺寸

21. 系统总线中，如果数据总线的宽度为 32 位，那么它一次可以传输的最大数据量是（　　）字节。

A. 2　　B. 4

C. 8　　D. 16

22. 系统总线中，用于传输 CPU 与内存或输入/输出设备之间数据的是（　　）。

A. 地址总线　　B. 控制总线

C. 数据总线　　D. 串行总线

23. MIPS 是衡量 CPU（　　）方面的指标。

A. 浮点运算能力　　B. 整数运算能力

C. 每秒执行百万条指令数　　D. 缓存大小

24. 下列选项中，（　　）类型的总线通常用于连接高速外设，如高端图形卡。

A. PCI　　B. PCIe

C. USB 2.0　　D. ISA

25. 下列关于系统总线带宽的描述，错误的是（　　）。

A. 带宽越大，数据传输速率越大　　B. 带宽是衡量总线传输能力的重要指标

C. 带宽与总线的物理长度成正比　　D. 带宽受总线位宽和时钟频率的影响

26. 下列选项中，不是系统总线的特性的是（　　）。

A. 并行性　　B. 双向性

C. 单一性　　D. 时序性

27. MIPS 和 MFLOPS 是衡量 CPU 性能的两种指标，它们之间的主要区别在于（　　）。

A. MIPS 衡量的是整数运算能力，MFLOPS 衡量的是浮点运算能力

B. MIPS 衡量的是单核性能，MFLOPS 衡量的是多核性能

C. MIPS 衡量的是指令执行速度，MFLOPS 衡量的是数据传输速率

D. MIPS 和 MFLOPS 衡量的是相同的性能维度

28. MIPS 和 MFLOPS 是衡量 CPU 性能的两种不同指标，MIPS 主要关注的是（　　）。

A. 浮点运算能力　　B. 整数运算能力

C. 缓存命中率　　D. 指令执行速度

29. 通常说的“裸机”是指仅有（　　）的计算机。

A. 软件系统　　B. 硬件系统

C. 指令系统　　D. 主机

30. 任何程序都必须加载到（　　）中才能被 CPU 执行。

A. 硬盘　　B. 内存

C. 外存　　D. CPU 的寄存器

31. 计算机的通用性使其可以求解不同的算术和逻辑问题，这主要取决于计算机的（　　）。

A. 体系结构　　B. 指令系统

C. 可编程性　　D. 高级程序设计语言的使用

32. 字长是衡量计算机性能的重要指标之一，它指的是（　　）。

A. 地址总线的位数

B. CPU 一次可以处理的二进制数

C. CPU 一次可以处理的二进制数的位数

D. 计算机一次可以处理的数据的位数

33. 计算机病毒是一种能破坏计算机的特殊程序，其破坏性表现出来，必须首先（　　）。

A. 取得 CPU 的控制权　　B. 被编制得十分完善

C. 被调入内存中　　D. 被传染到计算机中

34. 下列关于冯·诺依曼原理的叙述，错误的是（　　）。

A. 冯·诺依曼原理是电子计算机唯一的工作原理

B. 冯·诺依曼原理规划了计算机的基本结构

C. 冯·诺依曼原理一直沿用至今

D. 在现代，冯·诺依曼型计算机结构有了很大改变

35. 下列关于计算机硬件组成部件的叙述，正确的是（　　）。

A. 存储器只能用来存放程序

B. 控制器是执行指令、发出各种命令的部件

C. 输入/输出设备主要用来协调各部件的工作

D. 运算器是执行各种算术运算的部件

36. 根据冯·诺依曼原理，计算机硬件各部件如何运作具体是由（　　）决定的。

A. 操作系统　　B. 存储器中的程序

C. CPU 中所执行的指令　　D. 用户

37. 从 20 世纪 40 年代开始至今，经过几十年的发展，冯·诺依曼体系结构有了很大的变化。下列选项中不属于改进内容的是（　　）。

A. 运算器和控制器做在了一起　　B. 采用总线结构连接各个部件

C. 计算机内采用二进制形式来表示数据　　D. 存储器明确划分为内存和外存

38. 下列不属于冯·诺依曼体系的设计思想的是（　　）。

A. 计算机要工作就必须将程序调入内存

B. 计算机内部采用二进制来表示信息

C. 将所有部件采用总线结构进行连接

D. 计算机基本结构包括五大部件：运算器、控制器、存储器、输入设备、输出设备

39. 下列关于冯·诺依曼体系结构的叙述，错误的是（　　）。

A. 采用存储程序的方式工作

B. 程序和数据存放在不同的存储器中

C. 计算机自动完成逐条取出指令和执行命令的任务

D. 目前使用的大部分计算机属于或基本属于冯·诺依曼体系结构

40. 下列对冯·诺依曼型计算机工作原理的理解，错误的是（　　）。

A. 冯·诺依曼型计算机工作前必须将程序和数据调入内存

B. 冯·诺依曼型计算机必须有存储程序和数据的记忆部件

C. 冯·诺依曼型计算机中的指令是按顺序执行的

D. 冯·诺依曼型计算机内部只能识别二进制数据，所以只能用机器语言编程

41. 计算机技术中使用 CPI 来表示（　　）。

A. CPU 执行指令的频率　　B. CPU 执行指令的平均速度

C. 执行指令平均使用 CPU 时钟的个数　　D. CPU 工作的平均时钟周期数

42. 关于 CPU 主频、CPI、MIPS、MFLOPS 的说法，正确的是（　　）。

A. CPU 主频是指 CPU 系统执行指令的频率，CPI 是执行一条指令平均使用的频率

B. CPI 是执行一条指令平均使用 CPU 时钟的个数，MIPS 描述一条 CPU 指令平均使用 CPU 时钟数

C. MIPS 是描述 CPU 执行指令的频率，MFLOPS 是计算机系统的浮点数指令

D. CPU 主频指 CPU 工作的时钟频率脉冲，CPI 是执行一条指令平均使用的 CPU 时钟数

任务 5.2　中央处理器（CPU）

任务描述

了解 CPU 的发展，理解并掌握计算机硬件中 CPU 的组成及其功能，理解 CPU 性能指标及相关技术。

知识图谱

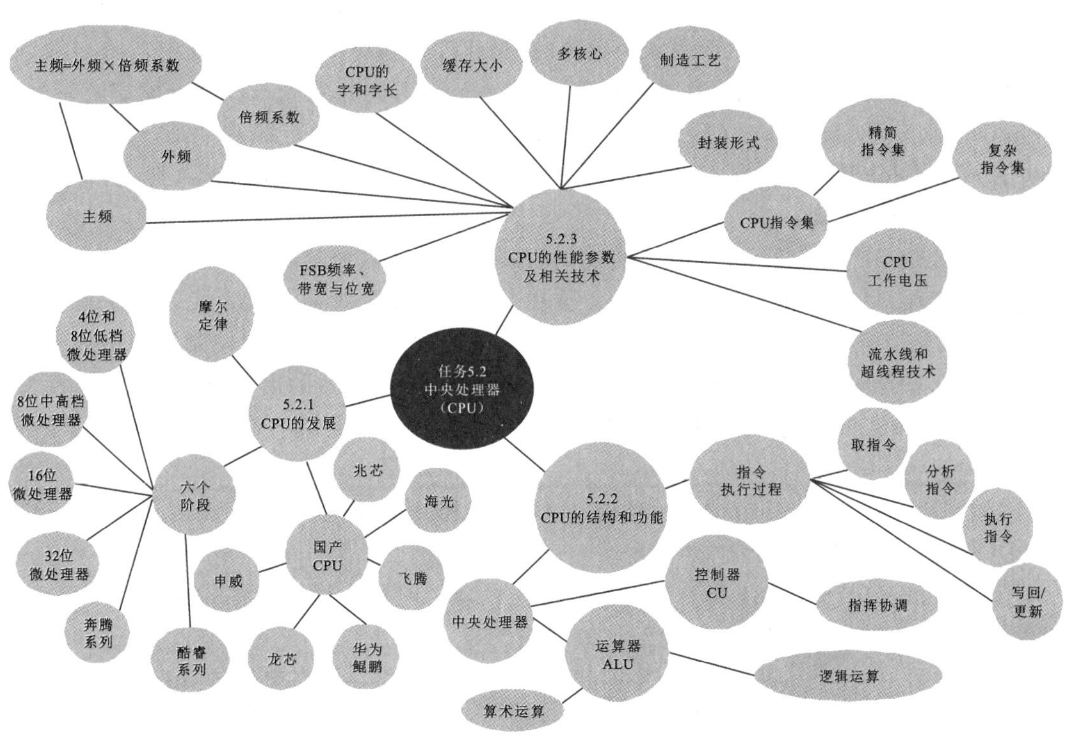

5.2.1 CPU 的发展

1. 摩尔定律

集成电路（integrated circuit，IC）是现代电子设备的基础，其发明和发展对计算机科学及技术产生了深远的影响。集成电路技术是制造 CPU 的核心基础之一。1965 年，芯片巨头英特尔公司联合创始人戈登·摩尔（Gordon Moore）提出了著名的摩尔定律。他的这一经验观察和预测指出：当价格不变时，集成电路上可容纳的元器件的数目，约每隔 18 到 24 个月便会增加一倍，性能也将提升一倍。他精准地预测了芯片在接下来的三十年的发展，不仅深刻影响了半导体行业的发展方向，还在很大程度上指导了科技企业的产品规划和研发策略。

然而，随着晶体管尺寸的不断缩小，集成电路面临着越来越多的技术挑战，例如物理极限、制造成本的增加、功耗和散热问题等。因此，摩尔定律在当前阶段已经不再完全符合实际发展情况。

2. CPU 的发展历史

微处理器的诞生标志着计算机技术的一个重大飞跃。1971 年，英特尔公司发布了世界上第一款商用微处理器 Intel 4004。它集成了近 2300 个晶体管，能够每秒执行数千条指令，这是一个划时代的突破。从 Intel 4004 诞生至今，微处理器发展迅速。目前，个人计算机领域的主要 CPU 生产厂家为美国的 Intel 公司和 AMD 公司。其中，Intel 公司的 CPU 产品主要有 Celeron（赛扬）系列、Pentium（奔腾）系列、Core（酷睿）系列、Atom（凌动）系列、Xeon（至强）系列；AMD 公司的 CPU 产品主要有 Athlon（速龙）系列、Thunderbird（雷鸟）系列、Duron（毒龙）系列、Phenom（弈龙）系列、Opteron（皓龙）系列。

CPU 已有 50 多年的历史，通常将它的发展分为以下六个阶段。

第一阶段（1971—1973 年）：这是 4 位和 8 位低档微处理器时代，代表产品是 Intel 4004 处理器。1971 年，Intel 生产的 Intel 4004 微处理器将运算器和控制器集成在一个芯片上，标志着现代 CPU 的诞生。1978 年，Intel 8086 处理器的出现奠定了 x86 指令集架构，随后 Intel 8086 系列处理器被广泛应用于个人计算机终端、高性能服务器以及云服务器中。

第二阶段（1974—1977 年）：这是 8 位中高档微处理器时代，代表产品是 Intel 8080。此时，指令系统已经比较完善。

第三阶段（1978—1984 年）：这是 16 位微处理器时代，代表产品是 Intel 8086。相对而言，这一时期的处理器技术已经比较成熟。

第四阶段（1985—1992 年）：这是 32 位微处理器时代，代表产品是 Intel 80386。此阶段的处理器已经能够胜任多任务、多用户的作业。1989 年发布的 Intel 80486 处理器实现了 5 级标量流水线，标志着 CPU 技术的初步成熟，也标志着传统处理器发展阶段的结束。

第五阶段（1993—2005年）：这是Pentium（奔腾）系列微处理器的时代。1992年10月，Intel发布了Pentium处理器。该处理器首次采用超标量指令流水线结构，引入了指令的乱序执行和分支预测技术，大大提高了处理器的性能。因此，超标量指令流水线结构被后续出现的现代处理器，如AMD的K8、K10，Intel的Core系列等所采用。

第六阶段（2006年至今）：这是Core（酷睿）系列微处理器的时代。Core采用的是领先节能的新型微架构，设计的出发点是提供卓越的性能和能效。Core 2系列是Intel在2006年推出的一系列微处理器，包括双核（Core 2 Duo）和四核（Core 2 Quad）版本，广泛应用于台式计算机和笔记本电脑中。

3. 国产CPU

在当前的PC市场，Intel和AMD是主流的处理器供应商（它们约占市场的90%），剩余的约10%则由其他各种CPU品牌占据。其中，我们有六大知名国产CPU品牌：华为鲲鹏、飞腾、海光、兆芯、申威和龙芯。这些品牌在自主可控性、性能和生态系统等方面各有优势。

自主可控性：龙芯最高，其次是海光和申威。

性能：海光领跑，龙芯次之。

生态优势：海光具有显著的生态优势，龙芯潜力巨大。

下面具体介绍这六种CPU。

（1）龙芯。

龙芯（Loongson）是由中国科学院计算技术研究所自主研发的系列微处理器。最初，龙芯处理器基于国外的MIPS指令集，这是一种精简指令集架构，以简洁、高效著称。后来，龙芯拓展了LoongISA指令集，并进一步研发出了完全自主可控的LoongArch指令集。该指令集兼容MIPS和LoongISA指令集。因此，龙芯在指令集方面已经实现了自主可控，不再依赖MIPS指令集。然而，自主研发指令集后，生态问题仍未完全解决。龙芯处理器在性能和功耗方面表现良好，广泛应用于超算、服务器和嵌入式系统等领域。

（2）华为鲲鹏。

华为鲲鹏（Kunpeng）系列处理器是华为自主研发的服务器处理器，采用ARM架构。ARM架构是一种广泛应用于移动设备和嵌入式系统的RISC架构，以其出色的性能和功耗平衡而著称。华为鲲鹏系列处理器主要面向服务器市场，具有高性能、低功耗和高可靠性等特点，广泛应用于云计算和大数据领域。

（3）飞腾。

飞腾（Fei Teng）系列处理器由国防科技大学研发，采用基于SPARC架构的设计。SPARC架构是一种RISC架构，以其在多线程和并发处理方面的优势而闻名。飞腾处理器主要用于高性能计算、服务器和大规模数据中心等领域。

（4）海光。

海光（Hygon）处理器最初由海光信息与AMD合作研发，现已独立运营并持续优化x86架构的产品，这是一种广泛应用于个人计算机和服务器领域的复杂指令集

(CISC) 架构。海光处理器在性能和能效方面表现突出，被广泛应用于服务器和数据中心领域。

(5) 兆芯。

兆芯（Zhaoxin）系列处理器由上海兆芯研发，采用 x86 架构。兆芯处理器旨在提供个人计算机和嵌入式系统领域的性能和能效平衡。在国内市场，兆芯处理器具有一定的市场份额，被广泛应用于办公计算机和工控设备等领域。

(6) 申威。

申威（Shen Wei）处理器由国家高性能集成电路（上海）设计中心研制，采用基于 RISC-V 指令集架构。RISC-V 指令集架构是一种开源的指令集架构，具有良好的可扩展性和灵活性，被视为未来处理器领域的重要趋势。申威处理器主要用于超级计算和高性能计算等领域。申威处理器早期采用 Alpha 指令集，后期拓展了自己的 SW-64 指令集，现已基本实现完全自主可控。目前，神威·太湖之光等超级计算机中使用的是 SW26010 芯片。

例题解析

例 1 关于摩尔定律的描述，下列选项中正确的是（　　）。

A. 当价格不变时，集成电路上可容纳的元器件的数目约每年增长一倍，其计算能力也增长一倍

B. 当价格不变时，集成电路上可容纳的元器件的数目约每两年增长一倍，其计算能力也增长一倍

C. 当价格不变时，集成电路上可容纳的元器件的数目约每隔 18 到 24 个月增长一倍，其计算能力也相应提升

D. 当价格不变时，集成电路上可容纳的元器件的数目约每 6 个月增长一倍，其计算能力也增长一倍

例 2 龙芯 3A6000 是我国自主研发、自主可控的新一代通用处理器。下列选项中，不属于“自主可控”内容的是（　　）。

A. 自主设计的指令集　　B. 国内完整的产业链支持

C. 集成了国际领先的 GPU 核心　　D. 内置了多种国密算法

例 3 下列选项中不是 CPU 发展历程中的重要里程碑的是（　　）。

A. 1971 年，英特尔推出世界上首款微处理器 Intel 4004

B. 1981 年，IBM 推出基于 Intel 8088 的个人计算机 IBM PC

C. 2017 年，AMD 推出 Ryzen 系列处理器

D. 2006 年，英特尔推出 Core 处理器架构

答案： C；C；C

知识点对接： 摩尔定律、国产 CPU、CPU 发展史。

解析： 例 1 中，摩尔定律描述的是集成电路上元器件数量的增长速度。其经典表述

是：当价格不变时，集成电路上可容纳的元器件的数目，约每隔 18 到 24 个月便会增加一倍，性能也将提升一倍。因此，C 选项正确。A、B、D 对增长周期的描述有误。例 2 中，“自主可控”指的是技术在设计、生产、供应链以及安全等方面的独立性，确保不依赖外部技术。C 选项中的“集成了国际领先的 GPU 核心”与自主可控的原则不符，其他选项均符合自主可控的标准，所以选 C。例 3 中，AMD 推出 Ryzen 系列处理器虽然在 CPU 发展中具有重要意义，但并非公认的重要里程碑，而其他三项是标志性事件，故选 C。

5.2.2　CPU 的结构和功能

1. 中央处理器

运算器和控制器构成计算机的中央处理器（CPU）。CPU 的主要功能包括执行算术和逻辑运算、控制程序的执行，以及协调各部件之间的数据交换和控制操作。作为计算机系统的运算和控制核心，CPU 是信息处理和程序运行的最终执行单元。如图 5-2-1 所示，CPU 在计算机系统中扮演着至关重要的角色。

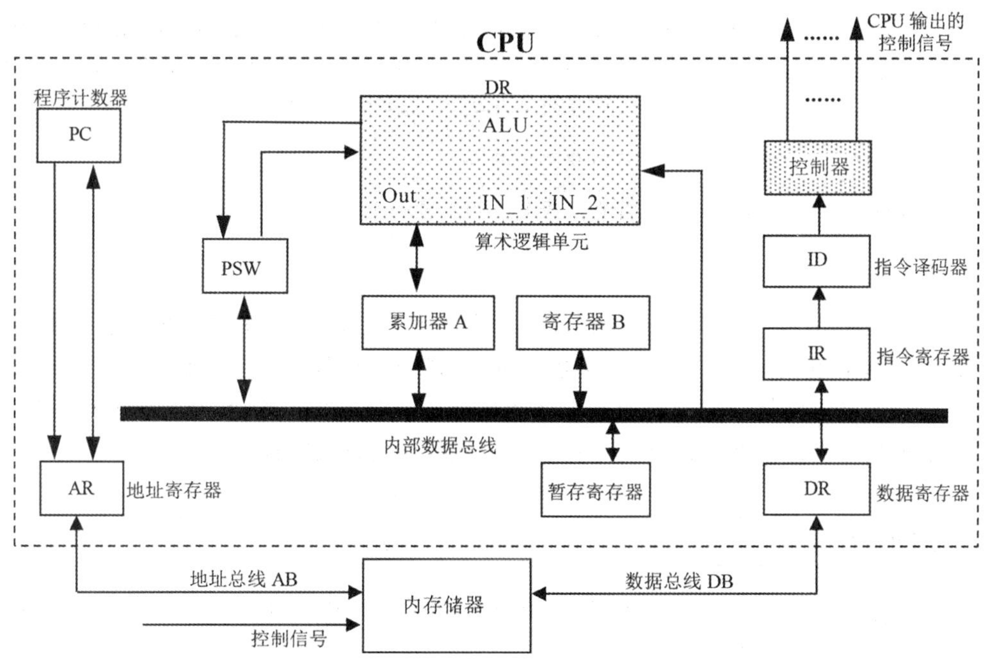

图 5-2-1　CPU 内部结构框架图

（1）运算器。

运算器（也称为算术逻辑单元，英文缩写为 ALU）由算术逻辑单元、累加器、状态寄存器和通用寄存器组等部件组成。算术逻辑单元的主要任务是对信息进行加工处理，包括执行算术运算和逻辑运算。状态寄存器（也称为标志寄存器，英文缩写为

PSW），用于存放算术逻辑单元在工作过程中产生的状态信息。通用寄存器组用于暂存操作数或地址。累加器是一种特殊的寄存器，用于暂存运算的中间结果，并参与下一次运算。

算术逻辑单元、累加器和通用寄存器组的位数决定了 CPU 的字长。通常，字长与算术逻辑单元、累加器和通用寄存器组的长度是一致的。各组成部件的功能详见表 5-2-1。

表 5-2-1　运算器的基本构成及各部件的功能

组成部件	功能
算术逻辑单元	进行算术和逻辑运算
暂存寄存器	用于暂存从主存读来的数据，这个数据不能存放在通用寄存器中，否则会破坏其原有内容。暂存寄存器上可以增加移位功能，这时也可以称之为移位寄存器
累加器	它是一个通用寄存器，用于暂时存放 ALU 运算的结果信息，用于实现加法运算
通用寄存器组	用于存放操作数（包括源操作数、目的操作数及中间结果）和各种地址信息等
状态寄存器	保留算术逻辑运算指令或测试指令的运行结果而建立各种状态信息，有溢出标志位（OF）、符号标志位（SF）、零标志位（ZF）、进位标志位（CF）等。该寄存器中的这些位参与并决定微操作的形成
移位器	对运算结果进行移位运算
计数器	控制运算的操作步数

（2）控制器。

控制器（control unit，CU）是计算机的指挥中心，负责指挥和协调各部件的工作。它包含以下基本组成部分：指令寄存器（IR）、指令译码器（ID）、程序计数器（PC）、时序电路和控制电路等。控制器的基本功能包括从内存中取出指令、分析指令、执行指令，并根据指令功能协调各部件的工作。各组成部件的详细功能见表 5-2-2。

表 5-2-2　控制器的基本构成及各部件的功能

组成部件	功能
程序计数器	存储下一条将要执行的指令在内存中的地址，以便在执行完当前指令后能正确地取出下一条指令
指令寄存器	用于存放从内存中取出的当前正在执行的指令
指令译码器	负责识别指令的功能，对指令进行译码，并将其转化为控制信号，以便指令的正确执行

续表

组成部件	功能
微操作信号发生器（微程序控制器）	根据 IR 里的内容（指令）、PSW 里的内容（状态信息）及时序信号，产生控制整个计算机系统所需的各种控制信号，其结构有组合逻辑型和存储逻辑型两种
时序系统	产生计算机工作时所需的各种时钟信号，确保各部件按时序工作，从而保证指令的顺利执行
存储器地址寄存器	用于存放所要访问的主存单元的地址
存储器数据寄存器	用于存放向主存写入的信息或从主存中读出的信息

2. 指令执行过程

CPU 执行一条指令的过程通常可以分为四个基本步骤。

第一步：取指令，即 CPU 从内存中读取下一条要执行的指令。这个步骤涉及将指令的地址发送到内存，并将指令数据加载到 CPU 的指令寄存器中。

第二步：分析指令，即 CPU 的指令译码器解析已取出的指令，确定要执行的操作及相关的数据。此步骤包括解析指令的操作码以及操作数或寻址模式，并生成对应的微操作控制信号。

第三步：执行指令，即根据指令的译码结果，CPU 向各部件发出相应的控制信号，让它们完成指令规定的操作。执行阶段可能包括算术运算、逻辑运算、数据传输等多种操作。

第四步：写回/更新，即更新程序计数器，使其指向下一条将要执行的指令地址，为下一条指令的执行做好准备。

上述过程是 CPU 执行指令的基本流程。不同类型的指令和操作数可能会导致具体执行流程发生细微变化，但基本思路和步骤是类似的。

例题解析

例 1　在计算机中，对数据进行加工处理的部件通常是（　　）。

A. 运算器　　　　B. 控制器

C. 存储器　　　　D. 高速缓冲存储器

例 2　关于 CPU 执行指令的顺序，下列选项中描述正确的是（　　）。

A. CPU 首先读取指令，然后解码指令，接着执行指令，最后将结果写回内存

B. 指令的执行顺序是：解码指令、读取指令、执行指令、写回结果

C. CPU 从内存读取指令后直接执行，无须解码过程

D. 执行指令的顺序可以根据需要由程序员在编写程序时指定

例 3 在 CPU 的运算器中，除了算术逻辑单元外，支持运算操作的关键组成部分通常还包括（ ）。

A. 指令寄存器和程序计数器　　B. 累加器和通用寄存器组

C. 高速缓存和内存控制器　　D. 总线接口和中断控制器

答案： A；A；B

知识点对接： 运算器、指令执行过程。

解析： 例 1 中，运算器是负责对数据进行算术和逻辑运算的部件。B 选项“控制器”负责指挥各部件的工作，不直接进行数据处理。C 选项“存储器”负责存储数据，不进行运算。D 选项“高速缓冲存储器”是用于提高处理器与主存储器之间的数据交换速度的部件，也不直接进行数据运算。故选 A。例 2 中，指令执行过程为取指令、分析指令、执行指令、写回/更新。A 选项是 CPU 执行指令的基本流程，也是计算机能够按照预定程序自动执行各种任务的基础，其他均存在错误，故选 A。例 3 中，除了算术逻辑单元之外，累加器和通用寄存器组是运算器的重要组成部分，累加器用于暂存运算结果，通用寄存器组则用于暂时存放数据和各种地址信息等。A 选项的指令寄存器和程序计数器属于控制器部分，C 选项的高速缓存和内存控制器属于存储和传输系统，D 选项的总线接口和中断控制器是数据传输和控制部件。因此选 B。

5.2.3 CPU 的性能参数及相关技术

1. 主频

CPU 的主频（也称为时钟频率）是指 CPU 内部时钟振荡器的频率，即每秒钟的时钟周期数。主频直接影响 CPU 执行指令的速度，是衡量 CPU 性能的一个重要指标。一般来说，主频越高，CPU 的运算速度越快。

CPU 的主频计算公式为：主频＝外频×倍频系数。

主频的单位通常为赫兹（Hz），具体表示单位如下。

千赫兹（kHz）：1 kHz＝1000 Hz。

兆赫兹（MHz）：1 MHz＝1000000 Hz＝1000 kHz。

吉赫兹（GHz）：1 GHz＝1000000000 Hz＝1000 MHz。

例如，2.4 GHz 表示 CPU 的主频为 2.4 吉赫兹，即每秒可以完成 2400000000 次时钟周期。

2. 外频

外频是 CPU 与其他系统组件之间进行数据传输的基准频率，它是决定 CPU 实际工作频率的关键参数之一。具体来说，外频指的是连接 CPU 与内存、芯片组及其他组件的数据传输频率。外频的单位通常是赫兹（Hz），常见的单位包括千赫兹（kHz）和兆赫兹（MHz）。

3. 倍频系数

倍频系数是指 CPU 主频与外频之间的比例关系。在相同外频下，倍频系数越高，CPU 的实际工作频率也越高。例如，如果外频为 100 MHz，倍频系数为 20，则 CPU 的实际工作频率为 100 MHz × 20 = 2000 MHz，即 2 GHz。在外频保持不变的情况下，通过提高倍频系数来增加 CPU 的运行速度，这一过程称为超频（overclocking）。

4. 前端总线频率、带宽与位宽

前端总线（front side bus，FSB）是计算机系统中的一种重要总线，用于连接中央处理器和内存控制器，通常集成在北桥芯片或内存控制器中。FSB 负责在 CPU 与系统内存之间传输数据、地址和控制信号。FSB 的速度（通常以 MHz 或 GHz 为单位）直接影响系统的整体性能。较高的 FSB 频率意味着 CPU 与内存之间的数据传输速度更快，从而提升系统性能。FSB 的带宽是指在单位时间内可以传输的数据量，FSB 带宽越大，系统能够处理的数据量也越大。

FSB 的技术参数如下。

频率：FSB 的工作频率是其运行速度的关键指标。常见的 FSB 频率有 400 MHz、800 MHz、1066 MHz 等。

位宽：FSB 的位宽通常为 64 位，这意味着每个时钟周期可以传输 64 位的数据。

带宽计算如下：

$$数据带宽=频率\times位宽\div 8$$

其中，频率以 Hz 为单位，位宽以 bit 为单位，带宽以字节每秒（如 GB/s）为单位。

例如，对于一个频率为 800 MHz、位宽为 64 位的 FSB，其带宽计算如下：

$$带宽=800\ \text{MHz}\times 64\ \text{bit}\div 8=6.4\ \text{GB/s}$$

注：此计算不考虑数据传输的次数。

5. CPU 的字和字长

在计算机体系结构中，字是处理器能够一次性处理或传输的数据单位。字的大小（即位数）因不同计算机体系结构而异。字长则是指计算机系统一次能够处理、传输或存储的二进制数据的位数，它决定了 CPU 在一个时钟周期内能够处理的数据量，同时也影响着内存地址的最大可寻址范围。字长通常以位（bit）为单位，常见的有 8 位、16 位、32 位和 64 位等。

字长对 CPU 的计算能力有着直接且显著的影响。具体来说，一个 32 位的 CPU 在一个时钟周期内能够处理 32 位的数据，而一个 64 位的 CPU 则能够处理 64 位的数据。因此，字长越长，CPU 一次能够处理的数据量就越大，这有助于提高计算能力和数据吞吐量。此外，较长的字长还往往意味着更高的计算精度。

字长决定了 CPU 能够直接寻址的内存空间大小。比如，32 位 CPU 最多可以寻址 4 GB（2^{32}字节）的内存空间，而 64 位 CPU 则最多可以寻址 16 EB（2^{64}字节）的内存空间。这一特性使得 64 位系统能够支持更大容量的内存，从而满足现代复杂应用的需求。

字长与 CPU 使用的指令集架构（ISA）紧密相关。不同字长的 CPU 往往采用不同的指令集。例如，x86 是经典的 32 位架构，而 x86-64（也称为 AMD 64 或 Intel 64）则是基于 x86 的 64 位扩展架构。这种架构的演变不仅提升了计算能力，还极大地扩展了系统的内存寻址能力和兼容性。

6. 缓存大小

CPU 缓存（cache）是 CPU 内部的一种高速存储器，用于存储近期使用的数据和指令，以减少访问主存的延迟。缓存的大小是衡量 CPU 性能的重要参数之一。缓存容量越大，能够存储的数据和指令就越多，从而减少 CPU 对主存的访问次数，提升 CPU 的运行效率。

CPU 缓存通常分为三级：一级缓存（L1）、二级缓存（L2）和三级缓存（L3）。每一级缓存的大小和速度都不同，分别满足不同层次的数据存取需求。L1 缓存速度最快，但容量最小；L2 缓存速度较快，容量适中；L3 缓存容量最大，但速度相对较慢。

例如，Intel Core i7—9700K 处理器的缓存配置如下。

L1 缓存：64 KB（每个核心 32 KB 指令缓存 + 32 KB 数据缓存）。

L2 缓存：256 KB（每个核心）。

L3 缓存：12 MB（所有核心共享）。

这种多级缓存结构有助于提高数据访问速度，减少 CPU 等待时间，从而优化系统性能。

7. 多核心

CPU 多核心（multi-core CPU）是指在同一个处理器芯片上集成多个独立的处理核心，每个核心可以独立执行指令流，进行并行计算。每个核心是一个独立的处理单元，具有自己的寄存器、缓存和执行单元，可以独立执行指令集。多核心处理器可以同时处理多个任务（线程），从而提高系统的并行处理能力和计算性能。

例如：Intel Core i7—9700K 具有 8 个物理核心，每个核心能够独立处理一个线程，总计支持 8 个线程；AMD Ryzen 9 3900X 具有 12 个物理核心，每个核心都支持超线程技术且能够处理两个线程，总计支持 24 个线程。

多核心处理器的设计旨在提升计算能力和多任务处理能力，使得处理器能够更有效地处理并行任务和负载。

8. 制造工艺

CPU 制造工艺指的是生产 CPU 芯片的技术方法，包括晶体管的尺寸、布线技术以及使用的材料等。随着技术的发展，制造工艺不断进步，制程节点从早期的微米级（μm）逐渐缩小到纳米级（nm），例如 28 nm、7 nm 等。更小的制程节点通常意味着更高的性能、更低的功耗和更高的集成度。较小的晶体管尺寸使得 CPU 能够在更小的面积内集成更多的晶体管，从而提升计算能力，并减少能耗。

9. 封装形式

CPU 封装形式（CPU package）指的是将处理器芯片及其必要的连接引脚、散热器

等封装在一个外壳中的技术。封装形式直接影响 CPU 的物理尺寸、散热性能、电气特性和安装方式。CPU 的封装方式随着微处理器的发展不断演变，它从最初的双列直插封装（DIP）发展到现在的插针网格阵列封装（PGA）、平面网格阵列封装（LGA）、球栅阵列封装（BGA）等多种形式。

DIP（dual in-line package，双列直插封装）是一种具有两排引脚的封装形式，通常插入插座中。DIP 封装在早期的处理器和其他集成电路中广泛使用，例如 Intel 8086 处理器。DIP 封装外观和芯片内部结构见图 5-2-2。

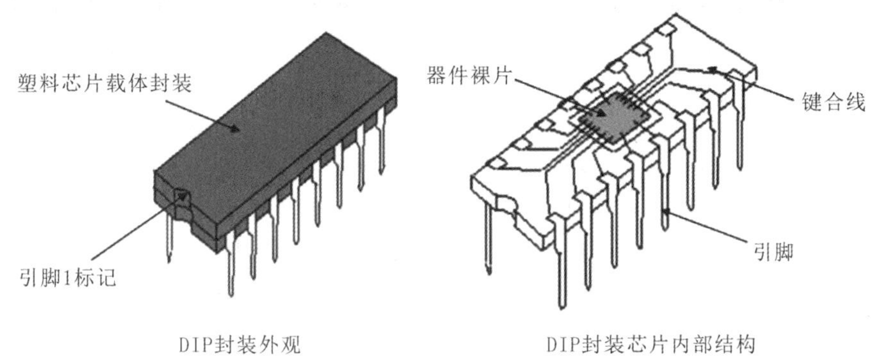

图 5-2-2 DIP 封装外观和芯片内部结构

PGA（pin grid array，插针网格阵列封装）是一种将引脚以网格形式排列在 CPU 上的封装形式，针脚通过插入插座中实现连接。PGA 封装广泛应用于早期到现代的处理器中，例如 AMD Athlon 系列。PGA 封装外观见图 5-2-3。

图 5-2-3 PGA 封装外观

LGA（land grid array，平面网格阵列封装）是一种 CPU 底部具有触点而非引脚的封装形式，这些触点与主板上的插座接触，插座通常具有弹性触点。LGA 的主要优点是提高了接触的可靠性和耐用性。LGA 封装广泛应用于现代 Intel 处理器，例如 Intel Core i7—9700K 使用的是 LGA 1151。目前，LGA 是现代 CPU 封装中最常见的类型。LGA 封装外观见图 5-2-4。

BGA（ball grid array，球栅阵列封装）是一种无针脚的封装形式，CPU 底部设有焊锡球，通过焊接固定到主板上。这种封装方式通常用于不可更换的嵌入式系统。焊接方法包括将焊锡球放置在 CPU 触点上，然后对准主板 PCB，通过加热使焊锡球融化并固定。BGA 的优点是减少了空间占用，并提高了连接的可靠性和电气性能。它广泛应用于移动设备、嵌入式系统以及某些高性能计算设备，例如 Apple M1 芯片。BGA 封装外观见图 5-2-5。

图 5-2-4　LGA 封装外观

图 5-2-5　BGA 封装外观

10. CPU 指令集

指令集是 CPU 中用于计算和控制计算机系统的一套指令集合。每种 CPU 在设计时都会规定与其硬件电路相适应的指令系统。指令集的先进性对 CPU 性能的发挥至关重要，因此它是衡量 CPU 性能的重要标志。通俗来说，指令集就是 CPU 能“理解”的语言。指令集运行在一定的微架构之上，不同的微架构可以支持相同的指令集。

指令集的分类如下。

（1）精简指令集。

精简指令集的特点是指令功能单一，操作简洁明了。RISC（reduced instruction set computer，精简指令集计算机）架构通过精简指令集、固定长度指令和寄存器寻址等方式简化了指令集结构，从而提高了处理器的执行效率和性能。

（2）复杂指令集。

CISC（complex instruction set computer，复杂指令集计算机）架构具有丰富的指令集，包含复杂操作，以减少编程工作量。CISC 支持多种寻址方式，指令长度通常是可变的。虽然 CISC 指令复杂，硬件实现较复杂，但它能够实现更多功能。示例包括 x86 和 IA64（英特尔架构）等。

通俗地讲，RISC 指令集通过优化 CISC 指令集中的常用指令来简化设计，放弃一些复杂的指令。对于复杂功能，RISC 通过指令组合来完成。总之，CISC 适合用于复杂系统，而 RISC 适用于其他场合，并且功耗较低。

指令集存储在 CPU 内部，负责指挥和优化 CPU 的工作，使其能够高效运行。Intel 使用的指令集包括 x86、MMX、SSE、VMX、AVX、AES-NI、FMA、TSX、BMI、AVX-512、HNI、BMI2、SGX 和 VT-x 等。AMD 处理器则支持从基本的 x86 指令集到各种扩展和优化指令集，以提高性能，包括 x86、x86-64（AMD64）、MMX、3DNow!、SSE、AVX、FMA、XOP、BMI、BMI2、AES-NI、AVX2、AVX-512、SMAP、SME 和 SEV 等。

11. CPU 工作电压

CPU 工作电压是指供电给 CPU 各部分的电压。根据不同的功能需求，CPU 的电压主要分为内核电压和 I/O 电压。

（1）内核电压（core voltage）是直接供给 CPU 内核的电压。内核是 CPU 的计算核

心，负责执行指令和处理数据。内核电压对 CPU 的性能和稳定性至关重要。典型的内核电压范围通常为 0.7 V 到 1.5 V，具体取决于 CPU 的设计、工艺节点和负载情况。

（2）I/O 电压（input/output voltage）是供给 CPU 的 I/O 接口和其他外围电路的电压。I/O 电压通常与内核电压分开管理，保证了数据传输的稳定性。

不同的 CPU 可能具有不同的电压需求，现代处理器还具备动态调整电压的功能，以在不同负载下优化性能和功耗。

12. 流水线和超线程技术

现代 CPU 采用了多种技术来提升性能，其中流水线和超线程技术是两种重要的优化方法。这些技术从不同层面提高了指令执行效率和多任务处理能力。

（1）流水线（pipeline）技术将指令执行过程分解为多个阶段（如取指、译码、执行、访存、写回），并将每个阶段交给专门的硬件模块处理，从而实现多条指令的并行处理。每个阶段可以同时处理不同的指令，使得整体处理速度得到提高。这种方法使得硬件资源得到更充分的利用，减少了等待时间，显著提高了 CPU 的指令吞吐量。

（2）超线程（hyper-threading）技术是 Intel 公司推出的一种多线程技术，旨在提升 CPU 的多任务处理能力。超线程技术允许每个物理核心模拟多个逻辑核心，从而处理多个线程。每个逻辑核心拥有独立的寄存器，使得操作系统和应用程序能够在同一个物理核心上分配多个线程。这种技术改善了多任务处理性能，通过提高执行单元和缓存的利用率来增强处理能力。

总之，流水线技术提高了指令的并行处理能力和吞吐量，超线程技术提升了多任务处理能力和资源利用率。这两种技术相辅相成，共同提升了 CPU 的整体性能，以满足现代计算任务对高性能和高效率的需求。

例题解析

例 1　计算机中 CPU 的基准频率是（　　）。

A. 外频　　B. 主频

C. 字长　　D. 倍频

例 2　指令系统是指令集的集合，它定义了（　　）。

A. 计算机的物理结构　　B. 编程语言的规范

C. CPU 的工作方式　　D. 操作系统的功能

例 3　相比单核 CPU，多核 CPU（　　）。

A. 提高了单个复杂任务的执行速度　　B. 降低了 CPU 的功耗

C. 增强了多任务并行处理能力　　D. 降低了 CPU 的制造成本

答案：A；C；C

知识点对接：外频、指令系统、多核心。

解析：例 1 中，基准频率应理解为 CPU 与外部设备之间的时钟频率，通常指外频。主频是 CPU 的核心运行频率，外频与倍频系数共同决定主频。故选 A。例 2 中，指令系统是指 CPU 能够理解并执行的所有指令的集合，它定义了 CPU 的工作方式。指令系统是 CPU 执行任务的基础，决定了处理器能够执行哪些操作。A 选项不属于指令系统的范畴；B 选项与高级语言相关，而非 CPU 内部执行的机器语言；D 选项不属于指令系统的定义。故选 C。例 3 中，多核 CPU 的优势在于并行处理能力，但单核任务的执行速度取决于核心频率和架构，不会因为核心增多而得到显著提升，A 错误，C 正确。多核通常会增加功耗而非降低，B 错误。多核不会降低 CPU 的制造成本，D 错误。故选 C。

同步训练

1. 关于摩尔定律的描述，下列选项中正确的是（　　）。

A. 约每隔 18 到 24 个月，集成电路上可容纳的元器件数量将减少一半

B. 约每隔 18 到 24 个月，集成电路上可容纳的元器件数量将增加一倍

C. 约每隔 18 到 24 个月，集成电路上可容纳的元器件数量将保持不变

D. 约每隔 18 到 24 个月，集成电路上可容纳的元器件数量将减少到原来的 1/4

2. 以下选项中不是 Intel 公司的 CPU 产品系列的是（　　）。

A. Celeron　　B. Pentium

C. Core　　D. Athlon

3. 以下选项中，国产 CPU 采用 RISC 架构的指令集的是（　　）。

A. 华为鲲鹏　　B. 飞腾

C. 兆芯　　D. 申威

4. 龙芯处理器最开始是基于（　　）指令集来研发的。

A. ARM　　B. x86

C. SPARC　　D. MIPS

5. 当前 CPU 的主频通常用单位（　　）表示。

A. Hz　　B. kHz

C. MHz　　D. GHz

6. 精简指令集计算机的英文简称是（　　）。

A. CISC　　B. RISC

C. DDR　　D. SDRAM

7. 通常用单位（　　）表示 CPU 的时钟速度。

A. 字节　　B. 赫兹

C. 伏特　　D. 欧姆

8. CPU 执行一条指令的基本过程不包括（　　）。

A. 取指令　　B. 分析指令

C. 编译指令　　D. 执行指令

9. CPU 的制造工艺不断进步，当前制程节点使用的一个重要单位是（　　）。

A. 微米（μm）　　B. 毫米（mm）

C. 纳米（nm）　　D. 皮米（pm）

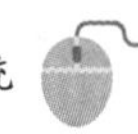

10.（　　）首次将运算器和控制器集成在一个芯片上，这标志着 CPU 的诞生。

A. Intel 4004　　B. Intel 8086

C. Intel 80386　　D. Intel Pentium

11. CPU 主频等于（　　）的乘积。

A. 外频和缓存　　B. 倍频系数和缓存

C. 主频和缓存　　D. 外频和倍频系数

12. CPU 的字长决定了（　　）。

A. CPU 的主频　　B. CPU 的缓存大小

C. CPU 一次处理的数据量　　D. CPU 的制造工艺

13. 多核心 CPU 的优势是（　　）。

A. 增加缓存容量　　B. 提高时钟频率

C. 提高并行处理能力　　D. 增大字长

14. CPU 的主频是指（　　）。

A. CPU 的电压　　B. CPU 的时钟频率

C. CPU 的缓存大小　　D. CPU 的制造工艺

15. 多核处理器的优势是（　　）。

A. 增加硬盘容量　　B. 增强显示效果

C. 提高并行处理能力　　D. 减少功耗

16. CPU 的指令周期是由（　　）组成的。

A. 取指、译码、执行、访存、写回　　B. 读取、计算、输出、存储

C. 取指、执行、存储、输出　　D. 输入、处理、输出、存储

17. CPU 的处理速度与（　　）无关。

A. 流水线技术　　B. CPU 主频

C. L1 缓存容量　　D. CMOS 容量

18. CPU 的额定工作频率为 3.2 GHz，配置在工作频率为 800 MHz 的主板上，那么应该设置的倍频系数为（　　）。

A. 2　　B. 4

C. 6　　D. 8

19. CPU 内通用寄存器的位数取决于（　　）。

A. 存储器容量　　B. 计算机字长

C. 指令数目　　D. CPU 的引脚数

20. 以下关于 CPU 指令集的描述，正确的是（　　）。

A. CISC 架构指令集较少　　B. RISC 架构指令集复杂

C. 指令集是 CPU 能认识的语言　　D. 指令集与 CPU 性能无关

21. 龙芯处理器研发出了一个真正自主可控的指令集，这个指令集名称是（　　）。

A. MIPS　　B. LoongISA

C. SPARC　　D. LoongArch

22. 下列选项中，被认为是国产 CPU 的重要里程碑的是（　　）。

A. Intel Core i9　　B. AMD Ryzen 9

C. 龙芯 3 号　　D. ARM Cortex-A72

23. 在 CPU 的性能参数中，（　　）参数直接决定了 CPU 内部数据传输的最高速率，且与 CPU 和主板之间的数据传输速率密切相关。

A. 主频　　B. 外频

C. 前端总线　　D. 缓存大小

24. 超线程技术通过（　　）影响 CPU 的性能。

A. 增加 CPU 的物理核心数　　B. 提高 CPU 的时钟频率

C. 允许单个物理核心同时处理多个线程　　D. 增加 CPU 的缓存大小

25. CPU 的超频通常是通过改变（　　）参数来实现的。

A. 缓存大小　　B. 主频

C. 制造工艺　　D. 封装形式

26. 执行下列任务时，多核心 CPU 相比于同频率的单核心 CPU，性能提升不明显的是（　　）。

A. 执行大量独立并行任务　　B. 运行单个复杂计算密集型程序

C. 多任务处理　　D. 图形渲染

27. 在 CPU 的缓存体系中，L1 缓存与 L2 缓存中对 CPU 性能的影响更为直接和显著的是（　　）。

A. L1 缓存　　B. L2 缓存

C. 两者影响相当　　D. 取决于具体应用场景

28. 多核心 CPU（　　）的特性使得它在处理多任务时比单核心 CPU 更具优势。

A. 每个核心可以独立执行指令　　B. 更高的主频

C. 更大的缓存　　D. 更先进的制造工艺

29. 超线程技术在（　　）的情况下能显著提升 CPU 性能。

A. 运行大量单线程应用程序　　B. 运行高度优化的多线程应用程序

C. 增加 CPU 的物理核心数　　D. 降低 CPU 的功耗

30. 下列关于计算机字长的说法，错误的是（　　）。

A. 字长是由 CPU 内部的寄存器、累加器和内部总线的位数决定的

B. 字长标志着计算机处理信息的精度

C. 字长越长，计算精度越高，计算速度越快

D. 计算机的字长一般跟主频有很大关系

31. 微处理器的发展主要以它的（　　）作为标志。

A. 主频　　B. 字长

C. 缓存容量　　D. 指令集

32. 在 CPU 中，指令寄存器的作用是（　　）。

A. 存放下一条将要执行的指令在内存中的地址

B. 保存现在正在执行的指令

C. 分析指令

D. 从内存中取指令和执行指令

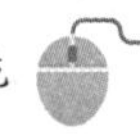

33. 在 CPU 中，程序计数器的作用是（　　）。

A. 统计指令执行的数量

B. 存放下一条将要执行的指令在内存中的地址

C. 存放正在执行的指令

D. 对运算结果进行移位运算

34. CPU 的指令集实质上就是（　　）。

A. 指挥计算机工作的命令　　B. 编程用的面向对象的程序设计语言

C. 面向机器的机器语言　　D. 使 CPU 能够自动运行的程序

35. CPU 中有很多个寄存器，其中有个很特殊的寄存器，它既用于暂存本次计算的结果，又参与下次运算。这个寄存器称为（　　）。

A. 程序计数器　　B. 指令寄存器

C. 通用寄存器　　D. 累加器

36. 计算机在运行过程中，内存中的指令通常先由 CPU 读取到缓冲寄存器，然后送到（　　）。

A. 指令寄存器　　B. 程序计数器

C. 地址寄存器　　D. 标志寄存器

37. 下列关于 CPU 结构的描述，正确的是（　　）。

A. 运算器的核心部件是累加器

B. 指令的解释由指令译码器完成

C. 程序计数器指示当前正在执行的指令地址

D. 状态寄存器保存 CPU 运行过程中的所有状态信息

38. 在外频一定的情况下，通过提高（　　）来增加 CPU 运行速度的过程称为超频。

A. 外频　　B. 倍频系数

C. 主频　　D. 缓存

39. 下列选项中，不属于 Intel 公司生产的 CPU 所使用的指令集的是（　　）。

A. SSE　　B. 3DNow!

C. MMX　　D. x86

40. 下列关于超线程技术的说法，错误的是（　　）。

A. 使用了超线程技术的 CPU 在功能上与双核 CPU 相似

B. 超线程技术通过特殊硬件指令将两个逻辑核心虚拟成物理核心

C. 超线程技术让单个处理器能使用线程级并行计算，从而兼容多线程并行计算

D. CPU 只要支持超线程技术，就能完全发挥其性能，与其他硬件和软件无关

41. 下列选项中，可以提高 CPU 的运算速度的措施是（　　）。

① 增加 CPU 中寄存器的数目；② 提高 CPU 的主频；③ 扩充高速缓冲存储器的容量；④ 扩充磁盘存储器的容量

A. ①②③　　B. ①③④

C. ①④　　D. ②③④

42. 下列关于 CPU 结构的描述，错误的是（　　）。

A. 内部总线是 CPU 中各部件之间的数据传输通道

B. 时序部件用于产生 CPU 中各部件协调工作所需要的时序信号
C. CPU 指令在执行过程中还可以分解成一系列不可再分的微操作命令信号
D. 指令译码器可以识别指令的功能，并对指令加以执行

任务 5.3 计算机的存储系统

任务描述

理解计算机的三级存储结构，掌握主存储器的分类及各种类型的特点，掌握辅助存储器的分类及各种类型的特点。

知识图谱

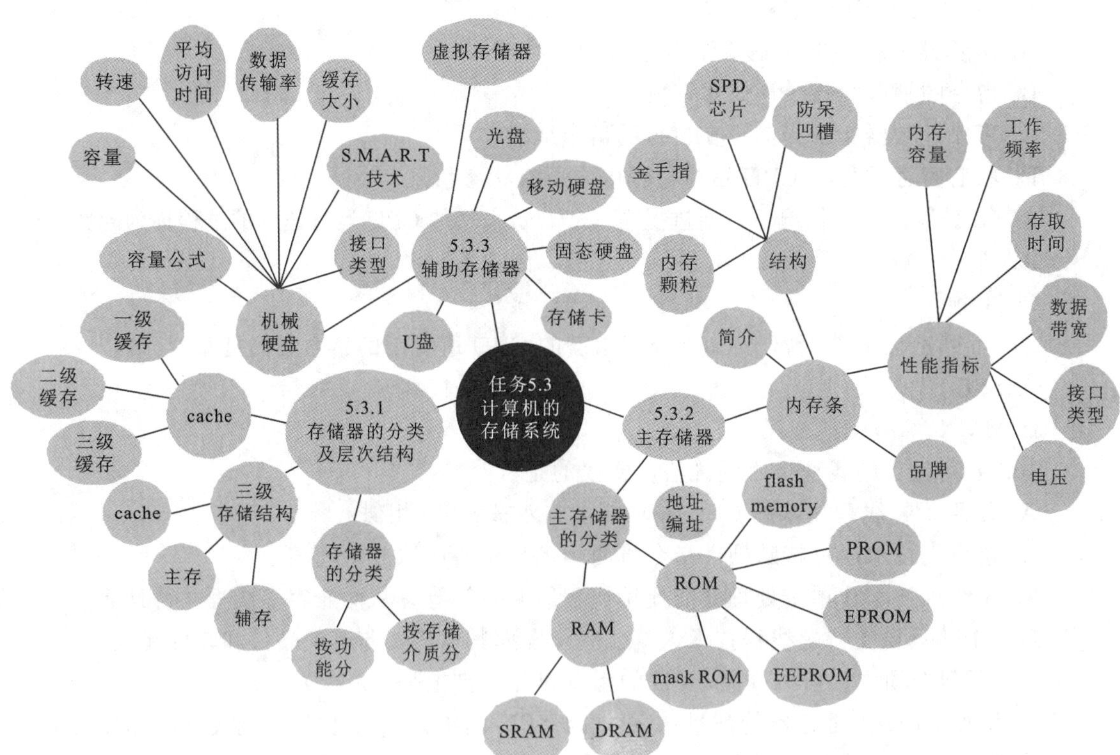

5.3.1　存储器的分类及层次结构

1. 存储器的分类

计算机中的存储器主要用于存储程序和数据。按功能划分，存储器分为主存（内存）和辅存（外存）；按存储介质划分，存储器包括半导体存储器、磁介质存储器、光存储器和固态存储器等。

主存（内存）位于主机内，用于存放当前正在运行的程序及数据，这种存储属于临时存储；辅存（外存）用于存放暂时不使用的程序和数据，这种存储属于永久存储。读取外存中的数据时，须先将数据调入内存。

2. 存储器的层次结构

多级存储体系是将多种存储器结合起来的一种方式。计算机系统对存储器的容量、速度和价格有一定要求：存储容量应满足应用需求；存储速度应尽可能匹配 CPU 的运行速度，并支持 I/O 操作；价格应合理。然而，这三者常常相互矛盾。通常，存储速度越快，价格越高；容量越大，速度越慢。现有技术无法通过单一存储器同时满足所有要求。因此，采用多级存储体系，将不同存储技术结合起来，可以更好地解决大容量、高速度与低成本之间的矛盾。

多级存储结构如图 5-3-1 所示。目前的计算机系统通常采用三级存储结构：缓存、内存（RAM、ROM）和外存（如硬盘、光盘、U 盘等）。存储系统的层次主要体现在缓存与主存、主存与辅存两个层次间，如图 5-3-1（a）所示。CPU 不能直接访问外存，外存的数据传输必须通过主存进行，这样才能与 CPU 或 I/O 设备通信。在图 5-3-1（b）中，最上层是 CPU 中的通用寄存器，许多运算可以直接在通用寄存器中完成，减少了 CPU 与主存之间的数据交换，从而解决了速度匹配问题。然而，通用寄存器的数量有限，一般为几个到几百个，例如 Pentium CPU 中有 8 个 32 位的通用寄存器。

3. 高速缓冲存储器

高速缓冲存储器（cache）位于 CPU 和主存之间，可置于 CPU 内部或外部，其主要作用是解决主存与 CPU 之间的速度不匹配问题。cache 通常由高速 SRAM 组成，其中片内 cache 集成在 CPU 芯片中，片外 cache 则安装在主板上。cache 的访问速度比主存快 1 到 2 个数量级，接近 CPU 的速度。cache 通常分为一级缓存（L1）和二级缓存（L2），许多高端 CPU 还集成有三级缓存（L3）。

尽管 cache 有效解决了速度匹配问题，但主存容量的限制仍然存在。因此，在多级存储结构中，还加入了由磁盘等介质构成的辅助存储器（外存），以提供更大的存储容量。随着操作系统和硬件技术的发展，主存与外存之间的信息传输能通过操作系统的存储管理组件和相关硬件自动完成，从而弥补了主存容量的不足。

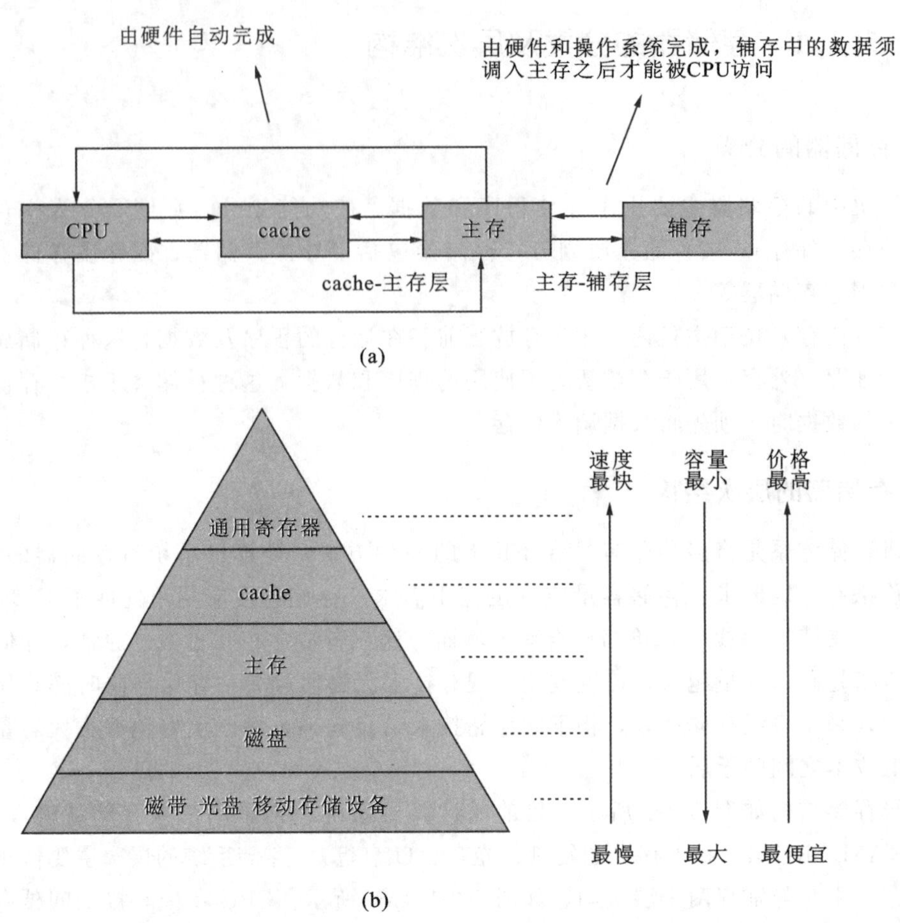

图 5-3-1 存储器的层次结构图

例题解析

例 1 三层存储系统中不包括（ ）。

A. 辅助存储器　　B. 主存储器

C. 寄存器　　D. cache

例 2 高速缓冲存储器是（ ）。

A. 动态 RAM　　B. 静态 RAM

C. ROM　　D. RAM

例 3 以下关于存储器层次结构的描述中，正确的是（ ）。

A. 高层存储器通常具有较大的容量和较慢的访问速度

B. 高层存储器通常具有较小的容量和较快的访问速度

C. 低层存储器通常具有较快的访问速度和较大的容量

D. 低层存储器通常具有较快的访问速度和较小的容量

答案：C；B；B

知识点对接：存储器的三级存储结构、高速缓冲存储器。

解析：例 1 中，寄存器并不属于三层存储系统。三层存储系统通常包括辅助存储器、主存储器和 cache，寄存器是 CPU 内部的高速存储单元，不与三层存储系统直接关联。故选 C。例 2 中，高速缓冲存储器通常由静态 RAM（SRAM）构成。SRAM 相比动态 RAM（DRAM），不需要周期性刷新，具有更快的访问速度，但成本和功耗也更高，因此主要用作 cache。相比之下，DRAM 虽然容量大且价格低，但速度较慢，常用于主存储器。故选 B。例 3 中，存储器的结构从上到下分为多个层次，高层存储器（如 cache）容量较小但速度较快，而低层存储器（如硬盘或其他辅助存储设备）容量较大但速度较慢。这种设计是为了在容量和速度之间取得平衡。故选 B。

5.3.2　主存储器

1. 地址编址

内存（又称主存）是 CPU 能够直接访问的存储器，通常由半导体芯片制成。存储器的最小单位是二进制位（bit），每个存储单位可以存储一个二进制位（0 或 1）。一般来说，每 8 位二进制位组成一个字节（byte），并且每个字节拥有一个唯一的地址（address），即按字节编址。

地址编址指的是为每个存储单元分配一个唯一的地址，并通过地址进行访问。大多数计算机系统采用线性地址空间，即通过连续的地址范围，唯一地定位每个存储单元。地址总线的宽度决定了系统能够访问的内存单元数量，而数据总线的宽度则决定了每次可以传输的数据位数，这在一定程度上影响了 CPU 的执行效率和计算精度。如果线性地址使用的是 32 位无符号整数，则 32 位地址总线可以表示多达 2^{32} 个字节（即 4 GB）的地址。通常，线性地址用十六进制表示，其范围为 0x00000000 至 0xFFFFFFFF。

对存储器的操作通常包括“读”和“写”两种方式：根据地址将数据写入存储器称为“写”；根据地址从存储器中读取数据则称为“读”。存储器存取时间（memory access time）是指从发起一次存储操作到该操作完成所经历的时间，也称为存储器访问时间。

2. 主存储器的分类

主存储器分为两类：随机存储器和只读存储器。

(1) 随机存储器（random access memory，RAM）。

RAM 是一种用于暂时存储正在运行的程序和数据的计算机存储器。其特点是高速读写，但断电后数据会丢失。RAM 作为计算机系统的重要组件，因具有高读写速度和随机存取特性成为系统正常运行的基础。

RAM 主要分为静态随机存储器（SRAM）和动态随机存储器（DRAM）。

SRAM 使用双稳态触发器存储每个位的数据。其特点为速度快、功耗低（静态功耗，无须周期刷新）、容量小、成本高、结构复杂。SRAM 通常用于需要高速缓存的地方，如 CPU 缓存（L1、L2、L3）。

DRAM 通过电容存储数据，并需要周期性刷新以保持数据。其特点为速度较慢、功耗高（动态功耗，需要周期刷新）、容量大、成本低、结构简单。DRAM 常用于计算机的主内存。

随着技术的发展，DRAM 进一步细分为 SDRAM、DDR SDRAM、DRDRAM 和 LPDDR 等，以满足不同应用需求。

（2）只读存储器（read-only memory，ROM）。

ROM 是一种非易失性存储器，用于存储设备制造时写入的固件或数据，通常在操作过程中不会修改，只能读取。ROM 广泛应用于计算机、电子设备和嵌入式系统中，主要用于存储固件和启动程序。

ROM 的特点包括：非易失性，即断电后数据仍然保留；只读性，即正常使用中数据不会被修改；稳定性，即数据在制造时写入，使 ROM 具有高度的稳定性和可靠性；启动用途，即 ROM 常用于存储启动程序，用于设备加电后的启动。

ROM 主要包括以下类型：掩模型只读存储器（mask ROM），可编程只读存储器（PROM），可擦可编程只读存储器（EPROM），电擦除可编程只读存储器（EEPROM），闪存（flash memory）。

3. 内存条

内存条是计算机系统中的一个重要组件，允许 CPU 通过总线进行读写操作。最初，内存条在个人计算机中主要用于扩展主内存的容量。随着计算机软硬件技术的不断进步，内存条已成为内存系统的核心部分。我们通常所说的计算机内存的大小，实际上就是指所有内存条的总容量。

内存条的主要作用是暂时存放 CPU 正在处理的数据，并且与硬盘等外部存储器交换数据。计算机中的所有程序运行都在内存中进行，因此内存的性能对计算机的整体表现至关重要。

（1）内存条的类型简介。

不同类型的内存条在传输率、工作频率、工作方式、工作电压等方面有差异。市场上主要的内存条类型有 SDRAM、DRDRAM 和 DDR SDRAM。

SDRAM（synchronous DRAM，同步动态随机存储器）：一种基础的内存类型，其速度相对较慢，已逐渐被淘汰。

DRDRAM（direct rambus DRAM，接口动态随机存储器）：一种高速内存类型，但由于价格昂贵，并未成为主流。

DDR SDRAM（double data rate SDRAM，双倍数据速率同步动态随机存储器）：目前的主流内存类型，包括 DDR3 SDRAM、DDR4 SDRAM 等，具有较快的速度和适中的价格。

发展过程简介：

SIMM（single in-line memory module，单列直播式内存组件）：在 Intel 80286 主板推出时使用，采用 30 针接口，容量为 256 KB。

EDO DRAM（extended data output DRAM，扩展数据输出内存）：在 20 世纪 90 年代流行，采用 72 针接口。

SDRAM：随着 Intel Celeron 系列和 AMD K6 处理器的推出，EDO DRAM 的性能不再满足需求。此时，内存进入 SDRAM 时代，采用 168 针接口。

DDR SDRAM：SDRAM 的升级版本，采用 184 针接口，工作电压为 2.5 V。

DDR2 SDRAM：采用 240 针接口，工作电压为 1.8 V。

DDR3 SDRAM：相比 DDR2 SDRAM，DDR3 SDRAM 有更低的工作电压（1.5 V），采用 240 针接口。

DDR4 SDRAM：工作电压为 1.2 V，金手指中间稍微突出，边缘较矮。DDR4 SDRAM 与 DDR3 SDRAM 不兼容，因此老平台的计算机无法直接升级到 DDR4 SDRAM，除非更换新的 CPU 和主板。

内存条的演进：容量越来越大，功耗越来越低，频率越来越高，性能越来越强。

（2）内存条的结构。

内存颗粒（也称为内存芯片）：是实际存储数据的单元，通常由多个 DRAM 芯片组成，这些芯片被封装在内存条的 PCB（印制电路板）上，负责数据的存储和访问。

金手指：位于内存条底部的金属触点，用于与主板的内存插槽连接。金手指确保数据和电流在内存条和主板之间的传输。金手指良好的接触性能和耐磨性对内存条的稳定运行至关重要。

串行存在探测芯片（SPD 芯片）：存储内存条的参数和配置信息，包括容量、速度和时序等。主板在启动时通过读取 SPD 芯片的数据来正确配置内存条，从而确保系统的稳定运行。

防呆凹槽：位于内存条金手指部分的缺口，用于确保内存条只能以正确的方向插入内存插槽。不同类型的内存条（如 DDR SDRAM、DDR2 SDRAM、DDR3 SDRAM、DDR4 SDRAM）具有不同位置的防呆凹槽，以防止用户错误安装。

（3）内存条的性能指标。

内存容量：内存条能够存储的数据总量，通常以 GB（千兆字节）为单位。内存条容量越大，计算机能同时处理的数据量就越大，有助于提高系统性能，尤其是在多任务处理和运行大型应用程序时。更大的容量意味着可以同时运行更多程序，减少内存不足导致的系统缓慢。

工作频率：内存条的运行速度，通常以 MHz（兆赫兹）或 GHz（千兆赫兹）为单位。频率越高，内存条每秒的读写操作次数越多，数据传输速度越快。采用较高的工作频率能提高系统的响应速度和流畅度。

存取时间：内存条读取或写入数据所需的时间，通常以 ns（纳秒）为单位。存取时间越短，内存条的响应速度越快，系统性能越好。较短的存取时间可以提升内存的响应效率，加快数据的读取和写入速度。

数据带宽：内存条在单位时间内可以传输的数据量，通常以 GB/s（千兆字节每秒）为单位。例如，DDR400 内存条的数据传输频率为 400 MHz，单条内存条的带宽为 64 bit×400 MHz ÷ 8=3.2 GB/s。带宽越大，内存条传输大量数据的速度越快，系统的整体性能越好，这在高性能计算和游戏中表现得尤为明显。

接口类型：内存条与主板之间的物理和电气连接类型。不同接口类型有不同的性能规格和电气要求，接口必须与主板兼容才能正常使用。新一代的接口通常提供更高的频率和更大的带宽，从而提升性能。

电压：内存条运行所需的电压，通常以 V（伏特）为单位。较低的运行电压有助于降低功耗、减少发热，但必须与主板支持的电压范围匹配。合适的电压确保内存的稳定运行，并有助于节能。例如，DDR4 SDRAM 的工作电压为 1.2 V，DDR5 SDRAM 的工作电压低至 1.1 V。

（4）内存条的品牌。

内存条的品牌有金士顿（Kingston）、海盗船（Corsair）、芝奇（G. Skill）、美光（Micron）、三星（Samsung）、金泰克（Kimtigo）、威刚（ADATA）、宇瞻（Apacer）、海力士（Hynix）等。

例题解析

例 1 动态 RAM 的特点是（ ）。

A. 集成度高，价格高，只可读不可写

B. 集成度低，价格高，只可读不可写

C. 集成度高，价格低，可读可写

D. 集成度低，价格低，可读可写

例 2 计算机当前正在运行的程序和数据主要存放在（ ）中。

A. CPU　　B. 微处理器

C. 主存储器　　D. 硬盘

例 3 关于地址编址方式，下列描述正确的是（ ）。

A. 字节编址方式每次存取一个字

B. 字编址方式每次存取一个字节

C. 字节编址方式每个地址对应一个字节

D. 字编址方式每个地址对应一个位

答案： C；C；C

知识点对接： 主存储器的分类、主存储器的作用、地址编址方式。

解析： 例 1 中，动态 RAM 的特点是：集成度高，价格低，可读可写。动态 RAM 存储单元由电容和晶体管构成，价格较低，但需要定期刷新以保持数据。故选 C。例 2 中，主存储器是直接与 CPU 相连的高速存储设备，用于存储正在使用的程序和数据，故选 C。例 3 中，在字节编址方式中，每个内存地址对应一个字节的数据。这种编址方式广泛用于现代计算机系统，便于处理可变长度的数据。A 选项，字节编址方式每次存取一个字节，而非一个字；B 选项，字编址方式每次存取的是一个字，而非字节；D 选项类似。故选 C。

5.3.3 辅助存储器

目前最常用的外部存储器有硬盘、光盘、U 盘、存储卡等。与内存相比，这类存储

器的特点是存储容量大、价格低、速度慢、断电后数据不丢失（可以长期保存），所以又称为永久性存储器。

1. 机械硬盘

磁盘（disk）是指利用磁记录技术存储数据的存储器，如今常用的磁盘是硬磁盘（hard disk，简称硬盘），见图 5-3-2。机械硬盘是计算机存储设备中常见的一种，用于存储大量的数据。它依赖机械部件进行读写操作，主要由盘片、磁头、主轴电机和控制电路等部分组成。

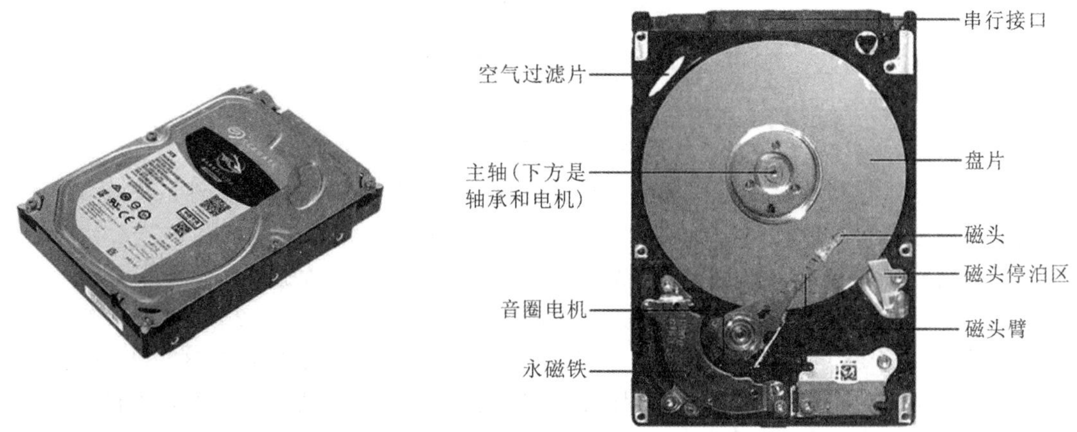

图 5-3-2　硬盘

硬盘盘片通常由铝合金或玻璃制成，表面涂有一层磁性材料，厚度一般为 0.5 mm。现在常用的笔记本电脑硬盘和移动硬盘一般采用直径为 2.5 in 的盘片，而台式计算机硬盘则通常采用直径为 3.5 in 的盘片。盘片用于存储数据，有的硬盘有一张盘片，有的则有多张盘片，盘片数量越多，存储容量越大。硬盘盘体是一个相对密封的空间，用于保持内部环境的洁净。

盘片在工作时高速旋转。转速与数据传输速率密切相关，但由于物理限制，转速不能无限提升，这限制了数据传输速率。磁头负责读取和写入数据，通过在盘片表面上方的微小间隙移动，改变磁性材料的极性来存储数据。每张盘片有两个磁头（上下各一个），用于读取和写入盘片两面的数据。磁头通过悬臂机构连接到磁头臂，以精确定位盘片的任意位置。主轴电机驱动盘片旋转，提供稳定的转速。硬盘工作机制如图 5-3-3 所示。

机械硬盘是复杂的电磁机械设备，通过多个关键部件协调工作来实现数据的存储和读取。盘片提供数据存储介质，磁头和磁头臂负责精确的数据读写，执行器控制磁头臂的移动，主轴电机驱动盘片旋转，控制电路板管理数据传输和硬盘操作，缓存提升数据传输效率，外壳则保护硬盘的内部结构。通过这些部件的协同作用，机械硬盘能够稳定、高效地进行大容量数据的存储和读取。

在使用硬盘之前，需要进行分区和格式化。格式化分为低级格式化和高级格式化。低级格式化用于为新硬盘划分磁道和扇区，通常在出厂时已完成。高级格式化则是对指

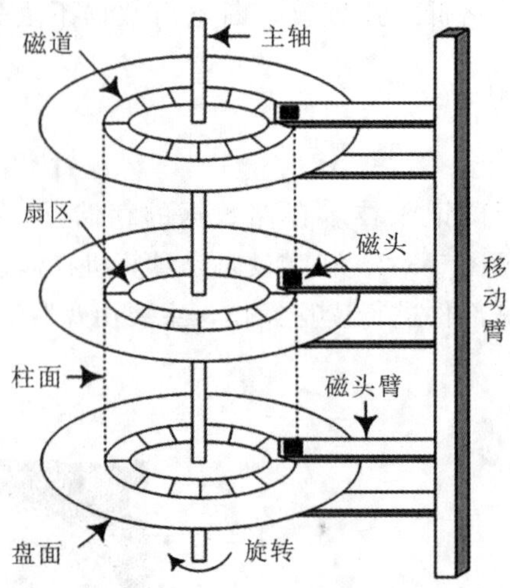

图 5-3-3　硬盘工作机制

定的硬盘分区进行初始化，建立文件分配表以便系统按指定格式存储文件。格式化过程会删除硬盘上的所有原有信息，并重新划分磁道和扇区。

当磁盘旋转、磁头保持在一个位置时，每个磁头在磁盘表面画出一个圆形轨迹，这些圆形轨迹称为磁道。最外圈的磁道是0磁道，依次往内是1磁道、2磁道等。0磁道位于硬盘的一个重要位置，硬盘的主引导记录区就在此位置。主引导记录区位于硬盘的0磁道0柱面1扇区，存放着硬盘主引导程序和硬盘分区表。磁盘上的每个磁道被等分为若干弧段，这些弧段即磁盘的扇区，每个扇区可以存放512字节的数据。磁盘在读取和写入数据时，以扇区为最小单位，扇区编号从1开始。具有相同编号的磁道形成一个圆柱面，被称为磁盘的柱面。

硬盘的CHS（柱面 cylinder、磁头 head、扇区 sector）表示硬盘的物理结构，具体如下。

柱面数：表示硬盘单个盘面上有多少磁道。

磁头数：表示硬盘有多少个盘面。

扇区数：表示每条磁道上有多少个扇区。

硬盘容量的计算公式为：

$$硬盘容量=柱面数\times磁头数\times扇区数\times 512\ \mathrm{B}$$

扇区是磁盘存储信息的最小物理单位。由于操作系统无法直接对大量的扇区进行管理，因此操作系统将相邻的扇区组合成一个簇（cluster），然后对簇进行管理。每个簇可以包含1、2、4、8、16、32或64个扇区。簇的大小是文件系统的重要参数，具体大小取决于文件系统的设置和磁盘的大小。常见的文件系统，如FAT32、NTFS，在格式化时会指定簇的大小。

簇大小的选择影响磁盘空间的使用效率。如果簇太大，一个小文件也会占用一个完整的簇，导致磁盘空间浪费。例如，簇大小为4 KB时，一个仅有1 KB的文件也会占用4 KB的空间。如果簇太小，文件系统需要管理更多的簇，增加了管理开销，并可能降低效率。

文件在存储时，如果没有足够的连续的空闲簇，就会被分散存储在不同的簇中，这种现象称为碎片化。碎片化会导致文件读取速度变慢，因为读取文件需要访问多个非连续的簇。显然，簇是操作系统使用的逻辑概念，是磁盘读写的基本单位，而不是磁盘的物理特性。为了更好地管理磁盘空间和提高数据读取效率，操作系统规定一个簇中只能包含一个文件的内容。因此，文件占用的空间总是簇的整数倍，即使文件大小小于一个簇，它也会占用一个完整的簇的空间。

例如一个扇区大小为 512 字节，文件系统设置的簇大小为 4 个扇区（即 2048 字节），那么一个 2048 字节以下的文件会占用一个簇，一个 4096 字节的文件会占用两个簇，一个 1 KB 的文件会占用 2048 字节的空间，导致 1024 字节的浪费。

硬盘的性能指标如下。

（1）容量：硬盘能够存储的二进制数据总量，通常以 GB（吉字节）或 TB（太字节）为单位。硬盘厂商标称的容量常以 1 GB=1000 MB 计算，因此实际格式化后的容量通常低于标称值。

（2）转速：硬盘内主轴电机的旋转速度，单位为 RPM。转速越高，硬盘的内部数据传输速率越快，访问时间越短，整体性能越好。常见转速有 5400 RPM 和 7200 RPM，高性能硬盘可能达到 10000 RPM 或 15000 RPM。

（3）平均访问时间：包括两个部分，即平均寻道时间和平均等待时间。

平均寻道时间（average seek time）：硬盘磁头从一个磁道移动到另一个磁道所需的平均时间。

平均等待时间（average waiting time）：当磁头移动到目标磁道后，需要等待目标扇区旋转到磁头下方的时间。对于 7200 RPM 的硬盘，平均等待时间约为 4.17 ms。

（4）硬盘数据传输率：硬盘读写数据的速度，单位为 MB/s，包括内部数据传输率和外部数据传输率。

内部数据传输率（internal data transfer rate）：也称为持续数据传输率，指硬盘在内部读写数据时，盘片与磁头之间的数据传输速度。现代硬盘的内部数据传输率通常在 80 MB/s 到 160 MB/s 之间，具体取决于硬盘的设计、转速、盘片密度和缓存大小。

外部数据传输率（external data transfer rate）：也称为接口速率，指硬盘通过接口与计算机主机之间的数据传输速度，通常用 MB/s 或 GB/s 表示。外部数据传输率受接口类型（如 SATA、SAS、USB、Thunderbolt）和硬盘缓存大小的影响。

（5）数据缓存：硬盘上的数据缓存，也称为硬盘缓存（disk cache），是硬盘内部的一部分高速存储器，通常使用 DRAM，内置在硬盘控制器中，用于临时存储数据。数据缓存的主要作用是通过减少数据访问的等待时间和提升数据传输的效率，提升硬盘的读写性能。现代硬盘的缓存大小从几兆字节到几百兆字节不等，常见的有 8 MB、16 MB、32 MB、64 MB 甚至更大。硬盘读取数据时，会预先将一部分数据从磁盘读取到缓存中。如果接下来的读取请求数据已经在缓存中，硬盘就可以直接从缓存中读取数据，而无须再次访问磁盘，从而大幅减少访问时间。当硬盘写入数据时，数据首先写入缓存，然后硬盘在后台将数据从缓存写入磁盘。这种机制使得写操作看起来非常快，硬盘可以在系统继续处理其他任务的同时完成写操作。

（6）硬盘的 S.M.A.R.T 技术：S.M.A.R.T（self-monitoring，analysis，and report technology）技术是一种用于硬盘和固态硬盘的监控系统，用于实时检测硬盘的工作状态、性能指标和错误情况，以预防数据丢失和硬盘故障。通过监测多种硬盘参数，S. M. A. R. T 技术可以提前预警潜在问题，允许用户及时采取措施。

（7）硬盘的接口类型：硬盘接口类型决定了硬盘与计算机主机之间的数据传输方式和速度。常见的硬盘接口类型包括 IDE、SATA. SCSI、SAS 和光纤通道等。

IDE（integrated drive electronics，电子集成驱动器），也称为 ATA（advanced technology attachment）或 PATA（parallel ATA），是一种早期广泛使用的硬盘接口标准。IDE 接口（见图 5-3-4）通常使用 40 针或 80 针数据接口以及 4 针 Molex 电源接口。它是一种并行接口，由西部数据等几家公司在 1986 年共同开发，每个通道最多可以连接两个设备（主/从配置）。其主要版本及各自的最大传输速率如下：ATA 33，最大传输速率为 33 MB/s；ATA 66，最大传输速率为 66 MB/s；ATA 100，最大传输速率为 100 MB/s；ATA 133，最大传输速率为 133 MB/s。随着数据传输需求的增加和 SATA 接口的普及，IDE 接口逐渐退出了历史舞台。

SATA（serial ATA）是目前最常见的硬盘接口类型，广泛应用于台式计算机、笔记本电脑以及部分服务器，是现阶段个人计算机的主流接口类型。SATA 接口（见图 5-3-5）的类型包括 7 针数据接口和 15 针电源接口。它支持热插拔。相比 PATA 接口，SATA 接口使用更细的电缆，便于机箱内的布线和散热。使用 SATA 接口的硬盘称为串口硬盘。SATA 接口一次只传输 1 位数据，这种设计既减少了 SATA 接口的针脚数量，使连接电缆数量变少，又提高了效率。主要版本及各自的最大传输速率如下：SATA 2. 0，最大传输速率为 300 MB/s；SATA 3. 0，最大传输速率为 600 MB/s。

图 5-3-4 IDE 硬盘接口

图 5-3-5 SATA 硬盘接口

SCSI（small computer system interface），即小型计算机系统接口，是一种面向服务器和高性能工作站的接口类型。SCSI（见图 5-3-6）类型包括 50 针、68 针和 80 针，以其高速度和扩展性好著称，支持多个设备连接和热插拔。SCSI 的传输速率可以达到 320 MB/s。

SAS（serial attached SCSI）是 SCSI 的串行版本，广泛用于企业级存储系统。SAS 硬盘与流行的 SATA 硬盘类似，也采用串行技术以获得更高的传输速度，并通过缩短连接线改善内部空间。SAS（见图 5-3-7）旨在提高存储系统的性能、可用性和扩展性，并且与 SATA 硬盘兼容。SAS 硬盘通常具有较高的转速，能达到 10000 RPM 或 15000 RPM。SAS-3 的最大传输速率为 12 Gb/s。

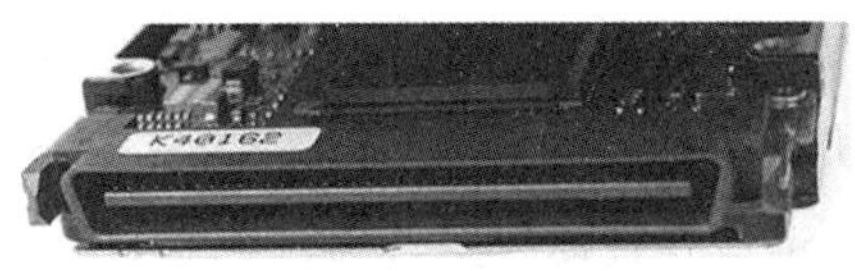

图 5-3-6　SCSI 硬盘接口

图 5-3-7　SAS 硬盘接口

光纤通道（fiber channel，FC）是一种高速数据传输接口，主要用于存储区域网络中的数据传输。它广泛应用于企业级存储系统和高性能计算环境中，以提供高带宽、低延迟和可靠的数据传输。光纤通道支持长距离数据传输，单模光纤的传输距离可达数十千米，具体距离取决于光纤类型和传输速率。

2. 移动硬盘

移动硬盘（mobile hard disk，MHD）是一种便携式存储设备，通过 USB、Thunderbolt 等接口连接到计算机或其他设备，用于数据存储和传输。相比内置硬盘，移动硬盘具有易携带和即插即用的特点。它通常采用机械硬盘或固态硬盘作为存储介质，容量范围从几百吉字节到数太字节不等。移动硬盘适用于备份重要数据、存储大文件和扩展存储空间等场景，广泛应用于个人和企业数据管理。现代移动硬盘在传输速度、安全性和耐用性方面不断提升，成为日常数据处理的重要工具。

3. 固态硬盘

固态硬盘（solid state disk，SSD）是一种数据存储设备，其存储介质主要分为两种：一种采用闪存（NAND 闪存）作为存储介质，具有非易失性，断电后数据不会丢失；另一种采用 DRAM 作为存储介质，数据在断电后会丢失，因此 DRAM SSD 通常配备电池或超级电容器以维持数据稳定性。SSD 具有更快的读写速度、更低的时延、更好的抗振性和更低的功耗，这些特点使其在操作系统启动、应用程序加载和大型文件处理方面表现尤为出色。SSD 没有机械部件，因此更耐用且运行更安静。常见接口类型包括 SATA、M. 2 和 PCIe，适用于台式机、笔记本和服务器。尽管 SSD 的成本较高，但其性能优势使其在个人计算和企业级应用中越来越受欢迎。在消费级市场和常规应用中，提到 SSD 时通常指的是采用 NAND 闪存的固态硬盘。

NVMe（non-volatile memory express）接口是专为 SSD 设计的高速接口（见图 5-3-8），它利用 PCIe 总线实现极高的传输速率。与传统的 SATA 接口相比，NVMe 接口提供了更高的速度和更低的时延。常见接口类型包括 M. 2、U. 2 和 PCIe 插槽。

图 5-3-8　NVMe SSD

4. 光盘

光盘（optical disc）是一种使用光学技术进行数据存储和读取的介质。它通过激光技术来读取和写入数据，广泛用于音频、视频和计算机数据存储。光盘主要分为三种类型：只读存储光盘（CD-ROM）、一次性写入光盘（CD-R）和可擦写型光盘（CD-RW）。后来，DVD和blu-ray disc（BD）作为光盘的升级版本出现了。随着技术的发展，光盘的存储容量不断增加，已从CD的700 MB扩展到DVD的4.7 GB（单层）和8.5 GB（双层），再到BD的25 GB（单层）和50 GB（双层），甚至更大容量。

光盘体积小、重量轻，便于携带和存储。其数据存储相对稳定，适合长期保存。CD主要用于音乐专辑，DVD和BD用于电影和高清视频。此外，CD和DVD广泛用于软件发行，BD则常用于大容量软件和游戏，以及数据备份和长期存储。

光驱倍数表示光盘的数据传输率。理论上，CD的单倍速为150 KB/s，而DVD的单倍速为1350 KB/s。光盘的读取设备称为光盘驱动器，可以读写光盘的设备称为光盘刻录机，包括CD刻录机和DVD刻录机。

5. U盘

U盘（USB闪存盘）是一种便携式数据存储设备，使用闪存芯片作为存储介质，并通过USB接口与计算机或其他设备连接。U盘主要采用NAND闪存芯片，常见的接口类型包括USB 2.0、USB 3.0、USB 3.1和USB-C等。不同的接口类型决定了数据传输速度不同，其中USB 3.0及以上版本提供更快的读写速度。常见USB接口的数据传输速率可参考表5-3-1。

表5-3-1　常见USB接口的数据传输速率

版本	数据传输速率
USB 1.0	1.5 Mbps
USB 1.1	12 Mbps
USB 2.0	480 Mbps
USB 3.0	5 Gbps
USB 3.1	10 Gbps

U盘的主要优点包括便携性、即插即用、耐用性和强兼容性。此外，它还具有防磁、防振的特点，是数据传递和备份的理想选择。

6. 存储卡

存储卡（memory card）是一种便携式、非易失性存储设备，广泛用于各种电子设备，如相机、手机和平板电脑等。存储卡使用闪存芯片来存储数据，支持反复读写。常见类型包括SD卡（标准尺寸SD卡、迷你SD卡、微型SD卡）、CF卡、记忆棒和MMC卡等。现代存储卡的容量范围从几吉字节到数太字节不等，并随着技术进步，其

容量持续增加。凭借便携性、耐用性、大容量和良好的兼容性，存储卡已成为现代电子设备中不可或缺的存储解决方案。

7. 虚拟存储器

在具有层次结构存储器的计算机系统中，虚拟内存技术自动实现部分装入和部分替换功能，为用户提供一个比物理存储器容量大得多的可寻址主存储器。这是通过将硬盘空间用作扩展内存来实现的。

虚拟内存是一种内存管理技术，它为应用程序提供一个连续的地址空间，这个空间实际上由物理内存和磁盘存储共同组成。通过虚拟内存，计算机可以运行超出物理内存容量的程序，从而提升系统的多任务处理能力和内存利用率。当物理内存不足时，系统会自动使用硬盘上的临时空间（称为“分页文件”）来缓解内存压力。虚拟内存将 RAM 和硬盘上的分页文件结合起来，当 RAM 运行空间不足时，数据会被移动到分页文件中，释放出 RAM 空间以供继续使用。

通常，增加计算机的 RAM 容量可以提升程序运行速度。如果 RAM 不足导致计算机速度变慢，则可以通过增加虚拟内存来进行补偿。然而，由于 RAM 的读取速度远快于硬盘，因此增加 RAM 容量是提高系统性能的根本方法。

在 Windows 系统中，虚拟内存的实现方式是将一部分硬盘空间分配为虚拟内存，这个空间实际上是一个名为“pagefile. sys”的大型文件。默认情况下，该文件是隐藏的，需要关闭资源管理器对系统文件的保护功能才能查看。

例题解析

例 1　机械硬盘的一个主要性能指标是容量，硬盘容量的计算公式为（　　）。

A. 磁头数×柱面数×扇区数×512 字节

B. 磁头数×柱面数×扇区数×128 字节

C. 磁头数×柱面数×扇区数×80×512 字节

D. 磁头数×柱面数×扇区数×16×512 字节

例 2　下列不是硬盘技术指标的是（　　）。

A. 数据传输速度　　B. 平均访问时间

C. 柱面数　　D. 容量

例 3　虚拟存储器的引入，主要是为了（　　）。

A. 提高内存的速度　　B. 扩大内存的容量

C. 提高外存的读写速度　　D. 增强 CPU 的并行处理能力

答案： A；C；B

知识点对接： 硬盘容量计算、硬盘性能指标、虚拟存储器。

解析： 例 1 中，硬盘容量的计算公式为：磁头数 × 柱面数 × 扇区数 × 每扇区字节数。其中每个扇区大小为 512 字节，所以选 A。例 2 中，硬盘的主要技术指标包括数据传输速度、平均访问时间和容量。这些指标直接影响硬盘的性能。选项 C 有知识性错误：柱面数是硬盘内部的一个物理结构参数，不是技术指标。所以选 C。例 3 中，虚拟存储器的引入，主要目的是扩展内存的容量，让操作系统可以使用比实际物理内存大得多的逻辑内存空间。虚拟存储器通过将一部分硬盘空间作为虚拟内存使用，来实现这一功能。虚拟存储器并不能提高内存速度，A 选项错误。虚拟存储器与外存的读写速度无关，C 选项错误。虚拟存储器不直接影响 CPU 的并行处理能力，D 选项错误。所以本题选 B。

同步训练

1. 存储器系统中速度最快的是（　　）。

A. 主存储器　　B. 辅助存储器

C. 缓存　　D. 硬盘

2. 下列选项中，（　　）属于主存。

A. 硬盘　　B. 光盘

C. 内存条　　D. U 盘

3. 下列选项中，具有最大存储容量的是（　　）。

A. 缓存　　B. 主存

C. 辅存　　D. 寄存器

4. 下列选项中，（　　）是易失性的。

A. ROM　　B. 硬盘

C. RAM　　D. 光盘

5. 下列选项中，（　　）是非易失性的。

A. DRAM　　B. SRAM

C. ROM　　D. DDR SDRAM

6. 下列选项中，（　　）常用作缓存。

A. DRAM　　B. SRAM

C. ROM　　D. SSD

7. ROM 和 RAM 的主要区别是（　　）。

A. ROM 比 RAM 快

B. ROM 是易失性的，RAM 是非易失性的

C. RAM 是易失性的，ROM 是非易失性的

D. RAM 比 ROM 便宜

8. 在计算机的内存中，（　　）一般用于存储正在运行的程序和数据。

A. ROM　　B. 硬盘

C. RAM　　D. 光盘

9. 下列选项中，（　　）是机械硬盘的组成部分。

A. 电子管　　B. 磁道

C. 电容　　D. 晶体管

10. 下列选项中，（　　）不是机械硬盘的参数。

A. 旋转速度　　B. 缓存大小

C. 扇区大小　　D. 处理器速度

11. 存储器的层次结构中速度最快的是（　　）。

A. 辅助存储器　　B. 主存储器

C. 缓存　　D. 寄存器

12. 下列关于主存储器和辅助存储器的说法，正确的是（　　）。

A. 主存储器速度较慢　　B. 主存储器断电后数据不会丢失

C. 辅助存储器断电后数据不会丢失　　D. 辅助存储器速度较快

13. 缓存的主要作用是（　　）。

A. 扩展存储容量　　B. 提高存取速度

C. 数据备份　　D. 节省电能

14. 计算机存储系统的速度按照从快到慢排序，正确的是（　　）。

A. 主存、辅存、缓存　　B. 缓存、主存、辅存

C. 主存、缓存、辅存　　D. 缓存、辅存、主存

15. 下列关于 RAM 的描述，正确的是（　　）。

A. 断电后数据不会丢失　　B. 只能读取数据，不能写入

C. 断电后数据会丢失　　D. 容量通常比 ROM 大

16. 下列选项中，（　　）是主存储器的一部分。

A. 硬盘　　B. 光盘

C. RAM　　D. USB 存储器

17. 下列说法中正确的是（　　）。

A. cache 比主存容量大　　B. cache 比主存速度慢

C. cache 比主存速度快　　D. cache 和主存容量相同

18. 下列关于主存储器的说法，正确的是（　　）。

A. 主存储器只能用于存储操作系统　　B. 主存储器中的数据在断电后会丢失

C. 主存储器的容量通常比辅存的大　　D. 主存储器只能用于存储应用程序

19. RAM 的主要用途是（　　）。

A. 存储正在运行的程序和数据　　B. 存储只读数据

C. 存储大容量文件　　D. 备份数据

20. 硬盘的基本存储单元是（　　）。

A. 磁道　　B. 扇区

C. 簇　　D. 文件

21. 硬盘中的簇是由（　　）组成的。

A. 若干个扇区　　B. 若干个磁道

C. 若干个柱面　　D. 若干个文件

22. 硬盘的低级格式化是指（　　）。

A. 划分磁道和扇区　　B. 创建文件系统

C. 清除所有数据　　D. 给磁盘分区

23. 高级格式化的主要作用是（　　）。

A. 划分扇区和磁道　　B. 创建文件系统

C. 检查磁盘坏道　　D. 清除所有数据

24. 如果将一个大小为 3 GB 的文件压缩到 CD 光盘，应（　　）。

A. 无法直接压缩

B. 先将文件分割成小文件，然后压缩

C. 采用分卷压缩

D. 先将文件压缩到硬盘，再分多张光盘保存

25. 一般地，主机每次写磁盘时至少写入（　　）的数据。

A. 1 簇　　B. 1 字节

C. 1 KB　　D. 0.5 KB

26. RAM 中有一类存储器，需要周期性地补充电荷以保证所存储的信息正确，这类 RAM 称为（　　）。

A. SRAM　　B. DRAM

C. cache　　D. ROM

27. 在 PC 中，内存储器的存储单元是（　　）。

A. 存放一个二进制信息位的存储单元

B. 存放一个机器字的所有存储单元集合

C. 存放一个字节的所有存储单元集合

D. 存放一个字长的所有存储单元集合

28. 若 RAM 中每个单元为 8 位，则下列叙述正确的是（　　）。

A. 地址线也是 8 位　　B. 地址线与 8 位无关

C. 地址线与 8 位有关　　D. 地址线不得多于 8 位

29. 在 PC 中，CPU 读写 RAM 的最小数据单位是（　　）。

A. 1 个二进制位　　B. 1 个字节

C. 1 个字　　D. 1 个扇区

30. 下列存储设备中，存取周期最短的是（　　）。

A. ROM　　B. SRAM

C. DRAM　　D. 机械硬盘

31. ROM 与 RAM 的主要区别是（　　）。

A. 断电后，ROM 内保存的信息会丢失，而 RAM 则可长期保存，不会丢失

B. 断电后，RAM 内保存的信息会丢失，而 ROM 则可长期保存，不会丢失

C. ROM 是外存储器，RAM 是内存储器

D. ROM 是内存储器，RAM 是外存储器

32. 某微机的 CPU 中含有 32 条地址线、28 位数据线及若干条控制信号线，对内存按字节寻址，其最大内存空间应是（　　）。

A. 4 GB　　　　B. 4 MB

C. 256 MB　　　　D. 2 GB

33. 光驱倍数是指光盘的数据传输速率，通常我们说的 40 倍速光驱，其数据传输速率可达到（　　）。

A. 6000 KB/s　　　　B. 3000 KB/s

C. 6000 Kb/s　　　　D. 3000 Kb/s

34. 下列关于半导体存储器组织的叙述，错误的是（　　）。

A. 存储器的核心部分是存储体，由若干个存储单元构成

B. 存储部分由若干存放 0 和 1 的存储单元构成

C. 一个存储单元有一个编号，就是存储单元地址

D. 同一个存储器中，每个存储单元的宽度可以不同

35. 某 DRAM 芯片的存储容量为 512×8 位，该芯片的地址线和数据线数目分别为（　　）。

A. 512，8　　　　B. 8，512

C. 8，8　　　　D. 9，8

36. 光盘驱动器的速度，常用多少倍速来衡量，如 40 倍速的光驱表示成 40x，其中的 x 表示（　　），它是以最早的 CD 播放的速度为基准的。

A. 150 KB/s　　　　B. 300 KB/s

C. 385 KB/s　　　　D. 153. 6 KB/s

37. cache 是用 SRAM 组成的一种高速缓冲存储器。下列关于 cache 的叙述，正确的是（　　）。

A. 从功能上看，cache 实质上是 CPU 寄存器的扩展

B. cache 的存取速度接近于主存的存取速度

C. cache 的主要功能是提高主存与辅存之间数据交换的速度

D. cache 中的数据是主存很小一部分内容的映射（副本）

38. 下列不属于硬盘的接口类型的是（　　）。

A. IDE　　　　B. ATA

C. serial ATA　　　　D. MIC

任务 5.4　计算机外设及其他

任务描述

掌握微型计算机主板的构成及其功能，了解各种输入及输出设备，了解 BIOS 及分区。

知识图谱

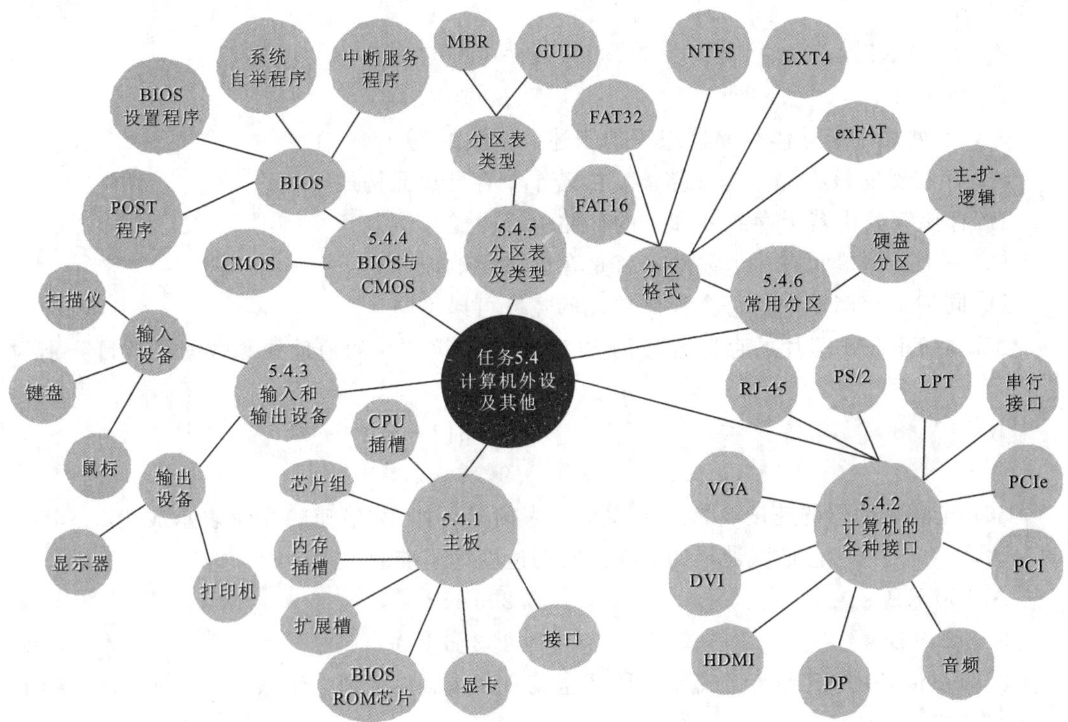

5.4.1 主板

主板，又称为主机板（main board）、母板（mother board）或系统板（system board），是计算机的核心组件之一。它通常是一块矩形的印制电路板，负责连接和管理各种硬件部件。主板提供了一个平台，使中央处理器（CPU）、内存、存储设备（如硬盘）、显卡、声卡、网卡等能够相互通信和协同工作。

主板上集成了多个重要的子系统和接口，包括 BIOS/UEFI 固件、芯片组、扩展插槽（如 PCIe 插槽）、I/O 接口（如 USB、HDMI、以太网接口）和电源接口等。

目前市场上最常见的主板结构是 ATX（见图 5-4-1），它具有较多的扩展插槽，通常配备 4 到 6 个 PCI 插槽。Micro ATX，也称为 Mini ATX，是 ATX 的简化版，通常称为“小板”，扩展插槽较少，PCI 插槽数量为 3 个或更少，主要用于品牌机和小型机箱。BTX 是英特尔提出的最新一代主板结构，旨在提供更好的散热和气流流动，同时缩小主板的尺寸。

主板上的电源插座有多种类型，常见的有主供电插座和辅助供电插座。ATX 24 针插座是当前标准的主供电插座，主要用于主板的电力供应。它有 24 个针脚，也有旧的 20 针版本，但现代主板和电源大多使用 24 针插座。辅助供电插座（EPS 8 针插座）用于为 CPU 提供额外的电力，特别是在高性能的系统中。

图 5-4-1 典型 ATX 主板图示

1. CPU 插槽

主板上的 CPU 插槽（CPU socket）是用于安装和连接中央处理器（CPU）的接口，主要分为插座（socket）和插槽（slot）两种类型。不同型号和品牌的 CPU 使用不同类型的插槽。CPU 接口的演变经历了引脚式、卡式、触点式、针脚式等不同方式。目前，Intel 的 CPU 广泛使用 LGA 触点式接口，而 AMD 的 CPU 通常使用 PGA 针脚式接口。因此，在选择主板和 CPU 时，必须确保它们的插槽类型和接口方式兼容。

2. 芯片组

芯片组是主板的核心组成部分，决定了主板的性能和级别。它充当 CPU 与周边设备之间的桥梁，负责协调和管理数据的传输。芯片组一般由两块主要的芯片组成：北桥芯片和南桥芯片。

北桥芯片（north bridge）：通常位于 CPU 插槽附近，是主板芯片组中最重要的部分。北桥芯片负责与 CPU 直接联系，控制内存、AGP 和 PCIe 数据的传输。它决定 CPU 的类型和主频、系统的前端总线频率、内存类型（如 SDRAM、DDR SDRAM、DDR2 SDRAM、DDR3 SDRAM 等）及其最大容量，同时提供 AGP 和 PCIe 插槽支持。北桥芯片由于数据处理量大，发热量也相应增大，因此常配有散热片，有些主板还配备风扇以增强散热效果。中央处理器（CPU）与北桥芯片之间的数据通道是前端总线（FSB）。

南桥芯片（south bridge）：位于 PCI 插槽附近，负责管理低速外设。南桥芯片提供对 I/O 设备、键盘控制器、实时时钟控制器等的支持，并决定扩展槽的种类与数量以及扩展接口的类型和数量。

3. 内存插槽

主板上的内存插槽用于安装系统内存模块。当前主流的内存插槽类型是 DIMM（dual in-line memory modules）。DIMM 是一种内存条的物理形式和接口类型，它指的是内存模块的具体形态和接口规范。

4. 扩展槽

PCI 插槽是计算机主板上用于插入扩展卡的物理接口，允许连接各种外部设备，如显卡、网卡、声卡、RAID 卡等，以扩展计算机的功能。主板上通常配有多个 PCI 插槽，颜色一般为白色，中间有隔断，可以同时支持多组外部设备。

AGP 插槽是一种专门用于连接显卡的插槽，旨在提高计算机的图形处理性能。相比标准 PCI 插槽，AGP 插槽提供更高的带宽和更低的时延，能更有效地支持图形加速和 3D 图形处理。AGP 插槽一般位于 CPU 插槽和 PCI 插槽之间，颜色通常为褐色，并直接与北桥芯片相连。AGP 插槽目前逐步被 PCIe 接口所取代。

PCIe 插槽是一种用于连接扩展卡的高速串行总线接口，提供比 PCI 插槽更高的数据传输速度。PCIe 插槽根据通道数和带宽的不同，分为多种规格，包括 X1、X4、X8、X16 和 X32 等。其中，PCIe X1 表示该设备使用 1 根连接线，数据传输速度为 250 MB/s，而 PCIe X32 的数据传输速度可达 10 GB/s。

5. BIOS ROM 芯片

主板上的 BIOS ROM 芯片是固化了基本输入输出系统程序的只读存储器。BIOS 提供了一个操作系统与硬件之间的接口，负责启动计算机并初始化硬件设备。

6. 显卡

（1）显卡及其功能。

显卡（graphics card），也称为图形处理器（graphics processing unit，GPU），是计算机系统中负责图形处理和显示的硬件。显卡主要用于生成和输出图形，同时在现代计算机中，还用于处理科学计算和人工智能任务。

（2）显卡构成。

图形处理单元：显卡的核心部分，负责执行图形计算任务。GPU 能够并行处理复杂的图形和视频任务，其性能决定了显卡的整体性能。

显存（video RAM，VRAM）：用于存储图形数据（如纹理、帧缓冲、渲染目标）。显存的容量和速度直接影响显卡处理高分辨率和复杂图形场景的能力。

显卡 BIOS 芯片：存储显卡的基本输入输出系统，负责初始化硬件和设置基本参数。

RAMDAC（random access memory digital-to-analog converter）：将数字信号转换为模拟信号，供传统模拟显示器使用，但在现代数字接口中不再常见。

显卡接口：包括PCI接口、AGP接口和PCIe接口。PCI接口和AGP接口已基本淘汰，目前主流显卡使用PCIe接口。

显示输出接口：将处理后的图形信号输出到显示设备（如显示器、电视）。常见接口包括HDMI、DisplayPort（DP）、DVI和VGA。

（3）显卡分类。

集成显卡：将显示芯片、显存及相关电路集成在主板上，与CPU共享资源。集成显卡适合日常应用，难以满足大型游戏的需求。

独立显卡：显示芯片、显存及相关电路单独设计在一块电路板上，作为独立的板卡存在。独立显卡通过主板的扩展插槽（如PCI、AGP或PCIe）连接，拥有更强的图形处理能力。

核芯显卡：Intel新一代图形处理核心，将图形核心与处理核心整合在同一基板上，形成一个完整的处理器。它利用先进的处理器制程和架构设计，提高了图形处理效率。

7. 接口

主板上的接口主要有IDE接口、SATA接口、PS/2接口、串行接口COM1/COM2、并行接口LPT、通用串行总线（USB）接口等。

例题解析

例1 主板上负责CPU与内存之间数据交换和传输的主要芯片是（　　）。

A. CPU　　B. 南桥芯片

C. 北桥芯片　　D. BIOS和CMOS

例2 下列选项中，（　　）决定了主板支持的CPU和内存的类型。

A. BIOS　　B. 北桥芯片

C. 南桥芯片　　D. CPU

例3 正在逐步取代AGP显卡插槽的是（　　）。

A. PCI插槽　　B. USB接口

C. PCIe X16　　D. SATA

答案： C；B；C

知识点对接： 主板的构成、主板各组成部件的功能、主板上的主要接口。

解析： 例1中，主板上负责CPU与内存之间数据交换和传输的主要芯片是北桥芯片。南桥芯片负责管理低速外设，BIOS和CMOS是系统固件和设置的存储组件。故选C。例2中，北桥芯片决定了主板支持的CPU和内存的类型。北桥芯片直接连接CPU和内存，并控制它们之间的通信，因此它决定了主板可以支持哪些类型的CPU和内存。故选B。例3中，PCIe X16接口正在逐步取代AGP显卡插槽。PCIe X16提供了更高的带宽和性能，适用于现代显卡，而AGP显卡插槽已经逐渐被淘汰。故选C。

5.4.2 计算机的各种接口

计算机提供了多种接口，用于连接外围设备和扩展功能，实现系统的多样化应用和高效运行。主板背面常见的接口见图 5-4-2。

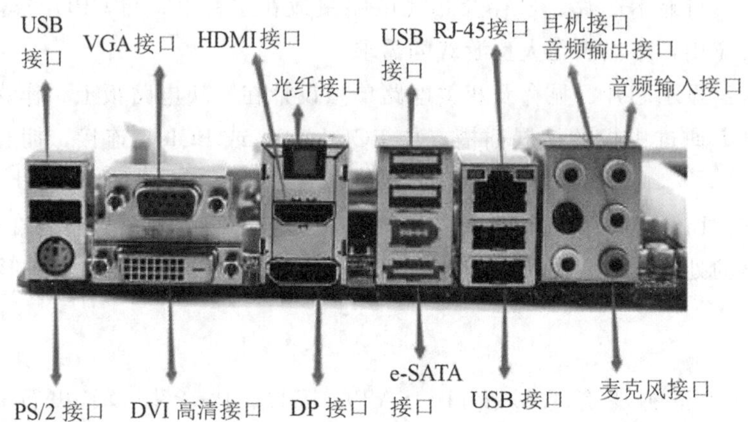

图 5-4-2 主板背后的各种接口

1. VGA 接口

VGA（video graphic array，视频图形阵列）接口曾是广泛使用的视频接口之一，具有 15 个针脚，分为 3 排，每排 5 个针脚。随着高清影像传输需求的增加，许多高端显卡和显示器逐渐取消了 VGA 接口。然而，使用转接头仍可以连接旧设备。VGA 接口外观见图 5-4-3。

2. DVI 接口

DVI（digital visual interface，数字视频接口）是一种视频接口标准，旨在传输未经压缩的数字化视频。DVI 接口有三种类型：DVI-A（模拟信号）、DVI-D（数字信号）和 DVI-I（数字和模拟信号兼容）。相比 VGA 接口，DVI 接口具有显示更清晰画面和处理动态画面更稳定的优势。DVI 接口外观见图 5-4-4。

3. HDMI 接口

HDMI（high definition multimedia interface，高清多媒体接口）是一种全数字化的视频和音频接口，可以同时传输未压缩的音频和视频信号。作为一种高清晰度接口，HDMI 广泛应用于大部分计算机和显示设备。HDMI 接口的版本包括 1.0 至 1.2a、1.3 至 1.3c、1.4 至 1.4b、2.0 至 2.0b 和 2.1。不同版本之间是兼容的，主要区别在于传输带宽的高低。HDMI 接口外观见图 5-4-5。

图 5-4-3　VGA 接口

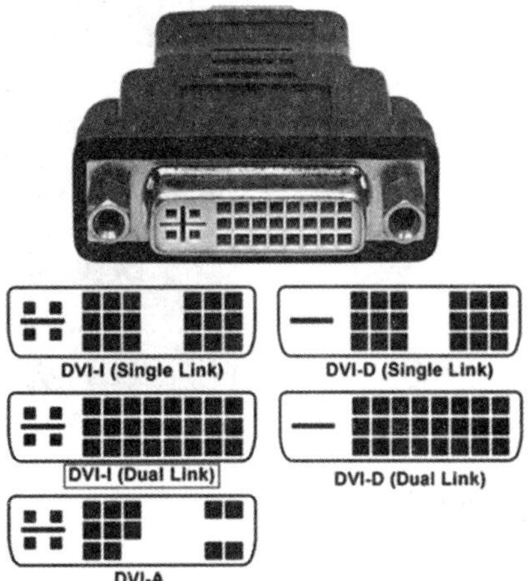

图 5-4-4　DVI 接口

4. DP 接口

DisplayPort（DP）接口类似于 HDMI 接口，是高清数字显示接口，能够同时传输视频和音频信号。DP 接口从第一代起就支持高达 10.8 Gbps 的带宽，并能够输出 2560×1600 分辨率和 12 位颜色深度的图像。DP 接口外观见图 5-4-6。

图 5-4-5　HDMI 接口

图 5-4-6　DP 接口

5. 音频相关接口

主板自带的声卡上，一般有 6 种不同颜色的音频接口，而不同颜色的接口有不同的功能。

红：（MIC in）麦克风输入。

蓝：（Line in）线路输入。

绿：（Front）前端扬声器（左右）。

橙：（C/LEF）中置/低频加强声道。

黑：（Rear）后端扬声器（左右）。

灰：（Side）侧边环绕扬声器（左右）。

关于连接的方法，一般来说，2.1 声道音频输出只接绿色的音频口，5.1 声道接绿、橙、黑这三种音频口，7.1 声道接绿、橙、黑、灰这四种音频口，麦克风统一接红色音频口。音频相关接口外观见图 5-4-7。

图 5-4-7 音频接口

6. PCI 接口

PCI 接口是主板上用于连接各种扩展卡的标准接口。PCI 是一种广泛使用的插槽类型，几乎所有主板都配备了这种接口。然而，由于计算机技术的快速发展，PCI 接口已经逐渐被淘汰，现在只有在较老的计算机中才会见到这种接口。PCI 接口外观见图 5-4-8。

7. PCIe 接口

PCIe 是一种高速串行计算机扩展总线标准，它沿用了 PCI 的编程概念和通信标准，但采用了更快的串行通信技术。PCIe 提供了比传统 PCI 更高的带宽和性能，广泛用于现代计算机系统中。PCIe 接口外观见图 5-4-9。

图 5-4-8 PCI 接口

图 5-4-9 PCIe 接口

8. 串行接口

串行接口（serial interface）一位一位地按顺序传送数据。这种接口的特点是通信线路简单，仅需一对传输线即可实现双向通信（例如可以直接利用电话线），从而降低了成本，特别适用于远距离通信，但传输速度较慢。

串行接口主要有三种类型：RS-232、RS-422 和 RS-485。

RS-232：它通常以 9 个引脚（DB-9）或 25 个引脚（DB-25）出现。个人计算机上通常有两组 RS-232 接口，称为 COM1 和 COM2，用于计算机及其周边设备之间的数据传输。RS-232 接口外观见图 5-4-10。

RS-422：又称 EIA-422，是一种采用四线制、全双工、差分传输的数据传输协议。其最大传输距离为 4000 ft（约 1200 m），最大传输速率为 10 Mb/s。需要注意的是，传输距离与传输速率成反比，RS-422 非常适合用于多点通信和长距离通信。

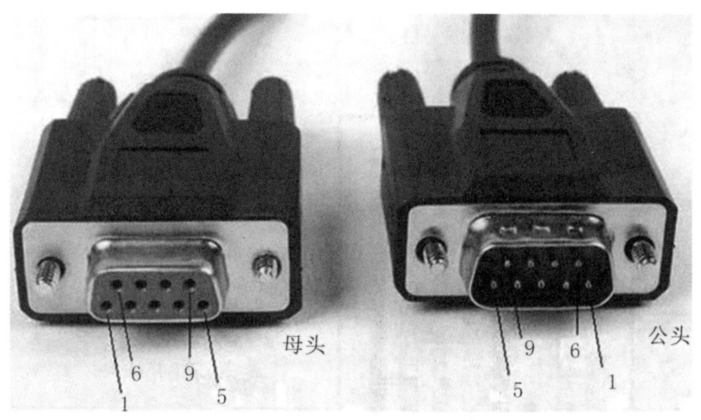

图 5-4-10 RS-232 接口

RS-485：基于 RS-422 发展的接口标准，与 RS-422 基本相似，但具有更好的多点通信能力。

9. PS/2 接口

PS/2 接口主要用于连接计算机的键盘和鼠标。通常情况下，PS/2 接口的鼠标接口为绿色，键盘接口为紫色，以方便区分和正确连接。PS/2 接口外观见图 5-4-11。

10. LPT 接口

LPT 接口，也称为并行接口或打印接口，是一种用于连接打印机或扫描仪的标准接口。它采用并行传输方式传输数据。与串行接口相比，LPT 接口的数据传输速率更快。标准并行接口的数据传输速率为 1 Mbps，大约是串行接口数据传输速率的 8 倍。LPT 接口通常使用 25 针 D 形接头，支持多种工作模式。在 USB 接口普及之前，LPT 接口是打印机和扫描仪最常用的。LPT 接口外观见图 5-4-12。

图 5-4-11 PS/2 接口

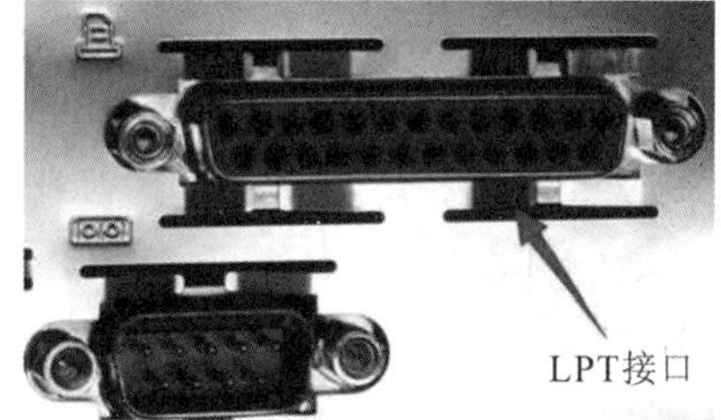

图 5-4-12 LPT 接口

11. RJ-45 接口

RJ-45 插头与双绞线的端接方式有 T568A 和 T568B 两种。在 T568A 标准中，8 根线依次为白绿、绿，白橙、蓝，白蓝、橙，白棕、棕；在 T568B 标准中，8 根线依次为白橙、橙，白绿、蓝，白蓝、绿，白棕、棕。观察 RJ-45 水晶头的针脚顺序时，应将 RJ-45 插头的正面（带铜针的一面）朝向自己，铜针朝上，连接线缆的一端朝下，从左到右依次编号为 1 至 8。T568B 线序排列见图 5-4-13。

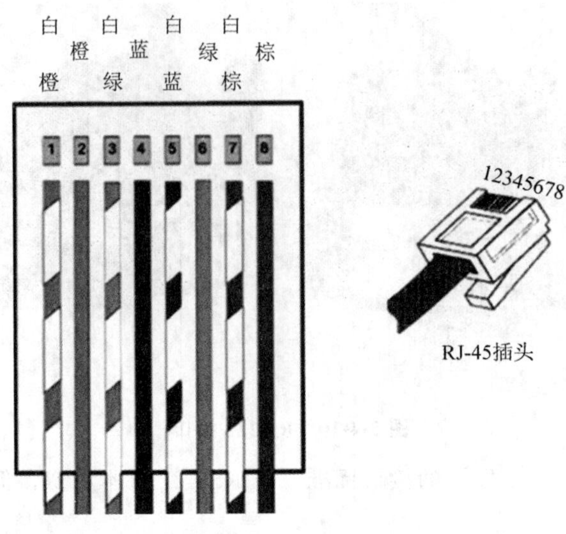

图 5-4-13　T568B 线序图

网络传输线分为直连线、交叉线和反转线。直连线用于异类网络设备之间的连接，如计算机与交换机；交叉线用于同类网络设备之间的连接，如计算机与计算机；反转线用于超级终端与网络设备控制接口之间的连接。为了实现最佳兼容性，直连线的制作一般采用 T568B 标准。

例题解析

例 1　以下关于 USB 接口的描述，错误的是（　　）。

A. USB 2.0 的最大传输速率是 480 Mbps

B. USB 3.0 的最大传输速率是 5 Gbps

C. USB 3.1 Gen 2 的最大传输速率是 10 Gbps

D. USB-C 只能用于数据传输，不支持充电

例 2　如果要用交叉线连接两台计算机，则正确的连接线序是（　　）。

A. 1—1，2—2，3—3，4—4，5—5，6—6，7—7，8—8

B. 1—2，2—1，3—6，4—4，5—5，6—3，7—7，8—8

C. 1—3，2—6，3—1，4—4，5—5，6—2，7—7，8—8

D. 随便对接都可以通信

答案：D；C

知识点对接：计算机各接口类型。

解析：例 1 中，USB 2.0 的最大传输速率是 480 Mbps，USB 3.0 的最大传输速率是 5 Gbps，USB 3.1 Gen 2 的最大传输速率是 10 Gbps，选项 A、B、C 正确。USB-C 不仅支持数据传输，还支持充电和其他功能，选项 D 错误。例 2 中，交叉线用于连接两个相同类型的设备（如计算机与计算机）。在交叉线中，发送（Tx）线和接收（Rx）线需要

交叉连接，选项 C 的线序配置符合标准交叉线的要求。选项 A 的描述是直连线的线序，不是交叉线的线序。

5.4.3　输入和输出设备

1. 输入设备

输入设备负责将用户的命令、程序和数据输入计算机中。常见的输入设备包括鼠标、键盘、扫描仪、摄像头和麦克风等。下面具体介绍键盘和鼠标。

键盘被广泛应用于微型计算机和各种终端设备上，用户通过键盘向计算机输入指令和数据，以控制计算机的工作。常规键盘有机械式按键和电容式按键两种，工业控制设备中还常见薄膜键盘。

鼠标按接口分为串行鼠标、PS/2 鼠标、USB 鼠标和无线鼠标，按构造分为有线和无线两种，按工作原理分为机械式、光电式和光学式。

2. 输出设备

输出设备的主要功能是将计算机处理后的信息转换为人类可以理解的形式。输出设备种类多样，每种设备都有其特定的功能和用途。常见的输出设备包括显示器、打印机、绘图仪和投影仪等。下面具体介绍显示器和打印机。

（1）显示器。

显示器的主要功能是将计算机的数字信号转换为视觉图像，供用户查看。根据显示技术，显示器可分为 CRT（阴极射线管）显示器、LCD（液晶显示器）、LED（发光二极管）显示器、OLED（有机发光二极管）显示器、QLED（量子点发光二极管）显示器和 PDP（等离子显示器）等类型。

显示器必须配备合适的适配器（显卡）才能构成完整的显示系统。

显示器的主要技术参数如下。

屏幕尺寸：以对角线长度衡量，单位为英寸（in）。常见尺寸有 21 英寸、24 英寸等。

分辨率：指显示器可显示的像素数量，通常用宽度和高度的像素数表示。常见分辨率有 HD（1280×720 像素）、Full HD（1920×1080 像素）、2K（2560×1440 像素）、4K（3840×2160 像素）、8K（7680×4320 像素）等。

刷新率：表示显示器每秒刷新图像的次数，单位为赫兹（Hz）。常见刷新率有 60 Hz、75 Hz、120 Hz、144 Hz、240 Hz 等。刷新率越高，画面越流畅，尤其在游戏和视频播放时表现越佳。

可视角度：指从不同角度观看显示器时能清晰看到图像的最大角度。可视角度越大，显示器从侧面看时，颜色和对比度变化越小。IPS 面板通常具备较大的可视角度。

响应时间：指显示器像素从一种颜色切换到另一种颜色所需的时间，单位为毫秒（ms）。响应时间越短，动态画面越清晰。常见响应时间有 1 ms、5 ms 等。响应时间过长会导致拖影现象。

点距：指屏幕上相邻同色像素单元间的距离，单位为毫米（mm）。点距越小，像素密度越高，图像显示越精细。

对比度：指显示器能够显示的最亮和最暗颜色之间的比率。较高的对比度提供更丰富的细节和更深的黑色。一般液晶显示器的对比度约为 250∶1，较好的可达 300∶1。

接口类型：显示器连接接口的类型，如 HDMI、DP、DVI、VGA 和 USB-C 等。接口类型和数量决定显示器的兼容性与扩展能力。

(2) 打印机。

打印机是将计算机处理的数字信息转换为纸质文档或图像的输出设备。根据不同的技术和用途，打印机可以分为多种类型。按工作原理划分，打印机主要包括针式打印机、喷墨打印机、激光打印机和热敏打印机。

针式打印机：通过打印头上的针击打色带，将墨水转印到纸上形成字符和图像。其优点是耐用性强，适合长时间连续工作，能够打印多联表单和碳纸，且成本低。缺点是打印速度较慢，噪声大，打印质量较低，无法打印高分辨率图像。

喷墨打印机：通过喷嘴将液态墨水喷射到纸上，形成图像和文字。其优点是打印质量高，色彩鲜艳，能够打印高分辨率的图形和照片，设备成本较低。缺点是打印速度较慢，墨水耗材成本高，且墨水容易干涸，适合家庭和小型办公使用。

激光打印机：通过激光束将图像投射到感光鼓上，然后利用静电将碳粉吸附在纸上形成图像。其优点是打印速度快、质量高，尤其适合大量文档打印，单页打印成本低。缺点是初始购买成本较高。

热敏打印机：通过热头加热特殊的热敏纸，使受热部分变色形成图像。其优点是打印速度快，操作安静。缺点是需要使用特殊纸张，且打印质量易受环境温度影响。

打印机的主要技术参数如下。

打印分辨率（print resolution）：指打印机在纸张上打印图像或文字的精细度，以每英寸点数（DPI）表示。常见打印分辨率有 300 DPI、600 DPI、1200 DPI 等。打印分辨率越高，打印质量越好。

打印速度（print speed）：指打印机每分钟能打印的页数（PPM）。一般文档的打印速度范围为 20～50 PPM，照片的打印速度通常较慢。

打印幅面（print size）：指打印机支持的最大纸张尺寸。常见的幅面有 A4、A3、A2 等。专业打印机可能支持更大的幅面。

例题解析

例 1 在计算机显示系统中，负责将计算机生成的图像信号发送到显示器的关键部件是（　　）。

A. 显示屏　　B. 显示适配器（显卡）

C. 显示驱动程序　　D. 显示接口

例 2 显示器在播放高速运动画面时出现拖影现象，这主要反映了显示器哪项性能指标较低？（　　）

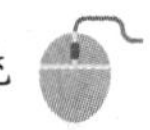

A. 分辨率　　B. 刷新率
C. 响应时间　　D. 亮度

例 3　显示器的分辨率是指（　　）。

A. 显示屏上扫描线的行数　　B. 显示屏上显示字符的个数
C. 显示屏面积　　D. 显示屏上显示光点的个数

答案： B；C；D

知识点对接： 显示器的技术指标。

解析： 例 1 中，显卡是计算机系统中负责生成图像信号并将其发送到显示器的关键部件，它将计算机生成的图像数据转换为显示器能够识别的信号，故选 B。例 2 中，响应时间指的是显示器像素从一种颜色切换到另一种颜色所需的时间。较长的响应时间会导致拖影现象，尤其是在播放高速运动画面时。因此，响应时间较短的显示器能更好地处理快速变化的画面，故选 C。例 3 中，分辨率指的是显示器上能够显示的像素（光点）的数量，通常表示为宽度×高度（例如 1920×1080 像素），这决定了图像的清晰度和细节，故选 D。

5.4.4　BIOS 与 CMOS

1. BIOS

BIOS（basic input/output system，基本输入输出系统）是一组固化在计算机主板上 ROM 芯片中的程序，保存着计算机最基本的输入输出程序、开机自检程序和系统启动程序。它能够读取和写入 CMOS 中的系统设置信息，其主要功能是为计算机提供底层的硬件设置和控制。虽然 BIOS 本质上是一个程序，但它在硬件与软件之间充当接口，负责处理硬件的即时请求，并执行软件对硬件的操作要求。

BIOS 程序主要包含以下四个部分。

POST（power-on self-test，开机自检）程序：也称为系统自检程序。当计算机开机时，BIOS 会首先执行 POST 程序，检查计算机的主要硬件组件（如 CPU、内存、主板等）是否正确连接并正常工作。如果在自检过程中发现问题，BIOS 会通过主板上的蜂鸣器发出报警声，并显示错误信息，以便用户或技术人员进行故障排除。

BIOS 设置（CMOS 设置）程序：即硬件配置程序。BIOS 设置程序允许用户配置计算机的各种参数，如启动顺序、系统日期和时间、硬件配置等。这些设置通常保存在非易失性存储器（如 CMOS）中，以确保在计算机关闭或断电的情况下设置不会丢失。用户可以通过特定按键（如 Delete、F2、F10 等，具体取决于计算机制造商）进入 BIOS 设置界面进行配置和修改。

系统自举程序：也称为启动引导程序。POST 程序完成自检并确认无问题后，BIOS 会启动系统自举程序。该程序负责加载并启动存储在计算机硬盘或其他存储设备上的操作系统。BIOS 会按照用户设置的启动顺序，依次检查各个存储设备，以寻找并加载操作系统的主引导记录（MBR，master boot record）或 UEFI 分区（如果系统支持 UEFI）。

中断服务程序：处理硬件中断的程序。BIOS 包含了一组中断服务程序，用于处理各种硬件中断请求。计算机硬件需要请求服务（如键盘输入、磁盘读写等）时，会向 CPU 发送中断信号。CPU 接收到中断信号后，会暂停当前程序，跳转到 BIOS 中对相应中断服务程序进行处理。

2. CMOS

CMOS（complementary metal-oxide-semiconductor，互补金属氧化物半导体）是一块位于主板上的可读写 RAM 芯片，用于保存 BIOS 设置和用户配置的系统参数。CMOS 中的信息通过主板上的 3 V 纽扣电池维持供电，以确保数据在计算机断电后依然保留。

3. BIOS 与 CMOS 的关系

BIOS 和 CMOS 都与计算机系统设置密切相关，因此容易混淆。BIOS 设置程序是完成参数配置的工具，而 CMOS RAM 是存储系统参数的地方。因此，准确的说法是通过 BIOS 设置程序对 CMOS 参数进行设置。通常我们所说的 BIOS 设置和 CMOS 设置是简化说法，这也在一定程度上造成了两个概念的混淆。

例题解析

例 1 在计算机系统中，BIOS 的主要功能是（　　）。

A. 提供存储数据的永久空间

B. 控制外围设备的输入和输出

C. 在系统启动时进行硬件初始化和操作系统引导

D. 提供高速缓存数据存取

例 2 BIOS 程序固化在（　　）存储器中。

A. 硬盘　　B. RAM

C. cache　　D. ROM

例 3 CMOS 用来保存（　　）。

A. 操作系统　　B. 计算机参数的配置

C. 应用软件　　D. 计算机语言

答案：C；D；B

知识点对接：BIOS、CMOS 的区别与联系。

解析：例 1 中，C 选项是 BIOS 的主要功能。当计算机启动时，BIOS 会首先被加载并执行。它会执行一系列的检查和初始化任务，以确保计算机的所有关键硬件（如 CPU、内存、主板等）都准备好并正确配置。然后，BIOS 会加载并启动操作系统，将

控制权交给操作系统。故选 C。例 2 中，BIOS 程序通常固化在 ROM 中，因为 ROM 是非易失性存储器，可以在计算机断电后保存数据。故选 D。例 3 中，CMOS 用于保存计算机参数的配置，例如系统时间、启动顺序、硬件设置等，这些数据会在系统断电后保存，以便下次启动时可以恢复设置。故选 B。

5.4.5　分区表及类型

1. 分区表

分区表是计算机硬盘上用来描述分区信息的数据结构，用来记录文件的地址、大小信息等。在访问某一文件时，系统首先访问分区表，如果分区表里存在该文件的名称，系统就可以根据文件地址进行访问，否则无法访问。删除文件时，实际上只是将该文件在分区表中的记录标记为已删除，并未实际删除文件本身。因此，被删除的文件有可能被恢复，直到新数据覆盖其原始位置为止。

2. 分区表类型

分区表主要有两种类型：MBR（主引导记录）分区表和 GUID（全局唯一标识符）分区表。

（1）MBR 分区表。

MBR（master boot record，主引导记录）分区表将分区信息存储在硬盘的第一个扇区（MBR 扇区）的 64 个字节中。每个分区项占用 16 个字节，因此最多只能记录 4 个分区信息，即 MBR 分区表最多可以支持 4 个主要分区（primary partition）或 3 个主要分区加 1 个扩展分区（extended partition）。MBR 使用 32 位地址来记录分区的总扇区数，最多能够表示 2^{32} 个扇区，每个扇区 512 字节，因此每个分区的最大容量为 2 TB。

当硬盘容量超过 2 TB 时，MBR 分区表无法表示分区的起始位置，因此在现代硬盘容量不断增加的情况下，MBR 分区表已经无法满足需求。

（2）GUID 分区表。

GUID（globally unique identifier，全局唯一标识符）分区表（GPT）是一种新的分区表结构标准，基于 Itanium 计算机的可扩展固件接口（EFI）使用。GPT 允许每个磁盘有多达 128 个分区，支持最大卷容量为 18 EB（1 EB = 1024 PB，1 PB = 1024 TB，1 TB = 1024 GB，1 GB = 1024 MB，1 MB = 1024 KB）。GPT 是较新的分区格式，提供更大的灵活性和支持，启动速度较快。它主要用于支持 UEFI（unified extensible firmware interface，统一可扩展固件接口）引导的操作系统，如 Windows 8/8.1/10、Mac OS X 10.6.6 及以上版本等。

例题解析

例 1 分区表的主要作用是（　　）。

A. 存储操作系统文件　　B. 管理硬盘上的分区信息

C. 提供 CPU 的运算指令　　D. 控制计算机的外围设备

例 2 （　　）分区表类型在 UEFI（统一可扩展固件接口）启动模式下被广泛使用。

A. MBR　　B. GPT

C. NTFS　　D. FAT32

例 3 下列选项中，（　　）分区表类型支持最大 2 TB 的硬盘。

A. GPT　　B. MBR

C. NTFS　　D. EXT4

答案： B；B；B

知识点对接： 分区表、MBR 分区表、GUID 分区表。

解析： 例 1 中，分区表是用于管理硬盘上分区的一种数据结构，它记录了硬盘上各个分区的大小、位置、类型等信息，而不是存储操作系统文件、提供 CPU 运算指令或控制外围设备，故选 B。例 2 中，在 UEFI 启动模式下，GPT 分区表类型被广泛使用，因为它支持更大的硬盘容量（最高可达 18 EB），对分区数量没有限制（Windows 系统下最多支持 128 个分区），并且支持 UEFI 安全启动功能，能够更好地保护系统安全，故选 B。例 3 中，MBR 分区表类型支持最大 2 TB 的硬盘，而 GPT 支持更大的硬盘容量。NTFS 和 EXT4 是文件系统类型，不是分区表类型，故选 B。

5.4.6 常用分区

1. 常见分区格式

分区格式有很多，常见的分区格式有 FAT16、FAT32、NTFS、EXT4、exFAT 等多种。前三种在后面硬盘分区会有详细介绍，这里我们简单介绍一下 EXT4 和 exFAT 格式。

EXT4 是 Linux 系统下的一种日志文件系统，是 EXT2 和 EXT3 文件系统的改进版。它的主要特点如下。

支持大文件系统和大文件：相较于 EXT3 的 32 TB 文件系统大小和 2 TB 单文件限制，EXT4 支持高达 1 EB 的文件系统大小和 16 TB 的单文件大小。性能、可靠性和扩展性提升：提供更高的性能、可靠性和扩展性，适用于对文件系统要求较高的应用场景，如数据库服务器和邮件服务器。改进功能：包括日志记录机制的改进，支持文件系统快速检查，更高效的空间分配，等等。EXT4 广泛用于 Linux 操作系统的文件系统，如服务器和工作站。

exFAT 是 Microsoft 开发的一种文件系统，主要用于闪存驱动器和存储卡。其主要特点如下。

增强了互操作性：增强了台式计算机与移动设备之间的互操作性。支持大分区：最多支持 16 EB 的分区。簇大小灵活：簇大小范围从 0.5 KB 到 32 MB。提高空间利用率：使用了剩余空间分配表，提高了空间利用率。限制目录文件数：同一目录下最多支持 65536 个文件或文件夹。支持访问控制：提供更好的文件访问控制功能。exFAT 主要用于 U 盘和存储卡，传统硬盘通常不使用 exFAT 格式。exFAT 格式在 Windows XP SP3 及之后版本、Windows 7、Windows 10 和 Windows 11 中得到支持。

2. 硬盘分区格式

工厂生产的硬盘必须经过低级格式化、分区和高级格式化三个处理步骤后，计算机才能利用它们存储数据。

（1）FAT16 格式。

FAT16 使用 16 位文件分配表，最多支持 2 GB 的分区。几乎所有操作系统都支持该格式，如 DOS、Windows 95、Windows 98、Windows NT、Windows 2000 及部分非系统分区的 Windows 10，甚至 Linux 也支持此格式。

缺点：磁盘利用率低。磁盘空间分配以簇为单位，一个簇只供一个文件使用，即使文件很小，仍占用整个簇，导致空间浪费。分区越大，簇容量越大，浪费也就越多。为解决这一问题，微软在 Windows 97 中推出了 FAT32 分区格式。

（2）FAT32 格式。

FAT32 使用 32 位文件分配表，大大增强了磁盘管理能力，突破了 FAT16 的 2 GB 分区限制。使用 FAT32 后，可将大硬盘划为一个分区，简化管理。FAT32 在不超过 8 GB 的分区中，每个簇容量固定为 4 KB，减少了磁盘浪费，提升了利用率。FAT32 分区格式支持的操作系统包括 Windows 97、Windows 98、Windows 2000、Windows XP 及 Windows Vista 以后的非系统分区。

缺点：由于文件分配表增大，FAT32 磁盘运行速度比 FAT16 慢。此外，DOS 不支持 FAT32，且 FAT16/FAT32 格式不支持单个文件超过 4 GB。

（3）NTFS 格式。

NTFS 格式的优点是安全性和稳定性极高，使用中不易产生文件碎片，对硬盘空间利用和软件运行速度有益，且支持单个文件超过 4 GB。NTFS 能够记录用户操作，通过严格的权限控制，使每个用户只能在系统赋予的权限范围内操作，从而充分保护系统和数据安全。

NTFS 格式只能被基于 NT 内核的 32 位 Windows 系统识别，老旧的 DOS 以及 16 位、32 位混合的 Windows 95 和 Windows 98 系统无法识别 NTFS 分区。

NTFS 是可恢复的文件系统，用户很少需要运行磁盘修复程序。通过使用标准事务处理日志和恢复技术，NTFS 能保证分区的一致性。此外，NTFS 支持对分区、文件夹和文件进行压缩，并通过采用更小的簇，提高磁盘空间管理效率。

在 NTFS 分区中，可以为共享资源、文件夹和文件设置访问权限。访问权限设置包括两部分：一是哪些组或用户可以访问文件夹、文件和共享资源；二是设置这些用户或组的访问级别。此权限设置不仅适用于本地用户，也适用于通过网络访问共享文件夹的用户。

3. 硬盘分区

硬盘分区是指将硬盘的存储空间划分为多个独立区域，分别用于存储操作系统、应用程序和数据文件等。在分区前，需做好规划，包括决定将硬盘划分为多少个分区、每个分区的容量大小以及所使用的文件系统等。对某些操作系统而言，硬盘必须经过分区才能正常使用，否则无法识别。通常，为了便于文件的存放和管理，人们会将硬盘划分为多个分区，以分别存储操作系统、应用程序和数据文件。

硬盘分区实质上是在一块物理硬盘上创建多个独立的逻辑单元，如 C 盘、D 盘、E 盘等，用于文件管理和使用。硬盘分区也是硬盘格式化的一个步骤。

为 C 盘选择合适的分区格式非常重要。C 盘通常作为系统盘，用于安装操作系统。常见的分区格式有 FAT32 和 NTFS。如果安装的是 Windows XP 等较旧的操作系统，使用 FAT32 格式会更加方便，尤其是在系统损坏或感染病毒木马时，启动工具盘通常无法识别 NTFS 分区，导致无法操作 C 盘。而对 Windows 7、Windows 10 及更新的微软操作系统而言，系统安装要求必须使用 NTFS 格式。

通常，硬盘会划分为一个主分区和一个扩展分区，扩展分区再划分为多个逻辑分区，即我们常说的 D 盘、E 盘、F 盘等（见图 5-4-14）。主分区是直接在硬盘上划分的，而逻辑分区则必须建立在扩展分区之上，扩展分区是逻辑分区的总称。

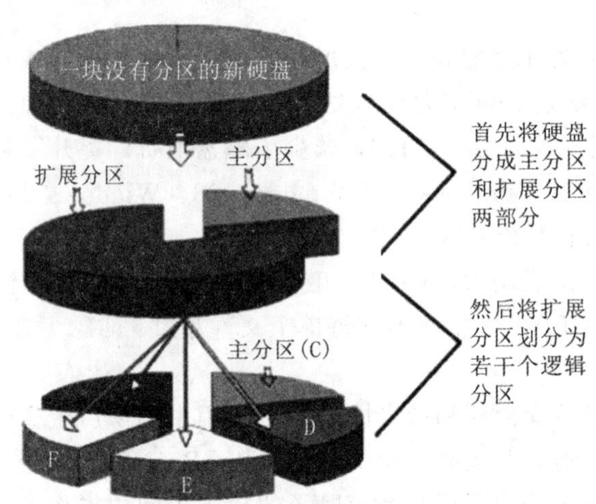

图 5-4-14　硬盘分区示意图

主分区是硬盘的启动分区，也是硬盘的第一个分区，即 C 盘。主分区包含主引导程序，负责检测硬盘分区的正确性并确定活动分区。若此程序损坏，硬盘将无法启动。只有将主分区设置为活动分区，系统才能通过硬盘启动。

一个硬盘可以有 1 到 4 个主分区，扩展分区最多只能有 1 个，主分区和扩展分区的总数不能超过 4 个。扩展分区不能直接使用，必须分割成若干逻辑分区，所有逻辑分区都是扩展分区的一部分。硬盘总容量的计算公式为：

硬盘容量＝主分区容量＋扩展分区容量

扩展分区容量＝各逻辑分区的容量之和

4. 常用分区软件

硬盘分区时需要使用分区软件，常用的分区软件有 Fdisk、PartitionMagic、DM、DiskGenius、Acronis Disk Director Suite 以及 Windows 自带的磁盘管理工具。用户还可以在安装 Windows 操作系统时，使用安装程序进行分区。

Fdisk 是 DOS 和 Windows 操作系统中自带的分区软件，性能稳定，兼容性好。但它不支持无损分区，分区时会删除硬盘上的数据，分区速度较慢，并且对大容量硬盘的支持较差。

PartitionMagic 曾是非常流行的分区软件，具有界面友好、操作简单、功能强大的特点，支持无损分区，便于用户管理磁盘。

DM 是一款小巧而功能强大的分区软件，最显著的特点是分区速度非常快，适用于各种分区需求。

DiskGenius 是一款集磁盘管理与数据恢复功能于一体的软件。除了具备基本的分区功能外，还提供硬盘坏道修复、数据恢复、分区镜像备份与还原、分区复制、硬盘复制等功能。

Acronis Disk Director Suite 是一套强大的硬盘管理工具，能够在不损失数据的情况下进行分区调整或优化，并具备修复损坏或恢复被删除分区数据的能力。

例题解析

例 1　在计算机分区格式中，（　　）格式主要用于 Windows 操作系统，并支持文件和目录的权限设置。

A. FAT32　　　　B. NTFS

C. EXT4　　　　D. HFS＋

例 2　以下分区类型中，（　　）在 MBR 分区表中是必需的，用于启动操作系统。

A. 扩展分区　　　　B. 逻辑分区

C. 主分区　　　　D. 隐藏分区

例 3　（　　）分区格式在 Windows 系统中不能存储超过 4 GB 的单个文件。

A. NTFS　　　　B. exFAT

C. FAT32　　　　D. EXT4

答案： B；C；C

知识点对接： 硬盘分区格式及各自优缺点。

解析： 例 1 中，NTFS 是 Windows 操作系统的分区格式，它支持文件和目录的权限设置，以及其他高级功能（如加密和压缩）。A 选项 FAT32 格式不支持文件和目录的权限设置。C 选项 EXT4 格式是 Linux 系统的分区格式，与 Windows 不直接相关。D 选项 HFS＋是 Mac 操作系统的文件系统，与 Windows 不直接相关。故选 B。例 2 中，主分区在 MBR 分区表中是必需的，用于启动操作系统。一个 MBR 分区表可以有最多 4 个主分区，或 3 个主分区加 1 个扩展分区。故选 C。例 3 中，FAT32 分区格式不能存储超过 4 GB 的单个文件，这是 FAT32 的一个限制。而 NTFS、exFAT 和 EXT4 都支持更大的单文件存储。故选 C。

同步训练

1. 主板上用于连接 CPU 的插座称为（　　）。

A. 扩展插槽　　B. PCI 插槽
C. CPU 插槽　　D. AGP 插槽

2. 下列选项中，南桥芯片的主要功能是（　　）。

A. 连接 CPU 和内存　　B. 控制高速 I/O 接口
C. 控制低速 I/O 接口　　D. 连接显卡和内存

3. AGP 接口主要连接的设备是（　　）。

A. 硬盘　　B. 显卡
C. 网卡　　D. 声卡

4. 下列选项中，接口速度最快的是（　　）。

A. PCI　　B. AGP
C. PCIe　　D. ISA

5. BIOS 的主要功能不包括（　　）。

A. 硬件初始化　　B. 操作系统引导
C. 存储用户数据　　D. 硬件配置

6. 在计算机中，负责缓存 CPU 和主存之间数据的存储器是（　　）。

A. 硬盘　　B. 南桥芯片
C. 缓存　　D. 主存储器

7. 下列接口属于外设接口的是（　　）。

A. CPU 插槽　　B. PCIe 插槽
C. USB 接口　　D. 内存插槽

8. 键盘和鼠标设备属于（　　）。

A. 输入设备　　B. 输出设备
C. 存储设备　　D. 网络设备

9. 打印机设备属于（　　）。

A. 输入设备　　B. 输出设备
C. 存储设备　　D. 网络设备

10. BIOS 包含四个部分，其中不包括（　　）。

A. 系统自检程序　　B. 启动引导程序
C. 硬件中断程序　　D. 用户应用程序

11. MBR 和 GUID 指的是（　　）信息。

A. 存储器类型　　B. 硬盘分区表
C. 文件系统类型　　D. 数据传输协议

12. GUID 分区表的主要优势是（　　）。

A. 支持更多分区　　B. 速度更快
C. 兼容性更好　　D. 耗电更少

13. 硬盘的高级格式化是指（　　）。

A. 创建文件系统　　B. 划分扇区和磁道
C. 物理清理硬盘表面　　D. 检查磁盘坏道

14. 硬盘分区的主要目的是（　　）。

A. 增加硬盘容量　　B. 提高数据传输速度
C. 管理和组织数据　　D. 减少硬盘发热

15. BIOS 与 CMOS 的关系是（　　）。

A. CMOS 包含 BIOS　　B. BIOS 包含 CMOS
C. 两者无关　　D. CMOS 用于存储 BIOS 设置

16. 下列是显卡常用的插槽类型的是（　　）。

A. USB　　B. PCIe
C. SATA　　D. IDE

17. 在分区表类型选择中，下列选项中适合使用 GPT 而不是 MBR 的是（　　）。

A. 硬盘容量为 1 TB　　B. 系统使用的是传统 BIOS
C. 硬盘容量为 4 TB　　D. 只需要一个主分区

18. 下列关于 MBR 分区表的描述，错误的是（　　）。

A. MBR 分区表支持最多四个主分区
B. MBR 分区表的最大容量限制为 2 TB
C. MBR 分区表在硬盘的第一个扇区
D. MBR 分区表支持无限数量的逻辑分区

19. 现代硬盘分区格式主要有（　　）。

A. FAT 和 NTFS　　B. MBR 和 GPT
C. EXT 和 HFS　　D. SCSI 和 ATA

20. 关于硬盘接口类型的描述，下列选项中正确的是（　　）。

A. IDE 接口比 SATA 接口数据传输速度更快
B. NVMe 接口通常比 SATA 接口数据传输速度更快
C. SATA 接口不支持热插拔功能
D. NVMe 接口只能用于机械硬盘

21. 下列关于硬盘的描述，正确的是（　　）。

A. 硬盘的旋转速度（RPM）对其读写性能没有影响
B. 硬盘的存储容量完全取决于其扇区数
C. 硬盘的缓存大小会影响其读写性能
D. 硬盘的接口类型不会影响数据传输速度

22. 下列（　　）部件由主板上的北桥芯片主要负责与之通信。

A. 硬盘　　B. 显卡

C. 电源　　D. 鼠标

23. 南桥芯片的主要功能是（　　）。

A. 管理内存和显卡　　B. 管理 I/O 设备

C. 管理 CPU 和内存通信　　D. 管理电源

24. 下列关于喷墨打印机的描述，正确的是（　　）。

A. 喷墨打印机速度通常比激光打印机快

B. 喷墨打印机通常适合高质量的照片打印

C. 喷墨打印机的打印成本通常比激光打印机低

D. 喷墨打印机不适合打印彩色文档

25. 关于显示器的色深（bit depth），以下描述正确的是（　　）。

A. 8 bit 色深表示每个颜色通道有 256 种可能的颜色

B. 10 bit 色深表示每个颜色通道有 1024 种可能的颜色

C. 12 bit 色深表示每个颜色通道有 4096 种可能的颜色

D. 以上所有描述都是正确的

26. CMOS 的用途主要是（　　）。

A. 存储操作系统　　B. 存储 BIOS 设置

C. 提供网络连接　　D. 管理硬盘分区

27. MBR 的全称是（　　）。

A. master boot record　　B. main boot record

C. master binary record　　D. main binary record

28. BIOS 的主要功能不包括（　　）。

A. 进行系统硬件自检　　B. 启动并加载操作系统

C. 管理操作系统的内存分配　　D. 提供基础输入输出服务

29. 在计算机启动过程中，BIOS 执行的第一项任务是（　　）。

A. 加载操作系统　　B. 初始化硬件并进行自检（POST）

C. 加载驱动程序　　D. 检测外接设备

30. 在 BIOS 设置中，用户可以更改设备启动顺序。这一功能主要用于（　　）。

A. 提高计算机性能　　B. 增加硬盘存储容量

C. 控制从哪个设备引导操作系统　　D. 管理计算机的电源设置

31. 在计算机中，术语 VGA 属于（　　）。

A. 计算机型号　　B. 键盘型号

C. 显示器标准　　D. 显示器型号

32. 平时我们说“0.20 mm 显示器”，其中“0.20 mm”是指（　　）。

A. 点距的大小　　B. 亮度的大小

C. 可视角度的大小　　D. 对比度的大小

33. 在微型机系统中，外围设备通过（　　）与主板的系统总线相连接。

A. 适配器　　B. 设备控制器

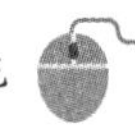

C. 直接连接方式　　D. 通道

34. PCIe 总线的基本传输机制是（　　）传输。

A. 触发式　　B. 桥接

C. 串行　　D. 并行

35. CPU 与北桥芯片间的数据通道是（　　）。

A. 内部总线　　B. 外频

C. FSB　　D. cache

36. IEEE 1394 接口是一种标准接口，这种接口允许把计算机、计算机外部设备、各种家电设备非常简单地连接在一起。这种标准接口是通过（　　）方式传输数据的。

A. 并行　　B. 串行

C. 并串行　　D. 全通道

37. 主板上的 FSB 是很重要的部件之一，它是由（　　）管理的。

A. 处理器芯片　　B. 北桥芯片

C. 南桥芯片　　D. BIOS 芯片

38. 下列关于 CMOS 的叙述，正确的是（　　）。

A. 一旦计算机断电，CMOS 的信息便会丢失

B. CMOS 中的参数一旦设置好，以后就无法改变

C. 即使计算机断电，CMOS 中的参数也不会改变

D. 不能通过 CMOS 中的参数设置来改变计算机的启动盘次序

39. 下列关于 PC 主板芯片组的说法，错误的是（　　）。

A. 存储控制和 I/O 控制功能由芯片组提供

B. CPU 型号不同，需要使用的芯片组一般也不同

C. 内存通过南桥芯片与 CPU 相连

D. 芯片组大多由两块超大规模集成电路组成

40. 下列关于 PC 主板的叙述，正确的是（　　）。

A. 主板上安装了多种存储器芯片，如 DRAM 芯片、ROM 芯片、CMOS 芯片等

B. CPU 直接是固定在主板上，不可更换

C. PC 主板上安装有电池，在计算机断电后，电池临时给计算机提供电流，供计算机启动

D. 主板上最重要的芯片是主板芯片，只能做成南桥、北桥芯片的形式

任务 5.5　计算机组装与维护

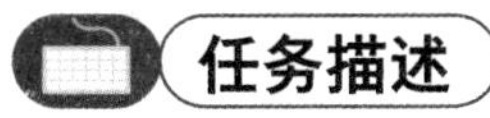

任务描述

具备计算机硬件选购、组装、配置、保养维护、故障诊断与维修的能力。

知识图谱

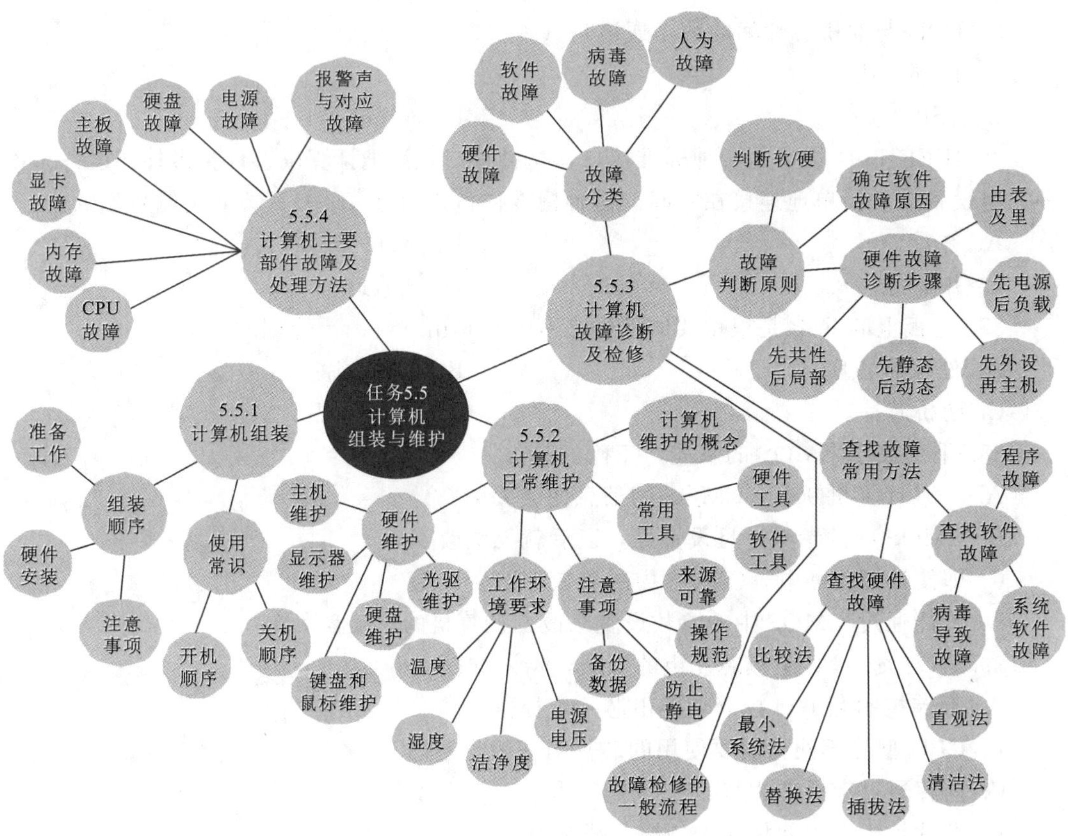

5.5.1 计算机组装

1. 计算机使用常识

按照一定的步骤正确操作计算机，不仅可以减少故障率，还能延长计算机的使用寿命。

计算机及外部设备使用步骤如下。

① 开机时，先打开外部设备（如显示器、打印机等），再开启主机。

② 关机时，先关闭主机，再依次关闭外部设备。

③ 如果外部设备无法正常使用，可以尝试先打开主机再开启外部设备。

2. 计算机组装

计算机组装是将各类硬件部件组装成可工作的计算机的过程。

（1）准备工作。

① 工具和材料。

必备工具：磁性螺丝刀（十字、一字）、尖嘴钳、镊子、导热硅脂（用于 CPU 散热）、螺钉盒或小器皿（存放小零件）、绝缘泡沫或主板包装盒中的保护垫。

选配工具：万用表（检查电压和排除故障）、防静电手环或手套。

② 检查硬件。

确认所有硬件齐全，包括 CPU、主板、内存、硬盘、显卡、电源、机箱、显示器、键盘、鼠标等。

检查各部件外观是否完好，有无损坏或划痕。

③ 释放静电。

安装前，可触摸接地的导电体（如自来水管）或佩戴防静电手环，以防止静电损坏硬件。

（2）硬件安装。

组装计算机时，遵循合理的安装顺序可以避免或减少问题，确保组件兼容性与正常运行。以下为推荐的安装步骤。

① 打开机箱并安装电源：拆下机箱侧面板，将电源固定在机箱内的指定位置，拧紧所有螺钉。

② 安装 CPU：对准 CPU 底部触点与主板的 CPU 插槽，将 CPU 轻轻放入并锁定。涂抹适量导热硅脂，安装散热器并固定风扇。

③ 安装主板：将主板平稳放置在机箱内，确保 I/O 接口对准机箱背板，固定主板螺钉，避免用力过猛。

④ 安装内存：打开内存插槽的卡扣，将内存条插入插槽，确保完全插入并锁定卡扣。

⑤ 安装显卡（如有）：将显卡插入主板的显卡插槽，并用螺钉或卡扣固定。

⑥ 安装硬盘和光驱：将硬盘和光驱放入机箱相应位置，拧紧螺钉，连接数据线和电源线。

⑦ 连接机箱内部线路：连接机箱指示灯、开关、PC 喇叭等信号线至主板上的相应插针。

⑧ 安装主板接线：将电源的供电线接入主板，连接 USB 线、音频线等内部必要的线路。

⑨ 安装机箱侧面板：安装侧面板，确保螺钉固定牢固。

⑩ 连接外设：连接显示器、键盘、鼠标等外设的信号线和电源线。

⑪ 加电测试：接通电源，按电源开关，观察计算机启动情况。如果听到“嘀”声且屏幕显示自检信息，则安装成功。若有问题，参考报错信息进行排查。

⑫ 安装操作系统和驱动程序：插入操作系统安装介质，按提示安装操作系统。系统安装完成后，安装主板、显卡等硬件的驱动程序，确保设备正常运行并达到最佳性能。

当然，也可根据实际情况适当调整安装顺序。

（3）注意事项。

防静电：在组装过程中，需时刻注意防静电，避免静电损坏硬件。建议佩戴防静电手环或手套，并定期触碰接地金属物体以释放静电。

轻拿轻放：各部件要轻拿轻放，避免碰撞或摔落，以防损坏。

正确安装：使用正确的安装方法，力度适当，避免因粗暴操作导致部件损坏。

仔细阅读说明书：在安装前，要认真阅读说明书，掌握安装要点和注意事项。

有序摆放工具：在组装过程中，将工具和螺钉等小零件有序摆放，防止丢失或掉落到主板上引发短路。

例题解析

例 1　在安装 CPU 之前，主板应该放置在（　　）。

A. 木质桌面上　　B. 地毯上

C. 防静电袋上　　D. 玻璃桌面上

例 2　安装内存条时需要注意的是（　　）。

A. 内存条可以随意插入　　B. 内存条插入时必须对齐缺口

C. 内存条不需要固定　　D. 内存条安装后不需要检查是否扣紧

例 3　计算机的正确开关机顺序是（　　）。

A. 开机时先开主机再开外部设备，关机时先关外部设备再关主机

B. 开机时先开外部设备再开主机，关机时先关主机再关外部设备

C. 开关机时都先操作主机

D. 开关机时都先操作外部设备

答案：C；B；B

知识点对接：计算机硬件安装流程。

解析：例 1 中，防静电袋可以有效地保护主板免受静电损害。在安装 CPU 之前，将主板放置在防静电袋上是合适的做法。故选 C。例 2 中，内存条插入时必须对齐缺口，这是确保内存条能够正确安装并稳定运行的关键步骤。故选 B。例 3 中，开机时先开外部设备再开主机、关机时先关主机再关外部设备是正确的顺序。这样做可以避免因电流波动对外部设备造成损害。故选 B。

5.5.2　计算机日常维护

1. 计算机维护的概念

计算机维护是指通过一系列技术手段和操作，确保计算机系统的硬件和软件均能在最佳状态下运行，从而增强系统的稳定性、安全性和性能。维护工作涵盖预防性维护和故障维护两大方面，旨在降低系统故障的发生率并延长计算机的使用寿命。

2. 计算机维护的常用工具

（1）硬件工具。

螺丝刀：用于拆装计算机硬件。

压缩空气罐：用于清除计算机内部的灰尘，保持硬件清洁。

防静电手环：佩戴此手环可有效防止静电对计算机组件造成损坏。

（2）软件工具。

系统清理工具：如 CCleaner、优化大师等，用于清理系统垃圾文件，优化系统性能。

杀毒软件：包括卡巴斯基、Bitdefender、360 安全卫士、瑞星等，用于防御病毒和恶意软件的侵害，保护系统安全。

磁盘工具：如 CrystalDiskInfo，用于检测和监控硬盘的健康状态，及时发现潜在问题。

3. 维护注意事项

（1）备份数据。定期备份重要数据至外部存储设备或云盘，以防数据丢失。

（2）防止静电。操作硬件时，务必佩戴防静电手环，以防止静电对敏感组件造成损害。

（3）操作规范。遵循正确的拆装流程，避免强行操作，并使用适当的工具进行维护，以防损坏组件。

（4）来源可靠。安装软件应选择官方或经过验证的可靠来源，以免安装恶意软件。

4. 计算机的工作环境要求

（1）温度。

温度应控制在 15 ℃至 35 ℃之间。过高温度可能导致计算机硬件过热，从而影响性能和缩短硬件寿命。过低温度，虽然较少见，但也可能导致某些硬件特别是机械硬盘出现故障。

（2）湿度。

适宜的湿度范围是 30% RH 至 70% RH。过高的湿度可能增加电路板短路或腐蚀的风险；而过低的湿度则可能加剧静电现象，对电子元件构成威胁。

（3）洁净度。

保持计算机工作环境的清洁至关重要，以防止灰尘和杂质进入机箱内部，影响硬件的正常运行和散热。建议定期清洁计算机周围环境，减少灰尘堆积。

（4）电源电压。

计算机电源通常能在 180 V 至 250 V 的电压范围内正常工作。为确保计算机稳定运行，建议使用稳定的电源，理想电压为 220 V，且电压波动应控制在±5%以内。为了进一步提高系统的可靠性和稳定性，推荐使用不间断电源（UPS），它能在主电源突然中断时提供备用电力，防止数据丢失和硬件损坏。同时，考虑到雷电等自然因素对计算机的潜在威胁，建议安装防雷设备，以保护计算机免受雷击损害。

5. 计算机硬件维护

(1) 主机维护。

主机应定期清理灰尘，使用压缩空气罐或专用吸尘器清除机箱内部的灰尘，特别是散热器和风扇的积尘，以确保良好的散热性能。同时，定期检查各部件的连接，确保无松动或损坏，防止因接触不良导致故障。

(2) 显示器维护。

清洁显示器时，应使用专用屏幕清洁剂和柔软的微纤维布，避免使用粗糙或含有酒精等化学成分的清洁用品。同时，检查显示器连接线是否牢固，确保无松动和损坏。

(3) 硬盘维护。

对于硬盘，应定期备份重要数据，以防数据丢失。使用硬盘监控软件定期检查硬盘健康状态，及时发现并处理潜在问题。对于机械硬盘，可进行磁盘清理和碎片整理以提高读取效率；但请注意，SSD（固态硬盘）无须进行碎片整理，因为SSD的工作原理与机械硬盘不同，频繁整理反而可能缩短其寿命。此外，在使用硬盘时，应注意防振、防磁，以保护数据安全。

(4) 光驱维护。

光驱维护包括清洁光驱镜头，使用专用光驱清洁工具轻轻擦拭镜头，以确保读取光盘的准确性和稳定性。同时，检查光盘质量，避免使用有划痕或污损的光盘，以免损坏光驱或影响读取效果。

(5) 键盘和鼠标维护。

键盘维护时，可使用压缩空气罐清除键盘缝隙中的灰尘，避免使用液体清洁剂直接喷射键盘。对于键帽上的污渍，可用湿布轻轻擦拭。鼠标维护则主要是用湿布擦拭鼠标表面和底部，特别是保持光学感应器的清洁，避免灰尘和污渍影响鼠标的定位精度。对于无线鼠标，还需定期检查电池电量，及时更换电池以保证正常使用。

例题解析

例1 计算机适宜的工作湿度范围是（　　）。

A. 10% RH 至 30% RH　　B. 20% RH 至 50% RH

C. 30% RH 至 70% RH　　D. 40% RH 至 90% RH

例2 硬盘维护中，以下做法不推荐的是（　　）。

A. 定期运行磁盘清理程序　　B. 使用防振底座减少振动

C. 每天进行磁盘碎片整理　　D. 定期检查硬盘健康状况

例3 下列情况需要佩戴防静电手环的是（　　）。

A. 安装操作系统时　　B. 使用压缩空气罐清洁时

C. 操作硬件时　　D. 检查硬盘健康状态时

答案：C；C；C

知识点对接：计算机日常维护。

解析：例1中，湿度过高或过低都可能对计算机内部的电子元件造成不良影响。计算机适宜的工作湿度范围为30% RH至70% RH，在这个范围内，计算机能够较好地避免静电积累和元件受潮的问题。故选C。例2中，硬盘维护的目标是保持硬盘的稳定性和高效性，同时延长其使用寿命。每天进行磁盘碎片整理是不推荐的，因为现代操作系统（如Windows 7及之后的版本）已经内置了自动碎片整理功能。频繁的碎片整理可能会导致硬盘过度磨损。故选C。例3中，佩戴防静电手环的场合主要是操作硬件时。防静电手环有助于防止静电对计算机硬件造成损害。故选C。

5.5.3　计算机故障诊断及检修

1. 计算机故障分类

计算机常见故障分为硬件故障、软件故障、病毒故障和人为故障四类。

（1）硬件故障。

硬件故障指计算机的物理部件因损坏、老化、过热、受潮等导致功能失效或异常，常表现为计算机无法正常启动、运行或硬件设备（如硬盘、内存、显卡）故障。解决方式多为维修或更换部件。

（2）软件故障。

软件故障源于操作系统、应用软件、驱动程序等软件部分的错误、冲突或配置问题，导致计算机无法正常运行，表现为系统崩溃、程序无响应、软件兼容性问题等。可通过更新软件、重新安装、调整配置来修复。

（3）病毒故障。

病毒故障指计算机感染病毒后，系统或数据受损，表现为系统性能下降、文件丢失或损坏、异常弹窗、网络问题等。需使用杀毒软件清除病毒，并加强系统安全防护。

（4）人为故障。

人为故障由用户操作不当或意外行为导致，如误删文件、错误配置、硬件受损（跌落、进水）或安装非法软件。解决方式包括纠正操作、恢复数据、维修或更换硬件。

2. 计算机故障判断的基本原则

判断计算机的故障，一般的原则是“先软后硬，先外后内”。

（1）判断是软件故障还是硬件故障。

启动计算机后，若系统能进行自检并显示自检后的系统配置，可初步判断主机硬件基本正常，故障可能源于软件。此时，可尝试使用软盘启动或分步执行的方法来定位故障原因。若出现DOS提示符，则主机硬件故障的可能性进一步降低。

（2）确定软件故障的具体原因。

若判断为软件故障，需进一步区分是操作系统问题还是应用软件问题。可先尝试卸载并重新安装应用软件，若问题依旧存在，则可能是操作系统故障，需考虑修复或重装操作系统。

（3）硬件故障的诊断步骤。

在排除软件故障后，需进一步判断是主机故障还是外部设备故障。以下是硬件故障的诊断步骤。

① 由表及里。

检测硬件故障时，首先从外部检查起，如开关、插头、插座和连接线等，确认无未连接或松动情况。排除外部故障后，再进行内部检查，观察内部灰尘情况、有无烧焦气味，并检查连接器是否松动、元器件是否损坏。

② 先电源后负载。

电源故障在计算机硬件故障中较为常见。检查时应从供电系统开始，逐步检查至稳压系统，再检查计算机内部电源。重点检查电压稳定性、熔断器等。

③ 先外设再主机。

鉴于主机通常比外设更可靠且外设检查更为便捷，检测故障时可先断开所有可拆卸的外设进行检查。若主机正常，则故障在外设；若仍有问题，则故障在主机内部。

④ 先静态后动态。

确定问题在主机后，可打开机箱进行检查。首先在不通电（静态）状态下进行目视检查或使用测试工具如试电笔，然后再通电检查计算机系统的工作情况。

⑤ 先共性后局部。

计算机中某些部件的故障可能影响其他部件的正常工作。例如，主板故障可能导致其他板卡无法正常工作。因此，应首先诊断是否为主板故障，再逐一排除其他板卡的局部性故障。

3. 查找故障常用方法

前面介绍了计算机的故障有两类：软件故障和硬件故障。下面针对这两种故障给出常用的查找方法。

（1）查找软件故障。

处理软件故障时，首要任务是找到故障原因。这通常依赖于对程序运行时现象的观察以及通过系统给出的提示信息进行分析和判断。

① 程序故障。

对于应用程序故障，首要步骤是检查程序本身是否存在错误，这通常可以根据系统或程序自身提供的提示信息来判断。接着，确认程序的安装过程是否正确无误，并确保计算机的配置满足该应用程序运行环境的所有要求。同时，检查是否因用户操作不当导致故障发生。此外，还需检查计算机中是否安装了与该程序存在冲突或可能影响其正常运行的其他软件。

② 系统软件故障。

系统软件故障可能源于操作系统版本不兼容。因此，应检查当前操作系统版本是否符合软件运行要求。对于较旧的 Windows 系统，还需特别留意 Autoexec. bat 文件中的

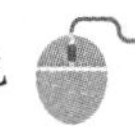

命令是否与所用软件存在潜在冲突。确保软件所需的所有环境和设置条件均已正确配置，是保障其正常运行的关键。

③ 计算机病毒导致的故障。

随着计算机技术的飞速发展，计算机病毒的种类日益增多、破坏力日益增强。病毒不仅能干扰软件和操作系统的正常运行，还可能对硬件（如显示器、打印机等）造成不良影响，甚至损坏主板等核心部件。当计算机出现非正常现象，如性能下降、文件损坏、内存或硬盘容量异常减少时，应高度怀疑是否感染了病毒。此时，应迅速启用杀毒软件（如卡巴斯基、金山毒霸、瑞星、360 安全卫士等）进行全面扫描和清除，以保障计算机的安全和稳定运行。

（2）查找硬件故障。

在计算机遭遇硬件故障时，对硬件部分的细致检查显得尤为重要。因计算机为精密电子设备，故检测过程中需格外谨慎。下面介绍几种常用的计算机硬件故障检查方法。

① 直观法。

通过直接观察表面现象来初步判断可能的故障部件。检查板卡插头和插座是否歪斜、松动，表面是否有烧焦痕迹；监听电源风扇、软盘及硬盘读写时的声音是否正常；轻触活动芯片，检查是否松动。系统运行时，避免直接触摸 CPU、显示器等发热部件外壳，但可通过感受温度是否异常来判断设备状态。

② 清洁法。

鉴于计算机对工作环境的高要求，怀疑硬件出故障时，首先应进行清洁。在断电状态下，打开机箱，使用软毛刷轻轻清除灰尘。对于板卡，若怀疑因灰尘导致引脚氧化、接触不良，可取下板卡，用橡皮擦拭引脚后重新插好，再行测试。

③ 插拔法。

此方法适用于主板、I/O 总线及插卡故障的排查。操作前确保计算机已关闭，随后逐一拔出板卡，每次拔出一块后开机测试，以确定故障板卡或插槽。若所有插件拔出后系统仍不正常，则故障可能位于主板。

④ 替换法。

直接通过替换计算机内部配件来快速定位故障。在可插拔环境中，用同型号正常板卡替换疑似故障部件，观察故障现象是否消失，从而确定故障源。

⑤ 最小系统法。

构建仅包含主板、内存、CPU 和电源的最小系统，逐步添加其他组件，如键盘、显卡等，通过对比每次添加前后的系统运行状态，缩小故障范围并定位故障源。

⑥ 比较法。

利用相同或相似配置的计算机进行对比测试，或比较故障机器与正常机器的参数（如波形、电压、电阻值），结合逻辑电路图进行分析，确定故障位置。

⑦ 软件测试法。

运用专门的测试软件对硬件进行检测，依据测试数据判断故障部件。掌握常用诊断程序和工具（如 Debug、DM 等）及其诊断参考值，是有效运用此法的前提。

⑧ 振动敲击法。

轻敲机箱外壳，检查是否因接触不良或虚焊导致故障。注意力度适中，避免损坏其他部件。

⑨ 测量法。

使用万用表、示波器等工具进行在线或静态测量，获取电阻、电压及波形等数据，以分析故障原因。在线测量需在开机状态下进行，而静态测量则在关机或组件分离状态下进行。

⑩ 升温/降温法。

通过人为改变计算机环境温度，诱发故障频繁出现，结合不同部件对温度的敏感度，观察并判断故障位置。但需注意，此方法应谨慎使用，以防对硬件造成不可逆的损害。

4. 计算机故障检修的一般流程

听取用户描述故障→初步诊断故障类型→备份重要数据→拆机检查硬件或排查软件故障→更换故障部件或修复系统→测试验证修复效果→系统优化及预防性维护→交付用户并提供使用建议。

例题解析

例 1 判断计算机故障的基本原则是（　　）。

A. 先硬后软，先内后外　　B. 先软后硬，先外后内

C. 先外后内，先硬后软　　D. 先软后硬，先内后外

例 2 计算机有故障，启动计算机后能进行自检并显示系统配置时，可以初步判断是（　　）引起故障。

A. 硬件故障　　B. 操作系统故障

C. 应用软件故障　　D. 软件故障

例 3 确定主机有问题后，检查应（　　）。

A. 先动态后静态　　B. 先静态后动态

C. 先局部后共性　　D. 先共性后局部

答案： B；D；B

知识点对接： 判断计算机故障的基本原则、计算机故障查找方法。

解析： 例 1 中，判断计算机故障的基本原则是：先检查软件问题，再检查硬件问题；先检查外部设备，再检查内部组件。因此，B 选项更符合故障排查的基本原则。例 2 中，如果启动计算机后能够进行自检并显示系统配置，通常可以初步判断软件故障（如 BIOS 或其他启动软件问题），而不是硬件故障，因为硬件故障通常会导致无法完成自检或显示错误。故选 D。例 3 中，在确定主机有问题时，应该先静态后动态进行检查。首先检查硬件的静态状态（如连接、组件），再检查动态问题（如系统运行时的表现），这样更容易找到并解决问题。故选 B。

5.5.4 计算机主要部件故障及处理方法

1. CPU 故障

（1）故障现象。
① 计算机无法启动，风扇运转但无显示。
② 启动后短时间内系统自动关机或重启。
③ 系统运行极慢，频繁出现卡顿和死机。
（2）处理方法。
① 检查 CPU 散热器是否安装正确，重新涂抹导热硅脂。
② 确保散热风扇正常工作，清理灰尘。
③ 检查 CPU 插座，确保没有弯曲的针脚。
④ 更换 CPU，确认 CPU 本身是否损坏。

2. 内存故障

（1）故障现象。
① 开机时发出连续的蜂鸣声。
② 系统随机崩溃、蓝屏或重启。
③ 无法进入操作系统，显示内存错误信息。
（2）处理方法。
① 重新拔插内存条，清理内存插槽的灰尘。
② 使用单条内存条逐一测试，确认是否为内存问题。
③ 更换内存条，确认是否为内存条损坏。
④ 使用 MemTest86 等工具检测内存健康状态。

3. 显卡故障

（1）故障现象。
① 屏幕无显示或显示异常。
② 频繁出现花屏、闪屏、死机现象。
③ 游戏或图形应用程序运行时崩溃或卡顿。
（2）处理方法。
① 重新拔插显卡，确保显卡插槽和连接线正常。
② 清理显卡散热器和风扇的灰尘，确保散热正常。
③ 更新显卡驱动程序，确认驱动是否兼容。
④ 用其他显卡测试，确认是否为显卡本身问题。

4. 主板故障

（1）故障现象。
① 计算机无法启动，完全无反应。

② 无法识别硬件设备，如硬盘、内存等。

③ USB接口、网络接口等外设接口失灵。

(2) 处理方法。

① 检查主板电池，确保电池有电。

② 清理主板上的灰尘，检查主板是否有烧焦的痕迹或异味。

③ 重新拔插所有硬件组件，确认接口是否松动。

④ 更新BIOS固件，确保主板设置正确。

⑤ 用其他主板测试，确认是否为主板本身问题。

5. 硬盘故障

(1) 故障现象。

① 系统启动失败或无法进入操作系统。

② 读取或写入文件时出现错误或速度变慢。

③ 硬盘发出异常噪声。

(2) 处理方法。

① 使用磁盘检查工具（如CHKDSK）扫描和修复硬盘错误。

② 更换数据线和电源线，确保连接正常。

③ 备份数据，尝试在其他计算机上测试硬盘。

④ 使用硬盘检测工具（如CrystalDiskInfo）检查硬盘健康状态。

⑤ 必要时更换硬盘。

6. 电源故障

(1) 故障现象。

① 计算机无法启动或突然断电。

② 系统运行不稳定，经常自动重启。

③ 电源风扇不转或发出异常噪声。

(2) 处理方法。

① 检查电源线和插座，确保连接正常。

② 测试其他电源插座，排除外部电源问题。

③ 更换电源线，确保电源线完好无损。

④ 用其他电源测试，确认是否为电源本身问题。

7. 计算机主板发出的报警声与对应故障

当计算机遇到故障时，主板会发出特定的报警声。这些声音并不是随意发出的，而是遵循一定的规律，每种报警声都对应着不同的硬件问题。这些声音是BIOS在自检过程中检测到故障时所发出的提示，帮助我们更准确地定位计算机故障的原因。

Award BIOS报警声含义如下。

① 1短声：表示系统正常启动，没有任何问题。

② 2短声：表示常规错误，需要进入CMOS设置，检查并重新设置不正确的选项。

③ 1 长 1 短声：表示 RAM 或主板出错，可以尝试更换内存条，如果问题依旧，可能需要更换主板。

④ 1 长 2 短声：表示显示器或显卡错误，需要检查相关硬件。

⑤ 1 长 3 短声：表示键盘控制器错误，需要检查主板上的键盘接口或更换键盘。

⑥ 不断地长声响：表示内存条未插紧或已损坏，需要插紧或更换内存条。

⑦ 重复短声响：表示电源有问题，需要检查电源是否正常工作。

⑧ 无声音无显示：表示电源有问题或主板损坏，需要检查电源和主板。

例题解析

例 1　计算机开机时发出连续的蜂鸣声，可能的故障是（　　）。

A. CPU 散热不良　　B. 内存条未插好或损坏

C. 显卡驱动不兼容　　D. 主板电池没电

例 2　当主板发出 1 长 2 短声的报警声时，意味着可能存在的问题是（　　）。

A. 电源有问题　　B. 内存条未插紧

C. 显示器或显卡错误　　D. 硬盘故障

例 3　如果计算机系统运行不稳定，经常自动重启，可能的原因是（　　）。

A. 显卡驱动未更新　　B. 电源故障

C. 硬盘空间不足　　D. 主板 BIOS 设置错误

答案：B；C；B

知识点对接：计算机主要部件故障、计算机主板发出的报警声与对应故障。

解析：例 1 中，计算机开机时发出连续的蜂鸣声通常表示内存条未插好或损坏，这是主板自检时的一种报警信号。其他选项可能导致系统问题，但不涉及蜂鸣声。故选 B。例 2 中，1 长 2 短声的报警通常表示显示器或显卡出现错误，需要检查相关硬件。这种报警声是由主板上的 BIOS 设定的，用于在自检过程中发现硬件问题时向用户发出警告。其他选项的报警声模式不同。故选 C。例 3 中，显卡驱动问题更多表现为显示异常、性能下降或系统崩溃，而非频繁重启；硬盘空间不足主要影响系统的存储能力，可能会导致文件无法保存、系统运行缓慢等问题；BIOS 设置错误，可能会导致系统无法正确识别硬件或加载操作系统，但这种情况更多表现为无法启动或启动后无法进入操作系统，而非频繁自动重启。题中故障最可能是电源故障，电源故障会导致系统无法得到稳定的电力供应，从而影响系统的正常运行。故选 B。

同步训练

1. 计算机组装时，通常第一步应该安装（　　）。

A. 硬盘　　B. 内存

C. CPU　　D. 电源

2. 计算机正常运行的适宜温度范围是（　　）。

A. 0～5 ℃　　B. 15～35 ℃

C. 35～50 ℃　　D. 50～65 ℃

3. 计算机日常维护中，推荐的湿度范围是（　　）。

A. 10% RH～30% RH　　B. 25% RH～50% RH

C. 30% RH～70% RH　　D. 65% RH～90% RH

4. 计算机使用过程中，电源要求是（　　）。

A. 稳定的电压和频率　　B. 高电压

C. 低电压　　D. 波动频繁的电压

5. 硬盘维护的关键点是（　　）。

A. 定期格式化　　B. 清洁硬盘外壳

C. 避免剧烈振动　　D. 调整硬盘分区

6. 常见的软件故障查找方法是（　　）。

A. 插拔法　　B. 比较法

C. 清洁法　　D. 重新安装或更新软件

7. 硬件故障查找中的“替换法”指的是（　　）。

A. 清洁硬件表面　　B. 拔插硬件设备

C. 使用备用硬件替换怀疑故障的硬件　　D. 重新安装操作系统

8. 计算机组装的正确顺序是（　　）。

A. 安装主板 →安装硬盘 →安装 CPU →连接电源

B. 安装 CPU →安装主板 →安装内存 →连接电源

C. 安装硬盘 →安装主板 →安装内存 →连接电源

D. 安装内存 →安装硬盘 →安装主板 →连接电源

9. 在主板上安装内存条时，应该注意（　　）。

A. 内存条的插槽颜色　　B. 内存条的品牌

C. 内存条的方向　　D. 内存条的大小

10. 为了防止硬盘数据丢失，日常使用中应定期进行（　　）。

A. 磁盘清理　　B. 碎片整理

C. 数据备份　　D. 系统重装

11. 下列属于硬件故障的是（　　）。

A. 软件安装时不兼容　　B. 应用程序无响应

C. 硬盘无法识别　　D. 病毒感染

12. 最小系统法用于检测计算机故障时，通常是指（　　）。

A. 只保留必要的硬件进行测试　　B. 只保留必要的软件进行测试

C. 对系统进行最小化安装　　D. 只使用最小的电源进行测试

13. 计算机开机后无法识别硬盘，可能的原因是（　　）。

A. 硬盘数据线未插好　　B. 显示器连接线松动

C. CPU 散热器故障　　D. 内存条金手指氧化

14. 计算机开机时听到长声蜂鸣，多数表示（　　）。

A. 内存故障　　B. 硬盘故障

C. CPU 故障　　D. 显卡故障

15. 如果计算机无法启动且电源指示灯不亮，可能的故障是（　　）。

A. 显卡故障　　B. 硬盘故障

C. 电源故障　　D. 内存故障

16. 计算机显示“CPU Over Temperature Error”通常表示（　　）。

A. 硬盘温度过高　　B. CPU 温度过高

C. 内存温度过高　　D. 显卡温度过高

17. 硬盘故障的常见表现之一是（　　）。

A. 计算机无法启动　　B. 显示器无显示

C. 键盘失灵　　D. USB 设备无法识别

18. 内存故障的常见表现之一是（　　）。

A. 计算机开机无显示　　B. 硬盘无法读取

C. 光驱无法打开　　D. 鼠标失灵

19. 显卡故障的常见表现之一是（　　）。

A. 计算机蓝屏　　B. 显示器无信号

C. 硬盘无法读取　　D. 键盘失灵

20. 计算机运行时突然自动关机且再次启动再次自动关机，最常见的两个原因是（　　）。

① 电源故障或老化；② 硬盘坏了；③ CPU 过热；④ 显卡坏了

A. ①②　　B. ①③

C. ①④　　D. ②③

21. 计算机开机自检时 1 长 2 短响铃，表示（　　）。

A. 显卡故障　　B. CPU 故障

C. 内存故障　　D. 主板故障

22. 关于计算机硬盘的日常维护，下列选项中错误的是（　　）。

A. 定期进行磁盘碎片整理可以提高机械硬盘的性能

B. SSD 硬盘也需要定期进行磁盘碎片整理

C. 使用磁盘检查工具可以发现并修复硬盘上的坏扇区

D. 定期清理磁盘上的临时文件和无用文件可以释放存储空间

23. 下列选项中，（　　）不属于计算机日常维护的常规操作。

A. 定期清理机箱内部的灰尘

B. 频繁更换操作系统，以保持系统最新

C. 定期检查并更新防病毒软件

D. 避免在潮湿环境下使用计算机

24. 当计算机开机后屏幕无显示，以下方法中（　　）不是有效的故障诊断步骤。

A. 检查显示器是否正确连接到主机

B. 立即更换 CPU，因为可能是 CPU 故障

C. 听计算机启动时的声音，判断是否有异常

D. 检查电源是否接通，以及电源线是否完好

25. 关于计算机故障分类，下列选项中叙述正确的是（　　）。

A. 软件故障只包括操作系统相关的问题

B. 硬件故障只包括物理设备的损坏

C. 软件故障和硬件故障都可能导致计算机功能异常

D. 计算机故障没有明确的分类方法

26. 在进行计算机硬件故障诊断时，下列选项中不推荐的做法是（　　）。

A. 测试可能有问题的组件，并排除可能性

B. 忽略设备的物理连接状态

C. 使用故障诊断工具进行电压和温度检测

D. 记录所有已经执行的维护和修复步骤

27. 在软件故障查找过程中，下列选项中建议的做法是（　　）。

A. 立即重新安装操作系统来解决所有问题

B. 清理操作系统注册表，以提高系统速度

C. 创建系统恢复点，并在安装新软件前使用

D. 禁用所有安全软件以避免干扰

28. 关于硬件故障查找的原则，下列选项中描述正确的是（　　）。

A. 替换所有硬件可以解决硬件故障

B. 使用设备管理工具检查硬件的工作状态

C. 硬件故障一般不会导致系统崩溃或异常

D. 清理硬盘上的临时文件可以修复硬件故障

29. 在查找硬件故障时，下列选项中（　　）是常用的硬件故障诊断步骤。

A. 检查电源和电源线→检查操作系统更新情况→检查磁盘碎片→清理内存条接触点

B. 检查电源和电源线→检查外设连接情况→检查设备驱动→重新安装操作系统

C. 检查电源和电源线→检查硬件连接情况→检查设备驱动→检查硬件规格

D. 检查电源和电源线→检查硬件连接情况→检查设备驱动→清理内存条接触点

30. 计算机组装过程中，下列说法正确的是（　　）。

A. 组装完毕后，马上调试

B. 计算机组装时断电，检查时带电，调试时断电

C. 主板电源线可以带电插拔

D. 计算机开机顺序为先外设后主机，关机顺序为先主机后外设

31. 工厂生产的硬盘必须依次经过（　　）这三个处理步骤后，计算机才能利用它们存储数据。

A. 分区、低级格式化、高级格式化　　B. 低级格式化、高级格式化、分区

C. 低级格式化、分区、高级格式化　　D. 高级格式化、低级格式化、分区

32. 目前PC都使用ATX电源，下列选项中不属于这种电源的特点的是（　　）。

A. 支持在操作系统中自动关机

B. 支持设备的即插即用

C. 支持 Windows 操作系统中的高级电源管理功能

D. 支持远程网络唤醒

33. 组装计算机可分为四步，下列顺序正确的是（　　）。

A. 硬件组装→安装操作系统→硬盘分区→硬盘格式化

B. 硬件组装→硬盘格式化→安装操作系统→硬盘分区

C. 硬件组装→硬盘格式化→硬盘分区→安装操作系统

D. 硬件组装→硬盘分区→硬盘格式化→安装操作系统

模块测试

1. CPU 的（　　）直接反映了机器的速度，其值越高表明机器速度越快，而运算速度是指 CPU 每秒能执行的指令条数，常用（　　）描述。

A. 存取速度，Hz　　B. 时钟频率，MIPS

C. 总线宽度，BPS　　D. 内存容量，MB

2. 主机与硬盘的接口用于实现主机对硬盘驱动器的各种控制并完成主机与硬盘之间的数据交换，目前台式计算机使用的硬盘接口主要是（　　）类型接口。

A. USB　　B. SATA

C. IDE　　D. SCSI

3. 磁道就是磁盘旋转时磁头在磁盘表面“划出”的轨迹，下列关于磁道的说法中正确的是（　　）。

A. 盘面上的磁道是一组同心圆

B. 盘面上的磁道是一条阿基米德螺线

C. 磁道的编号是最内圈为 0，按次序由内向外逐渐增大，最外圈的编号最大

D. 由于每一磁道的周长不同，所以每一磁道的存储容量也不同

4. 计算机中所运行的程序均需经由内存执行，若执行的程序占用内存很多，则会导致内存消耗殆尽。为解决该问题，Windows 10 中运用了（　　）技术。

A. cache　　B. 虚拟内存

C. 磁盘清理　　D. 虚拟机

5. 计算机采用分级存储体系主要是为了（　　）。

A. 解决主存容量不足的问题　　B. 解决外设访问效率不高的问题

C. 提升存储器读写可靠性　　D. 解决存储容量、成本和速度之间的矛盾

6. 计算机存储系统中使用 cache 可以提高计算机的运行速度，这是因为（　　）。

A. cache 增大了内存的容量　　B. cache 扩大了硬盘的容量

C. cache 缩短了 CPU 的等待时间　　D. cache 可以存放程序和数据

7. 计算机之所以能自动连续运算，是因为采用了（　　）工作原理。

A. 布尔逻辑　　B. 超大规模集成电路

C. 存储程序　　D. 数字电路

8. 目前市场上主流的计算机外存配置是采用 SATA 接口的 SSD，它实质上是（　　）存储器。

A. flash　　B. 磁盘

C. 磁带　　D. 光盘

9. 微型计算机主板中使用的 SATA 接口是属于（　　）。

A. 并行接口　　B. 串行接口

C. 显示器接口　　D. 键盘接口

10. 市面上常见的显示器，按显示管来分类，主要有（　　）显示器（CRT）和（　　）显示器（LCD），还有新出现的等离子体（PDP）显示器，等等。

A. 阴极射线管，液晶　　B. 球面，液晶

C. 纯平，液晶　　D. 液晶，阴极射线管

11. 对于显示刷新率，它为（　　）时对人眼保护是有益的。

A. 60 Hz　　B. 75 Hz

C. 70 Hz　　D. 在 75 Hz 以上

12. 微软操作系统进行磁盘文件存储管理的最小单位是（　　）。

A. 扇区　　B. 磁道

C. 分区　　D. 簇

13. （　　）较低时会造成 LCD 显示动画时有拖尾现象。

A. 亮度　　B. 对比度

C. 刷新率　　D. 响应时间

14. 在正常情况下，磁盘的每个扇区存储的字节数为（　　）字节。

A. 64　　B. 128

C. 256　　D. 512

15. 计算机配置清单中，有时将硬件配置描述为“INTER CORE-2.4 G/8 G/500 G”，其中“500 G”表示（　　）。

A. 内存条容量　　B. 硬盘存储容量

C. CPU 的主频　　D. 主板的工作频率

16. 通常说的“BIOS 设置”或“COMS 设置”，其完整的说法是（　　）。

A. 利用 BIOS 设置程序对 CMOS 参数进行设置

B. 利用 CMOS 设置程序对 BIOS 参数进行设置

C. 利用 CMOS 设置程序对 CMOS 参数进行设置

D. 利用 BIOS 设置程序对 BIOS 参数进行设置

17. 计算机的性能在很大程度上是由 CPU 决定的，CPU 的运算速度是它的主要性能指标。下列有关计算机性能的叙述，正确的是（　　）。

A. 计算机指令系统的功能不影响计算机的性能

B. CPU 中寄存器数目的多少不影响计算机性能的发挥

C. 计算机中 cache 存储器的有无和容量的大小对计算机的性能影响不大

D. 在 CPU 内部采用流水线方式处理指令，是为了提高计算机的性能

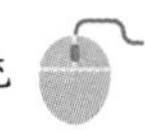

18. 为获得下一条指令的地址，CPU 在取指后通常修改（　　）。

A. 指令寄存器的内容　　　　B. 指令译码器的内容

C. 操作控制逻辑的内容　　　　D. 程序计数器的内容

19. 在不同的计算机中，字节的长度是固定不变的。若计算机的字长是 4 B，那么意味着（　　）。

A. 该计算机最长可使用 4 B 的字符串

B. 该计算机在 CPU 中一次可以处理 32 位数据

C. CPU 可以处理的最大数是 24

D. 该计算机以 4 个字节为单位将信息存放在硬盘上

20. 下面关于 RISC 计算机的描述中，正确的是（　　）。

A. 由于指令简单，一个机器周期可以执行多条指令

B. RISC 计算机的指令更适合流水处理

C. RISC 计算机程序只占用很小的内存

D. RISC 计算机中减少了通用寄存器的数量

21. 在主板的南北桥结构中，北桥芯片的作用是（　　）。

A. 实现 CPU 等器件与外设的连接

B. 实现 CPU、内存与显示系统的连接

C. 实现 CPU 局部总线（FSB）与 PCI 总线的连接

D. 实现 CPU 等与主板上其他器件的连接

22. 分区表通常存储在（　　）。

A. 硬盘的第一个扇区中　　　　B. 硬盘的最后一个扇区中

C. 操作系统的根目录中　　　　D. 硬盘的随机位置

23. MBR 在机械硬盘上的位置是（　　）。

A. 0 柱面 0 磁头 0 扇区　　　　B. 0 柱面 0 磁头 1 扇区

C. 1 柱面 0 磁头 1 扇区　　　　D. 1 柱面 1 磁头 1 扇区

24. 机械硬盘工作时磁头移动到数据所在的磁道后，等待所要的数据块转动到磁头下的时间是（　　）。

A. 平均潜伏时间　　　　B. 平均访问时间

C. 平均寻道时间　　　　D. 平均等待时间

25. 下列关于显示器接口的叙述，错误的是（　　）。

A. VGA 是常见的视频接口，它是模拟接口

B. DVI 接口的优点是带宽高、画面清晰

C. HDMI 是高清晰度多媒体接口，仅支持传输视频信号

D. DP 接口是数字式视频接口，它不仅可以同时传输视频和音频，还兼容 VGA 和 DVI 接口

26. 在内存和 CPU 之间增加 cache 存储器是为了解决（　　）。

A. 内存与辅助存储器之间速度不匹配问题

B. CPU 与辅助存储器之间速度不匹配问题

C. CPU 与内存之间速度不匹配问题

D. 主机与外设之间速度不匹配问题

27. 完整的计算机系统由（　　）组成。

A. 运算器、控制器、存储器、输入设备和输出设备

B. 主机和外部设备

C. 硬件系统和软件系统

D. 机箱、显示器、键盘、鼠标、打印机

28. 对于一块已用硬盘，根据当前的分区情况（有主分区、扩展分区和逻辑分区），删除分区的顺序为（　　）。

A. 主分区、扩展分区和逻辑分区

B. 逻辑分区、主分区和扩展分区

C. 逻辑分区、扩展分区和主分区

D. 主分区、逻辑分区和扩展分区

29. 目前计算机主板上都集成了 cache，它是由（　　）进行管理的部件。

A. 处理器芯片　　B. 北桥芯片

C. 南桥芯片　　D. BIOS 芯片

30. 计算机内存储器中保存着（　　）。

A. 正在执行的程序和数据　　B. 已经更新的程序和数据

C. 大量永久存放的信息　　D. 计算机软件系统

31. 高档服务器上一般使用（　　）接口的硬盘，因为它不但传输速度比较快，而且在传输文件时，对 CPU 的占用率比较小。

A. ATA　　B. IDE

C. SCSI　　D. SATA

32. I/O 接口位于（　　）之间。

A. 主机和 I/O 设备　　B. 主机和主存

C. CPU 和主存　　D. 总线和 I/O 设备

33. 采用点对点连接的硬盘接口是（　　）。

A. SATA　　B. IDE

C. SCSI　　D. USB

34. 在机械硬盘中，柱面数就是（　　）。

A. 每面上有多少个磁道　　B. 整个硬盘有多少个盘面

C. 一圈有多少个扇区　　D. 以上都不对

35. 如果 CPU 的 FSB 频率为 800 MHz，数据宽度为 64 bit，则 CPU 的带宽为（　　）。

A. 6.4 GB/s　　B. 6.4 Gb/s

C. 64 MB/s　　D. 64 Mb/s

36. 计算机中以字节为单位进行编址，地址总线的宽度为 24 位，则最多允许直接访问主存储器（　　）的物理空间。

A. 8 MB　　B. 16 MB

C. 8 GB　　D. 16 GB

37. 虚拟内存是计算机系统内存管理的一种技术，它的容量只受（　　）的限制。

A. 物理内存大小　　　　B. 硬盘空间大小

C. 数据存放实际地址　　　　D. 计算机地址位数

38. 内存若按字节编址（从 A5000 H 到 DCFFF H 的区域），则其存储容量为（　　）。

A. 123 KB　　　　B. 180 KB

C. 223 KB　　　　D. 224 KB

39. 计算机中的 CPU 执行一条指令的过程中，从存储器读取数据时，搜索数据的顺序是（　　）。

A. L1 cache—L2 cache—DRAM—外存

B. L2 cache—L1 cache—DRAM—外存

C. 外存—DRAM—L2 cache—L1 cache

D. 外存— DRAM—L1 cache—L2 cache

40. 计算机加电启动时，执行了 BIOS 中的 POST 程序后，若系统无致命错误，将执行 BIOS 中的（　　）。

A. 系统自举程序　　　　B. CMOS 设置程序

C. 基本外围设备的驱动程序　　　　D. 检测程序

41. 衡量打印机好坏的指标有三项：打印分辨率，打印速度和噪声。下列关于打印机的说法中正确的是（　　）。

A. 一般情况下，针式打印机工作噪声最小

B. 一般情况下，激光打印机打印平均成本最高

C. 激光打印机的耗材包括色带和墨水

D. 喷墨打印机墨水成本高、消耗快，但能最经济地输出彩色图像

42. 机房应避开强振动源，其主要危害不包括（　　）。

A. 导致元件及导线变形

B. 引起紧固零件松动

C. 如果接点接触不良，则焊接部分可能会脱焊

D. SSD 硬盘的读/写头划伤磁盘表面

43. 若硬盘出现了逻辑型坏道，一般处理的方法是（　　）。

A. 将坏道屏蔽，避免磁头再次读取

B. 对硬盘进行高级格式化

C. 用软件进行修复

D. 更换硬盘

44. 对硬盘高级格式化后，硬盘上没有真正改变的数据是（　　）。

A. 数据区中的数据　　　　B. 目录区中的数据

C. 主引导扇区中的数据　　　　D. 文件分配表中的数据

45. 一台计算机工作一段时间后经常出现死机现象，为了较快诊断原因，可以采用（　　）。

A. 升温降温法　　　　B. 插拔法

C. 替换法　　　　　　　　　　　　　　D. 程序测试法

46. 关于 CMOS 电池的作用，以下说法正确的是（　　）。

A. CMOS 电池的作用是给主板供电

B. CMOS 电池的作用是给 CPU 风扇供电

C. CMOS 电池可作为 UPS 电源给整个主机供电

D. CMOS 电池的作用是在主板断电期间维持 CMOS 内容以及系统时钟的运行

47. 下列关于 CPU 指令执行过程的叙述，错误的是（　　）。

A. CPU 执行一条指令的若干个微操作可以不按顺序进行

B. CPU 执行指令过程中，还会将执行过程分为若干个微操作

C. 在计算机中，指令还不是不可再分的最小单位

D. CPU 指令的执行过程可以采用流水线进行作业

48. 下列对 CPU 工作参数的理解，错误的是（　　）。

A. CPU 指令集是 CPU 所能识别的机器语言，是对 CPU 运算进行指导和优化的硬程序

B. CPU 制程是指在硅芯片上生产 CPU 时内部各元件间连接线的宽度，现代采用纳米技术

C. 为了扩大 CPU 内存储器的容量，在 CPU 内部安装了多级缓冲存储器

D. CPU 的“封装技术”是一种将集成电路用绝缘的塑料或陶瓷材料打包封装的技术

49. 一台计算机，启动后运行数分钟自行热启动，关机后再启动故障依旧。若该计算机所装软件均无问题，则可能发生故障的部位是（　　）。

A. 主板上的内存条　　　　　　　　　B. CPU 散热器

C. 主机电源　　　　　　　　　　　　D. 硬盘驱动器

50. 下列关于计算机内存储器的叙述，错误的是（　　）。

A. 从存储器某个单元取出内容后，该单元的内容将会被更新

B. 程序访问的局部性原理是使用 cache 存储器的原理依据

C. 程序要运行时，必须先把数据调入内存储器中

D. 计算机的内存储器根据原理可以分为 RAM 和 ROM

模块6　计算机网络

模块概述

本模块将研究计算机之间如何实现数据传输与资源共享，涵盖网络体系结构、通信原理、网络协议、网络安全等核心内容，旨在培养学生的网络设计能力、维护与管理能力，以培养适应信息化社会的网络技术人才。

考纲解读

理解数据通信的基本概念，理解计算机网络的发展，掌握计算机网络体系结构与组成，掌握网站建设和管理的相关基础知识，具备网络技术应用技能，了解移动互联技术。

模块导图

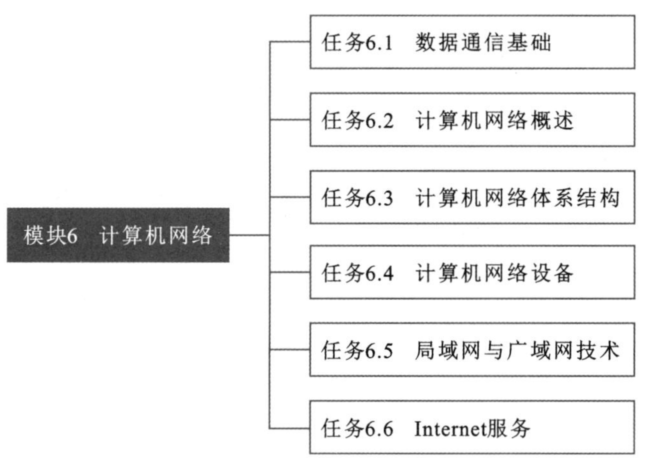

任务 6.1　数据通信基础

任务描述

理解数据通信的相关概念及分类，理解数据的传输方式，了解数据通信的各种技术，了解无线通信相关知识。

知识图谱

- 任务6.1 数据通信基础
  - 6.1.1 数据通信概述
    - 信号的定义及分类
      - 数字信号
        - 采样、量化、编码
        - 奈奎斯特
      - 模拟信号
    - 通信指标
      - 速率、波特率、误码率
        - bps、baud、10^{-6}
      - 时延、噪声等
        - 传播时延、热噪声等
    - 通信的定义及三要素
      - 通信三要素
        - 信源、信道、信宿
  - 6.1.2 数据传输方式
    - 基带、频带、宽带
      - 距离、速度、应用
    - 串行与并行
      - 一位、多位
    - 同步与异步
      - 同步时钟
    - 单工、半双工、全双工
      - 单双向、同时
  - 6.1.3 数据通信技术
    - 多路复用技术
      - 频分、时分、波分、码分
      - ATM、光纤等
    - 数据交换技术
      - 电路交换
        - 传统电话
      - 报文交换
        - 电子邮件
      - 分组交换
        - 计算机网络
    - 差错控制技术
      - 自动重传
      - 错误检测
        - 海明码校验
        - CRC校验
        - 奇偶校验
  - 6.1.4 无线通信
    - 通信频段
      - 高频、中频、低频
    - 卫星通信
      - 北斗、GPS等
    - 移动网络通信
      - 1G/2G/3G/4G/5G
    - 短距离无线通信
      - Wi-Fi、WLAN、Bluetooth、ZigBee等
  - 6.1.5 量子通信技术

6.1.1　数据通信概述

1. 通信的定义及三要素

通信一般是指使用各种方法通过媒体将信息从一端传送到另一端的过程。为了保证信息传输的实现，通信必须具备三个要素：信源、信道（通信媒体）、信宿。

信源是产生各类信息的实体，是信息的发布者或上传者。信息是抽象的，信源则是具体的。信道是信息传递的通道，是传输、存储和处理信号的媒体。信宿是信息的接收者，它可以是人或机器（如收音机、电视机等）。数据通信的过程如图 6-1-1 所示。

图 6-1-1　数据通信的过程

2. 信号的定义及分类

信号是通信系统中用于承载并传输信息的物理量或其变化形式。这些信号形态多样，包括电信号、光信号以及无线电波等，它们通过电缆、光纤、空气等介质，从发送端有效地传输至接收端。根据信号的表现形式，我们可以将其划分为模拟信号和数字信号两大类。信号的分类如图 6-1-2 所示。

（1）模拟信号。

模拟信号又称连续信号，是指用连续变化的物理量表达的信息，其信号的幅度、频率、相位随时间、空间等变量连续变化，如温度、湿度、压力、电流、电压、声音等。在一定的时间范围内，模拟信号幅度的取值是无限的连续值，一般用正弦波来表示。模拟信号的表示如图 6-1-2（a）所示。

（2）数字信号。

数字信号又称离散信号，在时间特性上，其幅度的取值是有限的离散值。数字信号一般用脉冲序列来表示，通常一个脉冲表示一个二进制位。相较于模拟信号，数字信号具有抗干扰强，可靠性高，差错率低，易加密，易存储、处理和传输的特点。数字信号的表示如图 6-1-2（b）所示。

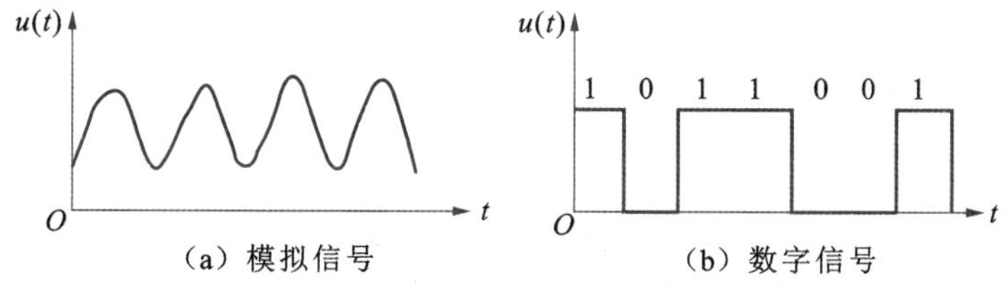

（a）模拟信号　　（b）数字信号

图 6-1-2　信号的分类

（3）模拟信号的数字化。

模拟信号数字化有采样、量化和编码三个过程。调制解调器可实现数字信号与模拟信号之间的转换。调制（D/A）是将数字信号转换成模拟信号，解调（A/D）是将模拟信号转换成数字信号。模拟信号的数字化过程如图 6-1-3 所示。

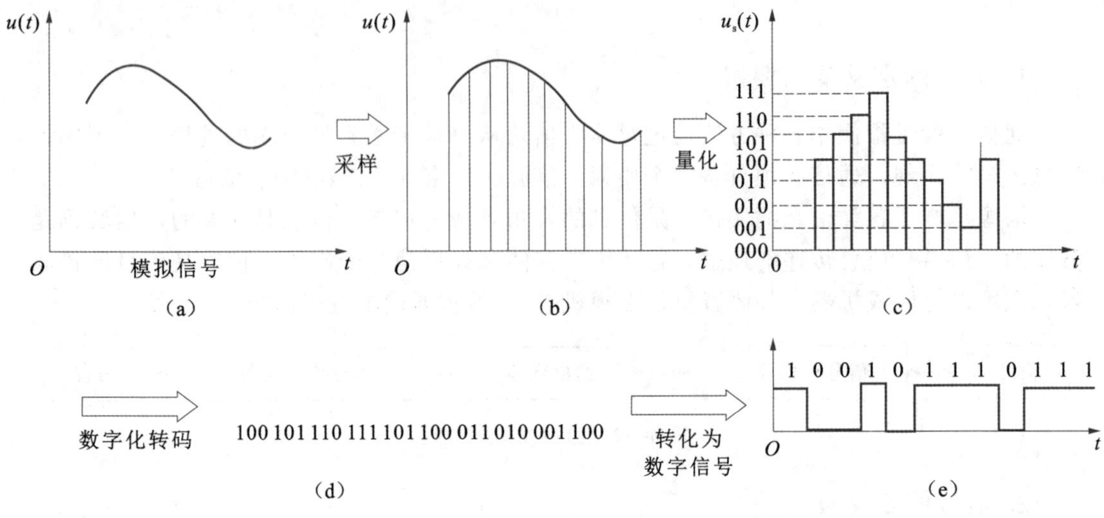

图 6-1-3　模拟信号的数字化过程

采样是指用间隔一定时间的信号样值序列代替原来在时间上连续的信号，也就是将时间上连续的模拟信号离散化。奈奎斯特定理指出，为了从采样信号中无失真地恢复原信号，采样频率 f_s 必须大于或等于信号中最高频率 f_{max} 的两倍，即 $f_s \geqslant 2f_{max}$。图 6-1-3（a）至图 6-1-3（b）是采样的过程。

量化是指用有限个幅度值近似代替原来连续变化的幅度值，把模拟信号的连续幅度变为有限数量的、有一定间隔的离散值。采样把模拟信号变成了时间上离散的脉冲信号，但脉冲的幅度仍然是模拟的，还须进行量化处理，才能最终用数字来表示。这就要对幅度值进行舍零取整的处理，这个过程称为量化。图 6-1-3（b）至图 6-1-3（c）是量化的过程。

编码是指按照一定的规律，把量化后的值用二进制数字表示，然后转化成二值脉冲或多脉冲的数字信号流。最简单的编码方式是二进制编码，具体来说，二进制编码就是用 n 比特二进制码来表示已经量化了的样值，每个二进制数对应一个量化值，然后把它们排列，得到由二值脉冲组成的数字信号流。图 6-1-3（d）至图 6-1-3（e）是编码的过程。

3. 数据通信的主要技术指标

（1）信道带宽。

在模拟信道中，常用带宽表示信道传输信息的能力。信道带宽是描述信道传输能力的技术指标，它的大小是由信道的物理特性决定的。带宽即传输信号的最高频率与最低频率之差。理论分析表明，模拟信道的带宽或信噪比越大，信道的极限传输速率越高。

（2）数据传输速率。

在数字信道中，比特率是数字信号的传输速率，指信道每秒钟所能传输的二进制比特数，记为 bps 或 b/s。比特率常见的单位有 kbps、Mbps、Gbps 等，1 kbps＝10^3 bps，

1 Mbps＝10^6 bps，1 Gbps＝10^9 bps。数据传输速率的高低由每位数据所占的时间决定，一位数据所占用的时间宽度越小，传输速率就越高。

（3）信道容量。

信道的传输能力是有一定限制的，信道传输数据速率的上限，称为信道容量，一般表示单位时间内最多可传输的二进制数据的位数。

（4）波特率。

波特率是指每秒钟传送的波形个数（也叫码元个数），它用单位时间内载波调制状态的改变次数来表示，单位为波特（baud）。波特率与比特率的关系为：比特率＝波特率×单个调制状态对应的二进制位数。比如波特率是 600 baud，若码元是二进制的，则比特率是 600 bps。若码元是八进制的，比特率就是 1800 bps（因为一个码元携带了三位信息，一个 M 进制的信号就有 M 种码元）。

（5）信道时延。

信道时延（delay）是指数据（一个报文或分组，甚至是比特）从网络链路的一端传送到另一端所需要的时间，有时也称迟延或延迟。信道时延＝发送时延＋传播时延＋处理时延＋排队时延。

发送时延也称传输时延，是主机或路由器发送数据帧所需要的时间，也就是从发送数据帧的第一个比特算起，到该帧的最后一个比特发送完毕所需要的时间。发送时延＝数据帧长度（b）/带宽（bps）。

传播时延是指电磁波在信道中传播一定的距离需要花费的时间。传播时延＝信道长度（m）/电磁波在信道上的传播速度（m/s）。电磁波在自由空间的传播速度是 3.0×10^8 m/s，在电缆中的传播速度是 2.3×10^8 m/s，在光纤中的传播速度是 2.0×10^8 m/s。

处理时延是指主机或路由器在收到分组后对数据进行处理所花费的时间，如分析分组的首部、从分组中提取数据部分、进行差错校验或查找适当的路由器等。

排队时延是指分组在进入路由器后先在输入队列中排队等待处理，待路由器确定了转发接口后，再在输出队列中排队等待转发所花费的时间。

（6）误码率。

误码率是指在数据传输中的错误率。在计算机网络中，一般要求数字信号误码率低于 10^{-6}。

（7）噪声。

信号在传输过程中受到的干扰称为噪声。干扰可能来自外部，也可能由信号传输过程本身产生。噪声过大将影响被传送信号的真实性和正确性。

噪声分为两类。一类是信道固有的、持续存在的随机热噪声。热噪声又称白噪声，是由导体中电子的热振动引起的，它存在于所有电子器件和传输介质中。它是温度变化的结果，但不受频率变化的影响。热噪声是不能够消除的，是通信系统中不可避免的一部分。另一类是由外界特定的短暂原因所造成的冲击噪声。冲击噪声呈突发状，常由外界因素引起，其噪声幅度可能相当大，无法靠提高信噪比来避免。由热噪声产生的差错叫随机差错。由冲击噪声产生的差错叫突发差错，冲击噪声是引起传输差错的重要原因。

4. 通信频段

（1）极低频（ELF）和超低频（SLF）：频率范围是 3 Hz～30 kHz；波长范围是 10 km～100 km（甚长波）；主要用于特定的军事通信和潜艇通信。

（2）低频（LF）：频率范围是 30 kHz～300 kHz；波长范围是 1 km～10 km（长波）；主要用于长波通信，比如海上、水下和地下通信与导航。

（3）中频（MF）：频率范围是 300 kHz～3 MHz；波长范围是 100 m～1 km（中波）；主要用于中波广播，如 AM 广播。

（4）高频（HF）：频率范围是 3 MHz～30 MHz；波长范围是 10 m～100 m（短波）；主要用于短波通信，适用于远距离通信和国际定点通信，也用于业余无线电、航海和航空通信等。

（5）甚高频（VHF）：频率范围是 30 MHz～300 MHz；波长范围是 1 m～10 m（米波）；主要用于电视广播、FM 广播、陆地移动通信（如对讲机）、航空通信和航海通信等。

（6）特高频（UHF）：频率范围是 300 MHz～3 GHz；波长范围是 0.1 m～1 m（分米波）；主要用于覆盖了电视的更高频道、移动通信（如 4G/5G）、卫星通信、无线麦克风、无线视频传输等。

（7）超高频（SHF）：频率范围是 3 GHz～30 GHz；波长范围是 1 cm～10 cm（厘米波）；主要用于 Wi-Fi（2.4 GHz 和 5 GHz）、卫星通信、雷达、微波链路等。

（8）极高频（EHF）：频率范围是 30 GHz～300 GHz；波长范围是 1 mm～10 mm（毫米波）；主要用于卫星通信、雷达、高速无线局域网、毫米波 5G 通信、实验室和医疗应用等。

（9）至高频：频率范围是 300 GHz～3000 GHz；波长范围是 0.1 mm～1 mm（丝米波）；未广泛普及，通常用于高端研究和特殊通信应用。

此外，还有一些频段如亚毫米波、红外和可见光频段，这些频段在通信领域的应用相对较少，但在其他领域如光通信系统中有着重要应用。这些频段的划分可能会根据国际电信联盟和其他相关组织的最新标准而有所变化。不同国家和地区在实际应用中可能会有所不同，但都必须在国际规定的范围内。

例题解析

例 1 两相调制的比特率是波特率的（　　）。

A. 1 倍　　B. 2 倍

C. 3 倍　　D. 不确定

例 2 假设某个信道的最高码元传输速率为 2000 baud，而且每一个码元携带 4 bit 的信息，则该信道的最高信息传输速率为（　　）。

A. 2000 baud　　B. 2000 bit

C. 8000 baud/s　　D. 8000 bit/s

例 3　若一条线路传输信号共有 16 种状态，每 1/16 秒采样一次，则其传输速率为（　　）。

A. 1 bps　　B. 32 bps

C. 64 bps　　D. 128 bps

答案：A；D；C

知识点对接：比特率与波特率的关系、码元速率与数据传输速率的关系、采样频率与数据传输速率的关系。

解析：例 1 考查的是比特率和波特率之间的相互转换。两相调制就是单个调制状态对应的二进制位数是一个二进制位（一个二进制位就是两种状态 0 和 1，所以叫两相调制），所以两相调制的比特率和波特率相等。如果是四相调制就是两个二进制位（两个二进制位就是四种状态 00、01、10、11，所以叫四相调制），八相调制就是三个二进制位（三个二进制位就是八种状态 000、001、010、011、100、101、110、111，所以叫八相调制）。所以四相调制的比特率是波特率的 2 倍，八相调制的比特率是波特率的 3 倍，故此题选 A。例 2 考查的是根据码元速率求数据传输速率。码元传输速率是 2000 baud，每个码元携带 4 bit 的信息，则最高信息传输速率为 $2000\times4=8000$（bit/s），信息传输速率就是数据传输速率，单位是 bit/s，故此题选 D。例 3 考查的是根据采样频率求数据传输速率。16 种状态需要用四位二进制数来表示，所以每次采样传输了四位的信息，1/16 秒采样一次代表每秒采样 16 次，传输速率（比特率）是每秒传输的比特数。由于每次采样传输 4 位（即 4 bit）信息，并且采样频率是 16 次/秒，因此传输速率是 $4\times16=64$ bit/s，故此题选 C。

6.1.2　数据传输方式

数据传输方式是指数据在通信信道上所采用的具体传输形式。根据传输信号的形式，数据传输可分为基带传输、频带传输和宽带传输；按照数据传输的顺序模式，数据传输可分为串行传输和并行传输；依据数据传输的同步机制，数据传输可分为同步传输和异步传输；根据数据传输的流向和时间关系特征，数据传输可分为单工通信、半双工通信和全双工通信。

1. 基带传输、频带传输和宽带传输

基本频带，简称基带，指的是信源直接发出的、未经调制的原始电信号所固有的频带范围。基带传输则是指在通信信道中直接传送这些基带信号的方式。基带传输多用于数字信号的传输，其特点在于无需调制解调器，适用于短距离传输，且传输速度较快，常见于局域网通信以及计算机与外部设备（如监视器、打印机等）之间的数据传输。

频带传输，又称模拟传输，是指信号在传输前需经过调制处理，以模拟信号的形式送入信道，接收端则通过相应的解调措施恢复原始信号。这一过程中，调制解调器负责将数字信号转换为模拟信号进行传输，并在接收端将模拟信号解调回数字信号。频带传

输的特点在于能够传输模拟信号，需要调制解调器的支持，适用于远距离网络传输，但相较于基带传输，其速度可能较慢。

宽带传输则是一种在传输过程中将信道划分为多个子信道的技术，这些子信道分别用于传送音频、视频和数字信号。宽带是指比传统音频带宽更宽的频带范围，它能够更有效地利用链路容量，通过多路复用技术同时传输多种信号。值得注意的是，尽管宽带传输在物理层面上可能采用模拟信号，但从逻辑层和应用层的角度来看，它传输的仍然是数字信号。宽带传输的特点包括需要调制解调器支持、传输距离远、传输速度快以及传输成本相对较高。

2. 串行传输和并行传输

串行传输是一种通过单一数据线，将数据以位为单位按顺序传输的通信方式，每位数据占据一个固定的时间间隔，从而逐位地将构成字符的比特流串行发送到通信线路上。与并行传输相比，尽管串行传输在物理层面上由于仅使用单条线路而可能表现出较低的即时数据吞吐量，但其在资源利用效率和布线复杂度方面展现出显著优势。串行传输仅需一条物理信道，实现简单，便于远距离通信，是当前数据传输领域广泛采用的一种技术。串行传输的基本数据元素是位（bit）。串行传输如图 6-1-4 所示。

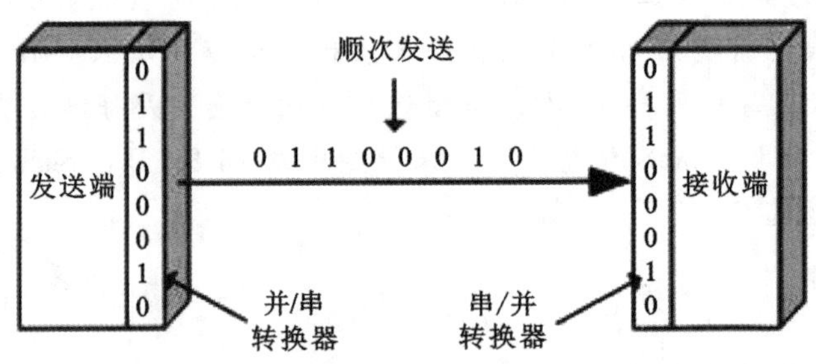

图 6-1-4　串行传输

并行传输指在传输过程中，多个数据位同时在设备之间进行传输。由于并行传输时多个数据位同时传输，因此收发双方不存在同步的问题。由于并行传输需要多个物理通道，因此它布线复杂，适用于近距离传输，传输速度快。并行传输的数据单位是字节。并行传输如图 6-1-5 所示。

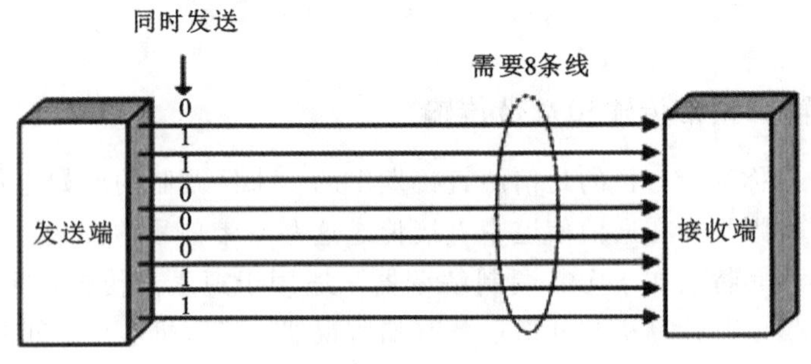

图 6-1-5　并行传输

3. 同步传输和异步传输

同步传输（STM）是指发送端和接收端共享同一个时钟信号，以确保数据能够按照相同的时间间隔进行传输和接收。同步传输的数据单位是信息帧（也叫数据帧），由同步字符、数据字符和校验字符（CRC）组成。

异步传输（ATM）是指发送端和接收端的时钟信号是独立的。异步传输的数据单位是字符，由起始位、数据位、奇偶校验位和停止位组成。

同步传输在减少开销、保持固定速率和时钟同步等方面具有优势，因此通常具有更高的传输效率。然而，异步传输在灵活性和适应性方面更强，适用于对时序要求不那么严格的场景。在选择使用同步传输还是异步传输时，应根据具体的应用需求和场景特点进行权衡。

4. 单工通信、半双工通信和全双工通信

按照串行数据传输的流向和时间关系来划分，数据传输可分为单工通信、半双工通信和全双工通信三种。

单工通信是指数据在一条信道上只能沿一个方向传送的通信方式。例如电视、广播、遥控、无线寻呼信号等均为单工通信。

半双工通信是指数据在一条通信信道中可以双向传输但不能同时传输的通信方式。例如对讲机、收发报机等均为半双工通信。

全双工通信是指通信双方同时发送和接收信息，以两个信道分别传送两个方向的信息的通信方式。例如计算机、电话、手机、网络设备等均为全双工通信。

例题解析

例 1　异步传输模式是以信元为基础的分组交换技术。从通信方式看，它属于（　　）。

A. 异步串行通信　　B. 异步并行通信

C. 同步串行通信　　D. 同步并行通信

例 2　在串行通信中，采用位同步技术的目的是（　　）。

A. 更快地发送数据　　B. 更快地接收数据

C. 可靠地传输数据　　D. 可靠地接收数据

例 3　计算机网络通信采用同步和异步两种方式，但传输效率较高的是（　　）。

A. 同步方式　　B. 异步方式

C. 同步与异步方式传输效率相同　　D. 无法比较

答案： C；C；A

知识点对接： 同步通信与异步通信的区别、联系及特点。

解析： 例 1 考查的是对异步传输模式和通信方式概念的理解。从传输模式上看，每个信元不需要周期性地出现，所以异步传输模式是异步时分复用，这与“异步串行通

信”无关。从通信方式上看，信元中的每个位常常是同步定时发送的，即通常所说的“同步串行通信”，故此题选 C。例 2 考查的是采用位同步技术的目的。采用位同步技术的目的主要是确保数据的正确传输和接收。具体来说，在接收端，采用位同步技术可以根据发送端发出的同步信号，确保在数据传输过程中不会出现因为时间偏移、温度变化、电源电压波动等而导致数据错位或丢失，从而实现数据的可靠传输，故此题选 C。例 3 考查的是同步通信与异步通信的区别，尤其是要理解同步传输效率高的原因。同步传输以数据块（或帧）为单位进行传输，数据块间的时间间隔固定。这种方式减少了每个数据单元（如字符）所需的起始位和停止位开销，从而提高了传输效率。异步传输以字符为单位进行，每个字符的传输都需要附加起始位和停止位。这种额外的开销降低了整体传输效率，故此题选 A。

6.1.3 数据通信技术

1. 多路复用技术

多路复用是指两个或多个用户共享共用信道的一种机制。通过多路复用技术，多个终端能共享一条高速信道，从而达到节省信道资源的目的。多路复用又分为频分多路复用（frequency division multiplexing，FDM）、时分多路复用（time division multiplexing，TDM）、波分多路复用（wavelength division multiplexing，WDM）和码分多路复用（code division multiplexing，CDM）等类型。

（1）频分多路复用技术。

频分多路复用技术是一种模拟信号传输技术，它将传输频带分成多个子频带，每个子频带用于传输一路信号。这样一条传输线路上可以有多个话路同时传输信息，每个话路所占用的是其中的一个频段。频分多路复用技术在电话系统、广播电视传输、卫星通信、有线电视系统、微波通信等多个领域都得到了广泛应用。频分多路复用技术还用于第一代蜂窝电话。

（2）时分多路复用技术。

时分多路复用技术是一种数字信号传输技术，它允许多个信号或数据流在单个物理通道或媒介上通过分配不同的时间片段来共享传输资源。在时分多路复用技术中，时间被划分为若干个周期性的时间片（或称为时隙），每个时间片用于传输一个信号或数据流的一部分。时分多路复用技术在手机通信网络、集成服务数字网络、公共交换电话网络、实时视频传输以及计算机网络等多个领域都得到了广泛应用，极大地提高了通信效率和数据传输能力。

（3）波分多路复用技术。

波分多路复用技术是光的频分多路复用技术。它可以在同一根光纤中同时传输多路不同波长的光信号，以提高单根光纤的传输能力。波分多路复用技术在光纤通信、光纤传感、光纤传输网络、数据中心互联以及长途电话和互联网骨干网等多个领域都有着广泛的应用。

（4）码分多路复用技术。

码分多路复用技术多用于移动通信系统，它允许多个用户在同一时间和同一频带内通过不同的编码方式传输数据，从而实现信号的共享传输。码分多路复用技术在移动通信系统、GPS、无线局域网以及卫星电话网络等领域都有着广泛的应用。该技术提高了系统的频谱效率、吞吐量和通信质量。

2. 数据交换技术

数据交换技术主要有电路交换技术、报文交换技术和分组交换技术三种，其中分组交换技术又分为虚电路和数据报两种。

（1）电路交换技术。

电路交换技术是指在通信之前要在通信双方之间建立一条被双方占用的物理通路的一种技术。在数据传输期间，该专用线路一直被收发两端占用，直到数据传输结束才被释放。电路交换通常包含“路线建立（占用通信资源）”“数据传输（一直占用资源）”“线路拆除（释放资源）”三个通信阶段。

电路交换技术主要用于传统的电话通信网，是最早出现的一种数据交换技术。电路交换技术的优点是时延小，实时性强，不存在失序问题；缺点是信道利用率低，可靠性低，在通信过程中很难进行差错控制。

（2）报文交换技术。

报文交换技术是指将数据分割成一个个小的单元（报文）进行传输，并在目的地重新组装数据的一种技术。在数据传输过程中，中间节点会先将数据完整地接收下来并存至缓冲区，再选择合适的输出线路进行转发。报文交换以报文为数据单位，报文携带有目的地址、源地址等信息，在交换节点中采用存储转发的传输方式。

报文交换技术的典型应用有电子邮件。报文交换技术的优点是信道利用率高，可靠性高；缺点是网络通信量大，时延大，实时性差。

（3）分组交换技术。

分组交换技术也是一种存储转发技术，它将报文进行分组，以分组为单位进行存储转发。分组交换不需要像电路交换那样在传输过程中长时间建立一条物理通路，它可以在同一条线路上以分组为单位进行多路复用，大大提高了线路的利用率。分组交换技术可以适应不同类型用户之间的通信，这是因为分组头包含了目的地址等关键信息，使得交换机能够灵活地选择传输路径。分组交换技术还具有一定的差错控制和流量控制功能，它可以在传输过程中检查分组的完整性，并根据网络状况调整分组的发送速率。分组交换技术的发展过程如图 6-1-6 所示。

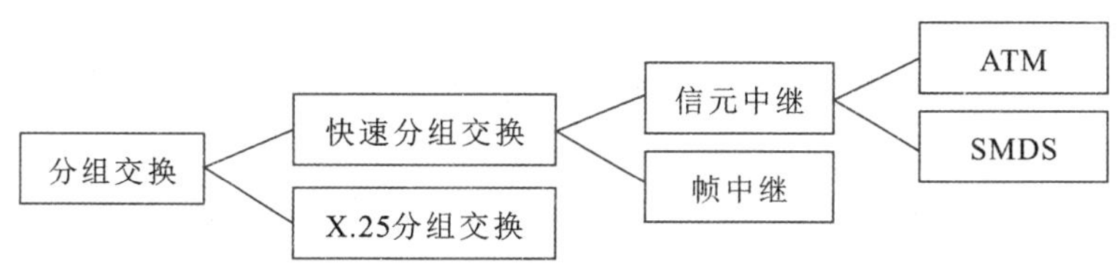

图 6-1-6　分组交换技术的发展过程

虚电路是在分组交换网络（如 X. 25 网络）中，两个或更多个端点之间建立的一种逻辑连接。它提供了一种面向连接的、可靠的通信服务，类似于电路交换中的物理电路，但实际上是建立在分组交换技术之上的。

数据报是一种无连接的网络通信方式，它不需要在发送方和接收方之间建立和维护连接。在数据报服务中，每个数据包都独立地路由到目的地，每个数据包都包含足够的信息以在网络中独立地路由。

若传输的数据量很大，且其传输时间远大于呼叫时间，则采用电路交换技术较为合适；当端到端的通路由很多段链路组成时，采用分组交换技术传输数据较为合适。从提高整个网络的信道利用率上看，报文交换技术和分组交换技术优于电路交换技术，其中分组交换技术比报文交换技术的时延小，尤其适用于计算机之间的突发式的数据通信。三种交换技术的比较如表 6-1-1 所示。

表 6-1-1 三种交换技术的比较

<table>
<tr><th rowspan="2"></th><th rowspan="2">电路交换技术</th><th rowspan="2">报文交换技术</th><th colspan="2">分组交换技术</th></tr>
<tr><th>虚电路</th><th>数据报</th></tr>
<tr><td rowspan="2">方式</td><td rowspan="2">建立一条被双方占用的物理通路</td><td rowspan="2">在节点间存储转发报文</td><td colspan="2">将报文分成若干个分组，在节点间存储转发分组</td></tr>
<tr><td>同一条虚电路的分组按同一路由转发</td><td>每个分组由独立路由选择和转发</td></tr>
<tr><td>连接</td><td>需要</td><td>不需要</td><td>需要</td><td>不需要</td></tr>
<tr><td>单位</td><td>比特流</td><td>报文</td><td colspan="2">分组</td></tr>
<tr><td>传输时延</td><td>小</td><td>大</td><td colspan="2">中等</td></tr>
<tr><td>传输时序</td><td>有序传输</td><td>有序传输</td><td>有序传输</td><td>无序传输</td></tr>
<tr><td>是否可靠</td><td>不可靠</td><td>可靠</td><td>可靠</td><td>不可靠</td></tr>
<tr><td>信道利用率</td><td>低</td><td>高</td><td>高</td><td>高</td></tr>
<tr><td>应用</td><td>传统电话通信网</td><td>电子邮件</td><td colspan="2">计算机间突发式通信</td></tr>
</table>

3. 差错控制技术

差错控制技术用于检测和纠正数据传输过程中出现的错误技术，主要包括错误检测、自动重传请求（ARQ）、前向纠错（FEC）以及正确性确认等。

（1）错误检测。

错误检测是指通过添加冗余信息来检测数据传输或存储过程中的错误。常见的错误检测方法有奇偶校验、循环冗余校验（CRC）和海明码校验等。

奇偶校验是一种简单的错误检测机制，用于确保数据传输或存储的完整性。根据被传输的一组二进制代码的数位中“1”的个数的奇偶来进行校验。采用奇数的称为奇校验，采用偶数的称为偶校验。

循环冗余校验具有很强的检错能力，可以检测多位错误。循环冗余校验通过在数据

块（通常是一串二进制位）的末尾附加一个校验和（通常称为 CRC 值）来工作，这个校验和是根据数据块中的位计算得出的。

海明码校验是一种在数据传输或存储中被广泛使用的线性错误检测和纠正编码技术。海明码在 1950 年被提出，至今仍被广泛采用。

（2）自动重传请求。

自动重传请求是指在数据传输过程中，如果发现数据出现错误，接收端可以向发送端发送一个请求重传的信号，从而实现对错误的纠正。

（3）前向纠错。

前向纠错是指在数据传输过程中，发送端可通过添加纠错码使得接收端能够校验和修复一定数量的错误，主要的纠错方法有海明码校验等。

（4）正确性确认。

正确性确认是指接收端在收到数据之后，向发送端发送一个确认信号，以表示数据已被正确接收。

例题解析

例 1　综合业务数字网络信息一般采用（　　）技术进行传输。

A. 时分多路复用　　B. 频分多路复用

C. 时分单路　　D. 频分单路

例 2　通常在光纤传输中使用的多路复用技术是（　　）。

A. WDM　　B. TDM

C. CDM　　D. STDM

例 3　下列说法中正确的是（　　）。

① 虚电路与电路交换中的电路没有实质不同；② 在通信的两站间只能建立一条虚电路；③ 虚电路也有连接建立、数据传输、连接释放三阶段；④ 虚电路的各个节点不需要为每个分组作路径选择判定

A. ①②　　B. ②③

C. ③④　　D. ①④

答案： A；A；C

知识点对接： 多路复用技术实例应用及交换技术的发展与特点。

解析： 例 1 考查的是对时分多路复用技术的理解。时分多路复用技术通过将时间划分为多个时间间隙，并将不同的信号源分配到不同的时间间隙中进行传输，从而实现多个信号在同一信道上的同时传输。这种技术能够充分利用信道的带宽资源，提高信道的利用率，使得综合业务数字网络能够同时传输语音、数据和其他多媒体信息，故选 A。例 2 考查的是对波分多路复用技术的理解。通常在光纤传输中使用的多路复用技术主要是波分多路复用（WDM）。这种技术通过在同一根光纤中传输多个不同波长的光信号，有效地提高了光纤的传输能力和系统容量，故选 A。例 3 考查的是对虚电路技术的理解。电路交换为通信双方建立了真正的物理电路，有连接建立、数据传输、连接释放三个过

程；实时性好，因为数据通过物理电路直接传输到目的节点，不需要经过中间节点的存储转发，延迟较低；信道利用率低，不允许多个电路连接复用同一条链路，每条链路在通信过程中均被独占；可靠性低，如果通信双方之间的任何一点出现故障，就会导致通信中断。虚电路仅为通信双方建立了一条逻辑通路，而非实际的物理连接，虚电路也有连接建立、数据传输、连接释放三阶段；实时性较差，因为数据分组需要经过中间节点的存储转发，但同一条虚电路的分组要按同一路由转发；允许多个虚电路复用同一条物理链路，提高了链路的利用率；可靠性高，可以通过数据重传、检错纠错和自动重传请求（ARQ）等机制提供可靠的通信服务，故选 C。

6.1.4 无线通信

无线通信技术按照通信距离的远近可分为短距离无线通信、移动网络通信和卫星通信。

1. 短距离无线通信

常见的短距离无线通信有 Wi-Fi、WLAN、Bluetooth、ZigBee 等。

2. 移动网络通信

手机自问世至今，已走到了第六代。第一代的模拟制式手机（1G）；第二代的全球移动通信系统（GSM）、时分多址（TDMA）等数字手机（2G），第 2.5 代的移动通信技术码分多址（CDMA）；第三代的移动通信技术（3G）；第四代的移动电话通信技术（4G）；第五代的移动电话通信技术（5G）；第六代的移动电话通信技术（6G）。

3G 存在三种标准：CDMA2000、WCDMA、TD-SCDMA。3G 下行速度峰值理论可达 384 kbps。其中 TD-SCDMA 属于时分双工（TDD）模式，是由中国提出的 3G 技术标准；而 WCDMA 和 CDMA2000 属于频分双工（FDD）模式，WCDMA 技术标准由欧洲和日本提出，CDMA2000 技术标准由美国提出。

4G 包括 TD-LTE 和 FDD-LTE 两种制式。4G 集 3G 与 WLAN 于一体，并能够快速传输数据、高质量音频、视频和图像等。4G 能够以 100 Mbps 以上的速度进行下载，比目前的家用宽带 ADSL（4 Mbps）快 25 倍，能够满足用户对无线服务的需求。

5G 是最新一代蜂窝移动通信技术。5G 的性能目标是高数据速率、减少延迟、节省能源、降低成本、提高系统容量和大规模设备连接。ITU IMT-2020 规范要求速度高达 20 Gbps。

6G 是目前正在开发的下一代移动通信技术，旨在通过电信中的蜂窝数据网络进行无线通信。6G 网络被定义为在未开发的无线电频率上运行，并使用人工智能等认知技术，以比第五代网络（5G）快数倍的速度实现高速、低延迟通信的蜂窝网络。6G 网络的峰值速率可能达到太比特每秒级，用户体验速率也将达到吉比特每秒级，远超过 5G 网络的传输速率。

3. 卫星通信

常见的卫星通信有美国的 GPS、中国的北斗、欧洲的伽利略（Galileo）、俄罗斯的格洛纳斯（GLONASS）等。

例题解析

例 1　下列关于无线通信的叙述错误的是（　　）。

A. 红外线通信通常局限于一个小范围

B. 激光传输距离可以很远，而且有很强的穿透力

C. 卫星通信系统是一种特殊的无线电波中继系统

D. 无线电波、微波、红外线、激光灯都是无线通信信道

例 2　下面关于卫星通信的说法，错误的是（　　）。

A. 卫星通信通信距离远，覆盖范围广

B. 使用卫星通信易于实现广播通信和多址通信

C. 卫星通信的好处在于不受气候的影响，误码率低

D. 通信费用高、时延较长是卫星通信的不足之处

例 3　下列有关现代社会的四种通信说法中，不正确的是（　　）。

A. 微波通信是以波长为 10 m，频率为 3×10^5 MHz 的电磁波为载体的通信方式

B. 卫星通信是以人造地球卫星为微波通信中继站来实现的

C. 光纤通信是以频率单一、方向高度集中的激光为载体，在光导纤维中实现传播

D. 网络通信是通过因特网来实现通信的

答案： B；C；A

知识点对接： 无线通信技术的分类、卫星通信技术的主要特点。

解析： 三道题考查的是无线通信技术在生活中的应用。例 1 考查的是激光通信的优缺点。激光传输具有通信容量大、保密性强、速度快等优点。由于激光束在传输过程中会受到大气分子、尘埃、烟雾等影响，因此激光传输的距离不远、穿透力不强；云、雨、雾、雪等因素都会对激光传输产生严重影响；由于激光束具有极高的方向性，因此在发射点和接收点之间瞄准非常困难，故选 B。例 2 考查的是卫星通信的优缺点。卫星通信主要有覆盖面积大、通信距离远、传输频带宽、通信容量大、能实现广播通信和多址通信等优点。卫星通信主要有成本高、传播时延长、受气候影响大、保密性差、误码率较高等缺点。微波、卫星主要靠直射波传播，频率高时受天气变化的影响较大，存在日凌中断、星蚀和雨衰现象（频率越高的系统受降雨影响越大），故选 C。例 3 考查的是多种通信技术的比较，要求学生有综合分析能力。微波通信是以波长为 1 mm～10 m，频率为 30 MHz～300 000 MHz 的电磁波为载体的通信方式。

6.1.5 量子通信技术

量子通信主要基于量子叠加态和纠缠效应，这两种现象在量子力学中具有独特性质。量子叠加态允许量子比特同时处于多个状态的叠加，而量子纠缠则是指两个或更多个量子系统之间存在一种特殊的关联，使得它们的状态无法被独立描述。通过利用这些特性，量子通信能够实现信息的无条件安全传输。

量子通信主要具有安全性高、传输速度快、传输距离远、抗干扰性强四个特点。量子通信通过量子态实现信息的传输和加密，具有极高的安全性，可以有效地抵御黑客攻击和窃听行为；量子通信利用量子纠缠实现信息的瞬时传输，传输速度比传统通信技术快得多，可以实现高速率的数据传输；随着技术的发展，量子通信的传输距离也在不断增加，例如，我国科学家已经成功实现了 615 km 的光纤量子通信；量子通信利用量子纠缠实现信息的传输和加密，具有较强的抗干扰性，即使在恶劣的环境下也能实现可靠的通信。

同步训练

1. 计算机网络通信系统是（　　）。

A. 电信号传输系统　　B. 文字通信系统
C. 信号通信系统　　D. 数据通信系统

2. 在数据通信的过程中，将数字信号还原成模拟信号的过程称为（　　）。

A. 调制　　B. 解调
C. 流量控制　　D. 差错控制

3. 信号的电平随时间连续变化，这类信号称为（　　）。

A. 模拟信号　　B. 传输信号
C. 同步信号　　D. 数字信号

4. 随着电信和信息技术的发展，国际上出现了所谓“三网融合”的趋势，下列不属于“三网”的是（　　）。

A. 电信网　　B. 互联网
C. 广播电视网　　D. 卫星通信网

5. 世界上很多国家都组建了自己国家的公用数据网，现有的公用数据网大多采用（　　）。

A. 分组交换方式　　B. 报文交换方式
C. 电路交换方式　　D. 空分交换方式

6. 关于数据交换，下列叙述不正确的是（　　）。

A. 电路交换是面向连接的
B. 分组交换比报文交换具有更好的网络响应速度

C. 报文交换无存储转发过程

D. 分组交换有存储转发过程

7. 在同一个信道上的同一时刻，能够进行双向数据传送的通信方式是（　　）。

A. 单工通信　　B. 半双工通信

C. 全双工通信　　D. 上述三种均不是

8. 计算机与打印机之间的通信属于（　　）。

A. 单工通信　　B. 半双工通信

C. 全双工通信　　D. 上述三种均不是

9. 数据通信中信道传输速率单位是比特每秒，称为（　　），每秒钟电位变化次数称为（　　）。

A. 数率，比特率　　B. 频率，波特率

C. 比特率，波特率　　D. 波特率，比特率

10. 计算机内的传输是（　　）传输，而通信线路上的传输是（　　）传输。

A. 并行，串行　　B. 串行，并行

C. 并行，并行　　D. 串行，串行

11. 在数据通信中，多路复用技术可以提高信道传输效率，下列哪种复用技术使用的是光信号？（　　）

A. 频分多路复用技术　　B. 码分多路复用技术

C. 波分多路复用技术　　D. 时分多路复用技术

12. 通信系统必须具备的三个基本要素是（　　）。

A. 终端、电缆、计算

B. 信号发生器、通信线路、信号接收设备

C. 信源、信道（通信媒体）、信宿

D. 终端、通信设施、接收设备

13. 调制解调器实现了基于（　　）的计算机与基于模拟信号的电话系统之间的连接。

A. 模拟信号　　B. 电信号

C. 数字信号　　D. 光信号

14. 下列选项中可以用于远距离信号传输的是（　　）。

A. 基带传输　　B. 宽带传输

C. macOS　　D. 蓝牙

15. 表示信道传输信息的能力的是（　　）。

A. 带宽　　B. 比特率

C. 误码率　　D. 波特率

16. 带宽是对下列哪种媒体容量的度量？（　　）

A. 快速信息通信　　B. 传输数据

C. 在高频范围内传送的信号　　D. 上述三种均是

17. 下列交换方式中实时性最好的是（　　）。

A. 数据报方式　　B. 虚电路方式

C. 电路交换方式　　D. 上述三种方式实时性一样

18. 在进行奇偶校验时，如果传输的数据为1101110，则（　　）。

A. 为奇校验，附加位为0　　B. 为奇校验，附加位为1

C. 为偶校验，附加位为0　　D. 为偶校验，附加位为2

19. 以下各项中，不是数据报操作特点的是（　　）。

A. 每个分组自身携带足够的信息，它的传送是被单独处理的

B. 在整个传输过程中，不用建立虚电路

C. 使所有分组顺序到达目的端系统

D. 网络节点要为每个分组做路由选择

20. 带有奇偶校验的ASCII码将（　　）作为校验码。

A. 任一位　　B. 最高位

C. 最低位　　D. 临时指定位

21. 在虚电路服务中分组（　　）。

A. 总是按发送顺序到达目的站

B. 总是以与发送顺序相反的顺序到达目的站

C. 可能不按发送顺序到达目的站

D. 到达顺序是任意的

22. 同一信源可以提供（　　）信宿。

A. 一个　　B. 多个

C. 最多两个　　D. 上述说法都不对

23. 在计算机网络中，衡量数据传输有效性的指标是（　　）。

A. 误码率　　B. 频带利用率

C. 信道容量　　D. 传输速率

24. 在计算机网络中，衡量数据传输可靠性的指标是（　　）。

A. 传输速率　　B. 误码率

C. 频带利用率　　D. 信息容量

25. 下列关于面向连接的服务和无连接的服务的说法，错误的是（　　）。

A. 面向连接的服务适用于数据量大、实时性要求高的场合

B. 面向连接的服务的信道利用率高

C. 无连接服务适合短报文的传输

D. 无连接服务在数据传输过程中动态分配带宽

26. 非对称数字用户线（ADSL）采用的多路复用技术是（　　）。

A. 时分多路复用技术　　B. 频分多路复用技术

C. 码分多路复用技术　　D. 波分多路复用技术

27. 通过有线电视可以同时收看多个频道的节目，有线电视采用的是（　　）技术。

A. 频分多路复用　　B. 波分多路复用

C. 时分多路复用　　D. 码分多路复用

28. 网络可分为电路交换网、报文交换网、分组交换网，这种分类方式属于按（　　）进行分类。

A. 连接距离　　B. 服务对象

C. 拓扑结构　　D. 数据交换方式

29.（　　）既具有检错功能又具有纠错功能。

A. 水平奇偶校验　　B. 垂直奇偶校验

C. 海明码校验　　D. 循环冗余校验

30. 同一报文中的分组可以由不同的传输路径通过通信子网的方法是（　　）。

A. 分组交换　　B. 电路交换

C. 虚电路　　D. 数据报

任务 6.2　计算机网络概述

任务描述

理解计算机网络的相关概念、组成及功能，理解网络的拓扑结构，了解网络的各种不同标准的分类。

知识图谱

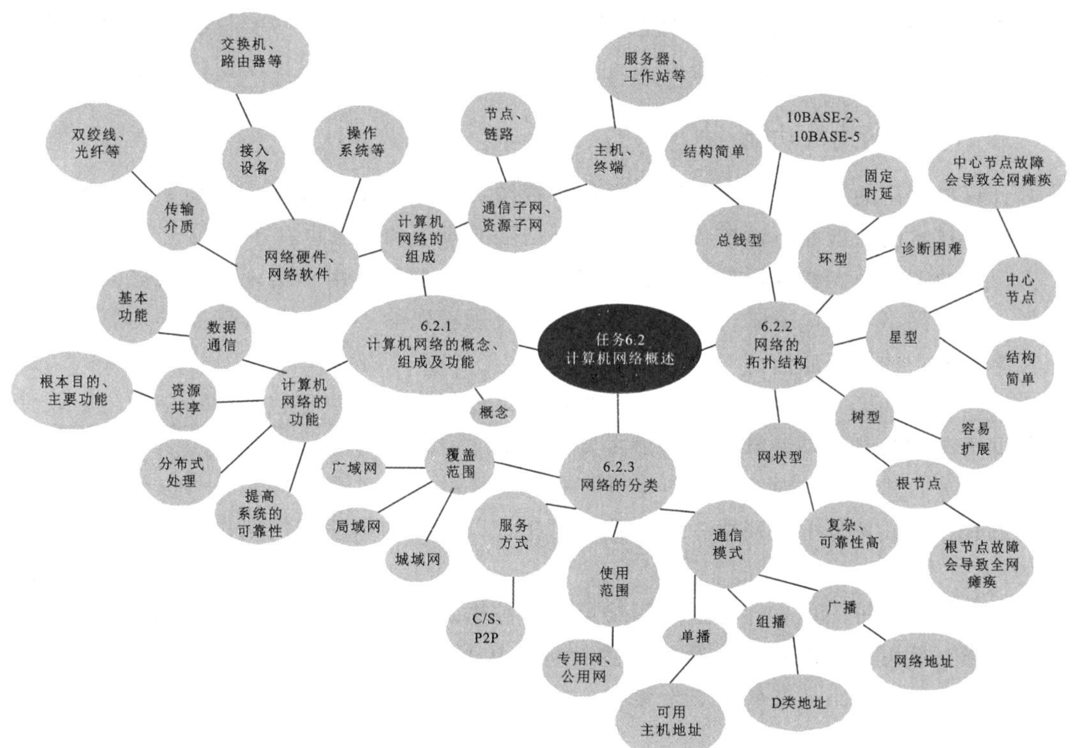

6.2.1 计算机网络的概念、组成及功能

1. 计算机网络的概念

计算机网络是指将若干台具有独立功能的计算机通过通信设备及传输媒体连接起来，在网络操作系统的控制下，按照规定的网络协议实现资源共享、信息交换或协同工作的计算机系统。计算机网络是计算机技术与通信技术相结合的产物。

2. 计算机网络的组成

（1）从网络系统角度来看，计算机网络可分为网络硬件系统和网络软件系统。

网络硬件系统主要由主机、网络连接设备和网络传输介质组成，其中主机主要包括运行服务器端的主机和运行客户端的主机，网络连接设备主要包括网卡、调制解调器、中继器、集线器、网桥、交换机、路由器和防火墙等，网络传输介质主要包括双绞线、同轴电缆、光纤和无线传输介质等。

网络软件主要由操作系统、网络应用程序和协议实体组成，其中操作系统主要包括计算机的操作系统、手机操作系统和网络设备的操作系统等，网络应用程序主要包括服务器和客户端主机的应用程序，协议实体主要为应用程序之间的通信提供服务。

（2）从逻辑功能角度来看，计算机网络可分为通信子网和资源子网。

通信子网提供计算机网络的通信功能，主要由网络节点和通信链路组成，包括网卡、线缆、集线器、中继器、网桥、路由器、交换机等设备和相关软件等。

资源子网提供访问网络和处理数据的功能，主要由主机和终端组成，包括服务器、工作站、共享设备和相关软件等。

3. 计算机网络的功能

计算机网络的功能主要包括数据通信、资源共享、分布式处理、提高系统的可靠性等。随着技术的发展而不断扩展，计算机网络新的应用和服务也在不断涌现。

（1）数据通信。数据通信是计算机网络最基本的功能，用于实现计算机之间的信息传送。通过网络收发电子邮件、进行电子商务及远程医疗、传递各种信息等均属于计算机网络功能中的数据通信。

（2）资源共享。资源共享是建立计算机网络的根本目的，它包括网络中软件、硬件和数据资源的共享，是计算机网络最主要的功能之一。

（3）分布式处理。对于大型科学计算和综合性的信息处理等问题，可以采用分布式处理方式，将任务分配给网络中不同的计算机，以达到均衡使用网络资源、提高效率的目的。

（4）提高系统的可靠性。通过网络可以将数据备份到多台计算机，一旦某台计算机发生故障，就可以交由其他计算机代为处理，从而提高数据的安全性和系统的可靠性。还可以在计算机网络的某些节点上设置一些备用设备，以提高系统的可靠性。

4. 计算机网络的发展阶段

计算机网络的发展可以分为四个阶段，每个阶段的发展都伴随着关键技术的突破和创新，这些技术的发展共同推动了计算机网络向更高效、更智能、更广泛的应用领域发展。

（1）第一代计算机网络。

20世纪50年代至60年代中期，以单个计算机为中心的远程联机系统，构成面向终端的计算机网络。

（2）第二代计算机网络。

20世纪60年代末至70年代中期，多个独立的计算机通过线路互联，形成资源共享的计算机网络。1969年出现的ARPANET（Internet的前身）网络是这个阶段的典型代表。

（3）第三代计算机网络。

20世纪70年代末至80年代中期，以太网产生，ISO制定了网络互联标准OSI，诞生了统一的网络体系结构，自此，遵循国际标准化协议的计算机网络迅猛发展。

（4）第四代计算机网络。

20世纪90年代至今，计算机网络向综合化、高速化方向发展，同时出现了多媒体智能化网络。主要成果如下。

① 发展了以Internet为代表的互联网。

② 发展了高速网络。1993年美国政府公布了“国家信息基础设施”行动计划，即信息高速公路计划。这里的“信息高速公路”是指数字化大容量光纤通信网络，它可以将政府机构、企业、大学、科研机构和家庭的计算机进行联网。

③ 研究智能网。智能网的概念是美国于1984年提出的，它的目的是提高通信网络的能力。

例题解析

例1　网络系统以通信子网为中心，通信子网处于网络的（　　），由网络中的通信控制处理机、其他通信设备、通信线路和只用作信息交换的计算机组成。

A. 任意位置　　　　B. 内层

C. 外层　　　　D. 中间

例2　计算机网络的拓扑结构主要取决于它的（　　）。

A. 网络协议　　　　B. 网络操作系统

C. 资源子网　　　　D. 通信子网

例3　小明的手机通过校园Wi-Fi接入互联网，从逻辑功能上讲，该手机属于（　　）。

A. 通信子网　　　　B. 资源子网

C. 网络设备　　　　D. 网络链接

答案：B；D；B

知识点对接：计算机网络的分类。

解析：三道题考查的是通信子网和资源子网的区别与联系。例 1 考查了通信子网与资源子网在网络中的位置。通信子网处于网络的内层，也就是说网络系统的核心部分是通信子网，外缘部分是资源子网，故选 B。例 2 考查了网络拓扑结构与通信子网的关系。网络的拓扑结构是指计算机网络中各个节点（包括计算机、服务器、路由器、交换机等设备）之间的物理连接方式，而通信子网是指网络中实现网络通信功能的设备（包括中继器、集线器、网桥、路由器、网关等）及其软件的集合，所以计算机网络的拓扑结构取决于通信子网，故选 D。例 3 考查了资源子网在生活中的应用。资源子网提供访问网络和处理数据的能力，主要由主机和终端组成，包括服务器、工作站、共享设备和相关软件等，题目中的手机是接入网络的终端，所以手机属于资源子网，故选 B。

6.2.2 网络的拓扑结构

在研究计算机网络组成结构时，我们可以采用拓扑学中一种研究与大小、形状无关的点、线特性的方法，即抛开网络中的具体设备，把工作站、服务器等网络设备抽象为“节点”，把网络中的线缆等通信介质抽象为“线”。这样，从拓扑学的角度看，计算机网络就变成了由点和线组成的几何网络，我们称它为网络的拓扑结构。计算机网络的拓扑结构有总线型、环型、星型、树型、网状型等，其中总线型、环型、星型拓扑结构为三种基本的拓扑结构。

1. 总线型拓扑结构

总线型拓扑结构采用一条电缆线作为公共总线，入网的节点通过相应接口连接到线路上，各节点地位平等，无中心节点控制，网上每个节点可接收和发送信息。节点发送信息如同广播电台发射信息一样，因此总线型网络又称“广播式”计算机网络。常见的总线型网络有 10BASE-2 以太网、10BASE-5 以太网等。

（1）优点：布线容易，结构简单，成本低，易扩充，可靠性高，信道的利用率高。

（2）缺点：如果总线出了问题，整个网络就会瘫痪，查找故障比较困难，总线负载能力较弱。

2. 环型拓扑结构

环型拓扑结构中节点通过点到点的链路首尾相连，形成一个闭合的环，环中信息沿着一个方向或两个方向在各个节点间传送，当信息流中目的地址与环上某节点地址相符时，信息就被该节点的环路接口所接收，而后信息继续流向下一环路接口，直到流入发送该信息的环路接口节点为止。在单向传输的情况下，每个转发器仅与两个相邻的转发器有直接的物理线路连接，数据在环中沿着一个方向传输。而在双向传输的情况下，为了提高传输速率和系统可靠性，可以采用双环环型网络，数据信息流在一个环上按顺时针方向传输，在另一个环上按逆时针方向传输。

（1）优点：结构简单，控制简单，结构对称性好，成本低，有确定的传输时延，实时性强。

（2）缺点：故障诊断困难，扩展性差，环中任何一个节点出现故障，都会造成全网瘫痪。

3. 星型拓扑结构

星型拓扑结构中节点通过点到点通信线路与中心节点连接，中心节点控制全网的通信，任何两节点之间的通信都要通过中心节点。常见的星型网络有 10BASE-T 以太网、100BASE-T 以太网等。

（1）优点：结构简单，易于实现，便于管理，故障诊断容易。

（2）缺点：网络共享能力较差，通信线路的利用率不高，中心节点一旦出现故障易导致全网瘫痪。

4. 树型拓扑结构

树型拓扑结构是一种分级结构，可以看成是星型拓扑结构的拓展，节点按层次进行连接，层次结构中处于最高位置的节点（根节点）负责网络的控制，主要在上下节点间交换信息，相邻及同层节点一般不进行信息交换。树型网络是分级的集中控制式网络。

（1）优点：结构对称，容易扩展，故障隔离方便，具有一定的容错能力，一个分支节点的故障不影响另一分支节点的工作。

（2）缺点：依赖根节点，若根节点出故障，整个网络将会瘫痪。

5. 网状型拓扑结构

网状型拓扑结构中各节点通过传输线互相连接，并且每一个节点至少与其他两个节点相连，网状型拓扑结构一般用于 Internet 骨干网上，使用路由算法来计算发送数据的最佳路径。常见的网状型网络有帧中继网络、ATM 网络及 Internet。

（1）优点：网络可靠性高，可选择最佳路径，碰撞和阻塞减少，传输时延小，扩充灵活方便。

（2）缺点：结构复杂，控制复杂，实现起来费用较高，不易管理和维护。

例题解析

例 1 网络拓扑结构的优劣直接影响网络的性能、可靠性和（　　）。

A. 网络协议　　B. 通信费用的多少

C. 设备种类　　D. 主机类型

例 2 在网络拓扑结构中，采用分布式管理模式的是（　　）。

A. 总线型拓扑结构　　B. 星型拓扑结构

C. 环型拓扑结构　　D. 网状型拓扑结构

例 3 在网络拓扑结构中，采用集中式管理模式的是（　　）。

A. 总线型拓扑结构　　B. 星型拓扑结构

C. 环型拓扑结构　　D. 网状型拓扑结构

答案：B；D；B

知识点对接：网络拓扑结构的优缺点。

解析：三道题考查的是网络拓扑结构的典型特点。例 1 是对拓扑结构的综合考查。网络拓扑结构的优劣确实会直接影响网络的性能、可靠性和通信费用的多少。高效的拓扑结构可以确保数据在网络中快速、准确地传输，从而提高网络性能。拓扑结构的冗余性对于网络的可靠性至关重要。通信费用包括网络设备的购买、安装、维护以及网络带宽的租赁等费用，因此成本也会有所不同，故选 B。例 2 是网状拓扑结构的延伸题。在网状拓扑结构中，各个设备之间可以相互连接，形成多对多的连接关系，每个设备都可以独立地管理和控制自己的连接，并且可以通过多条路径进行通信，具有较高的冗余性和可靠性。相比之下，网状型拓扑结构更支持并受益于分布式管理模式，故选 D。例 3 是星型拓扑结构的延伸题。在星型拓扑结构中，所有设备都连接到一个中心节点，而中心节点负责管理和控制整个网络，这种结构使得网络管理更加集中，易于维护和管理。相比之下，星型拓扑结构更支持并受益于集中式管理模式，故选 B。

6.2.3 网络的分类

网络可以按照不同的标准进行分类。网络按覆盖范围分类，可以分为局域网（LAN）、城域网（MAN）、广域网（WAN）、个人局域网（PAN）；按使用范围分类，可以分为公用网和专用网；按服务方式分类，可以分为客户机/服务器、对等网；按通信模式分类，可以分为单播、广播和组播；按传输带宽可分为基带网和宽带网；按传输介质分类，可分为有线网和无线网；按拓扑结构分类，可分为星型、环型、总线型、树型、网状型等。

1. 按覆盖范围分类

（1）局域网。局域网覆盖范围通常在方圆几十米到几千米。局域网通常位于一个建筑物内或建筑群内，如办公室、学校、工厂等，用于连接计算机、打印机、扫描仪等终端设备，实现资源共享和通信。局域网的主要特点是：覆盖的地理范围较小，传输速率高（10 Mbps～10 Gbps），通信延迟时间短，误码率低（10^{-11}～10^{-8}），可靠性高；可以支持多种传输介质，建设成本低；建网、维护和扩展等容易，系统灵活性高。

（2）城域网。城域网通常覆盖一个城市或地区，作用范围在方圆几十千米到几百千米。城域网用于连接多个局域网或大型网络，提供高速数据传输服务。城域网常用于城市宽带接入、企业园区网络互联等场景。

（3）广域网。广域网覆盖范围跨城市、地区甚至国家，作用范围通常在方圆几百千米到几千千米。广域网通常使用公共通信线路，如电话线、光纤等，连接不同地理位置

的网络，包括互联网、跨国企业网络等。目前世界上最大的广域网是互联网。

(4) 个人局域网。个人局域网是围绕个人用户进行通信的计算机网络，作用范围在方圆十米左右。个人局域网用于连接个人设备，如连接智能手机、平板电脑、智能手表等。

2. 按使用范围分类

公用网一般是指由国家的电信、广电和联通部门组建的，供公共用户使用的通信网络。这种网络的通信线路是共享的，所有按照网络服务提供商规定缴纳了费用的都可以使用。

专用网是某个部门根据本系统的特殊业务需求而组建的网络，一般不对外提供服务，如军队、政府、银行、电力等系统的网络。专用网的特点在于它不为公共用户提供服务，通常需要密码才能访问，因此具有更高的安全性和稳定性。

3. 按服务方式分类

客户机/服务器（client/server，C/S）是一种网络架构模式，其中客户机（客户端）是指用户使用的设备，如个人电脑、手机等；而服务器是指存储和处理数据的计算机，负责为客户机提供服务。在这种模式中，客户机和服务器通过网络连接（通常是局域网或互联网）协同完成任务。客户机主要负责前端交互，向服务器发送请求并接收响应；而服务器则处理来自客户机的请求、执行数据处理和存储等后端任务。

对等网（peer to peer，P2P）采用分散管理的方式，网络中的每台计算机既可作为客户机来使用，又可作为服务器来工作，每个用户都能管理自己机器上的资源。对等网络用户较少，一般为 20 台以内的计算机，适合人员少、应用网络较多的中小企业。

4. 按通信模式分类

单播是主机之间一对一的通信模式，数据从一个发送者（如计算机、服务器或路由器）直接传输到一个明确指定的接收者。网络中的交换机和路由器对数据只进行转发不进行复制。现在的网页浏览、文件传输、电子邮件发送、视频流媒体播放以及远程访问等场景，基本上都是采用单播模式。

广播是主机之间一对所有的通信模式，数据被发送到网络中的所有设备（或特定子网内的所有设备），而不是特定的单个设备。网络对其中每一台主机发出的信号都进行无条件复制并转发，所有主机都可以接收到所有信息（不管是否需要）。有线电视网就是典型的广播型网络。IPv4 中的本地广播地址通常是 255.255.255.255，其子网广播地址则取决于具体的子网掩码，如 192.168.1.255。

组播是主机之间一对一组的通信模式。与广播不同，组播仅将数据包发送到特定组中的设备。这种方式允许发送者只发送一份数据，而数据包的拷贝会被传递给所有加入该组的接收者。组播传输在多媒体流传输中非常有用，例如视频会议、在线直播、多媒体广播等应用。组播通信必须依赖 IP 组播地址，在 IPv4 中它是一个 D 类 IP 地址，地址范围从 224.0.0.0 到 239.255.255.255。

例题解析

例 1 完成视频会议、交互式电话会议、信息发布等所采用的 IP 数据报发送方式是（　　）。

A. 组播　　B. 广播

C. 单播　　D. 以上都不是

例 2 ARP 请求是广播发送，ARP 响应是（　　）。

A. 点播　　B. 广播

C. 组播　　D. 单播

例 3 关于对等网，以下说法错误的是（　　）。

A. 网络中的所有计算机地位平等

B. 所有计算机既可以提供服务，也可以接受服务

C. 一般不需要网络操作系统

D. 可以连接无限台计算机

答案： A；D；D

知识点对接： 通信模式可分为单播、组播、广播；对等网的特点。

解析： 例 1 考查的是对组播模式的理解。组播可以分为 MAC 层组播、IP 层组播和应用层组播，广域网只用 IP 层组播和应用层组播，所以 IP 数据报发送方式是组播。组播功能主要应用于网络电视、网络电台、实时视频音频会议等，故选 A。例 2 考查的是对 ARP 协议工作过程中单播的理解。ARP 协议的作用是由 IP 地址求 MAC 地址，当源主机要发送一个数据帧时，必须在本地的 ARP 表中查找目标主机的 MAC 地址，如果在 ARP 表中查不到，就广播一个 ARP 请求分组，这种分组可到达同一子网中的所有主机，收到该分组的主机一方面更新自己的 ARP 表，另一方面用自己的 IP 地址与目标 IP 地址比较，若相符则向发送方报告自己的 MAC 地址，若不相符则不予回答，故选 D。例 3 考查的是对等网的特点。对等网上各台计算机无主从之分，既可以是服务器，也可以是客户端，所有网络中的所有计算机地位平等，也没有专门的服务器，对等网一般用于 20 台以内的计算机小型网络，故选 D。

同步训练

1. 在下列各项中，计算机网络的三个主要组成部分是（　　）。

① 若干数据库；② 通信子网；③ 一系列通信协议；④ 若干主机；⑤ 电话网；⑥ 大量终端

A. ①②③　　B. ②③④

C. ③④⑤　　D. ②④⑥

2. 构成计算机网络的要素主要有通信主体、通信设备和通信协议。通信主体指（　　）。

A. 交换机　　B. 计算机
C. 网卡　　D. 双绞线

3.（　　）不是网络操作系统。
A. Windows XP　　B. UNIX 系统
C. Linux 系统　　D. Windows NT 4.0 Server

4. 计算机网络能够不受地理上的束缚实现资源共享，该资源不包括（　　）。
A. 数据　　B. 操作员
C. 软件　　D. 硬件

5. 早期的计算机网络由（　　）组成系统。
A. 计算机—通信线路—计算机　　B. PC 机—通信线路—PC 机
C. 终端—通信线路—终端　　D. 计算机—通信线路—终端

6. 以通信子网为中心的计算机网络称为（　　）。
A. 第一代计算机网络　　B. 第二代计算机网络
C. 第三代计算机网络　　D. 第四代计算机网络

7. 计算机发展的早期阶段是以单计算机为中心的联机系统，其特点不包括（　　）。
A. 终端并不占用计算资源，而主机将计算资源分时提供给终端
B. 主机只需要进行数据处理，通信控制由其他设备完成
C. 网络采用集中式管理模式，可靠性低
D. 线路利用率低，整个系统费用高

8. 下列属于按网络信道带宽把网络分类的是（　　）。
A. 星型网　　B. 宽带网和窄带网
C. 有线网和无线网　　D. 电路交换网和分组交换网

9. 计算机网络的拓扑结构是指（　　）。
A. 计算机网络的物理连接形式　　B. 计算机网络的协议集合
C. 计算机网络的体系结构　　D. 计算机网络的物理组成

10. 就计算机网络而言，下列说法中比较规范的分类是（　　）。
A. 网络可以分为光缆网、无线网、局域网
B. 网络可以分为公用网、专用网、远程网
C. 网络可以分为局域网、广域网、城域网
D. 网络可以分为数字网、模拟网、通用网

11. 故障诊断和隔离比较容易的一种网络拓扑结构是（　　）。
A. 星型拓扑结构
B. 环型拓扑结构
C. 总线型拓扑结构
D. 以上三种网络拓扑结构故障诊断和隔离一样容易

12. IP 地址 224.0.0.5 代表的是（　　）。
A. 主机地址　　B. 组播地址
C. 网络地址　　D. 广播地址

13. 客户机提出服务请求，网络将用户请求传送到服务器；服务器执行用户请求，完成所要求的操作并将结果送回用户，这种工作模式称为（　　）。

A. 对等网模式　　B. 文件服务器模式
C. client/server 模式　　D. 面向终端模式

14. 在网络上的某一台计算机发出的信息，网上所有的计算机都可以接收到，这种信息传递称为（　　）。

A. 点对点式　　B. 组播式
C. 广播式　　D. 端对端式

15. 单播的特点是（　　）。

A. 客户端与服务器之间属于点到多点连接
B. 客户端与服务器之间属于点到点连接
C. 适用于所有类型的数据传输
D. 客户端不需要向服务器发送请求即可接收数据

16. 以综合化和高速化为最主要特点的计算机网络是（　　）。

A. 第一代计算机网络　　B. 第二代计算机网络
C. 第三代计算机网络　　D. 第四代计算机网络

17.（　　）是以个人计算机和分布式网络计算机为基础，主要面向专业应用领域，具备强大的数据运算与图形处理能力的高性能计算机。

A. 路由器　　B. 调制解调器
C. 服务器　　D. 工作站

18. 连接到计算机网络上的计算机都是（　　）。

A. 高性能计算机　　B. 具有通信能力的计算机
C. 自治计算机　　D. 主从计算机

19. 下列设备中，属于通信子网的是（　　）。

A. 服务器　　B. 打印机
C. 软件　　D. 网卡

20. 在计算机网络中，作为信息中心和管理中心，为用户提供网络服务的是（　　）。

A. 路由器　　B. 调制解调器
C. 服务器　　D. 工作站

21. 和通信网络相比，计算机网络最本质的功能是（　　）。

A. 数据通信　　B. 资源共享
C. 提高计算机的可靠性和可用性　　D. 分布式处理

22. 在处理神舟飞船升空及飞行这一问题时，网络中的计算机相互协作完成一部分的数据处理任务，体现了网络的（　　）功能。

A. 数据通信　　B. 资源共享
C. 分布式处理　　D. 提高计算机的可靠性和可用性

23. 对等网不具备的特点是（　　）。

A. 每台计算机的地位平等

B. 网络中的计算机既是工作站又是服务器

C. 可以共享不同计算机上的软件

D. 硬件设备不能被共享

24. 下列哪项不是网络操作系统提供的服务？（　　）

A. 文件服务　　B. 办公自动化服务

C. 打印服务　　D. 通信服务

25. 计算机网络通过哪种方式实现资源共享？（　　）

A. 通过物理连接直接共享资源

B. 通过网络协议和通信机制实现资源共享

C. 通过外部存储设备共享资源

D. 通过操作系统实现资源共享

26. 关于网络拓扑结构，以下说法错误的是（　　）。

A. 总线型拓扑结构采用一条同轴电缆作为公共总线

B. 环型拓扑结构节点通过点到点通信链路连接成打开的环路

C. 树型拓扑结构相邻及同层节点一般不进行交换信息

D. 树型拓扑结构的可靠性差

27. 总线型网络采用（　　）传输信息。

A. 随机争用传输媒体方式　　B. 令牌传递方式

C. 类似电话系统的电路交换协议　　D. 逻辑环方式

28. 采用点到点线路的通信子网的基本拓扑结构有四种，它们是（　　）。

A. 星型、环型、树型和网状型　　B. 总线型、环型、树型和网状型

C. 星型、总线型、树型和网状型　　D. 星型、环型、树型和总线型

29. 系统可靠性最高的网络拓扑结构是（　　）。

A. 总线型拓扑结构　　B. 网状型拓扑结构

C. 星型拓扑结构　　D. 树型拓扑结构

30. 以下哪项是单播的一个主要缺点？（　　）

A. 服务器响应客户机请求的速度慢

B. 难以实现个性化服务

C. 服务器流量随着客户机数量的增加而显著增加

D. 不适用于局域网的数据传输

任务 6.3　计算机网络体系结构

任务描述

理解网络体系结构的相关概念及分层特点，理解网络协议的三要素，了解常用网络

命令的使用，理解 OSI 及 TCP/IP 参考模型各层功能、协议、数据单元及设备，掌握 IP 地址及子网掩码相关计算。

知识图谱

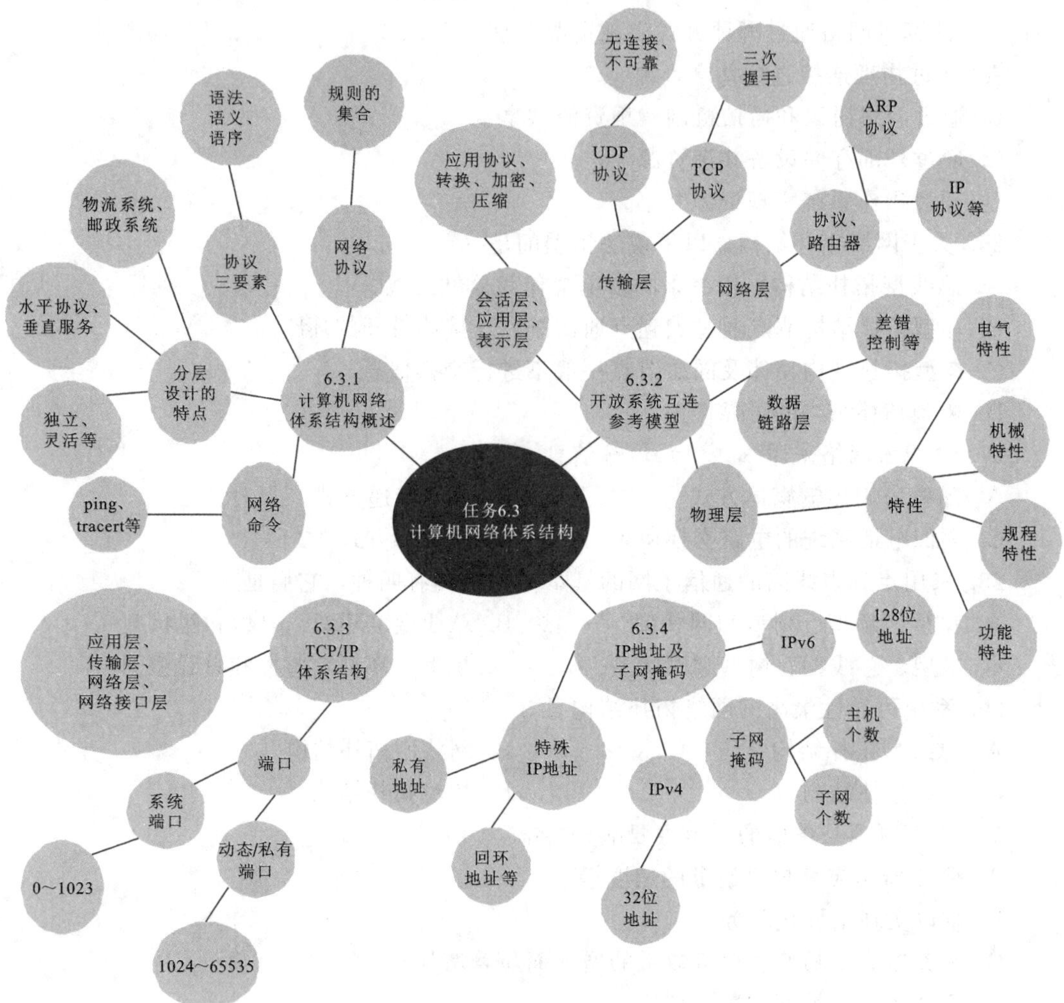

6.3.1 计算机网络体系结构概述

计算机网络体系结构是描述计算机网络中各层次、功能及其相互关系的模型或框架。它定义了网络组件如何相互连接、通信和交换信息，以及数据如何在这些组件之间流动。一个典型的计算机网络体系结构通常包含多个层次或级别，每个层次都负责特定的功能，并与其他层次通过标准化的接口进行交互。

1. 网络协议

网络协议（network protocol）是指计算机网络中互相通信的对等实体之间交换信息时所必须遵守的规则的集合。这些规则定义了数据如何传输、如何被解释以及如何在网络中寻址等。网络协议对等实体通常是指计算机网络体系结构中处于相同层次的信息单元。

2. 协议三要素

协议在网络通信中扮演着至关重要的角色，而语义（semantic）、语法（syntax）和语序（或时序）（timing/sequencing）则是构成协议的三个基本要素。它们共同构成了协议的基础和框架，确保了网络通信的准确性和可靠性。

语义用来说明通信双方应当“做什么”，主要关注协议中控制信息的含义。它定义了需要发出何种控制信息，以及当这些控制信息被接收时，应执行哪些动作或响应。例如在 HTTP 协议中，不同的请求方法（如 GET、POST、PUT 等）具有不同的语义，表示客户端希望从服务器执行的操作。

语法用来说明通信双方应当“怎么做”，主要关注用户数据与控制信息的结构、格式以及数据出现的顺序。它定义了协议中消息的格式和规范，以确保发送方和接收方能够正确地解析和解释消息。例如在 TCP/IP 协议栈中，IP 协议定义了 IP 数据包的格式，包括源地址、目的地址、版本、协议类型等字段。这些字段的格式和排列顺序构成了 IP 数据包的语法。

语序（或时序）关注的是事件发生的顺序。在网络协议中，这通常涉及消息的发送顺序、确认和重传机制等，它确保了在通信过程中，消息能够按照正确的顺序被发送和接收。例如在 TCP 协议中，为了确保数据的可靠传输，它使用了序列号、确认号和重传机制来确保数据包的顺序性和完整性。当数据包在传输过程中丢失或乱序时，TCP 协议能够通过这些机制来恢复数据的正确顺序。

3. 常用网络命令

（1）ping 命令。

ping 命令用来检测网络的连通情况和分析网络速度。ping 命令通常会返回一些关键信息，如数据包大小（bytes 值）、响应时间（time 值）和生存时间（TTL 值）等，其中 TTL 值既表示 DNS 记录在 DNS 服务器上存在的时间，也可以用来粗略地判断目标系统类型，TTL 值在 100 ms 至 130 ms 之间可能表示 Windows 系统，而在 240 ms 至 255 ms 之间则可能表示 UNIX/Linux 系统。ping 命令的使用方式是直接 ping 对方的 IP 地址或域名，以测试网络的连通性和速度。

（2）tracert 命令。

tracert 命令用来确定数据包从源主机到目标主机的路由路径。当每个路由器转发数据报时，它都会将 TTL 值减 1。当 TTL 值为 0 时，路由器会发送一个“ICMP 已超时”的消息至源主机，同时这个消息中还包含了路由器的 IP 地址。通过这个过程，tracert

能够追踪数据包到达目标主机所经过的路由器路径。tracert 命令的使用方法是追踪主机的路由路径。

（3）nslookup 命令。

nslookup 命令的主要作用是将域名解析为相应的 IP 地址或将 IP 地址转换为相应的域名，还可以查询各种 DNS 记录等。nslookup 命令的使用方法是查询对方的域名或 IP 地址。

（4）netstat 命令。

netstat 命令是显示网络连接和有关协议的统计信息的工具。netstat 命令主要用于网络接口的状况、程序表的状况和协议类的统计信息三方面的显示。

（5）ipconfig（ifconfig）命令。

ipconfig 命令用于显示 IP 地址、子网掩码地址、默认网关的 IP 地址。使用 ipconfig /all 显示更详细的信息，如 IP 地址、子网掩码、默认网关、DNS 服务器地址、DHCP 服务器地址等。

4. 分层设计的特点

网络分层设计是一种网络架构方法，旨在构建可靠、可扩展且高效的计算机网络系统。通过将网络划分为不同的层次，使每个层次承担特定的功能和责任，以实现更好的管理、更优的性能，提升安全性。

（1）独立性。各层的功能是明确且相互独立的，某一层并不需要知道它的下一层是如何实现的，而仅需要知道该层通过层间的接口所提供的服务。这种独立性使得整个问题的复杂程度降低，因为每一层只需要关注自己的任务，而不需要关心其他层的具体实现情况。

（2）灵活性。网络分层结构具有良好的灵活性。当任何一层发生变化时，只要层间接口关系保持不变，那么在这层以上或以下的各层均不受影响。这种灵活性使得网络在面对技术革新或问题时，能够更容易地进行调整和优化，不会对整个网络体系造成太大的影响。

（3）结构上可分割。网络分层使得各层都可以采用最合适的技术。这意味着每一层都可以根据具体的需求和技术特点来选择合适的解决方案，从而实现更高效、更可靠的网络通信。

（4）易于实现和维护。网络分层结构使得实现和调试一个庞大又复杂的系统变得容易。因为整个系统已经被分解为若干个相对独立的子系统，所以开发人员可以分别对每个子系统进行开发和测试，从而降低整体的实现难度和维护成本。

（5）促进标准化工作。每一层的功能及其所提供的服务都已有了精确的说明，不同的厂商和系统可以按照这些标准来设计和实现自己的网络产品，从而更好地实现兼容性和互操作性。

（6）水平协议，垂直服务。同层（对等层）实体之间的通信使用协议，相邻层实体间的通信使用接口服务。服务访问点实际就是逻辑接口。从物理层开始，每一层都向上一层提供服务访问点。例如传输层的服务访问点是端口号。

（7）日常生活中运用了分层体系结构的思想的有邮政系统、物流系统等。

例题解析

例 1　在 OSI 参考模型中，第 R 层和其上的 $R+1$ 层的关系（　　）。

A. R 层为 $R+1$ 层提供服务

B. $R+1$ 层从 R 层接收的信息中增加了一个头

C. R 层利用 $R+1$ 层提供服务

D. R 层对 $R+1$ 没有任何作用

例 2　在 OSI 参考模型中，同一节点内相邻层之间通过（　　）来进行通信。

A. 协议　　B. 接口

C. 应用程序　　D. 进程

例 3　当网络出现连接故障时，一般应首先检查（　　）。

A. 系统病毒　　B. 路由配置

C. 物理层连通性　　D. 主机故障

答案： A；B；C

知识点对接： OSI 参考模型分层设计的特点及层次关系。

解析： 例 1 考查的是 OSI 参考模型中上层与下层之间的关系。在协议的控制下，两个对等实体间的通信使得本层能够向上一层提供服务，同时要实现本层协议，还需要使用下一层所提供的服务，本层服务用户只能看见服务而无法看见协议，而下一层的协议对上一层的服务用户是透明的，也就是下一层要为上一层提供服务，并对上一层数据进行封装，故选 A。例 2 考查的是各层的服务访问点（SAP）。在 OSI 参考模型中，每一层都通过一组服务访问点与相邻层进行通信。这些 SAP 定义了层间通信的规则和机制，包括数据的格式、错误处理、流量控制等。比如物理层的 SAP 是物理连接和传输介质（如光纤、同轴电缆、双绞线等）的接口；数据链路层的 SAP 是逻辑链路控制（LLC）地址；网络层的 SAP 是 IP 地址（在 TCP/IP 协议栈中）；传输层的 SAP 是端口号；会话层的 SAP 是会话标识（会话层不直接提供 SAP，但使用会话标识来管理会话）；表示层的 SAP 是表示层服务接口（无具体 SAP 标识，但提供了数据表示、加密/解密、压缩/解压缩等服务）；应用层的 SAP 是用户界面（如 Web 浏览器、电子邮件客户端等），故选 B。例 3 考查的是利用分层特点排查故障，该题是分层特点的实例应用。为了增加易用性和兼容性，现在的网络都设计为层次结构。在网络故障排查中，可以充分利用网络分层的特点，快速准确地定位并排除故障，提高故障排查效率。由于 OSI 各层在逻辑上相对独立，因此一般按照逐层分析的方法对网络或故障进行排查。在实际工作中，一般采用的排查顺序是先查看物理层连通性，故选 C。

6.3.2　开放系统互连参考模型

开放系统互连参考模型（open system interconnection reference model，OSI-RM），是由国际标准化组织（ISO）在 20 世纪 80 年代早期提出的一个概念模型。这个模型为网络通信提供了一个标准化的框架，也将网络通信过程划分为七个独立的层次，从下到上依次为物理层、数据链路层、网络层、传输层、会话层、表示层和应用层。

OSI 参考模型的一个重要特点是它具有开放性。任何遵循 OSI 标准的系统，只要在物理上能连接起来，它们之间就可以互相通信，这种互操作性使得不同厂商的网络产品能够相互连接和协作，从而推动了网络技术的发展和应用。

在 OSI 参考模型中，低 3 层（1～3 层）是面向通信的，涉及计算机与计算机间的通信，实现通信子网的功能。高 3 层（5～7 层）是面向信息处理的，涉及用户与用户间的通信，实现资源子网的功能。中间的传输层以低 3 层提供的服务为基础，处于通信子网和资源子网之间，起着承上启下的作用。

封装是将数据从应用层开始，逐层添加各层协议所需要的头部信息（有时还包括尾部信息），并将数据从源端发送到目的端的过程。封装过程在网络协议栈的每一层都会发生，以确保数据能够在不同的网络设备和协议之间正确传输。解封是封装过程的逆过程，它是将数据从目的端逐层剥离各层协议头部信息，最终还原为原始数据的过程。解封过程也在网络协议栈的每一层发生。封装与解封的过程如图 6-3-1 所示。

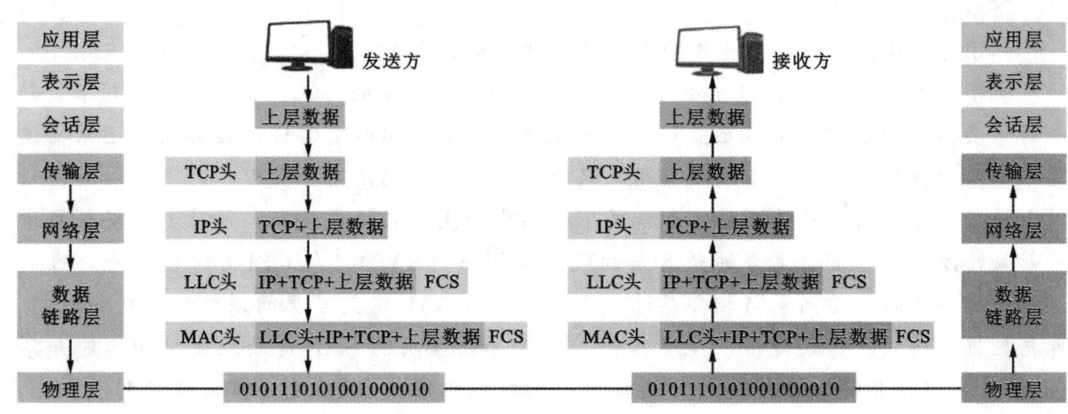

图 6-3-1 封装与解封的过程

1. 物理层

物理层（physical layer，PL）的主要功能是建立、维护、断开各节点的物理连接，提供物理链路上所需要的机械的、电气的、功能的和规程的特性，实现通信信道上比特流的透明传输。物理层是 OSI 参考模型的最低层也是第一层，数据传输的单位是比特，常见的设备有传输介质、中继器、调制解调器、集线器等，常见的典型规范有 EIA/TIA RS-232、EIA/TIA RS-449、V. 35 和 RJ-45。工作在物理层的协议主要是 IEEE 802 标准指定的一系列协议。

（1）物理层特性。

机械特性也叫物理特性，用于指明接口所用的接线器的形状和尺寸、引线数目和排列、固定和锁定装置等。接线器类似于平时常见的各种规格的电源插头，其尺寸都有严格的规定。比如规定 PS/2 接口是圆形、6 针。

电气特性规定了在物理连接中，导线的电气连接及有关电路的特性，一般包括接收器和发送器电路特性的说明、信号的识别、最大传输速率的说明、与互连电缆相关的规

则、发送器的输出阻抗、接收器的输入阻抗等电气参数等。比如网卡的最大传输速率是 40 Mbps，双绞线电阻为 10 Ω 等。

功能特性指明物理接口各条信号线的用途，以及某条线上出现的某一电平的电压表示的意义，包括接口线功能的规定方法。其中接口信号线按功能分为数据信号线、控制信号线、定时信号线和接地线四类。比如说+1 V 的电压连接的是信号线，－1 V 的电压连接的是接地线。

规程特性指明利用接口传输比特流的全过程及各项用于传输的事件发生的合法顺序，包括事件的执行顺序和数据传输方式，即在物理连接建立、维持和交换信息时，数据终端设备（DTE）和数据通信设备（DCE）双方在各自电路上的动作序列。比如执行顺序是否为先建立连接再发送数据，数据传输方式是串行还是并行。

（2）物理层标准。

IEEE 802.1：主要涵盖局域网概述、体系结构、网络管理和网络互联等方面。IEEE 802.1q 是 IEEE 802.1 标准规范中的一个子标准，它主要规定了虚拟局域网（VLAN）的实现方法。

IEEE 802.2：定义了逻辑链路控制（LLC）协议。

IEEE 802.3：定义了 CSMA/CD（载波侦听多路访问/冲突检测）总线访问方法与物理层技术规范，是以太网标准的基础。其中 IEEE 802.3u、IEEE 802.3z 和 IEEE 802.3ae 是 IEEE 802.3 标准中的子标准，分别定义了快速以太网、千兆以太网和万兆以太网的物理层及数据链路层规范。

IEEE 802.4：定义了令牌总线（token bus）访问方法与物理层技术规范。

IEEE 802.5：定义了令牌环（token ring）访问方法与物理层技术规范。

IEEE 802.6：定义了城域网（MAN）访问方法与物理层技术规范。

IEEE 802.7：定义了宽带局域网访问方法与物理层技术规范。

IEEE 802.8：定义了光纤分布式数据接口（FDDI）访问方法与物理层技术规范。

IEEE 802.9：定义了综合业务数据局域网（ISDN LAN）标准。

IEEE 802.10：涉及网络的安全，特别是可互操作的局域网的安全机制。

IEEE 802.11：定义了无线局域网（WLAN）访问方法与物理层技术规范，是我们今天使用 Wi-Fi 技术的基础。

IEEE 802.15：定义了蓝牙技术标准。

IEEE 802.16：定义了无线城域网标准。

2. 数据链路层

数据链路层（data link layer，DLL）的主要功能是数据封装成帧、差错控制、流量控制、链路管理和物理地址寻址等。数据链路层是 OSI 参考模型的第二层，数据传输的单位是帧，主要设备有网桥、二层交换机等。工作在数据链路层的协议主要有高级数据链路控制规程（HDLC）、点对点协议（PPP）、自动重传请求（ARQ 协议）、生成树协议（STP）等。

HDLC 协议实现的两个功能是差错校验和流量控制。

PPP 协议是为简单链路设计的链路层协议，设计目的主要是通过拨号或专线方式建立点对点连接发送数据，使其成为各种主机、网桥和路由器之间简单连接的一种共通的解决方案。

3. 网络层

网络层（network layer，NL）的主要功能是路由选择与转发、拥塞控制、网络互连、IP 地址寻址等。网络层是 OSI 参考模型的第三层，数据传输的单位是包，主要设备有路由器、三层交换机。工作在网络层的协议主要有网际协议（IP）、地址解析协议（ARP）、反向地址解析协议（RARP）、互联网控制报文协议（ICMP）、因特网组协议（IGMP）、开放最短路径优先协议（OSPF）、路由信息协议（RIP）、Novell 网中的 IPX 协议等。

IP 协议是用于报文交换网络的一种面向数据的协议，是网络层通信的标准协议，负责提供基本的数据封包传送功能，让每一块数据包都能够到达目的主机，但不检查是否被正确接收。

ARP 协议是根据 IP 地址获取物理地址的一个 TCP/IP 协议。主机发送信息时将包含目标 IP 地址的 ARP 请求广播到局域网络上的所有主机，并接收返回消息，以此确定目标的物理地址；收到返回消息后将该 IP 地址和物理地址存入本机 ARP 缓存中并保留一定时间，下次请求时直接查询 ARP 缓存以节约资源。

RARP 协议允许局域网的物理机器从网关服务器的 ARP 表或者缓存上请求其 IP 地址。

ICMP 是 TCP/IP 协议族的一个子协议，在 IP 主机、路由器之间用于传递控制消息。控制消息是指网络是否通畅、主机是否可达、路由是否可用等网络本身的消息。这些控制消息虽然并不传输用户数据，但是对于用户数据的传递起着重要的作用。

IGMP 是因特网协议家族中的一个组播协议。IGMP 协议运行在主机和组播路由器之间。IGMP 协议共有三个版本，即 IGMPv1、IGMPv2 和 IGMPv3。

4. 传输层

传输层（transport layer，TL）的主要功能是提供主机应用进程之间的端到端服务、可靠的数据传输服务、流量控制和拥塞控制服务。传输层是 OSI 参考模型的第四层，是资源子网与通信子网的分界，数据传输的单位是段。工作在传输层的协议主要有传输控制协议（TCP）、用户数据报协议（UDP）、安全套接层协议（SSL）、传输层安全协议（TLS）等。

TCP 协议是一种面向连接的、可靠的、基于字节流的传输层通信协议。TCP 协议使用三次握手建立连接，使用四次挥手断开连接。所谓三次握手，是指建立 TCP 连接过程中，需要客户端和服务端总共发送至少三个数据包以确认连接的建立。所谓四次挥手，是指终止 TCP 连接时，需要客户端和服务端总共发送四个数据包以确认连接的断开。

基于 TCP 协议的应用层协议有超文本传输协议（HTTP，端口号 80）、远程登录服务器协议（TELNET，端口号 23）、文件传输协议（FTP，端口号 21）、简单邮件传输协议 SMTP（端口号 25）、邮局协议版本 3（POP3，端口号 110）。

UDP 协议是一种无连接的传输层协议，提供面向事务的简单不可靠信息传送服务。基于 UDP 协议的应用层协议有域名系统协议（DNS，端口号 53）、简单网络管理协议（SNMP，端口号 161）。

5. 会话层

会话层（session layer，SL）的主要功能是建立、管理和终止应用程序之间的通信会话，是用户应用程序和网络之间的接口。在建立阶段，它协调双方之间的参数协商和同步，确保双方能够顺利地开始数据交换。同时，会话层还负责维护会话的状态信息，以便在需要时进行会话的恢复或重新建立。当通信双方不再需要继续通信时，会话层会负责终止会话，释放相关资源。会话层是 OSI 参考模型的第五层，在会话层及以上的高层中，数据单位统称为报文。

6. 表示层

表示层（presentation layer，PL）的主要功能是对数据格式进行转换，以确保一个系统的应用层发送的数据能被另一个系统的应用层识别，具体来说表示层的功能包括加密、压缩、格式转换等。表示层是 OSI 参考模型的第六层，代表协议包括 ASCII、ASN. 1、JPEG、MPEG 等。

7. 应用层

应用层（application layer，AL）的主要功能是直接为用户的应用程序提供服务，应用层是用户与网络的接口。应用层是 OSI 参考模型的最高层，代表协议主要有 HTTP、TELNET、FTP、SMTP、POP3、DNS、SNMP 等。

例题解析

例 1　当一台计算机从 FTP 服务器下载文件时，在该服务器上对数据进行封装的五个转换步骤是（　　）。

A. 数据、数据段、数据包、数据帧、比特

B. 比特、数据帧、数据包、数据段、数据

C. 数据包、数据段、数据、比特、数据帧

D. 数据段、数据包、数据帧、比特、数据

例 2　按照 OSI 参考模型结构来看，IEEE 802 标准定义了（　　）层的功能。

A. 1　　　　B. 2

C. 3　　　　D. 4

例 3　以下关于物理层的描述中，错误的是（　　）。

A. 物理层处于 OSI 参考模型的最低层，直接与传输介质相连

B. 物理层的传输可靠性问题靠自己解决

C. 设置物理层的目的是数据链路层屏蔽物理层传输介质与设备的差异性

D. 物理层设计时主要考虑如何在连接开放系统的传输介质上传输各种数据的比特流

答案：A；B；B

知识点对接：OSI 参考模型的功能、数据单位、封装与解封。

解析：例 1 考查的是对封装过程的理解。FTP 服务器的数据要经过应用层、传输层、网络层、数据链路层才能到达物理层，因此对应的封装是数据、数据段、数据包、数据帧，最后是比特。在 OSI 参考模型中应用层、表示层和会话层三层的数据单位都是用户数据，故选 A。例 2 考查的是对 IEEE 802 标准中定义的层次的理解。根据 OSI 参考模型结构来看，IEEE 802 标准主要定义了 OSI 参考模型中的最低两层，即物理层和数据链路层的功能。具体来说，IEEE 802 标准将 OSI 参考模型中的数据链路层进一步细分为两个子层——逻辑链路控制（LLC）子层和介质访问控制（MAC）子层，故选 B。例 3 考查的是对 OSI 参考模型中物理层的理解，还要综合理解各层传输的可靠性。在 OSI 参考模型中，物理层的主要任务是通过通信信道（如电缆、光纤、无线介质等）传输原始的比特流。物理层不关心数据的含义或结构，只关心如何在发送方和接收方之间可靠地传输原始的比特流。因此在 OSI 参考模型中，更高层次的协议（如数据链路层、网络层和传输层）通常会提供额外的错误检测和纠正机制来进一步提高数据传输的可靠性，故选 B。

6.3.3 TCP/IP 体系结构

1. TCP/IP 体系结构的参考模型

TCP/IP 体系结构的参考模型（也称为 TCP/IP 协议族或 TCP/IP 堆栈）是一个四层模型，它是互联网的基础，它使不同网络之间的计算机能够进行通信。这个模型包括四个主要层：网络接口层、网络层、传输层和应用层。TCP/IP 与 OSI-RM 层次结构的对照关系如图 6-3-2 所示。

（1）网络接口层。

网络接口层对应 OSI 参考模型中的物理层和数据链路层。网络接口层是 TCP/IP 协议栈中的最低层，它直接与网络硬件进行交互。网络接口层的主要职责是将数据包封装成适合在特定物理网络上传输的帧格式，同时也负责从物理网络上接收帧，并将其拆分成数据包，以便上层协议处理。

常见的网络接口层协议有 Ethernet 802.3、Token Ring 802.5、x.25、Frame relay、HDLC. PPP、ATM 等。

（2）网络层。

网络层又称网际层，对应 OSI 参考模型中的网络层。网络层规定网络中的计算机统一使用的编址方案和数据包格式，以及将 IP 数据包通过路由器送达最终目的地的转发机制。

在网络层工作的协议有 IP、IGMP、ICMP、ARP、RARP，还有路由器工作协议 RIP、OSPF、IS-IS、BGP 等。

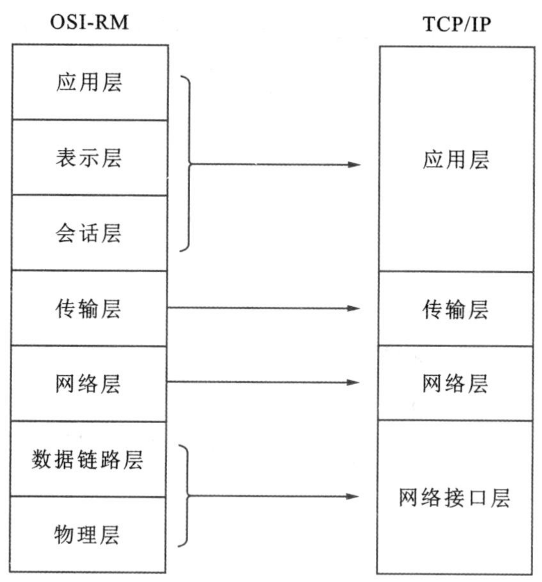

图 6-3-2　TCP/IP 与 OSI-RM 层次结构的对照关系

（3）传输层。

传输层对应 OSI 参考模型中的传输层，它主要负责进程与进程之间的端对端通信，其功能包括格式化信息流、提供可靠传输。为实现后者，传输层协议规定接收端必须发回确认；如果分组丢失，则必须重新发送。传输层协议主要有传输控制协议（TCP）和用户数据报协议（UDP）。

（4）应用层。

应用层是最高层，它对应着 OSI 参考模型中的高 3 层，负责为用户提供网络服务，比如文件传输、远程登录、域名服务和简单网络管理等。因提供的服务不同，在这一层上定义的协议也不同，例如 HTTP、FTP、Telnet、SMTP 和 DNS 等。

2. 端口

（1）端口及端口号。

每个运行在计算机上的应用程序都可以通过一个特定的端口号来进行标识。这样，不同的应用程序就可以同时运行，并通过不同的端口号进行通信，确保数据发送到正确的应用程序。一个 IP 地址的端口有 65536（2^{16}）个。端口是通过端口号来标记的，端口号使用 16 位二进制数来表示，范围是 0～65535（$2^{16}-1$）。

（2）端口号分类。

系统端口（well-known ports）的范围是从 0 到 1023，用于标识常见的服务，如 FTP（数据端口 20 和服务器端口 21）、TELNET（端口 23）、SMTP（端口 25）、POP3（端口 110）、HTTP（端口 80）、HTTPS（端口 443）、DNS（端口 53）、DHCP（服务器端口 67 和客户端端口 68）等。这些端口通常被系统或特定应用程序占用，不建议用户自定义服务使用这些端口。

动态/私有端口（dynamic/private ports）的范围是从1024到65535，这些端口号一般不固定分配给某个服务，通常临时分配给客户端应用程序。比如1024端口分配给第一个向系统发出申请的程序。程序进程关闭后，就会释放其所占用的端口。

例题解析

例1 在TCP协议中，发送方的窗口大小取决于（ ）。

A. 仅接收方允许的窗口

B. 接收方允许的窗口和发送方允许的窗口

C. 接收方允许的窗口和拥塞窗口

D. 发送方允许的窗口和拥塞窗口

例2 TCP/IP为实现高效率的数据传输，在传输层采用了UDP协议，其传输的可靠性则由（ ）提供。

A. TCP　　B. DNS

C. IP　　D. 应用进程

例3 Windows中的tracert命令使用了（ ）协议。

A. ARP　　B. TCP

C. ICMP　　D. IP

答案： C；D；C

知识点对接： TCP/IP参考模型的功能、协议。

解析： 例1是TCP协议的延伸题。TCP协议中的确定机制、自动重发、三次握手这些与面向连接、可靠性相关，而窗口控制就是为了进行流量控制，使发送方与接收方速度达到一致。TCP协议让每个发送方仅发送正确数量的数据，保持网络资源被利用但又不会过载。为避免网络拥塞和接收方缓冲区溢出，TCP协议发送方在任一时间可以发送的最大数据流是接收方允许的窗口和拥塞窗口中的最小值，故选C。例2考查的是对UDP协议的可靠性的理解。由于UDP协议不提供任何形式的确认、重传或排序机制，因此它本身并不保证数据传输的可靠性。对于需要可靠传输的应用来说，它们通常会自己实现这些机制或者依赖于更高层的协议（如应用层协议）来提供可靠性保证。可以说UDP协议传输的可靠性通常由应用层提供，或者依赖于应用层协议（如文件传输协议、流媒体协议等）来实现数据的可靠传输，故选D。例3是对tracert命令与ICMP协议的延伸题。Windows中的tracert（在其他操作系统中也称为traceroute，即跟踪路由）命令用于跟踪IP数据包从源主机到目标主机之间的路由。它通过发送一系列递增TTL（time to live，即生存时间）值的ICMP回声请求数据包来实现。每个路由器在转发数据包时都会将TTL值减1，当TTL值为0时，路由器会丢弃该数据包并返回一个ICMP超时消息。这样tracert命令就能根据返回的ICMP消息来确定数据包所经过的路由，故选C。

6.3.4　IP 地址及子网掩码

1. IP 地址的定义

IP 地址（internet protocol address）是指互联网协议地址，它是 IP 协议提供的一种统一的地址格式，可以为互联网上的每一个网络和每一台主机分配一个逻辑地址。

IP 地址用于屏蔽物理地址的差异，使得计算机可以在互联网上实现互通。IP 地址就像是我们的家庭住址一样，可以在网络中标识和定位特定的设备。

2. IPv4 地址的表示

IP 地址分为 IPv4 和 IPv6 两个版本。IPv4 地址是一个 32 位的二进制数，通常用四组十进制数表示，每组的范围为 0～255，每组用“.”隔开。IP 地址的功能是标识计算机网络中计算机的位置。IP 地址由网络 ID 和主机 ID 两部分组成。网络 ID 用来标识计算机所处的网段，主机 ID 用来标识计算机在网段中的位置。

3. IPv6 地址的表示

IPv6 是互联网协议的一个新版本，用于替代广泛使用的 IPv4。IPv6 的主要设计目标是解决 IPv4 面临的一些主要问题，如地址空间耗尽、安全性、配置复杂性等问题。IPv6 使用 128 位地址，即有 2128 个地址，这允许地球上的每一个设备（包括传感器、智能家居设备等）都拥有独特的 IP 地址。IPv6 通常有以下三种表示形式。

（1）完整表示法。

IPv6 地址的 128 位可以分成八个 16 位的部分，每个部分用四个十六进制数表示，并用冒号“：”隔开。例如：ABCD、EF01：2345：6789：ABCD、EF01：2345：6789。

（2）双冒号压缩法。

IPv6 地址中连续的零段可以用双冒号“：：”来表示，但双冒号在地址中只能出现一次，以保证地址解析的唯一性。

例如 FF01：0：0：0：0：0：0：1101 可以压缩为 FF01：：1101；

回环地址 0：0：0：0：0：0：0：1 可以压缩为：：1；

未指定地址 0：0：0：0：0：0：0：0 可以压缩为：：。

（3）内嵌 IPv4 地址表示法。

为了实现 IPv4 和 IPv6 之间的互通，IPv4 地址可以嵌入 IPv6 地址中。这种地址常表示为“X：X：X：X：X：X：D. D. D. d”，其中前 96 位采用冒分十六进制表示，而最后 32 位地址则使用 IPv4 的点分十进制表示。例如，：：192.168.0.1。

4. IP 地址分类

根据网络规模的大小，将 IP 地址划分为 A、B、C、D、E 五类，每类 IP 地址对各个 IP 地址中用来表示网络号和主机号的位数作了明确的规定。A 类地址的网络号为一个字节 8 位，最高位固定为“0”，主机号为三个字节 24 位；B 类地址的网络号为两个字节 16 位，最高位固定为“10”，主机号为两个字节 16 位；C 类地址的网络号为三个字节 24 位，最高位固定为“110”，主机号为一个字节 8 位；D 类地址最高位固定为“1110”，是为 IPv4 多播地址保留的；E 类地址最高位固定为“1111”，这是一个通常不使用的实验地址，保留为今后使用。IP 地址分类如表 6-3-1 所示。

表 6-3-1　IP 地址分类

地址分类	网络号		主机号	IP 地址范围
A 类	0	8 位	24 位	0.0.0.0～127.255.255.255
B 类	10	16 位	16 位	128.0.0.0～191.255.255.255
C 类	110	24 位	8 位	192.0.0.0～223.255.255.255
D 类	1110	多播地址（28 位自由）		224.0.0.0～239.255.255.255
E 类	1111	保留为今后使用（28 位自由）		240.0.0.0～255.255.255.255

5. 特殊 IP 地址

（1）网络地址。

当一个 IP 地址的主机部分为全 0 时，其代表一个网络地址。

（2）广播地址。

当一个 IP 地址的主机部分为全 1 时，其代表一个广播地址。

（3）回环地址。

回环地址是一种特殊的 IP 地址，允许计算机的软件组件在本地主机上进行网络通信，也称作本地回环地址，等效于 localhost 或本机 IP。在 IPv4 中，标准的回环地址是 127.0.0.1。在 IPv6 中，回环地址是：：1。

（4）私有地址。

私有地址是一组用于内部网络（也称为局域网、本地网络或私有网络）的 IP 地址，这些地址在公共互联网上是不可路由的。私有地址空间由几个 IP 地址范围组成，这些范围被保留，用于内部网络，并且不会在公共互联网上分配或路由。

A 类私有地址：10.0.0.0～10.255.255.255。

B 类私有地址：172.16.0.0～172.31.255.255。

C 类私有地址：192.168.0.0～192.168.255.255。

（5）自动私有 IP 寻址（APIPA）。

APIPA 是一种故障恢复机制，当网络中的设备（如计算机、打印机等）设置为自动获取 IP 地址，但无法从 DHCP 服务器获取时，APIPA 会自动为这些设备分配一个临时的私有 IP 地址。APIPA 地址范围是从 169.254.0.1 到 169.254.255.254。注意，169.254.0.0 是网络地址，而 169.254.255.255 是广播地址，因此它们不会被分配给任何主机。

特殊 IP 地址如表 6-3-2 所示。

表 6-3-2 特殊 IP 地址

地址分类	可用作主机 IP 地址第一个字节范围	子网掩码	私有 IP 地址	保留 IP 地址
A 类	1～126	255.0.0.0	10.0.0.0～10.255.255.255	127.0.0.0～127.255.255.255
B 类	128～191	255.255.0.0	172.16.0.0～172.31.255.255	169.254.0.0～169.254.255.255
C 类	192～223	255.255.255.0	192.168.0.0～192.168.255.255	—
D 类	224～239	—		
E 类	240～255	—		
特殊地址	0.0.0.0 代表所有不清楚的主机和目的网络			
	255.255.255.255 为限制广播地址			
	主机地址全为 0 代表对应网段			
	主机地址全为 1 代表对应网段的广播地址			

6. 子网掩码与子网划分

(1) 子网掩码。

子网掩码是一个用于划分 IP 地址中的网络部分和主机部分的 32 位地址掩码。它将 IP 地址分为两部分：一部分用于标识网络，另一部分用于标识该网络中的特定主机。子网掩码通常是由一系列连续的 1（对应网络部分）和 0（对应主机部分）组成。子网掩码不能单独存在，它必须结合 IP 地址使用。

子网掩码是判断任意两台计算机的 IP 是否属于同一子网的依据，判断方法有两种：一种是将每个 IP 地址转换成二进制数后，分别与子网掩码的二进制数按位进行运算，若得到的结果是相同的，说明两个 IP 同属一个子网；另一种是计算出两个 IP 地址的网络地址，如果网络地址相同，说明两个 IP 地址同属一个子网。例如 IP 地址为 192.16.18.9 和 192.16.18.137 的子网掩码均为 255.255.255.128，则可以判断这两个 IP 地址不属于同一子网。判断两个 IP 地址是否同属一个子网的方法如表 6-3-3 所示。

表 6-3-3 判断两个 IP 地址是否同属一个子网的方法

项目	十进制表示法	二进制表示法
IP 地址一	192.16.18.9	11000000 00010000 00010010 00001001
IP 地址二	192.16.18.137	11000000 00010000 00010010 10001001
子网掩码	255.255.255.128	11111111 11111111 11111111 10000000
IP 地址一的网络地址及与运算	192.16.18.0	11000000 00010000 00010010 00000000

续表

项目	十进制表示法	二进制表示法
IP 地址二的网络地址及与运算	192.16.18.128	11000000　00010000　00010010　10000000
结果	网络地址不同	与运算结果不同

根据 IP 地址和子网掩码可以算出网络地址和广播地址。例如根据 IP 地址 192.16.18.9 和子网掩码 255.255.255.128 可以算出网络地址为 192.16.18.0、广播地址为 192.16.18.127。求网络地址和广播地址的方法如表 6-3-4 所示。

表 6-3-4　求网络地址和广播地址的方法

项目	十进制表示法	二进制表示法
IP 地址	192.16.18.9	11000000　00010000　00010010　00001001
子网掩码	255.255.255.128	11111111　11111111　11111111　10000000
网络地址	192.16.18.0	11000000　00010000　00010010　00000000
广播地址	192.16.18.127	11000000　00010000　00010010　01111111
A 类地址的缺省子网掩码	255.0.0.0	11111111　00000000　00000000　00000000
B 类地址的缺省子网掩码	255.255.0.0	11111111　11111111　00000000　00000000
C 类地址的缺省子网掩码	255.255.255.0	11111111　11111111　11111111　00000000

（2）子网划分。

子网划分是通过借用 IP 地址中若干位主机地址来充当子网的网络地址，从而将原网络划分为若干子网。借用的主机位数增多，子网的数目随之增加，但每个子网中的可用主机数逐渐减少。子网划分的目的是降低广播域的规模、减少广播风暴的影响、提高 IP 地址的利用率以及简化网络管理。

根据子网号借用的主机位数，可以计算出划分的子网数、子网掩码、每个子网的主机数。每个子网段中，第一个 IP 地址（主机部分为全 0 的 IP 地址）和最后一个 IP 地址（主机部分为全 1 的 IP 地址）不能分配给主机使用。例如，C 类地址原有 8 位主机位，可以借出 2 位来划分子网，可以算出子网数为 4、子网掩码为 255.255.255.192、每个子网的主机数为 62。求子网数、子网掩码、每个子网的主机数的方法如表 6-3-5 所示。

表 6-3-5　求子网数、子网掩码、每个子网的主机数的方法

<table>
<tr><td rowspan="2">默认 C 类地址</td><td>网络号</td><td colspan="2">主机号</td><td>缺省子网掩码</td><td colspan="2">—</td></tr>
<tr><td>24 位</td><td colspan="2">8 位</td><td>255.255.255.0</td><td colspan="2">—</td></tr>
<tr><td rowspan="2">划分子网</td><td>网络号</td><td>子网号</td><td>主机号</td><td>子网掩码</td><td>子网数</td><td>每个子网的主机数</td></tr>
<tr><td>24 位</td><td>2 位</td><td>6 位</td><td>255.255.255.192</td><td>$2^2=4$</td><td>$2^6-2=62$</td></tr>
</table>

例题解析

例 1 以下哪项地址与 191.168.0.1/20 不在同一子网？（ ）

A. 191.168.255.0/20　　B. 191.168.0.255/20

C. 191.168.15.254/20　　D. 191.168.1.0/20

例 2 在 172.16.8.159/ 255.255.255.192 这个网络里，广播地址是（ ）。

A. 172.16.255.255　　B. 172.16.8.127

C. 172.16.8.191　　D. 172.16.8.255

例 3 如果借用 C 类 IP 地址中的 4 位主机号划分子网，那么子网掩码应该为（ ）。

A. 255.255.255.0　　B. 255.255.255.128

C. 255.255.255.192　　D. 255.255.255.240

答案： A；C；D

知识点对接： IP 地址的分类、子网的划分、子网掩码、广播地址与主机地址。

解析： 例 1 考查的是判断两个 IP 地址是否在同一子网。判断两个 IP 地址是否在同一子网要看这两个 IP 地址的网络地址是否一样，若一样则在同一子网，否则不在同一子网。191.168.0.1/20 中 20 的意思是这个 IP 地址的网络部分是 20 位，只有在二进制下表示的 IP 地址才能看到前 20 位。

191.168.0.1 转换成 32 位二进制是 10111111　10101000　00000000　00000001；

191.168.255.0 转换成 32 位二进制是 10111111　10101000　11111111　00000000；

191.168.0.255 转换成 32 位二进制是 10111111　10101000　00000000　11111111；

191.168.15.254 转换成 32 位二进制是 10111111　10101000　00001111　11111110；

191.168.1.0 转换成 32 位二进制是 10111111　10101000　00000001　00000000。

将题目和选项中的 IP 地址均转换成二进制后，可以看到，只有 A 选项 IP 地址中的前 20 位不一样，也就是 A 选项 IP 地址的网络地址与其他 IP 地址的网络地址不一样，所以 A 选项与 191.168.0.1/20 不在同一子网，故选 A。

例 2 考查的是根据 IP 地址和子网掩码求广播地址和网络地址。主机标识段全为 1 的 IP 地址为广播地址，主机标识段为全 0 的 IP 地址为网络地址，因此只要根据概念将 IP 地址中主机标识段变为全 1 就是广播地址，将 IP 地址中主机标识段变为全 0 就是网络地址。255.255.255.192 转换成 32 位二进制为 11111111　11111111　11111111　11000000，子网掩码 255.255.255.192 中有 6 个 0，所以 IP 地址 172.16.8.159 中的主机标识位是 6 位，因此 172.16.8.159 中网络标识位是 26 位，主机标识位是 6 位。

172.16.8.159 转换成 32 位二进制是 10101100　00010000　00001000　10 011111；

172.16.8.159 的广播地址是 10101100　00010000　00001000　10 111111；

172.16.8.159 的网络地址是 10101100　00010000　00001000　10 000000。

将二进制广播地址和二进制网络地址转换为十进制地址就得到广播地址 172.16.8.191 和网络地址 172.16.8.128，故选 C。

例 3 考查的是根据划分的子网求子网掩码。C 类 IP 地址中默认主机标识位 8 位减去 4 位子网位得到划分子网后的主机位是 4 位，默认的网络标识位 24 位加上 4 位子网得到划分子网后的网络位是 28 位，根据子网掩码的定义可得到子网掩码是 11111111 11111111 11111111 11110000，转换成十进制子网掩码是 255.255.255.240，故选 D。

同步训练

1. 在实际使用的 IP 地址中，主机号不能为全 0 和全 1，那么一个 C 类 IP 地址最多能容纳的主机数目为（　　）个。

A. 64516　　B. 254

C. 64518　　D. 256

2. 从互联网络的结构看，网桥属于 DCE 级的端到端的连接，从协议层次看，网桥工作于（　　）。

A. 物理层范畴　　B. 链路层范畴

C. 网络层范畴　　D. 传输层范畴

3. 在 TCP/IP 体系结构中，TCP 和 IP 所提供的服务层次分别为（　　）。

A. 应用层和运输层　　B. 运输层和网络层

C. 网络层和链路层　　D. 链路层和物理层

4. C 类 IP 地址的最高三个比特位，从高到低依次是（　　）。

A. 010　　B. 110

C. 100　　D. 101

5. 若两台主机在同一子网中，则两台主机的 IP 地址分别与它们的子网掩码相“与”的结果一定（　　）。

A. 为全 0　　B. 为全 1

C. 相同　　D. 不同

6. 在 OSI 参考模型中的网络层，通信子网与资源子网的分界层是（　　）。

A. 表示层　　B. 会话层

C. 网络层　　D. 传输层

7. IP 地址 127.0.0.1 是一个（　　）地址。

A. A 类　　B. B 类

C. C 类　　D. 测试

8. 网络 122.21.136.0/22 中最多可用的主机地址个数是（　　）。

A. 1024 个　　B. 1023 个

C. 1022 个　　　　D. 1000 个

9. 计算机网络是由多个互连的节点组成的，节点之间要做到有条不紊地交换数据，每个节点都必须遵守一些事先约定好的原则，这些规则、约定与标准被称为网络协议。网络协议主要由（　　）三个要素组成。

A. 语义、语法与体系结构　　　　B. 硬件、软件与数据

C. 语义、语法与时序　　　　D. 体系结构、层次与语法

10. 物理层的主要功能是实现（　　）的透明传输。

A. 数据帧　　　　B. IP 分组

C. 比特流　　　　D. 数据报文

11. IP 地址 192.1.1.2 属于（　　）地址，其默认的子网掩码为（　　）。

A. B 类，255.255.0.0　　　　B. A 类，255.0.0.0

C. C 类，255.255.0.0　　　　D. C 类，255.255.255.0

12. 在 TCP/IP 协议簇中，（　　）属于自上而下的第二层。

A. ICMP　　　　B. SNMP

C. UDP　　　　D. IP

13. 物理层的重要特性不包括（　　）。

A. 机械特性　　　　B. 结构特性

C. 电气特性　　　　D. 功能特性

14. IP 协议是无连接的，其信息传输方式是（　　）。

A. 点对点　　　　B. 数据报

C. 广播　　　　D. 虚电路

15. IPv4 的 32 位地址共 40 多亿个，IPv6 的 128 位地址是 IPv4 地址总数的（　　）倍。

A. 4　　　　B. 96

C. 2^{96}　　　　D. 2^{4}

16. 小于（　　）的 TCP/UDP 端口号已保留与现有服务一一对应，此数字以上的端口号可自由分配。

A. 199　　　　B. 100

C. 1024　　　　D. 2048

17. 将 IP 地址转换为物理地址的协议是（　　）。

A. IP　　　　B. ICMP

C. ARP　　　　D. RARP

18. 在 B 类网络中，可以分配的主机地址有（　　）个。

A. 1022　　　　B. 4094

C. 32766　　　　D. 65534

19. 以下网络地址中属于 B 类私网地址的是（　　）。

A. 172.15.22.1　　　　B. 128.168.22.1

C. 172.16.22.1　　D. 192.158.22.1

20. 在 OSI 参考模型中，同一节点内相邻层之间通过（　　）来进行通信。

A. 接口　　B. 协议

C. 应用程序　　D. 进程

21. 在 TCP 协议中，连接的建立采用（　　）握手的方法。

A. 一次　　B. 二次

C. 三次　　D. 四次

22. 为应用程序之间的数据传送提供可靠连接的 TCP/IP 协议是（　　）。

A. TCP 协议　　B. IP 协议

C. ICMP 协议　　D. UDP 协议

23. IP 地址为 140.111.0.0 的 B 类网络，若要切割为 9 个子网，而且都要连上 Internet，子网掩码应设为（　　）。

A. 255.0.0.0　　B. 255.255.0.0

C. 255.255.128.0　　D. 255.255.240.0

24. 相邻层间交换的数据单元称为服务数据单元，其英文缩写为（　　）。

A. SDU　　B. IDU

C. PDU　　D. ICI

25. 某部门申请到一个 C 类 IP 地址，若要分成 8 个子网，其掩码应为（　　）。

A. 255.255.255.255　　B. 255.255.255.0

C. 255.255.255.224　　D. 255.255.255.192

26. 如果一个 C 类网络用掩码 255.255.255.192 划分子网，那么会产生（　　）个可用的子网。

A. 2　　B. 4

C. 6　　D. 8

27. 物理层、数据链路层和网络层传输的数据单位分别是（　　）。

A. 比特、帧、报文　　B. 比特、报文、包

C. 比特、帧、包　　D. 比特、分组、数据块

28. 测试 DNS 主要使用（　　）命令。

A. ping　　B. ipconfig

C. nslookup　　D. winipcfg

29. 数据解封的过程是（　　）。

A. 段—包—帧—流—数据　　B. 流—帧—包—段—数据

C. 数据—包—段—帧—流　　D. 数据—段—包—帧—流

30. 与 10.110.12.29 mask 255.255.255.224 属于同一网段的主机 IP 地址的是（　　）。

A. 10.110.12.0　　B. 10.110.12.30

C. 10.110.12.31　　D. 10.110.12.32

任务 6.4 计算机网络设备

任务描述

掌握各种网络传输介质的特点，理解各类网络接入设备的使用。

知识图谱

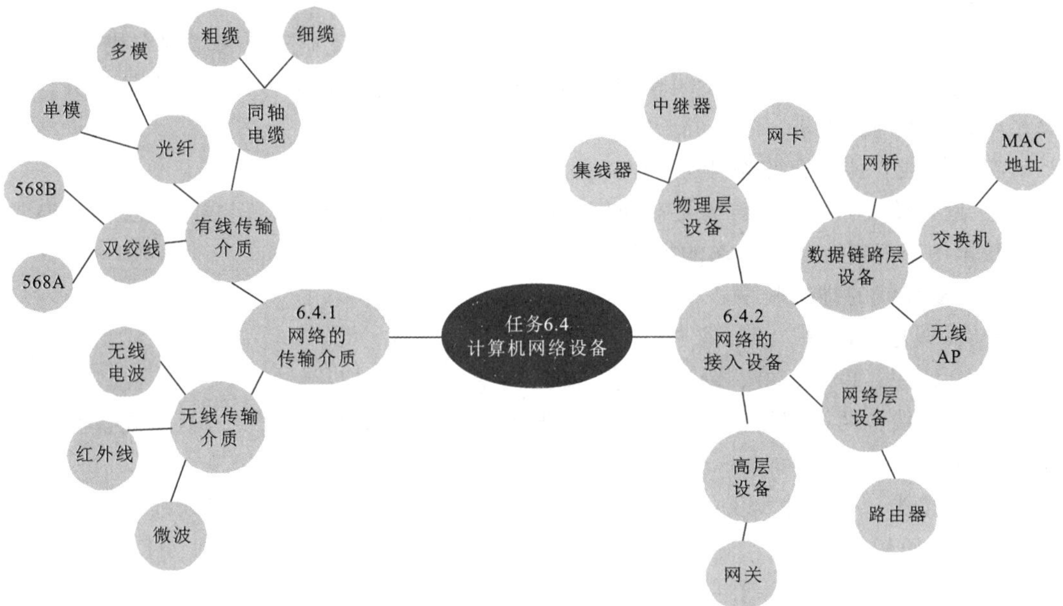

6.4.1 网络的传输介质

网络传输介质是指在网络中传输信息的载体。常用的传输介质分为有线传输介质和无线传输介质两大类。有线传输介质主要有双绞线、同轴电缆和光纤等；无线传输介质主要有无线电波、微波、红外线、空气等。

1. 双绞线

双绞线（TP）将一对以上的双绞线封装在一个绝缘外套中。为了降低信号的干扰程度，电缆中的每一对双绞线一般由两根绝缘铜导线相互缠绕而成。

双绞线可以用于传输数字信号和模拟信号，但主要还是应用在数字信号的传输上。因为双绞线性能好、成本低、组网灵活，所以在网络布线系统中被普遍采用。双绞线的最大传输距离为 100 米，需使用 RJ-45 接头连接网卡或交换机。

(1) 双绞线按电磁标准分类。

双绞线按电磁标准可以分为非屏蔽双绞线（UTP）和屏蔽双绞线（STP）。

UTP 是最常用的双绞线类型，它没有额外的金属屏蔽层。UTP 价格便宜，传输速度偏低，抗干扰能力较差。

STP 在双绞线与外层绝缘封套之间有一个或多个金属屏蔽层，用于减少电磁干扰和射频干扰。STP 抗干扰能力较好，具有更高的传输速度，但价格相对较贵。

(2) 双绞线按照传输速度分类。

① 1 类线：可用于电话传输，但不适合数据传输，没有固定的性能要求。

② 2 类线：可用于电话传输和最高 4 Mbps 的数据传输。

③ 3 类线：可用于最高 10 Mbps 的数据传输，通常用于 10BASE-T 以太网。

④ 4 类线：可用于 16 Mbps 的令牌环网和大型 10BASE-T 以太网，测试速度可达 20 Mbps。

⑤ 5 类线：可用于 100 Mbps 的快速以太网，至今仍广泛应用于局域网布线。

⑥ 超 5 类线：具有与 5 类线相同的传输速度，但在电气性能方面有较大的提升，能满足千兆以太网的需求。

⑦ 6 类线：传输速度为可达 10 Gbps，常用于千兆以太网中。

⑧ 超 6 类线和 7 类线：为更高速度的网络提供了更大的带宽，但成本也更高，通常用于数据中心等需要高速传输的场合。

(3) 双绞线的排线顺序。

568A 线序：绿白、绿、橙白、蓝、蓝白、橙、棕白、棕。

568B 线序：橙白、橙、绿白、蓝、蓝白、绿、棕白、棕。

① 直连线：两端都是 568A 标准（或都是 568B 标准）的双绞线。不同设备间的连接只能使用直连线。

② 交叉线：一端是 568A 标准的双绞线，另一端是 568B 标准的双绞线。相同设备间相连必须使用交叉线。

2. 同轴电缆

同轴电缆一般由四层组成，分别是内导体铜制芯线、绝缘层、网状编织的外导体屏蔽层以及保护塑料外层。

同轴电缆可用于传输数字信号和模拟信号。与双绞线相比，同轴电缆的抗干扰能力强，屏蔽性好，还具有连接简单的特点，信息传输速度可达每秒几百兆位，是中、高档局域网的首选传输介质。同轴电缆分为基带同轴电缆和宽带同轴电缆两大类。同轴电缆的分类及特点如图 6-4-1 所示。

3. 光纤

光纤又称光导纤维，由能传导光波的石英玻璃纤维或塑料纤维外加保护层构成。光纤电缆由一捆光导纤维组成，简称光缆。每根光纤只能单向传送信号，因此光缆中至少包括两条独立的纤芯，一条用于发送，另一条用于接收。一根光缆可以有几百根光纤，并用加强芯和填充物来提高机械强度。

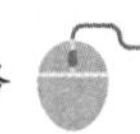

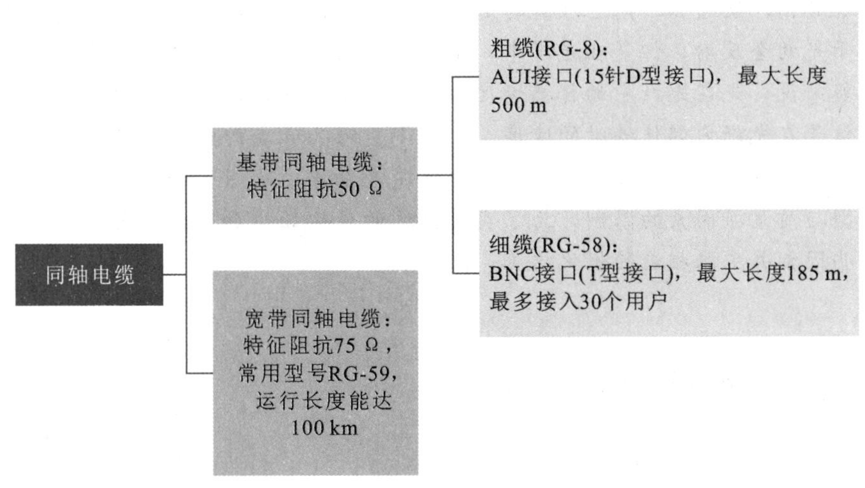

图 6-4-1 同轴电缆的分类及特点

光纤具有损耗低、频带宽、传输数据率高、传输频带宽、通信容量大、抗干扰能力强、保密性好、差错率低等特点，广泛应用于信息高速公路的主干线中。

光纤分为多模光纤和单模光纤。多模光纤允许多个入射角度不同的光信号同时在一条光纤中传播。其纤芯直径一般为 50 μm 至 100 μm，光源为发光二极管，传输原理是光的全反射，传输距离可达 2 km。单模光纤允许光信号在光纤中只沿一条路径传播，即只支持一个光束通过。其纤芯直径一般为 10 μm 左右，光源为激光，传输原理是光的全反射，传输距离可达 5 km。

例题解析

例 1 在办公室内铺设一个小型局域网，总共有八台 PC 机需要通过两台集线器连接起来，采用的线缆类型是双绞线，则理论上任意两台 PC 机的最大间隔距离是（ ）。

A. 300 m　　B. 100 m

C. 200 m　　D. 500 m

例 2 在光纤通信中，光的传输速度取决于（ ）。

A. 光纤的直径　　B. 光纤的折射率

C. 光的波长　　D. 光纤的长度

例 3 在光纤通信中，信号的传输距离主要受（ ）的限制。

A. 光信号强度　　B. 光纤长度

C. 光信号波长　　D. 光纤损耗

答案： A；B；D

知识点对接： 双绞线的传输距离、光纤通信的传输速度和传输距离。

解析： 例 1 考查的是对双绞线最大传输距离的灵活应用。双绞线的最大传输距离是 100 m，PC 到集线器或者集线器到集线器都使用双绞线连接，因此，PC 到集线器或者集线器到集线器的最大距离都是 100 m。PC＋集线器＋PC＝200 m。PC＋集线器＋集线器+PC=300 m，故选 A。例 2 考查的是对光纤传输速度的限制因素的了解。虽然光纤的传输基于光的全反射，但是在光纤中，由于光纤材料的折射率作用，光的传播速度会减慢。一般来说，光在光纤中的传播速度为光在真空中速度的 2/3 左右。光纤的折射率决定了光信号在光纤内部传播时的速度，故选 B。例 3 考查的是对光纤传输距离的限制因素的了解。光纤通信中信号的传输距离主要受光功率、色散、损耗、接收机灵敏度以及光纤类型与质量等因素的限制。为了实现更远的传输距离和更高的传输效率，需要综合考虑这些因素并采取相应的优化措施，故选 D。

6.4.2 网络的接入设备

1. 网卡

网卡（NIC）又称网络接口控制器、网络适配器，是工作在物理层和数据链路层的设备，是计算机联网必不可少的基本连接设备，用于将计算机和通信电缆连接起来，以便数据经电缆在计算机之间进行高速传输。

（1）网卡的功能。

① 数据传输与接收：网卡可以将计算机中的数据传输到网络中。网卡也可以接收来自网络的数据，将其解析为计算机可识别的数据格式，并传递给计算机进行处理。

② 数据封装与解封：发送数据时，网卡会将上一层传递来的数据加上首部和尾部，形成以太网的帧。接收数据时，网卡会将以太网的帧剥去首部和尾部，然后送交上一层。

③ 网络协议处理：网卡可以将计算机中的数据按照网络协议的规定进行封装、分割、重组等，以保证数据的正确传输。网卡还可以校验传输的数据是否有错，即进行校验和检验。

④ 链路管理：网卡通过 CSMA/CD（带冲突检测的载波监听多路访问）协议来实现链路管理，确保数据传输的效率和准确性。

⑤ 数据编码与解码：网卡涉及数据的编码与解码过程，如曼彻斯特编码与解码，用于物理层的数据传输。

⑥ 数据转换：实现从并行到串行之间的相互转换。

⑦ 数据缓存：为数据的快速交换做准备。

（2）网卡分类。

① 网卡按网络技术分为 ATM 网卡、令牌环网卡、以太网网卡等。

② 网卡按总线类型分为 ISA 网卡（带宽一般为 10 Mbps，目前已被淘汰）、PCI 网卡（常用网卡，带宽从 10 Mbps 到 1000 Mbps 都有，PCI 总线为 32 位）、USB 接口网卡、PCI-E 网卡（传输速度更快，适用于高速网络）、PCMCIA（常用于笔记本电脑）等。

③ 网卡按网络接口分为以太网的 RJ-45 接口网卡、细同轴电缆的 BNC 接口网卡、粗同轴电缆的 AUI 接口网卡、FDDI 光纤接口网卡、ATM 光纤接口网卡等。

④ 网卡按带宽分为 10 Mbps 传统以太网卡（目前已被淘汰）、100 Mbps 快速以太网卡（速度快，性能稳定，价格适中，主流网卡）、10 Mbps/100 Mbps 自适应网卡、1000 Mbps 千兆以太网卡（速度快，价格稍高）、10 Gbps 万兆以太网卡（用于高速网络，如数据中心等）、40 Gbps/100 Gbps 网卡（常用于高端应用场景，如大型数据中心）。

（3）网卡的介质访问控制地址。

网卡的介质访问控制（medium access control，MAC）地址，又叫物理地址、硬件地址或链路地址，是一个用来确认网络设备位置的地址。在以太网中，交换机根据收到的数据帧中的目的 MAC 地址字段来转发数据帧。虽然 MAC 地址在网络中起到了关键作用，但它并不是 IP 地址。IP 地址是网络层地址，在 IP 网络中用于路由和寻址，而 MAC 地址则是数据链路层地址，在局域网中用于设备识别和通信。

MAC 地址是一个由 6 个字节（48 位）组成的二进制数，通常用十六进制数表示，如 00：1A、2B、3C、4D、5E。MAC 地址的前 24 位叫组织唯一标识符，由 IEEE 的注册管理机构分配给不同的厂家。后 24 位称为扩展标识符，由厂家自己分配。同一个厂家生产的网卡中，MAC 地址的后 24 位各不相同，因此，MAC 地址在全球范围内是唯一的。

2. 中继器

中继器（repeater）又称转发器，是工作在物理层的设备，主要作用是对信号进行放大、调整，使衰减的信号得以再生并沿着原来的方向继续传播，其主要功能是连接两个相同类型的网段，延伸网段和改变传输介质，从而实现信息的转发。

3. 集线器

集线器（hub）一般有 4 个、8 个、16 个、24 个、32 个等数量的接口。例如，一台集线器有 8 个接口，连接了 8 台计算机，那集线器就位于这 8 台计算机的“中心”，计算机想与其他计算机进行通信时，首先要将数据包通过双绞线送到集线器上，而集线器是用广播的方式将包同时发给 8 个端口，8 个端口的计算机收到广播信息（同时收到）后对信息进行检查，若是发给自己的，就接收，若不是，就不“理睬”。有些集线器除了 RJ-45 端口外，还有 BNC 端口、AUI 端口或光纤端口。

集线器是工作在物理层的设备，本质上是一种位于物理层的中继转发设备，使用总线型工作（共享带宽）机制，采用广播方式发送数据，不具备自动寻址能力和交换能力。集线器整机是一个冲突域。所谓冲突，是指同一时间不能有两个主机同时发送数据，否则就会产生冲突，处在冲突中的所有主机的集合是一个冲突域。

4. 网桥

网桥是早期的两端口二层网络设备，准确地说它工作在 MAC 子层上。它用于数据链路层连接网络的同一网段，只能连接同构网络（同一网段，但数据链路层协议、传输介质、传输速率可以不同），不能连接异构网络（不同网段）。

它能将一个大的 LAN 分割为多个网段，或将两个以上的 LAN 互联为一个逻辑 LAN，使 LAN 上的所有用户都可访问服务器。

5. 交换机

交换机（switch）根据工作协议可分为二层交换机、三层交换机和四层交换机。

二层交换机的主要功能是根据 MAC 地址转发数据帧，确保数据能够高效、准确地送达目的地。交换机内部有一个 MAC 地址表，用于记录每个连接的设备的 MAC 地址和对应的端口信息。当有新的数据帧到达时，交换机会根据 MAC 地址表进行转发。交换机采用独享带宽的工作方式，互联相同类型的网络，能分辨帧中的源 MAC 地址和目的 MAC 地址，但交换机不能分辨 IP 地址。交换机可在物理上划分子网、限制广播、建立 VLAN。

三层交换机除了拥有二层交换机的交换技术外，还实现了数据包的高速转发及路由功能。

四层交换机可用于带宽控制、特殊应用访问加速等。

6. 路由器

路由器（router）是在网络层上实现网络连接的设备，用来连接两个或更多个独立的相同类型或不同类型的网络，例如局域网与广域网的连接、局域网与局域网的连接。

（1）路由器的功能。

① 网络连接。网络连接包括地址映射、数据转换、路由选择及协议转换四个方面。地址映射实现逻辑地址和物理地址的映射。数据转换是指路由器有将数据包进行分段和重组的功能。路由选择是指当路由器收到一个数据包后，路由器会根据其目的地址，从路由表中找出一个最佳的路径对其进行转发。协议转换是指路由器具有实现不同网络层协议转换的功能，如 IP 协议与 IPX 协议之间的转换。

② 网络隔离。网络隔离是指通过物理或逻辑的手段，将两个或多个网络（或子网）相互隔离，使它们之间不能直接通信，但可以通过特定的方式（如路由器、防火墙等）进行受控的数据交换。这种方式可以有效防止网络攻击、病毒传播等安全威胁，保护网络中的数据和资源。

③ 流量控制。路由器流量控制是指通过对网络数据包进行处理，对网络中的流量进行限制和管理，以确保网络的稳定性和流畅性。流量控制可以有效地避免网络拥堵，提高网络性能，并满足不同应用或设备对网络带宽的需求。

（2）路由表。

路由表是指路由协议建立、维护的，用于容纳路由信息并存储在路由器的配置寄存器中的数据表。建立路由表有静态和动态两种方法。静态生成法是由网络管理员根据网络拓扑以手工输入的方式配置生成路由表；动态生成法是由路由器执行相关的路由选择协议自动生成路由表。

路由表中一般保存着以下重要信息：协议类型、可达网络的跳数、路由选择度量标准、出站接口。协议类型是指创建路由选择表条目的路由选择协议的类型。可达网络的跳数是指数据到达目的网络所经历的路由器的个数。路由选择度量标准是用来判别一条

路由选择项目的优劣，不同的路由选择协议使用不同的路由选择度量标准。数据必须从出站接口被发送出去才能到达最终目的地。

7. 网关

网关又称网间连接器、协议转换器，是复杂的网络互联设备，可在两个高层协议不同的网络之间进行互联。网关可以实现从局域网到广域网，或者从一种网络协议到另一种网络协议的转换。

网关的主要功能包括：① 感知网络接入的能力，网关可以获取各节点的属性、状态等信息，实现节点的实时状态感知、远程控制、唤醒、诊断和数据传输等功能，实现节点的自动化管理；② 异构网络互通的能力，由于家庭内网和互联网外网的 IP 不同，网关需要完善的寻址技术，以确保所有节点的信息都能被准确、高效、安全地进行定位和查询；③ 通信与数据格式标准化，网关实现传感网络到传统通信网络的协议转换，将标准格式数据进行统一封装和解包，实现命令的解析和转换。

8. 无线 AP

无线 AP 是无线网络的接入点，俗称“热点”。它主要有两种设备类型：路由交换接入一体设备和纯接入点设备。路由交换接入一体设备同时执行接入工作和路由工作，而纯接入点设备仅负责无线客户端的接入。

无线 AP 的主要功能包括：① 将有线网络连接转换为无线信号，提供无线网络接入服务，以满足用户移动性上网的需求；② 支持多用户接入、数据加密、多速率发送等功能，保障网络的安全性和稳定性；③ 支持多种网络协议，如 TCP/IP、IPX/SPX、NetBEUI 等，以满足不同用户的网络需求；④ 带有接入点客户端模式（AP client），可以和其他 AP 进行无线连接，延展网络的覆盖范围。

例题解析

例 1　以太网交换机中的端口/MAC 地址映射表（　　）。

A. 是交换机的生产厂商建立的

B. 是由网络管理员建立的

C. 是由网络用户利用特殊命令建立的

D. 是交换机在数据转发过程中通过动态学习建立的

例 2　在网络中使用交换机代替集线器的原因是（　　）。

A. 降低带宽率　　　　B. 隔绝广播风暴

C. 减少冲突　　　　D. 降低网络建设成本

例 3　组建局域网可以用集线器，也可以用交换机。用集线器连接的一组工作站（　　）。

A. 同属一个冲突域，但不属于一个广播域

B. 不属一个冲突域，但同属于一个广播域

C. 同属一个冲突域，也同属于一个广播域

D. 不属一个冲突域，也不属于一个广播域

答案：D；C；C

知识点对接：集线器、交换机、路由器的工作原理。

解析：例 1 考查的是交换机中的地址映射表，主要与路由器的路由表进行区分。路由表可以由网络管理员根据网络拓扑以手动输入的方式配置生成，也可以通过动态路由协议建立，而交换机通过接收到的数据帧中的源 MAC 地址来动态学习并建立 MAC 地址与端口的映射关系。当交换机从某个接口收到数据帧时，它会检查数据帧的源 MAC 地址，如果 MAC 地址表中不存在该地址，则会在表中添加一个新的条目，将源 MAC 地址与接收该数据帧的接口关联起来，故选 D。例 2 考查的是路由器和集线器的区别。交换机代替集线器的主要原因是交换机通过 MAC 地址表进行智能转发，只将数据包发送到目标设备的端口，所以交换机能使冲突减少，而集线器采用广播方式发送数据，所有端口都会接收到数据包，增加了冲突的可能性。多层交换机还可以隔绝广播风暴，故选 C。例 3 是集线器与交换机的延伸。冲突域是指同一个物理媒介（如以太网段）上，多个设备同时发送数据时可能产生冲突的范围。当两个或多个设备在同一时间内尝试向同一物理媒介发送数据包时，会产生冲突，导致数据包可能无法正确传输。广播域是指网络中可以接收到广播消息的设备范围。广播是一种信息的传播方式，指网络中的某一设备同时向网络中所有的其他设备发送数据。组建局域网时，使用集线器连接的一组工作站同属于一个冲突域，也同属于一个广播域，而使用普通交换机连接的一组工作站不属于一个冲突域，但同属于一个广播域，故选 C。

同步训练

1. 双绞线是由（　　）根具有绝缘保护层的铜导线组成的。

A. 1　　B. 2

C. 3　　D. 4

2. 传输介质是通信网络中发送方和接收方之间的（　　）通路。

A. 物理　　B. 逻辑

C. 虚拟　　D. 数字

3. 使用哪种设备能够将网络分隔成多个 IP 子网？（　　）

A. 网桥　　B. 集线器

C. 交换机　　D. 路由器

4. 下列哪一项不是网卡的基本功能？（　　）

A. 数据转换　　B. 路由选择

C. 网络存取控制　　D. 数据缓存

5. 传输介质性能最好的是（　　）。

A. 同轴电缆　　B. 双绞线

C. 光纤　　D. 电话线

6. 每台计算机上网必须要有的设备是（　　）。

A. 网卡　　B. 双绞线

C. 无线路由器　　　　　　　　　　　　D. 鼠标

7. 从互联网络的结构看，网桥属于 DCE 级的端到端的连接；从协议层次看，网桥工作于（　　）。

A. 物理层范畴　　　　　　　　　　　　B. 链路层范畴

C. 网络层范畴　　　　　　　　　　　　D. 传输层范畴

8. 为了将服务器、工作站连接到网络中去，需要在网络通信介质和智能设备间用网络接口设备进行物理连接，局域网中多由（　　）来完成这一功能。

A. 网卡　　　　　　　　　　　　　　　B. 调制解调器

C. 网关　　　　　　　　　　　　　　　D. 网桥

9.（　　）是用于在无线局域网中使用的网卡，主要采用的是蓝牙技术、802.11a 技术、802.11b 技术。

A. WLAN 网卡　　　　　　　　　　　　B. 单模无线网卡

C. 双模无线网卡　　　　　　　　　　　D. CDMA 无线网卡

10. 若想使一台装有重要资料的计算机避免被同一局域网的其他计算机传染上病毒，则需要（　　）。

A. 把计算机放到离别的计算机很远的地方　B. 禁止他人使用计算机的光驱

C. 安装两块网卡　　　　　　　　　　　D. 禁用计算机的网卡

11. Internet 主要由（　　）、通信线路、服务器与客户机和信息资源四部分组成。

A. 网关　　　　　　　　　　　　　　　B. 路由器

C. 网桥　　　　　　　　　　　　　　　D. 集线器

12. 下列不属于计算机网络连接设备的是（　　）。

A. 交换机　　　　　　　　　　　　　　B. 路由器

C. 中继器　　　　　　　　　　　　　　D. 双绞线

13. 把智能手机设为热点，让其他人共享上网，手机相当于一个（　　）。

A. 网络服务提供商　　　　　　　　　　B. 交换机

C. 网络中心　　　　　　　　　　　　　D. 无线路由器

14. 小明买了一台笔记本电脑，但这台笔记本电脑没有网络接口，只内置了无线网卡，要让这台笔记本电脑实现无线上网，需要配置的设备是（　　）。

A. 交换机　　　　　　　　　　　　　　B. 代理服务器

C. 有线网卡　　　　　　　　　　　　　D. 无线路由器

15. 局域网中，各个节点计算机之间的通信线路是通过（　　）接入计算机的。

A. 串行输入口　　　　　　　　　　　　B. 并行接口 1

C. 并行接口 2　　　　　　　　　　　　D. 网络适配器（网卡）

16. 要控制网络上的广播风暴，可以（　　）。

A. 用集线器将网络分段　　　　　　　　B. 用网桥将网络分段

C. 用路由器将网络分段　　　　　　　　D. 用交换机将网络分段

17. 下列说法错误的是（　　）。

A. 以太网交换机可以对通信的信息进行过滤

B. 在交换式以太网中可以划分为 VLAN

C. 以太网交换机中端口的速率可能不同

D. 利用多个以太网交换机组成的局域网不能出现环路

18. 两台计算机利用电话线路传输数据信号时，必备的设备是（　　）。

A. 网卡　　B. 调制解调器

C. 中继器　　D. 同轴电缆

19. 双绞线传输介质是把两根导线绞在一起，这样可以减少（　　）。

A. 信号传输时的衰减　　B. 外界信号的干扰

C. 信号向外泄露　　D. 信号之间的相互串扰

20. 如果要用非屏蔽双绞线组建以太网，需要购买带（　　）接口的以太网卡。

A. RJ-45　　B. F/O

C. AUI　　D. BNC

21. 以太网 MAC 地址的长度是（　　）。

A. 128 bit　　B. 32 bit

C. 6 byte　　D. 48 byte

22. 以下哪项不是在选择 AP 设备时应充分考虑的因素？（　　）

A. 热点类型　　B. 设计容量

C. 网络发展　　D. 美观程度

23. 如果有多个局域网需要互联，并且希望将局域网的广播信息很好地隔离开，那么最简单的方法是采用（　　）。

A. 中继器　　B. 网桥

C. 路由器　　D. 网关

24. 用来实现局域网广域网互联的是（　　）。

A. 中继器或网桥　　B. 路由器或网关

C. 网桥或路由器　　D. 网桥或网关

25. 10BASE-T 使用标准的 RJ-45 接插件、3 类或 5 类非屏蔽双绞线连接网卡与集线器，网卡与集线器之间的双绞线长度最大为（　　）。

A. 200 m　　B. 50 m

C. 100 m　　D. 500 m

26. 要将两台计算机通过网卡直接相连，那么双绞线的接法应该为（　　）。

A. EIA/TIA-568-A 和 EIA/TIA-568-A　　B. EIA/TIA-568-B 和 EIA/TIA-568-B

C. EIA/TIA-568-A 和 EIA/TIA-568-B　　D. 任意接法均可

27. 为实现计算机网络的一个网段的通信电缆长度的延伸，应选择（　　）。

A. 网桥　　B. 中继器

C. 网关　　D. 路由器

28. 使用简单测线仪检测一根交叉双绞线时，发送端指示灯顺序为 12345678，接收端指示灯顺序应为（　　）。

A. 12345678　　B. 12346578

C. 36145278　　D. 87654321

29. 某智能化医院管理为住院病人佩戴具有监控其脉搏、血压、卡路里变化率指标的胸牌，以便在监控中心实时把握住院病人的异常变化，这种“可穿戴”胸牌在监控中心最合理的通信方式是（　　）。

A. Wi-Fi 模块与无线路由器　　B. 红外模块与红外感应器

C. 蓝牙模块与蓝牙接收器　　D. 通过串口进行有线通信

30. 路由器存在两种类型，它们是（　　）。

A. 快速和慢速　　B. 静态和动态

C. 基于帧和基于数据包　　D. 基于消息和基于数据包

任务 6.5　局域网与广域网技术

任务描述

了解各种局域网及广域网技术。

知识图谱

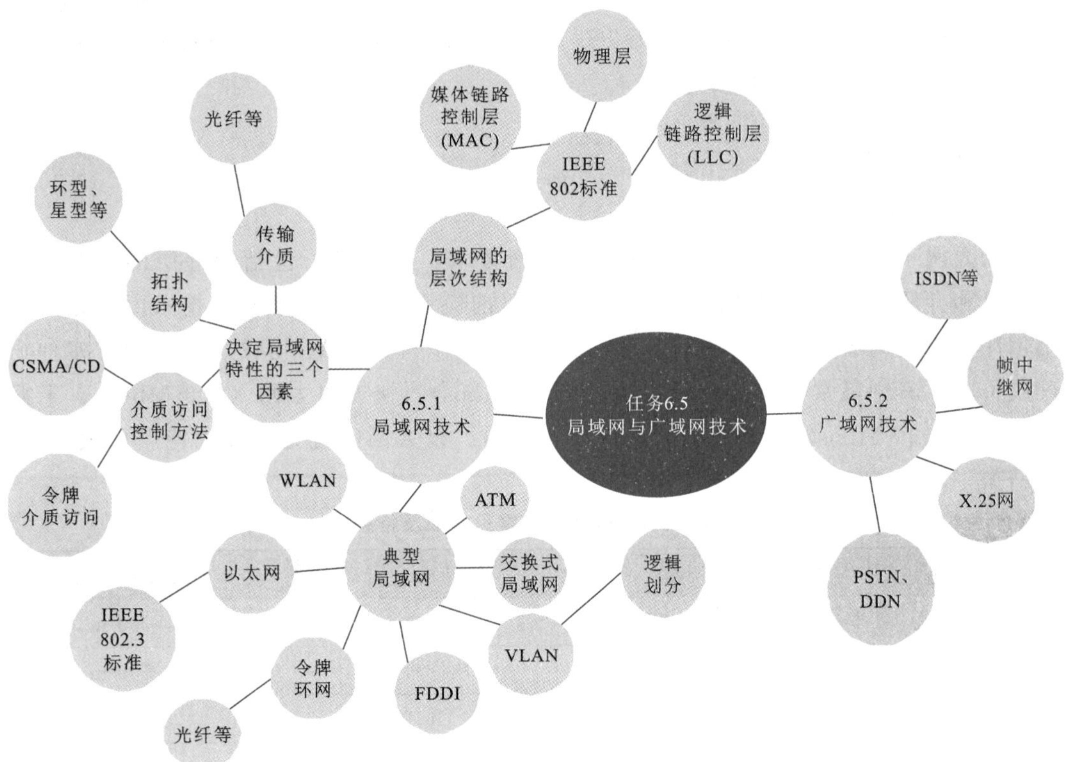

6.5.1 局域网技术

1. 局域网的层次结构

局域网的层次结构主要基于 IEEE 802 标准，通常分为三层，分别是物理层、媒体链路控制层（MAC）和逻辑链路控制层（LLC）。局域网实现的是通信子网的功能，因为内部大多采用共享信道技术，所以局域网通常不单独设立网络层。局域网的高层功能由具体的局域网操作系统来实现。

2. 决定局域网特性的三个因素

决定局域网特性的三个因素分别是传输介质、拓扑结构和介质访问控制方法。局域网组建好后，决定其性能的是网络协议和网络操作系统。

局域网的传输介质主要采用双绞线、同轴电缆、光纤和无线；拓扑结构主要是总线型、环型和星型；对于不同的拓扑结构，介质访问控制（MAC）方法不同。

IEEE 802 标准规定了局域网中最常用的介质访问控制方法，即 IEEE 802.3 采用带冲突检测的载波监听多路访问（CSMA/CD）；IEEE 802.4 采用令牌总线（token bus）；IEEE 802.5 采用令牌环（token ring）。CSMA/CD 介质访问控制方法解决通信信道竞争问题。一个站点发送数据前要监听信道上是否有载波，即是否有别的站点在传输数据。如果信道忙就等待，信道空闲就开始发送数据，边发送边检测，一旦发现冲突就立即停止发送，等待冲突平息后再发送。

3. 典型局域网

(1) 以太网。

以太网（Ethernet）是一种计算机局域网技术，它规定了包括物理层的连线、电子信号和介质访问层协议的内容。以太网是目前应用最普遍的局域网技术。以太网使用带冲突检测的载波侦听多路访问（CSMA/CD）作为其 MAC 协议。以太网有多种物理层标准，其中最常见的是标准以太网（10 Mbps）、快速以太网（100 Mbps）、千兆以太网（1000 Mbps）和万兆以太网（10 Gbps）。以太网的常见标准及特点如表 6-5-1 所示。

表 6-5-1 以太网的常见标准及特点

标准	网络类型	传输介质	最大传输距离
IEEE 802.3i	10BASE-2	细同轴电缆	200 m
	10BASE-5	粗同轴电缆	500 m
	10BASE-T	UTP	100 m

续表

标准	网络类型	传输介质	最大传输距离
IEEE 802. 3u	100BASE-TX	两对 5 类 UTP	100 m
	100BASE-FX	一对单模光纤 SMF	40 km
	100BASE-T4	四对 3 类 UTP（淘汰）	100 m
IEEE 802. 3z	1000BASE-SX	短波光纤	550 m
	1000BASE-LX	长波光纤	5 km
	1000BASE-CX	两对 STP	25 m
IEEE 802. 3ab	1000BASE-T	四对 UTP	100 m
IEEE 802. 3ae	10GBASE-S	多模光纤	300 m
	10GBASE-L	单模光纤	10 km
	10GBASE-E	单模光纤	40 km
	10GBASE-LX4	单模光纤	10 km
IEEE 802. 3an	10 G	UTP	
IEEE 802. 3ba	100 G	光纤	

（2）令牌环网。

令牌环网的拓扑结构为环型，采用专用的令牌介质访问控制方式，传输介质为屏蔽双绞线、非屏蔽双绞线或光纤。

在令牌环网中有一个沿着环型总线在入网节点计算机间依次传递的令牌，它实际上是一个特殊格式的帧，令牌本身不包含信息，仅控制信道的使用，确保在同一时刻只有一个节点能够独占信道。当环上节点都空闲时，令牌绕环进行。节点计算机只有取得令牌后才能发送数据帧。

（3）光纤分布式数据接口。

光纤分布式数据接口（fiber distributed data interface，FDDI）是一种使用光纤作为传输介质的、高速的、通用的环状网络技术，既可以用于城域网，也可以用于局域网。

FDDI 采用令牌环协议进行网络通信，但与标准的令牌环不同，它使用定时的令牌访问方法。FDDI 是 20 世纪 80 年代中期发展起来的一项局域网数据传输标准，FDDI 以 100 Mbps 的速度进行数据传输，数据传输速率远超过当时其他的局域网技术。

（4）异步传输模式。

异步传输模式（asynchronous transfer mode，ATM）采用信元作为数据传输的基本单位，是一种分组交换技术，既可以用于城域网，也可以用于局域网。与以太网、令牌环网、FDDI 等使用可变长度包技术不同，ATM 使用 53 字节固定长度的单元进行交换，其中包含 48 字节的信息和 5 字节的信元头部。

ATM 是一种快速交换技术，其信元交换的速度非常快，可提供不同的传输速率，目前最高的速度为 10 Gb/s，可以为不同的应用提供不同的传输服务，非常适合用于音频和视频的数据传输。ATM 采用异步时分复用方式，收、发双方的时钟可以不同，可以更有效地利用带宽。ATM 是通过建立虚电路来进行数据传输的，它需要在通信双方向建立连接，通信结束后再由信令拆除连接。

（5）交换式局域网。

交换式局域网采用以交换机为中心的拓扑结构。每一个节点都通过交换机和其他节点联系。在进行节点和节点之间一对一通信时，数据信息并不发给其他各节点。和交换机相连的其他节点也可以并发地进行通信，各通信互不干扰。因此，在一个信道上所有的带宽完全由这一对网络节点所拥有，从而大大提高了网络的传输效率。

（6）虚拟局域网。

虚拟局域网（virtual LAN，VLAN）建立在交换技术基础上。交换技术的发展允许区域分散的网络节点重新组织，在逻辑上形成一个新的网络工作组，而且同一工作组的成员能够改变其物理地址而不必重新配查站点。利用交换机可以将原来的一个大广播区（交换机的所有端口）有逻辑地分为若干个子广播区，在子广播区里的广播封包只会在该广播区内传送，在其他广播区内是接收不到的。

（7）无线局域网。

无线局域网（wireless local area network，WLAN）主要基于 IEEE 802.11 系列标准，这些标准定义了无线局域网的技术规范和操作方式，其中最常用的有 IEEE 802.11a、IEEE 802.11b、IEEE 802.11g、IEEE 802.11n、IEEE 802.11ac 和 IEEE 802.11ax（Wi-Fi 6）等。每种标准都有其特定的频率范围、数据传输速率和覆盖范围。WLAN 主要应用技术有 Wi-Fi 和蓝牙。WLAN 主要特点是移动自由、有灵活性、扩展性高、带宽高。无线局域网标准、传输频段及传输速度如表 6-5-2 所示。

表 6-5-2　无线局域网标准、传输频段及传输速度

标准	传输频段	传输速度
IEEE 802.11b	2.4 GHz	11 Mbps
IEEE 802.11a	5 GHz	54 Mbps
IEEE 802.11g	2.4 GHz	54 Mbps
IEEE 802.11n	2.4/5 GHz	300～600 Mbps
IEEE 802.11ac	5 GHz	0.5～1 Gbps
IEEE 802.11ax	1～6 GHz	9.6 Gbps

无线保真（Wi-Fi）是一种可以将计算机、手持设备（如平板电脑、手机）等终端以无线方式互相连接的技术。Wi-Fi 是一个无线网络通信技术的品牌，由 Wi-Fi 联盟持有。几乎所有智能手机、平板电脑和笔记本都支持 Wi-Fi 上网，Wi-Fi 是当今使用最广泛的一种无线网络传输技术。

蓝牙（Bluetooth）是支持设备短距离通信（一般 10 m 内）的无线电技术，能在移动电话、无线耳机、笔记本电脑等设备之间进行无线信息交换。蓝牙无线技术是一种短

距离通信技术，主要特点是功能强大、耗电量低、成本低。蓝牙工作在全球通用的 2.4 GHz（即工业、科学、医学）频段，数据速率为 1 Mb/s，采用时分双工方案实现全双工传输，使用 IEEE 802.15 协议。

紫蜂（ZigBee）是一种近距离、低功耗的双向无线通信技术，常用于搭建小型物联网，是一种低速、短距离传输的无线网上协议，底层是采用 IEEE 802.15.4 标准规范的媒体访问层与物理层。它的主要特色有低速、低耗电、低成本、支持大量网上节点、支持多种网上拓扑、低复杂度、快速、可靠、安全。

例题解析

例 1　在 IEEE 802.3 标准中，（　　）规定了 LAN 参考模型的体系结构。

A. 802.1a　　B. 802.2

C. 802.1b　　D. 802.3

例 2　在由多个 VLAN 组成的一个局域网中，以下说法不正确的是（　　）。

A. 当站点从一个 VLAN 转移到另一个 VLAN 时，一般不需要改变物理连接

B. VLAN 中的一个站点和另一个 VLAN 中的站点直接通信

C. 当站点在一个 VLAN 中广播时，其他 VLAN 中的站点不能收到

D. VLAN 可以通过 MAC 地址、交换机端口等进行定义

例 3　以太网是使用得最广泛的一种局域网，下面叙述错误的是（　　）。

A. 为了保证任何时候网上只有一个节点发送信息，以太网采用带冲突检测的载波侦听多路访问（CSMA/CD）方法

B. 以太网中的每个节点都有一个地址，当一个节点发送一帧信息时，在信息帧中必须包含节点自身的地址和接收节点的地址，该地址就是 IP 地址

C. 以太网的数据传输速率为 10～100 Mbps，甚至更快

D. 以太网大多使用集线器组网，网络中每一个节点通过网卡和双绞线与集线器连接

答案： A；B；B

知识点对接： 局域网标准、虚拟局域网、以太网速率、组网等。

解析： 例 1 考查的是对 IEEE 802.3 标准的了解。802.3 规定了 CSMA/CD 访问控制方法和物理层技术规范；802.2 规定逻辑链路控制 LLC；802.1a 规定了寻址、网间互联和网络管理；802.1b 规定了体系结构，故选 A。例 2 考查的是对虚拟局域网的理解。VLAN 指的是虚拟局域网，VLAN 是一种将局域网（LAN）设备从逻辑上划分成一个个网段，而不需要改变物理连接的划分方式。不同 VLAN 中的站点不能直接通信，而是通过路由器进行通信。VLAN 的实现方式可以是基于端口的 VLAN、基于 MAC 地址的 VLAN、基于协议的 VLAN 和基于策略的 VLAN，故选 B。例 3 考查的是对以太网的综合运用。在以太网中，每个节点实际上被分配的是一个 MAC 地址，而不是 IP 地址。MAC 地址是全球唯一的，用于在数据链路层上标识网络设备。当以太网中的一个节点

发送一帧信息时，这帧信息确实需要包含源地址（发送节点的MAC地址）和目的地址（接收节点的MAC地址），这是因为在以太网中，帧的传输和识别是基于MAC地址进行的，故选B。

6.5.2 广域网技术

广域网技术（WAN）是一种连接不同地区局域网或城域网计算机通信的远程网络技术。广域网技术主要位于OSI参考模型的物理层、数据链路层和网络层，它将地理上相隔很远的局域网互联。广域网能提供路由器、交换机以及它们所支持的局域网之间的数据分组、帧交换。

1. 公共电话网

公共电话网（PSTN）也称为公共电话交换网（简称公网），它是一种以模拟技术为基础的电路交换网络。其优点是容易实现，只要一条可以连接ISP的电话线和一个账号就能搭建，且费用低；缺点是传输速度低，线路可靠性差。

2. 综合业务数字网

综合业务数字网（ISDN）是一个数字电话网络国际标准（俗称“一线通”），是一种典型的电路交换网络系统。ISDN有窄带和宽带两种，上网速率可达128 kbps。它最初是为了在PSTN上提供比传统模拟电话线路更高的数据传输速率而设计的。ISDN使用数字信号来传输语音、数据和视频，从而提高通信的效率和可靠性。

3. 非对称数字用户线

非对称数字用户线（ADSL）是数字用户线路服务中最流行的一种。所谓非对称，是指用户线的上行速率与下行速率不同，上行速率低，下行速率高，特别适合用于传输多媒体信息业务，如视频点播（VOD）、多媒体信息检索和其他交互式业务。

4. 数字数据网

数字数据网（DDN）是为用户提供专用的中高速数字数据传输信道，以便用户用它来组织自己的计算机通信网。有别于模拟线路，数字数据电路主要是通过数字传输方式进行的。它的优点是传输速率较高；缺点是整个链路被企业独占，导致费用很高。

5. X.25 分组交换数据网

X.25分组交换数据网是指采用国际电联制定的X.25的分组交换数据网。它使分布在广阔地区内的不同速率、不同类型和不同制造商生产的计算机互联，并在它们之间提供无差错的通信。

6. 帧中继网

帧中继（FR）是在数据链路层上运行的一种网络协议，它通过虚电路实现设备间的通信。帧中继网简化了 X.25 协议的复杂性，去掉了 X.25 的纠错功能，将可靠性的实现交给高层协议去处理，从而提高了处理效率和网络吞吐量。

7. 我国十大主干网

我国十大主干网，也称为中国十大骨干网或中国十大信息高速公路网，是由多家运营商共同建设和维护的互联网基础设施。这些骨干网承担着全国范围内互联网流量的传输和交换任务，是互联网架构中的重要组成部分，其中中国教育与科研计算机网的网络中心位于清华大学。我国十大主干网及其相关信息如表 6-5-3 所示。

表 6-5-3　我国十大主干网及其相关信息

名称	英文名	主管部门	运营者	建立时间
中国科技网	CSTNET	中国科学院	中国科学院	1994 年
中国公用计算机互联网	CHINANET	中国工信部	中国电信	1995 年
中国教育和科研计算机网	CERNET	中国教育部	赛尔网络有限公司	1994 年
中国金桥信息网	CHINAGBN	中国信息产业部	中国联通	1996 年
中国联通互联网	UNINET	中国工信部	中国联通	1999 年
中国网通公用互联网	CNCNET	中国工信部	中国网通（被中国联通收购）	1999 年
中国移动互联网	CMNET	中国工信部	中国移动	2000 年
中国国际经济贸易互联网	CIETNET	中国国际电子电子商务中心	对外经济贸易合作部	2000 年
中国长城互联网	CGWNET	中国长城互联网网络中心	中国长城互联网网络中心	2000 年
中国卫星集团互联网	CSNET	中国工信部	中国卫通（被中国电信收购）	2000 年

例题解析

例 1 广域网一般采用网状型拓扑结构，该结构的系统可靠性高，但是结构复杂。为了实现正确的传输，必须采用（ ）。

① 光纤传输技术；② 路由选择算法；③ 无线通信技术；④ 流量控制方法

A. ①② B. ①③

C. ②④ D. ③④

例 2 广域网是跨越很大地域范围的一种计算机网络，下面关于广域网的叙述正确的是（ ）。

A. 广域网像很多局域网一样按广播方式进行通信

B. 广域网是一种公用计算机网，所有计算机都可以无条件地接入广域网

C. 广域网能连接任意多的计算机，也能将相距任意距离的计算机互相连接起来

D. 广域网使用专用的通信线路，数据传输速率很高

例 3 在广域网中进行数据传输时，每一台分组交换机需配置一张（ ）表。

A. 路由 B. 数据

C. 地址 D. 域名

答案：C；C；A

知识点对接：广域网技术的综合知识。

解析：三道题考查的是广域网的综合应用能力，要求学生有较强的综合分析能力。例 1 中广域网一般采用光纤进行传输，但也有使用其他介质进行传输的；广域网技术中既有有线通信技术，也有无线通信技术。广域网规模庞大、节点众多、结构复杂，所以广域网中必须使用路由选择算法和流量控制方法，故选 C。例 2 中广域网是用交换机连接的，不是以广播方式进行通信，所以 A 项错；广域网可以有公共传输网络、专用传输网络、无线传输网络，如果是专用传输网络，则不可以无条件地接入广域网，所以 B 项错；广域网可以有公共传输网络、专用传输网络、无线传输网络，如果是专用传输网络，数据传输速率很高，而公共传输网络和无线传输网络的数据传输速率则不一定很高，所以 D 项错。例 3 考查的是广域网中的路由表。在广域网中进行数据传输时，每一台分组交换机需配置一张路由表。这张表是数据转发的关键依据，它记录了目的地址与输出端口之间的关系，确保数据包能够按照正确的路径传输到目的地，故选 A。

同步训练

1. 下列哪项不是共享介质局域网的特点？（ ）

A. 为一个单位所拥有且地理范围和站点数目均有限

B. 工作站可以独占较高的总带宽

C. 有较低的时延和较低的误码率

D. 能进行广播或组播

2. 下列关于 Wi-Fi 的叙述，错误的是（　　）。

A. Wi-Fi 是一种能够将计算机、手持设备等终端以无线方式互相连接的技术

B. Wi-Fi 是有线网的补充和延伸

C. Wi-Fi 信号就是移动通信信号

D. Wi-Fi 泛指符合 IEEE 802.11 标准的无线网络

3. 有一种近距离、低功耗的双向无线通信技术，常用于搭建小型物联网。这种技术可以是（　　）。

A. 红外　　B. Bluetooth

C. 微波　　D. ZigBee

4. 下列关于 Wi-Fi 的概念，正确的是（　　）。

A. Wi-Fi 采用的协议主要是 IEEE 802.11　　B. Wi-Fi 可以脱离有线网络独立存在

C. Wi-Fi 就是所有无线网络的简称　　D. 只要有 Wi-Fi 信号就可以直接上网

5. 计算机网络术语中，WAN 的中文含义是（　　）。

A. 以太网　　B. 广域网

C. 互联网　　D. 局域网

6. Ethernet 采用的媒体访问控制方式是（　　）。

A. 令牌环　　B. CSMA/CD

C. 令牌总线　　D. CSMA/CA

7. 10BASE-T 标准中的“T”是指（　　）。

A. 双绞线　　B. 粗同轴电缆

C. 细同轴电缆　　D. 光纤

8. 局域网的工业标准是由（　　）制定的。

A. ANSI　　B. EIA

C. ISO　　D. IEEE

9. Internet 是属于（　　）类型的计算机网络。

A. 局域网　　B. 广域网

C. 对等网　　D. 以太网

10. 下列网络属于局域网的是（　　）。

A. 因特网　　B. 校园网

C. 上海热线　　D. 中国教育网

11. CERNET 是指（　　）。

A. 中国计算机网　　B. 金桥工程

C. 中国教育和科研计算机网　　D. 中国科技网

12. IEEE 802.3u 标准是指（　　）。

A. 以太网　　B. 快速以太网

C. 令牌环网　　D. FDDI

13. 按照 OSI 参考模型结构，IEEE 802 标准定义了（　　）层功能。

A. 1　　B. 2

C. 3　　D. 4

14. 10BASE-T 以太网在物理层面上主要采用的拓扑结构是（　　）。

A. 星型结构　　B. 总线型结构

C. 环型结构　　D. 树型结构

15. 在计算机网络中，帧中继网是一种（　　）。

A. 局域网　　B. 广域网

C. ATM 网　　D. 以太网

16. 下列不属于广域网的是（　　）。

A. 电话网 PSTN　　B. ISDN

C. 以太网　　D. X. 25 分组交换数据网

17. 传输速率为（　　）的以太网称为传统以太网。

A. 1 Mbps　　B. 10 Mbps

C. 100 Mbps　　D. 1000 Mbps

18. 以太网介质访问控制协议（CSMA/CD）适用的标准是（　　）。

A. IEEE 802. 3　　B. IEEE 802. 5

C. IEEE 802. 6　　D. IEEE 802. 11

19. IEEE 802 标准中，规定了 CSMA/CD 访问控制方法和物理层技术规范的是（　　）。

A. IEEE 802. 2　　B. IEEE 802. 3

C. IEEE 802. 4　　D. IEEE 802. 5

20. 综合业务数字网的缩写是（　　）。

A. DDN　　B. PSDN

C. ISDN　　D. ADSL

21. 如果要用非屏蔽双绞线组建以太网，需要购买带（　　）接口的以太网卡。

A. RJ-45　　B. F/O

C. AUI　　D. BNC

22. 光纤分布式数据接口（FDDI）采用（　　）拓扑结构。

A. 星型　　B. 总线型

C. 树型　　D. 环型

23. 一个快速以太网交换机的端口速率为 100 Mbps，若该端口可以支持全双工传输数据，那么该端口实际的传输宽带是（　　）。

A. 50 Mbps　　B. 100 Mbps

C. 150 Mbps　　D. 200 Mbps

24. 10BASE-5 以太网采用的是（　　）拓扑结构。

A. 星型　　B. 总线型

C. 环型　　D. 树型

25. 10BASE-2 以太网采用的是（　　）拓扑结构。

A. 星型　　B. 总线型

C. 环型　　D. 树型

26. 从介质访问控制方法的角度，局域网可分为两类，即共享局域网与（　　）。

A. 交换局域网　　B. 高速局域网

C. ATM　　D. 总线局域网

27. 下列叙述不正确的是（　　）。

A. 以太网无法保证发送时延的准确性　　B. 令牌环网易用光纤实现

C. 令牌总线网的协议较复杂　　D. 三种局域网标准互相兼容

28. 以太网交换机中的端口/MAC 地址映射表（　　）。

A. 是由交换机的生产厂商建立的

B. 是由网络管理员建立的

C. 是由网络用户利用特殊命令建立的

D. 是由交换机在数据转发过程中通过学习动态建立的

29. 下列关于虚拟局域网的描述，不正确的是（　　）。

A. 虚拟局域网的覆盖范围受距离限制

B. 虚拟局域网建立在交换网络的基础上，交换设备包括以太网交换机、ATM 交换机、宽带路由器等

C. 虚拟局域网属于 OSI 参考模型中的第二层（数据链路层）技术，能充分发挥网络优势，体现交换网络的高速、灵活、易管理等特点

D. 虚拟局域网较普遍局域网有更好的网络安全性

30. 广域网一般采用网状拓扑构型，该构型的系统可靠性高，但是结构复杂。为了实现正确的传输，必须采用（　　）。

① 光纤传输技术；② 路由选择算法；③ 无线通信技术；④ 流量控制方法

A. ①和②　　B. ①和③

C. ②和④　　D. ③和④

任务 6.6　Internet 服务

任务描述

了解 Internet 的起源和发展以及接入 Internet 的各种方式，理解域名系统的相关知识，理解万维网相关知识，理解电子邮件的收发过程，了解文件传输、远程登录、DHCP 等 Internet 服务。

知识图谱

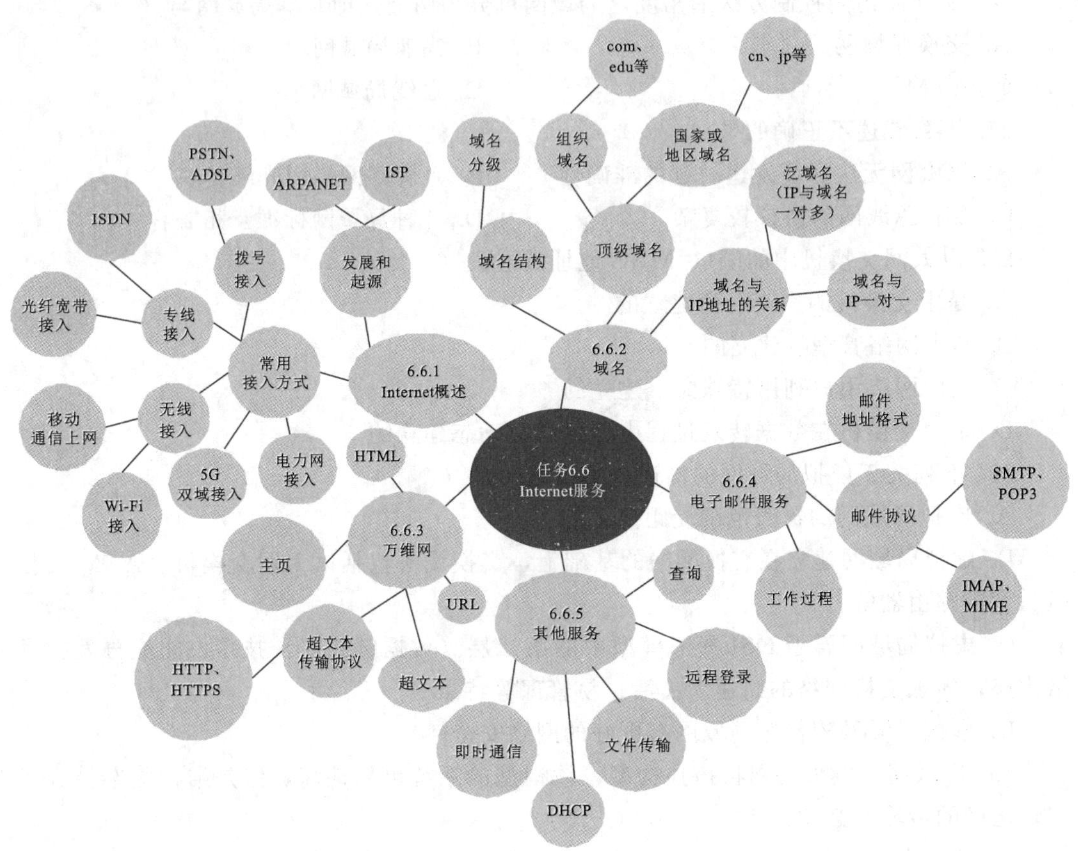

6.6.1 Internet 概述

Internet，即互联网，是通过网络设备将世界上不同地区、规模大小不一、类型不一的网络互相连接起来的网络，是一个全球性的计算机互联网络，是一个信息极其丰富的、世界上最大的计算机网络。Internet 上有很多的应用技术，如文件传输服务、万维网、电子邮件服务等。

1. Internet 的起源和发展

1969 年，美国国防高级研究计划局开始建立一个命名为 ARPANET 的网络，它是 Internet 的雏形。

1985 年，美国国家科学基金会（NSF）开始建立计算机网络 NSFNET。此后 NSFNET 成为 Internet 上主要用于科研和教育的主干部分，代替了 ARPANET 的骨干地位。1989 年，MILNET（由 ARPANET 分离出来）实现和 NSFNET 连接后，开始采

用 Internet 这个名称，自此，其他部门的计算机网络相继并入 Internet，ARPANT 宣告解散。

20 世纪 90 年代初，商业机构开始进入 Internet，使 Internet 开始了商业化的新进程，并成为 Internet 发展的强大推动力。1995 年，NSFNET 停止运作，Internet 彻底商业化。

互联网服务提供商（internet service provide，ISP）是用户接入 Internet 的入口点，是向广大用户综合提供互联网接入业务、信息业务和增值业务的运营商。国内常见的 ISP 有中国电信、中国移动、中国联通、中国铁通、中国长城互联网等。ISP 分为三种，即互联网接入提供商（IAP）、互联网内容提供商（ICP）以及 Internet 应用服务提供商。

在这里要区分 Intranet 和 Internet，Intranet 又称为企业内部网，是 Internet 技术在企业内部的应用。

2. 接入 Internet 的常用方式

接入 Internet 的常用方式多种多样，比如拨号接入、专线接入、无线接入以及其他接入方式（如有线电视传输线路接入、电力网接入）等，用户可以根据自己的需求和实际情况选择合适的接入方式。

（1）拨号接入。

① 电话线拨号接入（PSTN）。

方式：利用已有的电话线路，通过安装在计算机上的调制解调器拨号连接到互联网服务提供商（ISP）。

特点：使用方便，只需有效的电话线及自带调制解调器的 PC 即可完成接入；速率低，一般不超过 56 kbps，适合临时性接入或无其他宽带接入的场景。

② ADSL 接入。

方式：利用现有的电话线路，通过 ADSL 调制解调器进行数字信息传输。

特点：速率高，理论速率可达到 8 Mbps 的下行和 1 Mbps 的上行，甚至更高（如 ADSL2＋速率可达 24 Mbps 下行和 1 Mbps 上行）。传输距离可达 4～5 km，是目前家庭用户常用的宽带接入方式之一。

（2）专线接入。

① ISDN 专线接入。

方式：采用数字传输和数字交换技术，将电话、传真、数据、图像等多种业务综合在一个统一的数字网络中进行传输和处理。

特点：用户可以利用一条 ISDN 用户线路同时拨打电话、收发传真和上网，实现资源的有效整合。

② 光纤宽带接入。

方式：通过光纤接入小区节点或楼道，再由网线连接到各个共享点上。光纤带宽接入具体方式可分为 FTTx＋LAN、FTTH（光纤到户）等。

特点：速率高、抗干扰能力强，适用于家庭、个人或各类企事业团体，可以实现各类高速率的互联网应用（如视频服务、高速数据传输、远程交互等）；一次性布线成本较高。

③ 其他专线接入方式。

其他专线接入方式包括 PCM 专线接入、DDN 专线接入、SDH 点对点等，也广泛应用于企业和机构的互联网接入。

(3) 无线接入。

① 移动通信上网。

方式：通过手机、无线网卡等设备，利用移动通信网络（如 4G、5G 等）接入互联网。主要技术有蜂窝技术、数字无绳电话技术、点对点微波技术、卫星技术及蓝牙技术等。

特点：接入方便，不受地理位置限制，能够满足移动办公和旅行中的互联网接入需求。

② Wi-Fi 接入。

方式：通过无线局域网（WLAN）接入互联网，通常需要无线路由器或热点提供无线信号。主要利用射频技术实现无线传输。

特点：在家庭、办公室、公共场所等区域广泛使用，支持多设备同时接入，能提供便捷的无线网络环境。

(4) 其他接入方式。

① 有线电视传输线路接入（HFC/CABLE MODEM）。

方式：基于有线电视网络通信资源的接入方式，用户通过有线电视网实现高速接入互联网。有线电视传输线路接入具体方式可分为混合光纤同轴电缆（HFC）、电缆调制解调器（CABLE MODEM）。

特点：速率较高、接入方式方便（通过有线电缆传输数据，不需要额外布线），可实现各类视频服务、高速下载等。

② 电力网接入（PLC）。

方式：利用电力传输线路接入互联网，通过电力线载波技术实现数据的传输。

特点：接入方便，无须额外布线，但受电力线环境影响较大，传输速率和稳定性可能不如其他接入方式。

③ 5G 双域接入。

5G 双域接入技术是一种基于 5G 技术的网络架构，旨在为企业和组织提供更高级别的安全保障和网络性能。它融合了公共网络和私有网络的优势，通过物理隔离、加密通信和网络切片等技术手段，为用户提供更加安全可靠的连接。

例题解析

例 1 全世界第一个采用分组交换技术的计算机网是（ ）。

A. ARPANET　　B. NSFNET

C. CSNET　　D. BITNET

例 2 Internet 主要由四部分组成，包括路由器、主机、信息资源与（ ）。

A. 数据库　　B. 管理员

C. 销售商　　D. 通信线路

例 3　关于 Internet，下列说法错误的是（　　）。

A. Internet 是全球性的国际网络　　B. Internet 起源于美国

C. 通过 Internet 可以实现资源共享　　D. Internet 不存在网络安全问题

答案： A；D；D

知识点对接： Internet 的发展、起源与组成。

解析： 例 1 考查的是对 ARPANET 网的起源与发展的了解，Internet 最先由美国的 ARPANET 网发展和演化而来，ARPANET 是世界上第一个分组交换网。NSFNET 是由美国国家基金委员会（NSF）于 1986 年建设的一个高速主干网，连接了全美的超级计算机中心，并迅速地成为 Internet 的主体部分。CSNET 是计算机与科学网络的简称。BITNET 是一种连接世界教育单位的计算机网络。所以最早采用分组交换技术的是 ARPANET，故选 A。例 2 考查的是对 Internet 的组成的理解。销售商、管理员都是人，不是 Internet 的组成部分，数据库是信息资源相关的软件。通信线路、路由器和主机一起构成了计算机网络的硬件系统，故选 D。例 3 考查的是 Internet 的协议安全。起初设计网络只是为了保证信息能够传输，因此 Internet 存在网络安全问题，Internet 早期也是供研究人员使用的网络，是完全非营利的信息共享载体，所以几乎所有的 Internet 协议都没有充分考虑安全机制，故选 D。

6.6.2　域名

1. 域名的概念

域名（domain name）是指互联网上识别和定位计算机的层次结构式的字符标识，与计算机的 IP 地址对应。IP 地址是 Internet 主机在路由寻址时所用的数字型标识，不容易记住。因而 TCP/IP 专门设计了域名这一字符型主机命名机制，即给每一台主机起一个有规律的名字（由字符串组成）。

2. 域名结构

域名的实质就是用一组由字符组成的名字表示 IP 地址，为了避免重名，域名系统与 IP 地址的结构一样，采用的是典型的层次结构，各层次的子域名之间用圆点“.”隔开，从右至左分别是一级域名（或称顶级域名）、二级域名……主机名，域名的排列原则是低层域名在前面，高层域名在后面。例如域名 www.press.com.cn，其中 www 是主机名，press 是三级域名，com 是二级域名，cn 是一级域名。

3. 顶级域名的分类

顶级域名分为两类，一类是组织域名（通用顶级域名），另一类是国家或地区顶级域名。组织域名是按组织管理的层次结构划分所产生的域名，一般由三个字母组成，例如 com 代表商业组织，edu 代表教育机构，gov 代表政府部门。国家或地区顶级域名按国别或地区的地理区域划分，这类域名是世界各国或地区的名称，并且规定由两个字母组成，例如 cn 是中国的顶级域名，jp 是日本的顶级域名。顶级域名的分类及代表意义如表 6-6-1 所示。

表 6-6-1 顶级域名的分类及代表意义

组织域名	代表意义	国家或地区顶级域名	代表意义
com	商业组织	cn	中国
edu	教育机构	jp	日本
gov	政府部门	fr	法国
int	国际组织	uk	英国
mil	军事部门	ca	加拿大
net	网络机构	us	美国
ac	科研机构	de	德国
org	非营利组织	ru	俄罗斯

4. 域名系统

域名系统（domain name system，DNS）是互联网的一项服务，是用来管理域的命名以及实现域名解析的系统。DNS 服务器端口号是 53，主要用于域名解析，域名解析是实现 Internet 主机域名与 IP 地址映射的过程。当前，若对每一级域名长度的限制是 63 个字符，则域名总长度不能超过 255 个字符。

5. 域名与 IP 地址的关系

泛在域名，更常见的称呼是“泛域名”，它是一种互联网域名系统（DNS）中的特殊类型。泛域名允许在一个特定的域名部分使用通配符（通常是“*”）来匹配多个子域名。也就是说通过设置一个泛域名，可以自动地使该域名下的所有未明确创建的子域名都指向同一个 IP 地址或服务器。例如“*. example. com”这个泛域名可以匹配任何以“example. com”为后缀的子域名，如“blog. example. com”“store. example. com”等。

泛域名的存在使得一个 IP 地址能对应多个域名。IP 地址是唯一的，域名也是唯一的，但它们的对应关系不是唯一的。一个域名只能对应一个 IP 地址，而一个 IP 地址却可以对应多个域名，这种情况通常发生在虚拟主机环境中，其中多个网站共享同一个物理服务器或 IP 地址。

6. 域名管理结构

互联网编号分配机构（Internet assigned numbers authority，IANA）是 Internet 域名系统的最高权威机构，掌握着 Internet 域名系统的设计、维护及地址资源分配等方面的权利。IANA 下设 3 个分支机构，分别负责欧洲、亚太地区、美国与其他地区的 IP 地址资源的分配与管理。

在我国，中国互联网络信息中心（CNNIC）管理edu以外的其他域名，中国教育和科研计算机网网络中心则管理edu域名。中国互联网域名中顶级域名为cn，二级域名共43个，分为9类别域名（政务、公益、ac、com、edu、gov、net、org、mil）和34个行政区域名（如bj、sh、tj、sc、sd等）。

例题解析

例1　在Internet域名体系中，子域按照（　　）排列。

A. 从右到左越来越小的方式分4层

B. 从右到左越来越小的方式分多层

C. 从左到右越来越小的方式分4层

D. 从左到右越来越小的方式分多层

例2　下列关于域名系统的叙述，正确的是（　　）。

A. 若一台主机只有一个IP地址，则它只能有一个域名

B. 域名系统按照“最高域名．机构名．网络名．计算机名”的格式命名

C. 域名使用的字符只能是字母和数字

D. 若网络中没有域名服务器，则该网络无法按域名进行访问

例3　下列域名表示中，不符合TCP/IP域名系统规则的是（　　）。

A. www. sohu　　　　B. 163. edu

C. www. sdwfc. cn　　　　D. www. sise. com

答案：B；D；A

知识点对接：域名的排列规则以及域名与IP的对应关系。

解析：例1考查的是对域名排列规则的理解。在Internet域名体系中，子域按照从右到左越来越小的方式分多层排列。例如www. jngk. net. cn，故此题选B。例2考查的是对域名系统的理解。在DNS系统中，一个IP地址可以对应多个域名，这是通过DNS的别名（CNAME）记录实现的，所以A选项错误。DNS的域名结构通常是反向的，典型的域名结构是“计算机名．次级域名．机构名．顶级域名”，因此B选项错误。虽然域名主要由字母、数字组成，但它还允许使用短横线（-）作为分隔符，所以C选项错误，故此题选D。例3考查的是域名排列规则的应用。在判断给定的域名表示是否符合TCP/IP域名系统规则时，我们需要考虑域名的完整性和格式要求。A选项缺少了顶级域名后缀。在TCP/IP域名系统中，每个域名都必须包含一个顶级域名后缀，因此A选项不符合域名系统的规则。B选项的格式看起来有些简短，但它实际上是一个有效的顶级域名形式，其中“163”可以视为自定义的域名部分，“. edu”是教育机构的顶级域名后缀，虽然这种用法在一般的商业或个人网站中不常见，但从技术角度来看，它符合TCP/IP域名系统的规则。C选项和D选项都完全符合TCP/IP域名系统规则，故此题选A。

6.6.3 万维网

万维网（world wide web，WWW）又称3W、WWW、Web、全球信息网等，是一种建立在互联网上的全球性的、交互的、动态的、多平台的、分布式的超文本媒体信息查询系统。它也是建立在互联网上的一种服务。其最主要的概念是超文本，并遵循超文本传输协议。

1. 超文本

超文本是一种非线性的、交互性强的文本形式。它通过关键字将不同空间、不同来源的文字信息链接在一起形成网状结构。当光标移动到这些链接上时，光标会变成手指状。这时点击光标指向的位置，就会从当前网页跳转到另一网页，这种链接关系称为“超链接”，可以链接的内容有文本、图像、声音和视频等。

2. 主页

主页（homepage）通常指的是一个网站的主要页面，也称为首页。当用户访问一个网站时，他们首先看到的就是这个主页。主页是网站的入口，它提供了网站的整体概述，包括网站的目的、内容、功能和品牌形象。

3. 超文本传输协议

（1）HTTP。

HTTP是一种应用层协议，用于在Web浏览器和Web服务器之间传输超文本。HTTP协议定义了客户端和服务器之间交换数据的格式和规则，使得客户端（如Web浏览器）可以请求服务器上的资源（如HTML文件、图片、视频等），而服务器则可以将这些资源作为响应返回给客户端。Web服务器的HTTP端口号默认为80。

HTTP状态码是表示网页服务器HTTP响应状态的三位数字代码。常见的状态码包括200（请求成功）、404（资源未找到）和500（服务器内部错误）等。状态码的第一个数字代表了响应的五种状态之一，这五种状态分别为消息、成功、重定向、客户端错误和服务器错误。

HTTP协议的响应过程包括建立连接（客户端与Web服务器的HTTP端口建立一个TCP连接）、发送HTTP请求（客户端向Web服务器发送一个文本的请求报文）、服务器处理请求（Web服务器接收并解析客户端发送的请求报文）、返回HTTP响应（Web服务器将资源复本或处理结果作为响应返回给客户端）、关闭连接（服务器主动关闭TCP连接）。

（2）HTTPS。

HTTPS是超文本传输安全协议的缩写，它是基于HTTP并通过安全套接层（secure socket layer，SSL）或传输层安全（transport layer security，TLS）协议进行加密

传输的一种安全协议。HTTPS 在 HTTP 的基础上加入了 SSL/TLS 层，用于在客户端（如浏览器）和服务器之间建立加密通道，确保数据在传输过程中是加密的，从而保护交换数据的隐私与完整性。Web 服务器的 HTTP 端口号默认为 443。

4. 统一资源定位器

统一资源定位器（URL）是互联网上标准资源的地址，用于描述从互联网上得到的资源位置和访问方法。它最初由蒂姆·伯纳斯·李（Tim Berners-Lee）发明，用来作为万维网的地址，现在已经被万维网联盟编制为互联网标准 RFC1738。每个互联网上的文件都有一个唯一的 URL，它包含的信息能够指出文件的位置以及浏览器应该怎样处理它。

URL 的格式为“协议类型：//主机地址/路径/文件名：端口号”。因为大部分协议或应用的端口号都是众所周知的，所以端口号经常被省略。例如“http：//www. example. com/path/to/file. html”中，“http”是协议类型，“www. example. com”是主机地址（或域名地址），“/path/to/”是资源在服务器上的路径，“file. html”是资源的文件名。

5. WWW 工作方式及浏览器

WWW 的工作方式以浏览器/服务器（B/S）体系结构为基础，它主要由 Web 服务器和 Web 客户端浏览器两部分组成。Web 服务器负责按超文本的方式组织各种信息，以文件形式存储在服务器上并负责向用户发送，这些文件或内容的链接由 URL 来确定。Web 客户端浏览器则安装在用户的计算机上，供用户通过浏览器向 Web 服务器提出请求，当客户端接收到文件后，解释该文件并显示在客户端上。

浏览器/服务器（browser/server，B/S）与客户端/服务器（client/server，C/S）是两种不同的软件架构模式。B/S 架构模式下用户通过 Web 浏览器来访问系统，客户端主要运行浏览器软件，而系统的核心业务处理逻辑则部署在服务器上。这种架构随着互联网的发展而兴起，是 Web 技术发展的产物。C/S 架构模式下用户需要安装专门的客户端软件来访问系统，客户端软件与服务器端的软件进行数据交换和通信。C/S 架构是一种较早的软件系统体系结构，广泛应用于各种领域。

目前流行的浏览器有 360 浏览器、火狐浏览器（Firefox）、百度浏览器、搜狗浏览器、Microsoft Edge 浏览器等。其中，Microsoft Edge 浏览器具有速度快、易于使用的特点，并提供更个性化的浏览体验。在 2024 年，Microsoft Edge 浏览器引入了多项新功能，如图像创建器、Drop（笔记和文件共享）、图像编辑器和效率模式更改等。

6. 超文本标记语言

超文本标记语言（HTML）是用于创建网页的标准标记语言。它不是一种编程语言，而是一种标记语言，用于描述网页的结构和内容。HTML 文档（或称为 HTML 文件）通常称为网页，是由 HTML 标签组成的文本文件，这些标签可以被浏览器解析并呈现为网页。

HTML 标签通常成对出现，例如＜p＞和＜/p＞，用于定义段落的开始和结束。在标签之间，可以包含文本、图片、链接、列表、表格等内容。通过组合不同的 HTML 标签和属性，可以创建出丰富多样的网页布局和效果。

每个 HTML 文件都用＜html＞、＜/html＞开始和结束，整个文件可以分成"头"和"正文"两部分，用＜head＞、＜/head＞表示头的开始和结束，＜body＞、＜/body＞表示正文的开始和结束。以下是一个简单的 HTML 文档（见图 6-6-1）。

```
< html>
< head>
< title> 一个简单的网页< /title>
< /head> 9
< body>
这是我的第一个网页
< /body>
< /html>
```

图 6-6-1　简单的 HTML 文档

HTML 文档可以分为静态 HTML 文档和动态 HTML 文档。静态 HTML 文档是指网页中的内容是固定不变的；动态 HTML 文档指的是网页是交互式的，其中的内容可以通过动态脚本进行更新。

HTML 文档中可以嵌入脚本语言，如 JavaScript 和 VBScript。JavaScript 是一种解释性脚本语言，不需要编译，可直接插入 HTML 文档。它能轻松设计与用户进行交互的界面，还可以使网页产生动态的效果。VBScript 同 JavaScript 一样，也需要嵌入 HT-ML 文档，随同网页下载到客户端，由浏览器解释执行。VBScript 可以与控件集成，允许 ActiveX 的控件像 OLE（object linked embed）一样被调用，用于开发交互式的网页。

例题解析

例 1　美国计算机学会宣布将 2016 年的图灵奖授予万维网（WWW）的发明者（　　）。他将获得由谷歌赞助的一百万美元奖金。

A. 比尔·盖茨　　B. 蒂姆·伯纳斯·李

C. 马云　　D. 冯诺·依曼

例 2　万维网由客户机、WWW 服务器和（　　）组成。

A. 超文本传输协议　　B. 搜索引擎

C. 邮件服务　　D. 终端机

例 3　下列关于 Web 的叙述，错误的是（　　）。

A. Web 即全球广域网、万维网，是建立在 Internet 上的一种网络服务

B. Web 采用超文本将文档中的不同部分通过关键字建立链接，使信息得以用交互式方式搜索

C. Web 就是一种超文本信息系统，Web 中一个主要的概念就是超文本链接

D. 浏览 WWW 对操作系统平台有条件限制

答案： B；A；D

知识点对接： 万维网的发展历史、组成、超链接。

解析： 例 1 考查的是对万维网的发展历史的了解情况。蒂姆·伯纳斯·李是英国计算机科学家，他是万维网的发明者。1990 年 12 月 25 日，他与罗伯特·卡里奥一起成功通过 Internet 实现了 HTTP 代理与服务器的第一次通信。万维网联盟（W3C）是蒂姆·伯纳斯·李为关注万维网发展而创办的组织，故选 B。例 2 考查的是对万维网组成的理解。万维网由客户机（Web 浏览器）、WWW 服务器（Web 服务器）、网页（主要使用 HTML 语言编辑）、通信协议（如 HTTP 和 HTTPS）、统一资源定位器 URL 等共同构成，万维网是一个庞大的、全球性的信息网络，故选 A。例 3 是对万维网综合知识的考查。Web 与平台无关，无论用户的系统平台是什么，用户都可以通过 Internet 访问 WWW。浏览 WWW 对系统平台没有什么限制。对 WWW 的访问可以通过浏览器来实现，故选 D。

6.6.4　电子邮件服务

电子邮件服务（electronic mail，E-mail）是一种允许用户与 Internet 上的任何人交换信息的通信服务。与别的通信手段相比，E-mail 具有方便、快捷、廉价和可靠等优点。电子邮件的内容可以是文字、图像、声音等多种形式。常见的电子邮件服务包括网易邮箱、新浪邮箱、QQ 邮箱、Outlook 等。

1. 电子邮件的协议

（1）简单邮件传输协议。

简单邮件传输协议（simple mail transfer protocol，SMTP）是一种基于文本的协议，用于在源地址和目的地址之间传输邮件，默认端口号是 25。当用户通过电子邮件客户端发送邮件时，SMTP 服务器会接收邮件，并根据邮件的目标地址进行路由选择。SMTP 服务器使用 DNS（域名系统）来查找目标地址的邮件服务器（也称为 MX 记录），然后将邮件转发给该服务器。目标邮件服务器接收邮件后，将其存储在收件人的邮箱中，并等待收件人通过电子邮件客户端进行检索。

（2）邮局协议。

邮局协议（post office protocol，POP）是一种在计算机网络中实现电子邮件接收的协议。POP3 是目前最广泛使用的版本，由 RFC 1939 首次定义，是 TCP/IP 协议族中的一员。用户使用电子邮件客户端通过 POP 协议连接到邮件服务器。客户端向服务器发送认证信息（如用户名和密码），通过验证后，服务器允许用户下载邮件。用户可以检索并下载服务器上存储的邮件到本地计算机，以便随时查看和管理。

（3）互联网信息访问协议。

互联网信息访问协议（Internet message access protocol，IMAP）提供了在远程服务器上管理邮件的手段，允许用户使用电子邮件来访问邮件服务器上的电子邮件和公告信息。它与 POP 协议相似，但功能比 POP 要多，包括只下载邮件的标题、建立多个邮箱和在服务器上建立保存邮件的文件夹等。

（4）多用途网际邮件扩展协议。

多用途网际邮件扩展协议（multipurpose Internet mail extensions，MIME）是IETF于1993年9月通过的一个电子邮件标准，用于扩展电子邮件标准，使其能够支持非ASCII字符文本、非文本格式附件（如二进制、声音、图像等）、由多部分组成的消息体以及包含非ASCII字符的头信息。

2. 电子邮件地址格式

电子邮件地址遵循“用户名@邮件服务器名”的基本格式。用户名是电子邮件地址的左半部分，位于“@”符号之前。用户名由用户自行选择，通常包含字母、数字、下划线等。“@”符号是电子邮件地址中用于分隔用户名和邮件服务器名的特殊字符。邮件服务器名是电子邮箱地址的右半部分，位于“@”符号之后。邮件服务器名通常表示邮件服务提供商的域名或IP地址。常见的邮件服务器名后缀包括“. com”“. net”“. org”“. edu”等，以及各大邮件服务提供商的特定后缀如“qq. com”“gmail. com”等。例如，一个典型的电子邮件地址可能是“username @ example. com”，其中“username”是用户名，“example. com”是邮件服务器名。

3. 电子邮件工作过程

电子邮件采用客户端/服务器的工作模式。电子邮件的工作过程包括编写邮件、发送邮件到发送服务器、发送服务器处理邮件、接收服务器处理邮件等步骤。这些步骤共同确保了电子邮件的准确、高效传输。

（1）编写邮件。

用户通过Web浏览器或邮件客户端（如Outlook、Foxmail等）编写电子邮件。邮件内容包括收件人的电子邮件地址、邮件主题、正文内容等。

（2）发送邮件到发送服务器。

用户点击“发送”按钮后，邮件用户代理（MUA）使用简单邮件传输协议（SMTP）将邮件传送到发送方邮件服务器上。邮件保存在邮件缓冲区内，等待发送到接收方的邮件服务器。

（3）发送服务器处理邮件。

发送邮件服务器检查收件人地址，并使用TCP/IP协议与接收方邮件服务器建立连接（通常使用熟知端口号25）。发送服务器将邮件缓冲区内的邮件依次发送出去，过程中不被任何一个中间邮件服务器所接收。如果超过规定的时间还不能把邮件发送出去，则发送邮件服务器要向用户代理报告发送失败。

（4）接收服务器处理邮件。

接收方邮件服务器收到邮件后，根据邮件的收件人地址，将邮件放入对应的用户邮箱中，等待收件人下载。

（5）用户接收邮件。

当收件人运行邮件用户代理（MUA）的“接收邮件”功能时，用户代理利用邮局

协议第 3 版（POP3）或 Internet 邮件访问协议（IMAP 协议），将邮件从接收服务器中下载到本地用户代理。用户可以通过邮件客户端软件（如 Outlook、Foxmail 等）查看和管理邮件。

例题解析

例 1　电子邮件的通信模式主要基于（　　）架构。

A. browser/server　　B. client/server

C. peer to peer　　D. peer to server

例 2　SMTP 协议和 POP3 协议在传输层使用的协议是（　　）。

A. TCP　　B. UDP

C. P2P　　D. IP

例 3　以下选项中，属于电子邮件发送过程中的必要步骤的是（　　）。

A. 发送方和接收方必须同时打开计算机

B. 发送方通过邮件客户端编写邮件并发送

C. 邮件在 Internet 上直接传输到接收方计算机

D. 接收方计算机自动接收并阅读邮件

答案： B；A；B

知识点对接： 电子邮件的通信模式、SMTP 和 POP3 协议的功能、电子邮件的发送过程。

解析： 例 1 考查的是对电子邮件的通信模式的理解。电子邮件的工作过程主要遵循客户/服务器（client/server）模式。发送方通过邮件客户程序（如 Outlook、Foxmail 等）将编辑好的电子邮件发送给邮件发送服务器（SMTP 服务器），SMTP 服务器再将邮件转发给接收方的邮件服务器（POP3 或 IMAP 服务器），最终接收方通过邮件客户程序从邮件服务器中读取邮件，故选 B。例 2 考查的是对 SMTP 和 POP3 这两个协议功能的了解。简单邮件传输协议（SMTP）和邮局协议第 3 版（POP3）都是用于电子邮件传输的协议，它们在传输层使用的协议是传输控制协议（TCP）。TCP 是一种面向连接的、可靠的、基于字节流的传输层通信协议，它能够确保数据包的顺序传输和完整性，故选 A。例 3 考查的是对电子邮件发送过程的理解。在电子邮件的发送过程中，发送方首先需要通过邮件客户端（如 Outlook、Gmail 等）编写邮件，并指定收件人的电子邮件地址，然后发送邮件。邮件并不会直接传输到接收方的计算机，而是先发送到 SMTP 服务器，再由 SMTP 服务器转发到接收方的邮件服务器。接收方在需要时通过邮件客户端连接到邮件服务器并读取邮件。因此，发送方通过邮件客户端编写并发送邮件是电子邮件发送过程中的必要步骤，故选 B。

6.6.5 Internet的其他服务

1. 文件传输服务

文件传输服务是一种基于文件传输协议（FTP）的服务，为用户提供在不同计算机或设备之间传输文件的服务，并保证传输过程的可靠性。用户将文件从自己的计算机上发送到FTP服务器上的过程称为上传，用户把服务器中大量的共享软件和免费资料传到客户端的过程称为下载。

FTP协议是应用层协议，采用典型的客户端/服务器（C/S）工作模式，FTP客户端程序必须与远程的FTP服务器建立连接并登录后，才能进行文件传输。通常一个用户必须在FTP服务器进行注册，即建立合法的用户账户，拥有合法的用户名和密码后，才能进行有效的FTP连接和登录。

用户连接FTP服务器时，要经过一个登录的过程，即用户输入其在该主机上申请的账号和密码。为了方便用户使用，目前大多数提供公共资料的FTP服务器都提供了一种被称为匿名FTP的服务。互联网用户可以随时访问这些服务器而不需要事先申请用户账户，用户可以使用“anonymous”作为用户名，以电子邮件地址作为口令，即可进入服务器。

2. 远程登录服务

远程登录服务是在特定协议Telnet的支持下，将用户计算机与远程主机连接起来，使用户能够在远程计算机上运行程序、访问数据或执行其他任务。远程登录使用客户端/服务器工作模式，由客户端软件、服务器软件以及相应的通信协议组成。用户通过客户端软件发送命令和数据到远程服务器，服务器执行相应操作后将结果返回给客户端。

3. 动态主机配置协议

动态主机配置协议（dynamic host configuration protocol，DHCP）是应用层协议。在TCP/IP网络模型中，DHCP协议工作在OSI七层模型中的应用层，并使用UDP作为传输协议，UDP端口号为67和68（分别对应DHCP服务器和DHCP客户端）。

DHCP协议的主要作用是为局域网内的主机提供网络配置参数，包括IP地址、子网掩码、默认网关、DNS服务器地址等。当主机接入网络时，会向DHCP服务器发送请求，DHCP服务器会根据网络配置情况，动态地为主机分配IP地址等网络参数，并返回给主机。这样，主机就可以自动获取网络参数，而无须手动配置。

DHCP协议有三种机制分配IP地址。一是自动分配方式，DHCP服务器为主机指定一个永久性的IP地址，一旦DHCP客户端第一次成功地从DHCP服务器端租用到IP地址，就可以永久性地使用该地址。二是动态分配方式，DHCP服务器给主机指定一个具有时间限制的IP地址，时间到期或主机明确表示放弃该地址时，该地址可以被其他主机使用。三是手动分配方式，客户端的IP地址是由网络管理员指定的，DHCP服务器只是将指定的IP地址告诉客户端主机。

4. 查询服务

搜索引擎其实是一个网站，只不过该网站专门为用户提供信息“检索”服务。它根据一定的策略，使用特定的计算机程序从互联网上搜集信息并进行组织和处理后，为用户提供检索服务，并将检索到的相关信息展示给用户。常用的国内搜索引擎有百度、搜狗、360 搜索、头条搜索等，常用的国外搜索引擎有谷歌（Google）、必应（Bing）等。

（1）搜索引擎的组成。

搜索引擎主要由搜索器、索引器、检索器、用户接口四部分组成，实现了从互联网上搜集信息、建立索引数据库、处理用户查询请求并返回相关结果的功能。这些模块之间相互协作，共同构成了搜索引擎的核心技术架构。

搜索器也被称为网络蜘蛛（web spider）或网络爬虫（web crawler），是一个自动程序，负责在互联网上爬行和抓取网页。它的主要工作是发现新的网页，并尽可能快地将这些网页下载到本地文档库。索引器的主要功能是理解搜索器所采集的网页信息，并从中抽取出索引项。检索器根据用户的查询在索引库中快速检索文档，进行相关度评价，并对将要输出的结果进行排序。检索器能够合理反馈信息给用户，满足用户的查询需求。用户接口为用户提供可视化的查询输入和结果输出的界面。用户接口是用户与搜索引擎进行交互的桥梁，它使得用户能够方便地输入查询请求，并查看搜索结果。

（2）网页快照。

搜索引擎在收录网页时，会对网页进行备份，并存储在自己的服务器缓存里，当用户在搜索引擎中点击“网页快照”链接时，搜索引擎将搜索器当时所抓取并保存的网页内容展现出来，这一过程称为“网页快照”。

由于网页内容存储在搜索引擎服务器中，因此查看速度往往比直接访问网页要快。网页快照中，搜索的关键词用亮色显示，用户可以通过点击呈现亮色的关键词直接找到关键词出现的位置，便于快速找到所需信息，提高搜索效率。当搜索的网页被删除或链接失效时，也可以使用网页快照查看这个网页的原始内容。

网页快照是搜索引擎提供的一项重要功能，它不仅可以为用户提供历史信息和数据备份服务，还可以提高用户体验和保护用户权益。同时，对于网站管理员来说，网页快照也是进行 SEO 优化和数据分析的重要参考工具。

5. 即时通信

即时通信是指能够即时发送和接收互联网消息的服务业务。近几年，即时通信发展迅速，功能日益丰富，已不再是一个单纯的聊天工具，已经发展成集交流、资讯、娱乐、搜索、电子商务、办公协作和企业客户服务等于一体的综合化信息平台。

（1）网上聊天室。

网上聊天室（IRC）由芬兰人 Jarkko Oikarinen 于 1988 年首创，是一种网络聊天协议。经过几十年的发展，IRC 广泛应用于全球多个国家或地区，成为网络用户进行实时交流的重要工具。目前 IRC 已经被淘汰。IRC 采用 C/S 工作模式，一个 IRC 系统由 IRC 服务器和参与聊天的用户组成。

(2) 网上寻呼。

网上寻呼（ICQ）采用C/S工作模式，在安装即时消息软件时，它会自动和服务器联系，然后给用户分配一个全球唯一的识别号码。ICQ可自动探测用户的上网状态并实时交流信息。

(3) IP电话。

IP电话也称网络电话，是基于IP网络进行语音通信的电话系统。它采用分组交换技术，将语音信号转换为数字数据，通过IP网络进行传输，并在接收端还原为语音信号。数据包沿着传输路由的任何一个可用的通道传输，所以IP电话能更有效地利用网络带宽，占用资源少，成本很低。IP电话的缺点是通过Internet传输声音的速率会受到网络工作状态的影响。

(4) 电子公告牌。

电子公告牌（BBS）也称电子布告栏系统或电子公告牌系统，是一种电子信息服务系统，用于在公共平台上发布和共享信息。早期的BBS由教育机构或研究机构管理，现在多数网站都建立了自己的BBS系统，供用户通过网络来结交朋友、表达观点。

(5) 微博。

微博（MicroBlog）是微博客的简称，是一种允许用户通过多种方式，利用PC、手机等多种移动终端接入，以文字、图片、视频等多媒体形式实现信息的即时分享、传播互动的广播式社交媒体、网络平台。

微博起源于美国的Twitter，由埃文·威廉姆斯（Evan Williams）在2006年创建。而在中国，新浪于2009年8月推出“新浪微博”内测版，成为门户网站中第一家提供微博服务的网站。随着时间的推移，微博市场逐渐成熟，除了新浪微博外，还出现了腾讯微博、网易微博等平台。2014年，新浪微博宣布改名为“微博”，并推出了新的标志，新浪色彩逐步淡化。

(6) QQ。

1998年11月，腾讯公司在深圳成立，最初的业务是为寻呼台建立网上寻呼系统。随着互联网的快速发展，腾讯公司创始人马化腾带领团队开始研发一款即时通信软件。1999年2月10日，腾讯正式推出第一个即时通信软件OICQ（Open ICQ），模仿国际上的ICQ，其标志是一只戴着红色围巾的小企鹅。由于与美国在线的ICQ存在商标纠纷，腾讯于2000年11月将OICQ正式更名为QQ。

腾讯QQ以其简洁的界面、稳定的性能和丰富的功能迅速赢得了用户的喜爱。它支持在线聊天、视频通话、点对点断点续传文件、共享文件、网络硬盘、自定义面板、电子邮箱等多种功能，并可与多种通信终端相联。

(7) 微信。

微信是腾讯公司于2011年1月21日推出的一款支持Windows Phone、Android以及iOS等平台的即时通信应用程序，它能让用户通过智能手机客户端与好友分享文字与图片，并能进行分组聊天、语音和视频对讲。

例题解析

例1 （　　）不是实现防火墙的主流技术。

A. NAT技术　　B. 包过滤技术

C. 代理服务器技术　　D. 应用级网关技术

例2 DHCP协议的主要作用是（　　）。

A. 提供文件传输服务　　B. 自动分配IP地址和配置信息

C. 管理网络中的路由信息　　D. 提供远程登录服务

例3 以下哪项不属于搜索引擎的工作原理？（　　）

A. 抓取网页　　B. 处理网页

C. 自动输出　　D. 提供检索服务

答案：A；B；C

知识点对接：NAT技术、DHCP技术、搜索引擎。

解析：例1补充讲解了NAT技术。防火墙技术可根据防范的方式和侧重点的不同分为包过滤技术、应用级网关技术、代理服务器技术三种类型。网络地址转换（network address translation，NAT）是将私有（保留）地址转化为合法IP地址的转换技术，它被广泛地应用于各种类Internet接入方式和各种类网络，故选A。例2考查的是对DHCP协议功能的了解。DHCP协议的主要作用是自动分配IP地址、子网掩码、默认网关、DNS服务器地址等网络配置信息给网络中的主机。通过使用DHCP，网络管理员可以统一管理IP地址，避免IP地址冲突，提高网络管理效率，故选B。例3考查的是对搜索引擎工作原理的理解。搜索引擎的工作原理主要包括抓取网页、处理网页（如建立索引）和提供检索服务三个部分。自动输出并不是搜索引擎工作原理的直接环节，故选C。

同步训练

1. 电子邮件能传送的信息（　　）。

A. 只能是压缩的文字和图像信息

B. 只能是文本格式的文件

C. 只能是标准ASCII字符

D. 是文字、声音和图形图像等多种类型的信息

2. FTP是Internet中（　　）。

A. 发送电子邮件的软件　　B. 浏览网页的工具

C. 用来传送文件的一种服务　　D. 一种聊天工具

3. 互联网（Internet）的起源可追溯到它的前身（　　）。

A. ARPANET　　B. DECNET

C. NSFNET　　D. ETHERNET

4. 在域名服务系统中，域名采用分层次的命名方法，其中顶级域名 EDU 代表的是（　　）。

A. 教育机构　　B. 商业组织

C. 政府机构　　D. 国家代码

5. 下列哪项是正确的电子邮件地址？（　　）

A. inhe. net@wangxing　　B. wangxing. inhe. net

C. inhe. ne. wangxing　　D. wangxing@inhe. net

6. 在 Internet 上浏览时，浏览器和 WWW 服务器之间传输网页使用的协议是（　　）。

A. IP　　B. HTTP

C. FTP　　D. Telnet

7. 在以下四个 WWW 网址中，哪一个网址不符合 WWW 网址书写规则？（　　）

A. www. 163. com　　B. www. nk. cn. edu

C. www. 863. org. cn　　D. www. tj. net. jp

8. 一封 E-mail 带有“回形针”符号，则说明它（　　）。

A. 带有附件　　B. 需要回复

C. 没有收到　　D. 发送给多个用户

9. 下列四个文件中，哪个文件是网页类型的文件？（　　）

A. 文件 1. txt　　B. 文件 2. zip

C. 文件 3. doc　　D. 文件 4. htm

10. 某 Internet 主页的 URL 地址为“http：//www. abc. com. cn/product/index. html”，该地址的域名是（　　）。

A. index. htm　　B. com. cn

C. www. abc. com. cn　　D. http：//www. ab

11. 电子邮件地址“ks@163. net”中的“ks”指（　　）。

A. 用户名　　B. 地区名

C. 国家名　　D. 邮件服务器

12. 我们将文件从客户机传输到 FTP 服务器的过程称为（　　）。

A. 下载　　B. 浏览

C. 上传　　D. 邮寄

13. 下列哪项不是电子邮件服务的优点？（　　）

A. 方便迅捷　　B. 实时性强

C. 费用低　　D. 传输信息量大

14. 完成远程登录的 TCP/IP 协议是（　　）。

A. SMTP 协议　　B. FTP 协议

C. SNMP 协议　　D. Telnet 协议

15. 互联网中完成域名地址和 IP 地址转换的系统是（　　）。

A. POP　　B. DNS

C. SLIP　　D. Usenet

16. 访问 Internet 时只能使用 IP 地址，是因为没有配置 TCP/IP 的（　　）。

A. IP 地址　　B. 子网掩码

C. 默认网关　　D. DNS

17. 超文本的含义是（　　）。

A. 该文本中含有声音

B. 该文本中含有二进制数

C. 该文本中含有链接到其他文本的链接点

D. 该文本中含有图像

18. 在 Foxmail 中添加一个 abc@163.com 的账号，则发送邮件服务器的配置为（　　）。

A. smtp.163.com　　B. POP3.163.com

C. smtp.abc.com　　D. POP3.abc.com

19. Internet 最初创建的目的是用于（　　）。

A. 政治　　B. 经济

C. 教育　　D. 军事

20. 局域网中为登录域的计算机分配动态 IP 地址的服务器为（　　）。

A. DNS 服务器　　B. DHCP 服务器

C. WWW 服务器　　D. WINS 服务器

21. Internet 服务提供者的英文简写是（　　）。

A. DSS　　B. NII

C. IIS　　D. ISP

22. FTP 协议的缺省端口号是（　　）。

A. 21　　B. 23

C. 25　　D. 29

23. 在互联网电子邮件系统中，电子邮件应用程序（　　）。

A. 发送邮件和接收邮件通常都使用 SMTP 协议

B. 发送邮件通常使用 SMTP 协议，而接收邮件通常使用 POP3 协议

C. 发送邮件通常使用 POP3 协议，而接收邮件通常使用 SMTP 协议

D. 发送邮件和接收邮件通常都使用 POP3 协议

24. 下列四项内容中，不属于 Internet 基本功能的是（　　）。

A. 电子邮件　　B. 文件传输

C. 远程登录　　D. 实时监测控制

25. 下列哪项不是我国互联网行业三巨头？（　　）

A. 阿里巴巴　　B. 腾讯

C. 联想　　D. 百度

26. 上网搜索内容时，经常要用到搜索引擎，下列哪项不是以搜索功能为主的公司？（　　）

A. 百度　　B. Google

C. 搜搜 D. 华为

27. 小明给朋友成功发送了一封电子邮件，但是对方还未查看，哪个位置一定会保存有这封电子邮件？（　　）

A. 小明的计算机 B. 朋友的计算机

C. 网关 D. 相关邮件服务器

28. 有关网络域名系统的描述中，不正确的是（　　）。

A. 网络域名系统的缩写为 DNS

B. 每个域名可以由多个域组成，域与域之间用“.”分隔

C. 域名中最左端的域称为顶级域

D. CN 是顶级域名代码

29. 在 Intranet 服务器中，（　　）作为 WWW 服务的本地缓冲区，将 Intranet 用户在 Internet 中访问过的主页或文件的副本存放其中，用户下一次访问时可以直接从中取出，提高用户访问速度，节省费用。

A. Web 服务器 B. 数据库服务器

C. 电子邮件服务器 D. 代理服务器

30. WWW 网页文件的编写语言及相应的支持协议分别为（　　）。

A. HTML、HTPT B. HTTL、HTTP

C. HTML、HTTP D. 以上均不对

模块测试

1. 局域网和广域网是以（　　）来划分的。

A. 网络的使用者 B. 信息交换方式

C. 网络所使用的协议 D. 网络中计算机的分布范围和连接技术

2. ICMP 协议位于（　　）。

A. 网络层 B. 传输层

C. 应用层 D. 数据链路层

3. 如果一个以太网与一个帧中继网互联，应该选择的互联设备是（　　）。

A. 中继器 B. 网桥

C. 路由器 D. 集线器

4. （　　）像一个多端口中继器，它的每个端口都具有发送和接收数据的功能。

A. 网桥 B. 网关

C. 集线器 D. 路由器

5. 255.255.255.224 可能代表的是（　　）。

A. 一个 B 类网络号 B. 一个 C 类网络中的广播

C. 一个具有子网的网络掩码 D. 以上都不是

6. CSMA/CD 中 CD 的意思是（　　）。

A. 载波监听 B. 先听后发

C. 边听边发　　D. 冲突检测

7. CSMA/CD 总线网适用的标准为（　　）。

A. IEEE 802.3　　B. IEEE 802.5

C. IEEE 802.6　　D. IEEE 802.11

8. FTP 所采用的工作模式是（　　）。

A. 主机模式　　B. 移动机/服务器模式

C. 客户机/服务器模式　　D. 客户模式

9. HDLC 是哪一层的协议？（　　）

A. 物理层　　B. 数据链路层

C. 网络层　　D. 传输层

10. HTTPS 中的“S”代表什么？（　　）

A. secure（安全）　　B. simple（简单）

C. standard（标准）　　D. service（服务）

11. HTTPS 与 HTTP 的主要区别在于 HTTPS 提供了哪一层的安全保障？（　　）

A. 应用层　　B. 传输层

C. 会话层　　D. 网络层

12. 关于 IE 主页的叙述，正确的是（　　）。

A. 主页是指只有单击“主页”按钮时才能打开的 Web 页

B. 主页是指 IE 浏览器启动时默认打开的 Web 页

C. 主页是指 IE 浏览器出厂时设定的 Web 页

D. 主页即是微软公司的网站

13. Internet Explore（IE）浏览器的收藏夹的主要作用是收藏（　　）。

A. 邮件　　B. 内容

C. 网址　　D. 图片

14. 关键词搜索引擎又称为（　　）。

A. 全文搜索引擎　　B. 分类目录型搜索引擎

C. 内容搜索引擎　　D. 中心搜索引擎

15. 当 FTP 站点被授予读取权限时，可以进行（　　）的操作。

A. 浏览和下载　　B. 新建文件夹

C. 浏览和删除　　D. 下载和上传

16. 从互联网使用者的角度看，互联网是一个（　　）。

A. 信息资源网

B. 网际网

C. 网络设计者设计的计算机互联网络的一个实例

D. 网络黑客利用计算机网络大展身手的舞台

17. IP 协议提供的服务类型是（　　）。

A. 面向连接的数据报服务　　B. 无连接的数据报服务

C. 面向连接的虚电路服务　　D. 无连接的虚电路服务

18. OSI 参考模型中的（　）确保一个系统应用层发出的信息能被另一个系统的应用层读出。

A. 传输层　　B. 会话层

C. 表示层　　D. 应用层

19. RS-232 是（　）之间的接口标准。

A. 计算机与计算机　　B. 计算机与终端

C. DTE 与 DCE　　D. DCE 与 DCE

20. TCP/IP 协议中的 TCP 是一个典型的跨平台的、支持异构网络的（　）协议。

A. 数据链路层　　B. 网络层

C. 传输层　　D. 会话层

21. X. 25 数据交换网使用的是（　）。

A. 分组交换技术　　B. 报文交换技术

C. 帧交换技术　　D. 电路交换技术

22. 采用 100BASE-T 物理层媒体规范，其数据速率及每段双绞线的最大长度分别为（　）。

A. 100 Mbps、200 m　　B. 100 Mbps、100 m

C. 200 Mbps、200 m　　D. 200 Mbps、100 m

23. 超文本标记语言“＜ a href＝" http：//www. cbe21. com" ＞中国基础教育网”的作用是（　）。

A. 创建一个指向中国基础教育网的超链接

B. 创建一个指向中国基础教育网的电子邮件

C. 插入一幅中国基础教育网的图片

D. 插入一段中国基础教育网的文字

24. 分组交换还可以进一步分为（　）和虚电路两种交换类型。

A. 永久虚电路　　B. 数据报

C. 呼叫虚电路　　D. 包交换

25. 关于计算机组网的目的，下列描述中错误的是（　）。

A. 进行数据通信　　B. 分布式信息处理

C. 信息自由共享　　D. 提高计算机系统的可靠性和可用性

26. 关于 DNS，下列叙述错误的是（　）。

A. 子节点能识别父节点的 IP 地址

B. 域名的命名原则是采用层次结构的命名树

C. DNS 采用客户服务器工作模式

D. 域名不能反映计算机所在的物理地址

27. 数据在传输中产生差错的主要原因是（　）。

A. 热噪声　　B. 冲击噪声

C. 串扰　　D. 恶劣环境

28. 双绞线是成对线的扭绞，旨在（　）。

A. 易辨认、美观

B. 使电磁辐射和外部电磁干扰减到最小

C. 加快数据传输速度

D. 便于网络设备连接

29. 广域网（WAN）是一种跨越很大地域范围的计算机网络。下面关于广域网的叙述中，正确的是（　　）。

A. 广域网是一种通用的计算机网络，所有用户都可以接入广域网

B. 广域网使用专用的通信线路，数据传输速率很高

C. Internet、CRENET、ATM、X.25 等都是广域网

D. 广域网按广播方式进行数据通信

30. 令牌总线网络标准是（　　）。

A. IEEE 802.2　　B. IEEE 802.3

C. IEEE 802.4　　D. IEEE 802.5

31. 企业内部网是采用 TCP/IP 技术，集局域网、广域网和数据服务于一体的一种网络，它也称为（　　）。

A. 广域网　　B. Internet

C. 局域网　　D. Intranet

32. 如果网络层使用数据报服务，那么（　　）。

A. 仅需在连接建立时做一次路由选择　　B. 需要为每个到来的分组做路由选择

C. 仅需在网络拥塞时做新的路由选择　　D. 不必做路由选择

33. 使用缺省的子网掩码，IP 地址 201.100.200.1 的网络号和主机号分别是（　　）。

A. 201.0.0.0 和 100.200.1　　B. 201.100.0.0 和 200.1

C. 201.100.200.0 和 1　　D. 201.100.200.1 和 0

34. 下列传输介质中采用 BNC 头作为连接器件的是（　　）。

A. 双绞线　　B. 同轴电缆细缆

C. 光纤　　D. 同轴电缆粗缆

35. 下列不属于互联网服务类型的是（　　）。

A. TCP/IP　　B. WWW

C. TELNET　　D. FTP

36. 下列哪项不是共享式局域网的特点？（　　）

A. 为一个单位所拥有，且地理范围和站点数目均有限

B. 所有站共享较高的总带宽

C. 拥有较低的时延和较低的误码率

D. 各站为主从关系

37. 在 OSI 参考模型中的物理层、数据链路层、网络层传送的数据单位分别为（　　）。

A. 比特、帧、分组　　B. 比特、分组、帧

C. 帧、分组、比特　　D. 分组、比特、帧

38. 关于远程登录，下列说法不正确的是（　　）。

A. 远程登录定义的网络虚拟终端提供了一种标准的键盘定义，可以用来屏蔽不同计算机系统对键盘输入的差异性

B. 远程登录利用传输层 TCP 协议进行数据传输

C. 利用远程登录提供的服务，用户可使自己的计算机暂时成为远程计算机的一个仿真终端

D. 为执行远程登录服务器上的应用程序，远程登录客户端和服务器端要使用相同类型的操作系统

39. ATM 采用的线路复用方式为（　　）。

A. 频分多路复用　　B. 同步时分多路复用

C. 异步时分多路复用　　D. 波分多路复用

40. ATM 技术的特点是（　　）。

A. 采用网状型拓扑结构　　B. 以信元为数据传输单位

C. 以帧为数据传输单位　　D. 同步传输

模块 7　计算机网络安全与知识产权

模块概述

信息安全是网络信息时代永恒的需求，本模块以信息安全技术体系为主线，旨在通过学习信息安全技术和知识产权基础理论，共同维护清朗的网络环境，增强知识产权保护意识。

考纲解读

理解计算机信息安全的基本概念，掌握计算机病毒及防治的基本知识，了解网络信息安全的基础知识、发展现状及预防措施，具备网络安防系统检测、运行、维护的能力，了解社会信息道德，了解知识产权基础知识。

模块导图

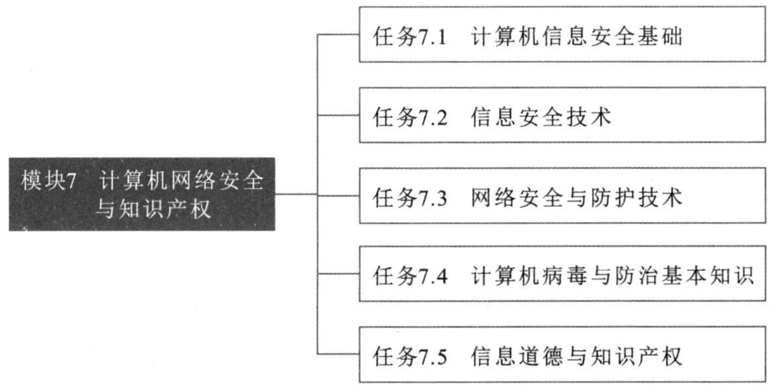

任务 7.1 计算机信息安全基础

任务描述

了解计算机信息安全的相关知识，理解信息安全面临的主要威胁，掌握信息安全的特征和保障措施。

知识图谱

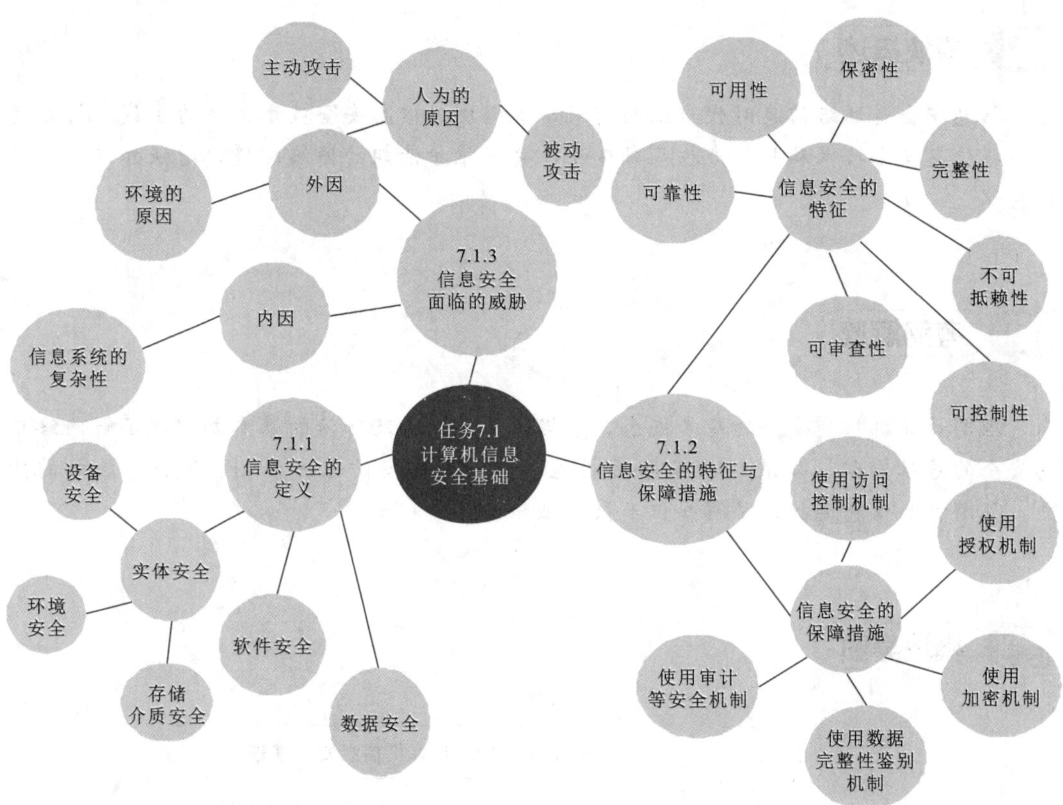

7.1.1 信息安全的定义

从广义上讲，信息安全是一门综合性学科，是指对信息的保密性、可用性和完整性的保持，是将管理、技术等问题相结合的产物。从狭义上讲，信息安全是指信息系统的硬件、软件及其系统中存储和传输的数据受到保护，不因偶然的或者恶意的原因而遭到破坏、更改、泄露，系统能够连续、可靠、正常地运行，信息服务不中断。

传统的信息安全强调信息（数据）本身的安全属性，而从信息系统角度来全面考虑信息安全的内涵，信息安全则主要包括实体安全、软件安全和数据安全，其中数据安全是保障网络安全最根本的目的。

（1）实体安全。实体安全又称为物理安全、硬件安全，是指包括环境、设备和记录介质在内的所有支持网络信息系统运行的硬件总体安全。它是确保网络信息系统安全、可靠、不间断运行的基本保证。实体安全主要包括环境安全、设备安全、存储介质安全、灾难备份与恢复。影响实体安全的因素有自然灾害（如地震、洪水、火灾等）、人为破坏（如盗窃、破坏设备等）以及电磁干扰等。

（2）软件安全。软件安全是指系统的运行安全。软件安全面临的威胁主要包括未经授权的访问、数据篡改、资源滥用和拒绝服务等。软件安全通常由加密、认证、授权和审计等安全控制措施来提供保障。

（3）数据安全。数据安全是指采取措施确保数据免遭泄露、篡改和毁坏。数据安全包括数据的保密性、数据的完整性和数据的可用性。

信息系统的硬件系统安全和操作系统安全是信息系统安全的基础，密码和网络安全等技术是信息系统安全的关键。

信息安全具有系统性、相对性和动态性的特点。在影响信息安全的因素中，人、技术、管理是最主要的因素。其中，人是保障信息安全的基础，是最薄弱的环节；技术是保障信息安全的核心；管理是保障信息安全的关键。

例题解析

例 1　下列关于信息安全的说法，错误的是（　　）。

A. 信息系统的物理安全包括环境安全、设备安全、媒体安全等，保障物理安全的措施通常有风险分析、备份与恢复等

B. 信息系统的软件安全是指信息系统的运行安全，备份与恢复技术可以提供保障

C. 数据安全是保障网络安全最根本的目的，加密技术为数据安全提供最后的保障

D. 在信息安全所包括的所有要素中，人是最薄弱的环节

例 2　信息安全的含义不包括（　　）。

① 数据安全；② 计算机设备安全；③ 计算机网络安全；④ 人员安全；⑤ 软件安全；⑥ 文档安全

A. ①　　　　B. ②③

C. ④　　　　D. ④⑤⑥

答案： A；C

知识点对接： 信息安全的概念、分类和预防措施。

解析： 例 1 中 A 选项描述的风险分析、备份与恢复等技术手段通常用来保障软件安全，并不是保障物理安全，所以选择 A。例 2 中信息安全指信息系统的实体安全、软件安全、数据安全，不包含人员安全，所以选择 C。

7.1.2 信息安全的特征与保障措施

1. 信息安全的特征

信息安全的特征有可靠性、可用性、保密性、完整性、不可抵赖性、可控制性和可审查性。

（1）可靠性：系统在规定的条件下和规定的时间内，完成规定功能的概率，包括硬件的可靠性、软件的可靠性和环境的可靠性等。

（2）可用性：得到授权的实体可以得到所需要的资源和服务。破坏行为有拒绝服务攻击、病毒攻击计算机系统、发送大量垃圾邮件等，解决办法是采用冗余与备份技术、访问控制与身份验证技术、防火墙与入侵检测技术等。

（3）保密性：确保信息不暴露给未授权的实体或进程，即信息的内容不会被未授权的第三方所知悉。它是信息安全最基本和最核心的保障。破坏行为有假冒、窃听、流量分析、非法破译他人密码。解决办法是采用对称和非对称加密技术等。

（4）完整性：保证信息和处理方法的正确性和一致性。完整性一方面是指信息在存储或传输过程中不被偶然或蓄意地删除、修改、伪造、重放等；另一方面是指信息处理方法的正确性。保障技术主要有身份认证技术、权限管理技术、数字签名技术等。

（5）不可抵赖性：也称为不可否认性，是指在信息交互过程中，所有参与者都不可能否认或抵赖曾经完成的操作和做出的承诺。不可抵赖性是对信息系统交互过程中进行事后责任追查与审计的一项重要功能，在电子商务中极其重要。保障技术主要有身份认证技术、数字签名技术、第三方认证技术等。

（6）可控制性：对信息的传播及内容具有控制能力，可以维持信息的正常传播，也可以随时限制错误信息、虚假信息的传播，是最难实现的技术属性。

（7）可审查性：对出现的信息安全问题提供调查的依据和手段。

2. 信息安全的保障措施

信息安全的保障是指在遵循相关安全法律、法规和政策的基础上，通过综合运用适当的安全技术和安全管理措施，保障实体安全、软件安全和数据安全。

（1）使用访问控制机制，阻止非授权用户进入网络，即使非授权用户“进不来”，从而保证网络系统的可用性。

（2）使用授权机制，实现对用户的权限控制，即保证不该拿走的“拿不走”，结合审计机制，实现信息的可控性。

（3）使用加密机制，确保信息不暴露给未授权的实体或进程，即使未授权的实体或进程“看不懂”，实现信息的保密性。

（4）使用数据完整性鉴别机制，保证只有得到允许的人才能修改数据，而其他人“改不了”，实现信息的完整性。

（5）使用审计、监控、防抵赖等安全机制，使得攻击者、破坏者、抵赖者“走不脱”，实现信息的可审查性。

3. 我国信息安全级别

我国的信息安全级别主要依据《信息安全等级保护管理办法》进行划分，共分为专控保护级、强制保护级、监督保护级、指导保护级和自主保护级五个等级；根据信息的敏感性、重要性和泄露后可能带来的后果划分为绝密、机密、秘密、非密但敏感和无密五个等级。

例题解析

例 1　下列关于信息安全的说法，正确的是（　　）。

A. 可用性是指信息的内容不会被未授权的第三方所知晓

B. 可审查性是指信息系统的行为人不能否认自己的信息处理行为

C. 不可否认性指阻止非授权的主体阅读信息

D. 完整性是指未授权的用户不能够获取敏感信息

例 2　破坏数据完整性的攻击是（　　）。

A. 数据在传输中途被窃听　　B. 给别人的数据中插入无用的信息

C. 给某网站发送大量垃圾信息　　D. 假冒他人地址发送数据

例 3　“进不来”“拿不走”“看不懂”“改不了”“走不脱”是信息安全的保障措施。其中，“看不懂”指的是下列安全服务中的（　　）。

A. 数据加密　　B. 身份认证

C. 数据完整性　　D. 访问控制

答案：B；B；A

知识点对接：信息安全的特征和保障措施。

解析：例 1 和例 2 主要考查信息安全的特征。例 1 中结合对信息安全特征的概念进行分析，其中可审查性主要用于事后追责和信息系统的行为人不能否认自己的信息处理行为，所以选择 B。例 2 中的完整性是指信息在存储或传输过程中不被偶然或蓄意地删除、修改、伪造、重放等，所以选择 B。例 3 考查保障信息安全的五种机制，其中“看不懂”是指使用数据加密，确保信息不暴露给未授权的实体或进程，所以选择 A。

7.1.3　信息安全面临的威胁

1. 信息安全的内因和外因

（1）信息安全的内因：信息系统的复杂性。

信息系统是由人、计算机及其他外围设备等组成的，用于信息收集、传递、存储、加工、维护和使用的系统。信息系统本身是脆弱的，导致其脆弱的主要原因有组成网络的通信和信息系统的自身缺陷和互联网的开放性。

（2）信息安全的外因：环境和人为的原因。

① 环境的原因。信息系统都是在一定的自然环境下运行的，自然灾害对信息系统的威胁是多方面的，如地震、火灾、水灾、风灾等各种自然灾害都可能对信息系统造成毁灭性的破坏。

② 人为的原因。人为的攻击分为偶然事故和恶意攻击。其中，偶然事故是指没有明显的恶意目的的攻击，但它会使信息受到破坏。恶意攻击是指很多系统内部和外部的攻击者非法入侵、破坏系统和窃取信息，实施有目的的破坏。恶意攻击又分为主动攻击和被动攻击两种方式。

主动攻击是指攻击者采用删除、增加、重放、伪造等主动手段，达到破坏系统或窃取信息的目的。主动攻击包括拒绝服务攻击（DoS）、分布式拒绝服务攻击（DDoS）、中断、篡改、重放、伪装、入侵检测、IP 欺骗、ARP 欺骗、DNS 欺骗等。抗击主动攻击的主要途径是检测，以及对此攻击造成的破坏进行恢复，主要手段有及时更新系统补丁、加密通信、防火墙技术、入侵检测技术等。

被动攻击是指通过监视所有信息流以获得某些秘密。这种攻击可以是基于网络（跟踪通信链路）或基于系统（用秘密抓取数据的木马代替系统部件）的，它又分为两类：一类是获取消息的内容；另一类是进行业务流分析。被动攻击包括窃听、监听、嗅探、信息收集、端口扫描、通信流量分析、截获等，其特点是用于收集信息而不是进行访问，不对消息做任何修改，用户也不会觉察。针对这种攻击，应该将重点放在预防而非检测上，主要手段有数据加密、网络隔离与 VPN 技术等。

在人为的攻击中，截获、窃听是对系统保密性进行攻击，伪造、欺骗是对系统真实性进行攻击，篡改是对系统完整性进行攻击，中断（如拒绝服务攻击）是对系统可用性进行攻击。

2. 主要安全威胁

（1）系统漏洞。系统漏洞是指软件中被有意或无意地留下一些不易被发现的错误。

（2）补丁程序。补丁程序是指专门修复系统漏洞而设计的小程序。

（3）后门程序。后门程序是指程序员在软件开发阶段为便于修改设计中的缺陷而创建的，是绕过安全性控制获取对程序或系统访问权的程序。

（4）社会工程学攻击。社会工程学攻击是指利用受害者心理弱点、本能反应、好奇心、信任、贪婪等心理陷阱实施诸如欺骗、伤害等危害手段的攻击。其中，网络钓鱼属于典型的社会工程学攻击，是指通过发送大量冒充来自银行或其他知名机构的欺骗性垃圾邮件、短信、电话或网站，以诱导用户提供敏感信息或下载恶意软件的网络攻击方式。

（5）暴力破解。暴力破解是指通过利用大量猜测和穷举的方式来尝试获取用户口令的攻击方式。

（6）摆渡攻击。摆渡攻击是指专门针对移动存储设备（如 U 盘），从与互联网物理隔离的内部网络中窃取文件资料的信息攻击手段。

（7）中间人攻击（MITM）。中间人攻击是指攻击者通过各种攻击手段把自己插入受害者和目标机器之间，通过伪造连接请求，使两个通信实体都误认为它们正在与对方直接通信，而实际上它们的通信数据都经过了攻击者的中转。这样，攻击者就可以截获、查看、修改甚至伪造双方的通信内容，从而干涉两台机器之间的数据传输，如监听敏感数据、替换数据等。典型的中间人攻击方法有 ARP 欺骗、DNS 欺骗、会话劫持等。

ARP 欺骗又称 ARP 毒化、ARP 攻击，工作在数据链路层，是针对以太网地址解析协议（ARP）的一种攻击技术，本质是把虚假的 IP 与 MAC 映射关系通过 ARP 报文发给主机，让主机把虚假的 IP 与 MAC 映射存入 ARP 缓存表（可能是 IP 地址错误，也可能是 MAC 地址错误），让其无法正确发送数据。ARP 欺骗是黑客常用的攻击手段之一，分为两种，一种是对路由器 ARP 表的欺骗，另一种是对内网 PC 的网关欺骗。

DNS 欺骗是指攻击者冒充域名服务器的一种欺骗行为。攻击者用欺骗的行为来获取信息，而不是采用直接攻击。

会话劫持是指一种结合了嗅探和欺骗技术的攻击方式。在正常的通信过程中，攻击者作为第三方插入受害者和目标机器之间，通过修改或控制双方的数据传输，从而窃取或篡改敏感信息。攻击者可以通过获取用户的会话 cookie 或其他身份验证信息，来冒充合法用户访问受保护的资源或服务。会话劫持属于协议漏洞渗透的技术，如 SMB 会话劫持攻击。

（8）旁路攻击。旁路攻击是指攻击者通过利用目标系统或设备在执行加密操作或其他敏感任务时产生的非直接输出信息（即旁路信息），绕过传统的安全防护措施，从而获取敏感信息或执行恶意操作。这种攻击方式不直接针对加密算法或密钥，而是通过分析密码设备在执行过程中产生的物理现象（如功耗、电磁辐射、时间延迟等）来破解密码或窃取数据。

（9）逻辑炸弹。逻辑炸弹是指在计算机中某个特定逻辑条件满足时实施破坏的计算机程序。该程序触发后会造成计算机数据丢失，甚至会使整个系统瘫痪并出现物理损坏的虚假现象。

（10）挂马。挂马是指黑客通过 SQL 注入、网站敏感文件扫描、服务器漏洞、网站程序等获得网站敏感信息，并利用这些信息发起对网站的攻击的一种手段。

（11）蜜罐技术。蜜罐技术是指一种防御方对攻击方进行欺骗的技术，通过布置一些作为诱饵的主机、网络服务或者信息，诱使攻击方对它们实施攻击，从而对攻击行为进行捕获和分析，了解攻击方所使用的工具与方法，推测攻击意图和动机，让防御方清晰地了解他们所面对的安全威胁，并通过技术和管理手段来增强实际系统的安全防护能力。蜜罐技术不是被动防御技术，它可以与防火墙协作使用来查找和发现新型攻击。

（12）拒绝服务攻击（DoS）。拒绝服务攻击是指攻击者用传输数据来冲击网络接口，使服务器过于繁忙以至于不能应答请求，基本思路是迫使服务器缓冲区占满。

（13）僵尸网络。僵尸网络是指采用一种或多种传播手段，将大量主机感染 Bot 程序（僵尸程序）病毒，从而在控制者和被感染主机之间形成的一个可一对多控制的网络。僵尸网络往往被黑客用来发起大规模的网络攻击，如分布式拒绝服务攻击（DDoS）、邮件炸弹等。

其中，分布式拒绝服务攻击（DDoS）是指攻击者借助客户/服务器技术，将多个计算机联合起来作为攻击平台，对一个或多个目标发动攻击的攻击方式。

邮件炸弹是指发件者以不明来历的电子邮件地址，将电子邮件不断重复发送给同一个收件人的攻击。

（14）重放攻击。重放攻击又称重播攻击、回放攻击，是指基于非法的目的，攻击者发送一个目标计算机已接收过的包，来达到欺骗系统的目的。重放攻击主要攻击身份认证过程，以破坏认证的正确性。

（15）嗅探。嗅探是指通过网络嗅探工具获得目标计算机的网络传输的数据包，通过对数据包按照协议进行还原和分析，获取目标计算机传输的大量信息。

（16）假冒和欺诈。假冒和欺诈是指通过欺骗通信系统（或用户）使非法用户冒充合法用户，或者使特权小的用户冒充特权大的用户。

（17）缓冲区溢出。缓冲区溢出是指当计算机向缓冲区内填充数据位数时，超过了缓冲区本身的容量，溢出的数据覆盖在合法数据上，从而破坏程序的堆栈，造成程序崩溃或使程序转而执行其他指令，以达到攻击的目的。

（18）陷门。陷门是指通过替换系统合法程序，或者在合法程序里插入恶意代码，以实现非授权进程，从而达到某种特定的目的。

（19）数据备份。数据备份通常分为完全备份、增量备份和差异备份三种类型。完全备份是指备份所有选定数据；增量备份是指仅备份自上次备份以来发生变化的数据；差异备份是指备份自上一次全备份以来所有发生变化的数据。三种类型按备份数据量大小、时间长短和存储空间需求比较：完全备份＞差异备份＞增量备份。

例题解析

例 1　下列关于信息安全的说法，不正确的是（　　）。

A. 黑客的攻击手段分为主动攻击和被动攻击

B. 网络中的信息安全主要包括两个方面，即信息存储安全和信息传输安全

C. 信息传输安全指保证静态存储在联网计算机中的信息不会被未授权的网络用户非法使用

D. 不受著作权法保护或不适用于受著作权法保护的作品信息传输安全过程的安全威胁有截获信息、窃取信息、篡改信息与伪造信息

例 2　下列关于信息安全系统所面临的威胁的说法中，错误的是（　　）。

A. 窃听、监听、通信流量分析属于被动攻击

B. 嗅探、拒绝服务攻击、网络钓鱼属于主动攻击

C. 信息篡改、欺骗、伪装、重放攻击属于主动攻击

D. 暴力破解、洪水攻击、挂马属于主动攻击

例 3　用户收到了一封可疑的电子邮件，要求用户提供银行账号及密码，这种攻击手段属于（　　）。

A. 中间人攻击　　B. 社会工程学攻击

C. 暗门攻击　　D. DDoS 攻击

答案： C；B；B

知识点对接： 信息安全的概念和信息安全面临的威胁。

解析： 例 1 考查信息存储安全和信息传输安全，其中信息传输安全主要关注的是信息在传输过程中（如通过网络发送和接收数据时）的保密性、完整性和可用性，信息存储安全主要关注数据在存储介质（如硬盘、数据库、云存储等）上的安全性，防止数据被未授权访问、泄露、篡改或破坏，C 选项提到的“静态存储在联网计算机中的信息”是指数据的存储状态，而非传输状态，所以选择 C。例 2 考查主动攻击和被动攻击的攻击方法，C 选项和 D 选项都属于主动攻击，A 选项属于被动攻击，B 选项中的嗅探和网络钓鱼属于被动攻击，并不属于主动攻击，所以选择 B。例 3 考查社会工程学攻击的应用，社会工程学攻击是指通过发送大量的欺骗性垃圾邮件、短信、电话或网站，实施诸如诱导、欺骗等危害手段的一种攻击方式，题干中描述的“收到了一封可疑的电子邮件，要求用户提供银行账号及密码”，符合社会工程学攻击的特点，所以选择 B。

同步训练

1. 在密码学中绕过对加密算法的烦琐分析，利用密码系统硬件实现的运算中泄露出来的信息，如执行时间、功耗、电磁辐射等，结合统计理论快速地破解密码系统的攻击方法叫作（　　）。

A. 摆渡　　B. 挂马

C. 旁路攻击　　D. 逻辑炸弹

2. 网络安全最主要的是网络上的信息安全，在信息安全服务的措施中，本身并不能针对攻击提供保护的是（　　）。

A. 可审查性服务　　B. 可用性服务

C. 完整性服务　　D. 加密性服务

3. 数据备份的目的是保护信息安全属性中的（　　）。

A. 可审查性　　B. 完整性

C. 保密性　　D. 可用性

4. 网络钓鱼常用的手段不包括（　　）。

A. 利用虚假的电子商务网站　　B. 利用虚假网上银行、网上证券网站

C. 利用网吧计算机窃取他人账户的密码　　D. 利用垃圾邮件

5. 蜜罐是一种在互联网上运行的计算机系统，是专门为吸引并诱骗那些试图非法闯入他人计算机系统的人而设计的。以下关于蜜罐的描述中，不正确的是（　　）。

A. 蜜罐系统是一个包含漏洞的诱骗系统

B. 蜜罐技术是一种被动防御技术

C. 蜜罐可以与防火墙协作使用

D. 蜜罐可以查找和发现新型攻击

6. 计算机病毒通常要破坏系统中的某些文件，它（　　）。

A. 属于主动攻击，破坏信息的可用性

B. 属于主动攻击，破坏信息的可审性

C. 属于被动攻击，破坏信息的可审性

D. 属于被动攻击，破坏信息的可用性

7.（　　）是指采用一种或多种传播手段，将大量主机感染 Bot 程序，从而在控制者和被感染主机之间形成的一个可以一对多控制的网络。

A. 特洛伊木马　　B. 僵尸网络

C. ARP 欺骗　　D. 网络钓鱼

8. 出于技术性原因，计算机软件中会存在许多小问题，用来专门修复这些缺陷的小程序一般被称为（　　）。

A. 补丁程序　　B. 后门程序

C. 系统插件　　D. 维护程序

9. 计算机信息安全属性中的可靠性是指（　　）。

A. 得到授权的实体在需要时能访问资源和得到服务

B. 系统在特定条件下和规定时间内完成规定的功能

C. 信息不被偶然或蓄意地删除、修改、伪造、重放、插入等破坏的特性

D. 确保信息不暴露给未经授权的实体

10. 在网上银行系统的一次转账操作过程中发生了转账金额被非法篡改的行为，这破坏了信息安全的（　　）。

A. 保密性　　B. 完整性

C. 不可抵赖性　　D. 可用性

11. 我国信息安全系统对文件的保护级别中，安全级别最高的是（　　）。

A. 绝密级　　B. 机密级

C. 秘密级　　D. 无密级

12. 使用大量垃圾信息占用带宽（拒绝服务）的攻击，破坏的是信息的（　　）。

A. 保密性　　B. 完整性

C. 可用性　　D. 可靠性

13. 攻击者截获并记录了从 A 到 B 的数据，然后又从早些时候所截获的数据中提取出信息重新发往 B 的攻击称为（　　）。

A. 中间人攻击　　B. 口令猜测器和字典攻击

C. 强力攻击　　D. 回放攻击

14. 下列不属于信息安全威胁的是（　　）。

A. 信息泄露：信息被泄露或透露给某个未授权的实体

B. 破坏信息的完整性：数据被非授权地增删、修改或破坏

C. 窃听：用各种可能的合法或非法手段窃取系统中的信息资源和敏感信息

D. 成本：经费不足，购买劣质硬件

15. 关于信息安全的描述，不正确的是（　　）。

A. 数据安全是静态安全，行为安全是动态安全

B. 内容安全包括信息内容保密、信息隐私保护等

C. 信息的完整性是指信息随时可以正常使用

D. 数据安全属性包括保密性、完整性、可用性

16. 向有限的空间输入超长的字符串的攻击手段是（　　）。

A. 缓冲区溢出　　B. 网络监听

C. 拒绝服务攻击　　D. IP 欺骗

17. 通过将以前截取的合法记录重新加入一个链接的攻击，称为重放攻击。为防止这种情况，可以采用的方法是（　　）。

A. 加密　　B. 加入时间戳

C. 认证　　D. 使用密钥

18. 计算机系统安全评估的第一个正式标准是（　　）。

A. IEEE/IEE　　B. 中国信息产业部制定的 CISEC

C. 美国制定的 TCSEC　　D. 以上都不是

19. 网络安全服务体系中，安全服务不包括（　　）。

A. 数据保密服务　　B. 访问控制服务

C. 语义检查服务　　D. 身份认证服务

20. 下面防止被动攻击的技术是（　　）。

A. 屏蔽所有可能产生信息泄露的 I/O 设备　　B. 访问控制技术

C. 认证技术　　D. 防火墙技术

21. 到目前为止，人们达成共识的信息安全包括多个方面，其中不包括（　　）。

A. 信息的时效性和冗余性　　B. 信息的保密性和完整性

C. 信息的不可抵赖性和可控性　　D. 信息的可靠性和可用性

22. 关于后门病毒的叙述，错误的是（　　）。

A. 主机上的后门来源就是软件开发过程中便于检测程序缺陷中设计的“后门”

B. 病毒命名中，后门一般带有“backdoor”字样

C. 后门程序一般是指那些绕过安全性控制获取对程序或系统的访问权的程序方法

D. 后门一般体积较小且功能单一

23. 下列不属于可用性服务的是（　　）。

A. 后备　　B. 身份鉴定

C. 在线恢复　　D. 灾难恢复

24. 关于网络安全服务的叙述，错误的是（　　）。

A. 应提供数据保密性服务，以防止传输的数据被截获或篡改

B. 应提供数据完整性服务，以防止信息在传输过程中被删除

C. 应提供身份认证服务，以保证用户身份的真实性

D. 应提供访问控制服务，以防止用户否认已接收信息

25. 下列关于计算机安全属性的说法，不正确的是（　　）。

A. 计算机的安全属性包括保密性、完整性、不可抵赖性、可靠性等

B. 计算机的安全属性包括保密性、完整性、不可抵赖性、可用性等

C. 计算机的安全属性包括可靠性、完整性、保密性、正确性等

D. 计算机的安全属性包括保密性、完整性、可用性、可靠性等

26. 数据保密性的基本类型包括（　　）。

A. 静态数据保密性　　B. 动态数据保密性

C. 传输数据保密性　　D. 静态数据和动态数据保密性

27. 某网游程序员在某个特定的网游场景中设置了一个软件功能，当以 fat 开头的玩家 ID 在该场景连续点击某个石头 10 次，则该玩家 ID 获得额外银子 1000 两。该安全风险被称为（　　）。

A. 挂马　　B. 后门

C. 逻辑炸弹　　D. 电磁泄漏

28. 在不考虑其他外部因素的情况下，以下哪种备份方式在恢复数据时速度最快？（　　）

A. 增量备份　　B. 差异备份

C. 完全备份　　D. 无法确定

29. 下列关于信息安全建设的说法，正确的是（　　）。

A. 为了实现“拿不走”，需要实现对用户的权限控制

B. 为了实现“改不了”，需要对数据进行加锁，使数据无法修改

C. 为了实现“看不懂”，应该对数据进行最严厉的加密，使得任何人都不能解密

D. 为了实现“进不来”，应该将信息系统的网络与外网切断

30. 下列关于被动攻击的说法，正确的是（　　）。

A. 被动攻击手段因为对信息安全系统造成的危害比较小，所以很难被检测出来

B. 被动攻击一般很难被发现，所以只能采用预防措施

C. 被动攻击一般只针对系统的保密性进行攻击

D. 被动攻击一般采用窃听、监听、信息收集、通信流量分析、截获等手段

任务 7.2　信息安全技术

任务描述

理解并掌握数据加密技术、身份认证技术、数字签名技术、访问控制技术、信息隐藏技术、安全审计与安全监控技术等信息安全技术的特点和工作原理。

知识图谱

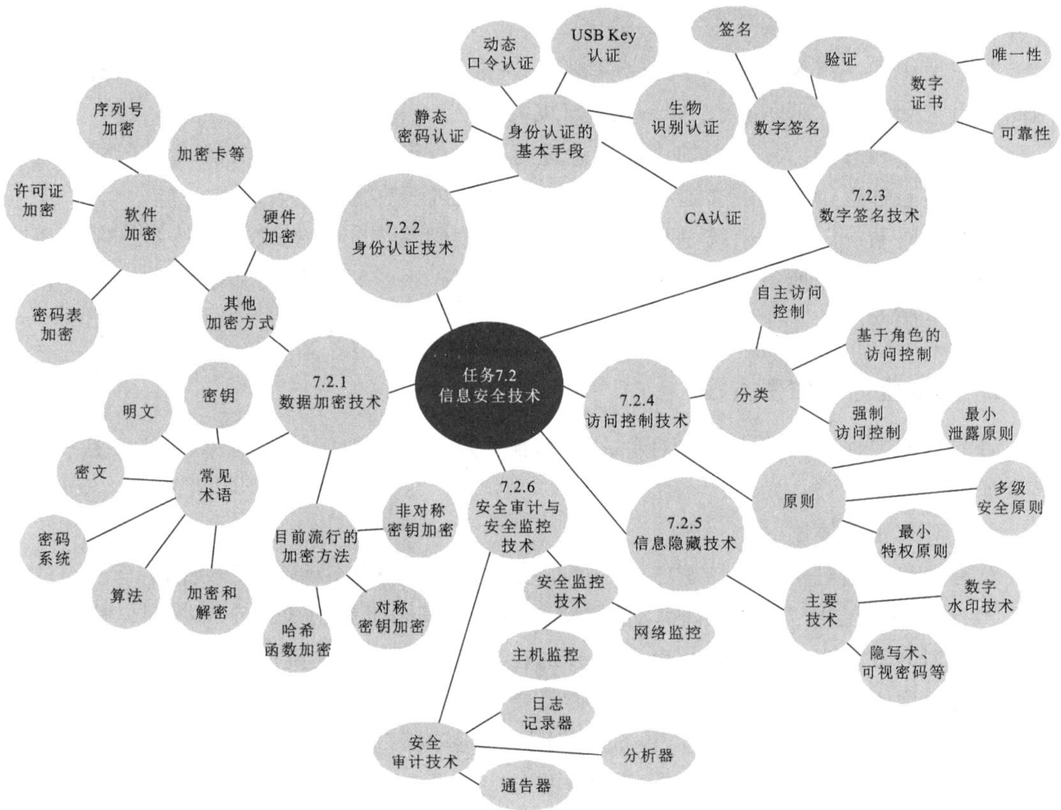

信息安全技术主要有数据加密技术、身份认证技术、数字签名技术、访问控制技术、信息隐藏技术、安全审计与安全监控技术等。

7. 2. 1　数据加密技术

数据加密技术是指利用数学或物理手段，对电子信息在传输过程中和存储体内进行保护，以防止泄露的技术。数据加密技术是信息安全系统的核心技术。

数据加密技术主要由两个元素组成：算法和密钥。

1. 数据加密技术的常见术语

（1）明文。明文是指待加密的原始信息，可以是文本文件、图形、数字化存储的语音流或数字化的视频图像的比特流等，可以被人们直接阅读的明文一般用 P 表示。

（2）密文。密文是指明文经过加密处理后的报文，密文既与明文有关，也与密钥有关。对于给定的消息，不同的密钥将会产生不同的密文。密文一般用 C 表示。

（3）密钥。密钥是指一组字符串，由通信的一方通过一定标准计算得来，加密和解密时使用的秘密信息。加密算法和解密算法通常在一组密钥控制下进行，加密算法所使用的密钥称为“加密密钥”；解密算法使用的密钥称为“解密密钥”。密钥通常用 K 表示。

（4）算法。算法是指将正常的数据（明文）与字符串进行组合，按照算法公式进行计算，从而得到新的数据（密文），或者是将密文通过算法还原为明文。对明文进行加密过程中使用的一组规则称为“加密算法”，一般用 EK 表示；对密文进行解密过程中使用的一组规则称为“解密算法”，一般用 DK 表示。

（5）加密和解密。将明文的可读信息进行处理，形成密码或密文的代码形式称为加密。加密的逆过程，即将密文或密码恢复成明文的过程称为解密。

（6）密码系统。密码系统是指用于加密和解密的系统。加密时，密码系统输入明文和加密密钥，加密交换后，输出密文；解密时，密码系统输入密文和解密密钥，解密交换后，输出明文。

2. 目前流行的加密方法

目前流行的加密方法主要有对称密码体制、对称密钥加密、非对称密钥加密、哈希函数加密。

（1）对称密码体制。

对称密码根据对明文的加密方式的不同分为两类：分组密码和序列密码。

① 分组密码也称为分块密码，是将明文消息编码表示后的位或字符序列，按指定的分组长度划分成多个分组后，每个分组分别在密钥的控制下变换成等长的输出，如果编码后明文长度不是分组长度的整数倍，则需要对明文进行填充。

② 序列密码也称为流密码，是通过将明文和密钥都划分为位或字符的序列，并且对明文序列的每一位或字符都用密钥序列中的对应分量来加密。

分组密码每次加密一个明文分组，而序列密码每次加密一位或者一个字符，绝大部分基于网络的对称密码应用使用的是分组密码。

（2）对称密钥加密。

对称密钥加密又称为私钥密钥加密、机密密码加密或传统密码体制，其基本特征是发送方和接收方共享相同的密钥，很容易相互推出。在对称密钥加密中，加密算法和解密算法是允许公开的，但是密钥必须妥善保管，是不公开的。

对称密钥加密的优点是：加解密计算量小，处理速度快，效率高。缺点是：密钥管理和分发复杂、代价高且不能提供抗抵赖服务。

扩散和混淆是对称密码设计的主要思想，常见的对称密钥加密算法主要有 DES、3DES、AES、Blowfish、IDEA、RC4、RC5 等。其中对称密钥加密的典型算法是数据加密标准 DES 算法，由美国 IBM 公司研发。DES 算法分组大小是 64 位，因为其中有 8 位是用来做奇偶校验的，所以实际有效密钥长度是 56 位，具有极高的安全性，但存在密钥空间小的缺陷。对称密钥加密算法的应用包括数据传输加密、存储设备加密、认证和授权等。

（3）非对称密钥加密。

非对称密钥加密又称为公钥加密，是指加密密钥和解密密钥不相同或从一个难以推

出另一个。在这种加密算法中，密钥被分解为一对（即一把加密密钥和一把专用解密密钥），其中加密密钥称为公开密钥，解密密钥称为秘密密钥或私有密钥。发送方用公开密钥进行加密，接收方用私有密钥进行解密。非对称密钥加密广泛应用于身份认证、数字签名等信息交换领域。

基于难解问题设计密码是非对称密码设计的主要思想，常见的公钥加密算法有 RSA、ELgamal、背包算法、Rabin、椭圆曲线加密算法（ECC）、D-H、DSA 等。其中使用最广泛的是 RSA 算法。与对称密钥加密相比，非对称密钥加密的特点在于无须共享通用密钥，解密的私钥不发往任何用户，即使公钥在网上被截获，如果没有匹配的私钥，也无法解密。

非对称密钥加密的优点是：① 网络中的每个用户只需要保存自己的私有密钥，密钥少，便于管理；② 密钥分配简单，不需要秘密的通道和复杂的协议传送密钥；③ 可以实现数字签名。缺点是：效率非常低。

（4）哈希函数加密。

哈希（Hash）函数又称为散列函数、杂凑函数。哈希函数加密是一种单向密码体制，即一个从明文到密文的不可逆映射，只有加密过程，没有解密过程。它可以将满足要求的任意长度的输入经过变换后得到固定长度的输出，这个固定长度的输出称为原消息的散列或消息摘要。哈希函数加密在数据完整性和数字签名领域有广泛应用。

哈希函数具有压缩、易计算、单向性、抗碰撞性和高灵敏性的特点，典型的哈希函数有消息摘要算法（MD5）、安全散列算法（SHA），以及 SHA-2 和 SHA-3 等。其中，MD5 可以将输入的任意长度的信息（如文件、消息等）经过一系列复杂的计算后，生成一个 128 位（16 字节）长度的“指纹”或“报文摘要”，即散列值，由于其存在碰撞风险和抗攻击性减弱等缺点，在安全性要求较高的场景下，可能需要考虑使用更安全的摘要算法，如 SHA-256 或 SHA-3 等。

3. 其他加密方式

在实际应用中，还有软件加密和硬件加密两种方式。

（1）软件加密。

软件加密一般是指用户在发送信息前，先调用信息安全模块对信息进行加密，然后发送，到达接收方后，由用户使用相应的解密软件进行解密并还原。软件加密的方法有密码表加密、序列号加密、许可证加密等。

使用软件加密存在的安全隐患有：① 密钥的管理很复杂，因为软件加密在用户的计算机内部进行，因此，攻击者容易采用分析程序进行跟踪、反编译等；② 软件加密速度相对较慢。

（2）硬件加密。

硬件加密是采用硬件（如电路、器件、部件等）和软件相结合的方式对硬件和软件本身进行加密、隐藏，防止被保护对象被攻击者破析、破译。例如，采用硬加密的软件运行时需和相应的硬件交换数据，若没有相应的硬件，加密后的软件将无法运行。

硬件加密的方法有加密卡、软件狗等。硬件加密具有速度快、安全性高、易于安装的特点，主要应用在商业或军事领域。

例题解析

例 1 下列关于加密技术的说法，错误的是（　　）。

A. 消息以明文形式发送　　B. 消息以密码形式发送

C. 信息以密码形式接收　　D. 密码经解密还原成明文

例 2 按照密码系统对明文的处理方法，密码系统可以分为（　　）。

A. 对称密码系统和公钥密码系统　　B. 对称密码系统和非对称密码系统

C. 数据加密系统和数字签名系统　　D. 分组密码系统和序列密码系统

例 3 对称密钥加密的典型算法代表是（　　）。

A. RSA　　B. DSR

C. DES　　D. MD5

答案：A；D；C

知识点对接：数据加密技术的常见术语和加密方法。

解析：例 1 考查加密技术中明文、密文、加密和解密的概念，其中，数据加密技术是信息安全系统的核心技术，消息在传输过程中以密码形式发送，所以选择 A。例 2 考查密码系统的分类，其中，对称密码根据对明文的加密方式的不同分为两类，即分组密码和序列密码，所以选择 D。例 3 考查对称加密算法的典型算法，对称密钥加密的典型算法是数据加密标准算法，即 DES，RSA 是非对称密钥加密算法，DSR 是动态源路由协议算法，MD5 是哈希函数加密算法，所以选择 C。

7.2.2 身份认证技术

1. 身份认证技术的概念

身份认证技术是网络安全中的第一道防线，是其他安全机制的基石，主要用于检测信息发布主体的合法性，以及控制合法用户获取相应的权限，是在计算机网络中鉴别用户身份和提供可追究责任机制的有效解决方法。认证技术主要有消息认证、身份认证和数字签名。

（1）认证。

认证又称为鉴别、确认，是指对网络系统使用过程中的主客体双方互相鉴别、确认身份后，对其赋予恰当的标志、标签、证书等的过程。身份认证通过标识和鉴别用户的身份，来确保只有合法的用户或实体才能访问系统资源，即确认消息、身份、密钥的真实性，一般对文件（消息）内容是否真实不做判断。

（2）授权。

授权是指在身份认证的基础上，根据用户或实体的身份和权限，决定其是否有权访问某个资源或执行某个操作的过程。它是对用户或实体授予特定权限或权限级别的过程，这种权限包括读、写、执行及从属权等。

（3）审计。

审计是指对系统安全事件进行记录、分析和审查的过程。它包括对用户身份认证、授权访问以及系统操作等安全事件的记录和监控。

（4）身份认证系统。

身份认证系统主要由认证服务器、认证系统客户端和认证设备组成。系统主要通过身份认证协议和认证系统软硬件进行实现。

① 身份认证协议。系统采用的身份认证协议有两种，即单向认证协议和双向认证协议。如果通信双方只需一方鉴别另一方的身份，则称单向认证协议；如果双方都需要验证，则称为双向认证协议。目前一般采用双向认证协议。

② 认证系统软硬件。认证系统软硬件包括如下几个因素：用户知道的东西，如口令、密码等；用户拥有的东西，如印章、智能卡（如信用卡）等；用户具有的生物特征，如指纹、声音、视网膜、笔迹等。

2. 身份认证的基本手段

常用的身份认证的基本手段如下。

（1）静态密码认证。静态密码认证是指以用户名及密码的方式进行认证，是最常用的身份认证方法，优点是使用和部署都非常简单；缺点是由于密码是静态的数据，在验证过程中可能会被木马程序截获。因此，静态密码认证是一种不安全的身份认证方式。

（2）动态口令认证。动态口令认证是应用最广的一种身份识别方式，其主要有动态短信密码和动态口令卡两种方式。动态口令认证由于是一次一密，不能由产生的内容去预测出下一次的内容，因此大大提高了安全性。

（3）USB Key 认证。USB Key 认证采用软硬件相结合、一次一密的强双因素认证模式。其主要有两种认证模式：挑战/应答模式和基于 PKI 体系的认证模式。

（4）生物识别技术。生物识别技术是指通过可测量的生物信息和行为等特征进行身份认证的一种技术。认证系统测量的生物特征一般是用户唯一生理特征或行为方式。其优点是使用者几乎不可能被仿冒；缺点是较昂贵，不够稳定。

（5）CA 认证。CA 为国际认证机构，是负责签发证书、认证证书、管理已颁发证书的机构，是公正的、中立的、权威的、可信赖的第三方电子认证中心。CA 认证是包含发放、管理和认证的一个复杂的过程，常用于检查证书持有者身份的合法性，并签发管理证书，以防证书被伪造或篡改，即它的主要职能是管理和维护所签发的证书以及进行用户身份认证。

例题解析

例 1 认证技术不包括（　　）。

A. 消息认证技术　　B. 身份认证技术

C. 中介者认证技术　　D. 数字签名技术

例 2 指纹识别上班打卡机的核心技术是（　　）。

A. 加密技术　　B. 数字签名技术

C. 生物识别技术　　D. 防火墙技术

答案：C；C

知识点对接：身份认证的技术和基本手段。

解析：例1考查身份认证的技术，认证技术主要有消息认证技术、身份认证技术和数字签名技术，不包括中介者认证技术，所以选择C。例2考查身份认证技术的基本手段，生物识别技术是指通过可测量的生物信息和行为等特征，如指纹、虹膜等进行身份认证的一种技术，题干中描述的“指纹识别”符合生物识别技术的特点，所以选择C。

7.2.3 数字签名技术

1. 数字签名技术的概念

数字签名又称公钥数字签名或电子签章，是以电子形式或以附件或逻辑上与之有联系的数据存储于信息中，用于辨识数据签署人的身份，并表明签署人对数据中所包含信息的认可。它的主要功能是保证信息传输的完整性、对发送者进行身份认证、防止交易中否认的发生。

数字签名技术是通过密码技术来实现的。公钥密码体制和私钥密码体制都可以获得数字签名，目前使用的主要是基于公钥密码体制的数字签名，包括普通数字签名和特殊数字签名。

数字签名技术一般包含两个主要组成部分，即签名和验证。其中，数字签名是一个加密的过程，数字签名验证是一个解密的过程。在基于公钥密码的签名体制中，签名算法必须使用签名人的私钥，而验证算法则使用签名人的公钥。

数字签名算法必须遵循的标准是数字签名标准（DSS），它只提供数字签名功能，不能用于加密或密钥分配。目前比较常用的签名算法是RSA、DSA、ECDSA、DSS等。

2. 数据加密技术和数字签名技术的区别

（1）目的不同。数据加密技术的主要目的是保护数据的机密性，防止数据泄露；而数字签名技术的主要目的是验证数据的完整性和发送者的身份。

（2）过程不同。数据加密技术是将明文转换为密文的过程，而数字签名技术则是通过非对称加密算法生成一个与原始数据相关联的数字签名。

（3）应用场景不同。数据加密技术广泛应用于数据传输和存储过程中的安全保护场景；而数字签名技术则更多地用于需要验证数据完整性和发送者身份的场景，如电子商务、电子政务、金融等领域。

（4）技术基础不同。虽然两者都使用了非对称加密算法，但数据加密技术可能还包括对称加密算法；而数字签名技术则主要依赖于非对称加密算法。

3. 数字证书

数字证书是指由权威机构（CA）采用数字签名技术颁发给用户，用以在数字领域中证实用户其本身的一种数字凭证。它的作用可以概括为用电子手段来证实一个用户的身份和对网络资源的访问权限。

数字证书中包括的主要内容有证书拥有者的个人信息、证书拥有者的公钥、颁发证书的 CA 以及 CA 的数字签名等。

数字证书必须具有唯一性和可靠性，是不可伪造的。使用过程如下。

① 密钥生成：用户首先向 CA 申请一份数字证书，申请过程中会生成他的公钥/私钥对。

② 证书的申请与签发：公钥被发送给 CA，CA 生成证书，并用自己的私钥签发，同时向用户发送一份副本。

③ 数字签名与文件传输：用户用数字证书把文件加上签名，然后把原始文件同签名一起发送给自己的同事。

④ 签名验证：同事从 CA 查到该用户的数字证书，用证书的公钥对签名进行验证。

例题解析

例 1 数字签名技术能够解决（　　）的问题。

A. 未经授权访问网络资源　　B. 加密信息被破解

C. 信息被窃取　　D. 冒名发送数据或发送数据后抵赖

例 2 （　　）具有网络通信中通信方身份信息的一系列数据，提供一种在 Internet 上验证身份的方式。

A. 数字认证　　B. 数字证书

C. 电子证书　　D. 电子认证

例 3 数字签名是数据的接收者用来证实数据的发送者身份的一种方法。数字签名算法必须遵循的标准是（　　）。

A. DSS 标准　　B. CRC 标准

C. SNMP 标准　　D. DSA 标准

答案：D；B；A

知识点对接：数字签名技术和数字证书。

解析：例 1 考查数字签名技术的主要功能，即保证信息传输的完整性、对发送者进行身份认证、防止交易中否认的发生，所以选择 D。例 2 考查数字证书的基本作用，数字证书的作用可以概括为用电子手段来证实一个用户的身份和对网络资源的访问权限，所以选择 B。例 3 考查数字签名算法的标准，数字签名算法必须遵循的标准是 DSS，CRC 标准是循环冗余校验标准，SNMP 标准是简单网络管理协议，DSA 标准是基于离散对数问题的数字签名算法标准，所以选择 A。

7.2.4 访问控制技术

访问控制（access control）技术是指防止对任何资源进行未授权的访问，使计算机系统在合法的范围内使用，是通过识别用户身份赋予其相应的权限，通过不同的权限来限制用户对某些信息项的访问，或限制对某些控制功能的使用的一种技术。访问控制技术通常用于系统管理员控制用户对服务器、目录、文件等网络资源的访问。

访问控制包括主体、客体和控制策略三个要素。其中访问是在主体和客体之间的一种信息的传输，主体是一个主动的实体，可以是能够访问信息的用户、程序、进程。客体是含有被访问信息的被动实体，可以是一台计算机、一个数据库、一个文件、一个计算机程序、目录等。控制策略是主体对客体的相关访问规则集合，即属性集合。

访问控制是决定谁能够访问系统，能访问系统的何种资源，以及访问这些资源时所具备的权限，是实现数据保密性和完整性机制的主要手段，包括用户识别代码、口令、登录控制、资源授权、授权核查、日志审计等。

访问控制可以分为两类，即集中式访问控制和分布式访问控制。它有两个重要过程，即通过“鉴别”来检验主体的合法身份和通过“授权”来限制用户对资源的访问级别。

1. 访问控制的分类

（1）自主访问控制（DAC）。

自主访问控制又称为任意访问控制，它允许合法用户以用户或用户组的身份访问策略规定的客体，同时阻止非授权用户访问客体。在实现上，首先对用户身份进行鉴别，然后就可以按照访问控制列表所赋予用户的权限允许和限制用户使用客体的资源。主体控制权限的修改通常由特权用户（管理员）实现，用户不能改变自身和客体的安全级别。

自主访问控制通过访问控制矩阵实现，它的优点是：① 可以根据主体的身份和访问权限进行决策；② 具有某种访问能力的主体能够自主地将访问权的某个子集授予其他主体；③ 灵活性高，被大量采用。缺点是：信息在传递过程中，访问权限关系会被改变。

（2）强制访问控制（MAC）。

强制访问控制是一种多级访问控制策略，是基于系统权威（如安全管理员）制定的访问规则来对访问进行控制，是“强加”给访问主体的访问控制，即对所有主体及其所控制的客体（进程、文件、设备等）实施强制访问控制。

强制访问控制是将每个主体与客体赋予一个访问级别（如绝密、机密等），当用户提出访问请求时，系统对两者进行比较以确定访问是否合法，并根据主体和客体的敏感标记来决定四种访问模式（向下读、向上读、向下写、向上写）。

强制访问控制由于实现的是信息的单向流通，且采用集中控制的方法，因此主要被军方采用。它对木马攻击有一定的抵御作用，但也存在完整性方面控制不够、应用领域比较窄等不足。

（3）基于角色的访问控制（RBAC）。

基于角色的访问控制基本思想是针对系统操作的各种权限而不直接授予具体的用户，而是在用户集合与权限集合之间建立一个角色集合，每一种角色对应一组相应的权

限。一旦用户被分配了适当的角色后，就拥有此角色的所有操作权限，即用户与角色相关联，角色与权限相关联，角色是核心、是桥梁。

基于角色的访问控制适用于大型组织，包括用户、角色和许可等要素。用户是一个可以独立访问计算机系统中的数据或者用数据表示的其他资源的主体；角色是指一个组织或任务中的工作或者位置，是系统中一组职责和权限的集合，角色的创建方式与用户账户的常规创建方式相同，但是角色不能直接登录，需要用户首先登录，然后承担角色；许可（特权）是允许对一个或多个客体执行的操作。

基于角色的访问控制策略出现于 20 世纪 90 年代，具有简化权限管理、安全性高和实用性强等特点。

2. 访问控制遵循的原则

（1）最小特权原则。该原则要求每个用户或进程仅被授予完成其任务所必需的最小权限集合。

（2）最小泄露原则。该原则可以理解为在执行任务时，用户或进程应仅被允许访问完成任务所必需的最少信息。

（3）多级安全原则。该原则将系统资源（如数据、文件等）划分为不同安全级别，并为不同级别的资源设置相应访问权限的策略。这种策略通常基于数据的机密性、完整性和可用性要求来制定。

例题解析

例 1 张三更换了自己家的门锁，并给了自己的父母一把钥匙，这属于（　　）。

A. 强制访问控制　　B. 自主访问控制

C. 验证设计　　D. 最小保护

例 2 访问控制中的“授权”用来（　　）。

A. 限制用户对资源的访问权限　　B. 控制用户能否上网

C. 控制操作系统是否可以启动　　D. 控制是否有收发邮件的权限

例 3 最小特权原则是指在完成某种操作时，赋予某个主体（用户或进程）（　　）。

A. 尽可能少的特权　　B. 对应主体等级的特权

C. 对客体的各种特权　　D. 有监督的特权

答案：B；A；A

知识点对接：访问控制技术的分类、过程以及原则。

解析：例 1 考查自主访问控制技术的应用，自主访问控制可以根据主体的身份和访问权限进行决策，题干中张三更换门锁并给了父母钥匙，符合自主访问控制的特点，所以选择 B。例 2 考查访问控制技术过程中“授权”的功能，访问控制是决定谁能够访问系统，能访问系统的何种资源，以及访问这些资源时所具备的权限，通过“授权”来限制用户对资源的访问权限，所以选择 A。例 3 考查访问控制遵循的原则，其中最小特权原则是按照主体所需权利的最小化原则分配给主体权利，所以选择 A。

7.2.5 信息隐藏技术

1. 信息隐藏技术的概念

信息隐藏技术是指利用载体信息的冗余性，把一个待保护的秘密信息隐藏在另一个称为载体的信息中的技术。它的特点是非授权者不知道这个普通的载体信息中是否隐藏了其他的信息，而且即使知道也难以提取或去除隐藏的信息，所用的载体可以是文字、图像、声音及视频等。

信息隐藏技术的应用领域主要包括数据保密、数据的不可抵赖性、数据的完整性、数字作品的版权保护与防伪等方面，主要有隐写术、数字水印技术、可视密码、潜信道、隐匿协议、数字指纹等方法，当前比较活跃的信息隐藏技术主要有隐写术和数字水印技术两种。

2. 信息隐藏技术的特点

成功的信息隐藏技术通常需要满足以下技术要求。

（1）透明性或不可感知性。透明性或不可感知性是指载体在隐藏信息前后没有明显的差别，除非使用特殊手段，否则无法感知机密信息的存在。

（2）鲁棒性。鲁棒性即“不死性”，是指隐藏对象抗拒常用的信号处理操作而带来的信息破坏能力，即常用的信号处理操作不应该引起隐藏对象的信息丢失。这里的信号处理操作包括滤波、有损压缩、打印、扫描、D/A 或 A/D 转换等。

（3）安全性。安全性是指隐藏算法具有较强的抗恶意攻击能力，即必须能够承受一定程度的人为攻击而使嵌入对象不被破坏。

（4）不可检测性。不可检测性是指隐藏对象与载体对象需要有一致的特性。

（5）自恢复性。自恢复性是指经过某些操作或变换后，可能会使隐藏对象产生较大的破坏。如只从留下的片段数据中就能恢复嵌入信号，而且恢复过程不需要载体信号。

（6）嵌入强度（信息量）。嵌入强度是指载体中应能隐藏尽可能多的信息。在满足不可感知的条件的基础上，隐藏的信息越多，鲁棒性就越差。

3. 信息隐藏技术与信息加密技术的区别

信息隐藏技术和信息加密技术都是为了保护信息的使用和秘密信息的传输安全，信息隐藏技术的主要目的不是限制对信息的访问，而是确保宿主信息中隐藏的秘密信息不被改变或消除；信息加密技术是通过密钥控制信息的使用权，从而隐藏秘密信息的内容。

例题解析

例 1 信息隐藏技术的主要应用领域不包括（　　）。

A. 数字作品版权保护

B. 数据保密

C. 数据加密

D. 对数据完整性的保护和不可抵赖性的确认

例 2　周某在拍摄老虎照片后，通过某社交平台发布了 40 张数码照片，并详细注明了照片编号、拍摄时间、焦距、快门、曝光模式、拍摄相机机型等原始数据。在数码相机拍摄的图片文件格式中包括了这些数据，并不影响图片质量。这属于（　　）。

A. 信息隐藏技术　　　　B. 信息加密技术

C. 软件跟踪技术　　　　D. 软件脱壳技术

答案： C；A

知识点对接： 信息隐藏技术的特点及其应用。

解析： 例 1 考查信息隐藏技术的主要应用领域，信息隐藏技术主要的五个应用领域是数据保密、数据的不可抵赖性、数据的完整性、数字作品的版权保护与防伪，不包括数据加密，所以选择 C。例 2 考查信息隐藏技术的特点，信息隐藏技术是利用载体信息的冗余性，确保宿主信息中隐藏的秘密信息不被改变或消除，题干中的描述符合信息隐藏技术的特点，所以选择 A。

7. 2. 6　安全审计与安全监控技术

1. 安全审计技术

在计算机系统中，安全审计技术是对认证技术和访问控制技术的有效补充，是对用户使用何种信息资源，在何时使用，以及如何使用（执行何种操作）进行记录并检查。

安全审计技术是通过对所关心的事件进行记录和分析来实现的，一个审计系统通常由三部分组成——日志记录器、分析器、通告器，分别作用于收集数据、分析数据及通报结果。

安全审计技术的主要作用包括：① 对可能存在的潜在攻击者起到威慑和警示作用，核心是风险评估；② 测试系统的控制情况并及时进行调整，保证与安全策略和操作规程协调一致；③ 对已出现的破坏事件做出评估，并提供有效的灾难恢复和追究责任的依据；④ 对系统控制、安全策略与规程中的变更进行评价和反馈，以便修订决策和部署；⑤ 协助系统管理员及时发现网络系统入侵或潜在的系统漏洞及隐患。

2. 安全监控技术

安全监控技术是指通过实时监控网络或主机活动，使管理员有效地监视、控制和评估网络或主机系统。恶意行为的监控方式主要分为两类：主机监测和网络监测。例如，蜜罐技术就是一种网络监测技术，网络信息内容监控的主要方式为网络舆情分析。

例题解析

例 1 保证计算机信息运行的安全是计算机安全领域中最重要的环节之一，以下哪项不属于信息运行的安全技术的范畴？（　　）

A. 风险分析　　B. 审计跟踪技术

C. 应急技术　　D. 防火墙技术

例 2 安全审计是通过测试公司信息系统对一套确定标准的符合程序来评估其安全性的系统方法。安全审计的主要作用不包括（　　）。

A. 对潜在的攻击者起到震慑或警告的作用

B. 对已经发生的系统破坏行为提供有效的追究证据

C. 通过提供日志，帮助系统管理员发现入侵行为或潜在漏洞

D. 通过性能测试，帮助系统管理员发现性能缺陷或不足

答案：B；D

知识点对接：安全审计技术。

解析：例 1 和例 2 主要考查安全审计技术的作用。例 1 中审计跟踪技术主要用于事后追踪，用于系统活动的流水记录，不属于信息运行的安全技术的范畴，所以选择 B。例 2 中 D 选项的性能测试是一种评估计算机系统或软件性能的方法，它主要用于确定系统或软件是否满足预期性能要求，可以帮助开发人员和系统管理员找出系统或软件的瓶颈，并提高其性能，与安全审计技术在目标、方法和作用上都有所不同，所以选择 D。

同步训练

1. 公司财务人员需要定期通过 E-mail 发送文件给他的主管，他希望只有主管能查阅邮件，可以采取的方法是（　　）。

A. 加密　　B. 数字签名

C. 消息摘要　　D. 身份验证

2. 下列算法中，属于 Hash 算法的是（　　）。

A. DES　　B. IDEA

C. SHA　　D. RSA

3. 消息认证的内容不包括（　　）。

A. 证实消息的信源是真实的　　B. 消息内容是否受到篡改

C. 消息的序号和时间　　D. 消息内容是否正确

4. 用于实现身份鉴别的安全机制是（　　）。

A. 数据加密机制和数字签名机制　　B. 数据加密机制和访问控制机制

C. 数字签名机制和路由控制机制　　D. 访问控制机制和路由控制机制

5. 电子商务交易必须具备抗抵赖性，目的在于防止（　　）。

A. 一个实体假装成另一个实体

B. 参与此交易的一方否认曾经发生过此次交易
C. 他人对数据进行非授权的修改、破坏
D. 信息从被监视的通信过程中泄露出去

6. 下列关于用户口令的说法，错误的是（　　）。
A. 口令不能设置为空
B. 口令长度越长，安全性越高
C. 复杂口令安全性足够高，不需要定期修改
D. 口令认证是最常见的认证机制

7. 下列网络安全技术不能用于防止发送或接收信息的用户出现“抵赖”的是（　　）。
A. 数字签名　　B. 防火墙
C. 第三方确认　　D. 身份认证

8.（　　）技术在加解密数据时采用的是双钥。
A. 对称加密　　B. 不对称加密
C. Hash 加密　　D. 文本加密

9. 根据权限管理的原则，一个计算机操作员不应当具备访问（　　）的权限。
A. 操作指南文档　　B. 计算机控制台
C. 应用程序源代码　　D. 安全指南

10. 张三向李四发消息，对消息做摘要并用公钥系统进行加密，加密后的摘要称（　　）。
A. CA 证书　　B. 签名
C. 数字信封　　D. 数字密钥

11. 计算机审计的主要目标不包括（　　）。
A. 评估信息系统的内部控制
B. 确保数据的真实性、完整性和可靠性
C. 检查信息系统是否按照既定的政策和程序运行
D. 提高信息系统的运行效率

12. 根据访问控制实现方法的不同，下列不属于访问控制技术的是（　　）。
A. 强制访问控制　　B. 自主访问控制
C. 自由访问控制　　D. 基于角色的访问控制

13. 访问控制技术的主要手段是（　　）。
A. 口令、授权核查、登录控制、日志和审计等
B. 用户识别代码、登录控制、口令、身份认证等
C. 授权核查、登录控制、日志和审计、指纹识别等
D. 登录控制、日志和审计、口令和访问登记等

14. 下列关于对称密码体系的说法，错误的是（　　）。
A. 加密的安全性依赖于密钥的秘密性，而不是算法的秘密性
B. 加密密钥和解密密钥是相同的

C. 保证解密者仅依靠密文本身去解密是不可能做到的

D. 加密算法和解密算法都需要保密

15. 数字证书中包括的主要内容有证书拥有者的个人信息、（　　）、公钥的有效期、颁发数字证书的 CA、CA 的数字签名等。

A. 证书拥有者的公钥　　　　B. 证书拥有者的私钥

C. 证书的长度　　　　D. 证书的内容

16. 数字签名是只有信息发送者使用公开密钥算法的主要技术产生的别人无法伪造的一段数字串。下列选项中哪项是数字签名不能保证的？（　　）

A. 接收者能够核实发送者对报文的签名

B. 发送者事后不能抵赖对报文的签名

C. 接收者不能伪造对报文的签名

D. 发送者能够保证只有接收者才能打开报文

17. 信息隐藏技术的核心目的是什么？（　　）

A. 加密信息以防止未授权访问

B. 将秘密信息嵌入非机密载体中以隐蔽传输

C. 验证信息的完整性和真实性

D. 提高信息传输的带宽

18. 张三使用公钥加密方法，给李四发送一段消息，则李四可以用公开的密钥，再加上（　　）对消息有效解密。

A. 李四的私钥　　　　B. 张三的私钥

C. 张三的公钥　　　　D. 李四的公钥

19. 下列关于访问控制的说法，错误的是（　　）。

A. 访问控制是指按用户身份和其所归属的某预定义组，来限制用户对某些信息项的访问

B. 限制对某些控制功能的使用

C. 访问控制通常用于系统管理员控制用户对服务器、目录、文件等网络资源的访问

D. 仅限于网络才有访问控制，本地资源并无访问控制一说

20. 利用公开密钥算法进行数据加密时，采用的方法是（　　）。

A. 发送方用公开密钥加密，接收方用公开密钥解密

B. 发送方用私有密钥加密，接收方用私有密钥解密

C. 发送方用公开密钥加密，接收方用私有密钥解密

D. 发送方用私有密钥加密，接收方用公开密钥解密

21. A 想要使用非对称密码系统向 B 发送秘密消息，A 应该使用哪个密钥来加密消息？（　　）

A. A 的公钥　　　　B. A 的私钥

C. B 的公钥　　　　D. B 的私钥

22. 对于密码，下列描述不正确的是（　　）。

A. 密码是一种用来混淆的技术

B. 用以对通信双方的信息进行明文与密文变换的符号

C. 登录网站、应用系统时输入的“密码”也属于加密密码

D. 按特定法则编成

23. 非对称密码算法具有很多优点，其中不包括（　　）。

A. 可提供数字签名、零知识证明等额外服务

B. 加密/解密速度快，不需要占用较多资源

C. 通信双方事先不需要通过保密信道交换密钥

D. 密钥持有量大大减少

24. 下列关于访问控制模型的说法，不准确的是（　　）。

A. 访问控制模型主要有 3 种：自主访问控制、强制访问控制和基于角色的访问控制

B. 自主访问控制模型允许主体显式地指定其他主体对该主体所拥有的信息资源是否可以访问

C. 在基于角色的访问控制（RBAC）中，“角色”通常是根据行政级别来定义的

D. 强制访问控制（MAC）是“强加”给访问主体的访问控制，即系统强制主体服从访问控制政策

25. 在信息系统访问控制机制中，（　　）是指对所有主体和客体部分分配安全标签，用来标识所属的安全级别，然后在访问控制执行时对主体和客体的安全级别进行比较，确定本次访问是否合法性的技术或方法。

A. 自主访问控制　　B. 强制访问控制

C. 基于角色的访问控制　　D. 基于组的访问控制

26. 下列选项中，不是公钥加密算法的是（　　）。

A. RSA　　B. Elgamal

C. DES　　D. Knapsack

27. 下列关于认证机构的叙述，错误的是（　　）。

A. 认证机构可以通过颁发证书证明密钥的有效性

B. 认证机构有着严格的层次结构，其中根 CA 要求在线并被严格保护

C. 认证机构的核心职能是发放和管理用户的数字证书

D. 认证机构是参与交易的各方都信任且独立的第三方机构组织

28. 下列不属于身份认证技术应用领域的是（　　）。

A. 目前很多购物网站的登录需要使用手机短信进行动态密码验证

B. 某软件公司使用加密狗对自己的软件进行保护

C. 网站通过 CA 获得数字证书并把该数字证书用于数据通信过程

D. 某企业使用人脸识别技术进行考勤管理

29. 下列关于计算机认证技术的说法，正确的是（　　）。

A. 认证技术可以识别所访问的 IP 地址是否合法

B. DNA 认证是目前计算机身份认证方式中最常用的认证方式

C. 账户名和口令认证是计算机身份认证技术中最常用的认证方式

D. 消息认证必须有专门的硬件支持才可以实现

30. 下列关于对称密码体制和非对称密码体制的描述，错误的是（　　）。

A. 在对称密码体制中，通信双方拥有同样的密钥，使用的密钥相对较短，密文的长度往往与明文长度相同

B. 非对称密码体制中使用的密钥有两个：一个是对外公开的公钥，可以像电话号码一样进行注册公布；另一个是必须保密的私钥，只有拥有者知道

C. 与非对称密码体制相比，对称密码体制加解密速度较慢；同等安全强度下，非对称密码体制要求的密钥位数要多一些

D. 非对称密码体制主要是为了解决对称密码体制的缺陷而提出的，即为了解决对称密码体制中密钥分发和管理的问题

任务 7.3　网络安全与防护技术

任务描述

了解网络安全威胁的攻击方法，理解并掌握防火墙技术、VPN 技术、PKI 技术、IDS/IPS 技术等网络安全防护技术的特点与应用。

知识图谱

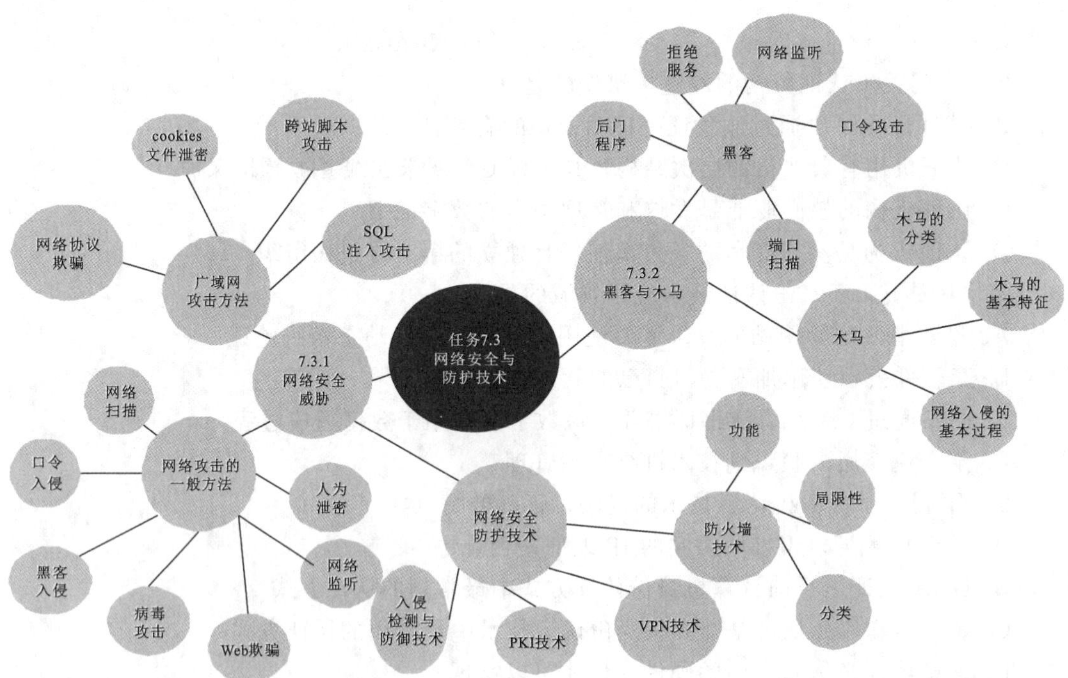

7.3.1 网络安全威胁

计算机网络安全是指利用网络管理控制技术，防止网络本身及网上传输的信息被故意或偶然地非授权泄露、破坏，或使信息被非法系统辨认、控制。网络攻击按照攻击流程可以分为三个阶段。第一个阶段是攻击前的准备阶段，攻击者通过各种手段收集目标计算机的信息或网络的信息，以便更好地了解目标的环境和存在的漏洞，常用的手段是扫描技术。第二个阶段是具体的网络攻击阶段，攻击者采用网络嗅探（用于捕获网络上的数据包）、网络欺骗（如 DNS 欺骗、ARP 欺骗等）、诱骗式攻击（通过伪造身份诱骗用户泄露敏感信息）、漏洞攻击（利用已知的漏洞进行攻击）、拒绝服务攻击（通过大量无用的请求使目标系统无法响应正常请求）、Web 攻击（如 SQL 注入、跨站脚本等，针对网站进行攻击）等，期望得到目标计算机的控制权并获取有价值的数据和信息。第三个阶段是成功入侵后的控制阶段，攻击者往往通过植入木马、后门等远程控制软件实施对目标计算机的控制和信息获取。

网络安全威胁主要包括渗入威胁和植入威胁两类。其中，渗入威胁是指攻击者通过各种手段和技术，以获取未经授权的访问权限进入目标系统或网络的行为，如窃取敏感信息、破坏系统功能等。渗入威胁主要有假冒、旁路控制、授权侵犯。植入威胁是指攻击者在目标系统或网络中植入恶意代码、后门等以获取系统访问权限或控制权的行为。植入威胁主要有木马和陷门。

1. 网络攻击的一般方法

（1）网络扫描。通过网络扫描，可以获取被攻击目标的 IP、端口、操作系统版本、存在的漏洞等信息。具体的扫描技术包括互联网信息收集、IP 地址扫描、网络端口扫描、漏洞扫描、弱口令扫描、综合漏洞扫描等。

（2）口令入侵。口令入侵是指使用某些合法用户的账号和密码登录到目标主机，然后再实施攻击活动。

（3）黑客入侵。利用黑客软件攻击是互联网上比较常见的攻击方法，利用黑客软件能非法地取得用户计算机的最终用户权限，并对其进行完全控制。

（4）病毒攻击。由于计算机病毒具有隐蔽性和破坏性等特点，一旦计算机感染上病毒，会造成文件、数据的丢失甚至会造成硬件的损坏等。

（5）Web 欺骗。一般 Web 欺骗使用两种技术手段，即 URL 重写技术和相关信息掩盖技术，即利用 URL，使这些地址都指向攻击者的 Web 服务器，即攻击者能将自己的 Web 地址加载到所有 URL 的前面，最终用户的所有信息便处于攻击者的监视之中。

（6）网络监听。网络监听是主机的一种工作模式，在这种模式下，主机能接收到本网段在同一条物理通道上传输的所有信息，若两台主机进行通信的信息没有加密，只要使用某些网络监听，就可轻而易举地截取包括密码和账号在内的信息资料。

（7）人为泄密。人为泄密是指被授权的人安全意识不强或为了各种利益，将信息泄露给未授权的人。

2. 广域网攻击方法

常见的广域网攻击方法有 cookies 文件泄密、SQL 注入攻击、跨站脚本攻击(XSS)、网络协议欺骗等。

(1) cookies 文件泄密是指一种能够让网站服务器把少量数据储存到客户端的硬盘或内存，或是从客户端的硬盘读取数据的一种技术。cookies 文件是当用户浏览某网站时，由 Web 服务器置于硬盘上的一个非常小的文本文件，它可以记录用户的 ID、密码、浏览过的网页、停留的时间等一些敏感信息，一旦泄露，会造成安全隐患。

(2) SQL 注入攻击存在于访问了数据库且带有参数的动态网页中。它的主要危害包括获取系统控制权、未经授权状况下操作数据库的数据、恶意篡改网页内容、私自添加系统账号或数据库使用者账号等。SQL 注入攻击的步骤是：① 发现 SQL 注入位置；② 判断后台数据库类型并获取或猜解用户名和密码；③ 寻找后台入口，通过用户名和密码登录；④ 上传木马，得到管理员权限并实施入侵和修改。

(3) 跨站脚本攻击是指利用最普遍的 Web 应用安全漏洞展开的一种攻击，可以访问几乎任何 cookie 文件。攻击者使用此类漏洞将恶意脚本代码嵌入正常用户会访问到的页面中，当正常用户访问该页面时可导致嵌入的恶意脚本代码的执行，从而达到恶意攻击用户的目的。这些恶意网页程序通常是 JavaScript，但实际上也可以包括 Java、VBSeript、ActiveX、Flash，甚至是普通的 HTML。从触发方式角度，跨站脚本攻击可分为三种类型：反射型、存储型和基于文档对象模型。它的主要危害包括盗取各类用户账号、非法转账、网站挂马、强制发送邮件等。

(4) 网络协议欺骗是指网络攻击者利用 IP 协议、TCP 协议、ARP 协议、DNS 协议、NetBIOS 协议、LLMNR 协议等对安全机制上的缺陷实施的网络欺骗行为。

3. 网络安全防护技术

网络安全防护技术包括防火墙技术、IDS/IPS 技术、VPN 技术、PKI 技术和入侵检测与防御技术等。

(1) 防火墙技术。

防火墙 (firewall) 由软件和硬件设备组合而成，位于内网和外网的交叉点上，是隔离本地网络与外界网络之间的一道防御系统，它在互联网与内部网之间建立起一个安全网关，从而保护内部网免受非法用户的侵入。

防火墙的基本原理是根据预设的安全策略，通过比较数据包中的源地址、目的地址和端口号等信息对进出网络的数据进行检查和过滤。如果符合规则，则允许通过，否则将被阻止或丢弃。

① 防火墙的功能。

· 防火墙在内、外网之间进行数据过滤。只有符合安全规则的数据才能穿过防火墙。

· 对网络传输和访问的数据进行记录和审计。内网和外网之间的数据交换和传输都需经过防火墙，同时防火墙也能提供网络使用情况的统计数据。

· 防范内、外网之间的异常网络攻击。防火墙对网络中传输的数据包进行监测，阻

塞内、外网之间的网络攻击和异常网络行为，可通过防火墙获取分析网络异常行为的具体信息。

• 通过配置 NAT，提高网络地址转换功能。防火墙可以作为部署网络地址转换（NAT）的设备，通过 NAT，防火墙可缓解地址空间短缺的问题。

除了上述的安全作用，防火墙还可以提供 VPN 功能并隐藏内部 IP 地址。

② 防火墙的局限性。

• 防火墙不能防范不经过防火墙的攻击。没有经过防火墙的数据，防火墙无法检查。

• 防火墙不能解决来自内部网络的攻击和安全问题。

• 防火墙不能防止策略配置不当或错误配置引起的安全威胁。防火墙是一个被动的安全策略执行设备，要根据政策规定来执行安全。

• 防火墙不能防止可接触的人为或自然的破坏。防火墙是一个安全设备，本身必须存在于一个安全的地方。

• 防火墙不能防止利用标准网络协议中的缺陷进行攻击。一旦防火墙准许某些标准网络协议，防火墙就不能防止利用该协议中的缺陷进行的攻击。

• 防火墙不能防止利用服务器系统漏洞进行的攻击。黑客可通过防火墙准许的访问端口对该服务器的漏洞进行攻击。

• 防火墙不能防止受病毒感染的文件的传输。防火墙本身并不具备查杀病毒的功能。

• 防火墙不能防止数据驱动式的攻击，不能消灭攻击源，不能对网络攻击进行反向追踪。

• 防火墙不能防止内部的泄密行为。若防火墙内部的一个合法用户主动泄密，防火墙是无能为力的。

• 防火墙不能防止本身的安全漏洞的威胁。防火墙保护别人，有时却无法保护自己，因此，对防火墙也必须提供某种安全保护。

③ 防火墙的类型。

根据防火墙的逻辑位置和其所具备的功能，可以将防火墙分为两大类：基本型防火墙和复合型防火墙。基本型防火墙包括包过滤防火墙和应用型防火墙（代理型）；复合型防火墙将以上两种基本型防火墙结合使用，主要包括主机屏蔽防火墙和子网屏蔽防火墙。

根据防火墙组成形式的不同，可以将防火墙分为软件防火墙和硬件防火墙。软件防火墙根据功能的差别又分为企业级软件防火墙和个人主机防火墙。硬件防火墙以网络硬件设备的形式出现，按照其硬件平台的不同又分为 x86 架构防火墙、ASIC 架构防火墙和 NP 架构防火墙等。

• 包过滤防火墙。包过滤防火墙可以用一般的路由器来实现，包过滤技术只需要对每个数据包与相应的安全规则进行比较，实现较为简单，速度快，设备投资费用低，安全策略灵活多样，并且对用户透明。包过滤技术主要在网络层进行过滤拦截，根据数据包的源地址、目的地址、TCP 和 IP 的端口号，以及 TCP 的其他状态来确定是否允许数据包通过，对网络更高协议层的信息无理解能力，不能阻止应用层的攻击，也不能防止

IP 地址欺骗，因此包过滤防火墙安全性较差。

· 应用型防火墙。应用型防火墙又称双宿主机网关防火墙。这种防火墙由具体两个网络接口主机系统构成，双宿主机内外的网络不可与双宿主机直接通信，它采用协议代理服务来实现，特点是易于建立和维护，造价较低，与包过滤防火墙相比更安全，但缺少透明性。

· 主机屏蔽防火墙。由一个应用型防火墙和一个包过滤路由器混合而成。主机屏蔽防火墙强迫所有外部网络到内部网络的连接通过此包过滤路由器和堡垒主机，而不会直接连接到内部网络，提供了更高的安全性，对路由器的路由表设置要求较高，因为它在通过包过滤路由器实现网络层、传输层安全的同时，还通过代理服务器实现了应用层安全。

其中，代理服务器处于客户机和服务器之间，必须同时具备服务器和客户机两端的功能。使用代理服务器时，所有用户对外只占用一个 IP，所以不必租用过多的 IP 地址，降低了网络的维护成本。代理服务器作为连接局域网和因特网的桥梁，除可实现最基本的连接功能外，还可以实现安全保护、缓存数据、内容过滤和访问控制等功能，解决诸如 IP 地址耗尽、网络资源争用和网络安全等问题。

· 子网屏蔽防火墙。子网屏蔽防火墙由两个包过滤路由器和应用型防火墙组成，是最安全的防火墙体系结构，能支持网络层、传输层和应用层的防护功能。与主机屏蔽体系结构相比，它添加了额外的一层保护体系——周边网络，具有实现代价高、不易配置、网络访问速度慢、费用高的特点。

(2) VPN 技术。

VPN 的全称是虚拟专用网络，是指利用开放网络的物理链路和专用的安全协议在逻辑上建立一个临时的、安全连接的网络的技术。“虚拟”的意思是没有固定的物理连接，网络只有需要时才建立；“专用”是指利用公共网络设施构成专用网，所以 VPN 的功能是在公用网络上建立专用网络，进行加密通信，并使用隧道协议、身份认证、数据加密、密钥管理技术来保证通信安全连接。其中，网络隧道技术是 VPN 的关键特有技术。

① VPN 协议的分类。

现有的封装协议主要包括第二层隧道协议、第三层隧道协议和传输层的隧道协议。

· 第二层隧道协议即链路层隧道协议，是指先把各种网络层协议（如 IP、IPX）等封装到数据链路层的点对点协议（PPP）帧中，再把整个 PPP 帧装入隧道协议里。它主要包括点对点隧道协议（PPTP）、第二层转发协议（L2F）等。

· 第三层隧道协议即网络层隧道协议，是指把各种网络层协议数据包直接装入隧道协议中，主要包括 IP 安全协议（IPSec）和通用路由封装协议（GRE）等。

· 传输层的 SSL VPN 采用标准的安全套接层协议对传输中的数据包进行加密，从而在应用层保护数据的安全性。其中 SSL 是网景（netscape）公司提出的基于 Web 应用的安全协议。

各层隧道协议的本质区别在于用户的数据包在隧道中是被封装在何种数据包中进行传输的。

② VPN 服务类型的分类。

· 远程接入式 VPN（access VPN）：解决远程用户访问企业内部网络的传统方法是

采用长途拨号方式接入企业的网络访问服务器（NAS），适合用于企业内部经常有流动人员远程办公的情况。

·内联网 VPN（intranet VPN）：企业内部虚拟专用网，也叫内联网 VPN，用于实现企业内部各个 LAN 之间的安全互联。通常情况下，内联网 VPN 就是专线 VPN。

·外联网 VPN（extranet VPN）：企业外部虚拟专用网也叫外联网 VPN，用于实现企业与客户、供应商和其他相关团体的互联互通。

③ 防火墙和 VPN 的关系。

·VPN 和防火墙都是属于网络安全设备。

·VPN 设备可集成在防火墙设备内。

·VPN 和防火墙的功能不同。VPN 是采用数据加密技术，为内部员工提供一个快捷访问内部网络的隧道；而防火墙则是设置规则，杜绝外部非法入侵。

（3）PKI 技术。

PKI 即公共密钥基础设施，是一个用公钥密码学技术来实现和提供安全服务的安全基础设施。PKI 的核心是要解决信息网络空间中的信任问题，确定信息网络空间中用户身份的唯一性、真实性和合法性。PKI 系统能够为用户生成并颁发数字证书，用户利用数字证书可以在虚拟的网络环境下验证相互之间的身份，并提供敏感信息传输功能，为电子商务交易的安全提供保障。

完整的 PKI 系统必须具有证书认证机构（CA）、数字证书库、密钥备份与恢复系统、证书作废系统、应用程序接口（API）等基本构成部分。其中，CA 是 PKI 的核心，CR 是证书存储库，RA 是证书注册机构。

PKI 的安全服务功能包括网络身份认证、数据完整性、机密性、不可否认性、时间戳和数据的公正性服务。

（4）入侵检测与防御技术。

入侵检测系统（IDS）是一种主动防护的网络安全技术，通过实时收集和分析计算机网络或系统中的信息来检查是否出现违反安全策略的行为和是否存在入侵的迹象，进而达到提示入侵、预防攻击的目的。

入侵检测系统包括控制台和探测器两部分，是作为防火墙之后的第二道安全屏障，增强了网络的安全性。入侵检测系统一般采用旁路挂接的方式，作为一个监听设备，无须跨接在任何链路上，不产生任何网络流量便可以工作，侧重于记录攻击行为，注重安全审计，无法有效地阻断攻击，因此出现了入侵防御系统（IPS）。

入侵防御系统是一种基于应用层和主动防御的产品。它采用串联方式部署在网络中，实现了网络层、传输层和应用层的全面检测和拦截，具有拦截恶意流量、实现对传输内容的深度检测和安全防护、对网络流量进行监测的同时进行过滤等功能。

例题解析

例 1　防火墙作为一种被广泛使用的网络安全防御技术，自身有一些限制，它不能阻止（　　）。

A. 内部威胁和病毒威胁　　　　B. 外部攻击

C. 外部攻击、外部威胁和病毒威胁　　　　　D. 外部攻击和外部威胁

例 2　下列关于 VPN 的叙述，正确的是（　　）。

A. VPN 通过加密数据保证通过公共网络传输的信息即使被他人截获也不会泄露

B. VPN 指用户自己租用线路和公共网络物理上完全隔离的安全的线路

C. VPN 不能同时实现信息的认证和对身份的认证

D. VPN 通过身份认证实现安全目标，不具有数据加密功能

例 3　PKI 中的主要组成成分不包含（　　）。

A. CA　　　　　B. SSL

C. CR　　　　　D. RA

答案：A；A；B

知识点对接：防火墙技术、VPN 技术和 PKI 技术。

解析：例 1 考查防火墙技术的功能以及工作的局限性，防火墙不能解决来自内部网络的互相攻击且不提供杀毒功能，所以选择 A。例 2 考查 VPN 技术的概念和功能，VPN 是指在公共网络上建立专用网络，进行加密通信，它使用隧道协议、身份认证、数据加密、密钥管理技术来保证通信安全连接，B、C、D 选项都不符合 VPN 的概念和功能，所以选择 A。例 3 考查 PKI 技术的主要组成部分，完整的 PKI 系统必须具有证书认证机构（CA）、数字证书库、密钥备份与恢复系统、证书作废系统、应用程序接口（API）等基本构成部分，B 选项中安全套接层协议（SSL）及传输层安全（TLS）是为网络通信提供安全及数据完整性的一种安全协议，不属于 PKI 的主要组成成分，所以选择 B。

7.3.2　黑客与木马

1. 黑客

黑客（hacker）是指非法入侵他人计算机系统的人。红客（honker）是指维护国家利益、代表人民意志的黑客，他们热爱祖国、热爱和平，极力维护国家尊严与安全。蓝客（lanker）是指信仰自由，提倡爱国主义的黑客，他们用自己的力量维护网络的和平。

黑客常用的攻击手段有后门程序、拒绝服务、网络监听、端口扫描、口令攻击等，其中获取主机信息的最佳途径是进行端口扫描，入侵最常用的手段是进行 IP 欺骗。

2. 木马

木马全称是“特洛伊木马”（Trojan horse），是目前比较流行的计算机病毒，是一种基于远程控制的黑客工具，是通过远程计算机控制网络用户计算机系统，并且可能造成用户的信息损失、系统损坏甚至瘫痪的程序。

木马具有欺骗性、隐蔽性（木马程序不会产生图标、不会出现在任务管理器中）、自动运行性、自动恢复功能、功能特殊性的基本特征，能够造成的危害主要有窃取密码、文件操作、修改注册表、系统操作等。

木马与一般的计算机病毒不同，通常由服务端（服务器部分，隐藏在感染了木马病毒的用户机器上）、控制端（控制器部分，一般由黑客控制）两部分组成，且木马程序不会自我繁殖，也不“刻意”地去感染其他文件，不通过网络感染用户计算机系统。

木马是恶意代码的一种，根据木马程序对计算机的具体控制和操作方式，可以把木马程序分为远程控制型木马、发送密码型木马、键盘记录型木马、毁坏型木马和 FTP 型木马，如 Back Orifice（BO）、Netspy、Picture、Netbus、Asylum 以及冰河、灰鸽子等。

运用木马进行网络入侵的基本过程有六步，分别是配置木马、传播木马、运行木马、信息泄露、建立连接、远程控制。其中，在建立连接时，必须是服务端已安装了木马、服务端与控制端在线。

木马的植入方式有利用网页脚本植入、电子邮件植入、利用系统漏洞植入、升级植入、U 盘植入、程序绑定等，如果发现一个木马进程，清除它的第一步是结束木马进程。

例题解析

例 1　下列不属于黑客攻击的常用手段的是（　　）。

A. 密码破解　　B. 邮件群发

C. 网络扫描　　D. IP 地址欺骗

例 2　木马与普通病毒的最大区别是（　　）。

A. 木马不破坏文件，而病毒会破坏文件

B. 木马无法自我复制，而病毒能够自我复制

C. 木马无法使数据丢失，而病毒会使数据丢失

D. 木马不具有潜伏性，而病毒具有潜伏性

例 3　木马病毒可通过多种渠道进行传播，下列操作中一般不会感染木马病毒的是（　　）。

A. 打开电子邮件的附件　　B. 打开 MSN 即时传输的文件

C. 安装来历不明的软件　　D. 安装生产厂家的设备驱动程序

答案： B；B；D

知识点对接： 黑客与木马的特点。

解析： 例 1 考查黑客攻击的手段，黑客可能会利用邮件作为攻击的载体，而邮件群发的目的是向大量用户发送相同或类似的信息，因此，将邮件群发视为黑客的攻击手段是不准确的，所以选择 B。例 2 考查木马的特点，木马不会自我繁殖，也并不“刻意”地去感染其他文件，不通过网络感染用户计算机系统，所以选择 B。例 3 考查木马的传播方式，木马可以通过网页、电子邮件、系统漏洞、端口、程序绑定等方式进行传播并使计算机感染病毒，不包含安装生产厂家的设备驱动程序，所以选择 D。

同步训练

1. 以下关于 VPN 说法，正确的是（　　）。

A. VPN 指的是用户自己租用线路和公共网络物理上完全隔离的、安全的线路

B. VPN 指的是用户通过公用网络建立的临时的、逻辑隔离的、安全的连接

C. VPN 不能做到信息认证和身份认证

D. VPN 只能提供加密数据，不能提供身份认证的功能

2. 关于 cookies，下列说法中正确的是（　　）。

A. cookies 是用户访问某些网站，由 Web 服务器在客户端写入的一些小文件

B. cookies 是用户访问某些网站，在 Web 服务器上写入的一些小文件

C. 只要计算机不关，cookies 就永远不会过期

D. 向客户端写入 cookies，设置 cookies 代码必须放在标记之后

3. 包过滤防火墙将所有通过的信息包中的发送方 IP 地址、接收方 IP 地址、TCP 端口、TCP 链路状态等信息读出，并按照（　　）过滤信息包。

A. 最小权利原则　　B. 白名单原则

C. 黑名单原则　　D. 预先设定的过滤原则

4. 以下关于木马的特征的说法，错误的是（　　）。

A. 木马病毒伪装自己是其长期存在的主要因素

B. “中了木马”就是指本机安装了木马的客户端程序，拥有相应服务端的人就可以通过网络进行远程控制

C. 木马具有高度隐藏性，通常不具备传播能力，所以高度隐藏性能提高其生存能力

D. 木马经常利用下载、系统漏洞、邮件等方式进行传播

5. 下列关于网络攻击常见手段的说法，不正确的是（　　）。

A. 钓鱼网站通过窃取用户的账号、密码来进行网络攻击

B. 垃圾邮件通常是指包含病毒等有害程序的邮件

C. 木马是黑客常用的一种攻击手段

D. 采用 DoS 攻击，使计算机或网络无法提供正常的服务

6. 安全协议是 HTTPS 的网址（例如：https：//www. wtc. net. cn），浏览该网站时会进行（　　）处理。

A. 口令验证　　B. 身份隐藏

C. 加密　　D. 增加访问标记

7. 使用防火墙软件可以将（　　）降到最低。

A. 木马感染　　B. 广告弹出

C. 恶意卸载　　D. 黑客攻击

8. 下列选项属于“计算机安全设置”的是（　　）。

A. 安装杀（防）毒软件　　B. 停用 Guest 账号

C. 不下载来路不明的软件及程序　　D. 定期备份重要数据

9. PKI 的主要理论基础是（　　）。

A. 对称密码算法　　B. 公钥密码算法

C. 量子密码　　D. 摘要算法

10. 下列选项中属于三层 VPN 的是（　　）。

A. L2TP　　B. MPLS

C. IPSec　　D. PP2P

11. 攻击者通过对目标主机进行端口扫描，可以直接（　　）。

A. 获得目标主机的口令　　B. 给目标主机植入木马

C. 获得目标主机使用的操作系统　　D. 获得目标主机开放的端口服务

12. 关于特洛伊木马程序，下列说法不正确的是（　　）。

A. 特洛伊木马程序能与远程计算机建立连接

B. 特洛伊木马程序能够通过网络感染用户计算机系统

C. 特洛伊木马程序能够通过网络控制用户计算机系统

D. 特洛伊木马程序包含控制端程序、木马程序和木马配置程序

13. 防火墙是网络安全设置的一道保护屏障，以下说法正确的是（　　）。

A. 防火墙可以解决来自内部网络的攻击

B. 防火墙可以防止错误配置引起的安全威胁

C. 防火墙可以防止所有受病毒感染的文件传输

D. 防火墙可能会削弱计算机网络系统的性能

14. 出于安全方面的考虑需要禁止执行 JavaScript，我们使用 IE 浏览器浏览网页时在 IE 中（　　）。

A. 禁用脚本　　B. 禁用 cookie

C. 禁用 ActiveX 控件　　D. 禁用没有标记为安全的 ActiveX 控件

15. 网络安全威胁主要包括两类：渗入威胁和植入威胁。其中，渗入威胁不包括（　　）。

A. 假冒　　B. 旁路控制

C. 授权侵犯　　D. 陷门

16. 以下关于 VPN 的叙述，不正确的是（　　）。

A. VPN 支持数据加密技术，使窃取 VPN 传输信息的难度加大

B. VPN 的全称是虚拟专用网络

C. 常用的 VPN 包括 IPSec VPN 和 SSL VPN

D. VPN 通过压缩技术使传输速率大大超过线路的最大吞吐量

17. 对于动态路由协议采用认证机制的原因是（　　）。

A. 保证路由信息的完整性　　B. 保证路由信息的机密性

C. 保证网络路由的健壮　　D. 防止路由回路

18. 下列关于 OLE 对象的叙述，正确的是（　　）。

A. 用于输入文本数据　　B. 用于处理超级链接数据

C. 用于生成自动编号数据　　D. 用于链接或内嵌 Windows 支持的对象

19.（　　）不属于 XSS 跨站脚本漏洞危害。

A. 钓鱼欺骗　　B. 身份盗用

C. SQL 数据泄露　　D. 网站挂马

20. 防火墙中地址翻译的主要作用是（　　）。

A. 提供应用代理服务　　B. 隐藏内部网络地址

C. 进行入侵检测　　D. 防止病毒入侵

21. 包过滤技术防火墙在过滤数据包时，一般不关心（　　）。

A. 数据包的源地址　　B. 数据包的目的地址

C. 数据包的协议类型　　D. 数据包的内容

22. XSS 是（　　）。

A. 一种扩展样式，与 AJAX 一起使用

B. 恶意的客户端代码注入

C. 帮助编写 AJAX 驱动应用的开发框架

D. 一个 JavaScript 渲染（rendering）引擎

23. 主动型木马是一种基于远程控制的黑客工具，黑客使用的程序和在用户计算机上安装的程序分别是（　　）。

A. 服务程序、控制程序　　B. 木马程序、驱动程序

C. 驱动程序、木马程序　　D. 控制程序、服务程序

24.（　　）不是防范 ARP 欺骗攻击的方法。

A. 安装对 ARP 欺骗工具的防护软件

B. 采用静态的 ARP 缓存，在各主机上绑定网关的 IP 和 MAC 地址

C. 在网关上绑定各主机的 IP 和 MAC 地址

D. 经常检查系统的物理环境

25. 入侵者将未经授权的数据库语句插入有漏洞的 SQL 数据信道中，这种行为称为（　　）。

A. SQL 注入攻击　　B. 数据库加密

C. 数据库审计　　D. SQL 命令加密

26. 下列说法中，不属于木马的特征的是（　　）。

A. 高度隐藏性，木马通常不具备传播能力，所以高度的隐藏能提高其生存能力

B. 危害系统，木马多用一些高阶系统技术来隐藏自己，势必与一些正常软件或系统发生冲突，造成系统变慢、崩溃等现象，或是为达到隐藏目的大面积地禁用安全软件和系统功能

C. 盗窃机密信息、弹出广告、收集信息

D. 开启后门等待本地黑客控制，沦为肉机

27. 以下哪种技术常用于网络监听？（　　）

A. SSL　　B. IDS

C. Sniffer　　D. VPN

28. 下列木马入侵步骤中，顺序正确的是（　　）。

A. 传播木马→配置木马→运行木马　　B. 建立连接→配置木马→传播木马

C. 配置木马→传播木马→运行木马　　D. 建立连接→运行木马→信息泄露

29. 著名特洛伊木马“网络神偷”采用的隐藏技术是（　　）。

A. 反弹式木马技术　　　　　　　　B. 远程线程插入技术

C. ICMP 协议技术　　　　　　　　D. 远程代码插入技术

30. 恶意软件是目前移动智能终端上被不法分子利用最多、对用户造成危害和损失最大的安全威胁类型。数据显示，目前安卓平台恶意软件主要有（　　）。

A. 远程控制木马、话费吸取类、隐私窃取类和系统破坏类

B. 远程控制木马、话费吸取类、系统破坏类和硬件资源消耗类

C. 远程控制木马、话费吸取类、隐私窃取类和恶意推广

D. 远程控制木马、话费吸取类、系统破坏类和恶意推广

任务 7.4　计算机病毒与防治基本知识

任务描述

理解并掌握计算机病毒的概念、病毒的分类、病毒的命名及其防治的基本知识。

知识图谱

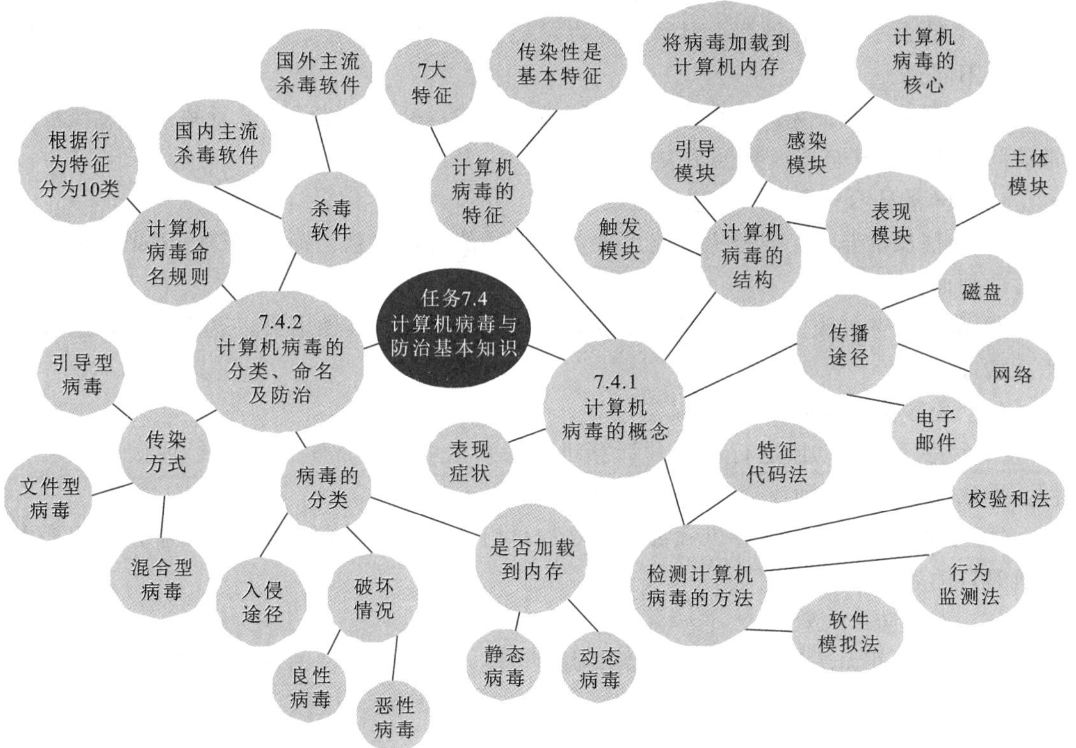

7.4.1 计算机病毒的概念

计算机病毒是指编制者在计算机程序中插入的破坏计算机功能或者数据，能影响计算机使用，能自我复制的一组计算机指令或者程序代码。

计算机病毒的特征有传染性、隐蔽性、破坏性、寄生性、潜伏性、可触发性、衍生性。其中，传染性是病毒的基本特征，破坏性是病毒的根本目的。

计算机病毒的生命周期为开发期、传染期、潜伏期、发作期、发现期、消化期、消亡期。

1. 表现症状

计算机感染病毒后，表现的症状如下。

（1）系统性能下降。

① 运行速度变慢。计算机病毒程序在后台持续运行，占用大量 CPU 和内存资源，导致计算机整体运行速度变慢。

② 频繁死机或重启。计算机病毒可能干扰系统的正常运行，导致计算机频繁出现死机或自动重启现象。

（2）文件和数据异常。

① 文件或文件夹消失。计算机病毒可能将文件或文件夹隐藏，或者通过修改注册表等方式使文件无法访问。部分计算机病毒还会直接删除文件或修改文件内容。

② 文件大小或属性改变。计算机病毒可能修改文件的长度、大小或属性，使其与原始文件不同。

③ 数据丢失或损坏。计算机病毒可能破坏文件系统的关键部分，导致数据无法被正常访问或读取，甚至造成数据丢失。

（3）屏幕显示异常和系统语言更改。

① 屏幕显示异常。屏幕上可能出现莫名其妙的提示信息、特殊字符、闪亮的光斑或异常的画面。

② 系统语言更改。如果开机后发现系统语言被修改为其他语言，这很可能是感染了恶意病毒。

（4）程序执行异常。

① 程序无法启动或运行异常。计算机病毒可能修改程序的运行路径或破坏程序文件，导致程序无法启动或运行时出现异常。

② 程序自动启动。计算机病毒可能添加自启动项到注册表或系统配置中，使程序在开机时自动启动。

（5）安全防护失效。

① 杀毒软件无法正常运行。计算机病毒可能攻击杀毒软件的自主防御模块，导致其无法正常运行或启动。

② 防火墙被关闭。计算机病毒可能修改系统设置，关闭防火墙等安全防护措施。

（6）其他异常现象。

① 网络异常。计算机病毒可能利用网络进行传播和攻击，导致网络连接不稳定或无法访问网络。

② 打印机等外设异常。计算机病毒可能干扰打印机等外设的正常工作，导致打印速度变慢或打印异常字符。

2. 计算机病毒的结构

计算机病毒的结构包括四个部分：引导模块（主控模块）、感染模块（传染模块）、表现模块（破坏模块）、触发模块。

（1）引导模块。此模块负责将病毒自身加载到计算机的内存中，并确保它能够在计算机运行时持续存在或按预设的方式激活，为感染做准备（如驻留内存、修改中断、修改高端内存、保存原中断向量等操作），是感染、破坏表现模块的基础。

（2）感染模块（传染模块）。此模块负责判断当前系统环境是否满足病毒的感染条件，并依据条件将病毒复制到目标系统或文件中。感染模块是病毒实现传播的关键，是计算机病毒的核心，它决定了病毒能否成功感染其他系统或文件。

（3）表现模块（破坏模块）。此模块是计算机病毒的主体模块，负责在达到特定的触发条件时执行，通常是为了显示病毒的存在、损害系统数据、干扰系统操作或进行其他形式的恶意活动，负责实施病毒的破坏动作。

（4）触发模块。此模块负责判断某些特定条件是否满足，以决定是否启动感染或破坏模块，它是病毒运行过程中的重要控制环节，决定了病毒何时进行传播或破坏操作。

3. 传播途径

最容易传播计算机病毒的途径：① 软盘、U 盘、硬盘、移动硬盘、光盘等磁盘；② 网络；③ 电子邮件。

4. 检测计算机病毒的方法

（1）特征代码法。提取已知计算机病毒样本的特征代码，在待检测文件中查找此计算机病毒的特征代码，因为特征代码与计算机病毒一一对应，所以一旦发现与计算机病毒对应的特征代码就可断定计算机感染了这种病毒。其优点是检测准确、误报率低，缺点是无法检测新病毒和多态性病毒且需要的时间长。

（2）校验和法。将计算出系统正常文件内容的校验和进行保存，并定期检查文件的校验和与原来保存的校验和是否一致，从而发现文件是否感染病毒，这种方法称为校验和法。其优点是方法简单、能发现未知病毒，缺点是误报率高、效率低、不能识别计算机病毒名称等。

（3）行为监测法。行为监测法是指根据病毒的行为特征来识别计算机病毒。它的优点是不仅可以发现已知的计算机病毒，而且可以准确地预报未知的多数计算机病毒；缺点是可能误报警、不能识别计算机病毒名称，实现有难度。

（4）软件模拟法。软件模拟法是指通过模拟计算机病毒运行的方式来检测计算机病毒特征，可用于对付多态计算机病毒。

例题解析

例 1 计算机病毒感染系统后，一般不立即“发作”，而是先等待“时机”，在“时机”成熟后才“发作”，这种特性叫作（　　）。

A. 触发性　　　　B. 传染性

C. 寄生性　　　　D. 破坏性

例 2 （　　）是将计算机病毒中比较特殊的共同行为归纳起来，当程序运行时监视其行为，若发现类似计算机病毒的行为，立即报警。

A. 特征代码法　　　　B. 行为监测法

C. 校验和法　　　　D. 虚拟机技术

例 3 计算机病毒是一种能破坏计算机的特殊的程序，其破坏性要表现出来，必须首先（　　）。

A. 被调入内存中　　　　B. 被编制得十分完善

C. 取得 CPU 的控制权　　　　D. 被传染到计算机中

答案： A；B；A

知识点对接： 病毒的特征和结构、检测病毒的方法。

解析： 例 1 考查计算机病毒的特征，其中触发性是指计算机病毒因某个事件或数值的出现，诱使计算机病毒实施感染或进行攻击的特性，题干中描述的“在‘时机’成熟后才‘发作’”，符合触发性特点，所以选择 A。例 2 考查检测计算机病毒的四种方法，其中特征代码法通常是通过提取计算机病毒程序中的一段或几段独一无二的特征代码来识别计算机病毒，行为监测法是指根据计算机病毒的行为特征来识别计算机病毒，校验和法主要用于验证数据的完整性，虚拟机技术是一种通过软件模拟具有完整硬件系统功能的完整计算机系统的方法，综上所述，所以选择 B。例 3 考查计算机病毒结构的四个组成部分，先将计算机病毒主体加载到内存，为感染做准备，所以选择 A。

7.4.2 计算机病毒的分类、命名以及防治

1. 计算机病毒的分类

（1）按传染方式，计算机病毒分为引导型病毒、文件型病毒、混合型病毒三种。

① 引导型病毒是寄生在磁盘引导区或主引导区的计算机病毒。此种病毒利用系统引导时不对主引导区的内容正确与否进行判别的缺点，在启动操作系统之前驻留在内存中，监视系统运行，伺机传染和破坏。引导型病毒按照在硬盘上的寄生位置又可细分为主引导记录（MBR）病毒和分区引导记录（DBR）病毒。其中，主引导记录病毒感染硬盘的主引导区，如大麻病毒、2708 病毒、火炬病毒等；分区引导记录病毒感染硬盘的活动分区引导记录，如小球病毒、Girl 病毒等。

② 文件型病毒分为源码型病毒、外壳型病毒和嵌入型病毒。

文件型病毒是寄存在文件中，驻留内存，被加载后执行，拦截文件操作或主动搜索磁盘文件，一般会感染 EXE、COM 和 SYS 等可执行文件，如黑色星期五病毒、CIH 病毒。

· 源码型病毒在源程序编译之前就被插入程序中，并随源程序一起编译、连接成可执行文件，主要攻击高级语言编写的源程序。

· 外壳型病毒是通过将自身的程序代码包围在攻击对象的四周（通常是可执行文件），但不直接修改攻击对象的内部代码，以此实现寄生。

· 嵌入型病毒是将计算机病毒程序嵌入某个现有程序中，使计算机病毒程序成为该程序的一部分。这种嵌入方式通常是通过修改程序的一部分代码，将计算机病毒代码插入其中，从而使计算机病毒程序在宿主程序执行时得到执行。

③ 混合型病毒将引导型病毒和文件型病毒结合在一起，这种病毒既感染文件，也感染引导区。

(2) 按入侵途径/链接方式分类，计算机病毒可以分为源码型病毒、操作系统型病毒、入侵型病毒、外壳型病毒四种。

(3) 按表现（破坏）情况，计算机病毒可分为良性病毒和恶性病毒。其中，良性病毒程序只搞一些“恶作剧”，对系统不构成破坏性；恶性病毒主要破坏系统的重要数据，如主引导程序、文件分配表等。

(4) 根据是否加载到内存，计算机病毒又分为静态病毒和动态病毒。其中，处于静态的病毒常常存放于传输介质中，只能借助第三方（如复制、下载等）来进行传播。

2. 计算机病毒命名规则与特征

计算机病毒名称的一般格式为<病毒前缀><病毒名><病毒后缀>。病毒前缀是指计算机病毒的种类，病毒名是指一个计算机病毒的家族特征，病毒后缀是用来区别某个家族计算机病毒的不同变种，一般都采用英文字母来表示。常见的计算机病毒可以根据其行为特征归纳为以下几类。

(1) 系统病毒。其前缀为 Win32、PE、Win95、W32、W95 等。这些病毒的一般共同的特性是感染 Windows 操作系统的 EXE 和 DLL 文件，并通过这些文件进行传播，例如 CIH 病毒。

(2) 蠕虫病毒。其前缀是 Worm。这种病毒的特性是通过网络或者系统漏洞进行传播，它的破坏性主要表现为蠕虫病毒会消耗内存或网络带宽，造成拒绝服务，从而可能导致计算机崩溃。它与普通病毒的区别是蠕虫病毒自身是独立文件，不需要宿主，能自我复制，自己触发，无须操作者操作。例如，冲击波病毒（Worm. Blaster)、爱虫病毒(Love bug)、震荡波病毒、尼姆达（Nimda)、红色代码、熊猫烧香、求职信病毒、小邮差病毒（发送带毒邮件）等。

(3) 木马病毒和黑客病毒。木马病毒的前缀为 Trojan，黑客病毒的前缀为 Hack。木马病毒和黑客病毒往往是成对出现的，即木马病毒负责侵入用户计算机，而黑客病毒则通过木马病毒进行远程控制。一般的木马病毒有 QQ 消息尾巴病毒（Trojan.

QQ3344），针对网络游戏的木马（Trojan. LMir. PSW. 60），当病毒名中有 PSW 或者 PWD 时，表示这种计算机病毒有盗取密码的功能，黑客程序有网络枭雄（Hack. Nether. Client）等。

（4）脚本病毒。其前缀是 Script。脚本病毒的共同特性是使用脚本语言编写，通过网页进行传播，如红色代码（Script. Redlof）。脚本病毒还可能有前缀 VBS、JS（表明是用何种脚本编写的），如欢乐时光病毒（VBS. Happytime）、十四日病毒（Js. Fortnight. C. s）等。

（5）宏病毒。宏病毒是一种寄存在文档或文档模板的宏中的计算机病毒。一旦打开这样的文档，其中的宏就会被执行，于是宏病毒就会被激活，并驻留在 Normal 模板上。宏病毒是一种脚本病毒，它的前缀是 Macro，第二前缀是 Word、Word97、Excel、Excel97 等。这类病毒的共同特性是能感染 Office 文档，然后通过 Office 通用模板进行传播，例如著名的梅丽莎病毒（Macro. Melissa）。

（6）后门病毒。其前缀是 Backdoor，这类计算机病毒的共同特性是通过网络传播，给系统开后门，给用户的计算机带来安全隐患。

（7）病毒种植程序。这类计算机病毒的共同特征是运行时会释放出一个或几个新的病毒，存放在系统目录下，并由释放出来的新病毒产生破坏作用，例如冰河播种者（Dropper. BingHe2. 2C）、MSN 射手病毒（Dropper. Worm. Smibag）等。

（8）破坏性程序病毒。其前缀是 Harm。这类计算机病毒的共同特性是利用好看的图标来诱惑用户点击。当用户点击这类病毒时，病毒便会对用户的计算机产生破坏。例如，格式化 C 盘的病毒（Harm. formatC. f）、杀手命令病毒（Harm. Command. Killer）等。

（9）玩笑病毒。其前缀是 Joke，也称恶作剧病毒。这类计算机病毒的共同特征是利用好看的图标来诱惑用户点击。当用户点击这类计算机病毒文件时，病毒会呈现出各种破坏性画面来吓唬用户，但病毒并没有对计算机进行任何破坏，例如女鬼病毒（Joke. Girlghost）。

（10）捆绑机病毒。其前缀是 Binder。这类计算机病毒的共同特征是和正常软件捆绑在一起，当用户运行这些捆绑了计算机病毒的软件时，表面上运行的是正常的应用程序，但实际上计算机病毒也在后台隐藏运行，从而给用户造成危害，例如捆绑 QQ 病毒（Binder. QQPass. QQBin）、系统杀手病毒（Binder. killsys）等。

部分计算机病毒的特征与危害如下。

（1）CIH 病毒是一种具有极大破坏性的计算机病毒，主要能够破坏计算机系统硬件，特别是硬盘数据和 BIOS 信息。

（2）梅丽莎病毒（Macro. Melissa）主要通过电子邮件（E-mail）进行传播。

（3）尼姆达（Nimda）采用 JavaScript 脚本语言编写，通过互联网迅速传播，是 2001 年出现的一种极具破坏力的蠕虫病毒。其主要攻击目标是互联网服务器，并可以通过多种方式进行传播，包括电子邮件、共享网络资源、IIS 服务器等。它在用户操作系统中建立后门程序，能够导致网络系统崩溃，并在某种程度上与分布式拒绝服务攻击（DDoS）有相似之处。

（4）冲击波病毒（Worm. Blaster）具有阻塞网络的能力。该计算机病毒是一种后门和蠕虫病毒的混合体，主要通过微软 Windows 操作系统的 RPC DCOM 漏洞进行传播。

（5）震荡波病毒（Worm. Sasser）是利用 Windows 系统的缺陷，特别是 LSASS 漏洞，导致系统崩溃并出现不断重启的现象。

3. 常用的杀病毒软件

计算机病毒通常用人工处理或杀病毒软件两种方式进行清除。人工处理的方法主要有删除被病毒感染的文件、重新格式化磁盘（这种方法容易造成对文件数据的破坏，但是最彻底）。

（1）国内主流杀毒软件：360 安全卫士、金山毒霸、瑞星杀毒软件、火绒安全软件、KV3000（江民公司）等。

（2）国外主流杀毒软件：诺顿（Norton Antivirus）、迈克菲（McAfee）、卡巴斯基（Kaspersky）、小红伞（Avira AntiVir）等。

例题解析

例 1　通常所说的“宏病毒”感染的文件类型是（　　）。

A. COM　　B. DOC

C. EXE　　D. TXT

例 2　下列关于计算机病毒的叙述中错误的是（　　）。

A. 木马病毒前缀是 Trojan，发作的必要条件是客户端和服务端必须建立起基于 IP 地址和端口号的网络通信

B. 脚本病毒前缀是 Script，它是使用脚本语言编写、通过网页进行传播的病毒，“逻辑炸弹”是其典型代表

C. 宏病毒是特殊的脚本病毒，前缀是 Macro，能感染 Office 系列文档，然后通过 Office 通用模板进行传播

D. 后门病毒的前缀是 Backdoor，该类病毒通过网络传播，给系统开后门，给用户的计算机带来安全隐患

答案：B；B

知识点对接：病毒的分类命名及其特征。

解析：例 1 考查宏病毒感染的文件类型，宏病毒的共同特性是能感染 Office 文档，“COM”和“EXE”都是文件型病毒，一般感染的是可执行文件类型，“TXT”是纯文本文件类型，没有执行代码的能力，因此不能直接作为计算机病毒传播的载体，所以选择 B。例 2 考查各类型病毒的特征，其中，脚本病毒的共同特性是使用脚本语言编写，通过网页进行传播，典型代表有红色代码、欢乐时光病毒、十四日病毒等，B 选项中的“逻辑炸弹”是指在计算机中，某个特定逻辑条件满足时，实施破坏的计算机程序，不是传统意义上的计算机病毒，所以选择 B。

同步训练

1. 在安装计算机操作系统后，为保证系统不受病毒破坏，下列操作最可靠的是（　　）。

A. 安装文字处理软件

B. 通过官方渠道下载安装补丁程序及杀毒软件

C. 从网上下载并安装最新杀毒软件及补丁程序

D. 连通其他人的计算机，共享并安装杀毒软件

2. 下列病毒中，属于木马病毒的是（　　）。

A. QQ消息尾巴病毒　　B. 冲击波病毒

C. 梅丽莎病毒　　D. 震荡波病毒

3. 下列病毒中，属于系统病毒的是（　　）。

A. 爱情后门病毒　　B. CIH病毒

C. 系统杀手病毒　　D. 梅丽莎病毒

4. 能够感染EXE和COM文件的病毒属于（　　）。

A. 网络型病毒　　B. 文件型病毒

C. 蠕虫型病毒　　D. 引导型病毒

5. 用JavaScript或者VBScript代码编写的恶意代码，一般带有广告性质，会修改浏览器首页、注册表等信息，造成用户使用计算机不方便。这种病毒称为（　　）。

A. 脚本病毒　　B. 变形病毒

C. 蠕虫病毒　　D. 宏病毒

6. 蠕虫病毒具有独立性的原因为（　　）。

A. 蠕虫不进行复制　　B. 蠕虫不向其他计算机进行传播

C. 蠕虫不需要宿主计算机来传播　　D. 蠕虫不携带有效负载

7. 病毒分良性病毒和恶性病毒，其中良性病毒是指（　　）。

A. 很容易清除的病毒

B. 没有传染性的病毒

C. 破坏性不大的病毒

D. 只为表现自己，并不破坏系统和数据的病毒

8. 在安全模式下杀毒最主要的理由是（　　）。

A. 安全模式下查杀病毒速度快

B. 安全模式下查杀病毒比较彻底

C. 安全模式下不通网络

D. 安全模式下杀毒不容易死机

9. 计算机病毒最先获得系统控制的是（　　）模块。

A. 引导　　B. 感染

C. 破坏　　D. 感染条件判断

10. 计算机病毒的核心是（　　）。

A. 引导模块　　B. 感染模块

C. 表现模块　　D. 发作模块

11. 以下有关计算机病毒特征的说明，正确的是（　　）。

A. 传染性、潜伏性、隐蔽性、破坏性、可触发性

B. 潜伏性、可触发性、破坏性、易读性、传染性

C. 传染性、破坏性、易读性、潜伏性、伪装性

D. 传染性、潜伏性、免疫性、安全性、激发性

12. 冲击波病毒发作时会导致（　　）。

A. 无法收发电子邮件　　B. Word 文档无法打开

C. Windows 被重新启动　　D. 用户密码丢失

13. 下列关于计算机病毒命名规则的叙述，正确的是（　　）。

A. 病毒前缀表示病毒类型　　B. 病毒前缀表示病毒变种特征

C. 病毒后缀表示病毒类型　　D. 病毒后缀通常表示病毒的名称

14. 下列关于引导扇区病毒特征和特性的描述，错误的是（　　）。

A. 会将原始的引导扇区以及部分病毒代码复制到磁盘的另一个地方

B. 引导扇区病毒的设计缺陷可能会导致在读取软件时产生错误

C. 引导扇区病毒会在特定的时间对硬盘进行格式化操作

D. 引导扇区病毒不再像以前那样造成巨大威胁

15. 下列计算机病毒类型中，对应正确的是（　　）。

A. Script 代表捆绑机病毒　　B. Backdoor 代表木马病毒

C. Worm 代表蠕虫病毒　　D. Win32 代表宏病毒

16. 按照计算机病毒的链接方式分类，（　　）是将其自身包围在合法的主程序四周，对原来的程序不做修改。

A. 源码型病毒　　B. 操作系统型病毒

C. 嵌入型病毒　　D. 外壳型病毒

17. 以下关于蠕虫病毒的说法，错误的是（　　）。

A. 通常蠕虫的传播无须用户的操作

B. 蠕虫病毒的主要危害体现在对数据保密性的破坏

C. 蠕虫的工作原理与病毒相似，除了没有感染文件阶段

D. 蠕虫病毒是一段能不以其他程序为媒介，能从一个计算机系统复制到另一个计算机系统的程序

18. 下列关于计算机病毒的特点，说法不正确的是（　　）。

A. 当计算机病毒存在于引导区、系统文件或可执行文件上时，不容易被发现

B. 计算机感染上病毒后，并不会立即出现异常，只有当条件满足时，才开始进行破坏活动

C. 多数病毒程序附加在其他程序中，删除该文件时，病毒程序段可以转移到其他的程序中

D. 计算机病毒的传染能力依赖于其触发条件

19. 目前使用的防病毒软件的作用是（　　）。

A. 清除已感染的任何病毒

B. 查出已知名的病毒，清除部分病毒

C. 查出任何已感染的病毒

D. 查出并清除任何病毒

20. 以下对计算机病毒的描述，不正确的是（　　）。

A. 计算机病毒不会破坏计算机硬件系统

B. 计算机病毒是人为编制的一段恶意程序

C. 计算机病毒具有潜伏性

D. 计算机病毒的传播途径主要是数据存储介质的交换以及网络的链路

21. 下列各项中不属于计算机感染病毒的表现的是（　　）。

A. 出现大量来历不明的文件

B. 文件的时间属性被用户更新

C. 文件名称和类型被批量修改

D. 内存空间迅速变小，反复报告内存不够

22. 蠕虫病毒是一种常见的计算机病毒，传染途径是网络和电子邮件。下列属于蠕虫病毒的是（　　）。

A. 爱虫病毒　　B. CIH 病毒

C. 梅丽莎病毒　　D. 特洛伊木马病毒

23. 下面关于计算机病毒，说法不正确的是（　　）。

A. 正版的软件也会受计算机病毒的攻击

B. 防病毒软件不会检查出压缩文件内部的病毒

C. 任何防病毒软件都不会查出和杀掉所有病毒

D. 任何病毒都有清除的办法

24. 计算机病毒按照存在的媒体分类，可以分为（　　）。

A. 网络病毒、木马病毒、黑客病毒、勒索病毒

B. 源码型病毒、入侵型病毒、外壳型病毒、系统性病毒

C. 良性病毒、恶性病毒

D. 引导型病毒、文件型病毒、复合型病毒

25. 杀毒软件的工作原理一般是，收集大量已经存在的病毒代码库，对被检测对象进行扫描，这样的病毒检查方法是（　　）。

A. 比较法　　B. 搜索法

C. 病毒特征字识别法　　　　　　　　　　D. 分析法

26. 下列关于计算机病毒的说法，错误的是（　　）。

A. 计算机病毒能进行自我复制，将自身复制成一个个的文件，再传染给其他计算机

B. 计算机病毒一般需要先在计算机中隐藏起来，等到时机成熟才发作

C. 计算机病毒在传播过程中会不断改变自己的特征

D. 计算机病毒一般通过网络和移动存储介质进行传播

27. 冲击波病毒的入侵，会造成的现象不包括（　　）。

A. 莫名其妙的死机或重新启动计算机

B. IE 浏览器不能正常地打开链接，不能复制粘贴，网络变慢，应用程序有时出现异常

C. 在任务管理器里有 msblast. exe 进程在运行

D. 会出现花屏现象

28. 下列关于计算机病毒特征的说法，错误的是（　　）。

A. 计算机病毒可以直接或间接执行

B. 通过计算机杀毒软件可以找到计算机病毒的文件名

C. 计算机病毒可以利用操作系统的漏洞隐藏自己

D. 计算机病毒的攻击有激发条件

29. 下列最可能是病毒引起的现象是（　　）。

A. 无故读写磁盘　　　　　　　　　　B. 电源打开后指示灯不亮

C. 风扇声音无故变大　　　　　　　　D. 打印机电源无法打开

30. 在基于扫描法的计算机病毒防范技术中，下列哪项不是选择特征码的规则？（　　）

A. 特征码应含有病毒的数据区

B. 在保持唯一性的前提下，应尽量使特征码长度短一些

C. 特征码一定要在仔细分析程序之后才能选出最具代表性的，足以将该计算机病毒区别于其他病毒和该计算机病毒的其他变种的特征码

D. 特征码必须能将计算机病毒与正常的非计算机病毒程序区分开

任务 7.5　信息道德与知识产权

任务描述

了解社会信息道德，了解知识产权的基础知识。

知识图谱

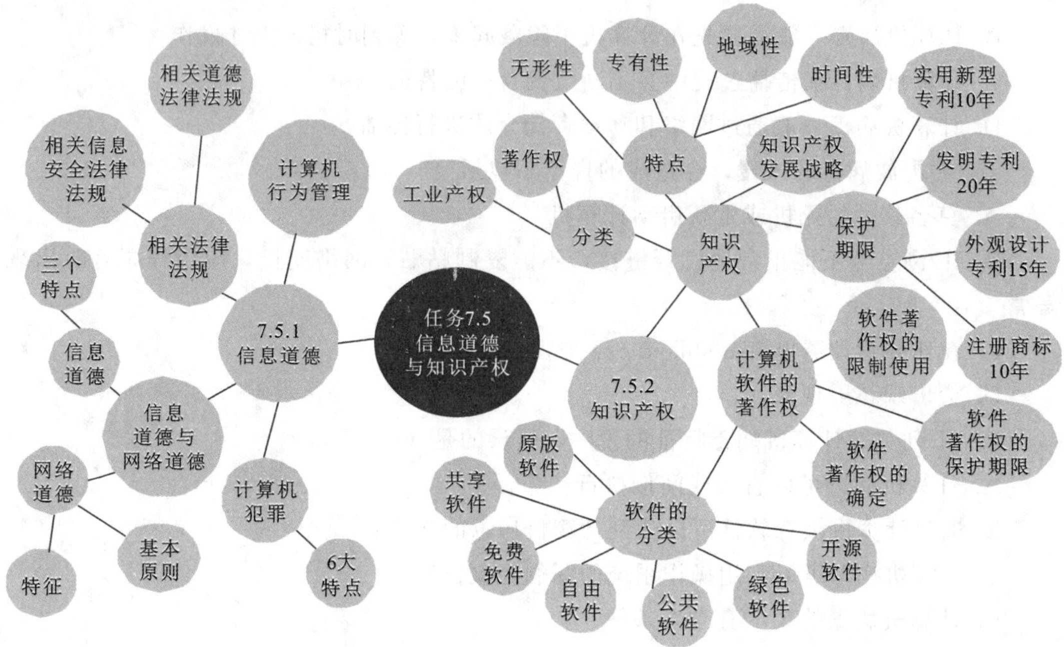

7.5.1 信息道德

1. 计算机犯罪

计算机犯罪是指行为人以计算机作为工具或计算机资产作为攻击对象实施的严重危害社会的行为。计算机犯罪有犯罪智能化、犯罪隐蔽性、跨国性、匿名性、犯罪分子低龄化、犯罪后果严重等特点。

2. 计算机行为管理

计算机行为管理是指通过技术手段和管理措施，对计算机的使用行为进行监控、记录、分析和控制的过程。它旨在确保计算机的正常运行和数据的安全，防止非法访问、数据泄露等风险的发生。其主要目的是保护计算机系统和数据的安全，提高计算机使用效率，规范用户行为，减少不当操作带来的风险。

计算机行为管理的内容如下。

（1）用户行为监控。

实时监控用户的登录行为、文件操作、网络访问等；记录和分析用户的操作行为，包括文件操作、网络访问、软件使用等；识别异常或可疑行为，并触发预警机制。

（2）文件操作控制。

对文件的复制、移动、删除等操作进行精细化的控制；设置文件的访问权限，确保只有授权人员才能访问特定文件。

（3）网络访问管理。

限制访问特定网站或应用程序，防止用户访问不安全的网络资源；监控和分析网络流量，帮助管理员了解网络使用情况，优化网络资源配置。

（4）软件使用限制。

禁止安装或运行某些软件，防止恶意软件或未经授权的软件对计算机系统和数据安全造成威胁。

（5）移动设备管理。

对连接到计算机的移动设备进行识别和控制，防止未经授权的设备访问企业数据。

3. 信息道德与网络道德

（1）信息道德。

信息道德是指在信息的采集、加工、存储、传播和利用等信息活动各个环节中，用来规范其间产生的各种社会关系的道德意识、道德规范和道德行为的总和。

信息道德的两个方面，即信息道德的主观方面和信息道德的客观方面。前者指人类个体在信息活动中以心理活动形式表现出来的道德观念、情感、行为和品质，如对信息劳动的价值认同，对非法窃取他人信息成果的鄙视等，即个人信息道德；后者指社会信息活动中人与人之间的关系以及反映这种关系的行为准则与规范，如扬善抑恶、权利义务、契约精神等，即社会信息道德。

信息道德具有以下几个特点。

① 没有明确的制定主体。它是自发形成的，存在于人们的意识中，而无须统治阶级的认可，无须发文颁布。

② 执行手段独特。依靠社会舆论、社会评价以及人们内心的信念、传统习惯和价值观来维持。

③ 作用范围广泛。涉及信息活动的各个层次和环节以及相关的社会生活的各个领域，有最普遍的约束力。

（2）网络道德。

网络道德（network morality）是指以善恶为标准，通过社会舆论、内心信念和传统习惯来评价人们的上网行为，调节网络时空中人与人之间以及个人与社会之间关系的行为规范。它是随着信息网络的发展而逐渐形成的，是网络社会的行为规范。

网络道德的基本原则如下。

① 全民原则。强调一切网络行为必须服从于网络社会的整体利益，包含平等和公正两个基本道德原则。

② 兼容原则。要求网络主体间的行为方式应符合某种一致的、相互认同的规范和标准。

③ 互惠原则。要求任何一个网络用户既是网络信息和网络服务的使用者和享受者，也是网络信息的生产者和提供者。

④ 自由原则。网络社会为其主体提供了相对自由的空间，允许行为主体根据自己的意愿选择生活方式和行为方式，并充分表达意见和观点。然而，这种自由不应以损害他人自由为代价，也不应违反网络社会的整体利益和规范。

网络道德的特征如下。

① 自主性（自律性）。自主性是指在网络空间中，个体或群体在行为选择、道德判断和道德实践上所具有的独立性和自我约束能力。主要体现在自我决策能力、自我管理能力、自我责任意识和自我完善能力等方面。

② 开放性。开放性是指网络社会的道德呈现出一种不同的道德意识、道德观念和道德行为之间经常性的冲突、碰撞和融合的特点与趋势。主要体现在信息开放、交流开放等方面。

③ 多元性。多元性是指网络社会的道德呈现出一种多元化、多层次化的特点与趋势。主要体现在文化多元、价值多元、行为多元等方面。

(3) 信息道德与网络道德的关系。

① 包含与被包含关系。从广义上讲，网络道德是信息道德在网络空间中的具体体现。因为网络活动本身就是信息活动的一种重要形式，所以网络道德可以视为信息道德在网络环境下的具体应用和拓展。

② 相互补充。信息道德和网络道德在规范人们的信息行为和网络行为方面相互补充。信息道德为网络道德提供了更广泛的理论基础和行为准则，而网络道德则针对网络环境的特殊性，提出了更为具体和有针对性的行为规范。

③ 共同目标。两者都旨在促进信息社会和网络社会的和谐稳定，保护信息活动和网络活动的正常进行，维护社会公共利益和个体权益。

4. 相关法律法规

(1)《全国人民代表大会常务委员会关于维护互联网安全的决定》(2000 年 12 月 28 日由第九届全国人民代表大会常务委员会第十九次会议通过)。

(2)《中华人民共和国计算机信息系统安全保护条例》(1994 年 2 月 18 日由中华人民共和国国务院令第 147 号发布)。

(3)《中华人民共和国计算机信息网络国际联网管理暂行规定》(1996 年 2 月 1 日由中华人民共和国国务院令第 195 号发布)。

(4)《计算机信息网络国际联网安全保护管理办法》(1997 年 12 月 11 日由中华人民共和国国务院批准，于 1997 年 12 月 30 日实施)。

(5)《互联网信息服务管理办法》(2000 年 9 月 25 日由中华人民共和国国务院令第 292 号公布实施)。

(6)《计算机病毒防治管理办法》(2000 年 4 月 26 日由中华人民共和国公安部发布)。

(7)《中华人民共和国网络安全法》(2017 年 6 月 1 日起由国家网信部门负责统筹协调实施)。

(8)《中华人民共和国密码法》(2020 年 1 月 1 日起实施)。

(9)《中国互联网行业自律公约》(2004 年 6 月 18 日正式制定并实施)。

(10)《中国互联网网络版权自律公约》(2005 年 9 月 3 日发布实施)。

(11)《文明上网自律公约》(2006 年 4 月 19 日由中国互联网协会发布)。

(12)《中华人民共和国个人信息保护法》(2021 年 8 月 20 日由第十三届全国人民代表大会常务委员会第三十次会议通过，并于 2021 年 11 月 1 日实施)。

例题解析

例 1　下列有关计算机犯罪的说法，错误的是(　　)。

A. 计算机犯罪包括针对计算机的犯罪，即把电子数据处理设备作为作案对象的犯罪，如非法侵入和破坏计算机信息系统等

B. 计算机犯罪包括利用计算机的犯罪，即以电子数据处理设备作为作案工具的犯罪，如利用计算机进行盗窃、贪污等

C. 随着我国计算机应用和普及程度的提高，计算机犯罪呈下降态势

D. 目前我国已发现的计算机犯罪领域，涉及银行、证券、保险、工业企业以及国防、科研等领域

例 2　我们在工作和生活中经常会涉及与信息安全、网络道德和知识产权相关的事情，下列做法正确的是(　　)。

A. 关闭了 OS 更新且不安装系统补丁

B. 微信、QQ、E-mail 和银行账号等都是设置为强密码

C. 观影时录制影片并分享到百度网盘

D. 未经许可把自己喜欢的某明星照片作为自己 Web 的 logo

例 3　《中华人民共和国个人信息保护法》规定，个人对其个人信息的处理享有下列哪些权利？(　　)

A. 知情权、决定权　　　　B. 所有权、使用权

C. 查阅权、修改权　　　　D. 转让权、删除权

答案：C；B；A

知识点对接：计算机犯罪、网络道德以及相关法律法规。

解析：例 1 考查计算机犯罪的概念和特点，计算机犯罪是指行为人以计算机作为工具或计算机资产作为攻击对象实施的严重危害社会的行为。随着我国计算机应用和普及，计算机犯罪应该呈上升态势而不是下降态势，所以选择 C。例 2 考查信息道德在生活中的具体应用，A、C、D 选项描述的都是违反信息安全、网络道德的行为，所以选择 B。例 3 考查对信息安全相关法律法规的理解，根据《中华人民共和国个人信息保护法》第四十四条，个人对其个人信息的处理享有知情权、决定权，有权限制或者拒绝他人对其个人信息进行处理，所以选择 A。

7.5.2 知识产权

1. 知识产权的定义及分类

知识产权是指权利人对其所创作的智力劳动成果所享有的专有的权利，属于民法的范畴，一般只在有限时间期内有效。

(1) 知识产权的客体是知识产品，知识产权则是智力成果商品化的法律表现。

(2) 知识产权保护的是创造性智力成果，创造性是知识产权保护的核心。

(3) 知识产权是依照知识产权法的规定产生的。

知识产权主要包括如下范围。

(1) 工业产权。工业产权包括专利权、商标权、地理标志。其中，专利权包括发明专利权、实用新型专利权、外观设计专利权，商标权可以转让、赠予和继承，地理标志不受保护时间的限制。

(2) 著作权。著作权包括著作人身权和著作财产权。

2. 知识产权的特点

(1) 无形性。知识产权是一种无形财产。

(2) 专有性。权利人对于知识产品的使用、复制、传播、实施等权利具有独占性，任何人未经权利人许可或法律规定，不得行使上述权利。

(3) 地域性。知识产权通常仅在它产生的那个区域内或国家内才具有法律效力，超出地域范围不能受到其他国家法律保护。

(4) 时间性。超出期限，权利人就丧失了专有权，知识产品从私有领域进入公有领域。

3. 知识产权发展战略

在创新战略上，政府管理机关要注意避免因知识产权而妨碍竞争，要让知识产权真正成为激励创新的制度。

在应用战略上，一些短期看来没什么应用价值但关系长期发展的项目，国家应该支持。要鼓励研究部门在研究的第一阶段就和应用单位联系在一起。

在保护战略上，要给国内权利人提供更多的保护途径，降低成本。

在人才战略上，应该是以利益保护为主，以评奖等措施为辅。成果产生了经济效益，一定要把该得的利益部分返还给发明人。

4. 保护期限

发明专利的保护期为 20 年，实用新型专利和外观设计专利的保护期分别为 10 年和 15 年，均自申请日起计算。不受专利权保护的范畴，如科学发现、智力活动的规则和方法、疾病的诊断和治疗方法、动植物品种等。

注册商标的有效期为 10 年，自核准之日起计算，有效期期满之前 6 个月可以进行续

展并缴纳续展费用，每次续展有效期仍为 10 年。不得注册为商标的范畴，如仅有本商品的名称和型号、仅直接表示商品的数量和功能用途等特点。

5. 计算机软件的著作权

(1) 相关法律法规。

1990 年 9 月 7 日，中国第七届全国人大常委会第十五次会议通过了《中华人民共和国著作权法》，该法于 1991 年 6 月 1 日起实施，之后经历三次修订。

2002 年 8 月 2 日，国务院发布了《中华人民共和国著作权法实施条例》，该条例于 2002 年 9 月 15 日起实施。

2001 年 12 月 20 日，国务院发布了《计算机软件保护条例》，之后经历两次修订。

中国是在 1980 年 6 月 3 日加入世界知识产权组织（WIPO），成为第 90 个成员国；WIPO 在 2000 年召开的第三十五届成员大会上通过决议，从 2001 年起，每年的 4 月 26 日定为“世界知识产权日”。

(2) 著作权的定义。

著作权，又称为版权，是指文学、艺术和科学作品的创作者或传播者，基于其创作和传播行为而依法享有的专有权利。享有著作权的作品包括：文字作品；口述作品；音乐、戏剧、曲艺、舞蹈、杂技艺术作品；美术、建筑作品；摄影作品；视听作品；工程设计图、产品设计图、地图、示意图等图形作品和模型作品；计算机软件；其他法律规定的作品。

不受著作权法保护或不适用于受著作权法保护的作品如下。

① 法律、法规，国家机关的决议、决定、命令和其他具有立法、行政、司法性质的文件及其官方正式译文。

② 单纯事实、消息。

③ 历法、通用数表、通用表格和公式。

(3) 著作权的特点。

著作权具有人身权和财产权的双重属性。人身权是指署名权、发表权、修改权、保护作品完整权（其中，发表权、修改权、署名权不能转让、赠予和继承；署名权、修改权、保护作品完整权的保护期不受限制）；财产权是指复制权、发行权、出租权、展览权等（可以转让、赠予和继承）。

著作权保护的是作品的表达形式，而不保护思想本身。我国的著作权不仅保护作者的权利，也保护作品传播者基于其依法传播的行为而享有的权利。

(4) 软件著作权的保护期限。

软件著作权自软件开发完成之日起产生。自然人的作品保护期为作者终生及其死亡后 50 年。法人或非法人单位的作品以及电影、电视、录像、摄影作品保护期为首次发表后 50 年，但作品创作完成后 50 年内未发表的，不再受著作权法的保护。

(5) 软件著作权的确定。

在一般状况下，软件著作权一般属于软件开发者享有。软件开发者是指实际组织开发、直接进行开发，并对开发完毕的软件承担责任的法人或者其他组织；或者依托自己具有的条件独立完成软件开发，对软件承担责任的自然人。

但是，软件条例还规定几种特殊状况的著作权归属，具体如下。

① 合伙开发软件。合伙开发软件是指由两个以上的自然人、法人或者其他组织合伙开发的软件。合伙开发软件的著作权归属由合伙开发者签订书面合同商定。未签订合同或者合同未明确商定的，合伙开发的软件可以分割使用的，开发者对各自开发的部分可以单独享有著作权。合伙开发的软件不能分割使用的，由各合伙开发者共同享有，通过协商一致行使。

② 委托开发软件。委托开发软件是指接受别人委托开发的软件。委托开发软件的著作权归属由委托人与受托人签订书面合同商定；无书面合同或者合同未做明确商定的，著作权归受托人享有。

③ 国家机关下达任务开发软件。由国家机关下达任务开发的软件，著作权的归属与行使由项目任务书或者合同规定；项目任务书或者合同未做明确规定的，软件著作权由接受任务的法人或者其他组织享有。

（6）软件著作权的限制使用。

① 合理使用。合理使用是指软件著作权人以外的主体，在符合法律规定的特定情形下，可以不经著作权人许可，不向著作权人支付报酬而使用计算机软件的制度。

软件著作权的合理使用主要包括以下几个方面。

• 课堂教学或科学研究。为了学校课堂教学或者科学研究，翻译或者少量复制已经发表的软件作品，供教学或者科研人员使用，但不得出版发行。

• 时事新闻报道。为报道时事新闻，在报纸、期刊、广播电台、电视台等媒体中不可避免地再现或者引用已经发表的软件作品片段。

• 非商业性使用。合理使用的行为通常是非商业性质的，即不能用于任何商业目的或获取经济利益。

• 必要修改。为了把该软件用于实际的计算机应用环境或者改进其功能、性能，可进行必要的修改。但未经该软件著作权人许可，不得向任何第三方提供修改后的软件。

• 介绍、评论或说明。为介绍、评论某一软件作品或者说明某一问题，在作品中适当引用他人已经发表的软件作品。这种引用需要注明作品的名称及作者，并且不能损害著作权人的利益。

② 法定许可。法定许可是指依著作权法的规定，使用者在使用他人已经发表的作品时，可以不经著作权人的许可，但应向其支付报酬，并尊重著作权人其他权利的制度。

③ 强制许可。为教育、科研等目的，在著作权人无正当理由拒绝授权他人出版或者以其他方式传播该作品的，经国家著作权管理机关批准，他人可以通过强制许可或者以其他方式传播该产品，但必须按照有关规定向作品的著作权人支付报酬。

（7）软件的分类。

① 原版软件/正版软件。原版软件/正版软件是指由软件开发者或版权持有者发布的，具有明确的版权保护，用户需要购买许可证或订阅服务来合法地使用这些软件。

② 共享软件。共享软件是指允许用户在购买之前先试用一段时间（通常有限制，如功能限制、时间限制等），试用到期后购买使用权或停用，仅限试用，禁止牟利分发的软件。

③ 免费软件。免费软件是指不花钱能用全部功能，免费分发、免费使用的弱保护软件。

④ 自由软件。自由软件是指被版权所有者明确放弃作品财产权，赋予用户复制、研究、修改和散布该软件的权利，可以被任何人自由使用，允许二次开发者牟取经济利益的软件，如根据自身需要修改软件的自由、使他人能够共享软件的自由、使他人获益而散布软件的自由。

⑤ 公共软件。公共软件是指没有版权也不能申请版权的软件。

⑥ 绿色软件。绿色软件是指小型软件、免费软件、无须安装的免费软件。绿色软件是不用安装，下载后直接使用的软件，不对注册表进行修改。

⑦ 开源软件。开源软件是指把软件程序与源代码文件一起打包提供给用户，用户可以不受限制地使用该软件的全部功能，也可以根据自己的需求修改源代码，甚至编制成衍生产品再次发布出去。开源软件具有用户使用自由、修改自由、重新发布自由和创建衍生品自由的特点。开源软件的优点有低风险、高品质、低成本、更透明，如 Linux 操作系统、MySQL 数据库管理系统、火狐浏览器等。

例题解析

例 1　下列关于知识产权的说法，错误的是（　　）。

A. 知识产权具有一定的有效期限。超过法定期限后，就成为社会共同财富

B. 著作权、专利权、商标权皆属于知识产权范畴

C. 知识产权具有跨地域性，一旦在某国取得产权承认和保护，那么在域外将具有同等效力

D. 发明、文学和艺术作品等智力创造，都可被认为是知识产权

例 2　以下作品中，不适用或不受著作权法保护的是（　　）。

A. 某老师发布在腾讯课堂上的讲课视频

B. 某作家的小说作品

C. 最高人民法院组织编写的《行政诉讼案例选编》

D. 政府部门颁布的计算机软件保护条例

例 3　计算机软件根据发行方式分类的不同，可以分为商品软件、共享软件和自由软件，下列相关叙述中错误的是（　　）。

A. 软件许可证是一种法律合同，它确定了用户对软件的使用方式

B. 自由软件的原则是用户可共享、可拷贝、可传播

C. 共享软件通常是一种“先使用，后付费”的具有版权的软件

D. 通常用户需要付费才能得到商品软件的使用权，这类软件的升级总是免费的

答案：C；D；D

知识点对接：知识产权和著作权、软件的分类。

解析：例 1 考查知识产权的特点，知识产权具有国家授予性、时间性、地域性、独占性等特点，其中，地域性通常指仅在它产生的那个区域内或国家内才具有法律效力，

超出地域范围不能受到其他国家法律保护，所以选择C。例2考查不受著作权法保护的作品，D选项中政府部门颁布的计算机软件保护条例属于相关的法律法规，是不受著作权法保护的作品范围，所以选择D。例3考查软件的分类，只有免费软件才能享受免费服务，商品软件在取得使用权后，升级时同样需要付费，所以选择D。

同步训练

1. 下列关于知识产权的基本特征的说法，正确的是（　　）。

A. 知识产权不具有独占性

B. 知识产权不具有地域性

C. 知识产权不具有时间性

D. 知识产权具有财产权性质

2. 下列关于知识产权的叙述，正确的是（　　）。

A. 知识产权是指权利人对其所创作的智力劳动成果所享有的专有权利，永久有效

B. 知识产权是指各种智力创作，比如发明、文学和艺术作品，但不包括商业中使用的标志、名称、图像以及外观设计，可被认为是某一个人或组织的知识产权

C. 知识产权是关于人类在社会实践中创造的智力劳动成果的专有权利

D. 知识产权不包括发明专利、商标以及工业品外观设计等方面组成的工业产权

3. 下列不属于计算机犯罪特点的是（　　）。

A. 犯罪隐蔽性　　B. 犯罪跨国性

C. 犯罪被动性　　D. 犯罪智能化

4.《中华人民共和国计算机信息系统安全保护条例》规定（　　）主管全国计算机信息系统的安全保护工作。

A. 公安部　　B. 国务院信息办

C. 信息产业部　　D. 国务院

5.（　　）主管全国计算机信息系统国际联网的保密工作。

A. 信息产业部　　B. 国家保密局

C. 国家安全部　　D. 公安部

6. 网络道德的自主性要求网络道德必须具备（　　）。

A. 开放性　　B. 自律性

C. 依赖性　　D. 多元性

7. 某部门委托他人开发软件，如无书面协议明确规定，则该软件的著作权属于（　　）。

A. 受委托人　　B. 委托人

C. 双方共有　　D. 进入公有领域

8. 软件版权的英文是（　　）。

A. copyright　　B. copyleft

C. GPL　　D. LGPL

9. 软件著作权自（　　）起产生。

A. 软件开发之日　　B. 软件开发完成之日

C. 软件转让之日　　D. 软件使用之日

10. 为了防止盗版，某些软件采取了一定的保护措施，如在用户注册的时候会根据用户软件所安装的计算机软硬件信息生成唯一的识别码，这种识别码称为（　　）。

A. 序列号　　B. 破解版

C. 注册机　　D. 注册版

11.（　　）软件是“买前免费试用”的具有版权的软件。

A. 免费　　B. 共享

C. 正版　　D. 绿色

12. 下面哪项行为不符合网络道德规范？（　　）

A. 下载主板和声卡的驱动程序　　B. 不付费使用试用版的软件

C. 破译别人的 QQ 密码　　D. 下载科技论文

13.（　　）是一种可以随意复制、修改其代码、允许销售和自由传播的软件，对软件源代码的任何修改都必须向所有的用户公开。

A. 商品软件　　B. 共享软件

C. 自由软件　　D. 免费软件

14. 下列关于计算机软件著作权的叙述，正确的是（　　）。

A. 软件著作权属于软件开发者，软件著作权自软件出版之日起生效

B. 国家知识产权局颁布实施了《计算机软件保护条例》用来保护软件著作权人的权益

C. 用户购买具有著作权的软件，则具有对该软件的使用权和复制权

D. 非法进行复制、发布或更改软件的人被称为软件盗版者

15. 下列有关著作权的表述，正确的是（　　）。

A. 对著作权中的财产权的保护不受期限限制

B. 对著作权中的人身权的保护不受期限限制

C. 作者死亡后，其著作权由其继承人继承

D. 作者死亡后，著作权中的财产权可由其继承人继承

16. 下列关于软件著作权的说法，错误的是（　　）。

A. 计算机软件著作者依法享有软件的著作人身权

B. 计算机软件著作者依法享有软件的著作财产权

C. 软件著作权人享有的软件财产权包括使用权、复制权、修改权、发行权、出租权、转让权等

D. 软件著作权人享有发表权和开发者身份权，这两项权利与软件著作权人的人身权是可分离的

17. 下列选项中不受我国著作权法保护的是（　　）。

A. 口述作品　　B. 工程设计图纸

C. 工商银行转账支票　　D. 计算机软件

18. 知识产权具有时间性的特点，下列知识产权中，不具有法定时间限制的是（　　）。

A. 著作权　　B. 商标权

C. 专利权　　D. 商业秘密权

19. 小张在M公司担任程序员，他执行本公司工作任务时，独立完成了某应用程序的开发和设计，那么该应用程序的软件著作权应当归属（　　）享有。

A. 小张　　B. M公司

C. M公司和小张所有　　D. 国家所有

20. 某软件开发师开发了一套考试系统，按照我国著作权法，该软件的署名权、修改权的保护期限是（　　）。

A. 10年　　B. 20年

C. 50年　　D. 无限制

21. 依据《中华人民共和国著作权法》，下列关于著作权的描述，不正确是（　　）。

A. 著作权人对作品享有发表权、署名权和修改权

B. 合同约定著作权属于单位的作品，作者仅享有署名权

C. 后继著作权人指没有参与创作，通过著作权转移活动而享有著作权的人

D. 将已经发表的中文作品改成盲文出版，须经著作权人许可

22.《计算机软件保护条例》对软件的保护包括（　　）。

A. 计算机程序及其设计方法

B. 计算机程序，但不包括用户手册等文档

C. 计算机程序及其文档，但不包括开发该软件所用的思想

D. 计算机源程序，但不包括目标程序

23. 下列选项中说法错误的是（　　）。

A. 网络道德的本质是社会道德，是社会道德在网络领域中的新体现

B. 网民既是不良信息的受害者，也是不良信息的发布与传播者

C. 互联网信息安全是社会安全的重要部分

D. 加强青少年网络道德建设，家庭教育是基础，网络社区教育是关键，学校教育是重点

24. 关于知识产权的概念，下列选项中错误的是（　　）。

A. 知识产权指权利人对其所创作的智力劳动成果所享有的专有权利，一般只在有限时间期内有效

B. 各种智力创造，比如发明、文学和艺术作品，以及在商业中使用的标志、名称、图像以及外观设计，都可被认为是某一个人或组织所拥有的知识产权

C. 知识产权是关于人类在社会实践中创造的智力劳动成果的专有权利

D. 商标以及工业品外观设计不构成知识产权

25. 下列哪种行为无须征得著作权人的许可？（　　）

A. 将外国法学著作译成中文后，编成教学参考资料出版发行

B. 为报道时事新闻，在报纸上引用已发表的作品

C. 报纸刊登其他报社采写但尚未登出的时事新闻

D. 电视台播放其他电视台制作的电视节目

26. 关于计算机软件著作权的说法，不正确的是（　　）。

A. 软件著作权属于软件开发者

B. 两个以上法人合作开发的软件，其著作权的归属由合作开发者签订书面合同约定

C. 多个自然人合作开发的软件著作权保护期为最后死亡的自然人终生

D. 软件著作权也有合理使用的规定

27. 下列关于软件著作权中翻译权的叙述，错误的是（　　）。

A. 翻译权是指将原软件从一种自然语言文字转换为另一种自然语言文字的权利

B. 翻译权是指将原软件从一种程序设计语言转换为另一种程序设计语言的权利

C. 翻译权是指软件著作权人对其软件享有的以其他各种语言文字形式再表现的权利

D. 翻译权是指将软件的操作界面或者程序中涉及的语言文字翻译成另一种语言文字的权利

28. 下列关于开源软件的叙述，错误的是（　　）。

A. 如果在一本公开出版的图书上有一段程序的源代码可供人们随意阅读、研究、改写，甚至将其输入计算机装置加以运行使用，则这段程序是开源软件

B. 用户可以使用开源软件

C. 用户可以修改开源软件

D. 开源软件不一定是免费的

29. 专利权人欲放弃其专利权，那么根据我国专利法规定，专利权人可以（　　）。

A. 提出放弃专利权的声明，由专利局登记和公告

B. 提出放弃专利权的书面声明，由专利局登记和公告

C. 提出放弃专利权的口头声明，由专利局登记和公告

D. 提出放弃专利权的书面声明，由专利局批准并公告

30. 下列描述中，不属于信息安全范畴的政策和法规的是（　　）。

A. 公安部于 1987 年 10 月推出的《电子计算机系统安全规范》

B. 1994 年 2 月，国家颁布的《中华人民共和国计算机系统信息安全保护条例》

C. 公安部门规定，网吧不得允许未成年人进入

D. 某地区结合当地实际情况制定的有关计算机信息安全的“暂行规定”

模块测试

1. 以下对信息安全问题产生的根源，描述最准确的是（　　）。

A. 信息安全问题是由信息技术的不断发展造成的

B. 信息安全问题是由黑客组织和犯罪集团追求名和利造成的

C. 信息安全问题是由信息系统的设计和开发过程中的疏忽造成的

D. 信息安全问题产生的内因是信息系统的复杂性，外因是对手的威胁与破坏

2. 身份鉴别是安全服务中的重要环节，下列关于身份鉴别的叙述，错误的是（　　）。

A. 身份鉴别是授权控制的基础

B. 身份鉴别一般不用提供双向的认证

C. 目前一般采用基于对称密钥加密或公开密钥加密的方法

D. 数字签名机制是实现身份鉴别的重要机制

3. 数字签名的方式是通过第三方权威认证中心在网上认证身份，该认证中心的简称为（　　）。

A. CA　　B. SET

C. CD　　D. DES

4. 中国古代有一种“藏头诗”，现在看来它使用了（　　）。

A. 信息隐藏技术　　B. 信息加密技术

C. 身份认证技术　　D. 完整性鉴别技术

5. 对于入侵检测系统（IDS）来说，它不仅要检测出黑客的入侵，还要有（　　）。

A. 应对措施　　B. 相应手段或措施

C. 防范政策　　D. 相应设备

6. 篡改是非授权者利用某些手段对系统中的数据进行增加、删除、插入等操作，它（　　）。

A. 属于主动攻击，破坏信息的可用性　　B. 属于主动攻击，破坏信息的完整性

C. 属于被动攻击，破坏信息的完整性　　D. 属于被动攻击，破坏信息的可用性

7. 尼姆达病毒是借助 IE 浏览器漏洞进行传播的，防治此类病毒最好的办法是（　　）。

A. 监控并分析网络传输的数据　　B. 及时下载安装漏洞补丁

C. 尽量少开机和少玩游戏　　D. 把计算机送到维修中心进行检修

8. 不论是网络的安全保密技术，还是站点的安全技术，其核心问题都是（　　）。

A. 系统的安全评价　　B. 保护数据安全

C. 是否具有防火墙　　D. 硬件结构是否稳定

9. 按安全属性对各种网络攻击进行分类，截获攻击是针对系统（　　）进行的攻击。

A. 可用性　　B. 保密性

C. 完整性　　D. 可靠性

10. 黑色星期五病毒，不到预定时间用户不会察觉异常，只要每个月的 13 日是星期五，病毒就会发作，对系统进行破坏。这属于计算机病毒的（　　）。

A. 衍生性　　B. 传染性

C. 寄生性　　D. 潜伏性

11. 根据防火墙的逻辑位置和所具备的功能，防火墙不包括（　　）。

A. 包过滤防火墙　　B. 应用型防火墙

C. 路由器防火墙　　D. 子网屏蔽防火墙

12. 根据著作权法和相关条例的规定，著作权人对作品享有的权利不包括（　　）。

A. 署名权　　B. 发表权
C. 修改权　　D. 继承权

13. （　　）指使用作品时可以不经著作权人许可、无需支付报酬。
A. 合理使用　　B. 许可使用
C. 强制许可使用　　D. 法定许可使用

14. 驰名商标必须是为全国公众所知悉。在我国，驰名商标由（　　）负责认定。
A. 国家知识产权局　　B. 地方工商行政管理机构
C. 国家工商行政管理局商标局　　D. 民间组织

15. 木马的软件部分不包括（　　）。
A. 控制端程序　　B. 连接程序
C. 木马程序　　D. 木马配置程序

16. 关于 CIH 病毒，下列说法正确的是（　　）。
A. 只破坏计算机程序和数据　　B. 只破坏计算机硬件
C. 可破坏计算机程序和数据及硬件　　D. 只破坏计算机软件

17. ARP 欺骗的实质是（　　）。
A. 提供虚拟的 MAC 与 IP 地址的组合　　B. 让其他计算机知道自己的存在
C. 窃取用户在网络中传输的数据　　D. 扰乱网络的正常运行

18. 计算机病毒一般不会通过以下哪项操作进行传播？（　　）
A. 通过宽带上网
B. 通过局域网聊天
C. 使用计算机观看正版光盘电影
D. 使用计算机向 MP3 播放器中复制歌曲

19. 下列选项中不属于黑客被动攻击的是（　　）。
A. 缓冲区溢出　　B. 运行恶意软件
C. 浏览恶意代码网页　　D. 打开病毒附件

20. 下列关于软件分类的叙述中，错误的是（　　）。
A. 开源软件是指软件发行时，附上软件的源代码，并授权允许用户更改/自由再散布/衍生著作
B. 免费软件是免费提供给用户使用的软件，其源代码不一定会公开
C. 自由软件是一项思想运动，强调用户拥有如何使用软件的自由
D. 共享软件是允许他人自由拷贝、免费试用，实际上是免费软件的一种

21. 为了防御 XSS 跨站脚本攻击，可以采用多种安全措施，下列哪个选项是不可取的？（　　）
A. 即使必须允许提交特定 HTML 标签，也必须对该标签的各属性进行仔细检查，避免引入 JavaScript
B. 可能情况下避免提交 HTML 代码
C. 阻止用户向 Web 页面提交数据
D. 编写安全的代码，对用户数据进行严格检查过滤

22. 以下关于对称加密与非对称加密算法的叙述，错误的是（　　）。

A. 对称加密算法中，加密密钥可以公开

B. 对称加密算法中，加密和解密使用同一密钥

C. 非对称加密算法中，加密密钥可以公开

D. 非对称加密算法中，加密和解密使用的是不同密钥

23. 以下关于数字签名的说法，正确的是（　　）。

A. 数字签名一般采用对称加密机制

B. 数字签名能够解决篡改、伪装等安全性问题

C. 数字签名能够解决数据的加密传输，即安全传输问题

D. 数字签名是在所传输的数据后附加上一段和传输数据毫无关系的数字信息

24. 下列哪项不是 cookies 的主要用途？（　　）

A. 跟踪用户会话　　B. 存储用户偏好设置

C. 跨站请求伪造（CSRF）　　D. 记住用户的登录状态

25. 下面哪项协议不能实现 VPN 功能？（　　）

A. SSL　　B. IPSEC

C. SHTTP　　D. L2TP

26. 下列关于蠕虫病毒的描述，错误的是（　　）。

A. 蠕虫病毒程序一般由“传播模块”“隐藏模块”和“目的模块功能”构成

B. 蠕虫病毒的传播需要通过“宿主”程序或文件

C. 蠕虫病毒会消耗内存或网络带宽，导致 DoS

D. 蠕虫病毒的传播无须用户操作

27. 某“游戏平台”因巨大访问量致服务器宕机、用户无法访问，这种现象类似（　　）。

A. 蠕虫病毒　　B. 木马入侵

C. 消息注入　　D. DoS 攻击

28. 以下哪项不是计算机感染病毒后可能出现的症状？（　　）

A. 计算机系统运行速度明显减慢　　B. 打印机突然无法正常工作

C. 丢失文件或文件损坏　　D. 浏览器自动链接到一些陌生的网站

29. 下面哪种检测方法不能用于发现未知的新病毒？（　　）

A. 软件模拟法　　B. 特征代码法

C. 行为监测法　　D. 校验和法

30. 下列关于我国知识产权战略的内容，错误的是（　　）。

A. 根据中国的实际情况，应特别重视知识产权普及战略，要让大家都知道知识产权是什么，它有哪些规则

B. 在人才战略上，应该以利益保护为主，评奖等措施为辅

C. 在保护战略上，我们的司法保护要给国内权利人提供更多的途径，以降低成本

D. 在应用战略上，一些短期看来没什么应用价值但关系长期发展的项目，要暂时放一放

31. 在计算机安全工作的目的中，“拿不走”是指以下哪种安全服务？（　　）

A. 数据加密　　B. 审计认证

C. 授权机制　　　　　　　　　　　　D. 访问控制

32. 下面哪项属于比较著名的国外杀毒软件？（　　）

A. KV3000　　　　　　　　　　　　B. 诺顿

C. 瑞星杀毒软件　　　　　　　　　　D. 金山毒霸

33. 下面关于信息安全的叙述中，不正确的一项是（　　）。

A. 计算机犯罪是指行为人以计算机作为工具或以计算机资产作为攻击对象实施的严重危害社会的行为

B. 我国规定，软件著作权属于自然人的，该自然人死亡后，在软件著作权的保护期内，软件著作权的继承人可以依照《中华人民共和国民法典》的有关规定，继承相关条例规定的权利

C. 我国公安部计算机管理监察机构负责计算机信息网络国际联网的安全保护管理工作

D. 网络社会的开放性不仅使得信息交流更加广泛、快捷，而且导致有害信息的泛滥，引发网络社会的道德危机问题

34. 以下关于防火墙的说法，错误的是（　　）。

A. 防火墙既可以预防外部的非法入侵，也可以预防内网对外网的非法访问

B. 防火墙对大多数病毒无预防能力

C. 防火墙可以抵抗最新的未设置策略的攻击漏洞

D. 防火墙可以阻断攻击，但不能消灭攻击源

35. 下列关于软件加密和硬件加密的描述，不正确的是（　　）。

A. 硬件加密对用户是透明的，而软件加密需要在操作系统或软件中写入加密程序

B. 硬件加密的兼容性比软件加密好

C. 硬件加密的安全性通常比软件加密更高

D. 硬件加密的速度通常比软件加密更快

36. 以下哪项不是计算机行为管理软件的功能？（　　）

A. 实时监控用户的登录行为　　　　　B. 禁止安装或运行恶意软件

C. 自动修复计算机硬件故障　　　　　D. 生成详细的日志报告

37. 下列关于信息安全的叙述，错误的是（　　）。

A. 网络环境下，信息系统的安全性比独立的计算机系统更脆弱

B. 用户采用身份验证、访问控制、加密、防病毒等措施，就能确保信息系统的安全

C. 信息安全的主要问题是黑客犯罪、计算机病毒泛滥、垃圾信息成灾

D. 目前常用的保护计算机网络安全的技术性措施是防火墙

38. 网络入侵者利用尚未被发现的漏洞进行攻击，这样的方式叫作（　　）。

A. 漏洞利用　　　　　　　　　　　B. 口令入侵

C. SQL 注入　　　　　　　　　　　D. 零日攻击

39. “棱镜门”曝光了美国国家安全局自 2007 年起开始实施的电子监听计划，下列哪项不是防止网络监听所采取的措施？（　　）

A. 采用网络工具防御　　　　　　　B. 安装防火墙

C. 蜜罐技术　　　　　　　　　　　D. 对传输信息进行加密

40. 当计算机A要访问计算机B时，计算机C若想要成功进行ARP欺骗攻击，那么计算机C的操作应该为（　　）。

A. 冒充计算机B并将计算机B的物理地址回复给计算机A

B. 将计算机C的IP和一个错误的物理地址回复给计算机A

C. 冒充计算机B并将计算机B的IP和物理地址回复给计算机A

D. 冒充计算机B并将计算机B的IP和一个错误的物理地址回复给计算机A

模块8　多媒体技术

模块概述

近年来，多媒体技术不断发展，从单媒体跨越至多媒体、自媒体及流媒体，广泛渗透社会与生活，以其丰富性、交互性、即时性，极大地促进了信息传播与创意表达，为公众带来前所未有的便捷与创新体验。

考纲解读

了解多媒体的基本知识，了解多媒体技术及其软件的应用，掌握多媒体文件的格式以及获取常用多媒体素材的方法，具备数字影音编辑、图像图形处理以及主流软件和常规设备运用能力，了解流媒体技术，了解多媒体技术未来的发展趋势。

模块导图

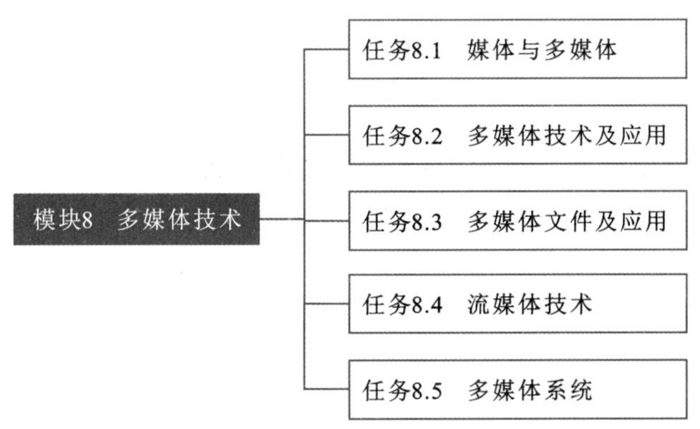

任务 8.1 媒体与多媒体

任务描述

了解媒体、多媒体、自媒体、超媒体的概念，了解自媒体的特点、商业模式和运营规则，理解媒体的类型及元素。

知识图谱

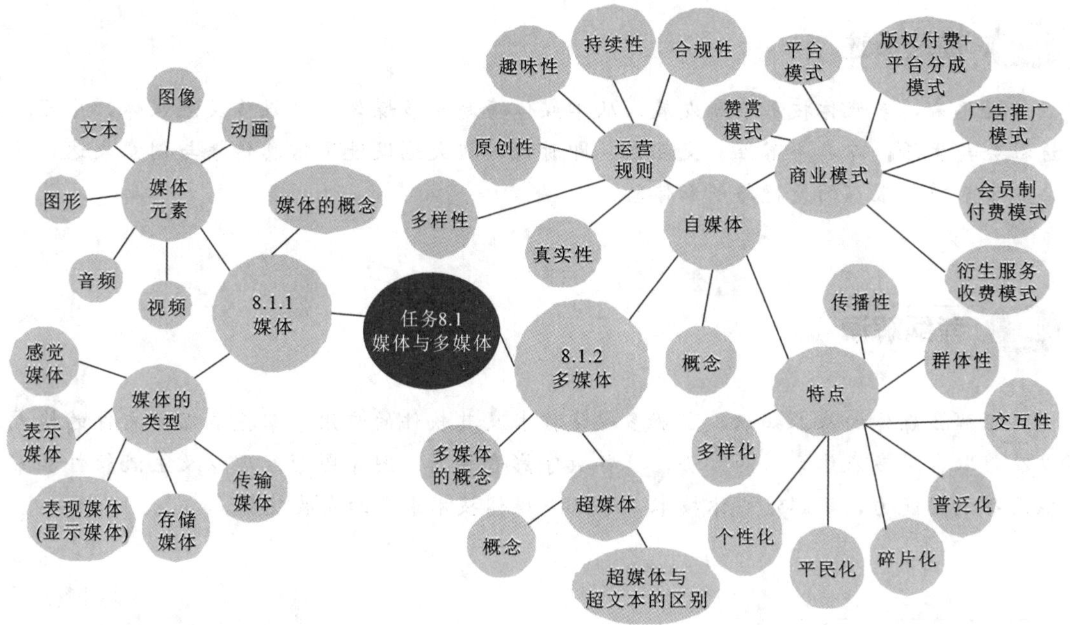

8.1.1 媒体

1. 媒体的概念

媒体又称为媒介或媒质，它是信息表示和传输的载体。在计算机领域，媒体有两种含义：一是指存储、呈现、处理、传递信息的物理实体，如 ROM、RAM、磁带、磁盘、光盘、U 盘等；二是指信息的表现形式，即信息内容的载体，如语言、文字、图像、视频、音频等。

2. 媒体的类型

根据国际电信联盟（ITU）远程通信标准化组织的定义，媒体被划分为五种类型：

感觉媒体、表示媒体、表现媒体（显示媒体）、存储媒体和传输媒体。每种媒体类型在功能、表现形式及内容方面各具特色，具体如表 8-1-1 所示。

表 8-1-1　媒体类型

类型	功能	表现形式	内容
感觉媒体	人类感知客观世界的信息	听觉、视觉、触觉	语言、文字、声音、图形、图像、动画、视频等
表示媒体	规定信息的表达方式	计算机数据格式	语音编码、文本编码、图像编码、视频信号等
表现媒体（显示媒体）	表达信息	输入/输出信息	键盘、鼠标、扫描仪、摄像机、显示器、打印机、投影仪、绘图仪、数码相机等
存储媒体	存储信息	存取信息	内存、硬盘、光盘、U 盘、磁带等
传输媒体	传输数据信号	网络传输介质	电缆、光缆、电磁波等

3. 媒体元素

媒体元素指的是在多媒体应用中，能够直接展示给用户的各类媒体组成成分，它们包括文本、声音、图形、图像、音频、视频等多种形式。

例题解析

例 1　在视频会议中，参与者通过摄像头捕捉自己的图像并通过网络发送给其他参与者，这一过程中涉及了哪些媒体类型？（　　）

A. 感觉媒体和显示媒体　　B. 表示媒体和传输媒体

C. 显示媒体、存储媒体和传输媒体　　D. 感觉媒体、表示媒体和传输媒体

例 2　在设计新闻网站时，为了吸引读者并快速传达新闻要点，编辑应优先考虑哪些媒体元素？（　　）

A. 文本和图形　　B. 图形和音频

C. 图像和视频　　D. 文本、图像和视频

例 3　根据媒体的含义，课本属于（　　）。

A. 传递信息的载体　　B. 存储信息的实体

C. 传输媒体　　D. 表示媒体

答案：D；A；B

知识点对接：媒体的类型、元素和含义。

解析：例 1 考查的是对各媒体类型的理解。在视频会议中，摄像头捕捉到的图像属于感觉媒体（视觉信息）。这些图像被转换为计算机可识别的数据格式，再通过网络发送给其他参与者，这一过程涉及了感觉媒体、表示媒体和传输媒体，故选 D。例 2 考查

的是媒体元素的组合。新闻网站的主要目的是快速、准确地传达新闻信息。文本可以清晰地描述新闻事件，而图形则可以突出新闻要点，吸引读者的注意力。虽然图像和视频也能提供丰富的信息，但在快速传达新闻要点方面，文本和图形的组合更为快捷、高效，故选 A。例 3 考查的是对媒体的概念中物理实体的理解，课本作为物理实体，其主要功能是存储和传播信息。在媒体的定义中，课本显然属于存储信息的实体，因为它能够持久地保存信息，供人们阅读和学习，故选 B。

8.1.2 多媒体

1. 多媒体的概念

“多媒体”（multimedia）一词最早出现于美国麻省理工学院（MIT）提交给美国国防部的一个项目计划报告中。所谓的多媒体，是指融合两种或两种以上媒体的一种人机交互式信息交流和传播媒体。

（1）多媒体是信息交流和传播媒体。从这个意义上来说，多媒体和电视、报纸、杂志等媒体的功能相同。

（2）多媒体是人机交互式媒体。计算机的一个重要特性是“交互性”，使用它能比较容易地实现人机交互的功能。

（3）多媒体信息都是以数字信号的形式存储和传输，而不是以模拟信号的形式存储和传输。

（4）传播信息的媒体元素种类有很多，如文字、图形、图像、声音、动画等。这些媒体元素中，任意两种或两种以上媒体元素的融合即可构成多媒体，而其中的连续媒体（音频和视频）通常被认为是人与机器交互时最自然的媒体形式。

然而，多媒体通常不仅指媒体信息本身，还指处理和应用各种媒体信息的相应技术。

2. 自媒体

（1）自媒体的概念。

自媒体（we media），又称公民媒体或个人媒体，是指普通大众通过网络等渠道自主发布他们自身经历、观点和新闻的传播方式。它具有多样化、平民化、普泛化、碎片化等特点。自媒体利用现代化、电子化的手段，向不特定的大多数或特定的个体传递规范性或非规范性信息，是新媒体领域的一个重要组成部分。

（2）自媒体的特点。

① 多样化。传播者可以创作出以文字、图片、音乐、视频、动漫等为主题的自媒体平台。

② 个性化。个性化是自媒体最显著的一个特性。无论是内容还是形式，自媒体平台都给用户提供了充足的个性化选择空间。

③ 平民化。自媒体的传播主体来自社会的普通民众，它们被定义为“草根阶层”，具有无功利性的特点。

④ 碎片化。碎片化是整个社会信息传播的趋势，人们越来越习惯和乐于接收简短、直观的信息。

⑤ 交互性。交互性是自媒体的根本属性之一。

⑥ 普泛化。自媒体授予普通民众话语权，助力个性成长，铸就个体价值，提供民意表达平台。

⑦ 群体性。自媒体的一个重要特点是以群体的方式聚集和传播信息，如游戏爱好者、美食爱好者、影视爱好者、汽车爱好者等群体。

⑧ 传播性。传播者可以通过各种渠道和方式来传播信息。

（3）自媒体的商业模式。

① 广告推广模式。广告推广模式指广告商选择通过自媒体投放广告，自媒体向大众推广广告，通过广告费用获利的模式。

② 会员制付费模式。会员制付费模式指自媒体为会员提供增值服务并凭借收取会员费获得利润的模式。

③ 衍生服务收费模式。衍生服务收费模式指自媒体利用自身的影响力，在后方市场实现获利的模式。获利的途径具体来说有四种，即出售自己的产品（如书籍、门票等），咨询、策划费，演讲、培训费，以及分成。

④“版权付费＋平台分成”模式。“版权付费＋平台分成”模式指自媒体平台向自媒体人支付内容的版权费用，并与自媒体人进行平台的广告分成和流量变现的模式。

⑤ 赞赏模式。与会员制付费模式不同，赞赏模式基于用户的自愿和自主选择，由用户为内容创作者提供额外的收入来源，同时优化用户体验，提升用户价值。

⑥ 平台模式。平台模式指企业联合交易中的利益相关方，搭建一个平台用以开展商业运营活动的模式。

（4）自媒体的运营规则。

① 多样性。自媒体平台类型众多且不断推陈出新，面对日新月异的自媒体环境，运营者需保持对新媒体技术的敏锐洞察力和适应性。

② 真实性。在通过自媒体平台发布信息时要力求准确，面对网友质疑时要实事求是。

③ 原创性。保证内容的原创性，不能抄袭他人的文章、观点等，尊重知识产权。

④ 合规性。内容要符合法律法规和伦理道德的要求。

⑤ 趣味性。内容在自媒体平台上要体现一定的趣味性，可以是趣味性的内容或趣味性的活动。

⑥ 持续性。自媒体的本质是媒体，需要获得更多的用户。为了获得用户并维持用户数量的稳定增长，自媒体运营者必须持续提供高质量、有创新的内容，并策划吸引人的活动。

3. 超媒体

超媒体，是超级媒体的简称，是一种采用非线性网状结构来组织和管理块状多媒体信息（涵盖文本、图像、视频等多种类型）的技术。它是超文本与多媒体在信息浏览环境中的深度融合，不局限于文字，还能集成图形、图像、声音、动画和视频等多种媒体元素。这些丰富的媒体内容之间，通过超链接技术相互关联，形成了一个动态、交互的信息网络。

超文本与超媒体之间的核心区别在于：超文本主要侧重于以文字形式来表达和呈现信息，其建立的链接主要基于文本之间的关联；而超媒体则进一步扩展了链接的范围和形式，不仅使用文本间的链接，还广泛采用了图形、声音、动画或影视片段等多种媒体间的超链接，从而为用户提供更加丰富、多样且直观的信息浏览和交互体验。

例题解析

例 1 多媒体计算机技术中的“多媒体”，可以认为是（　　）。

A. 磁带、磁盘、光盘等实体　　B. 文字、图形、图像、声音、视频等载体

C. 互联网和 Photoshop　　D. 多媒体计算机、手机等设备

例 2 超媒体之间的组织方式也是错综复杂的，是用（　　）组织的。

A. 动画　　B. 超链接

C. 声音　　D. 图像

例 3 随着互联网的不断普及，中国的自媒体飞速发展，下列有关中国自媒体的发展历程的说法，正确的是（　　）。

A. 从 2009 年的新浪微博到 2012 年的腾讯微信公众号，自媒体由 PC 端向移动端发展

B. 2012 年至 2014 年，门户网站、视频、电商平台等纷纷涉足自媒体领域，呈现出平台多元化的特点

C. 2015 年至今，抖音、今日头条等平台以直播、短视频等形式成为自媒体内容创业的新热点

D. 以上均是

答案： B；B；D

知识点对接： 多媒体的概念、超媒体的组织方式、自媒体的发展阶段。

解析： 例 1 考查的是对多媒体概念的理解，在多媒体计算机技术中，“多媒体”一词通常指的是能够同时处理、集成和展示两种或两种以上不同类型的信息媒体的技术，信息媒体包括文本（文字）、图形、图像、声音（音频）、视频等，故选 B。例 2 考查的是超媒体的组织方式，超媒体不仅可以包含文字，而且还可以包含图形、图像、动画、声音和视频，这些媒体之间是用超链接组织的，故选 B。例 3 考查的是对中国自媒体发展历程的了解。在中国，自媒体的发展主要经历了四个阶段：第一阶段以 2009 年新浪微博的出现为起点；第二阶段以 2012 年腾讯的微信公众号的出现为起点，该事件标志着自媒体由 PC 端向移动端发展；第三阶段是 2012 年至 2014 年间，门户网站、视频、电商平台等纷纷涉足自媒体领域，呈现出平台多元化的特点；第四阶段是 2015 年至今，抖音、今日头条等平台以直播、短视频等形式成为自媒体内容创业的新热点，故选 D。

同步训练

1. （　　）指用户接触信息的感觉形式，如视觉、听觉、触觉、味觉等。

A. 感觉媒体　　B. 显示媒体

C. 传输媒体　　D. 表示媒体

2. （　　）是表现和获取信息的物理设备，如打印机、扫描仪、显示器等。

A. 表示媒体　　B. 传输媒体

C. 显示媒体　　D. 感觉媒体

3. 在计算机中，操作系统都是以（　　）为基本单位对多媒体信息进行保存的。

A. 二进制位　　B. 位

C. 字节　　D. 文件

4. 图形、图像等多媒体信息在计算机内是以（　　）的形式存储的。

A. 高数据压缩　　B. 位图

C. 二进制　　D. 数据流

5. 在计算机领域，媒体有两种含义，即（　　）和存储信息的实体。

A. 传递信息的载体　　B. 存储信息的载体

C. 表示信息的载体　　D. 显示信息的载体

6. 媒体是指（　　）。

A. 表示和传播信息的载体　　B. 计算机屏幕显示的信息

C. 计算机输入的信息　　D. 各种信息的编码

7. 媒体分为五类，字符的 ASCII 码属于（　　）。

A. 显示媒体　　B. 表示媒体

C. 感觉媒体　　D. 传输媒体

8. 在国际电信联盟的定义中，如磁带、报纸、光盘、U 盘等物品属于（　　）。

A. 显示媒体　　B. 传输媒体

C. 存储媒体　　D. 感觉媒体

9. 自媒体的主要特点是（　　）。

A. 选择个性化　　B. 内容平民化

C. 信息多样化　　D. 以上都是

10. （　　）是表现和获取信息的物理设备，如键盘、鼠标器和显示器等。

A. 感觉媒体　　B. 表示媒体

C. 显示媒体　　D. 传输媒体

11. 根据国际上的定义，表现形式为各种编码形式，如文本编码、图像编码、音频编码等的媒体是（　　）。

A. 感觉媒体　　B. 存储媒体

C. 表示媒体　　D. 显示媒体

12. 以下哪个选项最符合“自媒体人”的定义？（　　）

A. 电视台播报新闻的专业主持人

B. 利用个人社交媒体账号发布原创内容的创作者

C. 出版公司签约的书籍作者

D. 知名电影导演

13. 超媒体（　　）。

A. 只包括图形、图像、动画、声音和视频

B. 只包括图形、图像、动画

C. 包括文字、图形、图像、动画、声音和视频

D. 只包括文字

14. 网上电影、网上游戏、网络教育、网上读书属于计算机应用中的一个方面，按照计算机应用领域分类，它属于（　　）。

A. 数据处理　　B. 辅助教育

C. 网络通信　　D. 多媒体应用

15. 下列选项中，（　　）是媒体的核心。

A. 感觉媒体　　B. 显示媒体

C. 储存媒体　　D. 表示媒体

16. 多媒体信息从时效上可分静态媒体和动态媒体两大类，动态媒体包括（　　）。

A. 音频、视频和动画　　B. 文本、图形和图像

C. 动画、文本、图形和图像　　D. 音频、视频和图像

17. 关于图形媒体元素的说法，不正确的是（　　）。

A. 图形也称矢量图　　B. 图形主要由直线和弧线等实体组成

C. 图形在计算机中用位图格式表示　　D. 图形易于用数学方法描述

18. 下列不属于计算机多媒体功能的是（　　）。

A. 播放音乐　　B. 播放 VCD

C. 收发电子邮件　　D. 播放视频

19. 下列应用领域中，属于典型的多媒体应用的是（　　）。

A. 网上购物　　B. 网络远程控制

C. 科学计算　　D. 音视频会议系统

20. 媒体指信息的物理载体和信息的表现形式，不是媒体表现形式的是（　　）。

A. 数据　　B. 图片

C. 计算机　　D. 声音

21. 下列不属于多媒体信息范畴的是（　　）。

A. 音频、文字　　B. 显示器、手写板

C. 动画、图像　　D. 图形、视频

22. 下列属于多媒体范畴的是（　　）。

A. 彩色画报　　B. 电视

C. 交互式电视游戏　　D. 书本

23. 下列属于自媒体的是（　　）。

A. 微博　　B. 广播
C. 电视　　D. 报纸

24.（　　）不属于自媒体平台。

A. 今日头条　　B. 百度文库
C. 小红书　　D. 抖音

25. 下列关于自媒体传播特性的说法，错误的是（　　）。

A. 个性化　　B. 平民化
C. 群体性　　D. 单向性

26. 在计算机多媒体系统中，以下哪个过程或组件直接涉及从“表示媒体”到“存储媒体”的转换，并且这个过程还依赖于特定的数据压缩算法，以减少存储空间的需求？（　　）

A. 音频采集设备将声波转换为模拟信号
B. 显示器将数字图像信号转换为可视图像
C. 视频编码器将未压缩的视频帧转换为压缩的视频文件
D. 打印机将数字文档打印成纸质文档

27. 在多媒体、自媒体和超媒体的概念中，特别强调信息的非线性组织和多媒体元素之间的超链接，从而为用户提供一个动态、交互的信息网络的是（　　）。

A. 多媒体　　B. 自媒体
C. 超媒体　　D. 都不是

28. 在自媒体运营中，以下哪项策略最能体现自媒体“普泛化”的特点？（　　）

A. 采用广告推广模式，通过大量广告投放吸引用户
B. 强调内容的原创性和个性化，鼓励用户表达自我
C. 专注于提供高质量的趣味内容，提升用户体验
D. 构建平台模式，联合多个自媒体人共同运营

29. 超媒体技术为用户提供了怎样的信息浏览和交互体验？（　　）

A. 单一且静态的信息展示　　B. 仅限于文本的阅读体验
C. 丰富、多样且直观的信息浏览和交互体验　　D. 无法实现用户与信息的交互

30. 以下哪种行为最符合自媒体的定义？（　　）

A. 某新闻网站编辑发布当天的国内外重要新闻
B. 微博用户小张分享自己的旅行照片和旅游心得
C. 电视台主持人直播报道国家重大会议
D. 政府官方公众号发布最新政策解读

31. 在视频编辑过程中，用于将视频信号转换为计算机可处理的数据格式的技术，主要依赖于哪种媒体类型？（　　）

A. 感觉媒体　　B. 表示媒体
C. 显示媒体　　D. 存储媒体

32. 下列关于超媒体的叙述中，错误的是（　　）。

A. 超媒体可以用于建立网页
B. 超媒体信息可以存储在多台微机中

C. 超媒体可以包含图画、声音和视频信息等
D. 超媒体采用线性结构组织信息

33. 关于多媒体的描述中，正确的是（　　）。
A. 多媒体是 21 世纪出现的新技术　　B. 熵编码采用有损压缩
C. 多媒体信息存在数据冗余　　D. 源编码采用无损压缩

34. 下列关于媒体的说法，不正确的是（　　）。
A. 传统媒体将得到发展和完善　　B. 电子媒体的功能越来越强
C. 电子媒体与传统媒体相互促进　　D. 电子媒体终将取代传统媒体

任务 8.2　多媒体技术及应用

任务描述

了解多媒体技术的概念、特征与发展，了解多媒体的相关技术。

知识图谱

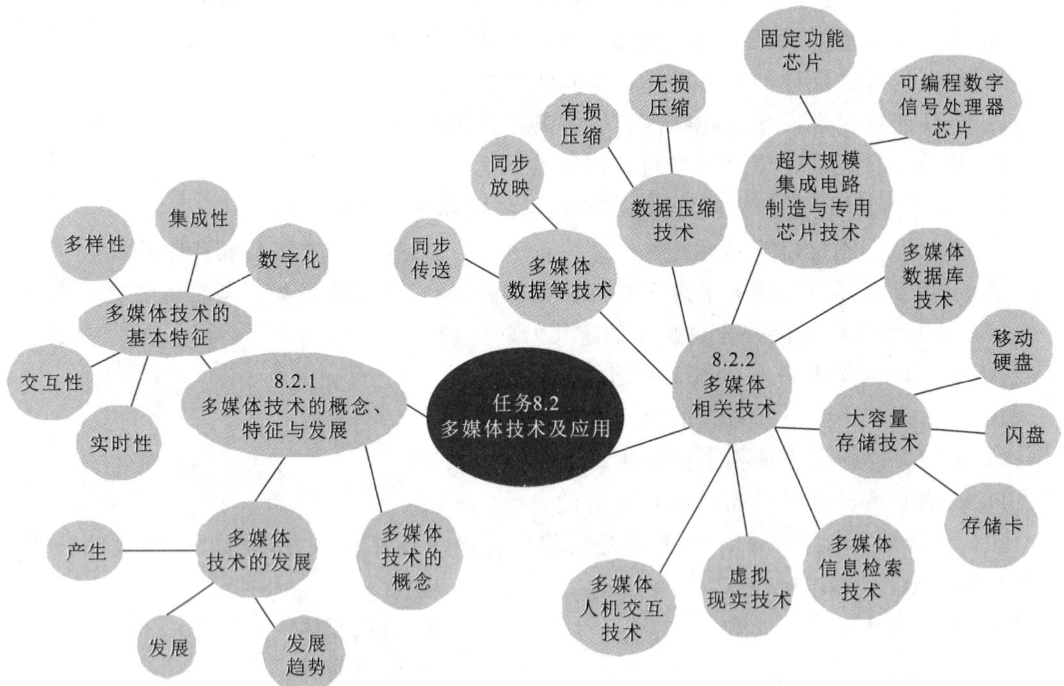

8.2.1 多媒体技术的概念、特征与发展

1. 多媒体技术的概念

多媒体技术是利用计算机技术对多种媒体（如文本、图像、音频、视频等）进行采集、操作、编辑、存储等综合处理的技术。它包含计算机软硬件技术、信号的数字化处理技术、音频视频处理技术、图像压缩处理技术、现代通信技术、人工智能和模式识别技术。多媒体技术是一种正在不断发展和完善的多学科综合应用技术，能够实现对多媒体信息的采集、操作、编辑、存储和传输等功能。

2. 多媒体技术的基本特征

（1）多样性。

多样性是多媒体技术的主要特征之一。多媒体技术就是把计算机处理的信息多样化或多维化，从而改变计算机信息处理的单一模式，扩大信息处理的空间范围及种类，使人们思维表达的空间更充分、思维表达更自由。

（2）集成性。

集成性是指多种信息形式，即文本、声音、图像、视频等信息形式的一体化。多媒体技术能将多种信息源进行数字化集成。

（3）交互性。

交互性是多媒体技术的关键特性。所谓交互，就是通过各种媒体信息，使参与的各方都可以对媒体内容进行编辑、控制和传递。用户可以与计算机进行交互操作，交互性能够为用户提供有效的控制和使用信息的手段。

（4）实时性。

实时性又称为动态性，是指视频、图像和声音必须保持同步性和连续性。例如，在视频播放时，视频画面不能出现动画感、马赛克等现象，声音与画面必须保持同步。

（5）数字化。

多媒体技术的核心在于数字化处理。所有媒体形式都需要先转化为数字信号，才能进行计算机处理、存储和传输。数字化处理提高了信息的保真度和安全性，使得信息更易编辑。

3. 多媒体技术的发展

（1）多媒体技术的产生。

多媒体技术是在计算机技术、通信网络技术等现代信息技术不断融合与相互促进的背景下诞生的。1984 年，美国 Apple 公司推出的 Macintosh 计算机（简称 Mac）被广泛视为多媒体时代到来的重要标志。随后，Microsoft 公司在 1985 年推出的 Windows 操作系统为多媒体功能的实现和应用奠定了坚实的基础。同年，Commodore 公司推出的 Amiga 计算机作为世界上首台多媒体计算机，集成了图形、音响和视频处理芯片，进一步推动了多媒体技术的发展。此后，光盘系统及 CD 数据格式的推出，以及数字视频交互系统（DVI）的发布，都为多媒体技术的成熟和应用铺平了道路。

（2）多媒体技术的发展。

随着多媒体各种标准的制定和应用，多媒体产业得到了快速的发展。1997 年 1 月，英特尔公司推出的具有 MMX 技术的奔腾处理器成为多媒体计算机的一个新标准。同时，AC 97 杜比数字环绕音响的推出也是多媒体技术蓬勃发展的另一重要里程碑。MPEG 压缩标准的推广应用，使得活动影视图像的压缩技术得以广泛应用于数字卫星广播、高清晰电视、数字录像机以及网络环境下的视频点播（VOD）和 DVD 等多个领域。此外，虚拟现实技术也开始向各个应用领域延伸。

（3）多媒体技术的发展趋势。

多媒体技术未来的发展趋势涵盖了高分辨率、高速度化、简化操作、高维化体验、标准化、增强用户体验、跨平台与设备兼容性、虚拟现实（VR）和增强现实（AR）技术的深度应用，以及 AI 智能化等多个方面。这些趋势将为用户带来更加丰富、真实且个性化的体验。具体而言，多媒体技术未来的发展方向将展现出多元化、网络化、智能化、沉浸式体验、个性化定制需求以及跨界融合等特点。

例题解析

例 1 多媒体有别于传统信息交流媒体。传统信息交流媒体只能单向、被动地传播信息，而多媒体则可以实现人对信息的主动选择和控制，这体现了多媒体技术的（　　）特点。

A. 集成性　　B. 多样性

C. 实时性　　D. 交互性

例 2 计算机能处理声音、动画、图像等各种形式的信息，这种技术属于计算机应用领域的（　　）。

A. 人工智能技术　　B. 网络技术

C. 多媒体技术　　D. 自动控制技术

例 3 电子地图上有地图、地名，能添加图片、语音注解和背景音乐，这主要体现了多媒体技术的（　　）特性。

A. 交互性　　B. 集成性

C. 实时性　　D. 数字化

答案： D；C；B

知识点对接： 多媒体技术的特征及概念。

解析： 例 1 考查的是对多媒体技术的基本特征中交互性的理解。传统信息交流媒体（如广播、电视等）通常只能单向地、被动地传播信息，用户无法直接参与或选择信息内容。而多媒体则不同，它允许用户主动选择和控制信息，实现人与信息之间的双向交流，这正是交互性的体现，故选 D。例 2 考查的是对多媒体技术应用领域的理解。计算机能够处理声音、动画、图像等多种形式的信息，这是多媒体技术的基本特征之一。多媒体技术正是利用计算机将多种媒体信息集成在一起，进行统一处理、传

输和展示，故选 C。例 3 考查的是对多媒体技术的基本特征中的集成性的理解。电子地图不仅包含基本的地图和地名信息，还能添加图片、语音注解和背景音乐等多种媒体元素，这充分展示了多媒体技术能够将不同形式的媒体信息集成在一起的特征，故选 B。

8.2.2　多媒体相关技术

多媒体计算机的出现与发展是多媒体技术发展的最佳体现。多媒体之所以能够得到迅速发展，与视频、音频等媒体的压缩/解压缩技术、多媒体专用芯片、多媒体输入/输出技术、多媒体存储设备以及多媒体系统软件等密不可分。近年来，随着多媒体在网络中的广泛应用，又催生了一系列新技术，如多媒体处理与编码技术、多媒体信息组织与管理技术、多媒体通信网络技术等。

1. 数据压缩技术

（1）数据压缩技术的概念。

数据压缩技术旨在使计算机能够高效地实时处理包括声音、图像、文字等在内的多媒体信息。数字化的图像、声音、视频等多媒体数据量极为庞大，同时这些信号又要求快速传输和处理，导致在个人计算机上开展全面的多媒体应用难以实现。为解决这一问题，图像、视频、音频等数字信号的编码和压缩算法应运而生，数据压缩技术成为多媒体技术系统中的核心技术。

（2）数据压缩技术分类。

数据的压缩处理实际包括数据的压缩和解压缩过程，压缩是编码过程，解压缩是解码过程。

根据压缩过程中信息的损失情况，数据压缩可分为无损压缩和有损压缩两种。

无损压缩，又称冗余压缩法或熵编码法，适用于需要完全保留原始信号的场景，如磁盘文件的压缩。它要求解压后的信号与原始信号完全一致，不允许有任何差错。常见的无损压缩格式包括 APE、FLAC、TAK、WavPack、TTA 等，而常用的无损压缩编码技术则有 Shannon-Fano 编码、Huffman 编码、游程编码（run-length encoding）、LZW（lempel-ziv-welch）编码和算术编码等。

有损压缩利用了人类对图像或声波中某些频率不敏感的特性，允许在压缩过程中损失一定的信息，以达到更高的压缩比。这种压缩方法广泛应用于图像、声音、视频等多媒体数据的处理中。常见的有损压缩格式文件有 mp3、divX、Xvid、jpeg、rm、rmvb、wma、wmv 等。

多媒体信息压缩须遵循一定的标准，目前有三种压缩编码标准，即静止图像压缩编码标准（JPEG）、动态图像压缩编码标准（MPEG）、视听通信编码标准（H. 261）。

在多媒体应用中，除了上述的压缩技术分类外，还常采用多种压缩方法的组合，即混合编码，以实现更好的压缩效果。常见的压缩方法包括脉冲编码调制（PCM）、预测编码、变换编码、插值和外推法、统计编码、矢量量化和子带编码等。

2. 超大规模集成电路制造与专用芯片技术

多媒体专用芯片是多媒体计算机硬件体系结构的核心组件。鉴于音频、视频信号的快速压缩、解压缩及播放处理对计算速度和响应时间有极高要求，仅通过通用处理器难以满足需求，因此必须采用专用芯片以实现高效处理。这些专用芯片主要分为两类，即固定功能芯片和可编程数字信号处理器（DSP）芯片。最早出现的固定功能芯片是基于图像处理的压缩处理芯片，之后，许多半导体厂商又推出了基于国际标准压缩编码的专用芯片，例如 MPEG 标准芯片。

3. 多媒体同步技术

维持一个或多个媒体流的时间顺序的过程就称为多媒体同步技术。该技术需要解决两个主要问题：同步信息的传送和同步放映。在多媒体系统中，不同媒体之间往往存在复杂的相互依存关系，包括内容关系、时间关系和空间关系，这些都需要通过同步技术来精确控制，以提供流畅、连贯的多媒体体验。

4. 大容量存储技术

多媒体信息经过数字化压缩处理后，仍然包含了大量的数据。因此，多媒体数据处理需要大容量存储设备的支持。当前，闪盘（容量可达 64 GB 以上）、移动硬盘（容量可达 12 TB）、存储卡（容量可达 512 GB）等存储设备在多媒体领域得到了广泛应用，为存储和处理大量多媒体数据提供了强有力的支持。

5. 多媒体数据库技术

在传统的数据管理中，数据库的核心和基础是数据模型。传统的数据库按数据之间的联系可分为三种数据类型，即关系型数据库、层次型数据库和网络型数据库。其中关系型数据库得到了迅速发展并成为主流的数据库模型。

在多媒体数据管理中，多媒体数据库是包括文本、图形、图像、动画、音频、视频等多种信息的数据库。使用多媒体数据库管理系统（MDBMS）可对多媒体数据进行有效的组织、管理和存取。MDBMS 具备以下主要功能：多媒体数据库对象的定义，多媒体数据的存取，多媒体数据库的运行控制，多媒体数据的组织、存储和管理，多媒体数据库的建立和维护，以及多媒体数据库在网络上的通信功能。多媒体数据的特点包括多样性、复合性、分散性、时序性等。这些特点使得多媒体数据库技术成为处理复杂多媒体信息的关键技术之一。

6. 多媒体信息检索技术

（1）多媒体信息检索技术的概念。

多媒体信息检索是一种基于内容特征的检索技术。这种检索技术侧重于对多媒体数据所蕴含的物理和语义内容进行计算机分析与理解。基于内容的分析与检索系统通常包含插入模块、媒体处理模块、数据库以及查询模块。多媒体信息检索的研究跨越了人工智能、计算机视觉、信号处理、模式识别、数据库、人机交互等多个学科领域。

（2）多媒体信息检索的方式。

多媒体信息检索的方式包括相似性检索、直接从内容中提取信息检索、满足用户多层次的检索要求以及大型数据库的快速检索。

（3）多媒体信息检索的分类。

多媒体信息检索可以分为文本检索、图像检索、音频检索、视频检索。

（4）基于内容检索的过程和指标。

基于内容检索是一个逐步求精的过程，其关键步骤包括初始检索说明的确定、相似性匹配的执行、特征调整的优化以及基于反馈的重新检索。

7. 虚拟现实技术

虚拟现实技术是将多媒体技术与仿真技术深度融合而创造出一种交互式人工环境，旨在为用户提供身临其境的完全真实的体验。作为多媒体技术发展的高级阶段，虚拟现实技术是一种高度综合的技术，涵盖了计算机图形学、仿真技术、传感技术、网络技术、人工智能等多个领域。其特性包括多感知性、交互性、自主性、存在感以及沉浸感。

8. 多媒体人机交互技术

多媒体人机交互技术是多媒体技术与人机交互技术的有机结合。它基于视线跟踪、语音识别、手势输入、感觉反馈等新型交互方式，旨在通过计算机输入/输出设备实现人与计算机之间更加高效、自然的信息交流。人机交互技术不仅是21世纪信息领域的重要研究课题，也是全球科技发展的重要方向。在美国，人机交互与软件、网络和高性能计算一同被视为基础研究内容；而在我国，人机交互也被列为主要研究内容。

人机交互技术的发展经历了从手工操作到命令界面，再到图形用户界面、网络用户界面，直至当前的多通道/多媒体智能人机交互的阶段。其未来发展趋势包括自然/高效的多通道交互、以用户为中心的人机交互模型和设计方法、虚拟现实和三维交互、可穿戴设备和移动手持设备的交互，以及智能空间与智能用户界面的发展。

例题解析

例1 把一台普通的计算机变成多媒体计算机，要解决的关键技术不包括（　　）。

A. 数据共享技术　　B. 多媒体数据编码与解码技术

C. 音、视频数据的实时处理技术　　D. 音、视频数据的输出技术

例2 在多媒体系统中，广义的多媒体同步主要涉及媒体对象之间的（　　）关系。

A. 压缩与解压缩　　B. 编码与解码

C. 色彩与亮度　　D. 内容、空间、时间

例3 关于有损压缩的说法，正确的是（　　）。

A. 压缩过程可逆，相对无损压缩，其压缩比较低

B. 压缩过程可逆，相对无损压缩，其压缩比较高

C. 压缩过程不可逆，相对无损压缩，其压缩比较低

D. 压缩过程不可逆，相对无损压缩，其压缩比较高

答案：A；D；D

知识点对接：多媒体计算机必备的关键技术、多媒体同步技术和有损压缩的特点。

解析：例 1 考查的是普通计算机成为多媒体计算机所需的关键技术，虽然数据共享是计算机系统中的一个重要概念，但它并非将普通计算机转变为多媒体计算机所特有的或必须解决的关键技术。多媒体计算机的关键技术主要集中在多媒体数据的处理、编码、解码以及输出等方面，故选 A。例 2 考查的是多媒体同步技术的核心概念。广义的多媒体同步不只涉及数据层面的处理，更重要的是确保不同媒体对象在内容、空间和时间上的协调一致，这种协调是多媒体系统提供连贯、互动体验的基础，故选 D。例 3 考查的是对有损压缩的特点的理解。有损压缩的压缩过程不可逆，相对无损压缩，其压缩比较高，故选 D。

同步训练

1. 下列不属于多媒体主要特点的是（　　）。

A. 隐蔽性　　B. 交互性
C. 集成性　　D. 多样性

2. 多媒体技术是（　　）。

A. 超文本处理技术　　B. 文本和图形处理技术
C. 图形图像处理技术　　D. 对多种媒体进行处理的技术

3. 美国 Apple 公司在（　　）推出了 Macintosh 计算机，这被视为多媒体时代到来的重要标志。

A. 1980 年　　B. 1984 年
C. 1990 年　　D. 1995 年

4. 不属于多媒体技术所包含的媒体类型的是（　　）。

A. 频率　　B. 音频
C. 图像　　D. 文字

5. 下列选项属于多媒体的主要特征的是（　　）。

A. 动态性、丰富性　　B. 集成性、交互性
C. 网络化、多样性　　D. 标准化、娱乐化

6. 数据压缩可分为无损压缩和（　　）。

A. 有损压缩　　B. 视频压缩
C. 转码压缩　　D. 音频压缩

7. 多媒体计算机专用芯片可归纳为固定功能的芯片和（　　）两种类型。

A. 南桥芯片　　B. 高通骁龙芯片
C. 可编程的数字信号处理器芯片　　D. 华为麒麟芯片

8. 下列不属于多媒体关键技术的是（　　）。

A. 数据的压缩与解压缩技术　　B. 多媒体同步技术

C. 红外线扫描技术　　D. 大容量存储技术

9. 多媒体制作有许多数据压缩方法，根据还原后的数据与原始数据是否相同，数据压缩可以划分为（　　）。

A. 分型压缩和小波压缩　　B. 有损压缩和无损压缩

C. 正弦压缩和余弦压缩　　D. 声音压缩和图像压缩

10. 多媒体计算机中的"多媒体"是指（　　）。

A. 一些文本的载体

B. 一些声音和动画的载体

C. 一些文本与图形的载体

D. 文本、图形、声音、动画和视频及其组合的载体

11. 下列属于多媒体的关键特性的是（　　）。

A. 独占性　　B. 交互性

C. 集成性　　D. 实时性

12. 根据多媒体的特征判断，下面哪项属于多媒体的范畴？（　　）

A. 有声图书　　B. 文本文件

C. 彩色画报　　D. 数字

13. 下列选项中，不属于多媒体功能的是（　　）。

A. 播放 VCD　　B. 编辑音乐

C. 自动扫描　　D. 播放视频

14. 下列选项全部都是多媒体技术的基本特征的一组是（　　）。

A. 交互性、数字化、可控性　　B. 交互性、数字化、不可控性

C. 交互性、网络化、集成性　　D. 交互性、数字化、集成性

15. 多媒体技术对计算机网络的基本要求是（　　）。

A. 传输速度快　　B. 带宽要大、时延要小

C. 声像同步　　D. 实时播放

16. 传统广播电视不属于多媒体系统，主要是因为它不具有多媒体技术的（　　）特征。

A. 实时性　　B. 集成性

C. 多样性　　D. 交互性

17. 基于内容的检索要解决的关键问题是（　　）。

A. 动态设计　　B. 多媒体特征提取和匹配

C. 多媒体查询技术　　D. 多媒体管理技术

18. 多媒体著作工具的特点是具有集成性的开发环境，可大大缩短开发周期，具有（　　）的面向对象的操作环境等。

A. 交互性　　B. 非交互性

C. 可编辑性　　D. 不可编辑性

19. 在欣赏《红茶》课件时，看到了茶叶的图片和红茶的制作过程，听到了优美的音乐，这个课件体现了多媒体技术的（　　）特征。

A. 多样性　　B. 数字化

C. 交互性　　D. 实时性

20. 下列不属于多媒体技术新的开发热点的是（　　）。

A. 虚拟现实　　B. 数据库

C. 视频会议系统　　D. 多媒体通信技术

21. 在用 MP3 听音乐时，可以随心所欲地进行选曲、快进或倒退等操作，这体现了多媒体技术的（　　）特征。

A. 集成性　　B. 交互性

C. 数字化　　D. 实时性

22. PowerPoint 可以将文字、图像、视频等素材制作成课件。这主要体现了多媒体技术的（　　）特征。

A. 智能化　　B. 网络化

C. 交互性　　D. 集成性

23. 下列选项不属于多媒体技术中的数字化技术专有特点的是（　　）。

A. 适合数字计算机进行加工和处理

B. 数字信号不存在衰弱和噪声干扰问题

C. 数字信号在复制和传送过程中不会因噪声而产生衰减

D. 成本低

24. 计算机内部处理的数据是（　　）。

A. 模拟信号　　B. 数字信号

C. 音频信号　　D. 视频信号

25. 根据多媒体的特性，属于多媒体范畴的是（　　）。

A. 录像带　　B. 彩色画报

C. 彩色电视机　　D. 交互式视频游戏

26. 图像处理技术主要包括图像的哪几个环节？（　　）

A. 压缩、解释、播放　　B. 采集、处理、压缩

C. 采集、解释、播放　　D. 处理、解释、播放

27. 下列属于虚拟现实技术应用的是（　　）。

A. 工业机器人　　B. 多媒体教学系统

C. 可视电话　　D. 汽车碰撞仿真系统

28. 下列哪项技术不仅推动了多媒体计算机硬件的发展，还显著提升了音频处理效果，为多媒体的普及和应用奠定了重要基础？（　　）

A. Apple 公司推出的 Macintosh 计算机

B. 具有 MMX 技术的奔腾处理器

C. Microsoft 公司推出的 Windows 操作系统

D. AC 97 杜比数字环绕音响

29. 以下哪项不是多媒体技术发展的方向？（　　）

A. 高分辨率和高速度化　　B. 标准化和增强用户体验

C. 虚拟现实和增强现实技术的应用　　D. 单一平台和设备依赖

30. 关于多媒体技术的发展趋势，以下描述不准确的是（　　）。

A. 高分辨率和高速度化将是未来多媒体技术发展的重要方向

B. 虚拟现实（VR）和增强现实（AR）技术将广泛应用于各个领域

C. 多媒体技术的标准化将逐渐被淘汰，以支持其更多的创新和个性化

D. AI 智能化的融入将为用户提供更加丰富、真实和个性化的体验

31. 在多媒体数据压缩技术中，下列哪种压缩方法严格要求解压缩后的数据与原始数据完全一致，且不允许有任何信息损失？（　　）

A. Huffman 编码　　B. JPEG 压缩

C. FLAC 压缩　　D. MPEG 压缩

32. 在多媒体数据压缩中，混合编码技术通过结合多种压缩方法以实现更好的压缩效果。以下哪项通常不被纳入混合编码的范畴？（　　）

A. 预测编码　　B. JPEG 压缩

C. 变换编码　　D. 统计编码

33. 在多媒体计算机硬件体系结构中，下列哪种技术直接决定了音频、视频信号压缩与解压缩的效率，且相较于通用处理器能提供更高效的处理能力？（　　）

A. 超大规模集成电路制造技术　　B. 多媒体同步技术

C. 多媒体专用芯片技术　　D. 大容量存储技术

34. 下列关于多媒体技术的叙述，正确的是（　　）。

A. 多媒体技术中的媒体概念不包括文本

B. 多媒体技术中的媒体概念指音频和视频

C. 多媒体技术就是能用来观看的数字电影技术

D. 多媒体技术是将多媒体进行有机组合而形成的一种新的媒体应用系统

35. 下列关于多媒体技术的说法错误的是（　　）。

A. Flash、Photoshop、3DS Max 和 Maya 都是三维动画制作软件

B. 多媒体技术具有多样性、集成性、交互性和实时性等特征

C. 图像分辨率的单位是 ppi

D. 多媒体同步技术是多媒体的关键技术

36. 下列关于多媒体的说法，正确的是（　　）。

A. 多媒体技术是指存储信息的实体，如磁盘、U 盘等

B. 多媒体技术是指可以通过网络浏览的声音、动画、视频等

C. 媒体技术就是多媒体

D. 多媒体技术指以计算机为平台，综合处理多种信息（如文本、声音、图像等）的技术

任务8.3　多媒体文件及应用

任务描述

了解数字音频、图形图像、数字视频获取素材的方法及常用的处理软件，理解数字音频、图形图像、数字视频的相关概念，掌握数字音频、图形图像、数字视频的文件格式。

知识图谱

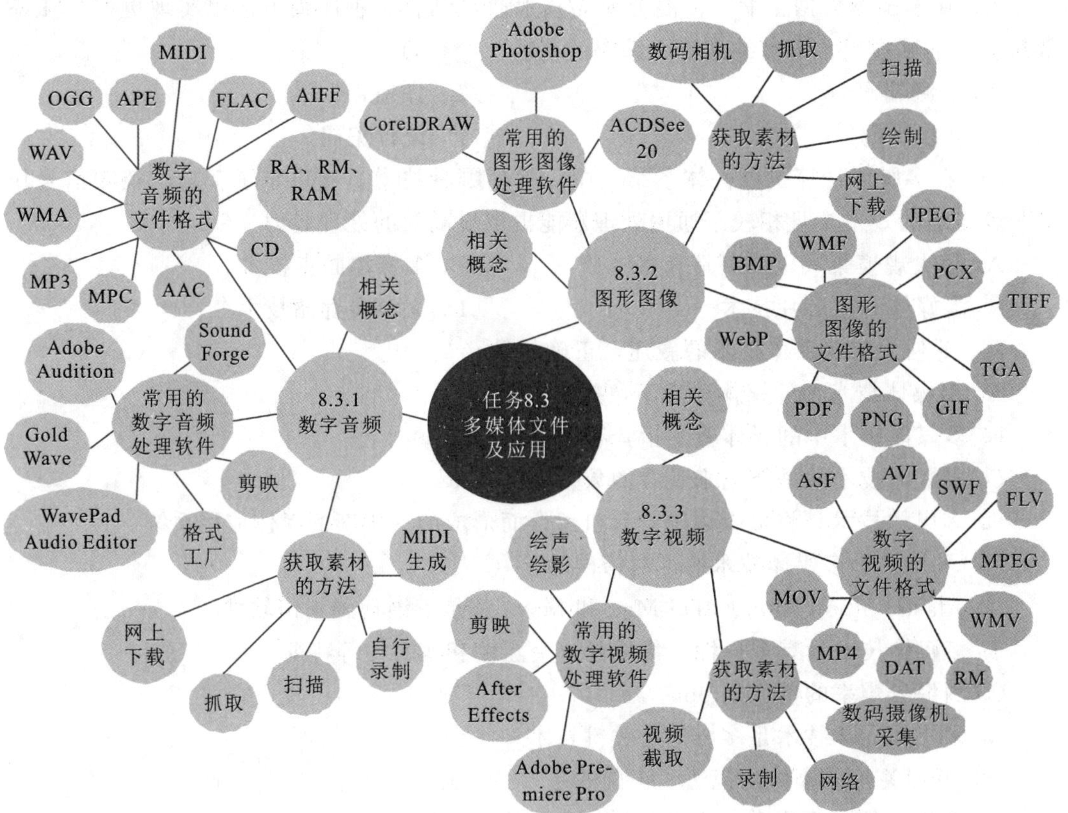

8.3.1　数字音频

1. 数字音频的相关概念

(1) 声音。

声音是通过空气传播的一种连续的波，在物理学中称为声波。声音具有音调、音

色、音强三要素。音调又称为音高，代表声音的高低，与声音的频率有关，即音调由声音的基频决定，基频高则声音高，人的听觉频率范围通常在 20 赫兹到 20 千赫兹之间。音色即特色的声音，又称为音质，音色就是由混入基音的泛音频谱决定的。音强又称为响度，指声音的音量，它和声音的振幅有关，振幅越大，音强越大。

（2）声道。

声道是声音传播的媒介或通道，指声音在录制或播放时，在不同空间位置采集或回放的相互独立的音频信号传输的通道。早期只有单一声道，后来随着技术发展有了双声道和多声道。

（3）音频信号。

音频信号分为模拟信号和数字信号。声音是模拟信号，只有通过声卡将其转化为数字信号才能在计算机上存储与处理。如果想将声音通过音箱播放出来，则要通过声卡将数字信号转换为模拟信号。

（4）数字化音频。

数字化音频要经过采样、量化、编码三个步骤。

采样是把时间上连续的模拟信号在时间轴上离散化。采样周期是指相邻两个采样点的时间间隔，采样频率是采样周期的倒数。理论上，采样频率越高，声音的还原度就越高，声音听起来就越真实。为了使声音不失真，根据奈奎斯特采样定理，采样频率需要大于声音最高频率的两倍，才能把离散模拟信号表示的声音信号还原成原来的声音。

量化（赋值）就是将采样后的离散信号归类为样本并转换为离散值表示。在量化过程中，每个样本被归类并用二进制数表示，这些二进制数的位数称为量化精度或量化位数。它反映了度量声音波形幅度变化的精度，二进制数的位数越多，精度越高，声音的质量就越好，需要的存储空间就越大。常用的精度有 8 bit、16 bit、32 bit 等。如 8 bit 量化位数表示每个采样值可以划分为 2^8 即 256 个量化等级。量化位数也叫量化比特数，是指要划分所有量化级所需几位二进制数。

编码是把数字化后的声音信息按一定的数据格式表示。声音模拟信号经过采样、量化之后已经形成了脉冲数字信号，为了可以在计算机中存储和处理，需要对它按一定的方式进行编码。常用的编码方式是脉冲编码调制（PCM）。

采样和量化过程可由模/数（A/D）转换器实现。在计算机中播放声音是模/数（A/D）转换的逆过程，即数/模（D/A）转换。这些过程都通过计算机的声卡来完成。

对模拟音频信号进行采样量化编码后得到数字音频。数字音频的质量取决于采样频率、量化位数（量化精度）和声道数三个因素。

（5）数字音频文件的存储量。

未压缩的声音文件的数据传输率计算方法如下：

数据传输率（b/s）＝采样频率（Hz）× 量化精度（bit）× 声道数

未压缩的声音文件的存储容量计算方法如下：

存储容量（B）＝采样频率（Hz）× 量化精度（bit）× 声道数 × 时间（s）/8

注意：1 kHz＝1000 Hz。

2. 数字音频的文件格式

数字音频文件以多种格式存储在计算机中，主要分为声音文件和 MIDI 文件两大类。

当前较为流行的数字音频文件格式包括WAV、MID、MP3、WMA、RM等。这些处理后的声音文件都以特定的文件格式保存在计算机中，以便于存储、传输和播放。表8-3-1是一些常见的数字音频文件格式及简要说明。

表8-3-1　常见的数字音频文件格式及简要说明

文件格式	简介	特征	用途
WAV	微软公司和IBM公司共同开发的PC标准音频格式，这种格式的文件属于未压缩的波形文件，又称为原始声音文件	支持多种音频位数、采样频率和声道，存储容量非常大；不会产生失真，而且处理速度相对较快	是PC上比较流行的声音文件格式，不适合用于网络应用场景，多用于存储原始声音素材
CD	文件扩展名为cda，采样频率为44.1 kHz，速率为88 kb/s，16位量化位数	计算机上的CD格式文件都是44字节长，不能直接在硬盘上播放。这种音频是一种近似无损的音频，声音基本上忠于原声	需使用Windows Media-Player，或者格式工厂转换成WAV格式
WMA	WMA是微软公司主推的一种流媒体音频文件格式	用减少数据流量但保持音质的方法来压缩音频文件，其压缩率一般可以达到1∶18，生成的文件大小只有MP3格式文件的一半，音质强于MP3格式	适合网络在线播放。是网络流媒体文件的主流格式
MP3	MP3是符合MPEG-1音频压缩第3层标准的音频文件格式，采用的是有损压缩	文件较小，音质好，压缩比为11∶1	网络上主流音频文件格式
MIDI	MIDI文件只包含产生某种声音的指令，并非声音数据。计算机将指令发送给声卡，声卡按照指令将声音合成出来	生成的文件较小，节省内存空间。播放的效果依赖声卡的档次，产生MIDI音乐的方法有FM合成法、波表合成法	用于电子乐器的数据交互和乐曲创作。MIDI音乐主要用于手机等存储空间有限的多媒体设备
RA、RM、RAM	由Real Networks公司推出的一种流式音频文件格式	可以实时传输音频信息	适用于网络上的在线播放。主要用于在低速率的互联网上的实时传输

续表

文件格式	简介	特征	用途
OGG	OGG 格式可以在相对较低的码率下实现比 MP3 更好的音质	不被大多数软件支持。完全免费、开放，没有专利限制	OGG 文件可在任何播放器上播放，可不断进行大小和音质的改良
APE	APE 是一种无损压缩音频技术	可以提供 50%到 70%的压缩比，APE 可以无损失、高质量地对音频文件进行压缩和还原	广泛应用于音乐制作、专业录音等领域
AIFF	苹果公司开发的音频文件格式	支持 ACE2、ACE8、MAC3 和 MAC6 压缩，支持 16 位 44.1 kHz 立体声	主要针对苹果电脑系统，没有在 PC 平台上流行
FLAC	FLAC 是一种无损压缩音频文件格式	无损压缩，可以还原音乐光盘的音质	许多汽车播放器和家用音响设备支持 FLAC
MPC	MPC 全称 muse pack，是由德国人 Andree 开发的一种完全免费的高品质音频文件格式	在高码率下，MPC 的高频要比 MP3 更细腻，可以在节省大量空间的前提下获得最佳音质	是目前最适合用于音乐欣赏的有损编码
AAC	高级音频编码格式。由 Fraunhofer、AT & T 和 Sony 等公司共同开发，一种专为声音数据设计的文件压缩格式	支持高音质和较小的存储。属于有损压缩的格式	在各种设备上显示出广泛的兼容性和灵活性，包括诺基亚、安卓、iPhone 和黑莓等设备，没有任何限制

同一音频文件不同格式的存储大小：CD＞WAV＞APE＞FLAC＞MP3＞OGG＞MPC＞WMA＞AAC＞MIDI。同一音频文件不同格式的音质高低：CD＞WAV＞WMA＞MP3＞MIDI。

3. 获取数字音频素材的方法

获取数字音频素材的方法有五种：一是自行录制声音；二是从素材库或资源库中获取或从网站上下载；三是从 CD、VCD 中获取，利用专门的软件抓取 CD 或 VCD 中的音乐；四是用 MIDI 生成音乐文件；五是从现有的录音带、视频、课件、素材光盘中获取。

4. 常用的数字音频处理软件

（1）Sound Forge。Sound Forge 能够非常方便、直观地处理音频文件（如 WAV 文件）和视频文件（如 AVI 文件）中的声音部分，满足从普通用户到专业录音师的各种需求，因此一直是多媒体开发人员首选的音频处理软件之一。

（2）WavePad 音频编辑器（WavePad Audio Editor）。WavePad 音频编辑器适用于 Windows、Mac、iOS 和 Android 平台。它允许用户录制、编辑音乐，支持剪切、复制、粘贴、删除、插入、静音和自动修剪录音等多种编辑功能。

（3）Adobe Audition。Adobe Audition 是由美国 Adobe Systems 公司开发的一款功能强大、效果出色的多轨录音和音频处理软件。它主要用于 MIDI 信号的处理加工，具备声音录制、混音合成、编辑特效等多种功能。

（4）GoldWave。GoldWave 是集声音编辑、播放、录制和转换于一体的音频工具。它支持多种音频格式的处理，包括 WAV、OGG、VOC、IFF、AIFF、AIFC、AU、SND、MP3 等，并可从 CD、VCD、DVD 或其他视频文件中提取声音。

（5）格式工厂（Format Factory）。格式工厂是上海格诗网络科技有限公司开发的一款面向全球用户的互联网软件，它支持视频、图片等格式的转换，是全球领先的格式转换客户端之一。虽然它侧重于格式转换，但它也支持部分音频处理功能。

（6）剪映。剪映是一款全面的音视频编辑工具，提供抖音独家曲库、专业风格滤镜、视频编辑等功能，操作简单。它支持在移动端、平板端和 PC 端等全终端使用，方便创作者在不同场景下自由创作。

例题解析

例 1 一段 5 分钟的音频，画面尺寸为 352×288 像素、24 位色彩、播放速度为 25 帧/秒，如果没有经过压缩，则存储容量大约为（　　）。

A. 21000 B　　B. 2350 KB

C. 235 MB　　D. 2.1 GB

例 2 在一个语音数字化脉码调制系统中，若在量化时采用了 128 个量化等级，则编码时相应的码长为（　　）。

A. 7 位　　B. 8 位

C. 128 位　　D. 256 位

例 3 数字激光唱盘的标准采样频率为 44.1 kHz，若量化精度为 20 位，立体声（双声道），一分钟 CD-DA 音乐所需存储量为（　　）。

A. 11.7 MB　　B. 12.7 MB

C. 12.6 MB　　D. 21.1 MB

答案： D；A；C

知识点对接： 数字音频存储容量的计算方法、声音量化级的计算方法。

解析： 例 1 考查的是使用分辨率、播放速度等计算音频存储容量的方法，其计算公式为存储容量＝采样频率×量化位数×声道数×时间/8，其中采样频率＝分辨率×播放速度，运用公式可以得出存储容量＝352×288×25×24×5×60/8/1024/1024/1024≈2.1 GB，故选 D。例 2 考查的是量化级数的计算方法，在二进制编码中，每一位可以表

示两种状态（0 或 1），所以 n 位二进制数可以表示 2^n 个不同的值，运用量化级数公式 $M=2^n$（M 为量化级数，n 为量化位数或量化比特数），可得出 $128=2^7$，$n=7$（位），故选 A。例 3 考查的是使用采样频率、声道数等计算音频存储容量的方法，其计算公式为存储容量＝采样频率（Hz）×量化精度（bit）×声道数×时间（s）/8，可得出 44.1×1000×20×2×60/8/1024/1024≈12.6 MB，故选 C。

8.3.2　图形图像

1. 图形图像的相关概念

（1）矢量图。

矢量图是由具有方向和长度的矢量线段构成的图形，这些图形由外部轮廓线条组成，也称为向量图。常见的矢量图包括由计算机绘制的直线、圆、矩形、曲线、图表等。矢量图由一组组数据构成，其优点在于放大或缩小时不会失真，且占用的存储空间相对较小。然而，显示矢量图时计算时间较多，且需要人工设计制作并输入计算机中进行矢量化，这给多媒体的使用带来了不便。矢量图的常用格式包括 CDR、AI、SWF、SVG、WMF、EMF、EP、DXF 等。

（2）位图。

位图，又称点阵图，通常由扫描仪、摄像机等输入设备捕捉实际画面生成。它是由像素点阵构成的，因此表现力强、色彩细腻、层次多且细节丰富。然而，位图受到分辨率的限制，放大后会失真，且占用的存储空间较大，无法制作真正的三维图像。位图的常用格式有 JPG、GIF、PNG、BMP、PSD、TIF 等。

（3）黑白图像。

黑白图像（如文字）中，每个像素点用 1 位二进制数表示（0 为白，1 为黑），这种图像称为二值图像。对于灰度图，图像中每个像素点的亮度值用 8 位二进制数表示，亮度表示范围有 0～255 个灰度等级。而彩色图像则使用 R、G、B 三基色表示，每种颜色用 8 位二进制数表示，色彩深度为 24 位，能够表达大约 1670 万种色彩。

（4）分辨率。

分辨率大致可以分为图像分辨率、显示器分辨率、扫描仪分辨率、打印机分辨率等。图像分辨率指图像在单位长度内包含的像素点数量，单位常用像素或英寸（ppi）表示。分辨率决定了图像的精细程度，一般来说，图像的分辨率越高，所包含的像素就越多，图像就越清晰，印刷的质量也就越好。显示器分辨率则分为屏幕分辨率和设备分辨率，前者指显示器每英寸荧光屏上产生的光点数量（dpi），后者指显卡在显示器屏幕上显示的像素点。打印机分辨率表示每英寸可打印的油墨点数，也用 dpi 表示，点数越多，打印效果越好。

显示输出的图像分辨率一般为 72 ppi，而打印输出的图像分辨率一般为 300 ppi。图像分辨率的表示方法为图像在宽和高方向上的像素量。例如，一幅分辨率为 1600×1200 像素的图像，总像素量为 1600×1200＝1920000。

(5) 颜色深度。

颜色深度用来度量图像中颜色信息的丰富程度，单位是位，也称为位深度。它决定了位图中能够出现的最大颜色数。例如，8 位的彩色图像只能显示 256 种颜色，如 GIF 图像。常用的颜色深度包括 1 位、8 位、24 位和 32 位，颜色深度越大，图片占用的存储空间也越大。

(6) 图形图像的技术指标。

分辨率：分为屏幕分辨率和输出分辨率。前者用每英寸的行数表示，数值越大，图形图像质量越好；后者衡量输出设备的精度，用每英寸的像素点数表示。

色彩：用位（bit）表示，一般写成 2 的 n 次方，n 代表位数。当图形图像达到 24 位时，即达到真彩色标准。

灰度：使用黑色调表示物体，亮度值范围从 0%（白色）到 100%（黑色），共 256 级。黑白图像也称为灰度图像，在医学、图像识别等领域有广泛应用。

(7) 色彩模式。

色彩模式决定了图像色彩的描述和重现方式，同时也影响图像中颜色通道的数量以及图像文件的大小。常见的色彩模式包括 RGB 模式、HSB 模式、CMYK 模式、Lab 模式、位图模式、灰度模式、多通道模式、索引颜色模式和双色调模式。

① RGB 模式。RGB 模式是一种加色模式，图像由红（red）、绿（green）、蓝（blue）三种颜色混合而成。图像中每个像素的每种颜色取值范围从 0（黑色）到 255（白色）。RGB 模式是计算机显示中最常用的模式，也被称为真彩色模式。

② HSB 模式。HSB 模式是一种基于人的色感的颜色模式。HSB 模式描述颜色有三个特征：色相、饱和度、亮度。色相（hue）表示色相环上的纯色，饱和度（saturation）表示色彩的纯度，当纯度的值=1 时表示颜色最纯，当纯度的值=0 时表示颜色灰度值最大。亮度（brightness）表示颜色的明暗程度，当 $v=0$ 时，表示黑色。

③ CMYK 模式。CMYK 模式是一种减色模式，主要用于印刷。图像由青色（cyan）、品红色（magenta）、黄色（yellow）、黑色（black）组成。在 CMYK 图像中，当所有的值都是 0 时，会产生白色。这种颜色模式文件大，占用的存储空间多，处理图像时一般不用它，通常在需要印刷时，才使用 CMYK 模式。

④ Lab 模式。Lab 模式是包含色彩范围最广的颜色模式，它由三个要素组成：亮度（L）和两个颜色通道（a 和 b）。其中，L 表示亮度，取值范围是 0～100，代表从纯黑到纯白；a 表示从红色到绿色的范围；b 表示从黄色到蓝色的范围。它是一种与设备无关的颜色模式，不管是什么设备（打印机、扫描仪或显示器）创建或输出图像，产生的颜色都保持一致。

⑤ 位图模式。位图模式只有黑和白两种颜色，它的每一个像素只包含 1 位数据，占用的磁盘空间小。因此，在该模式下只能制作一些黑白两色的图像，而无法制作出色调丰富的图像。

⑥ 灰度模式。灰度模式也是用黑、白两种颜色来进行显示的模式。但灰度模式中的每个像素都是由 8 位数据来记录的，灰度图像中的每个像素都有一个 0（黑色）到 255（白色）之间的亮度值。灰度模式的图像可以直接转换成黑白模式的图像和 RGB 模式的彩色图像。同样，黑白模式的图像和 RGB 模式的彩色图像也可以直接转换成灰度模式的图像。

⑦ 多通道模式。当在 RGB、CMYK、Lab 颜色模式的图像中删除了某一个颜色通道时，该图像就会转换为多通道模式。一般情况下，多通道模式用于特殊打印。它的每个通道都为 256 级灰度通道。

⑧ 索引颜色模式。索引颜色模式是网上和动画中常用的图像模式，当彩色图像转换为索引颜色的图像后，包含近 256 种颜色。索引颜色的图像包含一个颜色表。如果原图像中的某些颜色不能用 256 色表现，则 Photoshop 会从可使用的颜色中选出最相近的颜色来模拟这些颜色，并为这些颜色建立颜色索引，颜色表可在转换的过程中定义或在生成索引图像后修改。

⑨ 双色调模式。双色调模式是用一种灰色油墨或彩色油墨来渲染一个灰度图像。当需要将其他色彩模式的图像转换为双色调模式时，要先将其转换成灰度模式后再转换成双色调模式。

(8) 图形图像的压缩标准。

图形图像的压缩标准分为静态图像压缩标准和动态图像压缩标准。

① 静态图像的压缩标准。

· JPEG 标准。JPEG 是 Joint Photographic Experts Group（联合图像专家组）的缩写。该标准由国际标准化组织（ISO）制定。JPEG 标准是一个通用的静态图像压缩标准，可适用于所有连续色调的静态图像压缩和存储。JPEG 标准既可以用于有损压缩，也可以用于无损压缩。在无损压缩模式下，对图像的像素值采用预测编码，可以提供约 2∶1 的压缩比。对于大多数自然图像，JPEG 有损压缩能够在获得较高图像质量条件下提供 5∶1～20∶1 的压缩比。

· JPEG-2000 标准。JPEG-2000 标准的主要动机是利用基于小波变换的压缩技术，在中高码率上提供很好的压缩图像质量。JPEG-2000 标准实现了高压缩效率，一般在压缩比达到 100∶1 的情形下，采用 JPEG 压缩的图像已经严重失真并开始难以识别了，但 JPEG-2000 标准的图像仍可识别。

② 动态图像的压缩标准。

MPEG 是 Moving Picture Experts Group（动态图像专家组）的缩写，是国际标准化组织（ISO）为制定数字视频和音频压缩标准而建立的一个工作小组。自 1988 年成立以来，该小组已经制定出 MPEG-1、MPEG-2、MPEG-4 和 MPEG-7 等不同应用的压缩标准。

· MPEG-1 标准。MPEG-1 标准就是国际标准 ISO/EC11172，它正式批准于 1992 年，用于以大约 1.5 Mb/s 的比特率对数字存储媒体（光盘、硬盘等）的活动图像及其音频的压缩编码。它的成功制定，使得以 VCD 和 MP3 为代表的 MPEG-1 标准产品迅速在世界范围内普及。

· MPEG-2 标准。MPEG-2 标准对 MPEG-1 标准进行了兼容性扩展，以适应在不同比特率和分辨率下的应用。例如，MPEG-2 标准是高清晰度电视（HDTV）全数字方案、DVD 方案所采用的数据压缩标准。

· MPEG-4 标准。MPEG-4 标准的国际标准编号为 ISO14496，其主要目的是为数字电视、交互式图形和多媒体的综合性生产、发行及内容访问提供标准的技术单元，包括基于对象的低比特率压缩编码。MPEG-4 标准的目的在于提供一种通用的编码标准，满足不同处理能力的显示终端和用户的个性化要求。MPEG-4 标准采用基于对象的视频编码方法，它不仅可以实现对视频图像的高效压缩，还可以提供基于内容的交互功能。除此之外，MPEG-4 标准还提供了用于误码检测和误码恢复的一系列工具。这样，采用 MPEG-4 标准压缩后的视频数据可以应用于带宽受限、易发生误码的网络环境中，如无线网络、Internet 和 PSTN 网等。

· MPEG-7 标准。MPEG-7 标准将对各种不同类型的多媒体信息进行标准化描述，实现快速有效的搜索。建立 MPEG-7 标准的出发点是依靠众多的参数对图像与声音实现分类，并对它们的数据库实现查询，可应用于：数字图书馆，如图像编目、音乐词典等；多媒体查询服务，如电话号码簿；广播媒体选择，如广播与电视频道选取；多媒体编辑，如个性化的电子新闻服务、媒体创作等。MPEG-7 标准的应用范围很广泛，既可应用于存储（在线或离线），也可用于流式应用（如广播、将模型加入 Internet 等）。它可以在实时或非实时环境下应用。

（9）平面设计。

① 概念。平面设计，亦称视觉传达设计，是一种以“视觉”为核心沟通与表现手段的艺术形式。它通过融合符号、图片与文字等多种元素，创造性地传达特定的想法或信息。平面设计广泛应用于标识设计、出版物、平面广告、海报、广告牌、网站图形界面、产品包装等多个领域。

② 基本要素。平面设计的基本要素主要包括创意、构图与色彩。其中，创意是平面设计的灵魂与首要元素。

③ 元素。平面设计有四大元素，分别是概念元素、视觉元素、关系元素、实用元素。概念元素是那些不实际存在的，不可见的，但人们的意识又能感觉到的东西。概念元素包括点、线、面。概念元素通常是通过视觉元素体现的。视觉元素包括图形的大小、形状、色彩等。视觉元素在画面上如何组织、排列，是靠关系元素来决定的。关系元素包括方向、位置、空间、重心等。实用元素是设计所表达的含义、内容、设计的目的及功能。

画面图像轮廓的变化、图形的聚散、色彩或明暗的分布都可以对视觉中心产生影响。重心是画面的重心点，即视觉的重心点。平面设计是作者的思想以图片的形式表达出来。在构造设计上以同一要素连续重复所产生的运动感称为节奏。

2. 图形图像的文件格式

图形图像的文件格式是指记录和存储影像信息的格式。常用的图像格式有 JPG、GIF、PNG、BMP、PSD、TIFF、CDR、SWF 等。表 8-3-2 所示是一些常见的图形图像文件格式及简要说明。

表 8-3-2　常见的图形图像文件格式及简要说明

文件格式	简介	特点	用途
BMP	Windows 操作系统中最常用的图像文件格式，采用位映射存储格式	无压缩，占用存储空间大。包含两种类型的位图：设备相关位图（DDB）和设备无关位图（DIB）	Windows XP 操作系统所默认的图像格式

续表

文件格式	简介	特点	用途
JPEG	JPEG 是第一个国际图像压缩标准。是一种压缩位图格式，文件扩展名为“.jpg”或“.jpeg”	有损/无损压缩，压缩比高达 20：1。压缩比越大，品质就越低。软件压缩和还原速度慢	目前网络上最流行的图像格式。通常用于存储自然风景照、人和动物的彩照、大型图像等
TIFF	最初由 Aldus 与微软公司一起为 PostScript 打印开发。TIFF 是一种标签图像文件格式，这种格式的图像属于跨平台位图	TIFF 可以保持图层、通道和透明信息等。采用 LZW 压缩算法，是一种无损失的压缩格式	支持扫描仪和图像处理软件。很多印刷行业会使用 TIFF 格式
GIF	CompuServe 公司在 1987 年开发的图像文件格式	GIF 是连续色调、无损压缩格式，允许设置图像背景为透明属性。一个文件可存储多幅彩图，构成一种最简单的动画。最多只能处理 256 种色彩	目前互联网上使用最频繁的文件格式。它不属于任何应用程序，不能用于存储真彩色的大图像文件
PNG	PNG 格式主要有 8 位、24 位、32 位三种，其中，8 位支持索引透明和 Alpha 透明，24 位不支持透明，32 位在 24 位的基础上增加了 8 位透明通道	PNG 是无损压缩的位图文件格式，支持图像透明。其压缩比高，生成的文件体积小，不支持动画应用效果	网页中很多图片都是 PNG 格式。Windows 7 默认的图像格式
PDF	PDF 是由 Adobe Systems 为实现文件交换开发的图像文件格式	易于传输与存储，只能使用专业的浏览器才能浏览此文件	互联网上进行电子文档和数字化信息传播的理想文档格式
WMF	WMF 是由微软公司开发的矢量图像文件格式	WMF 格式的图像可以无限放大，不变色，不模糊，常用于图案、标志、VI、文字等的设计	Word 中内部存储的图片或绘制图形对象的文件格式
PCX	PCX 是一种跨平台格式，是 Windows 与 DOS 间进行图形文件交换的桥梁	最高支持 256 或全 24 位的 RGB，PCX 压缩属于无损压缩	可以将动画通过视频软件传入电视

续表

文件格式	简介	特点	用途
TGA	TGA 是一种图形、图像数据的通用格式	可做出不规则的图形、图像文件，支持压缩	是计算机生成图像向电视转换的一种首选格式
WebP	WebP 是一种相对较新的图像文件格式	支持无损和有损压缩，通常能提供比 JPEG 更小的文件体积而保持相近的图像质量	WebP 适用于需要优化文件大小同时保持高质量的场景，尤其是在浏览器支持的情况下

3. 获取图形图像素材的方法

获取图形图像素材的方法有以下几种：一是从其他图形图像资料库、移动盘中寻找或网上下载；二是使用抓图软件捕获计算机显示屏上的图像；三是使用扫描仪扫描图像；四是使用数码相机中的相片；五是使用编辑软件绘制。

4. 常用的图形图像处理软件

（1）ACDSee 20 看图软件。

ACDSee 20 是由 ACD Systems 开发的一款图像浏览工具软件，它提供了直观的操作界面、人性化的操作方式以及高效的快速图形解码技术。ACDSee 20 支持包括 BMP、DCX、GIF（含动画）、IFF、JPG、PCD、PCX、PIC、PNG、PSD、TGA、TIF、ICO、XBM 和 WMF 在内的 20 多种图像格式，极大地满足了用户的多样化需求。用户可以通过 ACDSee 20 轻松放大、缩小图片，甚至进行全屏浏览。此外，其幻灯片模式还能自动播放图片，为用户带来更加便捷的观赏体验。

不仅如此，ACDSee 20 还具备强大的图像文件管理和编辑功能，用户可以使用它来整理、分类和编辑图像文件。同时，ACDSee 20 还能够制作精美的电子相册，满足用户对于个性化展示的需求。对于专业用户而言，ACDSee 20 还提供了专业级的素描和其他高级图像处理功能，助力用户创作出更加出色的作品。

（2）Adobe Photoshop 软件。

Adobe Photoshop，简称 PS，是由 Adobe Systems 公司开发的专业图像处理软件。Photoshop 主要处理以像素为基本单位构成的数字图像。通过其丰富的编辑与绘图工具集，用户可以高效地进行图片编辑工作。Photoshop 功能极为强大，广泛应用于图像图形设计、文字排版、视频后期处理以及出版印刷等多个领域。

Photoshop 中有像素、图层、通道等内容，其具体概念如下。

① 像素。在数字图像中，像素是构成图像的最小单位，由数字序列表示。它们像积木一样，共同搭建出丰富多彩的图像世界。

② 图层。在 Photoshop 中，图层是创作过程中的重要概念。每个图层就像一张透明的纸，用户可以在上面绘制或放置图像元素。多个图层叠放在一起，通过调整它们的顺序、透明度和融合方式，最终组合成一幅完整的图像作品。

③ 通道。在 Photoshop 中，通道用于表示图像的颜色信息。一般来说，每种基本颜色（如红、绿、蓝）都对应一个通道。通过操作这些通道，可以对图像的颜色进行精细的调整和编辑。

(3) CorelDRAW。

CorelDRAW 是 Corel 公司出品的矢量图形制作软件。这款软件为设计师提供了矢量动画、页面设计、网站制作、位图编辑和网页动画等多种功能，是一套集图形图像编辑于一体的软件，它包含两个主要的绘图应用程序，一个专注于矢量图形及页面设计，另一个则专注于图像编辑。通过 CorelDRAW 全方位的设计及网页功能，用户可以轻松地将这些功能融合到现有的设计方案中。该软件广泛应用于广告设计、宣传画报等多个领域。

例题解析

例 1　用 8 位二进制数来表示每个像素的颜色时，能表示（　　）种颜色。

A. 8　　B. 256

C. 64　　D. 16

例 2　数码相机中 CCD 芯片的像素数目与分辨率密切相关，若数码相机的像素数目为 200 万个，则它所拍摄的数字图像能达到的最大分辨率为（　　）。

A. 1600×1200　　B. 800×600

C. 1024×768　　D. 1280×1024

例 3　存储一幅 800×600 像素、16 色的彩色图像，需要的字节数约是（　　）。

A. 240000 B　　B. 480000 B

C. 7680000 B　　D. 960000 B

答案：B；A；A

知识点对接：图像中颜色种类和图像存储容量的计算，数码相机的最大分辨率。

解析：例 1 考查的是对色彩深度的理解，以及颜色位数和颜色种类之间的换算方法，可运用公式 $M=2^n$（M 为颜色种类，n 为颜色位数）计算，即 $2^8=256$，故选 B。例 2 中考查的是不同像素的数码相机的最大分辨率，200 万像素的数码相机，最大影像分辨率是 1600×1200；130 万像素的数码相机，最大影像分辨率是 1280×960；80 万像素的数码相机，最大影像分辨率是 1024×768；48 万像素的数码相机，最大影像分辨率是 800×600，故选 A。例 3 考查的是图像存储容量的计算方法，其计算公式为图像存储容量=分辨率×颜色位数/8，得出 800×600×4/8=240000 B（算式中的 4 为颜色位数，即 $16=2^4$），故选 A。

8.3.3　数字视频

1. 视频的相关概念

(1) 视频的概念及特点。

视频泛指将一系列静态影像以电信号的方式加以捕捉、记录、处理、储存、传送与重现的各种技术。当连续的图像变化每秒超过 24 帧（frame）画面以上时，根据视觉暂留原理，人眼无法辨别单幅的静态画面，因此，画面看上去是平滑连续的视觉效果，这样连续的画面叫作视频。当连续图像变化每秒低于 24 帧画面时叫作动画。组成视频的每一幅静态图像被称为帧，而每秒显示的图像数量称为帧速率，单位是帧/秒。电影画面帧率一般为 24 帧/秒。电视画面帧率分为 PAL 制（25 帧/秒）、NTSC 制（30 帧/秒）、SECAM 制（25 帧/秒）。视频的特点有表现能力强、数据量大、具有相关性和实时性。

（2）视频编辑的方式。

视频编辑的方式有线性编辑和非线性编辑。

线性编辑是一种传统的视频编辑方式，它利用电子手段，根据影片内容的要求，使用组合编辑将素材按顺序剪辑成新的连续画面。线性编辑必须按时间顺序进行。线性编辑系统的设备比较多、投资较高、故障较高。如磁带、电影胶片等都是采用线性编辑方式。这种方式目前已很少使用。

非线性编辑则是一种借助计算机进行的数字化制作方式。它突破了传统线性编辑按时间顺序编辑的限制，允许用户按各种顺序自由排列素材，具有快捷、简便和随机的特性。在非线性编辑过程中，对素材的调用几乎在瞬间完成，且无论进行多少次编辑，素材的质量都不会降低。这种编辑方式广泛应用于各种视频制作场景，如转场效果的实现、虚拟演播室的构建以及球赛直播中的慢动作片段制作等。非线性编辑的工作流程分为采集、输入、编辑、输出四个步骤。非线性编辑的优势有无损耗的画面质量、灵活的剪辑方式、低廉的制作成本、丰富的输出格式。常用的非线性编辑软件有 Edius、Final Cut Pro、Premiere Pro、Avidmediacomposer、After Effects、Vegas Video4.0 等。

（3）视频的编码标准。

常用的视频编码标准是 MPEG 系列标准和 H.26x 系列标准。

MPEG 系列标准包括 MPEG-1、MPEG-2、MPEG-4、MPEG-7 等。

H.26x 系列编码标准包括 H.261、H.262、H.263 和 H.264，其中应用最广泛的是 H.264。H.261 是第一个实用的数字视频编码标准，目前已被淘汰。H.262 编码标准在技术上和 MPEG-2 编码标准相似。H.263 编码标准在低码率下相比 H.261 编码标准提供的图像效果更好。H.264 编码标准也被称为 MPEG-4/AVC 编码标准，是在 MPEG-4 编码标准的基础上建立起来的标准。H.264 编码标准最大的优势是在实现很高的数据压缩比的同时生成高质量流畅的图像。

2. 数字视频的文件格式

常见的数字视频文件分为动画文件和影视文件。常用的数字视频文件格式有 AVI、MPEG、WMV、DAT、MOV、RM、SWF、ASF 等。表 8-3-3 所示是一些常见的数字视频文件格式及简要说明。

表 8-3-3　常见的数字视频文件格式及简要说明

文件格式	简介	特点	用途
AVI	AVI 格式是微软公司采用的标准视频文件格式	使用有损压缩方式，压缩率较高。使用方便、兼容性好、图像质量好。文件体积过大	一般视频采集直接存储的文件为 AVI 格式
MPEG	MPEG 是视频文件的主要格式	图像和音响质量非常好、兼容性好	几乎所有的计算机平台都支持
WMV	WMV 是微软公司开发的视频文件格式	具有本地或网络回放、可扩充的媒体类型，采用独立编码方式	可以直接在网上实时观看视频节目
DAT	DAT 又称数码音频磁带技术。最初是由惠普（HP）与索尼（Sony）公司共同开发	DAT 是数据流格式	DAT 是 VCD 使用的视频文件格式。DAT 技术主要应用于用户系统或局域网
MOV	美国 Apple 公司开发的一种视频文件格式	MOV 是 QuickTime 影片格式，有较高的压缩率和较完美的视频清晰度	用于存储常用数字媒体类型。Windows 7 在内的所有主流平台都支持
RM	RealNetworks 公司开发的一种流媒体视频文件格式	可以根据网络数据传输的不同速率指定不同的压缩比	主要用于在低传输速率的网络上实时传输和播放视频
SWF	SWF 是 Flash 软件制作的动画文件格式	数据量小，动画流畅，但不能进行修改和加工	SWF 格式的动画主要在网络上演播
ASF	ASF 是微软公司开发的一种串流多媒体文件格式	以网络数据包形式传输，支持本地或网络回放、部件下载，支持多种语言，具有环境独立性、丰富的流间关系及扩展性	特别适合在 IP 网上传输，ASF 最适用于通过网络发送多媒体流，也同样适用于本地播放

续表

文件格式	简介	特点	用途
MP4	MP4 也称为 MPEG-4 Part 14，是一种多媒体容器格式，可以包含视频、音频、字幕和图像	易于传播，压缩率高	MP4 是一种可以在互联网上传播的流媒体文件格式。也被用于视频/音频会议、电视广播、CD -ROM 等
FLV	FLV 是 Adobe 公司推出的一种视频文件格式	占有率低、体积小	各视频网站大多使用的是 FLV 格式

3. 获取数字视频素材的方法

获取数字视频素材的主要途径有从网络中获取、从 VCD/DVD 视频中截取、录制视频、从数码摄像机中采集等方式。

4. 数字视频常用的处理软件

(1) 绘声绘影软件。

绘声绘影是加拿大 Corel 公司制作的一款功能强大的视频编辑软件，具有图像抓取和编修功能，能导出多种常见的视频格式，可以直接制作成 DVD 和 VCD 光盘。

(2) Adobe Premiere Pro 软件。

Adobe Premiere Pro 是一个创新的非线性视频编辑应用程序，也是一个功能强大的实时视频和音频编辑工具，可以提升用户的创作能力和创作自由度，它是一个易学、高效、精确的视频剪辑软件。

(3) After Effects 软件。

After Effects 是 Adobe 公司推出的一款图形视频处理软件，适用于从事设计和视频特技的机构，包括电视台、动画制作公司、个人后期制作工作室以及多媒体工作室。After Effects 软件可以帮助用户高效且精确地创建各种引人注目的动态图形和震撼人心的视觉效果。

(4) 剪映软件。

剪映是一款音视频编辑工具，具有全面的剪辑功能，简单易学。从手机到计算机，从短视频到长视频，用户能够通过剪映轻松编辑和制作视频。剪映实现了移动端、平板端、PC 端的全终端覆盖，支持用户在更多场景下自由创作。

例题解析

例 1 以下哪种视频编码格式通常用于高清电视和蓝光光盘？(　　)

A. AVI　　B. MP4

C. H. 265　　D. MPEG-2

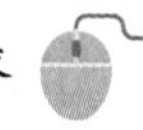

例 2　相对于模拟视频，下列不是数字视频优点的是（　　）。

A. 方便用户观看　　B. 抗干扰能力较好

C. 便于实施加密　　D. 信号质量好、易于处理、传输稳定

例 3　现行电视采用隔行扫描的扫描方式，目的是减轻图像的（　　）。

A. 传输不畅现象　　B. 噪点

C. 闪烁现象　　D. 亮度不足现象

答案：D；A；C

知识点对接：MPEG 压缩标准、模拟视频与数字视频的区别、视频的扫描方式。

解析：例 1 考查的是对视频压缩标准的了解，MPEG-2 是一种广泛使用的视频编码格式，支持高分辨率的视频内容，通常用于高清电视、蓝光光盘以及 DVD 等媒体，AVI 不是高清视频的主流格式，MP4 虽然支持高清视频，但在高清电视和蓝光光盘中的应用不如 MPEG-2 广泛，故选 D。例 2 考查的是数字视频相较于模拟视频的优势，数字视频能进行无数次复制而不失真，而模拟视频信号转录多次会使信号失真，模拟视频长时间存放后质量会降低，而数字视频便于长时间存放，数字视频可以进行非线性编辑、增加特效等，数字视频数据量大，在存储与传输的过程中必须进行压缩编码，故选 A。例 3 考查的是视频的扫描方式。电视机、显示器都是以电子枪扫描的方式来显示图像，其中，新型电视机采用逐行扫描来显示图像，传统电视机采用隔行扫描来显示图像，隔行扫描将 1 帧电视画面分成奇数场和偶数场两次扫描，也就是说，电子枪首先扫描图像的奇数行（或偶数行），隔行扫描又分为上场优先（奇场优先）和下场优先（偶场优先）两种表现形式，在软件中编辑视频时需要正确地设置扫描方式，如果设置为隔行扫描，还需要正确地设置场序，否则播放时会出现画面抖动和闪烁的问题，故选 C。

同步训练

1. 图像分辨率的单位是（　　）。

A. dpi　　B. ppi

C. Hz　　D. KB

2. 在 PS 中，RGB 模式换为 CMYK 模式时，能作为中间的过渡模式的是（　　）模式。

A. Lab　　B. 多通道

C. HSB　　D. 灰度

3. 下列不属于图像文件格式的是（　　）。

A. JPG　　B. BMP

C. GIF　　D. MP3

4. 下列属于压缩文件类型的是（　　）。

A. WAV　　B. HTML

C. RAM　　D. RAR

5. 在声音的数字化处理过程中，当（　　）时，声音文件最大。

A. 采样频率低，量化精度低　　B. 采样频率高，量化精度低

C. 采样频率低，量化精度高　　D. 采样频率高，量化精度高

6. DVD 中使用的核心压缩标准是（　　）。

A. MPEG-1　　B. MPEG-2

C. MPEG-4　　D. MPEG-7

7. 同一张图片分别以 BMP、JPG、GIF 格式保存，则（　　）。

A. BMP 格式所占空间最大　　B. GIF 格式所占空间最大

C. JPG 格式所占空间最大　　D. 一样大

8. 下列常用文件类型错误的是（　　）。

A. 视频文件：AVI、MGP、MOV、SWF

B. 声音文件：WAV、MP3、MP5

C. 图像文件：BMP、GIF、JPG、PNG

D. 文档文件：TXT、DOC. WPS、HTM、PDF

9. 根据人眼的视觉暂留特性，如果要让人的眼睛看到连续的动画或电影，那么画面刷新频率理论上应该达到（　　）。

A. 5 帧/秒　　B. 24 帧/秒

C. 40 帧/秒　　D. 15 帧/秒

10. 彩色可用（　　）等参数来描述。

A. 亮度、饱和度、颜色　　B. 亮度、饱和度、色调

C. 亮度、对比度、颜色　　D. 亮度、色调、对比度

11. 下列文件中，哪项是视频文件？（　　）

A. 生日快乐 . avi　　B. 班级照 . bmp

C. 中国心 . mp3　　D. 生日快乐 . jpb

12. 以下文件格式中，不属于视频文件格式的是（　　）。

A. AVI　　B. MOV

C. MP3　　D. MPEG

13. 目前二维码不能表示的数据类型是（　　）。

A. 字母　　B. 数字

C. 视频　　D. 汉字

14. 下列文件为音频文件的是（　　）。

A. 凉凉 . asf　　B. 凉凉 . mpg

C. 凉凉 . mp3　　D. 凉凉 . png

15. 视频信号数字化存在的最大问题是（　　）。

A. 数据量大　　B. 精度低

C. 过程复杂　　D. 容易失真

16. 互联网上传输图像常用的存储格式是（　　）。

A. MID　　B. GIF

C. WAV　　D. BMP

17. 不同的图像格式有不同的特点，具有数据量小、能实现累进显示、支持透明背景和动画效果等特点的文件格式是（　　）。

A. TIF　　B. BMP

C. GIF　　D . JPEG

18. 一个2分钟双声道、16位采样位数、22.05 kHz采样频率的未压缩音频的数据容量约为（　　）。

A. 10 KB　　B. 10 GB

C. 1 MB　　D. 10 MB

19. 下列标准中特别适用于数字视频中实况转播的压缩标准是（　　）。

A. JPEG2000　　B. JPEG

C. MPEG-2　　D. H.261

20. 下列主要用于三维动画、建模的软件的是（　　）。

A. 3DS Max、Maya、PS　　B. Maya、Cinema 4D、Flash

C. Flash、PS、AutoCAD　　D. 3DS Max、Maya、AutoCAD

21. 下列能够截取视频文件的软件是（　　）。

A. ACDSee　　B. Access

C. Premiere　　D. Excel

22. 下面哪项不是多媒体数据压缩技术类型？（　　）

A. 文本压缩　　B. 图片压缩

C. 音频压缩　　D. 视频压缩

23. 用户在运行某些应用程序时，若程序运行界面在屏幕上的显示不完整，正确的做法是（　　）。

A. 升级硬盘　　B. 升级CPU或内存

C. 更改窗口的字体、大小、颜色　　D. 改系统显示属性，重新设置分辨率

24. 下列选项中，适合使用CoolEdit软件来完成的是（　　）。

A. 将一张图像旋转180度　　B. 播放一段动画

C. 从音频文件中截取一段并保存　　D. 查询网络数据库

25. 下列参数中，采集的数字化音频质量最好的是（　　）。

A. 采样频率41 kHz，量化位数8位

B. 采样频率41 kHz，量化位数16位

C. 采样频率82 kHz，量化位数8位

D. 采样频率82 kHz，量化位数16位

26. 在使用Premiere时，如果要添加情节提要，时间线中的（　　）等编辑都将被保留。

A. 音频　　B. 视频过渡

C. 片头　　D. 排列顺序

27. 一部 40000 MB 大小的电影经过压缩比为 200：1 的压缩技术压缩后，该视频文件的大小约为（　　）。

A. 100 MB　　B. 200 MB

C. 300 MB　　D. 400 MB

28. 以下哪种音频格式在保持较高音质的同时，具有相对较小的文件大小，并且广泛应用于网络流媒体和移动设备播放？（　　）

A. WAV　　B. MP3

C. MIDI　　D. AAC

29. 下列关于多媒体文件的叙述，正确的一项是（　　）。

A. 最早的流媒体文件 RA、RM 是微软公司推出的

B. 相同分辨率、相同颜色深度的位图与矢量图占用的存储空间相同

C. 对于复杂图形，矢量图比位图显示速度更快

D. MIDI 文件一般很小，文件重放的效果完全依赖于声卡的档次，也可以用来存放自然界中的声音

30. 下列关于位图和矢量图的说法中，错误的是（　　）。

A. 位图和矢量图之间不能相互转换

B. 位图和矢量图都可以用软件绘制出来

C. 位图放大时会变得模糊不清，矢量图放大时不会失真

D. 位图是由若干个像素点构成的，矢量图则是通过计算方法生成的

31. 下面对视频格式文件的描述中，不正确的是（　　）。

A. RA、RM 或 RMVB 格式可以根据网络数据传输速率的不同而采用不同的压缩比

B. RA、RM 或 RMVB 格式是 Windows 公司开发的一种静态图像文件格式

C. RA、RM 或 RMVB 格式可以实现影像数据的实时传送和实时播放

D. RA、RM 或 RMVB 格式是流式视频文件格式，用来在低速率的广域网上实时传输

任务 8.4　流媒体技术

任务描述

了解流媒体技术的网络协议和面临的问题，理解流媒体的概念、特征、传输方式，掌握流媒体文件格式。

知识图谱

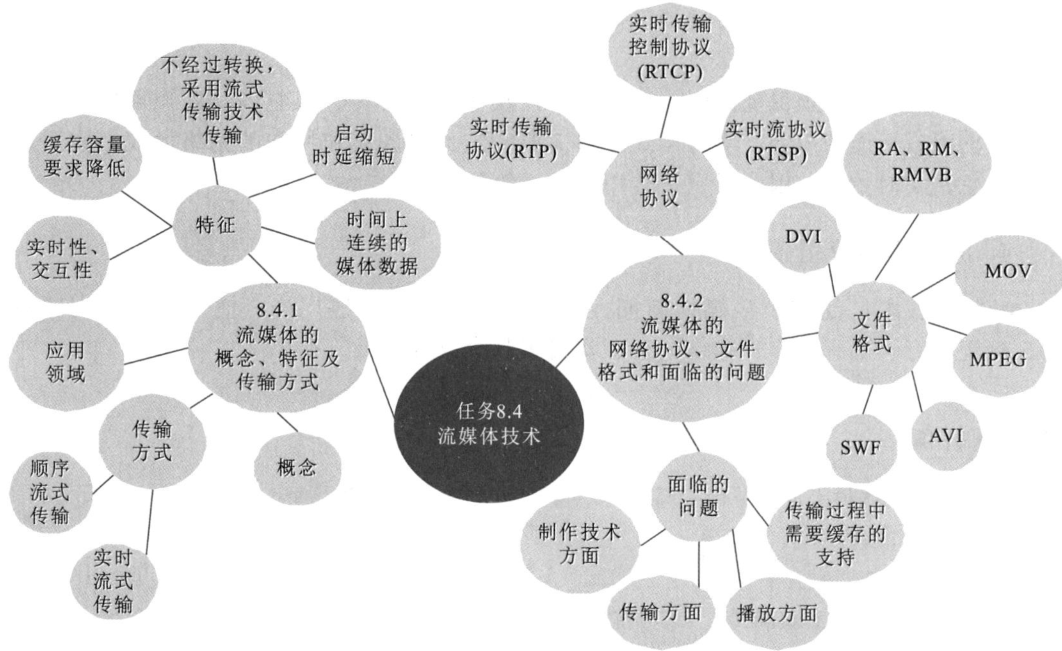

8.4.1 流媒体的概念、特征及传输方式

1. 流媒体的概念

流媒体实际指的是一种新的媒体传送方式，有声音流、视频流、文本流、图像流、动画流等，而非一种新的媒体。流媒体实现的关键技术就是流式传输技术。

2. 流媒体的特征

（1）内容主要是时间上连续的媒体数据（音频、视频、动画、多媒体等），可以不经过转换就采用流式传输技术传输。

（2）具有较强的实时性、交互性。

（3）启动时延大幅度缩短，不用等到所有内容都下载完毕才开始浏览，在经过一段启动时延后就能开始观看，缩短了用户的等待时间。

（4）流媒体内容对系统缓存容量的要求大大降低。

3. 流媒体的传输方式

流媒体最主要的技术特征就是流式传输。流式传输是指通过网络传送流媒体的技术总称。实现流式传输主要有两种方式，即顺序流式传输和实时流式传输。

(1) 顺序流式传输。

顺序流式传输是按顺序下载，用户观看在线媒体的同时下载文件，用户只能观看下载完的部分，而不能直接观看未下载部分。顺序流式传输不适合用于传输长片段和有随机访问要求的视频，且不支持现场广播。

(2) 实时流式传输。

实时流式传输必须保证匹配连接带宽，使媒体可以被实时观看到，用户可以任意观看媒体前面或后面的内容。实时流式传输需要特定的服务器和特殊的网络协议。实时流式传输总是实时传送，因此特别适合用于直播等场景。

4. 流媒体的应用领域

流媒体技术广泛用于多媒体新闻发布、在线直播、网络广告、电子商务、视频点播、远程教育、远程医疗、网络电台、实时视频会议等领域。

例题解析

例 1 流媒体技术如何帮助广播电视行业实现内容的即时更新和个性化推送？(　　)

A. 通过增加广告插播频率　　B. 利用大数据分析用户行为

C. 引入更高级的录制设备　　D. 提升传输带宽的速率

例 2 在流媒体直播中，为了保障用户体验，通常会采用哪种技术来减少延迟？(　　)

A. 增加缓冲时间　　B. 使用低比特率编码

C. 优化网络路由　　D. 引入实时转码技术

例 3 在网络上传输音频、视频等多媒体信息，目前主要有传统下载和流式传输两种，下列不属于流式传输方式的优点的是（　　）。

A. 成本低

B. 对系统缓存容量的需求大大降低

C. 启动延时短

D. 流式传输的实现有特定的实时传输协议

答案： B；C；A

知识点对接： 流媒体技术的应用、流媒体的应用领域、流媒体传输方式的优势。

解析： 例 1 考查的是流媒体技术在生活中的实际应用，流媒体技术结合大数据分析，可以追踪用户的观看习惯、喜好等数据，帮助广播电视行业实现内容的即时更新和个性化推送，可以提高用户满意度，增加用户黏性，故选 B。例 2 考查的是流媒体在直播领域中的技术问题，在流媒体直播中，减少延迟是提升用户体验的关键，优化网络路由，选择更短、更稳定的传输路径，是减少延迟的有效手段之一，故选 C。例 3 考查的是对流式传输优势的理解程度，流式传输虽有其技术优势，如减少缓存需求、缩短启动延时，并依赖特定实时传输协议，但并不直接等同于成本低，其成本高低取决于多种因素，如网络带宽、服务器资源等，故选 A。

8.4.2　流媒体的网络协议、文件格式和面临的问题

1. 流媒体的网络协议

在流式传输中，一般采用 HTTP/TCP 来传输控制信息，用 RTP/UDP 来传输实时多媒体数据。

(1) 实时传输协议（RTP）。实时传输协议被定义为在一对一或一对多的传输情况下工作，其目的是提供时间信息和实现流同步。RTP 通常使用 UDP 来传送数据。当开始一个 RTP 会话时将使用两个端口，一个给 RTP，另一个给 RTCP。

(2) 实时传输控制协议（RTCP）。RTCP 和 RTP 一起提供流量控制和拥塞控制服务；RTCP 和 RTP 配合使用，能以有效的反馈和最小的开销使传输效率最佳化，因而特别适用于传送网上的实时数据。

(3) 实时流协议（RTSP）。实时流协议定义了一对多应用程序如何有效地通过 IP 网络传送多媒体数据。RTSP 在体系结构上位于 RTP 和 RTCP 之上，它使用 TCP 或 RTP 完成数据传输。与 RTSP 相比，HTTP 传送的是 HTML 超链接文档，而 RTSP 传送的是多媒体数据，且 RTSP 可以是双向的。点对点的手机可视通话必须在手机终端实现 RTSP。

2. 流媒体的文件格式

在运用流媒体技术时，音视频文件要采用相应的格式，不同格式的文件需要用不同的播放器软件来播放。采用流媒体技术的音视频文件主要有以下几种。

(1) 微软的 ASF（advanced stream format）。这类文件的扩展名是“.asf”和“.wmv”，与它对应的播放器是微软公司的 MediaPlayer。用户可以将图形、声音和动画数据组合成一个 ASF 格式的文件，也可以将其他格式的视频和音频转换为 ASF 格式，而且用户还可以通过声卡和视频捕获卡将麦克风、录像机等外设的数据保存为 ASF 格式。

(2) RealNetworks 公司的 RealMedia。它包括 RealAudio、RealVideo 和 RealFlash 三类文件。其中 RealAudio 用来传输接近 CD 音质的音频数据；RealVideo 用来传输不间断的视频数据；RealFlash 则是 RealNetworks 公司与 Macromedia 公司联合推出的一种高压缩比的动画格式，这类文件的扩展名是“.rm”“.ra”“.rmvb”，文件对应的播放器是 RealPlayer。

(3) 苹果公司的 QuickTime。这类文件的扩展名通常是“.mov”，它所对应的播放器是 QuickTime。

(4) 此外，MPEG、AVI、DVI、SWF 等都是适用于流媒体技术的文件格式。

3. 流媒体技术面临的问题

流媒体技术是网络技术及音视频技术的有机结合。在网络上实现流媒体技术，需要利用音视频技术及网络技术解决流媒体的制作、发布、传输及播放等方面的问题，具体如下。

（1）流媒体制作技术方面的问题。在网上进行流媒体传输，所传输的文件必须制作成适合流媒体传输的流媒体格式文件。一是通常格式存储的多媒体文件较大，需选用适当的压缩算法进行压缩，这样生成的文件容量较小；二是通常格式的流媒体不能直接按流媒体传输协议进行传输，需要向文件中添加流式信息。

（2）流媒体传输方面的问题。流媒体的传输需要合适的传输协议，在 Internet 上的文件传输大部分都建立在 TCP 协议基础上，也有一些以 FTP 传输协议的方式进行传输，但这些传输协议都不能实现实时传输。

（3）流媒体的传输过程中需要缓存的支持。Interent 是以包为单位进行异步传输，由于网络传输的不稳定性，各个包选择的路由不同，因此到达客户端的时间次序可能发生改变，甚至产生丢包的现象。为此，必须采用缓存技术对到达的数据包进行排序，从而使音视频数据能连续正确地播放。缓存中存储的是某一段时间内的数据，缓存中的数据也是动态的、不断更新的。流媒体在播放时不断读取缓存中的数据进行播放，播放完成后该数据便被立即清除，新的数据将存入缓存中。

（4）流媒体播放方面的问题。流媒体播放需要浏览器的支持。Web 浏览器能够通过 HTTP 协议中内建的 mime 来标记 Web 上的多媒体文件格式和流媒体格式。

例题解析

例 1　关于流媒体传输中的缓存，以下说法错误的是（　　）。

A. 缓存中存储的是某一段时间内的数据

B. 缓存中的数据是静态的，不会发生变化

C. 缓存技术有助于应对网络传输的不稳定性

D. 缓存技术可以确保音视频数据的连续播放

例 2　有关流媒体，以下说法正确的是（　　）。

A. RTP 不允许监控数据传输

B. RTP 只在一对一的传输情况下工作

C. RTP 数据传输协议涉及质量保证和资源预订服务

D. RTP 数据传输协议未涉及质量保证和资源预订服务

例 3　下列关于流媒体技术的说法，错误的是（　　）。

A. 媒体文件要全部下载完成才能播放

B. 流媒体格式包括 ASF、RM、RA 等

C. 流媒体可用于在线直播方面

D. 实现流媒体需要合适的缓存

答案： B；D；A

知识点对接： 流媒体传输过程中需要缓存的支持、流媒体协议、流媒体技术。

解析： 例 1 考查的是流媒体传输过程中的缓存问题，缓存中的数据是动态的、不断更新的，用来应对网络传输的变化和新数据包的接收情况，故选 B。例 2 考查的是对流媒体传输协议的理解，RTP 数据允许监控，支持多对多等技术，并未涉及质量保证和资

源预订服务，故选 D。例 3 考查的是对流媒体技术的理解，流媒体文件的特点是边下载边播放，故选 A。

同步训练

1. 在（　　）流式传输中，音视频信息可被实时听到或观看，用户可快进或后退观看前后的内容。

A. 实时　　　　B. 线性

C. 顺序　　　　D. 任意

2. 下列选项中不是常见的流媒体应用的是（　　）。

A. 在线直播　　　　B. 文件传输

C. 视频会议　　　　D. 网络电台

3. 下列不属于流媒体文件格式的是（　　）。

A. ASF　　　　B. MPG

C. EXE　　　　D. AVI

4. 下列描述正确的是（　　）。

A. 视频数据由 RTP 传输，视频质量由 RTCP 控制，视频控制由 RTSP 提供

B. 视频数据由 RTCP 传输，视频质量由 RTP 控制，视频控制由 RTSP 提供

C. 视频数据由 RTP 传输，视频质量由 RTSP 控制，视频控制由 RTCP 提供

D. 视频数据由 RTSP 传输，视频质量由 RTCP 控制，视频控制由 RTP 提供

5. WMV 是（　　）公司推出的一种流媒体文件格式。

A. Apple　　　　B. 联想

C. 微软　　　　D. IBM

6. 下列不是流媒体特点的是（　　）。

A. 连续性　　　　B. 实时性

C. 交互性　　　　D. 开放性

7. 下列不属于常见的流媒体协议的是（　　）。

A. RTP 协议　　　　B. RTSP 协议

C. RTCP 协议　　　　D. SMTP 协议

8. 多媒体信息可以边接收边处理，解决了多媒体信息在网上传输问题的技术是（　　）。

A. 多媒体技术　　　　B. 流媒体技术

C. ADSL 技术　　　　D. 智能化技术

9. 流媒体技术有两个关键特征，即数据压缩和（　　）。

A. 流式传输　　　　B. 兼容性好

C. 灵活度高　　　　D. 格式转化方便

10. 扩展名为“.asf”的文件的类型是（　　）。

A. 流媒体文件　　B. 图形文件

C. 电子表格　　D. 压缩文件

11. 第一个推出流媒体产品的公司是（　　）。

A. Apple　　B. 微软

C. RealNetworks　　D. IMD

12. 娱乐网站可以让用户通过 Internet 点播视频节目，边看边下载，其主要采用（　　）技术。

A. 图像压缩　　B. 流媒体

C. 超媒体　　D. 超链接

13. 下列是微软公司开发的一种用于传输音像数据的流媒体文件格式是（　　），它能依靠多种协议在不同网络环境下支持音像数据的传送。

A. ACI　　B. WAV

C. GIF　　D. ASF

14. 常见流媒体的应用不包括（　　）。

A. 视频点播　　B. 远程教学

C. 网络游戏　　D. 电视上网

15. 流媒体与普通视频的主要区别在于流媒体是（　　）。

A. 边传边播的媒体　　B. 压缩的媒体

C. 虚拟的媒体　　D. 从网络上下载的媒体

16. 实现流媒体的关键技术是（　　）。

A. 机密技术　　B. 虚拟现实技术

C. 流式传输技术　　D. 压缩技术

17. 流媒体实质上是计算机在（　　）应用领域的使用。

A. 虚拟技术　　B. 网络

C. 数据处理　　D. 过程控制

18. 与单纯的下载方式相比，流媒体的特点不包括（　　）。

A. 流式传输的实现有规定的实时传输协议

B. 启动时延大幅缩短

C. 传输过程中占用大量空间

D. 对系统缓存容量需求大大降低

19. 下列不使用流媒体技术播放的媒体是（　　）。

A. 动画　　B. 视频

C. 声音　　D. 图片

20. 解决了传统多媒体手段由于数据传输量大而与现实网络传输环境发生的矛盾，促进了多媒体技术在网络上的应用的技术是（　　）。

A. 流媒体技术　　B. 人工智能技术

C. 区块链技术　　D. 3D 动画技术

21. 微软公司开发了一种音视频流媒体格式，其视频部分采用了 MGEG-4 压缩算

法，音频部分采用了WMA压缩格式，且能依靠多种协议在不同网络环境下支持数据的传送，这种流媒体文件的扩展名是（　　）。

A. .wav　　B. .asf

C. .mpeg　　D. .gif

22. 目前为宽带用户提供稳定和流畅的视频播放效果所采用的主要技术是（　　）。

A. 闪存技术　　B. 光存储技术

C. 流媒体技术　　D. 虚拟现实技术

23. 下列文件格式中，属于网络流媒体格式的有（　　）。

① MPEG；② RM；③ RMVB；④ AVI

A. ①③④　　B. ①②④

C. ②③　　D. ①②③④

24. 多媒体计算机系统中要表示、传输和处理声音、影像视频等信息，其数据量之大，必须研究高效的（　　）技术。

① 流媒体；② 数据压缩编码；③ 数据压缩解码；④ 人工智能

A. ①和④　　B. ②和③

C. ②和④　　D. ③和④

25. 下列关于流媒体技术发展的说法，正确的是（　　）。

A. 实现了在低带宽环境下提供低质量的音视频

B. 实现了在高带宽环境下提供低质量的音视频

C. 实现了在低带宽环境下提供高质量的音视频

D. 实现了在高带宽环境下提供高质量的音视频

26. 关于流媒体技术的叙述中，错误的是（　　）。

A. 流媒体具有较强的实时性、交互性

B. 流媒体内容可以不经过转换就采用流式传输技术传输

C. 流媒体播放过程中对系统缓存容量的要求大大提高

D. 流媒体实际指的是一种新的媒体传送方式，而不是一种新的媒体

27. 在流媒体技术中，（　　）协议组合主要用于实现实时多媒体数据的传输与控制，其中前者负责数据传输，后者负责流量和拥塞控制。

A. HTTP/TCP、RTCP　　B. RTP/UDP、RTCP

C. RTSP、RTP　　D. RTSP、RTCP

28. 在流媒体技术的应用中，以下哪项不是流媒体播放方面需要解决的主要问题？（　　）

A. 流媒体文件格式的兼容性　　B. 浏览器对流媒体格式的支持

C. 缓存技术以应对网络传输的不稳定性　　D. 流媒体文件的压缩算法选择

29. 下列关于流媒体的特征描述，错误的是（　　）。

A. 不同流媒体系统的流式文件格式是相同的

B. 流媒体播放器可以在客户端实现流媒体文件的解压缩和播放

C. 流媒体服务器可以通过网络发布流媒体文件

D. 流媒体的传输可以采用建立在用户数据报协议UDP上的实时传输协议RTP和实时流协议RTSP，用来传输实时的影音数据

30. 下列关于流媒体的说法中，正确的是（　　）。
A. 流媒体播放都没有启动时延
B. 流媒体服务都采用客户机/服务器模式
C. 流媒体内容都是线性组织的
D. 流媒体数据流都需要保持严格的时序关系
31. 下列关于流媒体技术的说法，错误的是（　　）。
A. 流媒体技术可以实现边下载边播放
B. 流媒体可用于远程教育、直播等方面
C. 流媒体文件全部下载完成后才可以播放
D. 流媒体格式包括 RM、RA、ASF 等

任务 8.5　多媒体系统

任务描述

了解多媒体系统，理解多媒体系统的组成。

知识图谱

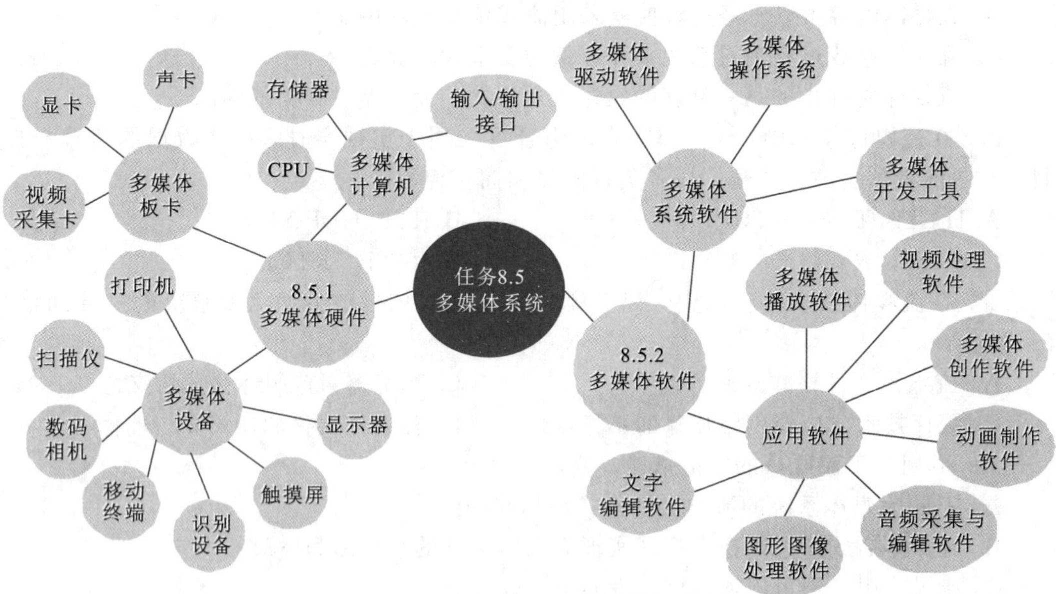

8.5.1 多媒体硬件

1. 多媒体计算机

多媒体计算机是指配备了声卡、视频卡、音箱等设备的计算机。多媒体系统通常指多媒体计算机系统。完整的多媒体计算机系统由硬件系统和软件系统两部分组成。

在多媒体系统中，硬件系统是实现多媒体技术的基础。

多媒体计算机（MPC）的基本部件包括中央处理器（CPU）、内部存储器（ROM、RAM）和外部存储器（软盘、硬盘、闪盘、光盘）、输入/输出接口。完整的多媒体硬件系统主要由主机、音频部分、视频部分、基本输入/输出设备和高级多媒体设备五个部分组成。其中中央处理器是关键，其次是用于多媒体计算机的扩展总线，扩展总线使多媒体硬件接口板与计算机连成一体。

2. 多媒体板卡

常用的多媒体板卡有显卡、声卡和视频采集卡等。

（1）显卡。

显卡全称显示接口卡，又称显示适配器，是多媒体计算机最基本、最重要的配件之一，它主要完成视频信号的转换及数字视频的压缩和解压缩。显卡可分为集成显示卡和独立显示卡。显卡是计算机进行数模信号转换的设备，承担输出显示图形的任务。同时，显卡还有图像处理能力，可协助 CPU 工作，提高整体的运行速度。

图形处理器（graphics processing unit，GPU），又称显示核心、视觉处理器、显示芯片，是一种专门在个人计算机、工作站、游戏机和一些移动设备（如平板电脑、智能手机等）上做图像和图形相关运算工作的微处理器。

（2）声卡。

声卡又称音频卡，是多媒体技术中最基本的配置，是实现声波/数字信号相互转换的一种硬件。声卡由音效处理芯片、功率放大芯片、总线连接端口以及输入/输出端口组成。

（3）视频采集卡。

视频采集卡也叫视频卡，是多媒体计算机中的重要设备，它将摄像机、录像机、电视机等输出的信号数据输入计算机，并转换成数字数据存储在计算机中，成为可编辑处理的视频数据文件。视频采集卡按照其用途可以分为广播级视频采集卡、专业级视频采集卡和民用级视频采集卡。

3. 多媒体设备

多媒体设备多种多样，工作方式一般为输入或输出。常用的多媒体设备有显示器、打印机、话筒、音箱、摄像机、数码相机、触摸屏、投影仪、扫描仪、移动终端、识别设备（语音识别设备、指纹识别设备、人脸识别设备、扫码识别设备）等。

例题解析

例1 数字音频采样、量化过程所用的主要硬件是（　　）。

A. 数字编码器　　B. 模数转换器（A/D 转换器）

C. 数字解码器　　D. 数模转换器（D/A 转换器）

例2 多媒体计算机中除了普通计算机的硬件外，还必须包括三个硬部件，分别是（　　）。

A. CD-ROM、音频卡、MODEM　　B. MODEM、音频卡、视频卡

C. CD-ROM、音频卡、视频卡　　D. CD-ROM、MODEM、视频卡

例3 下列关于数码相机的说法中，正确的是（　　）。

A. 数码相机通过胶卷记录图像，再将其转换为数字格式

B. 数码相机的成像器件主要分为 CCD 和 CMOS

C. 数码相机不能直接将捕捉到的光信号转换为数字信号并存储

D. 数码相机不能进行图像编辑，只能拍摄和存储原始图像

答案：B；C；B

知识点对接：采样、量化过程中采用的硬件，多媒体计算机必须包含的硬件，数码相机的成像器件。

解析：例 1 考查的是对音频转换过程及使用的主要设备的了解，将声波波形转换成一连串的二进制数据，这个过程使用的设备是模数转换器（A/D 转换器），它以每秒上万次的速率对声波进行采样，每一次采样都记录了原始模拟声波在某一时刻的状态，即样本，故选 B。例 2 考查的是对多媒体计算机硬件的了解，多媒体计算机在拥有传统计算机硬件的基础上，还需要增加特定的硬件来支持多媒体信息的处理与传输，这些硬件主要包括用于存储多媒体文件的 CD -ROM，用于处理音频信号的音频卡（声卡），以及用于处理视频信号的视频卡，这三者共同构成了多媒体计算机处理多媒体信息的基础，故选 C。例 3 考查的是对数码相机的了解，数码相机使用 CCD 或 CMOS 等成像器件直接捕捉光信号，并转换为数字信号进行存储，同时支持图像编辑功能，数码相机不使用胶卷，故选 B。

8.5.2　多媒体软件

多媒体软件系统是多媒体技术的灵魂，它分为多媒体系统软件和多媒体应用软件。

1. 多媒体系统软件

多媒体系统软件包括多媒体驱动软件、多媒体操作系统、多媒体开发工具。

2. 多媒体应用软件

多媒体应用软件包括文字编辑软件、图形图像处理软件、音频采集与编辑软件、动画制作软件、视频处理软件、多媒体创作软件、多媒体播放软件。

（1）文字编辑软件。常用的文字编辑软件有 Word、WPS 等。

（2）图形图像处理软件。常用的图形图像处理软件是 Photoshop，用于绘制和处理图形的软件还有 Illustrator 和 CorelDRAW 等。

（3）音频采集与编辑软件。常用的音频采集和编辑软件有 GoldWave、WaveStudio 和 Adobe Audition 等。

（4）动画制作软件。常用的动画制作软件有 Flash、3DS Max、Animator Pro、Maya、Cool 3D、Poser。Animator Studio 和 GIF Construction Set 也是动画的处理软件，用于对动画素材进行后期的合成和加工。

（5）视频处理软件。常用的视频处理软件有 Adobe Premiere 和 After Effects。

（6）多媒体创作软件。常用的多媒体创作软件有 Authorware、PowerPoint 和 Dreamweaver 等。

（7）多媒体播放软件。多媒体播放软件用于播放多媒体作品，常见的多媒体播放软件有播放音频的 Winamp 以及播放视频的暴风影音和百度影音等。

例题解析

例 1　在制作包含丰富交互功能的多媒体教学课件时，下列哪种软件最为合适？（　　）

A. Animate　　　　B. Dreamweaver

C. PowerPoint　　　　D. Audacity（音频编辑软件）

例 2　下列不是主要用 Photoshop 制作的内容是（　　）。

A. 网站　　　　B. 广告

C. 贺卡　　　　D. 邮票

例 3　在多媒体编辑中，以下哪项操作通常用于将多个视频片段合并成一个视频文件？（　　）

A. 裁剪　　　　B. 旋转

C. 拼接　　　　D. 滤镜效果

答案： A；A；C

知识点对接： 常用多媒体创作软件的功能、Photoshop 软件制作的特点、多媒体视频处理软件的功能。

解析： 例 1 中的 Animate 因具有强大的动画制作能力和可提供交互式内容的支持，在制作包含丰富交互功能的多媒体教学课件时使用最为合适，Animate 不仅支持二维动画制作，还能结合视频、音频和文本等元素，创建富有吸引力的交互式内容，广泛应用于网页设计、游戏开发等领域，Dreamweaver 主要用于网站设计和开发，PowerPoint 更侧重于演示文稿制作且交互功能有限，Audacity 则专注于音频编辑，故选 A。例 2 考查的是 Photoshop 软件主要处理的图像类型，Photoshop 主要处理以像素所构成的数字图像，故选 A。例 3 考查的是多媒体视频编辑软件的功能，裁剪操作主要用于删除视频中不需要的部分，旋转操作用于调整视频的方向，拼接操作是将多个视频片段按顺序合并成一个视频文件，滤镜效果用于给视频添加特定的视觉效果（如模糊、锐化等），但并不直接涉及视频片段的合并，故选 C。

同步训练

1. 实现音频信号数字化最核心的硬件电路是（　　）。

A. 数字编码器　　B. 数字解码器

C. A/D 转换器　　D. D/A 转换器

2. 数码相机是非常流行的图像采集设备，它主要采用（　　）来记录保存图像。

A. 软盘　　B. 胶卷

C. U 盘　　D. 存储卡

3. Flash 的帧有三种，分别是（　　）。

A. 普通帧、关键帧、黑色关键帧　　B. 普通帧、关键帧、空白关键帧

C. 特殊帧、关键帧、黑色关键帧　　D. 特殊帧、关键帧、空白关键帧

4. CorelDRAW 是主要用来处理（　　）的软件。

A. 图像　　B. 音频

C. 动画　　D. 矢量图形

5. 能将文字、图像、声音和动画等多种媒体信息集成在一起的软件是（　　）。

A. Outlook Express　　B. Excel

C. PowerPoint　　D. Access

6. 基于时间线的多媒体集成软件是（　　）。

A. Director　　B. Toolbook

C. PowerPoint　　D. Authorware

7. 下列声音分类中，质量最好的是（　　）。

A. 调幅无线电广播　　B. 调频无线电广播

C. 数字激光唱盘　　D. 电话

8. 在 Flash 动画制作中要使图形沿预定的路线运动，需要使用（　　）。

A. 遮罩层　　B. Alpha

C. 引导层　　D. 逐帧动画

9. 下列软件中，通常用来播放音频、视频文件的是（　　）。

A. WinRAR　　B. ACDSee

C. WinZip　　D. Windows Media Player

10. 下列不属于多媒体硬件的是（　　）。

A. 光盘驱动器　　B. 视频卡
C. 音频卡　　D. 加密卡

11. 下列不属于多媒体硬件的是（　　）。

A. 多媒体制作工具　　B. 光盘驱动器
C. 显示器　　D. 声卡

12. 具有多媒体功能的微机系统，且常用CD-ROM作为外存储器的是（　　）。

A. 只读型存储器　　B. 只读型硬盘
C. 只读型光盘　　D. 只读型软盘

13. 在公共场所安装的多媒体计算机上，一般使用（　　）替代鼠标作为输入设备。

A. 笔输入　　B. 触摸屏
C. 触摸板　　D. 语音

14. 一台典型的多媒体计算机的硬件可以不包括（　　）。

A. 扫描仪　　B. 中央处理器
C. 高分辨率显示设备　　D. 大容量内存和硬盘

15. 多媒体计算机系统中音频卡（声卡）一般不具备的功能是（　　）。

A. 录制和回放音频文件　　B. 语音特征识别
C. 实时解压音频文件　　D. 任意混音

16. 为了区别使用数码相机、扫描仪得到的图像，矢量图也称为（　　）。

A. 位图图像　　B. 点阵图像
C. 3D图像　　D. 计算机合成图像

17. 要将杂志上的一幅图片输入计算机中作为桌面背景，能实现的设备是（　　）。

A. 扫描仪　　B. 绘图仪
C. 复印机　　D. 打印机

18. 要制作一幅矢量图，能实现的软件或设备是（　　）。

A. Flash软件　　B. 扫描仪
C. 数码相机　　D. Photoshop

19. 下列几组软件中，涉及图层操作的是（　　）。

A. Flash、Ulead Cool 3D　　B. Photoshop、Flash
C. Photoshop、Ulead Cool 360　　D. Ulead Cool 3D、Cool Edit Pro

20. Flash和Ulead Cool 3D都是制作动画的软件，下列说法正确的是（　　）。

A. 都能制作三维动画　　B. 都能导出SWF格式的视频
C. 都有关键帧　　D. 都是制作二维动画的软件

21. Photoshop无法完成的任务是（　　）。

A. 将文字和图像合成　　B. 将图像和图像合成
C. 为图像添加背景音乐　　D. 将PDF格式转为JPG格式

22. 将照片扫描到计算机里，并对其进行旋转、调色、滤镜调整、合成等的加工，适合使用的软件是（　　）。

A. Photoshop　　B. 画图

C. Flash　　D. WPS

23. 下列属于图像加工工具的是（　　）。

A. 画图、网际快车　　B. 画图、Photoshop

C. Word、Photoshop　　D. 写字板、Outlook

24. 多媒体计算机的声卡可以处理的主要信息类型是（　　）。

A. 音频　　B. 视频

C. 音频和视频　　D. 动画

25. 音频设备是音频输入/输出设备的总称，下列选项中都属于音频设备的是（　　）。

A. PC 中的声卡、耳机、复印机

B. 扫描仪、中高频音箱、打印机

C. 摄像机、多媒体控制台、数字调音台

D. 中高频音箱、话筒、PC 中的声卡、耳机、多媒体控制台、数字调音台

26. CCTV 基于 5G+4K 或 8K 技术实现多机位拍摄，并制作 8K 版春晚。其中的 4K、8K 是指（　　）。

A. 人工智能　　B. 虚拟现实

C. 电视机显示屏的像素参数　　D. 3D 环绕技术

27. 下列系统中，不属于多媒体系统的是（　　）。

A. 字处理系统　　B. 家用多媒体系统

C. 以播放为主的教育系统　　D. 具有编辑和播放功能的开发系统

28. 在多媒体计算机系统中，负责视频信号转换及数字视频压缩和解压缩的关键部件是（　　）。

A. CPU　　B. 显示卡

C. 声卡　　D. 视频采集卡

29. 以下哪种设备不属于以多媒体计算机的扩展总线所连接的多媒体硬件接口板？（　　）

A. 显示卡　　B. 声卡

C. 打印机　　D. 视频采集卡

30. 以下哪种软件不属于多媒体创作软件范畴，而是更侧重于网页设计和开发的工具？（　　）

A. Authorware　　B. PowerPoint

C. Dreamweaver　　D. Premiere

31. 在多媒体应用软件中，以下哪项主要用于对音频信号进行采集、编辑和处理，而不仅仅是播放？（　　）

A. 多媒体播放软件　　B. 动画制作软件

C. 图形图像处理软件　　D. 音频采集与编辑软件

32. 下列哪个软件不属于多媒体应用软件中的音频采集与编辑类别？（　　）

A. GoldWave　　B. Photoshop

C. Adobe Audition　　D. WaveStudio

33. 在多媒体创作软件中，下列哪个软件主要用于创建和编辑基于 Web 的多媒体内容？（　　）

A. Authorware　　B. PowerPoint

C. Dreamweaver　　D. Premiere

34. 关于多媒体计算机的描述中，正确的是（　　）。

A. 多媒体计算机的 CPU 与普通计算机不同

B. 多媒体计算机的输入设备与普通计算机相同

C. 多媒体计算机可以输入、处理并输出语音与图像

D. 多媒体计算机的体系结构与传统的计算机不同

35. 下列对视频设备的描述中，正确的是（　　）。

A. 电视卡是一种播放软件

B. 视频设备包括功放机、音箱、多媒体控制台、数字调音台等设备

C. 视频设备的功能是处理数字化声音，合成音乐、CD 音频等

D. 视频卡主要用于捕捉、数字化、冻结、存储、输出、放大、缩小和调整来自激光视盘机、录像机或摄像机的图像

36. 下列关于多媒体信息处理工具的说法中，错误的是（　　）。

A. Authorware 是一种多媒体创作工具

B. Premiere 是一种专业的音频处理工具

C. WinRAR 既可以用于压缩文件，也可以用于解压文件

D. 使用 WinRAR 制作的自解压文件可以在没有 WinRAR 的计算机中实现自动解压

模块测试

1. 世界上首次采用计算机进行图像处理的公司是（　　）。

A. Apple　　B. Microsoft

C. IBM　　D. Adobe

2. 下列不属于存储媒体的是（　　）。

A. 软盘　　B. 硬盘

C. 光缆　　D. 光盘

3. 图像必须是（　　）模式，才能转换为位图模式。

A. 多通道　　B. 灰度

C. RGB　　D. CMYK

4. （　　）直接影响声音数字化的质量。

A. 量化位数　　B. 采样频率

C. 声道数　　D. 上述三项

5. 下列媒体中，（　　）是感觉媒体。

A. 声音　　B. 音箱

C. 声音编码　　D. 电缆

6. 按媒体分类，计算机硬件系统的显示器属于（　　）。

A. 存储媒体　　B. 感觉媒体

C. 表现媒体　　D. 传输媒体

7. 多媒体计算机是指（　　）。

A. 可以看电视的计算机

B. 可以听音乐的计算机

C. 可以通用的计算机

D. 能提供处理声音、图像、视频等多种信息形式的计算机系统

8. 下列不属于感觉媒体的是（　　）。

A. 语言编码　　B. 图像

C. 视频　　D. 文本

9. 通用的动态图像压缩标准是（　　）。

A. JPEG　　B. MPEG

C. MP3　　D. JPEG2000

10. 在计算机中表示一个黑白像素的点需要的存储空间为（　　）。

A. 1 位　　B. 2 位

C. 1 字节　　D. 2 字节

11. 下列不是多媒体技术特点的是（　　）。

A. 单一性　　B. 数字化

C. 交互性　　D. 集成性

12. 国际电信联盟将媒体分为感觉媒体、表示媒体、表现媒体、存储媒体和（　　）媒体。

A. 数据　　B. 传输

C. 网络　　D. 通信

13. 我们眼睛看到的图像、耳朵听到的声音等媒体属于（　　）。

A. 表示媒体　　B. 感觉媒体

C. 表现媒体　　D. 存储媒体

14. 印刷采用的色彩模式是（　　）。

A. RGB　　B. CMYK

C. HSB　　D. Lab

15. （　　）可以选择连续的、相似的颜色区域。

A. 矩形选框工具　　B. 椭圆选框工具

C. 魔棒工具　　D. 磁性套索工具

16. 下列选项中不是多媒体技术未来发展方向的是（　　）。

A. 高分辨率，提高显示质量　　B. 单一化，便于操作

C. 高速度化，缩短处理时间　　D. 智能化，提高信息识别能力

17. 在多媒体创作软件中，以下哪种软件更侧重于网页设计与开发？（　　）

A. Authorware　　B. PowerPoint

C. Dreamweaver　　D. Photoshop

18. 使用 Photoshop 软件对照片进行加工，照片未加工完，最好保存成（　　）格式。

A. BMP　　B. PSD

C. JPG　　D. GIF

19. 在下列选项中，哪项不是专门用于多媒体创作或演示的软件？（　　）

A. PowerPoint　　B. Authorware

C. Dreamweaver　　D. WPS

20. 计算机多媒体技术是指计算机能接收、处理（　　）等多种信息媒体的技术。

A. 拼音码、五笔字型　　B. 文字、声音、图像

C. 硬盘、键盘、U 盘　　D. 中文、英文、日文

21. 多媒体计算机能够处理文字、声音、图像等信息，因为这些信息都已被（　　）。

A. 虚拟化　　B. 智能化

C. 数字化　　D. 网络化

22. 多媒体数据具有（　　）的特点。

A. 数据类型间区别大、数据类型少

B. 数据量大、数据类型少

C. 数据量大、数据类型多、数据类型间区别大、输入和输出复杂

D. 数据量大、数据类型多、数据类型间区别小、输入和输出不复杂

23.（　　）指用户可以与计算机进行对话，从而为用户提供控制和使用信息的方式。

A. 通信协议　　B. 可控性

C. 实时性　　D. 交互性

24. 多媒体能将文字、图片、声音、动画和影片等多种媒体信息综合在一起，体现出多媒体具有（　　）的特点。

A. 集成性　　B. 交互性

C. 实时性　　D. 数字化

25. 声道主要有三种：单声道、立体声、环绕立体声。除此外还有（　　）声道。

A. 2.1　　B. 5.1

C. 7.1　　D. 以上都是

26. 下列用于多媒体作品集成的软件是（　　）。

A. PowerPoint　　B. Windows Media Player

C. 我行我速　　D. Photoshop

27. 在“多媒体仿真实验室”学习中，用户能够使用软件提供的各种实验设备和材料，随心所欲地操作，进行各种实验。这主要体现了多媒体技术的（　　）。

A. 实时性　　B. 交互性

C. 简单性　　D. 多样性

28. 在建设主页网站时，需要制作网站 logo 图，应使用（　　）软件。

A. Word　　B. Photoshop

C. ACDSee　　D. PowerPoint

29. 要制作一颗种子逐渐长成大树的 Flash 动画，应该选择下列哪类动画会更简单？(　　)

A. 逐帧动画　　B. 遮罩动画

C. 动作动画　　D. 引导动画

30. 录制一个采样频率为 44.1 kHz，量化位数为 32 bit，四声道立体环绕的 WAV 格式音频数据 40 s，需要的磁盘存储空间大约是（　　）。

A. 27 MB　　B. 30 MB

C. 27 KB　　D. 7 MB

31. 屏幕上每个像素都是 256 种灰度级图像，每个像素用（　　）个二进制位描述颜色信息。

A. 1　　B. 24

C. 8　　D. 32

32. 一幅彩色静态图像（RGB)，若分辨率为 1024×768 像素，每一种颜色用 8 bit 表示，则该彩色静态图像的数据量为（　　）。

A. 1024×1024×3×8 bit　　B. 768×768×3×8 bit

C. 1024×768×3×8 bit　　D. 1024×768×3×8×25 bit

33. 多媒体课件能够根据用户答题情况给予正确或错误的反馈，这显示了多媒体技术的（　　）。

A. 集成性　　B. 多样性

C. 交互性　　D. 实时性

34. 若想要创造一个多媒体作品，那么第一步要做的是（　　）。

A. 需求分析　　B. 脚本编写

C. 调试信息　　D. 发布作品

35. 为减轻 CPU 的压力而开展的多媒体技术研究是（　　）。

A. 专用芯片　　B. 数据的压缩和解压缩

C. 大容量存储器　　D. 多媒体软件

36. 下列关于流媒体技术应用优势的说法中，正确的是（　　）。

A. 较少占用用户的缓存容量

B. 流式传输大大地增加了播放时延

C. 减少服务器端的负荷，同时最小限度地节省带宽

D. 依赖于网络的传输条件和媒体文件的编码压缩效率

37. 在自媒体平台上，用户小李想要提高自己发布内容的曝光率，下列哪种策略最有效？（　　）

A. 专注于发布深度专业文章　　B. 频繁发布大量无关内容

C. 精心制作并分享有吸引力的内容　　D. 付费购买平台推荐位

38. 下列哪种色彩模式最适合用于网络图像的压缩，且能在保证一定颜色质量的前提下，显著减小文件大小？（　　）

A. RGB 模式　　B. CMYK 模式

C. 索引颜色模式　　D. 灰度模式

39. JPEG-2000 标准相比于传统的 JPEG 标准，在图像压缩技术上的主要改进是（　　）。

A. 引入了基于傅里叶变换的压缩技术

B. 使用了基于小波变换的压缩技术

C. 增加了对动态图像的支持

D. 专注于无损压缩，不再支持有损压缩

40. 在平面设计中，以下哪种元素对于决定画面中各视觉元素的组织、排列方式起着关键作用，并直接影响观者的视觉体验？（　　）

A. 色彩构成　　B. 节奏

C. 关系元素　　D. 创意

41. 在设计一个需要在不同分辨率下保持清晰度和色彩准确性的大型企业标志时，下列哪种图像文件格式最为合适？（　　）

A. BMP　　B. JPEG

C. WMF 或 EPS　　D. TIFF

42. 在设计一个包含多种图像元素和复杂排版要求的广告海报时，以下哪个软件最能满足需求，且能提供从图像编辑到矢量图形设计的全方位支持？（　　）

A. ACDSee 20　　B. Photoshop

C. CorelDRAW X6　　D. Word

43. 下列哪个软件能够满足在多个终端（包括手机、平板电脑和个人计算机）上自由创作视频，并且功能全面、易于学习且支持多种视频特效和风格的需求？（　　）

A. Premiere　　B. After Effects

C. 剪映软件　　D. 绘声绘影

44. 下列关于多媒体技术的定义，错误的是（　　）。

A. 多媒体技术可以用来建立人、机之间的交互

B. 电视技术也属于多媒体技术的范畴

C. 多媒体技术也是一种计算机技术

D. 多媒体技术面向对象进行综合处理，并建立逻辑关系

45. 下列关于多媒体的描述，不正确的是（　　）。

A. 多媒体包括文本、图片等媒体元素

B. 多媒体是利用计算机把声音、文本等媒体集合成一体的技术

C. 多媒体由单媒体复合而成

D. 多媒体是信息的表现形式和传递方式

46. 下面关于多媒体数据压缩技术的描述，说法不正确的是（　　）。

A. 只有图像数据需要压缩

B. 数据压缩的目的是减少数据存储量，便于传输和回放

C. 数据压缩分为有损压缩和无损压缩

D. 图像压缩是在没有明显失真的前提下，将图像的信息转变成另一种数据量缩减的表达形式

47. 下列关于多媒体技术的说法中，错误的是（　　）。

A. 多媒体技术具有多样性、集成性、交互性和实时性的特点

B. 图像分辨率的单位是 ppi

C. 多媒体计算机系统由多媒体计算机硬件系统和多媒体计算机软件系统两部分组成

D. Flash、Photoshop、3DS Max 和 Maya 都是三维动画制作软件

模块9　IT行业新技术新概念

模块概述

随着信息技术的快速发展，IT行业也在不断推陈出新，涌现出了许多新技术。这些技术不仅改变了人们的工作方式和生活方式，也将对未来的社会经济发展产生深远的影响。本模块将介绍IT行业新技术新概念。

考纲解读

了解IT行业当前流行的技术和趋势，了解人工智能、大数据、虚拟现实、云计算、云存储、物联网、区块链、工业互联网等新技术。

模块导图

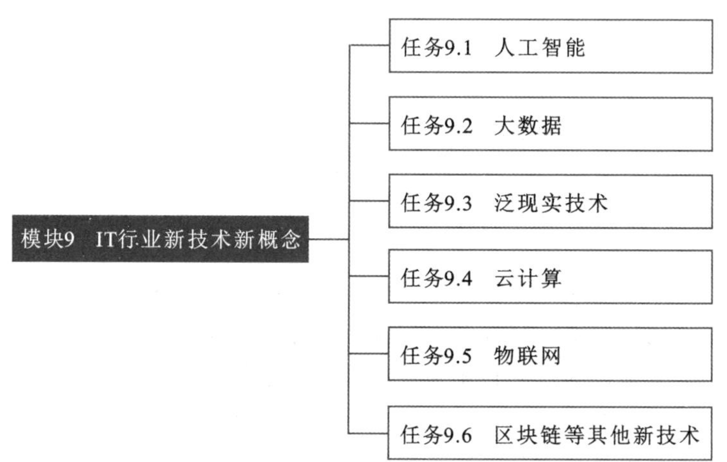

任务9.1 人工智能

任务描述

了解人工智能的主要技术、方法，知晓机器学习、大语言模型的概念。

知识图谱

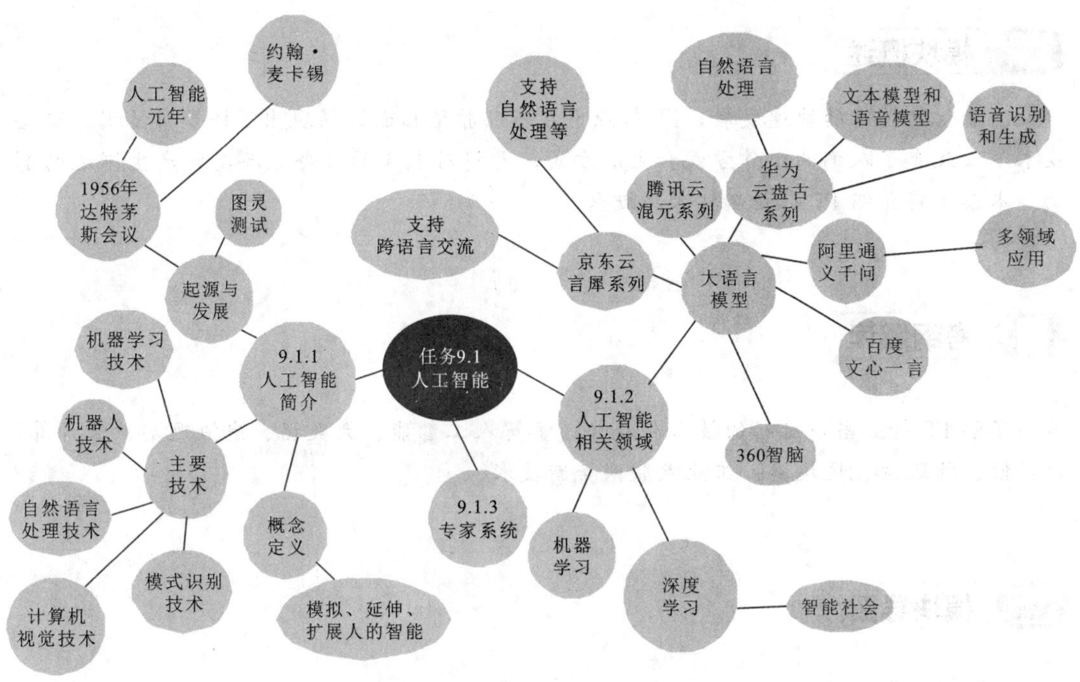

9.1.1 人工智能简介

1. 人工智能的概念

人工智能（artificial intelligence，AI）是新一轮科技革命和产业变革的重要驱动力量，是研究、开发用于模拟、延伸和扩展人的智能的理论、方法、技术及应用系统的一门新的技术科学。其最终的目的在于建立一个具有感知、推理、学习和联想，甚至是决策能力的计算机系统，快速地解决一些需要专业人士才能解决的问题。从本质上讲，人工智能是一种对人类思维及信息处理过程的模拟和仿真。

2. 人工智能的发展

(1) 阿兰·麦席森·图灵被誉为“人工智能之父”，他提出了“图灵测试”等重要概念，是计算机理论和人工智能的主要奠基人，有“计算机界的诺贝尔奖”之称的图灵奖就是以他的名字设立的。

(2) 1956 年，约翰·麦卡锡和马文·明斯基共同发起了达特茅斯会议。会上，约翰·麦卡锡提议用人工智能作为这一交叉学科的名称，因此，这次会议也就成为人类历史上第一次关于人工智能的研讨会，它标志着人工智能学科的诞生。后来，约翰·麦卡锡被称为“人工智能之父”，1956 年被称为“人工智能元年”。

3. 人工智能主要的技术和方法

(1) 机器学习技术。

机器学习技术是指让机器或系统能够从数据中自动学习和提升的技术，包括监督学习、无监督学习、半监督学习、强化学习等。机器学习是人工智能的核心技术，也是目前人工智能的主流方法。

(2) 模式识别技术。

模式识别（pattern recognition，PR）技术为人工智能系统提供数据分析和处理能力。模式识别的目的是从大量复杂的数据中提取出重要信息，并将其用于计算机探索和学习。模式识别技术可以有效地帮助计算机从复杂的信息中获取重要知识，从而为人工智能系统提供数据分析和处理能力，以便更准确地预测与分析。模式识别的典型应用有文字识别（如 OCR 技术）、语音识别、指纹识别等。

(3) 自然语言处理技术。

自然语言处理技术是指让机器或系统能够理解和生成自然语言的技术，包括语音识别、语音合成、自然语言理解、自然语言生成、机器翻译、问答系统、对话系统等。自然语言处理是人工智能的一个重要应用领域，也是目前人工智能的难点方向。

(4) 计算机视觉技术。

计算机视觉技术是指让机器或系统能够感知和理解图像和视频的技术，包括图像识别、图像分割、图像检索、人脸识别、目标检测、目标跟踪、场景理解、图像生成等。计算机视觉是人工智能的一个重要应用领域，也是目前人工智能的热点方向。

(5) 机器人技术。

机器人技术是指能够模拟或扩展人类的行为和功能的机器或系统，包括机械臂、移动机器人、服务机器人、智能玩具、无人驾驶等。机器人是人工智能的一个重要应用领域，也是目前人工智能的前沿方向。

例题解析

例 1　国际象棋大师卡斯帕罗夫与“深蓝”下棋，说明计算机有哪个方面的应用领域？（　　）

A. 科学计算　　B. 过程控制
C. 数据处理　　D. 人工智能

例 2 下列哪项不属于计算机在人工智能方面的应用？（　　）

A. 云计算　　B. 机器翻译

C. 机器人　　D. 医疗诊断

例 3 门禁系统的指纹识别运用的计算机技术是（　　）。

A. 人工智能技术　　B. 自动控制技术

C. 过程控制技术　　D. 模式识别技术

答案： D；A；D

知识点对接： 人工智能是计算机最具有前景的应用领域。

解析： 例 1 考查的是计算机的应用领域，卡斯帕罗夫与“深蓝”下棋是计算机与人类在棋类游戏上的较量，这展示了计算机在模拟人类智能、进行复杂决策和逻辑推理方面的能力，属于人工智能的应用领域，故选 D。例 2 考查的是计算机在人工智能方面的应用，云计算可以支持人工智能的应用，但本身并不属于人工智能的应用范畴。机器翻译、机器人和医疗诊断都是人工智能领域的具体应用，故选 A。例 3 门禁系统的指纹识别是通过识别个体指纹的唯一性来验证身份的技术，它运用的是模式识别技术，故选 D。

9.1.2 人工智能相关领域

1. 机器学习

机器学习（machine learning，ML），是人工智能的核心，是使计算机具有智能的根本途径。

机器学习是研究怎样使用计算机模拟或实现人类学习活动的科学，是人工智能中最具智能特征、最前沿的研究领域之一。自 20 世纪 80 年代以来，机器学习作为实现人工智能的途径之一，在人工智能界引起了广泛的兴趣，特别是近十几年来，机器学习已成为人工智能的重要课题之一。机器学习不仅在基于知识的系统中得到应用，而且在自然语言理解、机器视觉、模式识别等许多领域得到了广泛应用。一个系统是否具有学习能力已成为它是否具有“智能”的一个判断标准。机器学习主要分为两类研究方向：第一类是传统机器学习的研究，该类研究主要是研究学习机制，注重探索模拟人的学习机制；第二类是大数据环境下机器学习的研究，其主要是研究如何有效利用信息以及如何从巨量数据中获取隐藏的、有效的、可理解的知识。

2. 深度学习

深度学习（deep learning，DL）是机器学习领域中一个新的研究方向，它被引入机器学习，使其更接近于最初的目标，即人工智能。

深度学习是学习样本数据的内在规律和表示层次，从这些学习过程中获得的信息对诸如文字、图像和声音等数据的解释有很大的帮助。它的最终目标是让机器能够像人一

样具有分析学习能力，能够识别文字、图像和声音等数据。深度学习是一个复杂的机器学习算法，在语音和图像识别方面取得的效果，远远超过先前相关技术。

深度学习是机器学习的一种，深度学习的概念源于人工神经网络的研究，包含多个隐藏层的多层感知器就是一种深度学习结构。深度学习通过组合低层特征形成更加抽象的高层表示属性类别或特征，以发现数据的分布式特征表示。研究深度学习的动机在于建立模拟人脑进行分析学习的神经网络，它模仿人脑的机制来解释数据，例如图像、声音和文本等。

3. 大语言模型

大语言模型（large language model，LLM），指使用大量文本数据训练的深度学习模型，可以生成自然语言文本或理解语言文本的含义。大语言模型可以处理多种自然语言任务，如文本分类、问答、对话等，是通向人工智能的重要途径。

生成式人工智能指一种通过学习大规模数据集生成新的原创内容的新型人工智能，它是基于算法、模型、规则生成文本、图片、声音、视频、代码等内容的技术。

ChatGPT 机器学习模型，是美国人工智能研究实验室 OpenAI 研发的一款聊天机器人程序，于 2022 年 11 月 30 日发布。ChatGPT 是人工智能技术驱动的自然语言处理工具，它能够基于在预训练阶段所见的模式和统计规律，来生成回答，还能根据聊天的上下文进行互动，真正像人类一样来聊天交流，甚至能完成撰写论文、邮件、脚本、文案和翻译等任务。

国内的大语言模型如下。

（1）文心一言。文心一言是百度研发的知识增强大语言模型，能够与人对话互动、回答问题、协助创作，高效便捷地帮助人们获取信息、知识和灵感。

（2）阿里通义千问。阿里通义千问可以助力企业快速实现多场景的沟通协同，在政务、金融、电商、医疗、教育、物流、游戏等领域都有应用。

（3）360 智脑。360 智脑大模型具备生成创作、多轮对话、代码能力、逻辑推理、知识问答、阅读理解、文本分类、翻译、改写、多模态十大核心能力。

（4）华为云推出的盘古系列大模型。盘古系列大模型包括文本模型和语音模型等，支持自然语言处理、语音识别和生成等应用。

（5）腾讯云推出的混元系列大模型。腾讯研发的大语言模型，具备强大的中文创作能力、在复杂语境下的逻辑推理能力以及可靠的任务执行能力。

（6）京东云推出的言犀系列大模型。言犀系列大模型支持自然语言处理、语音识别和生成等应用，同时支持跨语言交流，可帮助用户更好地与外国友人沟通。

例题解析

例 1　（　　）是研究计算机如何自动获取知识和技能，实现自我完善的一门学科。

A. 专家系统　　　　B. 神经网络

C. 机器学习　　　　D. 模式识别

例 2 “深蓝”刚刚诞生时与一般的专业国际象棋选手下棋经常会输，经过一段时间的训练，它可以战胜国际象棋世界冠军，这主要归功于“深蓝”计算机应用的哪项人工智能技术？（　　）

A. 机器学习　　B. 模式识别

C. 智能代理　　D. 可计算认知结构

例 3 （　　）是人工智能的核心，是使计算机具有智能的主要方法，其应用遍及人工智能的各个领域。

A. 深度学习　　B. 机器学习

C. 人机交互　　D. 智能芯片

答案： C；A；B

知识点对接： 机器学习是人工智能的核心，是使计算机具有智能的根本途径。

解析： 例 1 考查的是计算机学科的分支的定义，机器学习是研究计算机如何自动获取知识和技能，以及如何通过经验进行自我完善的一门学科。它允许计算机从数据中学习并做出预测或决策，而无须进行明确的编程，故选 C。例 2“深蓝”在初期输棋后，通过下棋磨炼能够提升棋艺并最终战胜世界冠军，这主要归功于其应用了机器学习技术。机器学习使“深蓝”能够通过分析大量棋局数据，从中学习并优化下棋策略，从而提高性能，故选 A。例 3 考查的是人工智能领域的核心技术，机器学习是人工智能领域的核心，也是使计算机具有智能的主要方法。机器学习技术已经广泛应用于人工智能的各个领域，包括语音识别、图像识别、自然语言处理等，故选 B。

9.1.3 专家系统

专家系统是人工智能中最重要也是最活跃的一个应用领域，它实现了人工智能从理论研究走向实际应用、从一般策略推理转向专业知识运用的重大突破。

专家系统是一个智能计算机程序系统，其内部含有大量的某个领域专家级水平的知识与经验，它能够应用人工智能技术和计算机技术，根据系统中的知识与经验，进行推理和判断，模拟人类专家的决策过程，以便解决那些需要人类专家处理的复杂问题，简而言之，专家系统是一种模拟人类专家解决专业领域问题的计算机程序系统。

专家系统通常由人机交互界面、知识库、推理机、解释器、综合数据库、知识获取六个部分构成。其中，尤以知识库与推理机相互分离最具特色。专家系统的体系结构随专家系统的类型、功能和规模的不同而有所差异。

例题解析

例 1 专家系统是一种模拟人类专家在特定领域内解决复杂问题的计算机系统。以下哪个选项最准确地描述了专家系统的核心特征？（　　）

A. 能够自主学习并不断完善自身的知识库

B. 通过大量数据训练来提高预测准确性

C. 依赖预定义的规则和知识库来模拟专家的决策过程

D. 具备与人类相似的感知和交互能力

例 2 专家系统是一种（　　）。

A. 知识库系统　　B. 决策支持系统

C. 数据库知识系统　　D. 人工智能系统

例 3 专家系统的实质是（　　）。

A. 一组程序软件　　B. 一组指令

C. 一段代码　　D. 一种机器

答案： C；B；A

知识点对接： 专家系统是一个智能计算机程序系统，是一种模拟人类专家解决专业领域问题的计算机程序系统。

解析： 例 1 考查的是专家系统的核心特征，专家系统的核心特征在于它依赖预定义的规则和知识库来模拟人类专家在特定领域内的决策过程。这种系统并不侧重于自主学习或大量数据训练，也不具备与人类相似的感知和交互能力，故选 C。例 2 考查的是专家系统的定义或分类。专家系统是一种能够模拟人类专家在特定领域内解决问题的计算机系统，其核心是辅助决策，因此可以归类为决策支持系统，故选 B。例 3 考查的是专家系统的实质，专家系统实质上是一组程序软件，这些软件集成了专家知识库和推理机制，用于模拟专家在特定领域的决策过程，故选 A。注意，虽然专家系统确实包含代码和指令，但其核心不在于单一的代码段或指令集，而是在于这些代码和指令如何组合成能够模拟专家决策过程的软件系统。

同步训练

1. 1959 年 IBM 公司的塞缪尔编制了一个具有自学能力的跳棋程序，这是计算机在（　　）方面的应用。

A. 过程控制　　B. 数据处理

C. 计算机科学计算　　D. 人工智能

2. 利用计算机来模拟人类的某些思维活动，如医疗诊断、定理证明等，该应用属于（　　）。

A. 数值计算　　B. 自动控制

C. 人工智能　　D. 辅助教育

3. “人工智能”一词最初是在哪一年被提出的？（　　）

A. 1982 年　　B. 1985 年

C. 1986 年　　D. 1956 年

4.（　　）是自然语言处理的重要应用，也是最基础的应用。

A. 文本识别　　B. 机器翻译

C. 文本分类　　D. 问答系统

5.（　　）是专家系统的应用。

A. 人类感官模拟　　B. 汽车故障诊断系统

C. 自然语言系统　　D. 机器人

6. 专家系统指的是（　　）。

A. 提供专家现场解答的电视节目

B. 提供专家定时在线咨询服务的网站

C. 能够进行科学研究的机器人

D. 模拟专家解决专业领域问题的软件系统

7. 2019 年 9 月，武汉运管部门给武汉开发区的两台无人驾驶中巴颁发了“道路运输经营许可证”，这是全球首次发放无人驾驶商用牌照，无人驾驶实际是（　　）技术的应用。

A. IOT　　B. AI

C. VR　　D. AR

8. PR 是下列哪项技术的简写？（　　）

A. 人机交互　　B. 计算机视觉

C. 模式识别　　D. 虚拟现实

9. 下列不属于生物识别方法的是（　　）。

A. 指纹识别　　B. 声音识别

C. 虹膜识别　　D. 个人标记识别

10. 自然语言处理（NLP）是人工智能的一个子领域，它的主要任务是（　　）。

A. 图像识别　　B. 语音识别

C. 使计算机理解人类语言　　D. 机器人导航

11. 深度学习是人工智能的一个子领域，它主要关注（　　）。

A. 符号逻辑推理　　B. 大量数据的表示和学习

C. 简单的线性回归分析　　D. 传统编程技术

12. 机器学习的核心目的是（　　）。

A. 自动化数据收集　　B. 从数据中学习并做出预测或决策

C. 替代人类进行所有工作　　D. 仅处理结构化数据

13. 在机器学习中，特征选择的重要性是（　　）。

A. 提高模型的准确性　　B. 减少模型的训练时间

C. 使模型更容易解释　　D. 以上都是

14. 专家系统是以（　　）为基础的系统。

A. 专家　　B. 软件

C. 知识　　D. 解决问题

15. 下列哪项不是专家系统的核心组成部分？（　　）

A. 知识库　　B. 推理机

C. 人机接口　　D. 搜索引擎

16. 下列哪项不是专家系统的特点？（　　）

A. 具有专家级水平的专门知识　　B. 能进行有效的推理

C. 具有自学习能力　　D. 能根据不确定的知识进行推理

17. 目前很多领域都可以看到由黑白两色图案组成的二维码，只要将手机摄像头对准二维码扫一下，手机就可以跳转到相关的网站或者显示出特定的信息，这是利用人工智能的（　　）。

A. 图像识别技术　　B. 语音识别技术

C. 指纹识别技术　　D. 数字高清技术

18. （　　）能通过建立人工神经网络，用层次化机制来表示客观世界，并解释所获取的知识。

A. 深度学习　　B. 机器学习

C. 人机交互　　D. 智能芯片

19. 人工智能是计算机研究中最有发展前途的一个应用之一，到目前为止，其发展得较成熟的两个研究方向分别是（　　）。

A. 自动化控制和网络化　　B. 计算机技术和传感技术

C. 模式识别和自然语言理解　　D. 分类识别和语义分析

20. 电影里常出现这样的情节：在一个保险库前，管理员说出几个单词或几句话，保险库才会打开。这里体现了信息技术中的（　　）。

A. 语音识别技术　　B. 智能代理技术

C. 语音合成技术　　D. 虚拟现实技术

21. 以下哪个事件标志着人工智能学科的诞生？（　　）

A. 图灵测试的提出　　B. 达特茅斯会议的召开

C. 国际象棋程序的诞生　　D. 一台神经网络机的诞生

22. 小明使用故障诊断系统时，系统会提出几个问题要小明回答，然后给出建议，如果问题没解决，还可以链接到互联网的知识库。这个系统属于人工智能技术应用中的（　　）。

A. 数据挖掘　　B. 专家系统

C. 智能代理　　D. 机器翻译

23. 在机器人足球比赛中，足球机器人可以通过自身的摄像系统拍摄现场图像，分析双方球员的位置、运动方向以及与球门的距离和角度等信息，然后决定下一步的行动。下列说法正确的是（　　）。

① 足球机器人具有图像数据的获取、分析能力；② 足球机器人的研制采用了人工智能技术；③ 足球机器人具有人的智力；④ 足球机器人既有逻辑判断能力，又有形象思维能力

A. ①②
B. ①③
C. ②④
D. ③④

24. 人工智能的概念最早由哪位科学家提出？（　　）

A. 比尔·盖茨
B. 冯·诺依曼
C. 阿兰·麦席森·图灵
D. 马文·明斯基

25. 下列选项中全属于人工智能应用的一组是（　　）。

A. 问题求解、视频采集、程序设计
B. 机器翻译、博弈、手写输入
C. 语音聊天、语音输入、声音格式转换
D. 定理证明、网上购物、模式识别

26. 翻译软件能让手机在通话中将对方语言即时翻译成用户所需的语言，下列选项中哪些是该翻译软件主要应用的技术？（　　）

① 机器翻译；②模式识别；③计算机博弈；④机器证明

A. ①②
B. ①③
C. ①②④
D. ①②③④

27. 某公共自行车系统要对公共自行车站点上的自行车进行合理的自动调度，以避免出现“租不到车”和“无法还车”的情况。自动调度属于计算机领域的（　　）。

A. 数据挖掘
B. 优化决策
C. 模式识别
D. 机器博弈

28. 为了保证财物和人身安全，人们会在门上安装指纹锁，指纹锁实际是通过提取指纹图像的特征进行身份识别，它的工作流程可以分为下列几个步骤，正确的顺序应该是（　　）。

① 指纹图像采集；② 指纹图像处理；③ 控制门锁开启；④ 指纹图像特征值的匹配；⑤ 指纹图像特征提取

A. ①②③④⑤
B. ①④⑤②③
C. ①⑤②④③
D. ①②⑤④③

29. 只专注于完成某个特别设定的任务的人工智能属于（　　）。

A. 超人工智能
B. 强人工智能
C. 弱人工智能
D. 认知智能

30. 机器人实际上是一种特殊的计算机，也有运算、输入、输出等设备，下列选项中属于机器人输出设备的是（　　）。

A. 机器人的大脑（主板）
B. 机器人的眼睛（光敏传感器）
C. 机器人的耳朵（声音传感器）
D. 机器人的脚（驱动电机、履带、轮子）

任务 9.2 大 数 据

任务描述

了解大数据的基本概念、特征，了解大数据与人工智能和物联网的联系，知晓大数据的一般应用。

知识图谱

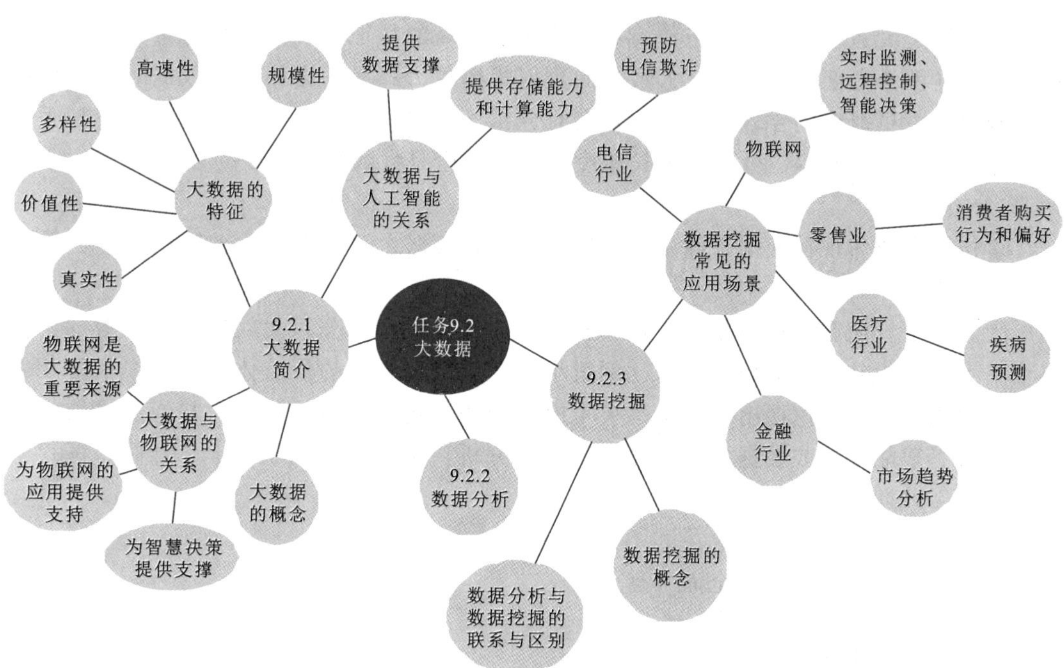

9.2.1 大数据简介

1. 大数据的概念

大数据（big data）是指无法在一定时间范围内用常规软件工具对其进行抓取、管理和处理的数据集合。大数据无法用单台的计算机进行处理，必须采用分布式架构。它的特色在于能够对海量数据进行分布式数据挖掘。它依托于云计算的分布式架构、分布式数据库和云存储以及虚拟化技术。适用于大数据的技术包括大规模并行处理（MPP）数据库、数据挖掘、分布式文件系统、分布式数据库、云计算平台、互联网和可扩展的存储系统等。

大数据适用于商业智能（BI）、工业4.0、云计算、物联网、互联网＋、人工智能等领域。

2. 大数据的特征

大数据的特征有规模性（volume）、高速性（velocity）、多样性（variety）、价值性（value）、真实性（veracity），俗称大数据的“5V”特征。

（1）规模性。

随着信息技术的高速发展，数据开始呈爆发性增长。大数据中的数据不再以GB或TB为单位来衡量，而是以PB（1024 TB）、EB（1024 PB）或ZB（1024 EB）为计量单位。

（2）高速性。

高速性是大数据挖掘区分于传统数据挖掘最显著的特征。大数据与海量数据的主要区别表现在两个方面：一方面，大数据的数据规模更大；另一方面，大数据对处理数据的响应速度有更严格的要求。大数据是实时分析而非批量分析，数据输入、处理与丢弃立刻见效，几乎无延迟。数据的增长速度和处理速度是大数据高速性的重要体现。

（3）多样性。

多样性主要体现在数据来源多、数据类型多和数据之间关联性强这三个方面。

（4）价值性。

大数据尽管拥有大量数据，但是具有价值的仅是一小部分，大数据背后潜藏的价值巨大。大数据中有价值的数据所占比例很小，而大数据真正的价值体现在从大量不相关的各种数据类型中，挖掘出对未来趋势与模式预测分析有价值的数据，并通过机器学习方法、人工智能方法或数据挖掘方法进行深度分析，再将其运用于农业、金融、医疗等各个领域，以期创造更大的价值。

（5）真实性。

大数据反映的内容更加全面、真实。

3. 大数据与人工智能的关系

（1）人工智能需要数据来提供支撑，特别是机器学习。

人工智能应用的数据越多，其获得的结果就越准确。在过去，人工智能由于处理器速度慢、数据量小而不能很好地工作。如今，大数据为人工智能提供了海量的数据，使得人工智能技术有了长足的发展，甚至可以说，没有大数据就没有人工智能。

（2）大数据技术为人工智能提供了强大的存储能力和计算能力。

在过去，人工智能算法都是依赖于单机的存储和单机的算法，而在大数据时代，面对海量的数据，传统的单机存储和单机算法已经无能为力。建立在集群技术之上的大数据技术（主要是分布式存储和分布式计算）可以为人工智能提供强大的存储能力和计算能力。

4. 大数据与物联网的关系

（1）物联网是大数据的重要来源。

物联网为大数据的产生提供了基础。通过物联网连接的各类智能设备，如传感器、智能手机、智能家居等，可以不断地收集、传输和存储各类数据。这些数据来源广泛、数量庞大，包括了各个领域的信息，如交通、环境、健康等。物联网的发展为大数据的采集提供了更为便捷和高效的手段，为大数据的形成打下了坚实的基础。

（2）大数据促进物联网的发展。

大数据为物联网的应用提供了支持。大数据分析和挖掘技术能够对海量的数据进行整理、分析和提取，并从中发现隐藏的规律和价值。这使得物联网设备采集的数据得以应用到各个领域中，如智能交通、智能医疗、智能城市等。通过对大数据的处理，物联网设备能更好地预测、响应和适应各种情况，以提高生活质量和工作效率。

（3）物联网和大数据的结合为智慧决策提供了有力的支撑。

大数据分析的结果可以为决策者提供全面、准确的信息，帮助他们做出更明智的选择。而物联网设备的数据采集和传输能够实时地将信息反馈给决策者，使决策更具速度和效率。物联网和大数据的结合有助于优化资源配置、提高生产效率和节约成本，对个人、企业和社会都有重要的意义。

总之，物联网与大数据是相互依存、相互促进的关系。物联网为大数据提供了重要的数据来源，而大数据则为物联网的发展提供了有力支撑。两者共同作用，可以为人们的生活和工作带来更多的便利。

例题解析

例 1 （　　）更侧重于对海量数据的处理、分析、挖掘，结合人工智能，更好地将数据的价值呈现出来。

A. 云计算　　B. 大数据

C. 人工智能　　D. 物联网

例 2 大数据应用需依托的新技术有（　　）。

A. 大规模存储与计算技术　　B. 数据分析处理技术

C. 智能化技术　　D. 三个选项都对

答案：B；D

知识点对接：大数据相关知识。

解析：例 1 考查的是大数据与云计算、人工智能、物联网的区别。大数据更侧重于对海量数据的处理、分析、挖掘，并结合人工智能等技术，揭示数据背后的隐藏信息和价值。云计算则主要关注计算资源的灵活分配和使用。人工智能是侧重于模拟人类智能的技术和应用。物联网则是关注物物相连的互联网，故选 B。例 2 考查的是大数据应用所依托的新技术。大数据应用需要依托多种新技术，大规模存储与计算技术用来存储和海量数据处理，数据分析处理技术用来提取数据中的有价值信息，智能化技术可以优化数据处理和分析的过程，故选 D。

9.2.2 数据分析

数据分析是指用适当的统计分析方法对收集来的大量数据进行分析，将它们加以汇总和理解并消化，以求最大化地开发数据的功能，发挥数据的作用。数据分析是为了提取有用信息和形成结论而对数据加以详细研究和概括总结的过程。数据分析是数学与计算机科学相结合的产物。

数据分析的目的是把隐藏在一大批看似杂乱无章的数据中的有用信息集中提炼出来，从而找出所研究对象的内在规律。在实际应用中，数据分析可帮助人们做出判断，以便采取适当行动。数据分析是有组织、有目的地收集数据、分析数据，使之成为信息的过程。

数据分析是大数据应用的核心。根据不同层次，数据分析大致可分为三类：计算架构、查询与索引、数据分析和处理。

例题解析

例 1 数据分析经常需要把复杂的数据分组并选取代表，将大量数据压缩或合并得到一个较小的数据集。这个过程称为（　　）。

A. 数据清洗　　　　B. 数据精简

C. 数据探索　　　　D. 数据治理

例 2 下列关于大数据的分析理念的说法中，错误的是（　　）。

A. 在数据基础上倾向于全体数据而不是抽样数据

B. 在分析方法上更注重相关分析而不是因果分析

C. 在分析效果上更追求效率而不是绝对精确

D. 在数据规模上强调相对数据而不是绝对数据

例 3 对线下零售而言，做好大数据分析应用的前提是（　　）。

A. 增加统计种类　　　　B. 扩大营业面积

C. 增加数据来源　　　　D. 开展优惠促销

答案：B；D；C

知识点对接：数据分析相关知识。

解析：例 1 考查的是数据分析过程，数据精简是数据分析中常用的一种方法，它通过将复杂的数据分组并选取代表，将大量数据压缩或合并为一个较小的数据集，以便于进一步的分析和处理。这种方法可以显著提高数据分析的效率和准确性。数据清洗是处理数据中的错误和不一致性的过程；数据探索是初步分析数据以发现其模式和趋势的过程；数据治理是关于如何管理和监督数据使用的策略和实践，故选 B。例 2 考查的是对大数据分析理念的理解，大数据分析理念强调的是对全体数据的处理而非抽样数据，这是因为大数据技术的发展使得处理大规模数据集成为可能；在分析方法上，大数据分析更注重通过相关性来发现数据之间的潜在联系，而不是追求严格的因果关系；在分析效

果上，大数据分析更强调效率和实时性，而不是绝对精确，因为大数据环境下的数据往往具有复杂性和不确定性。在数据规模上，大数据分析强调的是处理和分析大规模绝对数据的能力，而不是相对数据，故选 D。例 3 考查的是线下零售大数据分析应用，对于线下零售而言，大数据分析的应用依赖于丰富的数据源，增加数据来源可以使得分析更加全面和深入，从而帮助零售商更好地理解消费者行为、市场趋势。相比之下，增加统计种类虽然可以提高分析的详细程度，但不是大数据分析应用的前提；扩大营业面积和开展优惠促销与大数据分析应用无直接关联，它们更多的是关于零售业务运营和市场策略的选择。故选 C。

9. 2. 3　数据挖掘

1. 数据挖掘的概念

数据挖掘是一种计算机辅助技术，用于分析、处理和探索大型数据集。借助数据挖掘工具和方法，可以发现数据中隐藏的模式和关系。数据挖掘将原始数据转化为有用的信息。其目标不是提取或挖掘数据本身，而是从已有的大量数据中提取有意义或有价值的信息。

数据挖掘的目标是从大量数据中发现有价值的信息，这些信息可以帮助人们做出更明智的决策。

2. 数据分析与数据挖掘的联系与区别

数据分析和数据挖掘都是通过对大量数据进行收集、整理、处理和分析，寻找有用的信息和规律，以便辅助决策和预测未来走势。但数据分析侧重于分析现有数据，揭示事实和规律，帮助企业决策；而数据挖掘则更强调从大数据中发现规律和趋势，并进行预测和建模。随着相关技术的不断发展，数据挖掘和数据分析的联系越来越紧密，二者的关系界限变得越来越模糊。

3. 数据挖掘常见的应用场景

（1）金融行业。在金融服务中利用数据挖掘应用程序来解决复杂的欺诈、合规、风险管理和客户流失问题。同时，大数据分析可以帮助金融机构进行市场趋势分析、投资组合优化和个性化推荐。

（2）医疗行业。医疗机构可以利用大数据分析患者的病历数据、医学影像和基因组数据，以辅助疾病诊断、药物研发和个性化治疗。例如，在疾病诊断上，通过对大量的医疗数据进行挖掘和分析，可以发现潜在的疾病模式和风险因素，实现疾病的早期预测。

（3）零售业。数据挖掘和分析可以帮助零售商了解消费者的购买行为和偏好，从而进行精准的市场定位和个性化营销。通过分析大量的销售数据和顾客反馈，零售商可以优化库存管理、供应链和销售策略。

（4）物联网。对于物联网设备产生的海量数据，需要进行数据挖掘和分析。大数据分析可以帮助物联网应用实现实时监测、远程控制和智能决策。例如，智能家居可以通过分析家庭设备的数据来实现自动化控制和能源管理。

(5) 电信行业。通过对用户通话数据的挖掘分析，可以帮助电信运营商发现欺诈行为等。

例题解析

例 1 在数据挖掘过程中，当需要识别数据集中隐藏的模式、异常或关系，并希望从中提取出对业务决策有价值的信息时，通常会采用下列哪种技术或方法？(　　)

A. 数据清洗　　B. 数据可视化

C. 关联规则挖掘　　D. 数据集成

例 2 在网上购物过程中，经常会看到“看了此商品的会员通常还看了……”“买了此商品的会员通常还买了……”，这些信息既丰富了顾客的购物选择，又为商家赢得了更多的利润，这里采用的技术是(　　)。

A. 联机分析处理　　B. 智能代理

C. 智能机器人　　D. 数据挖掘

例 3 男士在超市购买婴儿纸尿布的同时往往还会购买啤酒，计算机分析超市的购物数据后发现了这一规律，于是超市将啤酒货架移到了婴儿纸尿布货架旁，啤酒和纸尿布的销量因此大幅增长。计算机分析购物数据发现这一规律的过程属于(　　)。

A. 信息分类　　B. 智能代理

C. 模式识别　　D. 关联分析

答案：C；D；D

知识点对接：数据挖掘相关知识点。

解析：例 1 考查的是数据挖掘过程中的技术选择。数据清洗是预处理阶段的一个重要步骤，它主要用于处理数据中的错误、缺失值等问题，而不是识别数据中的模式；数据可视化是一种将数据转化为图形或图表的技术，它有助于人们理解和解释数据，但并不直接用于识别隐藏的模式或关系；关联规则挖掘正是用于发现数据集中各项之间的有趣关系或模式，如频繁项集和关联规则；数据集成则是将多个数据源合并为一个统一的数据存储，以便进行进一步的分析，它并不直接用于识别模式，故选 C。例 2 考查的是数据挖掘的实际应用。网上购物过程中常见的推荐系统应用，是通过分析顾客的购买历史和浏览行为来推荐相关产品。联机分析处理 (OLAP) 主要用于支持复杂的分析查询，快速响应决策者的请求；智能代理是一种软件实体，它能够在用户没有明确指示的情况下，代表用户执行特定的任务，如搜索信息、过滤电子邮件等；智能机器人通常指能够自主执行任务的机器人系统，与网上购物推荐不直接相关；数据挖掘正是通过分析大量数据来发现隐藏的模式、关系和趋势，从而为用户提供个性化的推荐，故选 D。例 3 考查的也是数据挖掘的实际应用。信息分类是将信息按照一定的规则或标准进行分类，与发现购物数据中的规律不直接相关；B 选项智能代理已在例 2 中解释，与本题不符；C 选项模式识别虽然也涉及发现数据中的模式，但更侧重于从图像、声音等数据中识别出

特定的模式，如人脸识别、语音识别等；D 选项关联分析正是用于发现数据项之间的关联规则，如“购买 A 商品的顾客也倾向于购买 B 商品”，故选 D。

同步训练

1. 当前大数据技术的基础是由（　　）首先提出的。

A. 微软　　B. 百度
C. 谷歌　　D. 阿里巴巴

2. 大数据的本质是（　　）。

A. 洞察　　B. 采集
C. 统计　　D. 联系

3. 大数据的核心就是（　　）。

A. 规模化　　B. 虚拟化
C. 预测　　D. 网络化

4. 大数据的起源是（　　）。

A. 金融　　B. 电信
C. 互联网　　D. 公共管理

5. 支撑大数据业务的基础是（　　）。

A. 数据科学　　B. 数据应用
C. 数据硬件　　D. 数据人才

6. 据统计，近年来国家市场监督管理总局发布的反垄断处罚案例中，七成以上案例涉及（　　）企业。而针对“二选一”“大数据杀熟”等行为的反垄断细则也在相继出台。

A. 互联网　　B. 工业
C. 服务业　　D. 教育培训

7. 下列关于舍恩伯格对大数据特点的说法中，不正确的是（　　）。

A. 数据规模大　　B. 数据价值密度高
C. 数据处理速度快　　D. 数据类型多样

8. 根据不同的业务需求来建立数据模型，抽取最有意义的向量，决定选取哪种方法的数据分析角色人员是（　　）。

A. 数据管理人员　　B. 数据分析员
C. 研究科学家　　D. 软件开发工程师

9. 现在铁路、民航的售票系统都采用实名制且可以通过网络、旅行社、售票处预订往返票，大大方便了旅客的出行。其采用的信息资源管理方法是（　　）。

A. 人工管理　　B. 文件管理
C. 数据库管理　　D. 文本管理

10. 数据采集工作的注意事项不包括（　　）。

A. 要全面了解数据的原始面貌　　B. 要制定科学的规则控制采集过程

C. 要从业务上理解数据，发现异常　　　　D. 要根据个人爱好筛选采集的数据

11. 物联网和传统的互联网对大数据技术都有一定的要求，下列叙述错误的是（　　）。

A. 物联网中的数据量更大　　　　B. 互联网中的数据更加多样化

C. 物联网对数据的真实性要求更高　　　　D. 互联网没有物联网中的数据速率高

12. 以下关于大数据的叙述中，不恰当的是（　　）。

A. 大数据研究中，数据之间的因果关系比关联关系更重要

B. 大数据的战略意义是实现数据的增值

C. 大数据具有数据体量巨大、数据类型繁多、处理速度快等特性

D. 大数据是大型复杂的数据集，很难仅靠现有数据库管理工具或传统数据处理系统处理数据

13. 大数据分析相比于传统的（　　）仓库应用，具有数据量大、查询分析复杂等特点。

A. 小型　　　　B. 大型

C. 数据　　　　D. 计算

14. 数据仓库的最终目的是（　　）。

A. 收集业务需求　　　　B. 建立数据仓库逻辑模型

C. 为用户和业务部门提供决策支持　　　　D. 开发数据仓库的应用分析

15. 一切皆可试，大数据分析的效果好坏，可以通过模拟仿真或者实际运行来验证，这体现了大数据思维中的（　　）。

A. 定量思维　　　　B. 相关思维

C. 因果思维　　　　D. 实验思维

16. 一切皆可连，任何数据之间逻辑上都可能存在联系，这体现了大数据思维中的（　　）。

A. 定量思维　　　　B. 相关思维

C. 因果思维　　　　D. 实验思维

17. 在大数据发展行动中，集中体现“重视基础、首都先行”的国家是（　　）。

A. 美国　　　　B. 日本

C. 中国　　　　D. 韩国

18. 下列企业中，最有可能成为典型的数据资产运营商的是（　　）。

A. 物联网企业　　　　B. 互联网企业

C. 云计算企业　　　　D. 电信运营商

19. 下列论据中，体现“冷眼”看大数据的观点的是（　　）。

A. 互联网金融打破了传统的观念和行为　　　　B. 大数据医疗正在走进平民百姓生活中

C. 数据资产型企业前景光明　　　　D. 个人隐私泄露与信息安全担忧

20. 下列论据中，能够支撑“大数据无所不能”的观点的是（　　）。

A. 互联网金融打破了传统的观念和行为　　　　B. 大数据存在泡沫

C. 大数据具有非常高的成本　　　　D. 个人隐私泄露与信息安全担忧

21. 中国信息通信研究院云计算与大数据研究所发布的《2021 数据安全行业调研报

告》显示，我国数据安全已经到了发展的（　　），未来对于数据安全的需求将越来越大，同时，对于服务能力和产品能力的要求也越来越高。

A. 萌芽期　　B. 关键期

C. 瓶颈期　　D. 过渡期

22. 相比于依赖小数据和精确性的时代，大数据因更强调数据的（　　），帮助我们进一步接近事实的真相。

A. 安全性　　B. 完整性

C. 混杂性　　D. 完整性和混杂性

23. 对大数据使用进行正规评测及正确引导，可以为数据使用者带来的切实好处是（　　）。

A. 他们无须再取得个人的明确同意，就可以对个人数据进行二次利用

B. 数据使用者不需要为敷衍了事的评测和不达标准的保护措施承担法律责任

C. 数据使用者的责任不需要强制力规范就能确保履行到位

D. 所有项目，管理者必须设立规则，规定数据使用者应如何评估风险、如何规避或减轻潜在伤害

24. 大数据时代，我们是要让数据自己“发声”，没必要知道为什么，只需要知道（　　）。

A. 原因　　B. 是什么

C. 关联物　　D. 预测的关键

25. 大数据时代，数据使用的关键是（　　）。

A. 数据收集　　B. 数据存储

C. 数据分析　　D. 数据再利用

26. 大数据不是要教机器像人一样思考，相反，它（　　）。

A. 是把数学算法运用到海量的数据上并预测事情发生的可能性

B. 被视为人工智能的一部分

C. 被视为一种机器学习

D. 用于预测与惩罚

27. 在大数据时代，我们需要设立一个不一样的隐私保护模式，这个模式应该更着重于（　　）为其行为承担责任。

A. 数据使用者　　B. 数据提供者

C. 个人许可　　D. 数据分析者

28. 在数据生命周期管理实践中，（　　）是执行方法。

A. 数据存储和备份规范　　B. 数据价值发掘和利用

C. 数据管理和维护　　D. 数据应用开发和管理

29. 关于数据创新，下列说法正确的是（　　）。

A. 多个数据集的总和价值等于单个数据集价值相加

B. 由于数据的再利用，数据应该永久保存下去

C. 相同数据多次用于相同或类似用途，其有效性会降低

D. 数据只有开放，其价值才能得到真正释放

30. 关于数据估值，下列说法错误的是（　　）。

A. 随着数据价值被重视，公司所持有和使用的数据也渐渐被纳入了无形资产的范畴

B. 无论是向公众开放还是将其锁在公司的保险库中，数据都是有价值的

C. 数据的价值可以通过授权的第三方使用来实现

D. 目前可以通过数据估值模型来准确地评估数据的价值

任务 9.3　泛现实技术

任务描述

了解虚拟现实技术、增强现实技术、混合现实技术、拓展现实技术。

知识图谱

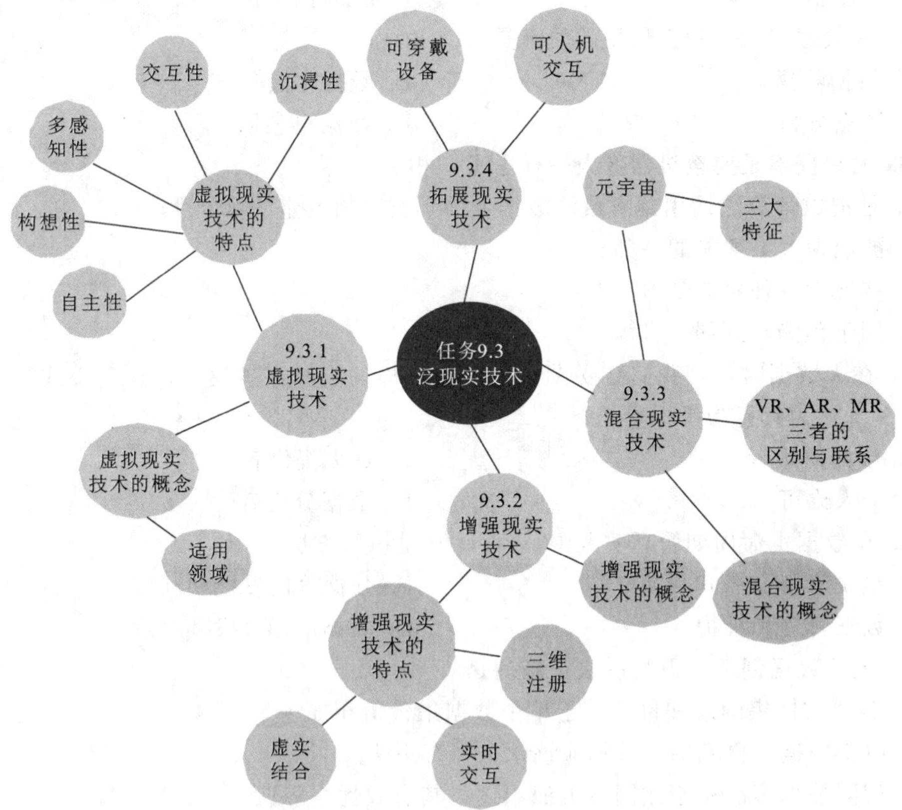

9. 3. 1　虚拟现实技术

1. 虚拟现实技术的概念

虚拟现实（virtual reality，VR）是一种能够创建并让用户沉浸于虚拟世界的计算机仿真系统。它利用计算机生成一种模拟环境，使用户仿佛置身于该环境中。虚拟现实技术通过采集现实生活中的数据，运用计算机技术生成电子信号，并结合各种输出设备，将这些信号转化为人们能够感知的现象。这些现象既可以是现实中真实存在的物体，也可以是肉眼难以直接观察到的物质，它们通过三维模型得以展现。由于这些现象并非直接可见，而是由计算机技术模拟出的，因此称为虚拟现实。

虚拟现实技术囊括计算机、电子信息、仿真技术，其基本实现方式是以计算机技术为主，利用并综合三维图形技术、多媒体技术、仿真技术、显示技术、伺服技术等多种高科技成果，借助计算机等设备生成一个逼真的集视觉、触觉、嗅觉等多种感官体验于一体的三维立体虚拟世界，从而使处于虚拟世界中的人产生一种身临其境的感觉。

2. 虚拟现实技术的特点

（1）沉浸性。

沉浸性是虚拟现实技术最主要的特征，就是使用户感受并成为计算机系统所创造的环境中的一部分。虚拟现实技术的沉浸性取决于用户的感知系统，当使用者感知到虚拟世界的刺激（包括触觉、味觉、嗅觉、运动感知等）时，便会产生思维共鸣，如同进入真实世界。

（2）交互性。

交互性是指用户对模拟环境内物体的可操作程度和从环境中得到反馈的自然程度。使用者进入虚拟空间，与环境产生相互作用。当使用者进行某种操作时，周围的环境也会做出相应的反应。如使用者接触到虚拟空间中的物体时，那么使用者应该能够感受到该物体，若使用者对物体有所动作，该物体的位置和状态也会相应改变。

（3）多感知性。

多感知性表示计算机技术应该拥有多种感知方式，如听觉、触觉、嗅觉等。理想的虚拟现实技术应该能够实现一切人所具有的感知功能。由于相关技术，特别是传感技术的限制，目前大多数虚拟现实技术能实现的感知功能非常有限。

（4）构想性。

构想性也称想象性。使用者在虚拟空间中，可以与周围物体进行互动，可以拓宽认知范围，创造客观世界不存在的场景或环境。构想可以理解为使用者进入虚拟空间，根据自己的感觉与认知能力吸收知识，发散思维，创立新的概念和环境。

（5）自主性。

自主性是指在虚拟环境中物体能依据物理定律而运动的能力。如当受到力的推动时，物体会随之移动。

例题解析

例 1 3D在空间布局与画面感官上与真实场景保持一致，让人们身临其境。这项技术属于（　　）。

A. 计算机动画技术　　　　B. 虚拟现实技术

C. 人工智能技术　　　　D. 图像压缩技术

例 2 下列不属于虚拟现实的本质特征的是（　　）。

A. 沉浸感　　　　B. 交互性

C. 想象力　　　　D. 二维静态效果

例 3 下列属于虚拟现实技术应用的是（　　）。

A. 可视电话　　　　B. 工业机器人

C. 汽车碰撞仿真系统　　　　D. 多媒体教学系统

答案： B；D；C

知识点对接： 虚拟现实技术的概念、特征、应用。

解析： 例1考查的是虚拟现实技术的定义和特性。VR是一种能够创建并让用户沉浸于虚拟世界的计算机仿真系统，它利用计算机技术模拟出一个三维环境，让用户感觉身临其境。这种技术通过多种传感器和交互设备，让用户与虚拟环境进行交互，从而产生沉浸感，获得真实的交互体验，故选B。例2考查的是虚拟现实的本质特征，主要包括沉浸感、交互性和想象力。沉浸感是指用户感觉自己完全置身于虚拟世界之中；交互性是指用户能够与虚拟环境中的对象进行交互操作；想象力则是指虚拟环境能够激发用户的创造力和想象力。而“二维静态效果”与虚拟现实的动态、三维、交互性特点相悖，不属于其本质特征，故选D。例3考查的是虚拟现实技术的应用领域。可视电话虽然利用了视频技术，但并不属于虚拟现实技术的应用；工业机器人虽然使用了先进的控制技术，但其核心目的是自动化生产，并非创造虚拟环境；多媒体教学系统虽然可能包含视频、动画等多媒体元素，但其主要目的是教学，并非创建虚拟环境提供交互体验。而汽车碰撞仿真系统则是虚拟现实技术在汽车设计和安全测试领域的应用，通过模拟真实的碰撞场景，帮助工程师进行设计和优化，故选C。

9.3.2 增强现实技术

1. 增强现实技术的概念

增强现实（augmented reality，AR）是一种将虚拟信息与真实世界巧妙融合的技术，运用多媒体、三维建模、实时跟踪及注册、智能交互、传感等多种技术手段，将计算机生成的文字、图像、三维模型、音乐、视频等虚拟信息进行模拟仿真后，应用到真实世界中，虚拟信息与真实世界互为补充，从而实现对真实世界的“增强”。

2. 增强现实技术的特点

增强现实技术具有虚实结合、实时交互、三维注册的特点。

（1）虚实结合。

虚实结合即虚实空间的融合呈现，强调虚拟元素与真实元素并存，这是用户对现实环境的感知得以增强的关键。

（2）实时交互。

实时交互是指实时在线的交互，强调用户和虚实物体之间互动响应计算的实时性，以满足用户感官对时间维度的响应需求。

（3）三维注册。

增强现实中的三维注册，强调用户对空间感知的精确性和智能性，体现了虚实融合呈现的时空一致性。

以上三个要素是实现现实环境增强感知的关键，由于这种增强感知依赖于空间方位，因此，增强现实技术通常需借助头盔等特制设备来呈现虚实融合的效果。

例题解析

例 1　下列哪项技术主要是将展现出来的虚拟信息简单叠加在现实事物上？（　　）

A. VR　　B. MR

C. AR　　D. BR

例 2　进入旅游景区的游客，可以在景区通过导览平台获得虚拟导游的专属指引、介绍服务，游客通过实景导航和专业介绍能更深层地了解景区，并提升在景区的游览体验，这实际上是应用了（　　）技术。

A. VR　　B. IOT

C. AR　　D. AI

例 3　帮助消费者在购物时更直观地判断某商品是否适合自己，以做出更满意的选择，通常可以通过（　　）技术实现。

A. VR　　B. AR

C. MR　　D. BR

答案： C；C；B

知识点对接： 增强现实技术的概念和应用场景。

解析： 例 1 考查的是对虚拟现实（VR）、增强现实（AR）、混合现实（MR）的区分。VR 技术通常指用户完全沉浸在通过计算机生成的虚拟环境中；AR 技术则是在现实世界中叠加虚拟信息；MR 则是 AR 和 VR 技术的进一步发展，融合了物理和数字世界。“将展现出来的虚拟信息简单叠加在现实事物上”符合 AR 技术的定义，故选 C。例 2 考查的是增强现实技术的应用场景。通过导览平台获得虚拟导游的专属指引、介绍服务，并且这种服务是“叠加”在实景之上的，这明显属于增强现实（AR）技术的应用范畴。VR 是沉浸式体验，不涉及现实世界的叠加；IOT 是物联网技术，与此场景不符；

AI是人工智能技术，故选C。例3考查的也是增强现实技术的应用场景。帮助消费者在购物时更直观地判断某商品是否适合自己，这要求相关技术能够提供一种将虚拟信息与现实商品结合的方式，以便消费者进行试穿、试用等操作。这种需求符合增强现实(AR)技术的应用，它可以在不改变物理环境的情况下，将虚拟信息叠加到现实世界中，为消费者提供直观的购物体验，故选B。

9.3.3 混合现实技术

1. 混合现实技术的概念

混合现实（mixed reality，MR）又称介导现实，由“智能硬件之父”、多伦多大学教授史蒂夫·曼恩（Steve Mann）提出。

混合现实技术是虚拟现实技术的进一步发展，该技术通过在虚拟环境中引入现实场景信息，在虚拟世界、现实世界和用户之间搭起一个交互反馈的信息回路，以增强用户体验的真实感。混合现实是合并现实和虚拟世界而产生的新的可视化环境。在新的可视化环境里物理和数字对象共存，并能进行实时互动。

2. VR、AR、MR三者的区别与联系

VR、AR和MR是三种不同的技术，它们在虚拟与现实之间的关系和交互方式上有所不同。

VR通过使用头戴设备等装置，使用户完全沉浸在一个虚拟的世界中。在虚拟现实中，用户所看到的场景和人物都是虚拟的，与现实世界没有直接的联系。虚拟现实主要用于游戏、电影、教育和训练等领域，为用户提供沉浸式体验。

AR将虚拟的信息应用到真实世界中，通过头戴设备或摄像头等装置，将虚拟的物体实时地叠加到现实场景中。在增强现实中，用户所看到的场景和人物一部分是真实的，一部分是虚拟的。增强现实主要用于导航、旅游、医疗、教育和娱乐等领域，为用户提供更多的信息和互动。

MR是将虚拟现实和增强现实结合起来的一种技术。在混合现实中，虚拟的物体和真实的物体共存，并实时互动。用户可以在虚拟和现实之间自由切换。混合现实可以实现虚拟与现实之间的自由转换，既能在虚拟中保留现实，也能将现实转化成虚拟。混合现实的应用场景包括游戏、电影、教育和训练等领域。

总结来说，MR是将虚拟现实和增强现实结合起来的技术，AR是将虚拟的信息应用到真实世界中的技术，而VR是使用户完全沉浸在虚拟世界中的技术。

3. 元宇宙

2021年是元宇宙（metaverse）元年。元宇宙是指人类运用数字技术构建的，由现实世界映射或超越现实世界，可与现实世界交互的虚拟世界，具备新型社会体系的数字生活空间。元宇宙不是一个新概念、一种新技术，它是在扩展现实、区块链、云计算和

数字孪生等技术下的概念具化。

未来元宇宙的三大特征为“与现实世界平行”“反作用于现实世界”“多种高科技的综合”。

9.3.4　拓展现实技术

拓展现实（XR）技术也称泛现实技术，是指通过计算机技术和可穿戴设备产生的一个真实与虚拟组合的、可人机交互的环境。

扩展现实包括增强现实（AR）、虚拟现实（VR）、混合现实（MR）等多种形式。简单来说，拓展现实技术其实是一个总称，包括了 AR、VR、MR。具体如图 9-3-1 所示。

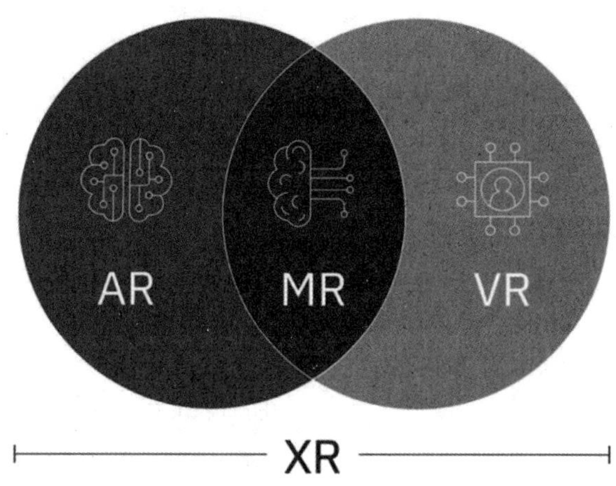

图 9-3-1　拓展现实技术

例题解析

例 1　“智能硬件之父”、多伦多大学教授 Steve Mann 提出的（　　）又称为介导现实。

A. 虚拟现实　　　　B. 增强现实

C. 混合现实　　　　D. 模拟现实

例 2　下列哪项技术通过在虚拟环境中引入现实场景信息，在虚拟世界、现实世界和用户之间搭起一个交互反馈的信息回路，以增强用户体验的真实感？（　　）

A. 虚拟现实　　　　B. 混合现实

C. 模拟现实　　　　D. 增强现实

例 3　元宇宙不是一个新概念、一种新技术，它是在（　　）等技术下的概念具化。

A. 扩展现实　　　　B. 区块链、云计算

C. 数字孪生　　　　D. 以上都是

答案：C；B；D

知识点对接：混合现实的发展及应用、元宇宙的基本概念。

解析：例 1 考查的是混合现实的发展。Steve Mann 教授提出的介导现实，实际上是混合现实的早期概念，所以选 C。例 2 考查的是混合现实技术的定义及特点。混合现实技术通过在虚拟环境中引入现实场景信息，实现了虚拟世界、现实世界和用户之间的交互反馈，从而增强了用户体验的真实感，这是混合现实技术的核心特点，故选 B。例 3 考查的是元宇宙概念的技术基础。元宇宙是一个综合了多种先进技术的概念，包括扩展现实、区块链、云计算以及数字孪生等，这些技术共同支撑了元宇宙的构建和运行，故选 D。

同步训练

1. 通过网络实景畅游故宫博物院，使用了下列哪种计算机技术？（　　）

A. 虚拟现实技术　　B. 网络影像技术

C. 智能代理技术　　D. 3D 动画技术

2. 以沉浸性、交互性和构想性为基本特征的高级人机界面采用的是（　　）技术。

A. 物联网　　B. 大数据

C. 虚拟现实　　D. 人工智能

3. 虚拟现实简称“VR”，它的英文全称是（　　）。

A. virtual reality　　B. visual rock

C. volume ratio　　D. vibration reduction

4. 虚拟现实技术的实现方式是使用计算机模拟虚拟环境，从而给人以沉浸感。下列属于虚拟现实技术应用的是（　　）。

A. 气象播音员播报气象信息　　B. 宇航员在地面模拟太空舱训练

C. 教师使用计算机辅助教学　　D. 医生为病人诊脉

5. “元宇宙”英文全称为（　　），是人类运用数字技术构建的，由现实世界映射或超越现实世界，可与现实世界交互的虚拟世界。

A. metaverse　　B. meta

C. meta-universe　　D. metavise

6. 下列选项中不属于虚拟现实系统特性的是（　　）。

A. 交互性　　B. 沉浸感

C. 真实性　　D. 想象性

7. 下列哪项技术允许用户看到虚拟信息叠加在现实世界之上？（　　）

A. VR　　B. AR

C. MR　　D. AI

8. 技术意义上的“元宇宙”包括了（　　）和操作系统。

A. 内容系统　　B. 区块链系统

C. 显示系统　　D. 以上都是

9. 下列关于 VR、AR、MR 的叙述中，错误的是（　　）。

A. VR 是虚拟的，AR 是虚拟与现实结合，而 MR 则是真实的

B. 混合现实是在 VR 和 AR 的基础上提出的一个新概念，可以把它视为 AR 的增强版

C. 增强现实技术是通过与现实世界结合，造就更加真实的效果

D. 虚拟现实提供沉浸式的体验，让体验者能够身临其境

10. 可以实现虚拟世界和现实世界之间互动的技术称为（　　）。

A. AR　　B. VR

C. MR　　D. BR

11. 元宇宙的特点包括（　　）。

A. 艺术沉浸式体验　　B. 在虚拟商城购买现实商品

C. 3D 游戏场景　　D. 以上都是

12. 元宇宙的早期基础是（　　）。

A. 开放性多人游戏　　B. 虚拟现实

C. 社会虚拟化　　D. 云计算

13. 虚拟现实技术最早出现于以下哪个领域？（　　）

A. 军事领域　　B. 游戏领域

C. 医疗领域　　D. 建筑设计领域

14. 虚拟现实技术主要通过以下哪种方式实现用户与虚拟环境之间的互动？（　　）

A. 视觉和听觉　　B. 视觉和触觉

C. 视觉和嗅觉　　D. 视觉和味觉

15. 在虚拟现实应用中，以下哪个设备最适合展现 360 度全景图？（　　）

A. PC　　B. VR 头显设备

C. 投影仪　　D. 手机

16. 在虚拟现实应用中，以下哪种交互方式最为自然？（　　）

A. 手柄　　B. 键盘和鼠标

C. 语音控制　　D. 手势识别

17. 增强现实（AR）技术如何使虚拟信息与现实世界结合？（　　）

A. 通过触觉反馈　　B. 通过声音模拟

C. 通过视觉叠加　　D. 通过改变物理环境

18. 混合现实（MR）系统面临的一个关键挑战是什么？（　　）

A. 虚拟信息的准确性　　B. 虚拟与现实世界的无缝融合

C. 设备成本高　　D. 用户接受度低

19. 下列哪项不属于虚拟现实系统常见的问题？（　　）

A. 晕动症　　B. 设备成本高

C. 虚拟环境完全真实　　D. 交互延迟

20. VR 系统中的沉浸感主要依赖的是（　　）。

A. 设备的轻便性　　B. 虚拟环境的复杂程度

C. 高质量的图像和声音　　D. 用户的想象力

21. AR 中的“空间定位”指的是（　　）。

A. 虚拟信息的准确性　　B. 虚拟信息在现实世界中的位置
C. 设备的移动追踪　　D. 虚拟声音的方向

22. “元宇宙”一词诞生于 1992 年的科幻小说《雪崩》。小说中提到了哪两个概念？（　　）

A. “元宇宙”（metaverse）和“虚拟”（virtual）
B. “元宇宙”（metaverse）和“化身”（avatar）
C. “虚拟”（virtual）和“化身”（avatar）
D. “元”（meta）和“虚拟”（virtual）

23. 帮助消费者在购物时更直观地判断某商品是否适合自己，以做出更满意的选择，通常可以通过（　　）实现。

A. VR　　B. AR
C. MR　　D. BR

24. 2021 年 10 月 28 日，美国企业（　　）宣布更名为“元”（meta）。

A. Google　　B. Facebook
C. Decentraland　　D. Pico

25. 据《中国元宇宙发展报告（2022）》显示，2022 年中国元宇宙上下游产业产值超过 4000 亿元，主要体现在（　　）等方面。

A. 游戏娱乐　　B. VR 硬件
C. AR 硬件　　D. 以上都是

26. 最近几年，CCTV 的春晚节目上使用了不少“黑科技”，其中有这样的场景：歌手在即兴演唱时，舞台上会出现她在多个不同背景下的“分身”，并同时和台下的观众打招呼互动。这是使用了（　　）。

A. VR 技术　　B. MR 技术
C. AR 技术　　D. 全息投影技术

27. 以下哪项不是常见的虚拟现实系统？（　　）

A. 移动式虚拟现实系统　　B. 沉浸式虚拟现实系统
C. 增强式虚拟现实系统　　D. 分布式虚拟现实系统

28. MR 技术在下列哪种场景下最有应用价值？（　　）

A. 远程手术　　B. 虚拟旅游
C. 工业设计预览　　D. 在线教育

29. 下列哪项不是 AR 系统的基本组成部分？（　　）

A. 摄像头　　B. 显示设备
C. 虚拟环境生成器　　D. 跟踪与定位系统

30. （　　）能直接通过肢体动作与周边数字设备和环境进行交互。

A. 体感交互　　B. 指纹识别
C. 人脸识别　　D. 虹膜识别

任务 9.4　云　计　算

任务描述

了解云计算的基本概念及特点。

知识图谱

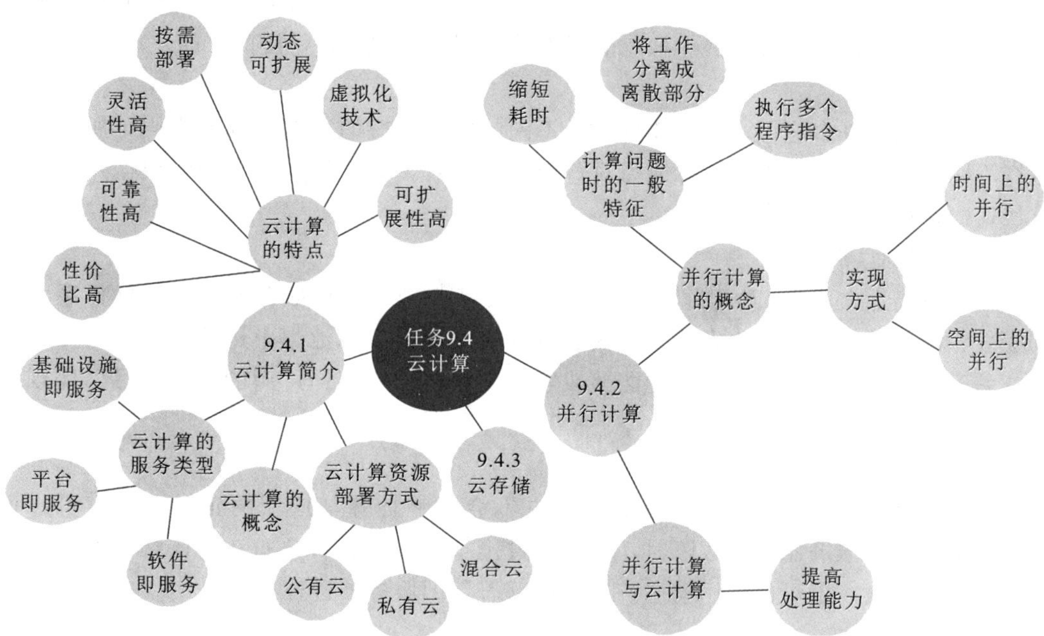

9.4.1　云计算简介

1. 云计算的概念

2006 年 8 月 9 日，Google 首席执行官埃里克·施密特（Eric Schmidt）首次提出“云计算”（cloud computing）的概念。

云计算是分布式处理、并行处理和网格计算的发展，是基于互联网的相关服务的增加、使用和交付模式，通常涉及通过互联网来提供动态易扩展且经常是虚拟化的资源。

互联网数据中心（Internet data center，IDC）是指一种拥有完善的设备（包括高速互联网接入带宽、高性能局域网络、安全可靠的机房环境等）、专业化的管理、完善的应用服务的平台。在这个平台基础上，IDC 服务商为客户提供互联网基础平台服务（服务器托管、虚拟主机、邮件缓存、虚拟邮件等）以及各种增值服务。它是云计算业务模式的一种创新。

2. 云计算的特点

云计算的可贵之处在于灵活性高、可扩展性高和性价比高。与传统的网络应用模式相比，它具有如下特点。

（1）虚拟化。

虚拟化突破了时间、空间的界限，是云计算最为显著的特点。虚拟化技术包括应用虚拟和资源虚拟两种。众所周知，物理平台与应用部署的环境在空间上是没有任何联系的，它是通过虚拟平台对相应终端操作完成数据备份、迁移和扩展的。

（2）动态可扩展。

云计算具有高效的运算能力，在原有服务器基础上增加云计算功能能够使计算速度迅速提高，最终达到动态扩展虚拟化的层次，达到对应用进行扩展的目的。

（3）按需部署。

计算机包含许多应用、程序软件等，不同的应用对应的数据资源库不同，所以用户运行不同的应用需要较强的计算能力对资源进行部署，而云计算平台能够根据用户的需求快速配备计算能力及资源。

（4）灵活性高。

目前市场上大多数 IT 资源和软、硬件都支持虚拟化，比如存储网络、操作系统和开发软、硬件等。虚拟化要素统一放在云系统资源虚拟资源池当中进行管理，可见云计算的兼容性非常强，灵活性高，它能够兼容低配置机器和不同厂商的硬件产品，实现更高性能计算。

（5）可靠性高。

在进行云计算时，倘若服务器故障，也不会影响计算与应用的正常运行，可靠性高。因为，单点服务器出现故障时，可以通过虚拟化技术，将分布在不同物理服务器上的应用进行恢复，也可以利用动态扩展功能部署新的服务器进行计算。

（6）性价比高。

将资源放在虚拟资源池中统一管理，在一定程度上优化了物理资源，用户不再需要昂贵的、存储空间大的主机，而是可以选择相对廉价的 PC 组成云，这样一方面减少了费用，另一方面计算性能也不逊于大型主机，性价比高。

（7）可扩展性高。

用户可以利用应用软件的快速部署条件，更加简单快捷地将自身已有业务以及新业务进行扩展。

3. 云计算的服务类型

云计算的服务类型分为三类：基础设施即服务（IaaS）、平台即服务（PaaS）和软件即服务（SaaS）。这三种云计算服务有时也称为云计算堆栈。以下是对这三种服务的概述。

（1）基础设施即服务。

基础设施即服务（IaaS）是最基本的云计算服务类型，它提供给用户的是计算、存储和网络等基础设施资源。用户可以通过云平台租赁或购买这些资源，从而构建和管理自己的虚拟数据中心。IaaS 的主要优点是灵活性高，用户可以根据需求自由地配置和使用计算资源，而且成本相对较低。但是，用户需要自行管理和维护这些基础设施资源，因此对技术能力的要求较高。

（2）平台即服务。

平台即服务（PaaS）是将应用程序开发和部署所需的平台和工具作为一种服务提供给用户。用户可以通过云平台租赁或购买这些平台和工具，从而进行应用程序的开发、测试和部署。PaaS 的主要优点是用户无须购买和维护软件开发所需的硬件和软件资源，从而降低了开发成本和维护难度。同时，PaaS 还提供了丰富的开发工具和框架，帮助用户快速开发高质量的应用程序。

（3）软件即服务。

软件即服务（SaaS）是将应用程序作为一种服务提供给用户。用户可以通过云平台使用这些应用程序。SaaS 的主要优点是用户无须购买和维护应用程序所需的硬件和软件资源，从而降低了使用成本和维护难度。同时，SaaS 还提供了丰富的应用程序功能和数据管理工具，帮助用户高效地进行业务管理和协作。

4. 云计算资源部署方式

云计算资源的部署方式有三种：公有云、私有云和混合云。

（1）公有云。

公有云由第三方云服务提供商运营，他们通过互联网提供计算资源（如服务器和存储空间）。Microsoft Azure 是提供公有云服务的一个典型代表。在公有云中，所有硬件、软件和其他支持性基础结构均由云服务提供商管理。用户可以使用 Web 浏览器访问这些服务和管理账户。

（2）私有云。

私有云是指专供一个企业或组织使用的云计算资源。私有云可以位于公司的现场数据中心之上。某些公司还向第三方云服务提供商付费托管其私有云。私有云的服务始终在私有网络上进行。

（3）混合云。

混合云组合了公有云和私有云，它允许在这两者之间共享数据和应用程序，并将这两者绑定到一起。混合云允许数据和应用程序在私有云和公有云之间移动，使用户能够更灵活地处理业务并为用户提供更多部署选项，有助于用户优化现有基础结构，具有安全性和合规性。

例题解析

例 1　下列关于云计算技术的叙述，错误的是（　　）。

A. 可以轻松实现不同设备间的数据和应用共享

B. 云计算是一种分布式计算

C. 提供了较为可靠安全的数据存储中心

D. 对用户端的设备要求较高

例 2 云计算中的“弹性伸缩”是指（　　）。

A. 根据需求自动调整资源量

B. 固定资源量不变

C. 手动调整资源量

D. 资源量只能增加不能减少

例 3 下列哪项不是云计算的特征？（　　）

A. 虚拟化　　B. 灵活性高

C. 可扩展性高　　D. 智能化

答案：D；A；D

知识点对接：云计算的特征。

解析：例 1 考查的是云计算技术的特点。云计算技术的核心优势之一是能够降低用户端的设备要求，因为用户可以通过网络访问云端资源，而不需要在本地设备上安装大量的软件、运行大量的数据，故选 D。例 2 考查的是云计算中“弹性伸缩”的概念。“弹性伸缩”是云计算的一个重要特性，它允许根据应用的需求自动调整资源量，以满足变化的负载情况。这种自动调整可以是增加或减少计算资源、存储资源等，以满足应用的实时需求，故选 A。例 3 考查的是云计算的特征。云计算具有多种特征，包括虚拟化、灵活性高和可扩展性高等。智能化并不是云计算的固有特征，而是可以基于云计算平台构建的一种应用或服务，故选 D。

9.4.2 并行计算

1. 并行计算的概念

并行计算（parallel computing）又称平行计算，是指同时使用多种计算资源解决计算问题的过程，是提高计算机系统计算速度和处理能力的一种有效手段。它的基本思想是用多个处理器来协同求解同一问题，即将被求解的问题分解成若干个部分，各部分均由一个独立的处理机来并行计算。并行计算系统既可以是专门设计的、含有多个处理器的超级计算机，也可以是由以某种方式互连的若干台的独立计算机构成的集群，通过并行计算集群完成数据的处理，再将处理的结果返给用户。

并行可分为时间上的并行和空间上的并行。时间上的并行是指流水线技术，在同一时间启动两个或两个以上的操作，大大提高计算性能。空间上的并行是指多个处理机并发地执行计算，即通过网络将两个以上的处理机连接起来，同时计算同一个任务的不同部分或者单个处理机无法解决的大型问题。

通常并行计算在计算问题时表现为以下特征：将工作分离成离散部分，有助于同时

解决；随时并及时地执行多个程序指令；多个计算资源下解决问题的耗时要少于单个计算资源下的耗时。

2. 并行计算与云计算

云计算是在并行计算之后产生的概念，是由并行计算发展而来的。虽然两者有许多共性，但并行计算不等于云计算，云计算也不等同于并行计算。两者的区别如下。

（1）云计算萌芽于并行计算。

云计算的萌芽应该从计算机的并行化开始。由于人们不满足于 CPU 摩尔定律的增长速度，希望把多个计算机并联起来，以获得更快的计算速度，因此产生了并行计算。并行计算是一种很简单也很朴素的实现高速计算的方法，这种方法后来被证明是相当成功的。

（2）并行计算只用于特定的科学领域和专业的用户。

并行计算的提出主要是为了满足科学和技术领域的专业需要，其应用领域也基本限于科学领域。传统并行计算机的使用是一项相当专业的工作，需要使用者有较高的专业素质，多数是命令行的操作，普通用户很难操作。

（3）并行计算追求高性能。

在并行计算的时代，人们极力追求高速的计算并采用昂贵的服务器，因此，在并行计算时代，高性能机群属于“快速消费品”。一台大型机群如果在 3 年内不能得到有效的利用就会落后，从而导致巨额投资无法收回。

（4）云计算对于单节点的计算能力要求较低。

在云计算时代，不用追求使用昂贵的服务器，也不用考虑排名，云中心的计算力和存储力可随需要而逐步增强，云计算的基础架构支持这一动态的增强方式。在云计算时代，高性能计算属于“耐用消费品”。

例题解析

例 1　并行计算是指（　　）。

A. 单个计算机同时处理多个任务　　B. 多个计算机同时处理单个任务

C. 单个计算机逐个处理任务　　D. 多个计算机逐个处理任务

例 2　并行计算中，处理器之间的通信和同步是确保并行程序正确执行的关键。以下哪项不是常见的并行通信模式？（　　）

A. 共享内存模式　　B. 消息传递模式

C. 流水线模式　　D. 数据并行模式

例 3　下列哪项是并行计算的主要优势？（　　）

A. 能够处理大量数据　　B. 提高硬件利用率

C. 加快计算速度　　D. 以上都是

答案：A；C；D

知识点对接：并行计算的定义及通信模式。

解析： 例 1 考查的是并行计算的定义，并行计算指的是同时使用多种计算资源来同时处理计算任务，以提高计算效率。这里注意选项 B 是分布式计算，故选 A。例 2 考查的是并行计算中的通信模式，在并行计算中，处理器之间的通信和同步是确保并行程序正确执行的关键。常见的并行通信模式包括共享内存模式、消息传递模式和数据并行模式。C 选项“流水线模式”通常与硬件设计中的流水线技术相关，它指的是将复杂的计算任务分解成一系列简单的子任务，并在不同的硬件单元上按顺序执行，以提高处理速度，但它不是并行计算中处理器之间的通信模式，故选 C。例 3 考查的是并行计算的主要优势，并行计算的主要优势包括提高计算速度（通过并行处理减少完成计算任务所需的时间）、能够处理大量数据（通过增加计算资源来扩展处理能力）以及提高硬件利用率（更有效地利用多核处理器或计算集群中的资源），故选 D。

9.4.3 云存储

云存储（cloud storage）是在云计算概念上衍生出来的一个新的概念。云存储的概念与云计算类似，它是指通过集群应用、网格技术或分布式文件系统等，将网络中大量各种不同类型的存储设备通过应用软件集合起来协同工作，共同对外提供数据存储和业务访问功能的一个系统。它能保证数据的安全性，并节约存储空间。简单来说，云存储就是将资源放到“云”上供人存取的一种新兴技术。使用者可以在任何时间、任何地方，通过任何可联网的装置连接到“云”上。

云存储的结构模型包括存储层、基础管理层、应用接口层、访问层。使用者在使用云存储时并不是只使用某一个存储设备，而是使用整个云存储系统数据访问服务。所以严格来讲，云存储不是存储，而是一种服务。数据备份、归档和灾难恢复是云存储的三个重要用途。

例题解析

例 1 下列不属于云存储的用途的是（　　）。

A. 数据备份　　B. 归档

C. 灾难恢复　　D. 并行处理

例 2 云盘可提供高达 2 TB 的存储空间，方便用户存储、共享文件，它采用的核心技术是（　　）。

A. 多媒体技术　　B. 纳米技术

C. 遥感技术　　D. 云存储技术

例 3 把数据存放在由第三方托管的多台虚拟服务器，而非专属的服务器上的计算机应用技术是（　　）。

A. 嵌入式技术　　B. 云储存技术

C. 虚拟现实技术　　D. 物联网技术

答案：D；D；B

知识点对接：云存储的概念。

解析：例 1 考查的是云存储的用途，云存储作为一种在线存储模式，其主要用途包括数据的备份、归档以及灾难恢复，以便用户能够安全、便捷地管理和访问自己的数据。而并行处理是指同时执行多个计算任务以提高计算速度，这是计算机处理数据的一种方式，而非云存储的直接用途，故选 D。例 2 考查的是云盘采用的核心技术，云盘采用的核心技术是云存储技术，该技术通过虚拟化技术将大量存储设备封装成一个独立的虚拟资源池，用户可以通过网络按需获取存储空间，故选 D。例 3 考查的是云存储的定义。云存储技术允许用户通过网络随时随地访问自己的数据，它将数据存放在由第三方托管的多台虚拟服务器中。云存储具有可扩展性、灵活性和可用性等特点，故选 B。

同步训练

1. 2006 年 8 月，“云计算”概念首次在搜索引擎大会上被提出，它成为互联网的（　　）。

A. 第一次革命　　B. 第二次革命

C. 第三次革命　　D. 第四次革命

2. 首次提出“云计算”概念的是（　　）。

A. 微软公司创始人比尔・盖茨

B. Google 首席执行官埃里克・施密特

C. 雅虎公司创始人杨致远

D. 苹果公司创始人史蒂夫・乔布斯

3. 基于互联网的相关服务的增加、使用和交付模式，通常涉及通过互联网来提供动态、易扩展且经常是虚拟化的资源。这种新的计算机应用领域被称为（　　）。

A. 区块链技术　　B. 虚拟现实技术

C. 云计算　　D. 工业互联

4. 下列哪一项不是云计算的关键技术？（　　）

A. 虚拟化技术　　B. 物联网技术

C. 数据存储技术　　D. 数据管理技术

5. 通过（　　）技术，可以在很短的时间内完成对数以万计的数据的处理，从而提供强大的网络服务。

A. 增强现实　　B. 云计算

C. 物联网　　D. 移动互联

6. 云计算是一种基于互联网的计算方式，下列哪项不属于云计算的特征？（　　）

A. 基于虚拟化技术获得服务　　B. 借助自然界的云为载体的计算

C. 随需应变自助服务　　D. 多人共享资源池

7. 虚拟化资源指一些可以实现一定操作，具有一定功能但其本身是（　　）资源的资源，如计算池、存储池和网络池、数据库资源等，通过软件技术来实现相关的虚拟化功能，包括虚拟环境、虚拟系统、虚拟平台。

A. 虚拟　　B. 真实

C. 物理　　D. 实体

8. 虚拟化技术是将一台物理形态计算机虚拟成多台（　　）的技术。

A. 逻辑形态计算机　　B. 逻辑单元

C. 逻辑形态服务器　　D. 块状形态计算机

9. 云存储严格讲不是存储，而是一种服务，使用者可以在任何时间、任何地点，通过任何可联网的装置连接到“云”上，方便地存取数据。云存储的结构模型中最基础的是（　　）。

A. 基础管理层　　B. 存储层

C. 应用接口层　　D. 访问层

10. 与网格计算相比，下列不属于云计算特征的是（　　）。

A. 资源高度共享　　B. 适合紧耦合科学计算

C. 支持虚拟机　　D. 适用于商业领域

11. 我国的云计算产业链主要分为四个层面，其中包含底层元器件和云基础设施的是（　　）。

A. 基础设施层　　B. 平台与软件层

C. 运行支撑层　　D. 应用服务层

12. 同学聚会时所拍摄的大量照片、视频等文件经过后期处理后，需要分发给各地的同学，下列哪种方式最便捷？（　　）

A. U 盘　　B. 电子邮件

C. 云盘　　D. 光盘

13. 我国首次以基于超大规模集成电路的通用微处理器芯片和标准 UNIX 操作系统设计开发的并行计算机是（　　）。

A. 银河-Ⅰ　　B. 银河-Ⅱ

C. 曙光一号　　D. 曙光 1000

14. Google App Engine 属于（　　）类型的产品。

A. IaaS　　B. PaaS

C. SaaS　　D. DaaS

15. 下列不属于 Google 云计算平台技术架构的是（　　）。

A. 并行数据处理 MapReduce　　B. 分布式锁 Chubby

C. 结构化数据表 BigTable　　D. 弹性计算云 EC2

16. 下列选项中属于 SaaS 优点的是（　　）。

A. 在技术方面，减少企业 IT 技术人员配备，满足企业对最新技术的应用需求

B. 在投资方面，可以缓解企业资金不足的压力，企业不用考虑成本折旧问题

C. 自主性强，支持二次开发

D. 拓展性强，不支持二次开发

17. 云计算是继互联网、计算机后的又一次革新，是信息时代的一个巨大飞跃，它的特点有通用性、按需服务、成本低廉、超大规模和（　　）。

A. 基于互联网　　B. 可扩展性高

C. 计算速度快　　D. 存储速度快

18. 云计算最大的特征是（　　）。

A. 计算量大　　B. 通过互联网进行传输

C. 虚拟化　　D. 可扩展性

19. 没有高效的网络，云计算就没有用武之地，就不能提供好的使用体验。因此，（　　）是云计算的一大特征。

A. 按需自助服务　　B. 无处不在的网络接入

C. 资源池化　　D. 快速弹性伸缩

20. 在中国的云计算市场中，（　　）占市场份额较大。

A. 阿里云　　B. 腾讯

C. 亚马逊　　D. 世纪互联

21. 下列属于国外公司提供的 PaaS 平台的是（　　）。

A. Amazon AWS　　B. 腾讯 Qcloud

C. 阿里云 ACE　　D. 新浪 SAE

22. 云计算体系结构的（　　）负责资源管理、任务管理、用户管理和安全管理等工作。

A. 物理资源层　　B. 资源池化

C. 管理中间件层　　D. SOA 构建层

23.（　　）指的是降低运维开销，实现 IT 的敏捷支付和企业业务的自动化交付，使 IT 可以更加关注业务本身。

A. 简单化　　B. 平台化

C. 服务化　　D. 专一化

24.（　　）是 Google 提出的用于处理海量数据的并行编程模式，是大规模数据集的并行运算的软件架构。

A. GFS　　B. MapReduce

C. Chubby　　D. BigTable

25. 下列不属于人工智能＋大数据＋云计算（合称 ABC）技术应用的是（　　）。

A. 阿里云在疫情期间向全球医院免费开放新冠肺炎 AI 诊断技术

B. 某品牌汽车自动驾驶系统

C. 在 MySQL 中查找所需数据

D. 京东电商机器人售后客服

26. 移动云计算是云计算技术在移动网络中的应用，下列不属于移动云计算优势的是（　　）。

A. 数据存取便捷　　B. 降低管理成本

C. 限制资源的访问　　D. 突破终端硬件限制

27. 下列关于云计算的叙述中，不正确的是（　　）。

A. 云计算可以构造不同的应用，同一个“云”可以同时支撑不同的应用运行

B. 云计算支持用户在任意位置获取应用服务，用户不必考虑应用的具体位置

C. 云计算的扩展性低，一旦需要扩展，则要重新构建全部数据模型

D. 云计算凭借数量庞大的云服务器为用户提供远超单台服务器的处理能力

28. 云计算通过共享（　　）的方法将巨大的系统池连接在一起。

A. CPU　　　　B. 软件

C. 基础资源　　　　D. 处理能力

29. Amazon 公司通过（　　）计算云，可以让客户通过 WebService 方式租用计算机来运行自己的应用程序。

A. S3　　　　B. HDFS

C. EC2　　　　D. GFS

30. 在 IaaS 计算实现机制中，系统管理模块的核心功能是（　　）。

A. 负责节点的负载均衡　　　　B. 监视节点的运行状态

C. 应用 API　　　　D. 节点环境配置

任务9.5　物　联　网

任务描述

了解物联网的概念、基本特征及关键技术，了解智慧地球等相关内容。

知识图谱

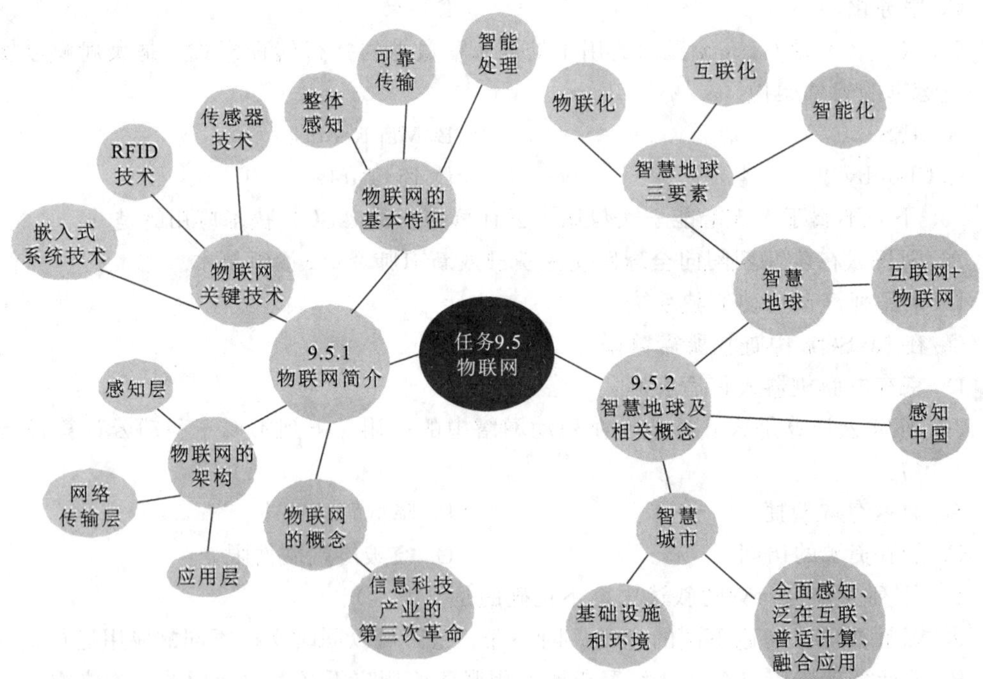

9.5.1　物联网简介

1. 物联网的概念

物联网（internet of things，IOT）的概念最早出现于比尔·盖茨 1995 年《未来之路》一书。在书中，比尔·盖茨已经提及物联网的概念，但受限于当时无线网络、硬件及传感设备，物联网并未引起世人的重视。

1998 年，美国麻省理工学院创造性地提出了当时被称作 EPC 系统的“物联网”的构想。

1999 年，麻省理工学院的凯文·阿什顿（Kevin Ashton）领导建立了自动识别中心（Auto-ID）并明确提出“物联网”的概念。该概念主要是建立在物品编码、RFID 技术和互联网的基础上。

物联网是信息科技产业的第三次革命，是在计算机互联网的基础上，利用 RFID、无线数据通信等技术，构造一个覆盖世界上万事万物的网络。在这个网络中，物品（商品）间能够彼此进行“交流”，而无须人工干预。

2. 物联网设备常见的网络连接方式

物联网设备常见的网络连接方式分为有线连接和无线连接，有线连接包括以太网、RS-485、RS-232、USB 等。无线连接主要有 Wi-Fi、蓝牙、低功耗广域网（LPWAN）、ZigBee、DALL、卫星联网等。

不同的传输方式各有利弊。其中，在网络布局上，长途网络直连基站，无须自行安排网络节点。而远程网络则需要有一个网络节点，先将终端数据传输给该节点，再由该节点接入广域网。与短距离传输相比，长距离传输成本更高，功耗更高。合理使用远程配置，可以有效降低物联网终端的成本。使用 ZigBee 可以在近距离实现低功耗。

要实现低功耗、远距离，需使用窄带物联网 NB-IOT 或 2G 网络。

大数据近距离传输需使用 Wi-Fi，远距离传输则需使用 4G、5G 网络。

3. 物联网关键技术

（1）传感器技术。

传感器技术是物联网技术的核心，也是计算机应用中的关键技术。目前，绝大部分计算机处理的都是数字信号，需要传感器把模拟信号转换成数字信号才能进行处理。例如，通过温度传感器可感知鱼塘水温，通过压力传感器可感知桥梁受力情况。

（2）RFID 技术。

RFID 技术是集无线射频技术和嵌入式技术于一体的综合技术。RFID 在自动识别、物品物流管理等方面有着广阔的应用前景。

射频识别（radio frequency identification，RFID）是一种非接触式的自动识别技术，它通过射频信号自动识别目标对象并获取相关数据，识别工作无须人工干预。RFID 技术可识别高速运动物体并可同时识别多个标签，操作快捷方便。例如，装有电子标签的汽车通过高速公路收费站时能被自动识别，无须停车缴费。

RFID 的电子标签采用了传感器技术，它可以识别单个的非常具体的物体，而条形码只能识别某一类物体；它采用无线电射频，可以透过外部材料读取数据，而条形码必须靠激光来读取信息；它可以同时对多个物体进行识读，而条形码只能逐个读取。

RFID 与二维码同属物联网感知层的重要技术手段，都是实现物联的关键因素。

二维码，在代码编制上巧妙地利用构成计算机内部逻辑基础的"0""1"比特流的概念，使用若干个与二进制相对应的几何形体来表示文字数值信息，通过图像输入设备或光电扫描设备自动识读以实现信息自动处理。二维码具有储存量大、保密性高、追踪性高、抗损性强、成本低等特性，这些特性特别适用于表单、安全保密、追踪、证照、存货盘点、资料备援等方面。

（3）嵌入式系统技术。

嵌入式系统技术是集计算机软硬件、传感器技术、集成电路技术、电子应用技术于一体的复杂技术。经过几十年的演变，以嵌入式系统为特征的智能终端产品随处可见，小到人们身边的智能手机，大到航天航空的卫星系统，都采用了嵌入式系统。嵌入式系统正在改变着人们的生活，推动着工业生产以及国防工业的发展。

4. 物联网的架构

物联网的架构从下到上依次为感知层、网络传输层和应用层。

（1）感知层。

感知层相当于人体的皮肤和五官。物联网的感知层能对物理世界进行智能感知识别、信息采集处理和自动控制，并通过通信模块将物理实体连接到网络传输层和应用层。例如，条码识读器、传感器、摄像头、传感器网络等都属于感知层。

（2）网络传输层。

网络传输层相当于人体的神经中枢和大脑。网络传输层主要实现信息的传递、路由和控制，包括延伸网、接入网和核心网。网络传输层可依托公众电信网和互联网，也可以依托行业专用通信资源，例如 2G 网络、物联网管理中心（编码、认证、鉴权、计费）、3G 网络、物联网信息中心（信息库、计算能力集）、4G 网络、5G 网络等。

（3）应用层。

应用层包括应用基础设施/中间件和各种物联网应用。应用基础设施/中间件为物联网应用提供信息处理、计算等通用基础服务设施、能力及资源调用接口，以此为基础实现物联网在众多领域的应用。例如绿色农业、工业监控、公共安全、城市管理、远程医疗、智能家居、智能交通与环境监测等都属于应用层。

5. 物联网的基本特征

物联网的基本特征可概括为整体感知、可靠传输和智能处理。

（1）整体感知。可以利用射频识别设备、二维码、智能传感器等感知设备感知获取物体的各类信息。

（2）可靠传输。通过对互联网、无线网络的融合，将物体的信息实时、准确地传送，以便实现信息交流、分享。

（3）智能处理。使用各种智能技术，对感知和传送到的数据、信息进行分析处理，

实现监测与控制的智能化。

6. 物联网的典型应用

(1) 物联网传感器产品已率先在上海浦东国际机场防入侵系统中得到应用。机场防入侵系统铺设了三万多个传感节点，覆盖了地面、栅栏和低空探测，可以防止人员的翻越、偷渡、恐怖袭击等攻击性入侵。

(2) ZigBee 路灯控制系统点亮济南国际园博园。ZigBee 无线路灯照明节能环保技术的应用是济南国际园博园的一大亮点。园区所有的功能性照明都采用了 ZigBee 无线技术实现无线路灯控制。

(3) 智能交通系统（ITS）是利用现代信息技术为核心，利用先进的通信、计算机、自动控制、传感器技术，实现对交通的实时控制与指挥管理。交通信息采集被认为是 ITS 的关键子系统，是发展 ITS 的基础，也是交通智能化的前提。无论是交通控制还是交通违章管理系统，都涉及交通动态信息的采集，交通动态信息采集也成为交通智能化的首要任务。

例题解析

例 1　“物联网”概念是在哪一年第一次被提出的？（　　）

A. 1998 年　　B. 1999 年

C. 2000 年　　D. 2001 年

例 2　（　　）是物联网的基础。

A. 互联化　　B. 网络化

C. 感知化　　D. 智能化

例 3　下列哪项是一种新兴的近距离、低功耗的双向无线通信技术，常用于搭建小型物联网？（　　）

A. 红外　　B. Bluetooth

C. 微波　　D. ZigBee

答案： B；B；D

知识点对接： 物联网的相关知识及应用实例。

解析： 例 1 考查的是“物联网”概念首次被提出的年份。物联网的概念最早在 1999 年被提出，当时被称为传感网。物联网旨在将各种信息传感设备与互联网结合起来并形成一个巨大的网络，实现物物相连，故选项 B 正确。例 2 考查的是物联网的基础。物联网的基础是网络化。物联网是指将信息传感设备，如射频识别（RFID）设备、红外感应器、全球定位系统、激光扫描器等装置，与互联网结合起来形成的一个巨大的网络。这些设备通过网络化技术实现互联互通，从而实现对物品的智能化识别、定位、跟踪、监控和管理，故选项 B 正确。例 3 考查的是常用于搭建小型物联网的无线通信技术。ZigBee 是一种新兴的近距离、低功耗的双向无线通信技术，主要用于搭建小型物联网。它具有低功耗、低成本、低复杂度、自组织、高可靠性和高安全性等特点，非常适合用于智能家居、工业自动化、环境监测等领域，故选项 D 正确。

9.5.2 智慧地球及相关概念

1. 智慧地球

2008年11月，IBM提出“智慧地球”概念。

智慧地球有三个要素，即物联化、互联化、智能化（又称“3I”）。把新一代的IT、互联网技术充分运用到各行各业，把感应器嵌入并装备到全球的医院、电网、铁路、桥梁、隧道、公路、建筑、供水系统、大坝、油气管道等，通过互联网形成“物联网”，而后通过超级计算机和云计算，帮助人们以更加精细、动态的方式工作和生活，从而在世界范围内提升“智慧水平”，最终形成“互联网＋物联网＝智慧地球”。

2. 智慧城市

2010年，IBM正式提出了“智慧城市”（smart city）愿景。

IBM经过研究认为，城市由关系到城市主要功能的不同类型的网络、基础设施和环境等核心系统，即组织（人）、业务/政务、交通、通信、水和能源等组成。

智慧城市是以发展更科学、管理更高效、生活更美好为目标，以信息技术和通信技术为支撑，通过透明、充分的信息获取，广泛、安全的信息传递，以及有效、科学的信息处理，提高城市运行效率，提高公共服务水平，形成低碳城市生态圈而构建的新形态城市。智慧城市建设要求通过以移动技术为代表的物联网、云计算等新一代信息技术应用，实现全面感知、泛在互联、普适计算与融合应用。

3. 感知中国

感知中国是中国发展物联网的一种形象称呼，也就是中国的物联网。这一概念旨在描述中国发展物联网的战略，通过在物体上植入微型感应芯片，使其智能化，并借助无线网络实现人与物体、物体与物体之间的“对话”和“交流”。这一战略的提出，标志着中国在物联网领域的发展迈出了重要的一步，旨在攻破核心技术，确保中国在未来物联网的发展中占据领先地位。

例题解析

例1 “智慧地球”概念是由（　　）公司在2008年提出的。

A. Intel　　B. IBM

C. Google　　D. MS

例2 “感知中国”是我国政府为促进哪项技术发展而制定的？（　　）

A. 集成电路技术　　B. 电力汽车技术

C. 新型材料　　D. 物联网技术

例3 物联网是新一代信息技术的重要组成部分，下列哪一项属于物联网的应用范畴？（　　）

A. 打印　　B. 交通

C. 识别　　D. 卫星遥感

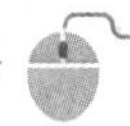

答案： B；D；B

知识点对接： 物联网的概念及发展。

解析： 例 1 中“智慧地球”概念由 IBM 公司在 2008 年 11 月提出，故选 B。例 2 中“感知中国”是我国政府为促进物联网技术发展而提出的概念。物联网技术通过感知设备将物理世界与数字世界紧密相连，实现信息的智能化识别、定位、跟踪、监控和管理，故选 D。例 3 中物联网作为新一代信息技术的重要组成部分，应用范围广泛。在交通领域，物联网技术可以实现车辆信息的实时监测、交通流量的智能调度、交通事故的快速响应等功能，从而提高交通系统的效率和安全性。因此，交通属于物联网的重要应用范畴，故选 B。

同步训练

1. （　　）将取代传统条形码，成为物品标识的最有效手段。

A. 智能条码　　B. 电子标签

C. RFID　　D. 智能标签

2. 下列选项中被称为世界信息产业的第三次浪潮的是（　　）。

A. 计算机　　B. 互联网

C. 信息高速公路　　D. 物联网

3. 在物联网体系架构中，应用层相当于人类的（　　）。

A. 大脑　　B. 皮肤

C. 社会分工　　D. 神经中枢

4. 物联网产业链可以细分为标识、感知、处理和信息传送四个环节。四个环节中，核心环节是（　　）。

A. 标识　　B. 感知

C. 处理　　D. 信息传送

5. 物联网体系构架原则不包含（　　）。

A. 多样性原则　　B. 互联性原则

C. 安全性原则　　D. 复杂性原则

6. 下列属于物联网应用的是（　　）。

A. 无线鼠标控制计算机　　B. 电视遥控器遥控电视

C. 智能公交系统　　D. 网络打印机

7. 射频识别系统中真正的数据载体是（　　）。

A. 天线　　B. 电子标签

C. 读写器　　D. 中间件

8. 下列哪一项不是物联网所具有的特点？（　　）

A. 微型化　　B. 低功耗

C. 密度大　　D. 巨型化

9. 下面哪一项不属于物联网系统？（　　）

A. 传感器模块　　B. 处理器模块

C. 总线　　D. 无线通信模块

10. 物联网的首要设计目标是（　　）。

A. 实现信息传输　　B. 新的通信协议

C. 实现能源的高效利用　　D. 微型化

11. 物联网的核心是（　　）。

A. 应用　　B. 产业

C. 技术　　D. 标准

12. 物联网的全球发展形势可能推动人类提前进入“智能时代”，也称（　　）。

A. 计算时代　　B. 信息时代

C. 互联时代　　D. 物连时代

13. 物联网是指通过某种感知设备，把物体与互联网连接起来，进行信息交换和处理，以实现智能识别、定位、跟踪、监控和管理的网络。下列选项中不宜用来标识物联网中物体的是（　　）。

A. 电子标签　　B. 条形码

C. 二维码　　D. 手写标签

14. 机器人通过各种传感器来感知外部世界，这属于信息技术的（　　）方面。

A. 计算机技术　　B. 通信技术

C. 网络　　D. 感测技术

15. 智能手表能同步手机中的电话、短信、邮件、照片、音乐等，在配对智能手表和手机时，较稳定、便捷的无线连接方式是（　　）。

A. 微波　　B. 红外

C. 蓝牙　　D. 激光

16. 射频识别技术是一种射频信号通过（　　）实现信息传递的技术。

A. 能量变化　　B. 空间耦合

C. 电磁交互　　D. 能量转换

17. 穿戴式智能设备可以满足人们在健身、娱乐等方面的需求。下列叙述中不属于这一类产品的是（　　）。

A. 谷歌眼镜　　B. 健康腕表

C. 智能鞋　　D. 磁疗项圈

18. “嫦娥 2 号”遥测月球的各类遥测仪器或设备、小区保安使用的摄像头以及体检用的超声波仪器等都可以看作（　　）。

A. 传感器　　B. 探测器

C. 感应器　　D. 控制器

19. 物联网发展迅速，这里的“物”必须（　　）。

A. 连接网线　　B. 是感觉媒体

C. 在网络世界中有可被识别的唯一编号　　D. 固定位置后不能够随便移动

20. 要真正建立一个有效的物联网，需要两个重要因素，一个是规模性，另一个是（　　）。

A. 流动性　　B. 智能性

C. 实时性　　D. 可靠性

21. 物联网节点之间的无线通信，一般不会受到下列哪种因素的影响？（　　）

A. 节点能量　　B. 障碍物

C. 天气　　D. 时间

22. 中国有很多智能化的物流公司，它们提供了用户购买的商品在运输过程中的时间、地点、经办人等信息，方便用户查询该商品的物流信息，其获取信息采用的主要技术是（　　）。

A. 电子货币技术　　B. 遥感技术

C. 电子标签技术　　D. 北斗全球定位技术

23. 为了解决停车难的问题，城市管理者通过在停车位上安装传感器来监测是否停放汽车，并将数据上传到云端，驾驶员可以利用移动端程序查询目标位置附近的空闲停车位，这主要是（　　）技术的应用。

A. AI　　B. IOT

C. 大数据　　D. MR

24. 二维码在生活中的应用范围日益扩大，如电子火车票、微信支付等，下列关于二维码技术的叙述，错误的是（　　）。

A. 按一定规律在平面分布的黑白相间的几何图形上记录数据符号信息

B. 通过图像输入设备或光电扫描设备自动识读以获取相关信息

C. 二维码的应用极大地提高了数据采集和信息处理的速度

D. 二维码比普通条形码信息容量小，保密性差

25. 某养老院为老人佩戴了具有监控其脉搏、血压变化功能的胸牌，以便监控中心实时掌握老人们的身体情况，这种"可穿戴"胸牌与监控中心最合理的连接方式是（　　）。

A. Wi-Fi　　B. 红外线

C. 蓝牙　　D. 有线

26. 条形码适用于（　　）领域。

A. 流通　　B. 透明跟踪

C. 性能描述　　D. 智能选择

27. 下列不属于智能家居智能化系统的组成的是（　　）。

A. 家庭安全防范　　B. 家庭设备自动化

C. 家庭通信　　D. 家庭格局合理化

28. 新型智能家居是在互联网影响之下物联化的体现，其设计原则不包括（　　）。

A. 实用便利性　　B. 标准性

C. 轻巧性　　D. 复杂性

29. 人与物、物与物之间的通信被认为是（　　）的突出特点。

A. 以太网　　B. 互联网

C. 泛在网　　　　　　　　　　D. 感知网

30. 近年来我国正在加快物联网的研发应用。以下关于物联网的说法，不正确的是（　　）。

A. 物联网强调人与物、物与物之间的信息交互和共享，不再考虑人与人之间的信息交互和共享

B. 物联网是在互联网的基础上构建的一个覆盖所有人与物的网络信息系统

C. 物联网的基本功能是实现人与人之间的信息交互和共享

D. 支撑物联网的关键技术是 RFID 技术

任务 9.6　区块链等其他新技术

任务描述

了解区块链、比特币、互联网＋、5G 技术等 IT 行业新技术。

知识图谱

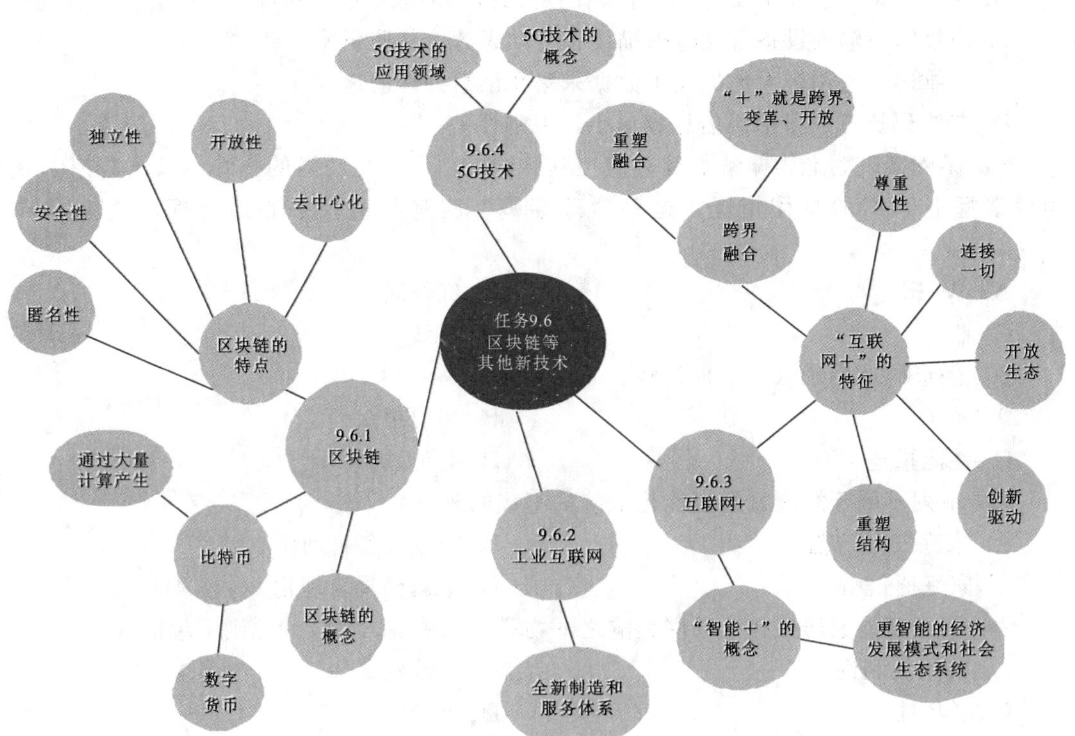

9.6.1　区块链

1. 区块链的概念

区块链（blockchain）是比特币领域的一个重要概念，2008 年由中本聪第一次提出。区块链具有两大核心特点，即数据难以篡改和去中心化。

区块链系统由数据层、网络层、共识层、激励层、合约层和应用层组成。区块链是一种块链式存储、不可篡改、安全可信的去中心化分布式账本，它结合了分布式数据存储、点对点传输、共识机制、加密算法等技术，通过不断增长的数据块链记录交易和信息，确保数据的安全。

2. 区块链的特点

（1）去中心化（分布式）。区块链技术不依赖额外的第三方管理机构或硬件设施，没有中心管制，除了自成一体的区块链本身，通过分布式核算和存储，各个节点实现了信息自我验证、传递和管理。去中心化是区块链最突出、最本质的特征。

（2）开放性（非对称加密）。区块链技术是开源的，除了交易各方的私有信息被加密外，区块链的数据对所有人开放，任何人都可以通过公开的接口查询区块链数据和开发相关应用，因此整个系统信息高度透明。

（3）独立性。基于协商一致的规范和协议（类似比特币采用的哈希算法等各种数学算法），整个区块链系统不依赖其他第三方，所有节点能够在系统内自动安全地验证、交换数据，不需要任何人为的干预。

（4）安全性。只要不能掌控 51%的数据节点，就无法肆意操控修改网络数据，这使区块链本身变得相对安全，避免了主观人为的数据变更。

（5）匿名性。除非有法律规范要求，单从技术上来讲，各区块节点的身份信息不需要公开或验证，信息传递可以匿名进行。

3. 比特币

比特币是一种 P2P 形式的数字货币，比特币不依靠特定货币机构发行，它依据特定算法，通过大量的计算产生，比特币经济使用整个 P2P 网络中众多节点构成的分布式数据库来确认并记录所有的交易行为，并使用密码学的设计来确保货币流通各个环节的安全性。P2P 的去中心化特性与算法本身可以确保无法通过大量制造比特币来人为操控币值。基于密码学的设计可以使比特币只能被真实的拥有者转移或支付。这同样确保了货币所有权与流通交易的匿名性。比特币总数量有限，该货币系统曾在 4 年内只有 1050 万个，之后的总数量也被永久限制在 2100 万个。

例题解析

例 1　下列选项中与区块链技术最不相关的是（　　）。

A. 分布式数据存储　　B. 点对点传输
C. 编译器理论　　D. 加密算法

例 2　以下哪项不是区块链的特性？（　　）

A. 不可篡改　　B. 去中心化
C. 高升值　　D. 可追溯

例 3　区块链是（　　）、点对点传输、共识机制、加密算法等计算机技术的新型应用模式。

A. 中心化数据库　　B. 数据仓库
C. 非链式数据结构　　D. 分布式数据存储

答案：C；C；D

知识点对接：区块链相关概念。

解析：例 1 和例 3 中，区块链是分布式数据存储、点对点传输、共识机制、加密算法等计算机技术的新型应用模式。分布式数据存储是区块链的基础，它允许数据在多个节点上分散存储，保证了数据的安全性和冗余性。点对点传输实现了各节点之间的直接通信，无需中心服务器。例 2 中区块链的核心特性包括不可篡改性、去中心化和可追溯。不可篡改性指的是区块链上的数据一旦记录便难以更改；去中心化则意味着没有单一的中心控制点，所有参与者共同维护数据；可追溯允许用户追踪数据的历史记录。而高升值并非区块链的固有特性，它更多地与区块链应用的经济价值相关，且具有不确定性。

9.6.2　工业互联网

工业互联网（industrial internet of things）是新一代信息通信技术与工业经济深度融合的新型基础设施、应用模式和工业生态，通过对人、机、物、系统等的全面连接，构建起覆盖全产业链、全价值链的全新制造和服务体系，为工业乃至产业数字化、网络化、智能化发展提供了实现途径，是第四次工业革命的重要基石。

网络体系是工业互联网的基础。工业互联网网络体系包括网络互联、数据互通和标识解析三部分。

“网络”是支撑工业数据传输交换和工业互联网发展的基础，“数据”是工业智能化的核心驱动，“安全”是网络与数据在工业中应用的重要保障。

工业互联网通过系统构建网络、平台、安全三大功能体系，打造人、机、物全面互联，其本质和核心是通过工业互联网平台把设备、生产线、工厂、供应商、产品和客户紧密地连接融合起来，实现全要素、全产业链、全价值链的连接。通过搭建工业互联网平台，加快工业数据整合，消除信息孤岛，提高数据资源应用价值。帮助制造业拉长产业链，形成跨设备、跨系统、跨厂区、跨地区的互联互通，从而提高效率，推动整个制造服务体系智能化，以及推动制造业融通发展，实现制造业和服务业之间的跨越发展，使工业经济各种要素资源能够高效共享。

工业互联网重点构建三大优化闭环，即面向机器设备运行优化的闭环，面向生产运营决策优化的闭环，以及面向企业协同、用户交互与产品服务优化的全产业链、全价值链的闭环，形成智能化生产、网络化协同、个性化定制、服务化延伸四大应用模式。

例题解析

例 1　“工业互联网”的概念最早由（　　）公司于 2012 年提出。

A. IBM　　　　B. 思科

C. 英特尔　　　　D. 通用电气

例 2　工业互联网是全球（　　）与高级计算、分析、传感技术以及互联网连接融合的一种结果。

A. 工业系统　　　　B. 工业设计

C. 工业生产　　　　D. 工业技术

例 3　我们国家提出并部署了“工业互联网的超融合”，下列关于它的说法，错误的是（　　）。

A. 工业互联网有利于推动制造业融通发展，使工业经济各种要素资源能够高效共享

B. 工业互联网是分布式数据存储、点对点传输、共识机制、加密算法等计算机技术的新型应用模式

C. 工业互联网通过智能机器间的连接并最终将人机连接，重构全球工业、激发生产力

D. 工业互联网是全球工业系统与高级计算、分析、传感技术及互联网的高度融合

答案：D；A；B

知识点对接：工业互联网相关知识。

解析：例 1 考查的是“工业互联网”概念的起源。工业互联网的概念最早由美国通用电气公司（general electric，GE）在 2012 年提出，旨在通过智能机器间的连接并最终将人机连接，结合软件和大数据分析，重构全球工业、激发生产力，故选 D。例 2 考查的是工业互联网的定义和构成要素。工业互联网是全球工业系统与高级计算、分析、传感技术以及互联网连接融合的一种结果。它代表了新一代信息技术与制造业深度融合的产物，通过人、机、物的全面互联，实现全要素、全产业链、全价值链的全面连接，故选 A。例 3 考查的是我国工业互联网的发展。工业互联网的超融合是我国提出并部署的一项重要战略，旨在推动制造业的高质量发展。A 选项描述了工业互联网对于制造业融通发展的推动作用，是正确的；C 选项阐述了工业互联网通过智能机器间的连接重构全球工业、激发生产力的目标，也是正确的；D 选项再次强调了工业互联网是全球工业系统与高级计算、分析、传感技术及互联网的高度融合，与工业互联网的定义相符，也是正确的。而 B 选项错误地将区块链的定义套用到工业互联网上，工业互联网并不等同于区块链技术，故选 B。

9.6.3 互联网+

1. “互联网+”的概念

2012 年 11 月，易观国际董事长兼首席执行官于扬首次提出“互联网+”的概念。

“互联网+”依托互联网信息技术，实现互联网与传统产业的联合，以优化生产要素、更新业务体系、重构商业模式等途径来完成经济转型和升级。“互联网+”计划的目的在于充分发挥互联网的优势，将互联网与传统产业深度融合，以产业升级提升经济生产力，最后实现社会财富的增加。“互联网+”有如下六大特征。

(1) 跨界融合。“+”就是跨界，就是变革，就是开放，就是重塑融合。敢于跨界，创新的基础就更坚实；融合协同了，群体智能才会实现，从研发到产业化的路径才会更垂直。融合本身也指代身份的融合，包括客户消费转化为投资伙伴参与创新等。

(2) 创新驱动。中国粗放的资源驱动型增长方式早就难以为继，必须转变到创新驱动发展这条正确的道路上来。这正是互联网的特质，用所谓的互联网思维来求变、自我革命，也更能发挥创新的力量。

(3) 重塑结构。信息革命、全球化、互联网行业打破了原有的社会结构、经济结构、地缘结构、文化结构。权力、议事规则、话语权在不断发生变化。例如，“互联网+社会治理”的这种虚拟社会治理方式重塑了传统的社会治理。

(4) 尊重人性。人性的光辉是推动科技进步、经济增长、社会进步、文化繁荣的最根本的力量，互联网的力量之强大最根本的也来源于对人性的最大限度的尊重以及对人的创造性发挥的重视。

(5) 开放生态。对于“互联网+”，生态是非常重要的特征，而生态的本身就是开放的。我们推进“互联网+”其中一个重要的方向就是要把过去制约创新的环节化解掉，把孤岛式创新连接起来，以人为核心，紧密贴合市场需求；同时，为创业者和努力奋斗者搭建平台，让他们的价值得以实现。

(6) 连接一切。连接是有层次的，连接一切是“互联网+”的目标。

2. “智能+”的概念

“智能+”是“互联网+”的更进一步，是以更智能的机器、更智能的网络、更智能的交互创造出更智能的经济发展模式和社会生态系统。人工智能是推动互联网下一轮升级和变革的核心引擎。以人为核心，基于互联网技术，如云计算、物联网、大数据、人工智能等在内的生态与系统形成高度信息对称、和谐与高效运转的社会生态，是“智能+”的标志。

“智能+”体现了基于数字革命的人工智能技术对社会生产的全新赋能。“互联网+”解决的是通信问题；“智能+”解决的是效率问题，是一项更长远的规划。

例题解析

例 1　“互联网＋”的本质是传统产业的（　　）。

A. 信息化　　B. 在线化

C. 现代化　　D. 工业化

例 2　（　　）的本质是通过信息化技术，促进各领域、各产业的融合，提高产业自动化和经营水平，全面提高产业竞争力。

A. 物联网　　B. 云计算

C. 互联网＋　　D. 深度学习

例 3　国家推出的“互联网＋”战略，本质上体现的是（　　）驱动。

A. 服务化　　B. 信息化

C. 产业化　　D. 智能化

答案： A；C；B

知识点对接：“互联网＋”的相关知识。

解析：“互联网＋”的本质在于推动传统产业的信息化进程，通过互联网技术将传统产业与信息技术深度融合，实现产业升级和转型，它不局限于某一领域或产业，而是广泛促进各领域、各产业的深度融合。国家推出的“互联网＋”战略，其核心在于通过信息化手段，推动经济社会各领域的深刻变革和创新发展，这体现了信息化作为核心驱动力的重要性。

9.6.4　5G 技术

1. 5G 技术的概念

第五代移动通信技术（5th generation mobile communication technology），又称 5G 技术，是一种具有高速率、低时延和大连接特点的新一代宽带移动通信技术。5G 通信设施是实现人、机、物互联的网络基础设施。其峰值理论传输速率可达 20 Gbps，合 2.5 GB/s，比 4G 网络的传输速率快 10 倍以上。

国际电信联盟（ITU）定义了 5G 技术的三大类应用场景，即增强型移动宽带（eMBB）、超高可靠与低时延通信（uRLLC）和大规模机器型通信（mMTC）。

增强型移动宽带（eMBB）主要应对移动互联网流量的爆炸式增长，为移动互联网用户提供更加极致的应用体验；超高可靠与低时延通信（uRLLC）主要面向工业控制、远程医疗、自动驾驶等对时延和可靠性具有极高要求的垂直行业应用需求；大规模机器型通信（mMTC）主要面向智慧城市、智能家居、环境监测等以传感和数据采集为目标的应用需求。

为满足 5G 多样化的应用场景需求，5G 的关键性能指标更加多元化。高速率、低时延、大连接成为5G最突出的特征。2019年6月6日，工信部正式向中国电信、中国移动、中国联通、中国广电发放5G商用牌照，中国正式进入5G商用元年。

2. 5G技术的应用领域

① 智能城市。5G技术将帮助城市实现智能交通、智能能源管理、智能医疗和智能安全等应用，提高了城市管理的效率和生活质量。

② 物联网。5G技术的大容量和低功耗特性使其成为连接数十亿物联网设备的理想选择，广泛用于家庭自动化、工业生产、农业和环境监测等领域。

③ 虚拟现实（VR）和增强现实（AR）。5G的低时延和高速度为虚拟现实体验和增强现实体验提供了支持，推动了娱乐、教育和医疗领域的创新。

④ 医疗保健。5G技术使远程医疗诊断和手术成为可能，提高了医疗保健的可及性和效率。

⑤ 自动驾驶汽车。5G网络的低时延将有助于实现自动驾驶汽车的实时通信和协作，提高交通安全性和交通效率。

例题解析

例1 “4G改变生活，5G改变社会”，5G是一个全新的通信技术，对5G技术的理解，错误的是（　　）。

A. 5G技术主要是提高了网络传输速率，它与人工智能、物联网等技术没多大关系

B. 5G技术不只是人与人之间的通信，虚拟现实、3D息影都将成为现实

C. 5G技术为虚拟现实、智能驾驶等提供了创新动力

D. 随着5G技术的发展，人类可能进入了万物互联的时代

例2 5G技术是第五代移动通信技术的简称，是最新一代蜂窝移动通信技术，下列选项不属于5G技术应用场景的是（　　）。

A. 无人驾驶　　B. 物联网

C. AR/VR　　D. 智能制造

例3 5G技术不仅提升了用户的网络体验，还可满足万物互联的应用需求。以下应用5G技术的是（　　）。

A. 无人驾驶、智慧城市、3D打印、智慧物流

B. 智慧城市、3D打印、条形码、智慧物流

C. 智能家居、无人驾驶、智慧城市、智慧物流

D. 条形码、对讲机、3D打印、智慧物流

答案：A；D；C

知识点对接：5G技术相关概念。

解析：例1考查的是对5G技术的理解。5G技术不仅提高了网络传输速率，更是新一代信息技术的重要组成部分。5G基于高速率、低时延和大连接特性为人工智能、物联网等技术的发展提供了强有力的支持。因此，A选项错误。例2考查的是5G技术的

应用场景。5G 技术被广泛应用于多个领域。无人驾驶、物联网和 AR/VR 都是 5G 的重要应用场景。然而，智能制造虽然是一个重要的技术方向，但并不特指 5G 技术的应用场景，而是指通过信息技术提升制造业的整体水平，故选 D。例 3 考查的是 5G 技术的应用实例。5G 技术因其卓越的性能，被广泛应用于多个领域，包括智能家居、无人驾驶、智慧城市和智慧物流等。A 选项中的 3D 打印虽然是一项重要技术，但并不特指 5G 技术的应用；B 选项中的条形码与 5G 技术无直接关联；D 选项中的对讲机同样不是 5G 技术的应用，故选 C。

同步训练

1. 工业互联网的英文缩写是（　　）。

A. CI　　B. IIIT
C. IIC　　D. IIoT

2. 下列哪项不是工业互联网的特性？（　　）

A. 连接性　　B. 集成性
C. 安全性　　D. 可移植性

3. 下列哪项技术不是工业互联网中常用的数据采集方式？（　　）

A. 传感器　　B. RFID
C. 二维码　　D. 卫星通信

4. 工业互联网的主要应用场景不包括（　　）。

A. 智能制造　　B. 智慧城市
C. 电子商务　　D. 智慧医疗

5. 下列哪项不是工业互联网面临的主要安全挑战？（　　）

A. 数据泄露　　B. 设备物理损坏
C. 网络安全　　D. 应用安全

6. “互联网＋”的含义是（　　）。

A. 将互联网应用于传统行业，实现创新发展
B. 在互联网上直接进行商业活动
C. 创造性地利用互联网资源
D. 扩大互联网在生活中的应用范围

7. 互联网经济的核心特征是（　　）。

A. 虚拟性　　B. 突破空间限制
C. 实时性　　D. 以上都是

8. （　　）技术不是“互联网＋”应用的基础。

A. 云计算　　B. 大数据
C. 人工智能　　D. 传统机械加工技术

9. “智能+”行动计划是由（　　）提出的，旨在推动人工智能技术在各领域的深度融合与应用。

A. 美国　　B. 中国

C. 日本　　D. 德国

10. “智能+”制造业的发展趋势是（　　）。

A. 智能化生产、网络化协同、个性化定制

B. 扩大生产规模、提高产量、降低生产成本

C. 加强市场营销、提高品牌知名度、拓展国际市场

D. 引进国外技术、提高产品质量、实现产业升级

11. 区块链技术最早与（　　）概念紧密相关。

A. 比特币　　B. 以太坊

C. 区块链游戏　　D. 互联网金融

12. 下列哪项不是区块链技术面临的挑战？（　　）

A. 隐私保护　　B. 可扩展性

C. 能源消耗　　D. 数据真实性

13. 区块链中的每个区块通过（　　）与前一个区块相连接。

A. 时间戳　　B. 哈希值

C. 交易数据　　D. 区块大小

14. 下列哪项不是区块链的基本组成部分？（　　）

A. 区块　　B. 链

C. 矿工　　D. 加密算法

15. 区块链技术中的“共识机制”主要用于实现（　　）。

A. 节点间的数据同步　　B. 数据加密

C. 数据存储　　D. 节点间的信任建立

16. 区块链中的“共识机制”主要解决（　　）。

A. 数据存储的一致性问题　　B. 加密货币的价值波动问题

C. 网络的安全性问题　　D. 区块的生成速度问题

17. 区块链技术面临的主要挑战之一是（　　）。

A. 数据安全性　　B. 可扩展性

C. 加密算法的强度　　D. 区块的生成难度

18. 区块链技术中的“去中心化”意味着（　　）。

A. 没有任何中心节点控制网络　　B. 网络中的所有节点都是平等的

C. 数据存储在多个节点上以提高安全性　　D. 以上都是

19. 相比 4G 技术，5G 技术最大的优势是具有（　　）。

A. 更高的传输速率　　B. 更低的延迟

C. 更大的网络容量　　D. 更好的移动性能

20. 5G 技术的主要目标是（　　）。

A. 提供更高速的数据传输　　B. 支持大规模物联网设备连接

C. 延长电池续航时间　　D. 提供更安全的通信系统

21. 5G 网络可以支持的最高下载速度是（　　）。

A. 100 Mbps　　B. 1 Gbps

C. 10 Gbps　　D. 100 Gbps

22. 下列哪项不是 5G 技术的应用领域？（　　）

A. 智能制造　　B. 远程医疗

C. 自动驾驶　　D. 传统电话服务

23. 4G 网络下载速度可达 100 Mbps，如果以不低于 50 Mbps 的速度下载一部 1 GB 的高清电影，大约需要（　　）。

A. 10 秒　　B. 20 秒

C. 1 分钟　　D. 3 分钟

24.（　　）体现了基于数字革命的人工智能技术对社会生产的全新赋能，解决的是提高效率的问题，是一项更长远的规划。

A. 互联网＋　　B. 智能＋

C. 深度学习　　D. 分布式计算

25. 下列选项中不是移动互联网的关键技术的是（　　）。

A. 计算机产业的全覆盖　　B. 数据压缩与缓存

C. 无线网络的全面覆盖　　D. 网络中的安全性保障

26. 有关部门正引导着整个互联网企业，从以往的无序扩张、野蛮生长，向精耕细作的新时代转型，从以前的消费互联网模式，向由科技主导的互联网时代发展，（　　）是大势所趋。

A. 合规　　B. 高效

C. 稳定　　D. 合作

27. 下列哪项技术可以让运营商在一种硬件基础设施中切分出多种虚拟的端到端网络？（　　）

A. 网络切片技术　　B. 网络优化技术

C. 网络隔离技术　　D. 网络传播技术

28. 在移动互联网的关键技术中，（　　）是页面展示技术。

A. SOA　　B. Android

C. HTML5　　D. WebService

29. 比特币的挖矿过程主要依赖于（　　）。

A. 特定的硬件设备　　B. 高超的计算技能

C. 大量的资金投入　　D. 区块链网络的安全性

30. 比特币的交易记录是（　　）的。

A. 存储在中央银行数据库中　　B. 存储在分布式账本中

C. 存储在交易双方的计算机上　　D. 存储在第三方支付平台上

模块测试

1. 人工智能在自动驾驶领域的应用主要依赖于（　　）。

A. 物联网技术　　B. 区块链技术

C. 传感器技术和机器学习算法　　D. 5G 通信技术

2. 模式识别的主要目的是（　　）。

A. 数据存储　　B. 数据压缩

C. 自动分类和识别　　D. 网络通信

3. 在模式识别系统中，（　　）步骤负责从原始数据中提取有用信息。

A. 数据获取　　B. 特征提取

C. 分类决策　　D. 结果输出

4. 在专家系统中，知识库级知识主要指的是（　　）。

A. 动态数据　　B. 专家知识

C. 元知识　　D. 用户输入的事实

5. 专家系统的人机接口主要用于（　　）。

A. 存储领域知识　　B. 执行推理过程

C. 实现系统与用户之间的交互　　D. 管理知识库

6. 下列哪种方法常用于数据的预处理阶段？（　　）

A. 回归分析　　B. 数据清洗

C. 主成分分析　　D. 聚类分析

7. 云计算支持用户在任意位置、使用各种终端获取应用服务，这说明云计算具有（　　）特点。

A. 通用性　　B. 可扩展性高

C. 可靠性高　　D. 虚拟化

8. 大数据最显著的特征是（　　）。

A. 数据规模大　　B. 数据类型多样

C. 数据处理速度快　　D. 数据价值密度高

9. 大数据的发展，使信息技术变革的重点转向关注（　　）。

A. 信息本身　　B. 数字

C. 文字　　D. 方位

10. 大数据环境下的隐私担忧主要表现为（　　）。

A. 个人信息被识别与暴露　　B. 用户画像的生成

C. 恶意广告的推送　　D. 病毒入侵

11. 大数据是指不采用随机分析法采集数据，而是采用（　　）进行分析处理。

A. 所有数据　　B. 绝大部分数据

C. 适量数据　　D. 少量数据

12. 在数据挖掘中，特征选择的主要目的是（　　）。

A. 增加数据的维度　　B. 减少计算复杂度并提高模型性能

C. 发现所有可能的数据模式　　D. 确保数据的完整性

13. 下列哪项不是数据挖掘的核心概念之一？（　　）

A. 数据预处理　　B. 数据挖掘算法

C. 数据传输协议　　D. 模型评估

14. 数据挖掘的主要目的是（　　）。

A. 存储大量数据　　B. 删除无用数据

C. 从大量数据中提取有价值的信息　　D. 确保数据安全性

15. 下列哪项技术不是虚拟现实系统的关键技术？（　　）

A. 三维建模技术　　B. 实时渲染技术

C. 数据压缩技术　　D. 交互感知技术

16. 增强现实技术中，用于将虚拟信息融合到真实环境中的技术是（　　）。

A. 图像识别技术　　B. 深度感知技术

C. 场景融合技术　　D. 语音识别技术

17. 增强现实技术是在（　　）基础上发展起来的。

A. 虚拟现实技术　　B. 计算机技术

C. 通信技术　　D. 多媒体技术及仿真技术

18. 混合现实技术中的“空间映射”功能是指（　　）。

A. 对真实环境进行三维建模

B. 在虚拟世界中创建新场景

C. 将虚拟对象固定在真实世界的特定位置

D. 实时跟踪用户的眼球运动

19. 混合现实技术中的“全息影像”是如何实现的？（　　）

A. 通过特殊材料直接投影到空气中

B. 利用光学原理在特定介质上形成立体影像

C. 完全依赖于计算机生成的图像

D. 无需任何介质即可直接呈现

20. 云计算的核心思想是（　　）。

A. 将所有计算任务集中在超级计算机上完成

B. 将计算资源、存储资源和网络资源封装成一个独立的虚拟环境，以服务的形式提供给用户

C. 仅通过网络提供软件服务，无需用户安装

D. 实现全球范围内的数据共享和协同工作

21. 以下哪项协议不是云计算中常用的协议？（　　）

A. HTTP　　B. HTTPS

C. SSH　　D. FTP

22. 以下哪项不是云计算的发展趋势？（　　）

A. 边缘计算与云计算的融合　　B. 人工智能与云计算的深度融合

C. 云计算技术的完全标准化　　D. 多云混合云策略的普及

23. 以下哪项不是并行算法设计的关键考虑因素？（　　）

A. 数据划分　　B. 通信开销

C. 负载均衡　　D. 用户界面友好性

24. 2016 年 7 月，（　　）和世纪互联共同启动了区块链合作项目。

A. 上海财经大学　　B. 中央财经大学

C. 北京对外经济贸易大学　　D. 西南财经大学

25. 区块链运用的技术不包含（　　）。

A. P2P 网络　　B. 密码学

C. 大数据　　D. 共识算法

26. 区块链在（　　）网络环境下实现和管理事务处理。

A. 共享式　　B. 集中式

C. 关系式　　D. 分布式

27. 区块链技术起源于（　　）。

A. 分布式协同信任的需求　　B. 分布式高阶信任基础设施

C. 人类对自由的追求　　D. 构建未来社会治理的信任基石的目的

28. 区块链是（　　）领域的一个术语。

A. 地区　　B. 信息技术

C. 人文　　D. 地理

29. 关于区块链的描述，不正确的是（　　）。

A. 区块链的共识机制可有效防止记账节点信息被篡改

B. 区块链可在不可信的网络进行可信的信息交换

C. 存储在区块链的交易信息是高度加密的

D. 区块链是一个分布式共享账本和数据库

30. 下列哪项不是物联网的架构层次？（　　）

A. 感知层　　B. 网络传输层

C. 应用层　　D. 存储层

31. 物联网技术在工业领域的应用通常被称为（　　）。

A. 工业互联网　　B. 工业 4.0

C. 智能工业　　D. 以上都是

32. 根据调研，就政府而言，智慧城市建设中的首要重点在于（　　）。

A. 数据采集与获取　　B. 网络基础设施建设

C. 信息资源整合和共享　　D. 单纯追求技术先进性

33. 阿里达摩院预测 2020 年科技趋势之一的技术是“工业互联网的超融合”，下列关于它的说法，错误的是（　　）。

A. 工业互联网是全球工业系统与高级计算、分析、传感技术及互联网的高度融合

B. 工业互联网通过智能机器间的连接并最终将人机连接，重构全球工业、激发生产力

C. 工业互联网有利于推动制造业融通发展，使工业经济各种要素资源能够高效共享

D. 工业互联网是分布式数据存储、点对点传输、共识机制、加密算法等计算机技术的新型应用模式

34. 工业互联网通过（　　）间的连接并最终将人机连接。

A. 工业机器　　B. 智能机器

C. 人工智能　　D. 机器人

35. 在工业互联网的各项技术中，（　　）是基础。

A. 工业技术　　B. 机器

C. 人　　D. 互联

36. 互联互通是反垄断的举措之一，更是为了（　　）。

A. 降低交易成本　　B. 促进创新创业

C. 推进平台之间的长远良性发展　　D. 以上都是

37. 以下哪项不是“互联网＋”在交通领域的应用？（　　）

A. 智能物流配送　　B. 便捷化交通运输服务

C. 自动驾驶技术研发　　D. 传统出租车行业

38. 在“互联网＋”时代，数据的重要性体现为（　　）。

A. 作为新的生产要素　　B. 仅仅作为存储的信息

C. 替代传统劳动力　　D. 无实际价值

39. 以下哪项不是 5G 的关键技术？（　　）

A. 大规模多天线技术　　B. 超密集组网技术

C. 蓝牙技术　　D. 全频谱接入技术

40. 5G 网络切片技术主要用于满足（　　）需求。

A. 提高数据传输速率　　B. 降低时延

C. 不同应用场景的定制化网络服务　　D. 增大网络覆盖范围

模块 10　信息技术应用创新

模块概述

在数字化浪潮中，信息技术应用创新是推动社会进步与产业升级的关键力量。信息技术应用创新是数据安全、网络安全的基础，也是新基建的重要组成部分。通过本模块的学习，可以掌握前沿信息技术，提升创新能力，加速数字化转型，增强竞争力。

考纲解读

了解国产化替代、信息技术应用创新相关内容，了解国产芯片、操作系统、中间件、数据库、安全等行业应用的相关知识。

模块导图

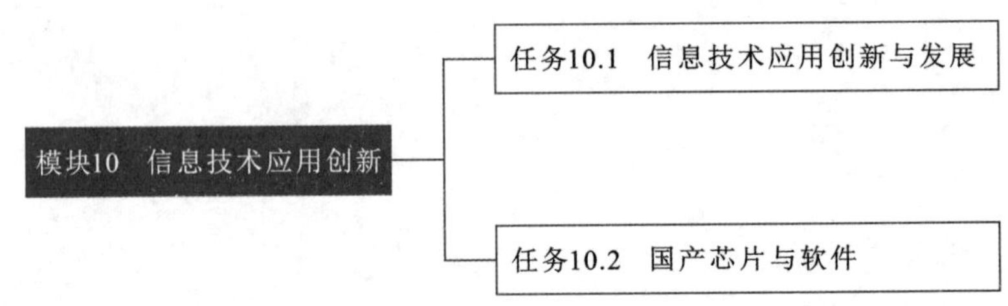

任务 10.1　信息技术应用创新与发展

任务描述

了解国产化替代、信息技术应用创新、信息安全行业发展等相关内容。

知识图谱

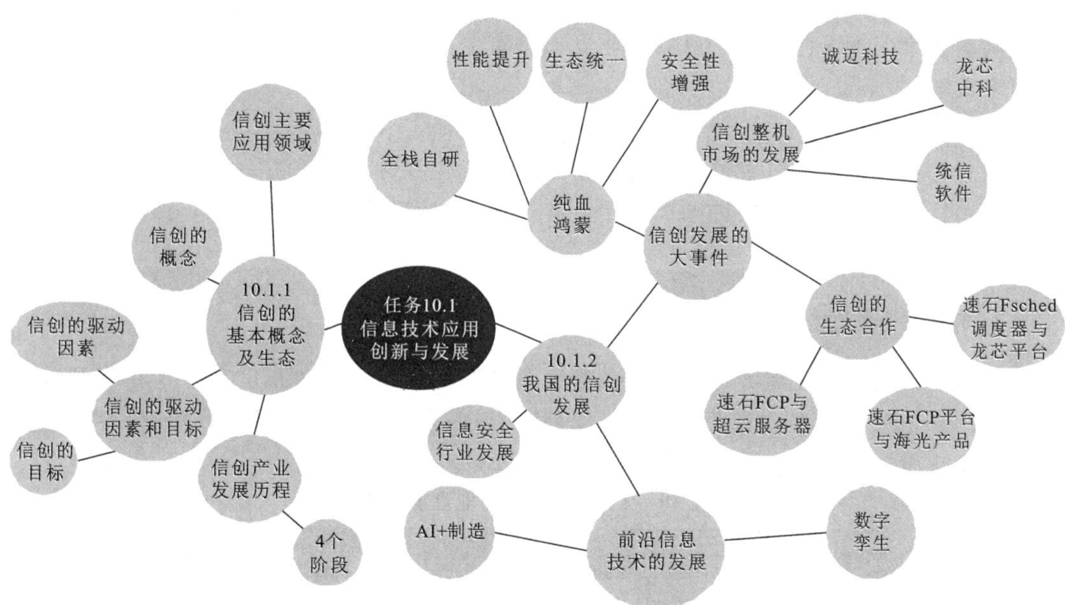

10.1.1　信创的基本概念及生态

1. 信创的概念

信创全称为信息技术应用创新产业，其本质是发展国产信息产业，力争在计算机信息技术等软硬件方面摆脱国外依赖，逐步实现国产替代化。它与 863 计划（国家高技术研究发展计划）、973 计划（国家重点基础研究发展计划）以及“核高基”国家科技重大专项相衔接。

2016 年 3 月，专业从事软硬件关键技术研究及应用的国内单位，共同发起成立了一个非营利性社会组织，并将其命名为“信息技术应用创新工作委员会”，简称“信创工委会”，这就是“信创”这个词的最早由来。

2020 年是信创产业全面推广的起点。我国国产基础软硬件从“不可用”发展为“可用”，并正在向“好用”演变。信创产业作为“新基建”的重要内容，成为拉动经济发展的重要抓手之一。国产 CPU 和操作系统是信创产业的根基，也是信创产业中技术壁垒最高的环节，技术领先、具备生态优势的公司有望脱颖而出。

2. 信创的驱动因素和目标

（1）信创的驱动因素。

信创的驱动因素有四个：一是操作系统、数据库、工业软件等多个关键领域核心产品被海外厂商垄断，“缺芯少魂”现象依然存在；二是产业链不完整，导致关键环节被“卡脖子”，在国际上的产业竞争优势不足，甚至出现直接掐断优势的现象；三是在经济建设中高水平的科技技术的自立自强，目前“数字经济”建设底层的软硬件关键领域仍被海外制约；四是国家安全依然具有潜在风险，以“棱镜门”为代表的事件严重威胁国家安全。还有多个事件表明，信创产业发展是事关国家网络安全、信息安全、数据安全的国之大事。

（2）信创的目标。

信创的核心是建立自主可控的信息技术底层架构和标准，在芯片、传感器、基础软件、应用软件等领域全面推进国产替代，实现信息技术领域的自主可控，最终目的是保障国家信息安全。

3. 信创产业发展历程

中国的信创产业发展大体可以概括为以下四个发展阶段：1993—2007 年的预研起步阶段，2008—2016 年的加速发展阶段，2017—2019 年的试验实践阶段，2020 年至今的应用落地阶段。具体如表 10-1-1 所示。

表 10-1-1　中国信创产业发展历程

阶段（时间）	标志事件	政策层面
预研起步阶段（1993—2007 年）	（1）1993 年，中软推出第一代基于 UNIX 的国产 Linux 操作系统“COSIX1.0”，浪潮研发 SMP2000 系列服务器； （2）进入 21 世纪，红旗 Linux、方舟 1 号 CPU 陆续问世	《国家中长期科学和技术发展规划纲要（2006—2020 年）》将“核高基”列为 16 个重大科技专项之一
加速发展阶段（2008—2016 年）	（1）阿里巴巴提出去 IOE，全面进行自主和可控研发； （2）“中标 Linux”和“银河麒麟”合并； （3）“浪潮天梭 K1”系统的上市，标志着中国掌握新一代主机技术	信创工委会成立。《国家信息化发展战略纲要》提出，到 2025 年形成安全可控的信息技术产业体系

续表

阶段（时间）	标志事件	政策层面
试验实践阶段（2017—2019 年）	（1）国产 CPU 发展迅猛，兆芯 KX-6000 亮相，性能极大提升；飞腾发布新一代桌面处理器 FT-2000/4； （2）在金融行业，中国建设银行与中软国际合作开发的国产化办公自动化系统在境内外分支机构全面部署上线	2017 年，“核高基”国家科技重大专项第二批工程启动会召开，并于 2019 年完成多个重点专项试验工程
应用落地阶段（2020 年至今）	（1）在电信行业，中国电信、中国移动招标指定国产化标包； （2）各省份信创项目已逐步启动，进行招标； （3）在金融行业，建设银行信用卡核心系统全栈信创体系以优异成绩通过验收，性能提升超 10%	国家发改委、科技部、工信部等联合发布《关于扩大战略性新兴产业投资培育壮大新增长点增长极的指导意见》，要求加快关键芯片、关键软件等核心技术攻关，大力推动重点工程及项目建设，积极扩大合理有效投资

4. 信创主要应用领域

信创主要应用领域有基础设施、基础软件、应用软件、信息安全。其中，基础设施主要包括芯片、服务器/PC、存储等，基础软件包括数据库、操作系统、中间件等，应用软件包括办公软件、企业资源计划（ERP）和其他软件等，信息安全包括硬件安全、软件安全、安全服务等。

例题解析

例 1　信创产业的核心目标是什么？（　　）

A. 实现技术垄断　　B. 扩大市场份额

C. 实现信息技术自主可控　　D. 降低生产成本

例 2　在中国工程院多位院士的倡导下，由中国电子信息产业集团有限公司、中国电子科技集团有限公司、中国软件行业协会等企业和机构共同发起了（　　），以改变国产操作系统缺乏软件和硬件支持的情况。

A. 中国智能终端操作系统产业联盟　　B. 中国软件产业联盟

C. 中国电子产业联盟　　D. 中国信创联盟

例 3　信创涉及党政等行业应用，不包含（　　）。

A. 金融、石油　　B. 电力、电信

C. 教育、交通　　D. 心理、宗教

答案： C；A；D

知识点对接： 信创产业的目标、发起单位及应用。

解析： 在“十四五”规划中，信创产业被明确作为重点支持对象，旨在推动信息技术应用创新，提升国家信息化水平。例 1 中针对信创产业，核心目标是通过自主研发和创新，实现信息技术自主可控，从而摆脱对外部技术的依赖，提升国家的信息安全水平和产业竞争力。例 2 中，为增强中国网络空间安全，相关政、产、学、研、用各界共同发起组建了“中国智能终端操作系统产业联盟”。例 3 中，针对信创产业，国家提出了“2＋8＋N”体系，并按照这个顺序逐步实现国产化替代。其中，“2”是指党、政，“8”是指关于国计民生的八大行业，即金融、电力、电信、石油、交通、教育、医疗、航空航天，“N”则指的是汽车、物流等各行各业。

10.1.2 我国的信创发展

1. 信创发展的大事件

(1) 鸿蒙操作系统的发展。

在 2024 年 6 月 21 日的华为开发者大会（HDC）上，华为官宣了“纯血鸿蒙”（HarmonyOS NEXT）操作系统将于 2024 年 3 季度正式投产。这一消息标志着鸿蒙系统进入了一个新的发展阶段，它不再仅仅是基于安卓的兼容版本，而是实现了从内到外的全栈自研。“纯血鸿蒙”的特点与优势如下。

① 全栈自研。“纯血鸿蒙”从操作系统内核、文件系统到编程语言、编译器/运行时、编程框架，再到设计系统、集成开发环境以及 AI 框架和大模型等，全部实现了自研，不再依赖第三方技术。

② 性能提升。据华为介绍，“纯血鸿蒙”通过系统架构的大胆创新和软硬芯云的深度整合，整机性能提升超过 30%。此外，其分布式软总线技术也带来了连接速度和连接设备数量的显著提升。

③ 生态统一。“纯血鸿蒙”实现了“一个系统，统一生态”，即手机、平板、智能屏等设备都可以共享一个系统，开发者只需开发维护一个鸿蒙原生应用版本，便可在不同设备上带给消费者一致的体验。

④ 安全性增强。“纯血鸿蒙”采用了全新星盾安全架构，从源头建立有序规则和管理机制，为用户提供智能安全的应用服务、纯净的生态体验、可控的隐私保护和数据保护。

(2) 信创整机市场的发展。

多家企业如诚迈科技携手龙芯中科、统信软件等发布了面向行业数智化、国产化的信创整机产品，如望龙电脑等，推动了信创整机市场的发展。

望龙电脑基于龙芯 3A6000 处理器，搭载统信 UOS 专业版操作系统，实现了软硬件的深度结合优化。该产品具备 8 秒开机、全面支持在线 AI 大模型和端侧 AI 等特性，能够满足中国行业用户对本土化 IT 产品的需求。

（3）信创的生态合作。

速石科技分别与龙芯、海光、超云等完成产品兼容互认证，进一步拓宽了信创生态版图。

① 速石 Fsched 调度器与龙芯平台。

速石旗下 Fsched 调度器完全兼容龙芯 3C5000/3C5000L 平台，能稳定高效地在 LoongArch 架构上运行，实现大规模计算任务的高效调度和管理。Fsched 调度器内置智能调度策略，能够管理包括 CPU、GPU、许可证、内存等多种异构资源，有效提升集群生命周期管理和项目研发效率。

② 速石 FCP 平台与海光产品。

速石 FCP 平台与海光人工智能加速卡 DCU 系列及海光 3000、5000、7000 系列 CPU 兼容性良好，可以可靠、稳定、高性能地运行，支持多样化应用场景。速石 FCP 能够快速构建企业本地研发环境，高效管理用户资源，并支持混合云架构。

③ 速石 FCP 与超云服务器。

速石 FCP 能够完全兼容超云 x86 服务器 R5210 G11/G12、R5215 G11/G12、R6240 G11/G12，运行稳定，为各类信息化应用提供保障。速石 FCP 既能高效管理本地环境，又能覆盖多区域及混合云等复杂研发环境，满足多种业务场景需求。

2. 信息安全行业发展

信息安全行业的特点是“产品（硬件＋软件）＋服务＋体制”共同作用，以行业技术为背景，由国家政策牵引，在其他组织和监管部门的协调下，促进行业健康发展，并服务于各传统行业中。

网络信息安全产业链上游主要是网络信息技术软硬件产品和信息技术服务供应商；中游分为网络安全产品和服务；下游应用于政府、能源、金融、通信、交通、教育、卫生、国防等领域，以奥飞数据、格尔软件、浪潮信息、新晨科技和铜牛信息为代表的公司，正在推动我国信息安全产业链各个环节的创新发展，为构筑网络空间命运共同体贡献力量。

奥飞数据是国内领先的网络安全解决方案提供商，尤其在数据安全和大数据安全领域处于领先地位。公司自主研发的密码产品、大数据安全预审计系统等，可为政务、金融等重点领域提供全方位数据保护。

格尔软件是国内主要的网络信息安全软件产品和服务商，在数据库审计与保护、网站安全与漏洞管理等领域成果显著。

浪潮信息是国内顶尖的信息安全整体解决方案提供商，在密码产品、安全审计、安全运维等多个领域占据领先地位。公司自主可控且安全性能卓越的服务器操作系统、数据库等关键软硬件产品，已广泛应用于金融、电力、政务等行业系统。

新晨科技专注于网络信息安全产品与服务，是国内领先的网络安全防护服务商。公司形成了安全接入、VPN、防火墙等安全产品线，构建了覆盖云、管、端全链条的安全防护能力。

铜牛信息是国内网络空间安全运营服务领军者，在网站安全监测、安全风险评估等领域处于领先地位。

在中国信息安全领域具有较高知名度和影响力的品牌有深信服、奇安信、绿盟科技、启明星辰、天融信、腾讯安全、华为、新华三、亚信安全、360 企业安全等。

3. 前沿信息技术的发展

(1) 数字孪生。

数字孪生即物理空间在信息空间完全映射，信息在两个空间中交互和融合，由“软件”平台统一协调和安排资源、能源、时间的最优分配，并在反馈中不断升级。由于人工智能技术的应用，机器算法将替代人的决策过程，形成对资源、能源、时间等生产要素的动态配置，并在数据反馈中不断优化算法精度，提升决策水平，即智能制造系统相比传统制造系统具备自感知、自学习、自决策、自执行和自适应能力。

物联网技术、大数据技术、多领域/多层次/参数化实体建模技术、人工智能技术、云/边缘协同计算技术相互交互、融合，加速推动着数字孪生的落地应用。它通过在虚拟空间中创建物理实体的数字模型，实现对物理实体的实时监测、预测、分析和优化，具有多物理场模拟、实时更新与交互、人工智能集成、数据集成与分析等关键技术。

(2) AI+制造。

未来由科技创新驱动发展，人工智能已成为大国竞争的重要筹码。各国纷纷提出“人工智能 + 制造业（智能制造）”的战略，如美国的工业互联网与制造业回流、德国的工业 4.0 等。党的十九大报告指出“加快建设制造强国，加快发展先进制造业，推动互联网、大数据、人工智能和实体经济深度融合”，明确将人工智能与制造业融合作为国家战略重点，中国正积极抢占人工智能领域制高点。

AI+制造的方案构建了面向制造、能源电力、采掘等各垂直行业，以基础硬件设备、软件系统平台、解决方案三大层级为核心，生态协同为保障的技术架构。与主要依赖本地算力的传统工业架构相比，AI+制造的方案通过软硬结合的方式，将成为未来智能化工厂的标准解决方案，提升产品质量检查和缺陷识别、生产作业过程识别以及安全行为等视觉识别的精准性和高效性。

例题解析

例 1 下列哪项不是数字孪生在工业制造中的具体应用？( )

A. 对生产线进行数字化建模和仿真　　B. 实时监测设备的工作状态和性能参数

C. 对消费者行为进行大数据分析　　D. 对产品进行生命周期管理

例 2 “纯血鸿蒙”是指( )。

A. 鸿蒙系统的旧版本

B. 鸿蒙系统的最新版本

C. 去掉 AOSP 代码，仅支持鸿蒙内核和鸿蒙系统应用的鸿蒙系统

D. 与 iOS 系统完全相同的操作系统

答案：C；C

知识点对接：信创发展的大事件和前沿信息技术的发展。

解析：例 1 中，虽然大数据分析在工业制造中也有重要应用，但它并不直接属于数字孪生的范畴。数字孪生更侧重于对物理实体的数字化建模和仿真，以及对这些模型的实时更新和优化。消费者行为大数据分析更多地与市场营销和客户关系管理相关。例 2 中，“纯血鸿蒙”指的是 HarmonyOS NEXT 或鸿蒙星河版，这个版本全线自研，去掉了 AOSP（Android open source project）代码，仅支持鸿蒙内核和鸿蒙系统的应用，因此被称为“纯血鸿蒙”。

同步训练

1. 信创产业中的“信创云”主要指的是（　　）。

A. 基于国外技术的云计算服务

B. 采用自主可控技术构建的云计算平台

C. 专注于特定行业的云计算解决方案

D. 仅提供数据存储服务的云计算平台

2. 在信创产业中，强调自主可控的核心意义是（　　）。

A. 提升产品性价比　　B. 确保供应链安全

C. 扩大市场份额　　D. 引领国际技术潮流

3. 下列哪项是信创产业在推动数字经济发展中的核心作用？（　　）

A. 提供低价的信息技术产品和服务

B. 构建安全、高效、自主可控的数字底座

C. 替代所有传统行业的信息技术解决方案

D. 专注于消费市场的信息技术创新

4. 在信创产业生态中，下列哪项是促进产业协同发展的关键？（　　）

A. 加强与国际品牌的竞争　　B. 建立完善的产学研用合作机制

C. 依赖进口关键技术和产品　　D. 忽视产业链上下游合作

5. 在信创产业中，国产 GPU（　　）。

A. 是可有可无的补充　　B. 是关键核心技术之一

C. 是已被完全替代的技术　　D. 不影响国家信息安全

6. 信创产业未来发展的主要趋势是什么？（　　）

A. 技术垄断化　　B. 深度融合与生态构建

C. 单一技术突破　　D. 生产成本降低

7. “纯血鸿蒙”与现有鸿蒙系统的主要区别在于（　　）。

A. 界面设计不同　　B. 支持的设备类型不同

C. 底层技术架构和依赖的代码库不同　　D. 开发者工具不同

8. 以下哪项是我国信息安全行业在 2024 年发布的重要政策法规？（　　）

A.《互联网政务应用安全管理规定》

B.《个人求助网络服务平台管理办法（征求意见稿）》

C.《银行保险机构数据安全管理办法（征求意见稿）》

D. 以上都是

9. 下列关于网络信息安全产业链的描述中，错误的是（　　）。

A. 安全产品提供商直接将产品销售给客户或通过系统集成商将产品销售给客户

B. 安全系统集成商通过竞标形式参与企业级用户的信息安全建设项目

C. 安全服务提供商只提供安全产品的技术支持和售后服务

D. 整个产业链各环节相互协作，共同保障网络系统的安全

10. 在中国信息安全领域，以下哪个品牌是最早自主研发防火墙产品的公司？（　　）

A. 奇安信　　　　B. 深信服

C. 天融信　　　　D. 华为

任务 10.2　国产芯片与软件

任务描述

了解国产芯片、国产操作系统、国产数据库、国产中间件相关内容。

知识图谱

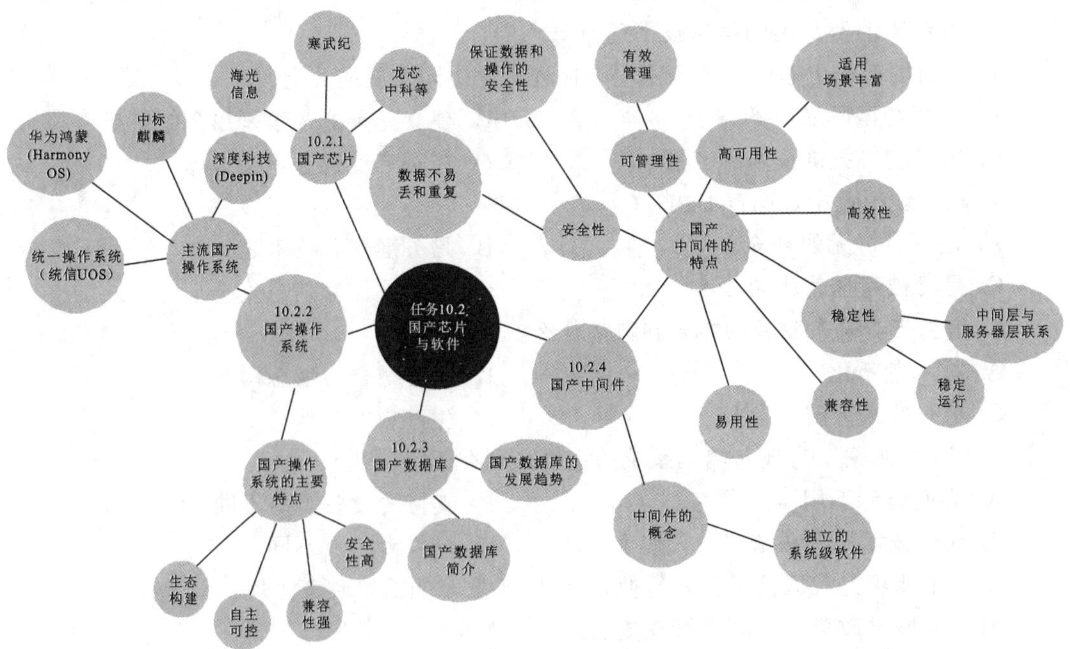

10.2.1　国产芯片

国产芯片是指在中国本土设计、制造、封装和测试的芯片产品，它代表了中国在芯片产业领域的自主创新能力和发展成果。为更好推动中国集成电路产业的自主创新和可持续发展，中国电子工业科学技术交流中心和工业和信息化部软件与集成电路促进中心（CSIP）联合国内相关企业开展了集成电路技术创新和产品创新工程，即“中国芯”工程。展望未来，“中国芯”工程将继续深化实施，推动中国芯片产业向更高水平发展。同时，随着技术的不断进步和市场需求的不断变化，中国芯片产业也将迎来更加广阔的发展前景。

从芯片制造工艺来看，一方面，CPU 制程进入后摩尔定律时期升级速度趋缓，国产 CPU 性能与国际主流水平逐步缩小；另一方面，先进封装技术成为竞争新赛道。国产 CPU 已经可以通过先进封装技术实现性能提升与应用场景拓展。

国产 CPU 中龙芯、鲲鹏、飞腾、海光采用指令集授权或自研架构，自主先进程度相对较高。研发自主指令集，进一步打造生态是国产 CPU 芯片实现飞跃的关键。

（1）海光信息：国产服务器算力芯片龙头。

海光处理器源于 AMD 的技术授权，采用 x86 架构，支持国内外主流操作系统、数据库、虚拟化平台或云计算平台，能够有效兼容目前存在的数百万款基于 x86 指令集的系统软件和应用软件，具有优异的生态系统优势。

海光拥有 CPU 和 DCU 两种高端处理器产品，覆盖服务器、工作站等计算、存储设备中对高端处理器的功能需求。

（2）寒武纪：领跑中国 AI 芯片市场。

寒武纪主要产品包括终端智能处理器 IP、云端智能芯片及加速卡、边缘智能芯片及加速卡以及与上述产品配套的基础系统软件平台。

（3）龙芯中科：从指令集到架构全自主的 CPU。

“龙芯”系列是我国最早研制的通用处理器系列之一，摒弃直接获取 IP 核授权或指令系统授权，自主定义上百条指令，形成 MIPS 兼容的 LoongISA 指令系统。龙芯中科推出了自主指令系统 LoongArch（龙架构），具备更高运行效率。

LoongArch 架构能兼容 x86、ARM，且通过了知识产权评估。目前，LoongArch 架构已得到国际开源软件界广泛认可与支持，正成为与 x86/ARM 并列的顶层开源生态系统。

（4）华为：布局五大系列芯片，鲲鹏、昇腾满足服务器和 AI 需求。

五大系列芯片包括手机消费级设备领域的麒麟芯片、服务器领域的鲲鹏芯片、人工智能领域的昇腾芯片、5G 手机基带领域的巴龙芯片以及家用路由器领域的凌霄芯片。

鲲鹏芯片在非 x86 指令集产品中有明显优势。它是集合“算、存、传、管、智”功能于一体的处理器。其中，2019 年发布的鲲鹏 920 是华为鲲鹏获得 ARMv8 指令集永久授权后，自主研发设计的最具代表性的产品。鲲鹏 920 处理器是业界第一款采用 7 nm 工艺的数据中心级的 ARM 架构处理器。

(5) 飞腾：从 CPU 研发到全栈式方案。

飞腾，全称银河飞腾处理器，由国防科技大学研制。飞腾 CPU 同样像华为鲲鹏一样，基于 ARMv8 架构永久授权，在其产出成果中，飞腾 FT-2000+/64 产品性能已经与英特尔至强 E5 部分产品性能相当。

(6) 兆芯：行业拓展成果显著。

兆芯基于 x86 的 CPU 产品性能优异，生态成熟，具有杰出的软硬件兼容性。产品包括“开先”PC/嵌入式处理器和“开胜”服务器处理器系列。2019 年，兆芯推出的开先 KX-6000 系列处理器和开胜 KH-30000 系列处理器单芯片性能已经达到了英特尔第 7 代 i5 酷睿处理器的同等水平。同时，开先 KX-6000 和开胜 KH-30000 系列处理器均通过了 Windows 硬件认证。

(7) 申威：以自研指令集保障关键领域。

申威是国内自主设计、拥有完全自主处理器架构的芯片。它作为目前唯一国内自主设计、拥有完全自主的处理器架构，真正实现了国产处理器的全流程安全可控。申威依靠 Alpha 指令集起家，自主研发申威 SW64 指令集构建基础生态。申威 SW64 完全自主，显著降低了技术与 IP 依赖性。如今，国产系统基本都接入了申威 SW64 指令集，如麒麟操作系统、欧拉操作系统。

例题解析

例 1 “中国芯”工程指的是（　　）。

A. 在中国注册的集成电路设计企业自主研发的集成电路芯片或 IP 核

B. 由中国人或企业研发的集成电路芯片

C. 在中国注册的集成电路设计企业研发的超级计算机芯片

D. 由中国人或企业研发的集成电路芯片或 IP 核

例 2 （　　）获得了中科院知识创新工程重大项目和国家 863 计划的支持，通过了严格的成果鉴定、基准程序测试和产品测试，可进入商品化生产。

A. 海思麒麟　　B. 龙芯

C. 兆芯　　D. 申威

例 3 兆芯、海光 CPU 采用的是（　　）。

A. ARM 架构　　B. MIPS 架构

C. x86 架构　　D. Alpha 架构

答案： A；B；C

知识点对接： 国产芯片相关内容。

解析： 例 1 考查的是“中国芯”工程的定义。“中国芯”工程特指在中国注册的集成电路设计企业自主研发的集成电路芯片或 IP 核。这里强调的是“在中国注册的集成电路设计企业”和“自主研发”，以及产品形态为“集成电路芯片或 IP 核”。其他选项有的扩大了范围（如 B、D 选项包括了非注册企业或个人的研发），有的特定化了产品类型（如 C 选项指定为超级计算机芯片），所以选 A。例 2 考查的是对国产芯片的了解。

龙芯是中国自主研发的高性能通用处理器，具有显著的自主创新和战略意义，获得了中科院知识创新工程重大项目和国家 863 计划的支持，并且通过了严格的成果鉴定、基准程序测试和产品测试，可进入商品化生产，所以选 B。例 3 考查的是国产 CPU 采用的架构。兆芯和海光 CPU 都是中国自主研发的高性能处理器，它们在架构选择上均采用了 x86 架构。x86 架构在桌面和服务器领域具有广泛的应用基础，兆芯和海光选择这一架构也是为了更好地兼容现有软件和应用生态，所以选 C。

10.2.2　国产操作系统

1. 国产操作系统简介

国产操作系统是指由中国本土软件公司开发的计算机操作系统。随着 20 世纪 90 年代 Linux 的诞生和开源运动的兴起，Linux 凭借着先天的开源优势成为国产操作系统开发的主流，绝大部分国产计算机操作系统（如麒麟操作系统、深度操作系统等）都是以 Linux 为基础进行二次开发的操作系统，它是现阶段我国发展自主操作系统的基础。

国产移动终端操作系统现阶段大部分以开源的 Android 操作系统为基础开发。Android 也是一种基于 Linux 的自由及开放源代码的操作系统，主要用于移动设备，如智能手机和平板电脑。大家熟悉的小米 MIUI 操作系统，阿里云 OS 和魅族的 Flyme OS 等都是基于 Android 二次开发的国产移动终端操作系统。

2. 国产操作系统的主要特点

(1) 自主可控。国产操作系统从源代码到架构设计均实现自主开发，不依赖于外部技术或产品，确保了系统的安全性和可控性。

(2) 兼容性强。为了降低用户迁移成本，国产操作系统通常具备良好的兼容性，能够支持多种硬件平台和软件应用，确保用户能够平滑过渡。

(3) 安全性高。针对国内用户的使用习惯和安全需求，国产操作系统加强了安全机制的设计和实现，包括数据加密、访问控制、漏洞修复等方面，有效提升了系统的安全防护能力。

(4) 生态构建。为了促进国产操作系统的普及和应用，相关企业和机构积极构建国产操作系统生态，包括开发适配的软件应用、提供技术支持和培训等，为用户提供全方位的服务。

在上述特点中，国产操作系统的生态建设需要重点关注。因为操作系统的生态建设直接关系到其市场接受度、用户黏性和长远发展。一个健康、繁荣的生态系统对于国产操作系统的成功至关重要。

3. 主流国产操作系统

深度科技（Deepin）作为国产操作系统生态的打造者，不但与各芯片、整机、中间件、数据库等厂商结成了紧密合作关系，还与 360、金山、网易、搜狗等企业联合开发了多款符合中国用户需求的应用软件。深度科技的操作系统产品，已通过了安全操作系统认证、国产操作系统适配认证并入围中央国家机关政府集中采购目录，在国内党政军、金融、运营商、教育等领域中得到了广泛应用。

统一操作系统（统信 UOS）是由统信软件开发的一款基于 Linux 内核的操作系统，支持基于龙芯、飞腾、兆芯、海光、鲲鹏等国产芯片平台的笔记本、台式计算机、一体机、工作站、服务器，以桌面应用场景为主，包含自主研发的桌面环境、多款原创应用，以及丰富的应用商店和互联网软件仓库，可满足用户的日常办公和娱乐需求。

优麒麟（Ubuntu Kylin）是由 CCN 开源软件创新联合实验室与麒麟软件有限公司主导开发的全球开源项目。作为 Ubuntu 的官方衍生版本，优麒麟操作系统得到了来自 Debian、Ubuntu、LUPA 及各地 Linux 用户组等国内外众多社区爱好者的广泛参与和热情支持。

红旗 Linux 深耕自主化国产操作系统领域多年，已具备相对完善的产品体系，并广泛应用于关键领域。现阶段，红旗 Linux 具备满足用户基本需求的软件生态，支持 x86、ARM、MIPS、SW 等 CPU 指令集架构，支持龙芯、申威、鲲鹏、飞腾、海光、兆芯等国产自主 CPU 品牌，兼容主流厂商的打印机、扫描枪等各种外部设备。

中标麒麟（NeoKylin）操作系统采用强化的 Linux 内核，分为通用版、桌面版、高级版和安全版等，能满足不同客户的要求，已在央企、能源、政府、交通等行业领域广泛使用。中标麒麟操作系统符合 Posix 系列标准，兼容浪潮信息、联想、中科曙光等公司的服务器硬件产品，兼容达梦、人大金仓数据库、湖南上容数据库、IBM Websphere、DB2 UDB 数据、MQ 等系统软件。

中兴新支点桌面操作系统是国产计算机操作系统，属中央政府采购和中直机关采购入围品牌。中兴新支点桌面操作系统基于 Linux 核心进行研发，不仅能安装在计算机上，还能安装在 ATM 柜员机、取票机、医疗设备等终端，支持龙芯、兆芯、ARM 等国产芯片，可满足日常办公需求。值得一提的是，系统可兼容运行 Windows 平台的日常办公软件，实用性更强。

RT-Thread 既是一个集实时操作系统（RTOS）内核、中间件组件和开发者社区于一体的技术平台，也是一个组件完整丰富、高度可伸缩、简易开发、超低功耗、高安全性的物联网操作系统，软件生态相对较好。截至 2022 年，RT-Thread 的累计装机量就已超过 14 亿台，被广泛应用于车载、医疗、能源、消费电子等多个行业，是国人自主开发、国内最成熟稳定和装机量最大的开源 RTOS。

银河麒麟原来是在 863 计划和“核高基”国家科技重大专项支持下，由国防科技大学研发的操作系统，之后品牌授权给天津麒麟。天津麒麟于 2019 年与中标软件合并为麒麟软件有限公司。银河麒麟是优麒麟的商业发行版，使用 UKUl 桌面。目前，已有部分国产笔记本搭载了银河麒麟系统，例如联想昭阳 N4720Z 笔记本电脑、长城 UF712 笔记本电脑等。

华为鸿蒙（Harmony OS）系统是面向万物互联的全场景分布式操作系统，支持手机、平板、穿戴式智能设备、智慧屏等多种终端设备运行，提供应用开发、设备开发的一站式服务。Harmony OS 也是当下独占鳌头的国产手机操作系统。凭借在互联网产业

创新方面发挥的积极作用，Harmony OS 在 2021 年世界互联网大会上获得“领先科技成果奖”，位列国产操作系统排名榜前十。

中科方德是最主要的国产操作系统厂商之一，受到国家重视。旗下产品“中科方德桌面操作系统”，可良好支持台式计算机、笔记本电脑、一体机及嵌入式设备等形态整机、主流硬件平台和常见外部设备。截至 2022 年，软件中心已上架运维近 2000 款优质的国产软件及开源软件。系统采用了符合现代审美和操作习惯的图形化用户界面设计，便于原 Windows 用户上手使用。

例题解析

例 1　下列哪项是排名靠前的中国操作系统产品？（　　）

A. 华为鸿蒙　　　　B. 深度操作系统

C. 中标麒麟　　　　D. 红旗 Linux

例 2　国家大力推广国产化操作系统，主要是基于（　　）。

A. 对国家信息安全的担忧　　　　B. 对市场份额的考虑

C. 美国的制裁　　　　D. 知识产权保护

例 3　国产 Linux 操作系统，在易用性等方面基本具备 Windows 替代能力，但还存在（　　）等各种问题。

A. 界面不美观　　　　B. 价格高

C. 生态环境差　　　　D. 稳定性差

答案：B；A；C

知识点对接：国产化操作系统相关内容。

解析：例 1 考查的是对中国操作系统产品排名的了解。深度操作系统是中国自主研发的开源操作系统，它在国内外用户中都有较高的评价和使用率，尤其在易用性和本地化方面表现出色。相比之下，虽然华为鸿蒙系统也备受关注，但它主要应用于华为自家的智能终端设备，并不完全等同于传统意义上的操作系统产品。虽然中标麒麟和红旗 Linux 也是中国操作系统的典型代表，但在当前的市场和用户评价中，深度操作系统的排名更高，所以选 B。例 2 考查的是国产化操作系统的推广背景。国家大力推广国产化操作系统，主要是出于对国家信息安全的担忧。推广国产化操作系统是提升国家信息安全水平的重要举措。而其他选项如对市场份额的考虑、美国的制裁和知识产权保护虽然也是相关因素，但并不是国家大力推广国产化操作系统的主要原因，所以选 A。例 3 考查的是对国产 Linux 操作系统现状的认识。国产 Linux 操作系统在易用性等方面已经取得了显著进步，但在生态环境方面仍存在问题。这主要体现在软件兼容性、应用支持以及开发者社区活跃度等方面。由于 Windows 系统长期占据市场主导地位，许多软件和应用都是基于 Windows 平台开发的，这导致国产 Linux 操作系统在软件生态环境上相对较差。因此，尽管国产 Linux 操作系统在技术上已经具备了替代 Windows 的能力，但在实际应用中仍面临诸多挑战，所以选 C。

10.2.3 国产数据库

1. 国产数据库的发展趋势

国产数据库是指由中国公司或组织开发和生产的数据库管理系统（database management system，DBMS)。这些数据库系统旨在满足中国市场和用户的需求，并在国内推广和使用。国产数据库发展的主要趋势如下。

一是技术创新和自主研发。中国的数据库供应商积极进行技术创新和自主研发，推出了多款具有自主知识产权的数据库产品。这些数据库产品在性能、可扩展性、安全性和功能上不断提升，满足了不同行业和应用的需求。

二是分布式架构和大数据处理。随着大数据时代的到来，国产数据库开始注重分布式架构和大数据处理能力。许多国产数据库提供了分布式存储和计算的能力，能够处理海量数据，满足高并发访问的需求，支持复杂的数据分析和实时查询。

三是高可用性和容灾能力。国产数据库越来越注重高可用性和容灾能力的提升。通过主备复制、数据冗余和自动故障切换等技术手段，国产数据库能够实现数据的持久性和连续可用性，保障业务的稳定运行。

四是全面兼容和生态系统建设。为了提高与现有应用的兼容性和无缝集成，国产数据库不断加强对标准 SQL 语法和接口的支持。同时，它们也积极构建生态系统，与各种开发工具、中间件和云平台进行集成，提供全面的解决方案和开发支持。

五是安全和隐私保护。随着数据安全和隐私保护意识的增强，国产数据库加强了在安全性方面的投入。它们提供了多层次的安全机制，包括身份认证、权限管理、数据加密和审计日志等，以确保数据的保密性、完整性和可靠性。

2. 国产数据库简介

OceanBase 始创于 2010 年，是由蚂蚁集团自主研发的一种企业级分布式数据库系统，基于分布式架构和通用服务器，实现了金融级可靠性及数据一致性。OceanBase 具有数据强一致、高可用、高性能、在线扩展、高度兼容 SQL 标准和主流关系数据库、低成本等特点。

openGauss 是由华为技术有限公司开发的一款开源的关系型数据库管理系统。openGauss 深度融合华为在数据库领域多年的经验，结合企业级场景需求，持续构建竞争力特性。它基于 PostgreSQL 开发，并在其基础上进行了多项优化和改进，以满足企业和组织的大规模数据存储和处理需求。

TiDB 是一种分布式 NewSQL 数据库，由 PingCAP 公司开发。它结合了传统关系型数据库和分布式系统的特点，提供了水平可扩展、高性能和高可用性的数据存储和处理解决方案。

GaussDB 是由华为技术有限公司开发的一款分布式关系型数据库管理系统。华为 GaussDB 是一个企业级 AI-Native 分布式数据库，它将 AI 能力植入数据库内核的架构和算法中，为用户提供更高性能、更高可用、更多算力支持的分布式数据库。它结合了

分布式计算和数据库技术，提供了高性能、高可靠性和可扩展性的数据存储和处理解决方案。

PolarDB 是由阿里云开发的一种云原生分布式关系型数据库管理系统，100%兼容 MySQL、PostgreSQL，高度兼容 Oracle 语法。它结合了分布式计算和数据库技术，提供了高性能、高可用性和弹性扩展的数据存储和处理解决方案。

达梦数据库是武汉达梦数据库股份有限公司开发的一款关系型数据库管理系统。它具备高性能、高可靠性和丰富的功能，适用于大规模数据存储和处理的企业级应用场景。

人大金仓（KingBase）数据库是由中国人民大学的专家团队开发的一款关系型数据库管理系统。它具备高性能、高可靠性和安全性的特点，适用于金融领域和企业级应用场景。

GBase 数据库是国内研发的一款关系型数据库管理系统，由南大通用数据技术有限公司（简称南大通用）开发。GBase 数据库具备高性能、高可用性和可扩展性的特点，适用于大规模数据存储和处理的企业级应用场景。

TDSQL 是腾讯公司自主研发的一款分布式关系型数据库管理系统。它是基于开源数据库 MySQL 进行二次开发和优化的产物，旨在解决大规模数据存储和高并发访问的挑战。

例题解析

例 1　国产数据库的发展方向主要是（　　）。

A. 在传统行业替代 Oracle 和 DB2，成为新的中小企业数据库的选择

B. 在传统行业替代 Oracle 和 DB2，成为银行等大型企业数据库的选择

C. 在互联网行业替代 Oracle 和 DB2，成为新的中小企业数据库的选择

D. 在金融行业替代 Oracle 和 DB2，成为新的银行企业数据库的选择

例 2　以下哪项不是国产数据库发展的主要趋势？（　　）

A. 自主研发与技术创新　　　B. 面向不同用户群体的市场细分

C. 依赖国外核心技术进行升级　　　D. 加强生态建设与合作

例 3　下列哪家国产数据库厂商在 2024 年成功上市，开启了国产数据库企业上市的先例？（　　）

A. 阿里云　　　B. 达梦数据

C. 腾讯云　　　D. 华为云

答案：D；C；B

知识点对接：国产数据库的发展趋势。

解析：例 1 中，虽然国产数据库的发展方向涉及多个行业和领域，但在金融行业替代 Oracle 和 DB2，成为新的银行企业数据库的选择是当前国产数据库发展的一个重要且明确的方向。国产数据库在金融行业的替代不仅有助于提升金融行业的自主可控性，还能推动国产数据库技术的进一步发展。例 2 中，国产数据库的发展主要趋势包括自主研

发与技术创新、面向不同用户群体的市场细分以及加强生态建设与合作。例 3 中，2024 年 6 月，达梦数据顺利在上海证券交易所上市，这是达梦公司的历史性时刻，也是国产数据库的高光时刻，开启了国产数据库企业上市的先例。

10.2.4 国产中间件

1. 中间件的概念

中间件是连接系统软件和用户应用软件之间的软件，为处于自己上层的应用软件提供运行与开发的环境，帮助用户灵活、高效地开发和集成复杂的应用软件。我们可以理解为中间件是一类能够使一种或多种应用程序合作互通、资源共享，同时还能够为该应用程序提供相关服务的软件。它是一类软件的统称，而非某一种软件。

中间件是独立的系统级软件，连接操作系统层和应用程序层，将不同操作系统提供应用的接口标准化、协议统一化，并屏蔽具体操作的细节。

中间件可以分为基础中间件、集成中间件和行业领域应用平台。基础中间件又可以分为三大类，即消息中间件、交易中间件、应用服务器中间件。消息中间件用于解决多个子系统间的消息通信问题；交易中间件用于实现不同软件之间相互调用和交互操作；应用服务器中间件位于客户浏览器和数据库之间，为应用程序提供业务逻辑的代码。

2. 国产中间件的特点

（1）易用性。中间件要方便使用者操作和控制，易于学习和上手。

（2）兼容性。利用中间件，我们可以屏蔽网络硬件平台的差异性和操作系统与网络协议的异构性带来的一系列问题，使应用软件能够在不同平台上运行。

（3）稳定性。在三层结构中，客户层都是通过中间层来与服务器层取得联系的，一个稳定的中间件，能更好地保证这样的联系能够顺利平稳地进行，并且能够在各种应用环境中稳定运行。

（4）高效性。随着信息变得更多更复杂，使用者期望中间件能更快更好地处理这些信息。一个高效的中间件能帮助使用者快速地得到自己想要的结果和信息。

（5）高可用性。中间件作为一个“桥梁”，要能适用于大多数的场景。

（6）安全性。利用中间件传输数据时，要求数据不容易丢失和重复，数据格式也不能被破坏，要保证数据和操作的安全性。

（7）可管理性。能对数据和整个系统进行有效的管理，也是一个合格的中间件应当具备的特性。

3. 国内主要中间件厂商

国产中间件厂商主要有东方通、宝兰德、普元信息、中创股份、金蝶天燕等。其中，东方通的市场占有率最高，是整体市场和政府市场的领导者；宝兰德的主要客户为中国移动，以电信市场为基础，拓展政府和金融客户；普元信息的客户主要集中在政

府、电信、能源领域，是整体市场和金融市场的挑战者；中创股份的客户主要集中在政府、电信、军工和能源领域；金蝶天燕是金蝶软件的子公司，它依托其母公司向客户销售中间件软件。

例题解析

例 1　当前，国产中间件技术与 IBM、Oracle 相比还有差异，主要是因为（　　）。

A. 系统复杂、技术难度大、对产品稳定性和兼容性要求高

B. 系统复杂、技术难度大、对产品稳定性和运行性能要求高

C. 系统复杂、技术难度大、对产品稳定性和易用性要求高

D. 功能多、技术人员短缺、对产品稳定性和运行性能要求高

例 2　国产中间件的三大厂商指的是（　　）。

A. 东方通、普元信息和宝兰德　　B. 东方通、普元信息和金蝶天燕

C. 东方通、中创股份和宝兰德　　D. 金蝶天燕、中创股份和宝兰德

例 3　以下哪个国产中间件品牌专注于金融行业的解决方案？（　　）

A. 华为云　　B. 腾讯云

C. 东方通　　D. 阿里云

答案：B；A；C

知识点对接：国产中间件相关知识。

解析：例 1 中，国产中间件在发展过程中，面临着系统复杂、技术难度大的挑战，同时，对产品的稳定性和运行性能有着极高的要求。例 2 中，东方通、普元信息和宝兰德是国产中间件市场的佼佼者，它们的产品在性能、稳定性、兼容性等方面均表现出色。例 3 中，东方通以其深厚的技术积累和丰富的行业经验，为金融领域提供了专业的解决方案。这些解决方案为满足金融行业的特定需求，提供了高效、稳定、安全的中间件服务，帮助金融机构提升业务处理能力和信息化水平。

同步训练

1. 国产操作系统中，市场占有率常年位居中国 Linux 市场第一的是（　　）。

A. Windows　　B. macOS

C. 麒麟软件　　D. 安卓

2. 以下哪项不是国产操作系统的主要特点？（　　）

A. 基于 Linux 内核开发　　B. 自主可控

C. 高市场占有率　　D. 广泛的应用领域

3. 以下哪家国产操作系统厂商在推动操作系统与开源社区结合方面作出积极贡献？（　　）

A. 微软　　B. 麒麟软件
C. 苹果公司　　D. 华为

4. 在国产操作系统中，（　　）系统通常用于物联网设备。
A. Windows　　B. macOS
C. Android　　D. 嵌入式 Linux

5. 以下哪项不是评价国产操作系统性能的重要指标？（　　）
A. 稳定性　　B. 兼容性
C. 美观性　　D. 安全性

6. 以下哪项不是国产操作系统面临的挑战？（　　）
A. 市场竞争激烈　　B. 生态系统不完善
C. 用户体验不佳　　D. 技术创新不足

7. 国产操作系统在国际市场上的竞争力（　　）。
A. 非常强　　B. 较弱
C. 与国际主流系统相当　　D. 没有竞争力

8. 以下哪项不是提升国产操作系统竞争力的关键措施？（　　）
A. 加大技术创新力度　　B. 扩大市场份额
C. 忽视用户体验　　D. 完善软件生态

9. 蚂蚁集团研发的国产数据库名称是（　　）。
A. Oracle　　B. DB2
C. MySQL　　D. OceanBase

10. 华为研发的国产数据库名称是（　　）。
A. Oracle　　B. DB2
C. MySQL　　D. GaussDB

11. 下列哪个国产数据库以其强大的数据处理能力和高效的分布式架构闻名？（　　）
A. 华为云数据库　　B. 阿里云数据库
C. 腾讯云数据库　　D. 百度云数据库

12. 下列哪个国产数据库支持多种类型的数据存储，包括关系型、文档型和键值对型？（　　）
A. 阿里云数据库　　B. 腾讯云数据库
C. 华为云数据库　　D. 火山引擎数据库

13. 国产中间件行业的市场规模在逐步增大，主要推动因素不包括（　　）。
A. 云计算、区块链等技术革新
B. 国产化替代趋势
C. 基于自主安全可控的信息安全保障政策支持
D. 国外厂商禁售

14. 中间件在分布式系统中主要起到什么作用？（　　）
A. 数据存储　　B. 服务调用与通信
C. 用户界面展示　　D. 系统安全控制

15. 以下哪项不是中间件的类型？（　　）

A. 消息中间件　　B. 交易中间件

C. 数据中间件　　D. 视图中间件

16. 在国产中间件中，用于提高数据库访问性能和可靠性的中间件类型通常被称为（　　）。

A. 消息中间件　　B. 分布式缓存中间件

C. 数据库中间件　　D. 安全中间件

17. 以下哪项不是国产中间件适配方案的主要原则？（　　）

A. 兼容性　　B. 可升级性

C. 封闭性　　D. 安全性

18. 国产操作系统多为以（　　）为基础二次开发的操作系统。

A. Windows　　B. Linux

C. UNIX　　D. Android

19. 华为鸿蒙系统是一款全新的面向全场景的分布式操作系统，其特性不包括（　　）。

A. 开源　　B. 开放性

C. 智能互联　　D. 兼容 Android

20. 华为已于 2020 年、2021 年分两次把鸿蒙操作系统的基础能力全部捐献给（　　）。

A. Apache 基金会　　B. 开放原子开源基金会

C. 自由软件基金会　　D. Linux 基金会

21. 2013 年冬，（　　）院士作为主要发起人，成立了“中国智能终端操作系统产业联盟”。

A. 王选　　B. 姚期智

C. 倪光南　　D. 王安

22. 以下哪个系统被誉为“国内首个系统级 AI 应用开发框架”？（　　）

A. 麒麟 OS　　B. 统信 UOS

C. 华为欧拉　　D. 中科方德

23. 目前国产数据库排名一的是（　　）。

A. 达梦数据库　　B. 人大金仓数据库

C. GBase 数据库　　D. 神通数据库

24. 下列哪项是国产数据库在实时数据处理方面的优势？（　　）

A. 实时数据处理能力弱　　B. 适用于所有数据处理场景

C. 提供了强大的实时数据处理和分析能力　　D. 无法处理大规模数据

25. 国产数据库有三个主要来源，不包括（　　）。

A. 开源数据库 MySQL 和 PostgreSQL 等　　B. 公开发表的论文

C. 收购商业源码+自研　　D. 与 Oracle 等公司合作

26. 下列哪个不是国产数据库？（　　）

A. TiDB　　B. GaussDB

C. MySQL　　D. 达梦数据库

27. 2010 年后，由于云计算时代和开源社区的兴起，国产数据库开始弯道超车，阿里喊出了“去 IOE”的口号，国产数据库领域真正进入了蓬勃发展的时代。此处的 IOE 是指（　　）。

A. IBM 的小型机、Oracle 数据库、EMC 存储设备

B. IBM 的大型机、Oracle 数据库、EMC 存储设备

C. IBM 的小型机、Oracle 数据库、EMC 云计算服务

D. IBM 的解决方案、Oracle 数据库、EMC 存储设备

28. 以下哪项不是国产操作系统的主要应用领域？（　　）

A. 桌面操作系统　　B. 服务器操作系统

C. 嵌入式操作系统　　D. 移动游戏平台

29. 以下哪个国产操作系统品牌以其高安全性和稳定性著称？（　　）

A. 华为鸿蒙　　B. 小米 MIUI

C. 银河麒麟　　D. 阿里云 OS

30. 以下哪项最准确地描述了国产操作系统的现状？（　　）

A. 完全替代了国际主流操作系统

B. 在某些领域实现了与国际主流操作系统的并跑甚至领跑

C. 发展缓慢，无法与国际主流操作系统竞争

D. 仅在国内市场占有一席之地

31. 下列哪个品牌是国产 GPU 的代表之一？（　　）

A. NVIDIA　　B. AMD

C. 摩尔线程　　D. Intel

32. 国产 GPU 在推动国内产业链现代化方面的作用不包括（　　）。

A. 促进上下游企业的协同发展　　B. 降低整个产业链的对外依赖

C. 仅提升 GPU 制造环节的技术水平　　D. 增强产业链的安全性和稳定性

33. 在国产 CPU 中，龙芯中科采用的指令集架构是（　　）。

A. ARM 架构　　B. x86 架构

C. RISC-V 架构　　D. 龙芯自主架构

34. 国产芯片在设计、制造和封装测试三个环节中，哪个环节的技术含量最高？（　　）

A. 设计环节　　B. 制造环节

C. 封装测试环节　　D. 三者技术含量相当

35. 下列哪种类型的国产芯片在物联网领域具有广泛的应用前景？（　　）

A. 高性能处理器　　B. 低功耗 MCU（微控制器）

C. 高精度 ADC（模数转换器）　　D. 高速 FPGA（现场可编程门阵列）

模块测试

1. 中国的信创产业大体可以概括为四个发展阶段，下列描述错误的是（　　）。

A. 1993—2007 年的预研起步阶段

B. 2008—2016 年的加速发展阶段

C. 2017—2019 年的试验实践阶段

D. 2020 年至今的超越阶段

2. （　　）是信创产业的重要组成部分。

A. 基础软硬件　　　　B. 电力

C. 通信　　　　D. 量子力学

3. 国家网络安全人才与创新基地位于（　　）。

A. 湖北武汉　　　　B. 安徽合肥

C. 北京　　　　D. 深圳

4. 信创产业应首先从政府和关键行业的国产化替代开始，而国产化的主要方向不包括（　　）。

A. CPU 替换　　　　B. 操作系统替换

C. 人工智能应用　　　　D. 高端数据库

5. 从产业链角度看，信创生态体系的主要组成不包含（　　）。

A. 基础硬件　　　　B. 基础软件

C. 信息安全　　　　D. 人工智能

6. 《关于推进国家技术创新中心建设的总体方案（暂行）》提出到（　　）年，布局建设若干个国家技术创新中心。

A. 2015　　　　B. 2020

C. 2025　　　　D. 2030

7. 在信创领域，以下哪项不是其关键技术？（　　）

A. 云计算　　　　B. 大数据

C. 人工智能　　　　D. 物联网

8. 信创认证的主要目的是（　　）。

A. 提高信息技术应用能力　　　　B. 促进信息技术创新发展

C. 扩大信息技术产业规模　　　　D. 增加政府补贴

9. 龙芯 CPU 的总设计师是（　　）。

A. 潘建伟　　　　B. 胡伟武

C. 钱学森　　　　D. 杨振宁

10. 龙芯 CPU 采用的是（　　）。

A. ARM 架构　　　　B. MIPS 架构

C. x87 架构　　　　D. Alpha 架构

11. 申威 CPU 主要用于超级计算机，它采用的是（　　）。

A. ARM 架构　　B. MIPS 架构

C. x89 架构　　D. Alpha 架构

12. 当前国际的芯片市场受到重重垄断，但不包括（　　）。

A. 技术垄断　　B. 知识产权垄断

C. 市场垄断　　D. 人才垄断

13. 华为鲲鹏、飞腾 CPU 采用的是（　　）。

A. ARM 架构　　B. MIPS 架构

C. x86 架构　　D. Alpha 架构

14. 中国科学院计算技术研究所自主研发的通用 CPU 名称是（　　）。

A. 海思麒麟　　B. 龙芯

C. 兆芯　　D. 申威

15. “国产 CPU 第一股”指的是（　　）。

A. 海思麒麟　　B. 兆芯

C. 龙芯　　D. 申威

16. 2015 年 3 月 31 日，中国发射的北斗卫星上使用的国产 CPU 是（　　）。

A. 海思麒麟　　B. 龙芯

C. 兆芯　　D. 申威

17. 2020 年 9 月，国家网络安全学院正式开学，按照“部分独立、部分共享”原则运行。东西湖区开创性地联合（　　）两所“双一流”高校，共同创建一流网络安全学院，让校企合作平台、产教融合对接日益成熟。

A. 武汉大学、华中科技大学　　B. 清华大学、华中科技大学

C. 武汉大学、中国科学技术大学　　D. 北京大学、华中科技大学

18. 国产芯片在下列哪个领域取得了关键性突破？（　　）

A. 航空航天　　B. 高端芯片和存储芯片

C. 能源　　D. 生物医药

19. macOS 系统的开发者是（　　）。

A. 微软公司　　B. 惠普公司

C. 苹果公司　　D. IBM 公司

20. 在金融行业中，国产中间件 TongWeb 常用于以下哪种场景？（　　）

A. 消息传递　　B. 交易处理

C. 应用服务器中间件　　D. 安全防护

21. 中间件在软件架构中的位置是（　　）。

A. 位于操作系统之上、应用软件之下　　B. 直接位于硬件之上、操作系统之下

C. 完全独立于操作系统和应用软件　　D. 只在分布式系统中使用

22. 以下哪项不是中间件的主要功能？（　　）

A. 通信支持　　B. 应用支持

C. 直接提供业务逻辑处理　　D. 公共服务支持

23. 国产中间件厂商中，市场占有率较高的是（　　）。

A. Oracle　　B. IBM

C. 东方通　　D. Microsoft

24. 消息中间件主要用于解决（　　）。

A. 不同软件间的相互调用问题　　B. 多个子系统间的消息通信问题

C. 应用程序的业务逻辑处理问题　　D. 数据库的高可用性问题

25. 中间件通过下列哪种方式帮助用户灵活、高效地开发和集成应用软件？（　　）

A. 提供统一的 API 接口　　B. 替代操作系统

C. 直接处理业务逻辑　　D. 完全屏蔽底层硬件差异

26. 以下哪个中间件厂商主要以电信市场为基础，拓展政府和金融客户？（　　）

A. 东方通　　B. 宝兰德

C. 普元信息　　D. 金蝶天燕

27. 中间件的主要作用不包括（　　）。

A. 屏蔽底层操作系统的复杂性

B. 提供跨平台的通用服务

C. 完全替代应用程序的功能

D. 促进不同系统间的互操作性和集成性

28. 下列哪个机构在国产芯片研发领域具有重要地位？（　　）

A. 中科院计算技术研究所　　B. 清华大学电子工程系

C. 华为海思　　D. 小米科技

29. 国产芯片在下列哪个领域的应用最为广泛？（　　）

A. 航空航天　　B. 消费电子

C. 工业控制　　D. 生物医药

30. 2023 年 11 月 28 日，龙芯中科正式发布龙芯 3A6000 芯片，其主要面向哪些应用领域？（　　）

A. 手机市场　　B. 智能家居

C. 高端嵌入式计算机、桌面、服务器　　D. 物联网设备

参考文献

[1] 邬天菊，彭佳，史海云．计算机基础知识［M］．上海：上海科学普及出版社，2018.

[2] 李学森，汤晓伟，王洪海．多媒体技术及应用项目教程［M］．北京：航空工业出版社，2013.

[3] 钱锋．计算机网络基础［M］．2版．北京：高等教育出版社，2022.

[4] 冯辉，黄敏，李刚．计算机组装与维护［M］．3版．北京：高等教育出版社，2022.

[5] 钱芬，黄渝川，梁国东．信息技术应用基础［M］．北京：高等教育出版社，2021.

[6] 贾艳光，李宗远．人工智能应用基础［M］．北京：高等教育出版社，2024.

[7] 迟恩宇，苏东梅，王东．网络安全与防护［M］．3版．北京：高等教育出版社，2023.